LE LIVRE

DE

L'AGRICULTURE D'IBN-AL-AWAM

(KITAB AL-FELAHAH)

كتاب الفلاحة

Versailles. — Imprimerie de BEAU jeune, rue de l'Orangerie, 36.

LE LIVRE

DE

L'AGRICULTURE

D'IBN-AL-AWAM

(KITAB AL-FELAHAH).

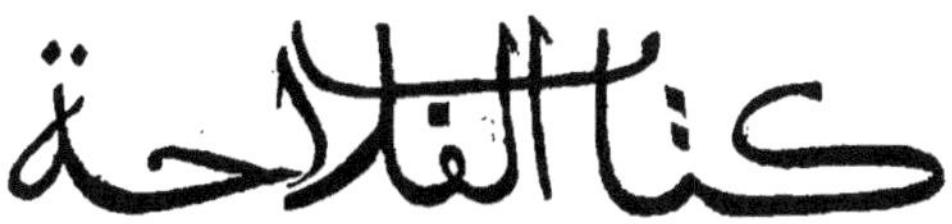

TRADUIT DE L'ARABE

PAR J.-J. CLÉMENT-MULLET

DES SOCIÉTÉS GÉOLOGIQUE ET ASIATIQUE DE PARIS,
DE LA SOCIÉTÉ IMPÉRIALE D'HORTICULTURE
ET DE LA SOCIÉTÉ D'AGRICULTURE DE L'AUBE.

(**Ouvrage couronné par la Société impériale d'agriculture de Paris.**)

TOME PREMIER.

PARIS

LIBRAIRIE A. FRANCK

ALBERT L. HEROLD, SUCCESSEUR,

Rue Richelieu, 67.

1864

A

M. REINAUD

MEMBRE DE L'INSTITUT, OFFICIER DE LA LÉGION D'HONNEUR,
PRÉSIDENT DE LA SOCIÉTÉ ASIATIQUE DE PARIS,
PROFESSEUR D'ARABE A L'ÉCOLE DES LANGUES ORIENTALES VIVANTES,
CONSERVATEUR DES MANUSCRITS ORIENTAUX
A LA BIBLIOTHÈQUE IMPÉRIALE, ETC.

MONSIEUR ET TRÈS-HONORÉ PROFESSEUR,

Vous voulez bien accepter la dédicace de cette traduction ; je suis heureux de trouver là une occasion de vous témoigner toute ma reconnaissance pour la bienveillance dont vous m'avez constamment honoré. En effet, à partir du moment où j'ai suivi vos cours, les bons conseils et les encouragements ne se sont jamais fait attendre toutes les fois que j'en ai eu besoin. Si j'ai pu mener à bonne fin l'œuvre que j'offre aujourd'hui au public, c'est grâce surtout à vos encouragements et à vos paroles bienveillantes qui m'ont soutenu dans ce long et pénible labeur en ranimant et réchauffant mon zèle quand la fatigue me gagnait. Si c'est un honneur pour mon livre de paraître sous vos auspices, c'est aussi un bonheur pour lui ; car votre nom placé en tête sera d'avance une bonne recommandation, et le lecteur en sera mieux disposé à l'indulgence dont j'ai tant besoin.

Veuillez, monsieur et très-honoré professeur, agréer la nouvelle assurance de mon respectueux dévouement.

Clément-Mullet.

PRÉFACE DU TRADUCTEUR

L'agriculture longtemps délaissée et négligée s'est enfin relevée, et elle a repris le rang que son importance doit lui assurer. Les longues années de paix dont l'Europe a joui ont permis aux esprits de se porter vers l'étude et les spéculations industrielles. Une grande activité s'est développée, et toutes les ramifications des sciences et de l'industrie ont grandi et progressé, se prêtant de mutuels secours. Les sciences d'application surtout, appelées en aide même aux travaux les plus vulgaires, ont eu la plus grande part au mouvement intellectuel. La chimie a montré dans les corps de nouveaux éléments jusqu'alors inconnus; aussitôt de nouvelles et précieuses combinaisons de matières et de couleurs se sont produites aux yeux étonnés. La mécanique, étudiée et approfondie dans toutes ses branches, a largement récompensé les efforts des studieux calculateurs; les secours qu'elle a créés pour toutes les industries sont immenses. Mais c'est surtout quand l'industrie a pu appeler à son secours la vapeur et l'électricité qu'elle a enfanté des merveilles. Voyez, sur ces immenses réseaux de chemins de fer qui tendent à s'allonger tous les jours, la vapeur emporter à toute vitesse le voyageur et supprimer les distances. Par le télégraphe électrique, la pensée vole d'un hémisphère à l'autre avec la rapidité de l'éclair. Le navire, affranchi jusqu'à un certain point du caprice des vents, grâce à l'hélice et à la vapeur, vogue avec plus de sécurité vers le port. L'imprimerie (qui jamais eût osé le soupçonner), aidée de la vapeur, a plus que décuplé ses produits, et grâce au bon marché qui en est la conséquence, le livre instructif a pu pénétrer dans la chaumière et la mansarde. Il n'est aucun genre d'industrie auquel cet auxiliaire puissant ne vienne en aide. En contemplant tous ces beaux résultats, la pensée s'élève, l'admiration s'exalte, et la bouche s'écrie : O intelligence humaine, qui t'assignera des bornes? Ta puissance prouve bien que tu es un souffle divin!

Au milieu de cette fermentation des esprits, l'agriculture ne pouvait rester en arrière; elle aussi réclamait sa part du progrès; elle l'a obtenue. On a dû comprendre enfin que la mère-nourrice du genre humain, *cette mamelle de l'État*, comme l'appelait Sully, méritait bien qu'on s'intéressât à elle. Les yeux et les pensées se sont portés vers la terre; on l'a étudiée, on l'a analysée et explorée dans toutes ses parties, et bientôt fut acquise la preuve nouvelle que cette mère généreuse payait largement les peines qu'on prenait pour elle. Les sciences physiques et mathématiques sont venues en aide à ces nouvelles études. Elles ont adopté fraternellement l'agriculture, qui bientôt elle-même a pu s'élever et prendre rang parmi les sciences. Honneur aux généreux citoyens qui ont pris part à cette initiative, parmi lesquels figurent les noms de Chaptal, de Mathieu de Dombasle, et ceux de ces savants et intelligents praticiens dont s'honore la Société centrale et impériale de Paris. Les gouvernements ont secondé et favorisé ce mouvement agricole progressif par les influences et les encouragements de l'administration, les sociétés se sont formées, des comices se sont organisés, des primes et des récompenses ont été distribuées. Mais nul autre n'a fait autant que le gouvernement impérial; sous son patronage bienveillant, les établissements existants se sont agrandis, d'autres se sont constitués. Le souverain lui-même a fondé des fermes modèles, et si sa main n'a pas tracé le sillon, il a encouragé le laboureur du conseil et du geste.

Nous n'en sommes plus au temps où Columelle se plaignait que « les arts les moins utiles à la vie avaient trouvé des adeptes, et en quelque sorte *des prêtres*, tandis que l'agriculture n'avait ni disciples ni professeurs. » (Col., *Re rust.*, XI, 1, 10.) Aujourd'hui, ces plaintes ne seraient plus fondées; l'enseignement agricole s'est établi, et, partant de la capitale, il a rayonné dans tout l'empire. Il fait pour ainsi dire partie de l'enseignement primaire. Pendant l'été, des démonstrations sur le terrain se font à la ferme impériale de Vincennes, et la routine, refoulée par une savante et judicieuse expérimentation, cède la place à une pratique intelligente.

Jadis et même naguère les publications agronomiques étaient rares; les livres étaient peu nombreux, et en effet qui aurait voulu prendre la plume pour une profession ravalée au dernier rang de l'échelle sociale? La lecture des anciens nous apprend qu'il en était aussi de même dans l'antiquité. Les poëtes, les prosateurs, disent parfois des choses charmantes sur la vie des champs et le bonheur rural. Virgile nous a bien dit (*Géorg.*, II, 458) :

O fortunatos nimium, sua si bona norint
Agricolas !

Horace a dit également de bien belles choses sur la félicité des champs. Mais le poëte qui chantait ainsi sous les frais ombrages de Tibur eût-il accepté cette félicité champêtre avec le travail rude et pénible qu'elle impose? La publication d'un poëme aussi parfait que le sont les *Géorgiques* peut nous étonner à bon droit dans ces temps de luxe et de mollesse. Maintenant il n'en est plus ainsi; les publications agronomiques se multiplient dans une progression toujours croissante; depuis la publication volumineuse et de luxe jusqu'à la simple brochure à dix centimes, il y en a pour toutes les classes et pour toutes les fortunes. Chaque science spéculative tient en quelque sorte à honneur de travailler pour l'agriculture; aussi voyons-nous des traités d'application de la chimie, de la mécanique, de la physique, etc., à l'agriculture. Ce mouvement progressif n'est point borné à la France; l'Allemagne et l'Angleterre y ont pris, on le sait, une large part, ce dernier pays surtout.

Les journaux ne se multiplient pas moins; chaque société académique de province a son bulletin où l'agriculture occupe toujours une notable place; parmi ces publications mensuelles académiques nous devons citer en première ligne celle si importante de la Société impériale et centrale de Paris.

L'*Almanach* lui-même se transforme pour le profit de l'agriculture, qui y trouve presque toujours au moins quelques pages. Ce n'est plus le gros almanach liégeois avec ses prédictions fantastiques, ses anecdotes insignifiantes, ses facéties sans sel. Les éditeurs ont compris qu'ils devaient quelque chose de plus substantiel à l'homme d'intelligence et à l'homme des champs; aussi voit-on des articles d'agronomie laissant toujours dans l'esprit du lecteur quelques souvenirs qui produiront tôt ou tard leurs fruits.

Les comptes rendus des comices agricoles et des concours sont encore un excellent moyen d'instruction pour les hommes des champs et pour tous les adeptes de l'agronomie.

Nous rappellerons ici les journaux spéciaux pour l'agriculture, tels que la *Réforme agricole,* fondée par M. Nérée Boubée, le *Journal d'agriculture pratique,* publié sous la direction de M. Barral, et la *Ferme,* journal agricole et horticole rédigé par MM. Dufranoux et L. Hervé (Humbert éditeur). L'importance de ces publications est garantie par le nom des éditeurs et des collaborateurs, et combien d'autres encore ne pourrait-on pas citer?

Ces productions du jour destinées à enregistrer et à répandre les bonnes méthodes et les nouveaux procédés n'ont point empêché les esprits investigateurs de porter leurs regards en arrière, et de demander aux siècles passés communication de leurs travaux. C'est ainsi qu'on a réimprimé les œuvres du patriarche de l'agronomie française, *Olivier de Serres*. Une nouvelle traduction a été faite de la collection des agronomes latins, connus sous le nom de *Rei rusticæ scriptores*, par les soins de M. Panckoucke, éditeur.

Le gouvernement impérial de Russie a songé à donner une édition complète, texte et traduction, du célèbre *Traité de l'agriculture nabathéenne*, qui est connu d'une manière si vague de nos jours, mais qui avait dû dans son temps jouir d'une grande célébrité, puisque Maïmonides, Kazwini et Ibn-Beithar le citent souvent. M. Ét. Quatremère avait, dans un savant mémoire, ramené l'attention du monde savant sur cet ancien livre. Ernest Meyer en a parlé avec quelques détails dans son *Histoire de la botanique*. La curiosité a été éveillée, et une polémique assez vive s'est élevée sur l'authenticité, sur l'antiquité du livre. De savants mémoires ont été publiés à cette occasion, et tous portent des noms fort distingués dans la science. Nous aurons à revenir souvent sur ce livre dont on attend avec impatience la publication.

A propos de cette revue rétrospective, nous rappellerons ici le journal la *Ferme*, mentionné plus haut, qui a fait entrer dans son cadre des articles sur l'agriculture ancienne. Nous y avons lu avec intérêt des études agronomiques sur les *Géorgiques* de Virgile, études dans lesquelles l'auteur, écartant tout ce qu'il y a de poétique, reproduit seulement les prescriptions agronomiques. Espérons que cet essai sera encouragé, et qu'il obtiendra le succès qu'il mérite, car les bons esprits comprennent que l'étude de ces anciens maîtres peut être très-profitable et qu'ils n'enseignent point seulement, comme le disent certains esprits légers, de vieilles idées usées et sans valeur.

Quelle fut l'origine de l'agriculture? A-t-elle précédé la vie pastorale, ou vint-elle seulement après celle-ci? Fut-elle inspirée à l'homme par son Créateur, ou bien est-elle le résultat des combinaisons de l'intelligence excitée par le besoin? C'est un de ces problèmes difficiles dans l'examen duquel notre cadre ne nous permet pas d'entrer; cependant, nous croyons devoir rappeler sommairement les opinions émises avant nous.

L'*origine de l'agriculture*, dit le docteur Link, dans son *Monde primitif* (1), *se perd dans la nuit des temps;* nous n'avons sur ce fait que des traditions incertaines ou fabuleuses. Suivant la Genèse, Caïn, le premier, aurait cultivé le sol. « Chez les païens, c'est toujours une divinité qui » vient enseigner aux hommes la culture de la terre et leur » faire connaître quelles sont les plantes les plus utiles. » Dans l'Inde, le cultivateur sort immédiatement de la » main de Brahma, et le taureau sacré lui est donné pour » le seconder dans ses travaux. En Égypte, c'est Isis qui » donne aux hommes les premières leçons d'agriculture; » Diane va porter cet art en Grèce, et Cérès l'enseigne » en Italie et en Sicile. » On peut, du reste, très-bien

(1) *Die Vorwelt und das Alterthum* (*l'Antiquité et le monde primitif, expliqués par l'étude de la nature*), par le docteur H. F. Link, trad. de l'allemand par J. J. Clément-Mullet, 2 vol. in-8°. Paris, 1837.

admettre que les deux industries prirent naissance en même temps : l'une sur les collines qui fournissent les pâturages qui conviennent si bien au mouton, et l'autre dans la plaine qui se prêtait facilement au labourage.

Les traditions des Arabes donnent à entendre qu'ils attribuaient une origine céleste à l'agriculture, car nous lisons dans le Mss. B. I., 884 f. s. fol. 2, d'après *Massoudi*, que lorsque Adam descendit du paradis terrestre pour habiter la terre, il emportait avec lui trente rameaux d'arbres divers; suivant Kazwini, le blé aurait été apporté à l'homme par l'ange Mikaïl, qui lui apprit que ce grain formerait sa nourriture et celle de sa postérité; qu'il cultivât la terre et qu'il le semât. Ce blé primitif était de la grosseur d'un œuf d'autruche; l'homme étant devenu impie, il fut réduit à la grosseur d'un œuf de poule, puis il descendit graduellement à celle d'un œuf de pigeon, puis à la grosseur d'une noisette; de telle sorte que, du temps de Joseph, il était encore de la grosseur d'un pois. Comme il paraît établi que l'Orient fut peuplé bien avant l'Occident, il est par cela même très-probable que ce fut en Orient que la culture de la terre fut pratiquée primitivement. Les grands développements qu'elle avait dû prendre en Égypte sont bien établis par ce que nous lisons dans la Genèse, que cette contrée, par les soins de Joseph, fournissait du blé à toute la terre. Les dessins coloriés qu'on voit au musée égyptien du Louvre deviennent un commentaire significatif et bien curieux. Il ne nous reste point de livre de cette agriculture; elle n'est guère citée par Ibn-al-Awam. L'Agriculture nabathéenne la mentionne aussi ; le mémoire de M. Chwolson, publié sur ce livre (1), le dit, et même il fait connaître la classification des terres cultivées par leurs noms techniques. Ce passage se trouve dans le Mss. 881, B. I., f. s. M. de Hammer cite une agriculture égyptienne de Théodosius (2).

Si l'agriculture fut ainsi perfectionnée dans le royaume des Pharaons, elle prit aussi de grands développements dans d'autres contrées de l'Orient. Nous citerons particulièrement l'Inde, réputée surtout pour la culture du riz, et la Chine, où elle fut tellement honorée qu'elle avait sa fête particulière dans laquelle l'empereur devait tracer son sillon. La Perse eut aussi son époque florissante pour l'agriculture ; on y rattachait même des idées religieuses, comme on le voit dans le *Zend Avesta* : « La main du » laboureur fait naître tous les biens ; c'est le poignard » d'or de Djemschid qui fend la terre... Semer des grains » avec pureté, c'est remplir toute l'étendue de la loi des » Mezdemans. De là le mérite de celui qui accomplit cette » loi ; cet homme est aussi pur devant Ormuz que s'il » eût donné l'être à cent mille productions. » Il recommande aussi d'une manière toute spéciale l'éducation du bétail, dont il veut qu'on s'occupe avec grande attention et des soins particuliers (3). Les nombreux noms de plantes et d'arbres, tirés du persan et conservés par les

(1) *Ueber die Ueberreste der altbabylonischen Literatur, in arabischen Uebersetzungen*, von B. Chwolson (*Mém. savants étrangers*, t. VIII).

(2) *Encyclopädische Uebersicht der Wissenschaften des Orients.*

(3) *Zend Avesta*, trad. d'Anquetil-Duperron, t. III, p. 610.

Arabes, témoignent assez du développement de la culture dans ce pays. C'est ici le cas de rappeler Cyrus montrant avec une sorte d'orgueil les arbres plantés par lui-même (1).

En parlant des peuples anciens cultivateurs, nous ne pouvons oublier de rappeler les Hébreux. M. Munk, dans son *Histoire de la Palestine*, nous apprend que les patriarches pratiquèrent la culture des champs, mais que dans leur vie nomade elle ne fut pour eux qu'une occupation secondaire. Une fois qu'ils furent en possession de la Palestine, les Israélites s'occupèrent sérieusement de la culture du sol. Leur séjour prolongé en Égypte avait dû les initier aux bonnes pratiques agronomiques qui laissèrent dans les générations renouvelées pendant les pérégrinations dans le désert des souvenirs traditionnels. Moïse fit de l'agriculture la base de ses institutions, et elle fut en grand honneur jusqu'à ce que le luxe venu à la suite des rois eût altéré les mœurs primitives.

On trouve dans la Bible et notamment dans Isaïe (XXVIII, 34) des documents sur les pratiques agricoles des Juifs. On peut encore en trouver de plus détaillés, et par là même fort intéressants pour la question, dans les livres de la *Mischna*, *de Angulo* (*Péah*), et de *Seminibus* (*Zeraïm*).

Pendant que l'Égypte, favorisée par les eaux fécondantes du Nil, voyait de riches moissons et une végétation luxuriante s'épanouir sur ses plaines cultivées, les régions

(1) Cicéron, *de Senectute*, c. XVII ; et Xénophon, *Économiques*, ch. IV.

comprises entre le Tigre et l'Euphrate, ou baignées par leurs eaux, ne restèrent point oisives. La Babylonie et la Chaldée ou pays des Cassidim, qui fut aussi celui des Nabathéens, favorisée par la nature alluviale du sol et la facilité des irrigations, se prêtait merveilleusement à la culture des céréales. L'Assyrie prit part aussi au mouvement agricole, et avec le secours des canaux d'irrigation qui furent creusés on obtint de féconds résultats. Hérodote parle de ces trois contrées de l'Asie comme remarquables par leurs productions territoriales, mais la plus fertile des trois et la meilleure était la Babylonie qui produisait beaucoup de froment et d'arbres fruitiers (Hérod., *Clio*, page 89, édit. H. Etienne). La Syrie ou pays de *Scham*, moins bien partagée à cause de sa surface accidentée et coupée de montagnes, ne se prêtait pas autant à la culture; cependant les plaines fertiles de la Cœlésyrie et celles qui avoisinent la mer furent cultivées de bonne heure. Ici encore la préférence pour la richesse du sol est donnée à la Babylonie sur la Syrie; l'*Agriculture nabathéenne* le dit.

Le seul livre, mais fort important, que nous ayons sur cette agronomie, c'est le livre d'Ibn-Wahschiah, connu sous le nom d'*Agriculture nabathéenne*, dont nous venons de parler. Ce nom de Nabathéens serait celui des habitants primitifs de la Chaldée, population arabe qui occupait aussi une partie de l'Arabie Pétrée, et dont Petra fut la capitale. M. Quatremère s'est longuement étendu sur ce peuple, dans son mémoire sur l'agriculture nabathéenne, et nous y renvoyons nos lecteurs.

L'œuvre d'Ibn-Wahschiah, sur laquelle nous reviendrons plus tard et avec plus de détails, n'est point spécial aux Nabathéens; c'est une sorte de maison rustique dont ceux-ci font surtout les frais; ils y occupent une très-large part; mais l'auteur a rappelé parfois aussi les systèmes de culture usités chez les peuples limitrophes, tels que ceux des Perses et des Égyptiens. On lit encore de nombreuses digressions sur les mœurs et usages des populations indigènes ou voisines, et surtout des prescriptions superstitieuses dont le ridicule nous surprend et nous étonne. Ce sont ces digressions surtout qui ont donné lieu à la polémique dont nous avons parlé, et sur laquelle nous reviendrons.

Quelle fut la part de la Grèce dans l'origine et la découverte de l'agriculture? Suivant Link, elle serait nulle ; les Grecs l'auraient reçue de l'Égypte. En effet, dit notre savant allemand, l'agriculture « ne pouvait prendre » naissance en Grèce qui renferme trop peu de terres » arables pour qu'on puisse le supposer; mais la plaine » riante d'Éleusis, entourée de montagnes abruptes, qui » forment un canal où les bâtiments peuvent stationner » sans danger, appelle à elle l'agriculture par ses nom-» breux avantages ; elle lui vint sans doute d'Égypte. »

Link, dans une note, réfute l'assertion de Bohlen, qui, dans un ouvrage du reste fort savant sur l'Inde ancienne, veut que la charrue ait été donnée aux Égyptiens par les Grecs, ce qui est peu probable, dit notre auteur, car l'agriculture ne peut passer d'un pays stérile, c'est-à-dire qui renferme peu de terres arables, dans un pays si bien favorisé de ce côté que l'est l'Égypte. Les traditions historiques, ajoute Link, veulent que l'*agriculture soit venue de l'Égypte en Grèce.*

Les ouvrages principaux que les Grecs nous ont laissés sur l'agriculture sont ceux 1° de Théophraste, qui vivait à Erèse dans l'île de Lesbos (471 ans avant Jésus-Christ). Ces ouvrages traitent des plantes et de la météorologie; mais ceux qui nous intéressent le plus, ce sont les deux qui sont intitulés *Historia plantarum* et *de Causis plantarum*, deux traités de physiologie végétale et de culture assez remarquables pour l'époque à laquelle ils parurent, et dans lesquels on rencontre des choses qui aujourd'hui encore ont leur intérêt.

2° Le *Traité d'agriculture* attribué à Aristote, cité par Hadji-Khalfah (10378, t. V, édit. flug.), livre sans doute apocryphe, ainsi que tant d'autres attribués à ce philosophe.

3° Les *Œuvres et les jours* (*Opera et dies*), traité fort abrégé d'agriculture, d'Hésiode, contemporain d'Homère, et qui vécut trois siècles plus tard suivant d'autres.

4° Xénophon, dans son livre intitulé les *Économiques*, donne d'excellents préceptes d'économie rurale; son traité sur l'*Équitation* est encore très-estimé.

5° Les *Géoponiques*, cette production du moyen âge, compilation faite par Cassianus Bassus sur l'ordre de Constantin Porphyrogénète VII, à qui il la dédia, et qui longtemps passa pour en être l'auteur. On y trouve beaucoup plus de noms latins que de grecs parmi les auteurs cités. On remarque le nom de Zoroastre mêlé à celui de Démocrite. Dans les noms qui se lisent dans la préface, on ne voit que celui de Démocrite figurer parmi ceux qu'on trouve dans Columelle.

Rapporterons-nous aux agronomes grecs Kastos le Roumi (le Grec), dont il ne reste que les fragments qu'on a cités de lui ? Plus loin, nous reviendrons sur ce nom.

L'agriculture chez les Romains fut, comme on le sait, en très-grand honneur, surtout dans les premiers temps de la république. Mais l'agrandissement du territoire et les conquêtes de contrées florissantes et opulentes amenèrent des richesses qui, donnant le goût du luxe, altérèrent la simplicité des mœurs primitives et firent déserter les champs pour la ville ; alors, à quelques exceptions près, la culture resta le partage des classes inférieures et des esclaves, ce que M. Munk a signalé chez les Juifs, comme nous l'avons vu.

Les traités d'agronomie des Latins se composent surtout de ce recueil connu sous le nom de *Scriptores rei rusticæ veteres latini*, comprenant ce que nous ont laissé sur la matière *Caton*, *Varron*, *Columelle*, *Palladius*, auxquels on a joint le traité de *Médecine vétérinaire* de Végèce. Pline traite aussi dans l'occasion de la culture des plantes et des arbres.

Le livre qui brille surtout parmi les écrits agronomiques des Latins est le beau poëme des *Géorgiques* de Virgile, chef-d'œuvre de poésie et d'élégance, et non moins remarquable par l'exactitude et la précision des préceptes qu'il contient.

L'histoire de l'agriculture chez les Arabes paraît pour les temps anciens se confondre avec celle des Nabathéens.

Les documents historiques nous font voir généralement les Arabes menant une vie nomade et aventureuse, plus occupés de leurs chevaux et de leurs chameaux que de la culture des champs. Pour trouver des ouvrages sur l'agriculture, il faut revenir à l'époque où vécut et écrivit Ibn-Wahschiah, c'est-à-dire au IIIe siècle de l'hégire, ou Xe siècle de l'ère chrétienne. Les principaux auteurs que nous connaissons, ne nous sont connus que par les fragments conservés par Ibn-Al-Awam. La majeure partie sont des Arabes espagnols appartenant à cette belle période de l'histoire de la Péninsule qui nous la montre si florissante pour les lettres et les arts et qui est marquée par ces monuments restés de la domination des Maures qui, aujourd'hui encore, font l'admiration des savants et des artistes.

Le traité d'agriculture d'Ibn-Al-Awam appartient à cette époque ; il paraît avoir été composé vers le VIe siècle de l'hégire qui correspond au XIIe de l'ère chrétienne. L'auteur, dont le nom complet est *Abou-Zakaria-Jahia-Ibn-Mohammed-Abou-Ahmed-Ibn-Al-Awam*, habitait Séville. Il paraît avoir eu beaucoup de goût pour l'agriculture, joignant la pratique à l'étude et à la théorie, car il cite souvent les expériences qu'il fit lui-même sur la montagne de l'Ascharf et les bons résultats qu'il en avait obtenus.

La correction du style d'Ibn-Al-Awam, dit Banqueri dans sa préface (page 5), ne permet pas de le placer plus loin que le siècle indiqué. M. Ern. Meyer fait judicieusement observer que Hadj de Grenade, cité par Ibn-Al-

Awam, écrivait dans l'an 553 de l'hégire, ou 1158 de l'ère chrétienne, ce qui précise les dates.

Le nom et l'œuvre d'Ibn-Al-Awam ne sont, à notre connaissance, cités que par Ibn-Khaldoun, dans ses *Prolégomènes* (1). On ne l'a point indiqué dans la bibliographie d'Hadji-Khalfa, que mentionne l'*Agriculture nabathéenne* d'Ibn-Wahschiah (2). L'*Encyclopédie abrégée des sciences de l'Orient,* de M. de Hammer, rappelle ce dernier ouvrage, sans rien dire d'Ibn-al-Awam (3). Ibn-Khaldoun mentionne notre auteur comme ayant fait un *Abrégé d'agriculture nabathéenne* dans lequel il avait retranché toutes prescriptions superstitieuses et talismaniques. Disons pour être vrai que tout n'a pas été retranché, mais la plus grande partie, ce qui est déjà beaucoup.

Les manuscrits de l'ouvrage paraissent aussi être peu nombreux. Nous connaissons celui de la bibliothèque de l'Escurial, sur lequel Casiri s'est longuement étendu, et qui a servi à Banqueri (4), un second dans la bibliothèque de Leyde, cité par Ern. Meyer, d'après Wustenfeld. La bibliothèque impériale de Paris ne possède que la première partie inscrite sous le n° 912, A. F.

L'œuvre d'Ibn-Al-Awam se compose de trente-quatre

(1) Ibn-Khaldoun, *Prolégomènes*, 3e partie, p. 120, t. XXVIII des *Notices et extraits*.

(2) Hadji-Khalfa, t. IV, p. 460, édit. Flug.

(3) *Encyclopädische Uebersicht der Wissenschaften des Orients*, in-8. Leipzig, 1804.

(4) Casiri, *Biblioth. arab. hisp. de l'Escurial*, t. I, p. 322, suivant Ern. Meyer, *Geschichte der Botanik*, t. III. p. 268, note.

chapitres et se divise matériellement en deux parties ou volumes. La première comprend les seize premiers chapitres; la seconde comprend le reste depuis le chapitre XVII jusqu'à la fin. On pourrait aussi méthodiquement faire une autre division en deux parties, indiquée par l'auteur lui-même. La première irait jusqu'au chapitre XXX inclusivement, renfermant tout ce qui tient à la culture du sol, et la seconde ce qui a trait à l'élevage du bétail, aux chevaux, à la basse-cour et aux abeilles: un chapitre XXXVe, sur les chiens, avait été promis, mais il paraît être resté à l'état de projet sans avoir jamais été écrit. Cette œuvre a pour titre : *Le livre de l'agriculture Kitalb-Al-Felahah* (1), tout simplement. Ce n'est point un traité didactique écrit avec méthode, mais la réunion des meilleurs préceptes d'agronomie extraits des auteurs qui ont précédé, Nabathéens, Grecs, Latins, Arabes ou autres. Ainsi le lecteur y trouve le résumé de tous les systèmes d'agriculture anciens. C'est, comme l'a très-bien qualifié M. A. Passy dans son rapport du 17 juillet 1859 à la Société impériale et centrale d'agriculture de Paris, une véritable *Maison rustique*. Quand nous parlons de l'absence de méthode, nous entendons dire par là que l'auteur s'est contenté de transcrire les divers passages

(1) *Felahah*, nom d'action du verbe *falah*, dont le sens primitif est *rumpere*, rompre. Appliqué ensuite au travail de la terre, il a pris le sens de *colere*, *cultiver*, et le cultivateur a été nommé *fellah*. Il en a été de même chez nous: le mot *rumpere*, pris aussi dans le sens de *cultiver*, a produit le mot *ruptura*, duquel on a fait *roture* et *rupturarius*, *rotuier* ou cultivateur. (Voy. *Gloss. Ducangee*, v° RUMPERE.)

nécessaires à son sujet, les plaçant les uns à la suite des autres sans s'inquiéter s'il y avait ou non des répétitions. Dans quelques endroits même, l'auteur nous dit qu'il a voulu répéter plusieurs fois la même chose pour prouver le commun accord des auteurs sur le principe. Vers la fin surtout nous trouvons une association des choses les plus disparates, ce qui ne doit point trop nous surprendre, car c'est ainsi que procèdent presque toujours les écrivains arabes, négligeant la méthode. Ce défaut de méthode se remarque aussi dans les *Géoponiques*. Les écrits des Latins Varron, Caton, Columelle et Palladius sont plus méthodiques. Si l'on retranchait de la compilation d'Ibn-Al-Awam les répétitions inutiles, on en réduirait de beaucoup le volume.

Cependant on ne peut pas dire qu'il y ait ici absence complète de méthode; il y en a une générale. En effet, l'auteur commence par les généralités : la nature des terrains, les engrais, les eaux; viennent ensuite la disposition du verger, la culture et la plantation des arbres, leur greffe et la propagation ou reproduction, la taille et l'irrigation. Nous arrivons alors à la conservation des fruits et à leur préparation. Nous ferons observer ici qu'il n'est aucunement question de la préparation du vin. La seconde partie commence par les généralités sur le labourage et les semailles des céréales et plantes de grosse culture. Le jardin potager arrive avec toutes les espèces qu'on y cultive, puis les plantes odorantes et d'agrément, et les produits et avantages qu'on peut tirer de l'économie domestique; enfin l'élevage du bétail, la basse-cour et le rucher.

Malheureusement, cette méthode générale est très-dérangée dans les détails.

Le premier chapitre, qui parle du sol en général, signale une douzaine d'espèces ou variétés de terrain; on n'en trouve pas un grand nombre dans les *Géoponiques* ni chez les Latins. L'origine de la terre végétale est basée sur une théorie admise encore de nos jours: la désagrégation des roches et leur décomposition par l'action simultanée de l'eau et de la chaleur. Les caractères et les signes auxquels on peut reconnaître une bonne terre sont minutieusement indiqués, ainsi que les moyens d'amélioration de celles qui sont mauvaises.

Le chapitre des *engrais* mérite toute notre attention. On y voit les moyens de préparer un bon nombre de *composts* dont la matière humaine est généralement la base. Ces engrais composés, qui sont aujourd'hui très-vantés, nous les retrouvons à toutes les périodes chez les Nabathéens, dans les *Géoponiques* et chez les Latins. On savait employer une terre rouge désinfectante pour neutraliser les exhalaisons nauséabondes. Chez nos Orientaux, rien n'était perdu: mauvaises herbes, cendres, balayures, eaux ménagères, etc., on tirait parti de tout. Nous voyons même recommander d'utiliser les urines quotidiennes des ouvriers. Un des principes dominants, c'était que les parties détachées d'un végétal pouvaient lui fournir le meilleur engrais. L'emploi de la marne n'était point inconnu des anciens.

Le chapitre III traite des eaux et de leurs variétés dans un sens très-général. Ces variétés sont minutieusement indiquées. Le type pour nos Arabes, c'est l'eau douce, l'eau potable, *ahdsab*, agréable à boire et exempte de toute saveur étrangère. Toute eau en dehors de ces conditions cesse d'être pure, et elle est d'autant plus mauvaise qu'elle s'en éloigne davantage.

Les irrigations se pratiquaient de diverses manières; elles étaient naturelles ou artificielles, à l'aide de machines ou *norias*. Quant à la quantité d'eau donnée, il y avait trois manières d'arroser : par *submersion*, l'eau couvrait alors le sol jusqu'à l'absorption, ensuite en laissant librement circuler l'eau au pied des arbres ou au milieu des semis, et enfin en la distribuant sur la plante au moyen d'un arrosoir ou tout autre instrument équivalent. Des *carreaux relevés*, encore aujourd'hui en usage, et des rigoles favorisaient la distribution des eaux.

A ce chapitre est rattaché le creusement des puits, la manière d'expulser les gaz méphitiques, et les procédés pour niveler le terrain et régler les pentes pour la dépense des eaux.

Avant de parler de la culture des arbres et des plantes, disons quelques mots des idées des Orientaux sur la physiologie végétale.

L'arbre était, suivant l'*Agriculture nabathéenne*, un homme renversé ; la racine ou le tronc répondait à la tête humaine, et les branches aux bras et aux jambes. En effet, persuadés que le végétal tirait sa substance du fond du sol, ils voyaient dans le tronc par les racines s'opérer l'attraction et l'assimilation des sucs nourriciers, comme dans les parties supérieures du corps humain. Pline assimile l'arbre à l'animal, parce que, chez l'un et l'autre, il y a la peau, la chair, les veines, le sang, les nerfs, la moelle; l'écorce est la peau (Plin., XVII, 72). Kazwini n'établit de comparaison entre l'homme et l'arbre que par les feuilles, qui sont à l'arbre ce que les cheveux sont à l'homme. Les Orientaux connaissaient la circulation de la séve ou de l'eau, attirée par la racine en vertu de la force attractive et de l'*âme végétative* ou *naturelle*, ψυχὴ βοτανική des Grecs. Pendant l'hiver, le végétal était à l'état de sommeil ; mais Théophraste dit que, dans cette saison, les arbres sont *prægnantes* (à l'état de gestation) pour enfanter au printemps, *tempore verno pariunt* (*Caus. plant.*, I, 14).

Si les Orientaux et les anciens en général donnaient aux arbres une *âme végétative*, ils semblaient aussi leur accorder une *âme sensitive* par les sympathies et les antipathies qu'ils disaient exister entre eux, sympathie portée jusqu'à l'amour et le dessèchement par le chagrin causé par l'absence de l'arbre aimé (*Géop.*, X, 4).

La différence des sexes était connue des auteurs cités par Ibn-al-Awam, d'abord quand elle était aussi palpable que dans le palmier et le figuier ; pour eux encore, quand deux espèces présentaient de l'analogie, la plus forte était prise pour le mâle et la seconde pour la femelle.

Nous trouvons dans l'*Agriculture nabathéenne* une division astrologique des plantes qui prouve bien son origine chaldéenne. Ainsi, les plantes sont dites *lunaires* ou *solaires*, suivant qu'elles sont sous l'influence plus directe du soleil et de la lune. Mais en même temps aussi subissent-elles l'influence de l'une des sept planètes connues des anciens, de telle sorte qu'on trouve toujours l'action simultanée de deux influences astrologiques; ainsi, la pastèque est sous l'influence de la lune et de Mars, et la vigne sous celle de Jupiter et de Vénus (*Agr. nab.* mss. 143, fol. 149).

Nous ne trouvons dans Ibn-al-Awam aucune division méthodique ou scientifique des arbres, mais une division pratique et utilitaire. Ainsi, les arbres sont fruitiers ou non; ils sont utiles par leurs bois ou par leurs fleurs. Par arbres fruitiers on entendait ceux qui donnaient des fruits comestibles. On ne voyait point un fruit dans ceux qui ne donnaient que des chatons, comme le saule, ou de petites graines sèches, comme l'orme.

Les chapitres V et VI, qui forment comme une espèce de prodrome pour la culture des arbres, traitent des moyens de propagation par semis, boutures, pieds éclatés, marcottes en vase ou entonnoirs; enfin, nous rencontrons presque tous les moyens de multiplication actuellement usités. Le chapitre VI parle de la plantation du jeune arbre arrivé à l'état normal ou convenable pour être replanté. Les soins les plus minutieux sont indiqués. On comprend aussi que les Orientaux devaient tenir compte dans ces opérations des phases de la lune. Ainsi, il faut planter quand la lune est croissante, et fumer dans le déclin (*Géop.*, *I*, 6). Les Occidentaux eux-mêmes partageaient ces erreurs; aujourd'hui encore elles trouvent des partisans.

Notre *Maison rustique* donne la culture de cinquante et

une espèces d'arbres, ce qui forme un des plus longs chapitres. On ne voit pas que l'auteur ait suivi un ordre particulier.

L'olivier se trouve en tête, sans doute à cause de la grande utilité qu'on en tire. Les espèces dans les fruits sont peu variées; elles le sont beaucoup moins que chez les Latins, puisque M. Fée, dans ses *Notes sur Pline*, a relevé vingt-quatre espèces de pommes, trente-sept de poires, et douze espèces de prunes (*Pline*, t. IX, p. 468 et suiv., édit. Panck.). Il y a loin de ces chiffres à ceux aujourd'hui connus.

La détermination des noms des arbres est, en somme, assez certaine et exacte; cependant il en est quelques-uns dont il serait difficile d'affirmer l'exactitude. Ce sont généralement les espèces les moins connues et les moins usuelles. Le *sebesten* ou *sebestier* nous laisse dans cette incertitude; il est cité parmi les arbres et parmi les plantes ou arbustes; Banqueri dans le premier cas traduit par *serbal* (sorbier), et dans l'autre il conserve le mot de sebestier. M. Ern. Meyer signale aussi la difficulté d'arriver ici à une détermination exacte (*Botan. Geschichte*, III, 74). Le *Caphira* ou *Dolb* comprend aussi deux espèces bien distinctes: le bois de la première est une matière tinctoriale, et la seconde est le *platane*. Une grande cause d'embarras, c'est que le même nom s'applique à des espèces complétement différentes, selon le pays dans lequel on se trouve. Ainsi, *idjaç* est, pour le vulgaire des Arabes du Magreb, la *poire*, et pour les Levantins la *prune*; *qerasia* sera pour les Égyptiens une *petite prune noire*, et pour les autres la *cerise;* au surplus, chaque article est accompagné d'un essai de synonymie.

Le système de culture et de plantation pour chaque espèce est minutieusement indiqué, de même que les natures de terrain et les espèces d'engrais. Ces indications ont déjà été données à la suite des chapitres généraux, mais elles sont encore ici répétées avec détail, ce qui grossit singulièrement le volume.

La présence de la *canne à sucre* parmi les végétaux cultivés en Espagne donne une date précieuse pour l'époque de son apparition en Europe, qu'on devra joindre au document fourni par M. Reinaud sur l'époque de sa culture dans la Susianne, aujourd'hui le Khouzistan. Les auteurs cités sont des Espagnols, car l'*Agriculture nabathéenne*, ni les *Géoponiques*, ni les Latins ne parlent de la canne à sucre.

Nous ferons aussi remarquer que si, à l'article du mûrier, il est question de la manière de cueillir les feuilles pour les donner au ver à soie, il n'est pas dit un mot de l'éducation de ce précieux insecte.

Le *rosier* était très-cultivé chez les Orientaux, qui étaient passionnés pour son odeur. On connaît aussi leur habileté pour la préparation de l'essence de rose dont ils font de nos jours encore un si grand usage. On comptait plusieurs variétés de rose, et notamment la double et la simple, ou *rose à cinq feuilles* ou pétales. Celle-ci était préférée pour la distillation, comme nous le verrons plus loin. Il est encore quelques autres espèces indiquées, telles que cette rose bleuâtre ou violacée à l'extérieur, et jaune en dedans, ce qui ferait supposer une fleur étrangère à la rose.

La *rose bleue*, cette chimère de l'horticulture, était recherchée déjà du temps des Arabes; c'était aussi un de leurs rêves.

Les *Géoponiques* (XI. 18) indiquent la manière de forcer les roses pour avoir des fleurs précoces. Nous n'avons point remarqué que ce procédé fût indiqué par les Arabes; peut-être l'ignoraient-ils.

La *vigne* surtout fut l'objet de soins tout spéciaux chez les Orientaux. Sa culture est décrite fort au long dans un grand article qui en traite très-minutieusement, et en outre, toutes les fois que l'occasion se présente d'en parler, l'auteur ne la laisse point échapper. Il en est de même dans l'*Agriculture nabathéenne*, où ce sujet occupe un long espace. Cet article, publié à part, pourrait peut-être avoir son utilité pratique.

La fréquente mention de la vigne dans l'Ancien et le Nouveau Testament, la grappe miraculeuse rapportée par les explorateurs envoyés par Josué, le mont Carmel tirant son nom de celui de la vigne *Karm*, tout cela prouve combien cette culture avait pris d'extension. On cultivait la vigne de diverses manières, mais on la faisait surtout monter sur les arbres ou sur des berceaux, et on savait la greffer.

Les *Géoponiques* comme les Latins s'étendent beaucoup sur la culture de la vigne.

Mais si les Orientaux cultivèrent la vigne dans de vastes proportions, nos Arabes, auxquels l'usage du vin était interdit, ne disent rien de sa préparation. Abou-Thaleb, qui paraît avoir été l'éditeur de l'œuvre d'Ibn-Wahschiah, rapporte que dans l'exemplaire original ce dernier avait laissé en blanc ce qui avait rapport à la préparation du vin. Nous reviendrons sur ce fait.

Notre auteur, après avoir parlé de la reproduction des arbres et de leur plantation dans le verger, passe à la manière de les entretenir et aux soins à leur donner. Il parle d'abord de la *greffe*. Ce chapitre est remarquable par les espèces de greffes indiquées. Les Grecs et les Latins en nomment trois : en *fente*, en *couronne* et en *écusson;* mais chez nos Arabes on en trouve huit. La précaution indiquée par l'*Agriculture nabathéenne* d'établir au-dessus de la greffe un vase plein d'eau, qui, s'échappant goutte à goutte, contribue à entretenir la fraîcheur et empêche la greffe de se dessécher, pratique précieuse pour les contrées brûlantes de l'Orient, qui n'a point échappé à la sagacité de M. Meyer (III, 264).

Nous ne parlerons que pour mémoire de ces greffes hétéroclites, si antipathiques à la physiologie végétale, dont la science a depuis longtemps fait justice, et que le législateur des Hébreux, Moïse, avait défendues. Que dire aussi de ces pratiques si grossièrement immorales qui ne sont reproduites que pour conserver l'intégrité du texte?

Ibn-al-Awam reprend ensuite, dans des chapitres spéciaux, les principes relatifs à la culture du terrain et sur les époques de l'année les plus convenables pour la faire; il parle des bêchages, des binages et du déchaussement des arbres; il en signale tous les avantages. Il traite de même aussi avec beaucoup de détails des irrigations et des meilleurs modes de les pratiquer. Un chapitre est également consacré à la taille des arbres, mais cette taille se borne au retranchement des branches inutiles; les Orientaux n'ayant point, comme chez nous, d'arbres en espaliers ni en quenouille, n'avaient pu pousser bien loin la taille des arbres.

Dans cette partie, nous trouvons la fécondation *artificielle,* appliquée surtout au palmier à l'aide de la spathe mâle, et au *figuier* par le fruit du *caprifiguier.* Elle est assez minutieusement décrite et la cause efficiente bien indiquée. L'*Agriculture nabathéenne* et Pline en parlent aussi; ce procédé était donc généralement connu.

Nous ne parlerons point des procédés superstitieux indiqués pour rendre les arbres plus fertiles et les fruits meilleurs. Nous laisserons aussi de côté ces recettes à l'aide desquelles on pourrait communiquer au fruit la saveur et le parfum qu'on voudrait, et même le rendre purgatif, si réellement on le désirait. Que dire aussi de la vigne de la *thériaque* ou vigne *gibbeuse* des Nabathéens, cette vigne qui, dans les divers traités d'agronomie, occupe tant de place, et qu'on recommande si instamment de planter dans tout établissement rural?

Un chapitre qui mérite de fixer l'attention, c'est celui qui traite des maladies des arbres et de la vigne, et des moyens de les prévenir ou de les guérir. Les principales de ces maladies, aujourd'hui encore connues, sont traitées avec grand soin; ce sont, particulièrement pour la vigne : *l'ictéritie* ou *jaunisse*, le *rougeau*, la chute des feuilles, cet *oïdium* qui, depuis quelque temps, a eu tant de retentissement, et les effets des gelées printanières avec les divers moyens de les prévenir, tels que la fumigation, ou brouillard de fumée, qu'on a donné comme une découverte moderne. Enfin, on peut compter une dizaine de maladies prévues, et presque toutes sont décrites dans l'*Agriculture nabathéenne.* Il est question aussi des insectes et des charançons qui attaquent la vigne et qui lui sont si nuisibles.

Le chapitre XVI traite de la conservation des fruits et semences de toute espèce et même de celle des céréales et des graines alimentaires, bien qu'il n'ait point encore été parlé de leur production. L'économie domestique pourra y gagner des procédés qui permettront d'avoir, pendant tout l'hiver, à l'état de fraîcheur, des fruits de toute espèce. Le mode de cueillir, les soins pour le rangement dans le fruitier et les précautions ultérieures sont minutieusement indiqués; la partie qui traite de la conservation du raisin à l'état frais ou sec mérite surtout d'être lue.

Ce sur quoi nous appellerons plus spécialement l'attention des agronomes, c'est sur la conservation des céréales, qui avait lieu, comme nous l'apprend Varron (I, 67), « soit » dans des greniers bien aérés (dont Ibn-al-Awam donne » la description à la suite de la culture des céréales); » soit, comme dans la Cappadoce ou la Thrace, dans des » cavernes souterraines appelées *seiros* (ou silos) : soit, » comme en Espagne, chez les Carthaginois ou les Osques, » dans des puits creusés exprès et bien garnis de paille. »

Ce dernier mode de conservation ne peut être utilement tenté que dans les contrées sèches et chaudes. Il ne faut point confondre ces silos avec les caves ou greniers souterrains pavés et couverts dont parle Columelle (*De re rust.*, I, 6 et suiv.). Nous ne voyons pas que les *Géoponiques* fassent mention des silos, mais l'*Agriculture nabathéenne* (II, 336) parle bien nettement des fosses creusées pour y mettre le froment en réserve.

Nous arrivons à la grosse culture, à celle des champs. On pratiquait cette culture soit à la houe, soit à la charrue. Le premier mode était employé plus spécialement pour les arbres et les jardins, et le second pour les terres des champs ou grosse culture. Les petits mouvements de terre étaient exécutés avec la binette, le râteau et autres instruments dont nous avons relevé les noms, lorsqu'ils se sont présentés. Vers la fin du chapitre XXX, on voit la description d'une herse, *modjared*, traînée par bœufs, et celle d'un rouleau armé de dents ; mais ces instruments paraissaient destinés à briser les mottes et à niveler le terrain.

Nous ne voyons nulle part la description de la charrue ; cependant, de ce que nous lisons on en conclura qu'elle avait beaucoup d'analogie avec l'araire des Latins, tantôt armée d'une simple pointe de fer et tantôt pourvue d'un soc de fer assez fort pour plonger dans le sol et ramener la terre du fond à la surface. Certains passages porteraient à penser que parfois la charrue était pourvue d'un *versoir* (1).

(1) Les charrues qu'on voit à l'exposition de l'Algérie peuvent fournir des modèles de charrues orientales.

La culture à la charrue s'appelait *qalib,* en espagnol *vuelta* (*retournement*). Il y avait trois labours principaux avant de semer, puis un quatrième pour les semailles. Le premier s'appelait *labour pour casser* ou pour fendre, le troisième s'appelait labour *pour ouvrir*, parce qu'en le pratiquant on ouvrait des raies non contiguës, mais séparées par des intervalles. Le labour dit *retaliah* était le contraire de ce dernier, parce que les raies qu'on traçait alors étaient contiguës ou très-rapprochées. Le labourage dit de *chaleur* ou culture *énergique* devait comprendre au moins trois labours.

Nous retrouvons chez les Latins ces quatre labours usuels sous les noms de *proscindere, iterare* ou *offringere; tertiari* ou *revertere* et *lirare,* quatrième labour pour semer (Var., I, 29).

Nos laboureurs de Champagne et de Brie pratiquent encore ces labours sous les noms de *sombrer*, *recasser, recouler* et *semer.*

Ces labours, au nombre de quatre, étaient la préparation la plus habituelle qu'on donnait à la terre; mais dans certains cas et pour certaines plantes ces labours étaient beaucoup plus multipliés, puisque dix labours sont prescrits pour le sol qui doit recevoir la graine du cotonnier.

Le système des *jachères* paraît avoir été connu de nos Arabes, et leurs dispositions à cet égard se rencontraient avec celles des Grecs et des Latins, de même que la distribution des labours. Ainsi, la jachère ou mise en culture était le *novale* des Latins (Plin., XVIII, 49), νέασις ou νεατή des Grecs. La terre qui avait produit l'année précédente le *restibilis* latin était le *houtam* des Arabes, et si le sol avait produit deux années de suite, il était dit *houtham barideh*, *houtham froid*.

L'auteur, en rappelant l'*Agriculture nabathéenne*, les Arabes espagnols Junius et Varron, fait, comme pour tout le reste, passer sous les yeux de ses lecteurs les divers systèmes professés dans leurs écrits.

Les céréales ou graines plus spécialement cultivées étaient le blé, l'orge, le riz, le millet, le panic, le sésame. La grande culture comprenait aussi diverses légumineuses, telles que fèves, lentilles, pois, haricots, etc.

Les noms génériques et les espèces types du froment (*hintha*) et de l'orge (*schahir*) ne font point de doute. Ce qui présente de la difficulté, ce sont les noms des espèces qui s'y rattachent; sous ces noms mal fixés, nous devons rencontrer le *spelta* des Latins, le *koucemet* de la Bible, l'*épeautre, triticum spelta*, Linn., qui, suivant les auteurs, était le *far* si estimé des Latins, la petite épeautre ou *triticum monococum*, Linn. Peut-être aussi le seigle, le *schiphon* des Juifs, se présenterait-il sous le nom d'*iskilia*, cité par Ibn-Beithar.

Pour l'orge, deux noms viennent nous embarrasser; ce sont les noms *thourmaki* et *houschaki* de l'*Agriculture nabathéenne*, dont l'un nous renvoie au *chondros* des Grecs déjà cité dans les noms des blés. Peut-être dans ces deux noms devra-t-on voir le *zéocrithon* (orge-riz) et le *gymnocrithon* (orge nu) des Grecs. C'est une de ces questions qui exigent une étude approfondie qui dépasserait nos limites, mais sur laquelle nous espérons revenir.

Nous ne voyons point ce qui pourrait rappeler l'*avoine* dont les Juifs nous parlent sous le nom de *schwal* ou de *schiboleth* (*Mischna*, *Kelaïm*).

Comme de nos jours, le froment était divisé en trois qualités: la première ou tête, la moyenne et la qualité inférieure; le rendement en farine était constaté suivant chaque qualité. Les Nabathéens eux-mêmes savaient bien dire que le grain de bonne qualité est renflé, pesant, lisse, consistant, d'une nuance tirant entre le jaune et le roux, mais que cette dernière nuance était dominante. Les diverses autres nuances étaient bien signalées et la couleur brune était un indice défavorable.

La moisson devait se faire quand les céréales prenaient une teinte jaune claire passant au blanc. Le froment ne devait point être complétement mûr, mais avoir encore une certaine humidité séveuse, pour qu'il ne s'égrenât point. Il fallait travailler à la fraîcheur et rentrer le grain ou le porter sur l'aire avant la grande chaleur du soleil. Les *Géoponiques* (II, 25) disent à peu près la même chose. Les moissonneurs devaient toujours être gais et de belle humeur.

On faisait sortir le blé de l'épi, soit avec le fléau, soit en faisant passer dessus des animaux qui le piétinaient, soit à l'aide de rouleaux. C'est ainsi qu'on procédait en Palestine, où la moisson commençait aussi par l'orge (Munk, *Palest.*, 360, 361).

Nous ne répéterons point ici, avec l'auteur, les prescriptions déjà indiquées pour la conservation des grains, ni les moyens sérieux ou superstitieux pour la rendre plus certaine et éloigner les animaux nuisibles.

Nous croyons intéresser nos lecteurs en leur présentant la comparaison des quantités en moyenne de froment et d'orge employées pour la semence chez les Arabes, chez les Latins, dans le Sayd d'Égypte et chez nous. Voici les chiffres obtenus et ramenés au système décimal.

Suivant les Arabes, on employait pour un *mardjah* de terre ou 5 ares 28 centiares, depuis 1/3 jusqu'à 2/3 de *qadah*, ce qui donnerait par hectare de 65/12 de qadah à 12 1/6, ou de 53 litres 40, à 107,22, par hectare, le *qadah* ou *ferk* valant, suivant M. Vasquez Queipo, 8 litres 263, et le mardjah 5 ares 28 (*Lettre de juillet* 1862).

Les Latins employaient de 4 à 5 *modii* par *jugère*, ce qui ferait pour un hectare de 15 3/4 à 19 3/5 *modii*, c'est-à-dire de 136 litres à 169, la *jugère* valant 25 ares 40, et le modius 8 litres 63 (Colum., II, 94.— Pallad., *Mart.*, III, 2. — Paucton, *Métrologie*, 513 et suiv.).

Dans le Sayd, on sème par *feddan* un demi-*ardeb* ou 92 litres, ce qui, par hectare, donne 155 litres 12, et par mardjah 8 litres 26, à peu près un qadah, le feddan valant 59 ares 29, et l'ardeb 184 litres (*Descript. Égypte*, édit. Panck., t. VIII).

Pour l'*orge*, on employait chez les Arabes pour un mardjah, depuis un demi-qadah jusqu'à un qadah, ou 9 3/5 jusqu'à 19 1/5 qadah par hectare, c'est-à-dire de 79 litres à 158, et chez les Latins, par jugère, six *modii* ou 31 litres, ce qui fait par hectare 23 3/5 modii ou 202 litres.

Dans le Sayd en Égypte, on emploie 2/3 d'un ardeb

d'orge, ou 122 litres pour un feddan, ce qui donne 206 litres 81 par hectare, ou 10 litres 50 par mardjah.

Chez nous, on emploie en moyenne, quand on sème à la volée, de 200 à 250 litres, suivant la force du terrain. Les agronomes font observer que plus on sème tard, plus aussi il faut de semence, et que si l'on semait en ligne 150 litres suffiraient, ce qui prouve l'avantage d'employer le semoir.

Paucton (*Métrologie*, p. 513) nous apprend que dans les terres des environs de Paris ou dans l'Ile-de-France, on semait 8 1/2 boisseaux de blé par arpent, ce qui fait en litres 110,50, le boisseau valant 13 litres. L'arpent de Paris valait 34 ares 19 ; on aurait donc pour un hectare 15 litres 53, 311 litres 50, et pour un mardjah 15 litres 58. Cette mesure répond à une *ouvrée* ou *fête*, expression usitée encore chez nos laboureurs.

La panification chez les anciens était beaucoup plus avancée qu'on ne le croit communément. Nous trouvons ici des prescriptions très-minutieuses pour le choix de la farine, la préparation du ferment ou levain, et la manipulation ou pétrissage. Il est recommandé d'introduire dans la pâte de l'huile d'amande douce et du sel. La composition du pain du roi Ariha, dans lequel à l'huile et au sel on ajoutait du raisin sec, était un véritable *plum-pudding*.

Athénée nous apprend que les Grecs connaissaient diverses espèces de pain, sur lesquelles il s'étend assez longuement. Dans le nombre il s'en trouve un dans la composition duquel entrait du lait, de l'huile et du sel, et qui était très-usité en Cappadoce ; les Syriens le connaissaient sous le nom de *lachman*, nom chaldéen qui signifie *gâteau, pâtisserie* ; c'est presque notre pain au lait. Pline cite également plusieurs espèces de pain, mais il se montre moins gastronome qu'Athénée (1).

Nous ferons observer que l'extrait principal d'Ibn-Al-Awam sur cette matière est tiré de l'*Agriculture nabathéenne*, qui déjà proclamait que le meilleur système de mouture est celui effectué par les moulins à eau, ensuite celui des moulins mus par les animaux, et enfin que les moulins à bras étaient les moins avantageux. Les *Géoponiques* nous parlent très-peu de la panification.

Le *ferment* ou *levain* était de la pâte aigrie avec addition recommandée de nitre ou de salpêtre et de sel. L'auteur traite cette question du ferment avec détail, et il indique aux voyageurs qui traversent le désert les moyens d'y suppléer quand il vient à manquer. Quelques observations sur l'influence exercée sur l'acte de la fermentation par les femmes et par certains individus, peuvent avoir leur intérêt pour la pratique.

Le blé de première qualité devait rendre à la mouture à peu près la même quantité en poids de farine, telle qu'elle sort de dessous la meule, c'est-à-dire avec le son. Suivant Kastos le Roumi (le Grec), si l'on prend dix livres de blé de bonne nature, qu'on passe la farine au tamis, il y a, par la cuisson et la panification, perte totale 3/20. Florentinus dans les *Géoponiques* (II. 32) dit la même chose.

(1) Athénée, *Deipnosoph.*, l. III, p. 112 et suiv., édit. de Casaubon. — Plin., XVIII, c. 23.

L'*Agriculture nabathéenne* dit que la farine tamisée de 22 livres de froment de première qualité rend 17 livres de pain, ce qui modifie la proportion et l'amène à 22,50 pour 100 de perte.

La même *Agriculture nabathéenne* nous apprend aussi que la farine, par la panification, gagne en poids le quart, ou bien 1/5e et 1/20e ; ainsi 100 livres de farine doivent rendre 125 livres de pain ; quelquefois, dit l'auteur, on obtient davantage ; aujourd'hui 100 kilogrammes de farine donnent 130 kilogrammes de pain, ce qui ne diffère point d'une manière bien notable et peut venir du perfectionnement dans les procédés pour la mouture, évidemment bien moins parfaits chez les populations de la Babylonie que chez nous.

Nos Arabes, ainsi que les anciens, connaissaient plusieurs manières de faire cuire le pain : au four, sous la cendre, sur des plaques, et à l'ardeur du soleil. Il y avait le four appelé *tanour* par les Orientaux, et κλίβανος ou κρίβανος par les Athéniens. Le pain en provenant s'appelait κλιβανίτης ou κριβανίτης. Il y avait encore le four voûté (*furnoun*, ἰπνὸς) ; le pain qu'on y avait fait cuire était appelé ἰπνίτης. Le pain cuit *sous la cendre* (*panis subcineritius* des Latins) était le *Khoubz am'milah* des Arabes, σποδίτης des Grecs ; ce mode devait surtout être pratiqué par les populations nomades. Les *Géoponiques* seules nous parlent du pain cuit au soleil.

Le *tanour* ou *clibanus* était une sorte de vase de forme conique de terre cuite ou de métal, dans lequel on allumait du feu, et quand il était chaud on appliquait la pâte sur les parois pour la faire cuire ; c'est la description que nous ont donnée Niebuhr et M. Munk (1). Il y a lieu de croire que cette forme, qui fut celle primitive, se modifia ensuite, et qu'on se servit d'un vase de fonte de forme conique, dans lequel on plaçait, comme le dit notre texte, une chaudière d'argile ou de fer contenant la pâte. Suivant le P. Hardoin dans sa note sur Pline (XVIII, 37), l'appareil aurait été disposé de façon à recevoir le feu en dessus et en dessous, ce qui le fait comparer par le savant annotateur à une *tartière*, et pour nous ce serait une sorte de four de campagne recouvrant une chaudière ou *coquelle* posée sur le feu. C'est là effectivement le seul moyen d'obtenir ce pain *klibanitès*, le meilleur de tous (2).

Le four voûté (*furnus*) devait certainement être fait comme les nôtres, ainsi que le prouvent ceux qu'on met à découvert dans les fouilles de Pompéi.

Le pain cuit sur les *plaques* nous rappelle ce pain nommé *obelias*, dont parle Athénée (3), qui était cuit sur des plateaux de fer sillonnés de stries simulant des *broches* (ὄϐελοι) ; le commentateur les compare à des *gaufres* ou des *oublies*, nom véritablement d'origine grecque.

(1) Niebuhr, *Description de l'Arabie*, t. I, p. 71.—Munk, I, *Palestine*, p. 372 et 373.

(2) Hérodote dit (l. II, ch. 92) que les Égyptiens se servaient du clibanos pour faire cuire le *papyrus* (*Arundo paryracea*, Linn.) ; il ne pouvait, dans ce cas, différer de celui dont parle Ibn-al-Awam, le *tanour* perfectionné, autrement on ne comprendrait pas de résultat possible.

(3) Athénée, *Deipn.*, p. 111, édit. Casaub.

L'*Agriculture nabathéenne* nous a transmis les moyens de rendre comestibles un très-grand nombre de substances que nous sommes loin de soupçonner susceptibles de donner un produit alimentaire. Les fruits pulpeux, toutes les espèces de poires et de pommes, les cucurbitacées, les noyaux les plus durs, sans même en excepter celui de la datte, devaient céder à l'énergie du procédé employé et fournir du pain dans les cas de disette.

Pour donner de la consistance à la pâte et suppléer au gluten manquant, on devait ajouter de la farine d'orge ou de froment. Il paraît peu surprenant que dans ces régions brûlantes, où souvent les récoltes peuvent manquer, on ait essayé d'y suppléer en recourant à diverses substances; mais ici il y a bien lieu de croire aussi que, comme ailleurs, l'imagination orientale en aura allongé la liste par des substances véritablement réfractaires aux procédés décrits. Cependant il ne faut pas trop se presser de rejeter ces documents; il se pourrait que dans un cas donné on tirât bon parti de quelques-unes de ces substances, notamment du gland du chêne commun, en lui enlevant son âcreté.

A la suite des céréales vient un groupe comprenant des plantes qui sont habituellement cultivées en grand dans les champs; ce sont les plantes textiles, les plantes oléagineuses, les plantes tinctoriales, quelques plantes fourragères et des légumineuses.

Les plantes textiles comprennent le coton, le lin et le chanvre. Parmi ces trois plantes c'est le cotonnier qui doit, en ce moment surtout, fixer le plus notre attention.

L'auteur a renvoyé le cotonnier parmi les plantes herbacées à cause du *Gossipium herbaceum*, Linn., le plus généralement cultivé, quoiqu'il parle aussi du cotonnier en arbre (*Gossipium vitifolium*, Linn.). Kazwini a adopté ce classement ; l'importance de la matière nous avait porté à publier précédemment cet article dans le *Bulletin de la Société d'encouragement*. En effet cet article, comprenant les systèmes de culture usités en Babylonie et en Espagne, devait nécessairement fournir des renseignements utiles pour la culture du coton dans les possessions françaises en Afrique.

Il est à remarquer que, si l'*Agriculture nabathéenne* parle de la culture du cotonnier avec beaucoup de détails, les *Géoponiques* n'en disent pas un mot, non plus que les *Rei rusticæ scriptores*. Cependant le *gossipium* était connu de Pline; Théophraste en parle sous le nom de Δένδρον εριοφόρον (Plin. XXIX, 2, et Théophraste, *Hist. plant.*, IV, 19).

La culture du lin et du chanvre est indiquée avec soin, ainsi que les procédés pour le rouissage et l'obtention de la filasse.

Dans le même groupe se trouvent quelques plantes fourragères et notamment la *luzerne*.

Le pavot a aussi son article; on en tire, dit l'auteur arabe espagnol, l'*opium*, sans dire de quelle manière on opérait. L'*Agriculture nabathéenne* donne le procédé pour faire de la graine de pavot un pain qui puisse servir en cas de disette.

Parmi les légumineuses on remarquera les nombreuses variétés de haricots alors connues.

La garance, l'indigo et le carthame figurent dans ce groupe avec la manière d'extraire le principe colorant.

Nous arrivons à la culture des *jardins* dans lesquels on trouvait les légumes maraîchers ou *verdures*, les cucurbitacées, les plantes aromatiques, celles d'ornement et celles qui peuvent fournir des produits pharmaceutiques.

En première ligne on voit les soins à donner pour la bonne disposition du terrain, les modes de culture et de fumure qu'il exige.

Un premier groupe est formé de la laitue, de la chicorée, du pourpier, du chou-fleur ou *qounnabit*, traduit assez à tort par *soldanella* dans Banqueri, etc. Un groupe suivant est composé spécialement des légumes à racines et des plantes bulbeuses ; nous y voyons une manière très-intelligente de cultiver l'oignon par les Siciliens.

Les cucurbitacées sont, on ne voit point pourquoi, appelées *les fleurs*. Les espèces en étaient assez nombreuses ; elles comprennent les melons, les pastèques, les courges et les concombres dans toutes leurs variétés. Les soins de culture sont minutieusement indiqués. On voit que les Orientaux, ainsi que les Grecs, savaient faire leurs semis en hiver, dans des serres, pour avoir des melons hâtifs. On voit aussi qu'ils savaient établir des couches de fumier et tailler les pousses trop vives. Ces procédés étaient connus dans tout l'Orient, car Ibn-al-Awam les rapporte d'après les auteurs arabes et l'*Agriculture nabathéenne* (*Ibn.-Aw.*, II, 226 et 232, et *Géop.*, XII, 19).

Les Orientaux alors, comme aujourd'hui, prisaient beaucoup les melons et les pastèques si rafraîchissants pendant les chaleurs brûlantes de l'été. Les regrets exprimés par les Hébreux dans le désert en sont pour nous un précieux témoignage (*Nombr.*, XI, 5).

Le chapitre XXVI, des plantes qui fournissent des graines pour assaisonnements, témoigne du goût passionné des Méridionaux pour les épices, car il contient un bon nombre d'espèces, parmi lesquelles figurent le cumin, la moutarde, etc.

Nous ferons remarquer, en passant, qu'il n'y a pas un seul article qui n'indique le mode de préparation culinaire de chaque plante potagère ou comestible. On trouve des procédés qui peuvent être fort utilement employés pour enlever l'âcreté de certaines plantes, telles que l'ail et l'oignon. C'est comme un traité culinaire placé en appendice des préceptes de culture. L'action de ces plantes sur les organes de la digestion et sur l'économie animale n'est point oubliée; on en parle partout.

Viennent ensuite les plantes aromatiques; elles sont fort nombreuses; la détermination spécifique de celles indiquées sous les noms génériques de *basilic* ou de *matricaire*, est fort difficile à faire, surtout pour une radiée qui porte le nom d'*azérion*, à cause des variantes des textes dans les descriptions.

La violette, dont plusieurs variétés de couleur sont indiquées, occupe une assez grande place. Elle était cultivée aussi bien par les Nabathéens que par les Arabes et les Grecs.

La giroflée présente aussi une assez belle variété de nuances et de couleurs entre le rouge foncé et le blanc;

on en connaissait une espèce panachée. Un manuscrit (1) en cite, d'après l'*Agriculture nabathéenne*, *sept espèces*, ce qui témoigne du progrès qu'avait fait cette culture, même à cette époque. Les *Géoponiques* (XI, 12) et Pline (XXI, 14) citent le même nombre de nuances.

Les narcisses, les lis, etc., y tiennent leur place, mais il n'est rien dit de la *tulipe*, fleur turque.

La mauve se montre avec ses diverses formes utiles et élégantes; la rose trémière figure dans le groupe.

Le chapitre XXVIII traite de la culture de diverses plantes dont les unes ont leur utilité journalière, comme le persil, l'artichaut, le câprier et l'asperge; sous ce dernier titre, nous trouvons une association de plantes de natures toutes différentes; l'auteur indique l'asperge comme originaire de la Babylonie, où l'on en usait beaucoup pour l'alimentation. Ce n'est pas sans étonnement que nous voyons la rue (*Ruta graveolens*, Linn.) et le sumac (*Rhus coriaria*, Linn.) cultivés pour des usages culinaires.

Au milieu d'un chapitre (XXX) dont les sujets n'ont aucune relation entre eux, une véritable macédoine, comme le dit l'auteur lui-même, nous rencontrons un traité de distillation, qui nous prouve que déjà à cette époque cette industrie avait fait de notables progrès.

Deux causes avaient dû contribuer en Orient à ces progrès, les besoins médicaux et plus encore la grande passion pour les essences parfumées. On sait quelle était, dans l'antiquité, la réputation de l'Arabie pour la pro-

(1) 884, f. 5, f° 104, v.

duction des parfums; l'histoire d'Alexandre le Grand nous en fournit la preuve. Comme on ne pouvait prolonger l'existence si éphémère des fleurs odorantes, on voulut en extraire l'essence par la distillation.

L'esprit des substances aromatiques extrait et liquéfié devenait d'un usage plus facile, et les deux causes indiquées nous expliquent les soins apportés à la distillation et les résultats obtenus. Il est encore une cause qui dut influer sur le perfectionnement des appareils, l'alchimie, qui occupa tant de grandes intelligences qui plus sérieusement employées eussent prendre de meilleurs services à leurs concitoyens.

Ici nous trouvons des détails très-circonstanciés sur la composition des appareils (1), la manière de les installer, de diriger le feu, de conduire l'opération et de rectifier les produits avariés. C'est un vrai traité sur la distillation et les préparations aromatiques. Toutes ces indications pourront aujourd'hui paraître trop primitives, mais il faut se rappeler que c'est avec de tels appareils et de tels procédés qu'on obtenait et qu'on obtient encore cette essence de rose si recherchée, et presque sans rivale.

Ibn-al-Awam complète cette partie de son œuvre par la manière de préparer les vinaigres aromatisés ou de cuisine, les robs ou sirops, les vins cuits et autres recettes d'utilité domestique.

Dans la description de la distillation, Ibn-al-Awam ne

(1) Nous ferons remarquer que le mot *alambic*, qui chez nous désigne l'appareil distillatoire entier, chez les Arabes s'appliquait seulement au *chapiteau* et quelquefois au *serpentin* seul.

cite que deux noms : *Zahrawi* et *Rhazès*. Le premier, connu plus communément sous le nom d'*Abulcasis*, et dont le nom intégral est Abou'lkhacem-Khalaf-ben-Abbas (el-Andalousi) ez-Zahrawi, naquit à Zarah, en Espagne ; c'est de là que lui vient son surnom, et il mourut à Cordoue au commencement du ve siècle de l'hégire (1107). On a de lui un Traité de médecine en trente parties fort apprécié. Dans l'une de ses parties se trouve sans doute le traité de distillation dans lequel notre auteur a puisé.

Abou-Bekr-Mohammed-ben-Zakaria-er-Rhazi (Rhazès), né vers l'an 960 dans le Khorasan à Rhazi, l'ancienne *Ragès*, mourut en 311 de l'hégire ou 923 de l'ère chrétienne. Il est l'auteur d'un grand nombre d'ouvrages sur la médecine. Adonné aussi à l'alchimie, il composa un livre qui a pour titre *Kitab el-tadbir fi'l-Kimia*, livre de la direction pour l'alchimie. Ce serait, d'après Hadji-Khalfa (t. V, art. 9964, édit. Flug.), un traité complet sur la matière, rapportant les théories les plus accréditées, avec des commentaires sur les opinions opposées.

Si l'*Agriculture nabathéenne* n'est point citée pour la distillation, en revanche elle s'est occupée longuement de la préparation des vinaigres, du vin doux, du sirop de raisin et du vin cuit. Cette dernière liqueur paraît avoir été bien connue en Égypte, comme le prouve un papyrus égypto-araméen, dont M. l'abbé Bargès a donné une savante interprétation (1).

(1) *Papyrus ægypto-araméen appartenant au musée égyptien du Louvre*, expliqué par l'abbé J. J. Bargès. Paris, 1862.

Les Arabes ne se bornaient point à la distillation des feuilles de roses, qui est celle qui préoccupe particulièrement notre auteur, mais ils savaient aussi l'appliquer aux arbres résineux pour en extraire une essence camphrée ou du goudron.

Nous avons déjà parlé de ces préparations de vinaigres aromatisés et sinapisés remarquables par leur variété et leur simplicité.

Les *Géoponiques* parlent aussi de la préparation des vins doux et aromatisés (VII, 19 et suivants), Columelle (XII, 31 et suivants) parle également de ces vins ; il serait difficile de croire que les Latins, si recherchés dans leur luxe de table, ne les eussent pas connus.

Les anciens auteurs des traités d'agronomie ne croyaient point leur travail complet s'ils n'y faisaient entrer un calendrier agricole. Il est à remarquer que tous les calendriers produits par des auteurs étrangers même à l'agriculture donnent les indications des travaux des champs, comme on le voit dans Makrisi et Kazwini. Les calendriers modernes qui se publient de nos jours ont conservé la même habitude ; ainsi l'*Almanach* publié à Boulaq, en 1843, et celui publié à Constantine par Salah-Elanteri pour 1847, donnent très-soigneusement les travaux des champs.

La collection latine des *Rei rusticæ scriptores* contient l'*Almanach* de Palladius qui est très-détaillé et fort explicatif. Columelle aussi, dans son onzième livre, en a donné un qui ne l'est pas moins.

Les *Géoponiques* et l'*Agriculture nabathéenne* n'ont

point manqué de le faire ; nous aurons occasion de revenir sur ces deux derniers.

Le livre d'Hésiode qui porte pour titre *Opera et dies* n'est, en réalité, qu'une espèce de calendrier agronomique, que nous rappelons ici pour ordre.

Toutes les populations musulmanes suivent le calendrier lunaire qui était en usage du temps de Mahomet. Ils le suivent rigoureusement, sans aucune intercalation ; le Prophète l'a défendu. Par suite, le commencement de leur année varie tous les ans, jusqu'à ce qu'un cycle de trente années étant révolu le commencement de l'année arabe concorde avec le commencement de l'année solaire.

Or, les travaux ruraux étant réglés par la marche du soleil, ce calendrier lunaire devenant insuffisant, il fallut s'en écarter et en adopter un autre ; c'est le calendrier syro-macédonien qu'on a suivi en Syrie et en Babylonie. C'est celui usité dans l'ère d'Alexandre ou des Séleucides (*Art de vérifier les dates*, p. 15). Le calendrier romain est le même ; il ne diffère que par les noms des mois et quelques circonstances locales. Makrisi a suivi le calendrier copte qui est solaire, avec des mois égaux de trente jours, admettant des épagomènes ou jours complémentaires pour combler la différence. C'était celui usité en Égypte.

Ibn-al-Awam aurait sans doute cru son travail incomplet s'il n'eût donné son calendrier qui est solaire.

Il a dû le faire précéder d'un article sur le calendrier lunaire, à cause de l'influence que les phases de la lune, suivant les anciennes croyances, exerçaient sur les plantes, et par suite sur l'exécution des travaux.

On voit au commencement de chaque mois, les noms correspondants des mois latins, syriens et même persans. L'auteur, pour faire son travail, se sera aidé des publications faites avant lui ; il aura recueilli les habitudes des agriculteurs des environs de Séville. Il a donné nommément des extraits du calendrier nabathéen et du calendrier de Cordoue. Ce dernier a été publié par Libri dans le premier volume de l'*Histoire des sciences mathématiques en Italie.* Libri était mal renseigné sur l'origine de ce calendrier ; ce fut M. Reinaud qui le lui fit connaître d'une manière précise, et qui donna le véritable titre des almanachs en général : *Kitab-Al-Anoua* (*Mém. sur l'Inde,* page 359). Banqueri paraît ne point avoir connu cet almanach, ce qui lui a fait commettre quelques erreurs qu'il eût certainement évitées.

Ce calendrier d'Ibn-al-Awam et celui de Cordoue semblent devoir se compléter mutuellement. Comme l'*Agriculture nabathéenne,* le calendrier de Cordoue place les douze signes du zodiaque sous l'influence des quatre éléments ; ainsi, trois sont dits signes du feu, trois signes de l'air, trois signes de l'eau et trois signes de la terre, sans que rien puisse faire soupçonner la cause de cette division qui n'a aucune corrélation avec les saisons. Un fait encore remarquable, c'est que dans les calendriers d'Ibn-al-Awam et dans celui de Cordoue, le 24 juin, jour de Saint-Jean, est appelé *jour de l'ançarah*, nom cité aussi par Ibn-Beithar, et qu'on ne trouve nulle part ailleurs.

Ce dernier le rapporte à la fête du soleil, célébrée dans le mois persan *Mirhrimah*, qui coïncide avec notre mois de *décembre*. Le calendrier de Cordoue y voit une commémoration du miracle de Josué arrêtant le soleil. Nous ferons observer, en passant, que le mot *ançarah* en arabe, ou *accerah* en hébreu, est le nom de la Pentecôte, fête qui rappelle les éclairs qui brillèrent au sommet du Sinaï et les langues de feu qui parurent sur les apôtres ; la célébration de la fête de Saint-Jean a été pendant longtemps, et elle est aujourd'hui encore, accompagnée de grands feux connus sous le nom de *feux de Saint-Jean*.

La division des saisons admise par Ibn-al-Awam présente quelques différences avec celle usitée généralement. Ainsi pour ne point fractionner les mois il applique à la saison celui dans lequel elle y entre ; eileul ou septembre est donc le premier mois d'automne, et kanoun 1er ou décembre devient le premier mois de l'hiver.

Varron, comme le rappellent les *Géoponiques*, fait partir le printemps du VII des ides de février (7 calend. grégorien), l'été du VIII des ides de mai (8 cal. grég.), l'automne du VII des ides d'août (7 cal. grég.), et l'hiver commence le IV des ides de novembre (10 cal. grég.), division qui semble répondre à la marche des phénomènes de la végétation.

Le calendrier, tel surtout qu'on l'a connu dans l'antiquité, doit toujours se présenter accompagné d'observations météorologiques et de pronostics ; c'est aussi pour l'almanach destiné aux populations rurales un accessoire indispensable.

Ces pronostics sont ici précédés de la classification des pluies, depuis la brume la plus légère jusqu'à la pluie diluvienne et torrentielle la plus violente.

L'article des vents nous fait connaître une rose de seize vents pour l'agriculture nabathéenne, et douze seulement pour les *Géoponiques*, suivant un article de Dionysius (I, 11) ; Pline admet les mêmes divisions (II, 46), qui sont celles de Théophraste (*de Sign. Vent.*)

Ce Dionysius, à qui est attribué l'article des *Géoponiques*, aurait été, suivant les auteurs cités par Needham dans la préface des *Géoponiques*, le traducteur des vingt-sept livres écrits par Magon sur l'agriculture. Ce serait donc en réalité la division punique ou phénicienne que nous donnerait l'article de Dionysius (1).

Les phénomènes avant-coureurs de la pluie, du beau temps et des vents, occupèrent de temps immémorial les laboureurs, tous les habitants des champs, et même aussi ceux des villes.

Les pronostics étaient de deux sortes : pour un temps prochain, c'est-à-dire de la veille pour le lendemain, ou même du matin pour le soir, ou bien pour un temps plus éloigné, pour plusieurs jours, et même pour plusieurs mois à l'avance.

(1) Pline (*loc. cit.*) donne des indications curieuses sur la manière dont le nombre des vents s'est accru ; on en trouve de bien plus détaillées encore dans Saumaise, *Exercit. Plin. in Jul. Polyhistor*, p. 1246. Un *Traité abrégé d'agriculture arabe* inédit, B. I, 915, A. F. fol. 11, nous dit que les vents en soufflant, donnent lieu à trente-deux combinaisons, ce qui égalerait la rose des vents modernes.

Ces signes précurseurs appartenant au premier ordre ont quelque chose de plus certain et de plus positif que les autres, et rarement ils trompent l'observateur expérimenté. Ils semblent résulter d'un mouvement atmosphérique déjà commencé. Ainsi, on préjuge l'arrivée de la pluie ou du beau temps selon que le soleil, à son lever ou à son coucher, se montre brillant ou voilé de vapeurs plus ou moins denses, ou bien, s'il se montre trop tôt après la pluie. Le tonnerre qui gronde, l'éclair qui brille soit à droite, soit à gauche, sont des pronostics dont on tire des inductions à peu près certaines pour le temps prochain. Un couchant rouge annonce le vent pour le lendemain. La lune se montrant pure, voilée ou colorée, fournira des pronostics que l'expérience la plus vulgaire saura très-bien apprécier; pour cet astre, les pronostics se résument dans le vers technique suivant : *Pallida luna pluit, rubicunda flat, alba serenat.* Toutes ces indications, rapportées par Ibn-al-Awam, se trouvent dans Virgile, *Géorgiques*, et dans les *Géop.*, I, 2 et 3.

Les pronostics pour le courant du mois qui commence présentent beaucoup moins de certitude; ici la lune et ses phases jouent le principal rôle. La théorie sur laquelle repose l'appréciation des pronostics lunaires est bien ancienne, car elle viendrait des Nabathéens ou des Égyptiens, suivant Pline. Elle s'était si fort enracinée dans l'esprit des populations, qu'on y ajoutait la confiance la plus aveugle. Cette confiance s'est prolongée de nos jours; elle a fait la fortune de l'almanach de Liége, et un almanach sera mal accueilli par les populations villageoises, s'il ne donne la pluie et le beau temps pour tous les jours de l'année. Le développement des sciences d'observation tend à affaiblir la croyance dans l'influence de la lune sur l'atmosphère. M. Arago, dans l'*Annuaire du Bureau des longitudes pour* 1833, avait cherché à la battre en brèche; ses arguments paraissaient assez puissants, mais la croyance aux influences lunaires, semble avoir pris de la recrudescence, depuis la propagation des lois *météorologiques du maréchal Bugeaud* et les publications de M. Mathieu (de la Drôme).

Ibn-al-Awam, dans un long article, reproduit les théories de l'*Agriculture nabathéenne* et celles de Kastos le Grec. Les *Géoponiques* (I, 2) répètent les mêmes choses que l'auteur nabathéen. Dans un article attribué à Aratus, on prescrit d'observer les 3e et 4e jours de la nouvelle lune, de la pleine lune et ceux des deux quartiers. Les mêmes recommandations se trouvent dans Virgile, dans Pline et dans Théophraste. Ce sont encore les mêmes jours que l'homme du village observe aujourd'hui (1).

Les lois du maréchal Bugeaud, comme on les appelle, reposent à peu près sur le même principe. En effet, il dit que le temps se comporte *onze fois sur douze* pendant

(1) Voy. Virgile, *Géorg.*, II, 352, 437 et suiv. — Théophraste, *De signis pluviarum*, etc., p. 417, édit. Casaub. — Ibn-al-Awam, II, 451, d'après l'*Agriculture nabathéenne*. — *Géop.*, I, 2. — Plin., XVIII, et surtout les notes sur ce numéro et les suivants qui se trouvent dans l'édition Panckoucke, où sont réunis les pronostics auxquels les modernes ont le plus de confiance. — Les notes du P. Larue sur le vers 427 des *Géorg.*, p. 120, édit. in-4, *ad us. Delph.*

toute la durée de la lune, comme il s'est comporté au *cinquième jour de la nouvelle lune quand le temps est resté le même jusqu'au cinquième*, et *neuf fois sur douze, si le sixième ressemble au quatrième.* Nos villageois disent que le temps est sujet à changer le quatrième jour de la lune et aux deux quartiers.

M. Mathieu (de la Drôme) semble raisonner d'une façon plus scientifique. Il dit, il est vrai, que *les phases de la lune font la pluie*, mais il regarde en arrière et il étudie dans quelles circonstances horaires se sont accomplies ces phases et quel était alors l'état météorologique de l'atmosphère; puis, calculant les conditions des phases à venir, il annonce pour telle époque la pluie ou le beau temps, parce que le même phénomène physique s'est produit dans les mêmes conditions; on voit donc une tendance à s'écarter de l'empirisme. Ces nouvelles théories de M. Mathieu (de la Drôme) et ses publications ont déjà amené quelque résultat; elles ont porté les esprits sérieux vers des études plus régulières et plus savantes. Des observations viennent, à l'aide du télégraphe électrique, rayonner de tous les points du globe vers l'Observatoire de Paris. Elles y sont scrupuleusement recueillies, méthodiquement coordonnées, ce qui déjà permet d'annoncer quelques jours à l'avance les violentes perturbations de l'atmosphère. Un cours de météorologie récemment ouvert sous les auspices de la Société Météorologique de France et professé par un de ses membres les plus éminentes, M. Renou, tend à vulgariser les saines doctrines et à faire justice des pronostics de l'almanach de Liège.

Columelle a quelque chose de mixte dans sa manière de procéder. Il veut qu'on observe, comme le prescrit Virgile, la constellation de l'*Arcture* et les jours où brillent les *Chevreaux* et l'*Éclatant dragon* ; mais il ne veut point qu'on admette, avec les Chaldéens, que les changements de temps se fassent à des jours rigoureusement fixes. Il veut qu'on aille plus largement en agriculture; il suffit au métayer, dit-il, de savoir que l'influence d'une constellation se fait sentir un peu avant ou un peu après, ou même à certains jours de son lever ou de son coucher. Après cet exposé, l'agronome latin donne son almanach agricole, indiquant le lever et le coucher des constellations et les phénomènes atmosphériques qui les accompagnent (Col., *de Re rust.*, X, 1, 2).

Nous ne parlerons point de ces pronostics, déduits de l'état de l'atmosphère, dans certains jours qu'on rapporte aux divers mois de l'année. Ibn-al-Awam a été assez sage pour n'en rien dire. Il en est amplement parlé dans l'Agriculture nabathéenne et dans un manuscrit de la Bibliothèque impériale, qu'on dit être un extrait de l'agriculture d'Ibn-Wahschiah (1).

(1) Suivant l'*Agriculture nabathéenne*, les douze derniers jours du mois de tamouz correspondaient aux divers mois de l'année, et l'état météorologique de chacun d'eux devait être nécessairement celui du jour correspondant; ainsi le premier de ces douze jours ou le 20 de tamouz répondait au mois d'*Ab*, le 21, au mois d'*Eileul*, le 22, au mois du *premier tischerin*, etc. Le Mss., 914, A. F., fol. 29, sous le titre de *Ahlamât al-nadâ*, donne des indications fort détaillées sur la manière de prévoir à l'avance la pluie ou le beau temps, soit au moyen de linges étendus la nuit, soit au moyen de l'observation de l'atmosphère, dans certains jours correspondant aux mois.

Les *Géoponiques* (I, 4, 5, 9, 8, 9, 10) donnent les signes indicateurs de la pluie et du beau temps, de la fertilité ou de la stérilité de l'année d'après Aratus et Zoroastre. La canicule et les Pléiades y sont souvent citées.

Ces préjugés sont bien loin d'être détruits ; on pourrait en citer un grand nombre aujourd'hui encore fortement implantés dans l'esprit du vulgaire.

L'*éducation des animaux domestiques* constituait chez les anciens, comme chez les modernes, une partie essentielle de l'économie rurale. Comme chez nous, ces animaux comprenaient les espèces bovine, ovine, caprine et chevaline, auxquelles il faut joindre l'âne et le mulet. Dans l'Orient, l'élevage du chameau était une chose fort importante.

L'espèce porcine n'est mentionnée nulle part dans Ibn-al-Awam, ni dans les *Géoponiques ;* mais les Latins en ont parlé et ils ont donné la manière de l'élever (Varron, II, 4 ; *Col.*, VII, 9 ; *Pallad., fev.*, 26).

A partir de ce moment il n'est plus guère question de l'*Agriculture nabathéenne ;* on ne la voit que très-rarement citée ; l'auteur a surtout emprunté à Kastos et à Ibn-abou-Hazam. Nous trouvons plusieurs points de contact avec les *Géoponiques* et les Latins. Aristote a fourni un certain nombre d'articles extraits de l'*Histoire des animaux.* Le texte du naturaliste grec nous a quelquefois donné les moyens de rectifier celui d'Ibn-al-Awam.

Notre auteur entre dans des détails assez circonstanciés sur l'espèce *bovine.* Il traite du choix des animaux, de la reproduction, de la stabulation et de l'alimentation d'une manière satisfaisante ; bon nombre de ces principes sont suivis encore aujourd'hui par les praticiens intelligents. Le mode d'alimentation, ce point si important, est convenablement traité ; un certain nombre de maladies est signalé avec la manière de les soigner. Le besoin de saignées de précaution dans les grandes chaleurs est indiqué. Il est fait mention des vaches d'Arménie avec crinière, sans doute les *yaks, bos grunniens.*

Les espèces ovine et caprine ont été réunies en un même chapitre. L'auteur a traité ce sujet, qui pourtant a son importance, d'une manière peut-être trop abrégée; cependant les points essentiels s'y trouvent. Parmi les maladies nommées se trouve le *claveau.*

Le mouton à grosse queue n'est point oublié ; suivant l'auteur cité, cette espèce se trouvait en Arménie et en Syrie. Elle est mentionnée dans la *Bible* (*Exod.*, XXIX, 22, et *Levit.*, VII, 3). Ludolf fait mention de ce mouton, et il en donne la figure (*Histoire d'Éthiopie*, l. I, c. 10).

Si aux articles qu'on lit dans notre auteur on réunit ce que disent Pline (VIII, 72 et suiv.) et surtout Columelle (liv. VI et VII), on aura un traité complet de l'élevage du bétail chez les anciens. Les *Géoponiques* ont aussi quelques chapitres utiles, mais ce qu'elles contiennent sur cette matière est moins complet et moins suivi que dans les auteurs cités (ch. XVII, XVIII).

Les chapitres du *mulet* et de l'*âne* sont fort courts, et l'auteur n'y aborde que les choses essentielles et indispensables pour les soins à donner à ces animaux, et surtout pour faciliter la reproduction du mulet. Aristote avait réuni l'*hémione* au mulet (H. A. VI, 36). Il accorde aussi au mulet la faculté de se reproduire, qu'il paraît refuser à la mule (*ibid.* 24).

Le chapitre consacré au *chameau* n'est pas long. On voit qu'Ibn-al-Awam habitait un pays dans lequel ce ruminant ne vit point. Il donne un extrait de l'*Agriculture nabathéenne* qui prouve que ce livre en traite. Ce passage peu important n'a rapport qu'à un talisman qu'on applique au chameau.

Les *Géoponiques* parlent très-brièvement aussi du chameau, mais elles citent le chameau à une bosse et le chameau à deux bosses ou bactrien. Elles disent aussi quelques mots du *camelopardus* ou girafe.

Pline parle également des deux espèces de chameau et de la girafe, mais assez brièvement.

Le cheval. — Tout le monde connaît la passion des Arabes pour les chevaux. Le *dos du cheval est pour eux un des paradis terrestres* (1). Aussi cet animal est-il chez eux environné constamment des soins les plus minutieux; il fait pour ainsi dire partie de la famille. Dans le voyage, dans la guerre et les courses, il est mené rudement : il doit arriver, il doit vaincre, son maître le veut. Mais rentré sous la tente, il est bien récompensé de ses peines; les soins les plus empressés lui sont prodigués et lui font oublier ses fatigues. C'est un ami auquel on veut témoi-

(1) *Les chevaux du Sahara*, par le général Daumas, p. 21. On trouve dans cette publication des choses très-intéressantes sur l'affection de l'Arabe pour son cheval et sur les traditions relatives à cet animal, son caractère et les soins à lui donner.

gner sa reconnaissance. L'Arabe de la Syrie ou de l'Yémen chante sa chamelle, l'Arabe du désert chante son coursier. La belle description du cheval, qu'on lit dans Job., ch. 39, v. 19-25, prouve assez que dans les régions de l'Asie autres que l'Arabie, on faisait aussi grand cas du cheval.

L'étendue et le développement donné à cette partie de l'économie domestique prouve bien toute l'importance que lui attribuait l'auteur ; on voit qu'on a affaire à un arabe-espagnol de l'Andalousie. C'est la partie de l'Espagne la plus renommée pour ses chevaux, issus de cette belle race que les Arabes y amenèrent avec eux, connus sous le nom d'*Andaloux*.

Ibn-al-Awam donne à son lecteur un véritable traité d'hippologie. En effet, l'auteur commence par traiter de la reproduction du cheval. Il énumère les qualités que doivent avoir les animaux reproducteurs, quels soins doivent être donnés à la jument pendant la gestation et au moment du port. Comment on doit élever et dresser le jeune poulain. Les formes élégantes du beau cheval sont énumérées avec détail, et par suite, viennent les défauts qui le déparent et les moyens d'y remédier, quand il est possible de le faire. Après les beautés du corps et les défauts physiques, viennent les vices du caractère et les moyens de les corriger et de les rectifier.

Les procédés indiqués pour dompter les chevaux sont parfois durs et même barbares, et d'un autre côté on ne peut s'empêcher d'admirer les recommandations si souvent adressées aux palefreniers et propriétaires de chevaux, d'user avec eux de douceur et de prudence, en les flattant de la main et de la voix, en se gardant bien de duretés et de brusqueries qui gâtent le caractère. C'est surtout quand il faut dresser le poulain que la douceur et la patience sont prescrites. Ceci nous rappelle l'observation adressée par l'empereur Napoléon III aux éleveurs de Normandie. Il leur faisait observer que leurs chevaux étaient bons et d'un excellent service, mais qu'il y avait en eux toujours quelque chose de farouche qui tenait de la mauvaise éducation : *car*, ajoutait l'empereur, *on obtient plus par la douceur que par la brutalité* (*Indépendance belge*, 24 novembre 1858).

Nos Arabes connaissent aussi bien que nous les courses de l'hippodrome. Leurs exercices à cheval et leurs fantasias, sont des spectacles encore aujourd'hui d'une piquante curiosité. Comme nous, ils savaient préparer le cheval à la course, et l'*entraîner*, pour nous servir de l'expression technique actuellement en usage.

Les Arabes distinguaient, 1° le cheval de race, ou pur sang ; c'était le plus estimé ; on l'appelait *cheval antique* ou d'ancienne race ; on connaissait sa famille et sa généalogie mieux que celle des hommes ; 2° le cheval de travail, ou bête de fatigue, *bardoun ;* d'où vient le mot *bardeau* ou *bardot*, nom donné aujourd'hui au mulet issu du cheval et de l'ânesse.

Un très-long chapitre est consacré à la médecine vétérinaire ; cent onze maladies sont décrites avec l'indication des traitements de chacune d'elles. C'est un cours complet pour l'époque.

Ce chapitre se termine par un paragraphe de peu d'étendue, mais qui mérite l'attention de tous les amateurs, sur la surveillance que le maître doit exercer sur son animal. Il doit tous les matins le visiter et l'inspecter en détail, lui-même, sans jamais s'en rapporter aux valets d'écurie.

Cette partie d'Ibn-al-Awam a été vue par M. Huzard, de la Société impériale d'agriculture de Paris, et par M. Goubaux, professeur à Alfort ; l'un et l'autre, bien compétents en pareille matière, ont constaté qu'au milieu d'opinions erronées, il y avait des choses intéressantes, qui aujourd'hui pourraient trouver une application utile.

Les *Géoponiques* ont aussi, au livre XVI, divers chapitres consacrés au cheval. Deux de ces chapitres sont pour les généralités, et dix-sept autres chapitres sont pour les maladies.

Columelle (VI, 27) et les autres auteurs des *Rei rusticæ* traitent sommairement du cheval, et après quelques généralités, Columelle entre dans de plus longs détails sur la manière d'élever les poulains. Végèce, dans son traité intitulé : *Ars veterinaria, sive mulo-medicina*, donne un traité de médecine vétérinaire complet pour la thérapeutique, auquel il faut, sans doute, aussi appliquer le jugement porté par M. Huzard sur Ibn-al-Awam, c'est qu'au milieu d'opinions erronées, il s'en trouve de bonnes.

En parlant d'hippologie ancienne, on ne saurait oublier le *Traité d'équitation* de Xénophon. Il est court, mais il est éminemment pratique, surtout si l'on prend l'édition annotée par M. Curnieu.

De Hammer, dans son *Coup d'œil encyclopédique des sciences de l'Orient* (*Encyclop. Uebersicht der Wissenschaften des Orients*, p. 456), indique cinq ouvrages sur la vétérinaire, peu connus, qu'on ne trouve point dans Hadji-Khalfah.

Parmi les publications récentes sur les chevaux arabes, on ne peut oublier celle faite par M. le général Daumas : *les Chevaux du Sahara* (in-8, Paris, 1851), et *le Naceri*, traduit par M. le docteur Perron (1). Ces ouvrages ont leur importance pour la théorie et la pratique, et ils répondent à la confiance que peuvent inspirer des publications sur l'hippologie faites par les ordres du ministre ou bien sous la surveillance de l'illustre général. L'exposé pratique est, suivant un usage très-fréquent chez les Arabes, souvent interrompu par des pièces de vers, des ballades et des récits d'expéditions guerrières ou amoureuses.

Ici nous n'avons rien de poétique, tout est prosaïque, mais sérieux et exclusivement pratique.

Les oiseaux de basse-cour forment encore une partie assez importante de l'économie rurale ancienne et de notre *Maison rustique.*

Cinq espèces seulement ont pris place dans ce traité : les pigeons, les paons, les oies, les canards et les poules. Les *Géoponiques* ajoutent les faisans, les perdrix, les tourterelles, les geais et les vautours. Il est probable que

(1) Abou-Bekr-Ibn-Bedr-El-Naceri, *La perfection des deux arts ou Traité complet d'hippologie et d'hippiatrie arabes*, par l'émir *El-Naçer*, 3 vol. in-8°, fig. Paris, Bouchard-Huzard, 1852-60.

c'est à cause de la chasse à l'oiseau et de la fauconnerie qu'il est parlé des oiseaux de proie. Les Latins ne disent rien des paons, mais ils parlent des faisans (*Pallad.*, I, 39).

Il est à remarquer que notre auteur, éminemment pratique, ne parle point de l'emploi des pigeons pour le transport des lettres, si largement pratiqué dans l'Orient. Les *Géoponiques* ni les agronomes latins n'en disent rien. Cependant, ce mode de message aérien est mentionné dans le poëte Anacréon, ode 9, *de Columba*, et Pline en parle (X, 53) (1).

La production artificielle des foies gras est indiquée par notre auteur arabe ; seulement elle est appliquée ici au canard et non à l'oie. Cette industrie était connue des Grecs; les *Géoponiques* en parlent (2), Horace (3) et Juvénal (4) la vantent. Pline en attribue l'invention à Apicius (III, 78).

Le chapitre des *poules* entre dans des détails satisfaisants sur l'éducation de ces gallinacés. Les qualités que doivent réunir le coq et la poule sont bien décrites. Les procédés pour la conservation des œufs sont accompagnés de précautions usitées et préconisées même aujourd'hui.

(1) Voyez sur ce sujet Bochart, *Hicrozoic.*, P. II, l. I, p. 15 fol.; et II, 542, édit. Ed. Ros. Mul. — La *Colombe messagère* de Michel Sabagh, trad. de Sacy, p. 94 et 95 (Impr. impér., 1805). — Volney, *Voyage en Syrie et en Égypte*, 3ᵉ édit., I, p. 271 et suiv.

(2) *Géop.*, XIV, 22.

(3) *Satir.*, lib. II, sat. 8, v. 88.

(4) Juv., *Sat.*, V, 114.

L'*incubation artificielle* est traitée sommairement; nécessairement il est parlé des Égyptiens, qui passent généralement pour les inventeurs du procédé. Pline en parle aussi, et les *Géoponiques* (XIV, 8) décrivent l'opération avec assez de soin. Columelle n'en dit rien, mais il parle de l'incubation naturelle avec détails. Inutile de dire que les influences lunaires sont souvent rappelées, et qu'elles jouent ici encore un grand rôle.

L'éducation des abeilles clôt la partie qui traite des animaux de basse-cour et ferme le dernier volume de l'œuvre d'Ibn-al-Awam.

Notre auteur a dû nécessairement suivre les idées admises de son temps sur ce précieux insecte, et prendre dans les auteurs les passages tels qu'ils se trouvaient; aussi le lecteur doit-il s'attendre à rencontrer des erreurs et des fables très-accréditées à cette époque. Il faut aussi tenir compte du climat méridional où l'éducation des abeilles est dirigée tout autrement que dans notre zone tempérée. Si on ne doit pas espérer avoir un traité qui réunisse les profondeurs de vue et la finesse d'observation qu'on trouve dans les recherches d'Huber (de Genève), cependant on peut encore trouver, comme toujours, quelques bonnes indications.

Aristote a été souvent cité, et on trouve de nombreux extraits de son *Histoire des animaux*, ce qui ne doit pas surprendre; car le philosophe naturaliste fournit une histoire complète des abeilles, suivant les idées admises de cette époque sur l'insecte, sur l'organisation intérieure de la ruche, le rôle du *roi*, celui des mâles ou des bourdons et sur les travaux des abeilles ouvrières. L'auteur a complété son article par la description de la récolte du miel et sa conservation, particulièrement en rappelant les usages reçus et les pratiques usitées en Espagne.

Les *Géoponiques* (XV, 2 et *suiv.*) traitent des abeilles avec une certaine étendue. Columelle (IX, 2 et *suiv.*) entre aussi dans des détails très-circonstanciés sur les soins qu'elles réclament, et en plus d'un point nous le trouvons d'accord avec l'arabe.

Peut-on parler de l'éducation des abeilles dans l'antiquité sans citer Virgile, qui traite ce sujet et les fables qu'on y rattachait en vers si harmonieux et si justes dans tous leurs préceptes. La fable et l'épisode d'Aristée, qui, chez le poëte latin, laissent dans l'âme de si douces émotions, se trouvent textuellement dans les *Géoponiques*; on ne la voit ni dans Ibn-al-Awam, ni dans les *Rei rusticæ scriptores*, ni dans Pline.

Le miel ne paraît point avoir été pour les animaux seulement le nectar des fleurs pompé par les abeilles, mais il était encore, suivant les anciens, une rosée qui tombait du ciel, d'où lui venaient les épithètes de *roscidum*, *aerium*, et les abeilles n'avaient plus qu'à la recueillir. Aristote professait cette idée (*Hist. anim.*, V, 22).

Notre auteur cite le passage d'Aristote, sans en produire aucun autre. Théophraste, dans son petit chapitre *sur le miel*, le voit tombant de l'atmosphère et se fixant sur les feuilles de certains arbres, comme la manne. Suivant Pline, le miel vient bien de l'atmosphère, mais il est une *sueur du ciel, une salive émanant des astres*, ou même *une purgation de l'air* (Plin., XI, 12).

Une partie de ces idées sur l'origine du miel trouvé par les abeilles sous la forme d'un liquide sucré attaché aux feuilles de certains arbres semblaient avoir été reprises depuis quelques années, tandis que Cuvier, suivant la note sur le passage cité de Pline, voyait dans le miel une excrétion que les abeilles pompent au fond de la corolle des fleurs (Plin., éd. Panck., t. VIII). C'est une autorité assez imposante.

Voilà, en somme, ce que nous apprend notre auteur des pratiques économiques arabes et anciennes. A ces descriptions se rattachent des accessoires qu'il peut être bon de signaler, car ils peuvent avoir leur intérêt. Nous pouvons trouver dans ces textes des documents précieux sur l'administration d'un domaine rural, sur la vie intérieure de la maison, la tenue des ouvriers, les soins qu'on devait leur donner, et ce qu'on pouvait exiger d'eux ; on voit aussi quelle était la part faite à la femme dans l'administration de la maison.

Ces devoirs du propriétaire et de son gérant sont indiqués très-sommairement dans le prologue d'Ibn-al-Awam, mais les *Géoponiques* (II, 1, 2, 44 et *suiv.*) en parlent avec extension ; Columelle aussi en traite avec détail (XI, 1 ; XII, 1 et suiv.).

Le maître et le gérant doivent exercer une surveillance active et ne jamais tolérer la négligence ni la paresse. D'un autre côté, ils doivent traiter avec beaucoup de modération les ouvriers, qui chez les Romains étaient des esclaves, récompenser ceux qui travaillent et punir les paresseux, mais toujours avec justice ; si la parole doit être grave, jamais elle ne doit être dure. Le surveillant doit avoir des principes religieux et faire observer fidèlement les fêtes, car elles donnent au laboureur un repos, que rendent nécessaire les travaux pénibles des champs.

La propreté était une vertu exigée des ouvriers, et poussée dans certains cas jusqu'à la superstition, puisqu'il était des travaux, que l'ouvrier qui ne la possédait point, ne pouvait aborder.

Nous avons dit que l'administration intérieure était dévolue à la femme. Prenons les *Économiques* de Xénophon (ch. VII et suiv.), ouvrons Palladius et Columelle, et nous verrons en quoi consistait cette administration exclusive. Mais il y a cette différence entre l'écrivain grec et les Latins, que ceux-ci semblent parler pour la femme d'un simple métayer et pour une villageoise, tandis que l'autre paraît tracer une suite de sages conseils donnés par un homme de bonne condition à sa jeune épouse. Ces pages de Xénophon méritent d'être lues et méditées par ceux qui veulent prendre une idée plus exacte de la condition des femmes, qu'on s'obstine à juger d'après les mauvais jours de la décadence, et à regarder comme esclaves par une fausse appréciation des formalités du mariage, usitées chez les Romains. Columelle, au contraire (XII, pr. 8), nous apprend qu'anciennement entre mari et femme on ne connaissait pas la distinction des biens, que tout était en commun, comme les travaux. Mais de son temps déjà les choses avaient bien changé ; les femmes énervées par la mollesse et le goût du luxe avaient perdu leurs habitudes laborieuses.

Il est beaucoup d'autres documents utiles pour l'histoire morale, et même pour l'histoire politique des peuples, qu'on pourrait découvrir dans les textes agronomiques, si on les étudiait avec soin, sans prévention et avec cet esprit de critique que, tout récemment, M. Reinaud a si heureusement introduit dans l'étude des poëtes latins pour l'histoire du temps d'Auguste.

Telle est l'analyse rapide du contenu du livre d'Ibn-al-Awam. Il résume, avons-nous dit, les connaissances agronomiques acquises à l'époque où il écrivait ; en effet, il a puisé de tous les côtés, chez les anciens comme chez les modernes, dans les auteurs orientaux aussi bien que dans ceux de l'Occident. Il donne toujours, tels qu'il les comprend, les noms des écrivains mis à contribution ; mais, sans doute par un sentiment de fanatisme qu'on s'explique difficilement, il a omis les noms de ceux des auteurs cités qui n'étaient point musulmans, fait regrettable, puisqu'il nous eût révélé des noms et peut-être aussi des foyers de lumière que nous ne soupçonnons point.

Nous avons maintenant à parler des écrivains cités par Ibn-al-Awam. Tous leurs noms sont rappelés dans son prologue ; on y reconnaît des Grecs, des Latins et des Arabes. Est-ce à dire pour cela qu'il ait connu tous les ouvrages cités ? Nous sommes autorisés à en douter. Tous ces noms d'auteurs, à l'exception de ceux d'Aristote, de Galien et de quelques autres viennent du livre d'Ibn-Hedjadj, qui paraît avoir été aussi une véritable *Maison rustique*. Pour mettre de l'ordre dans nos idées, nous parlerons d'abord des Latins et des Grecs, puis des Arabes, et l'Agriculture nabathéenne viendra en dernier lieu.

Il serait certainement bien intéressant de pouvoir faire connaître exactement ce qu'étaient ces auteurs cités, et à quel siècle précisément ils appartiennent. Mais pour la plupart d'entre eux il faut y renoncer; les documents sont nuls ou insuffisants, ou les noms ont été défigurés, ou bien encore ces noms ne sont cités nulle part ailleurs. Casiri les lit tout autrement qu'Ibn-al-Awam, sans qu'on puisse savoir sur quelle autorité il s'appuie. Nous croyons que notre travail laisserait à désirer, si nous négligions entièrement cette synonymie; mais d'un autre côté nous ne voulons pas pénétrer trop avant dans la question; nous la traiterons sommairement en nous aidant principalement des prolégomènes que Needham a placés en tête de son édition des *Géoponiques*, du savant travail de M. Ern. Meyer, inséré dans son *Histoire de la Botanique*, et des recherches de M. Wustenfeld sur les médecins et naturalistes arabes.

Les noms incontestables sont ceux d'Aristote, de Galien, de Dioscoride et d'Hippocrate, le vétérinaire. Le premier est particulièrement cité à cause de son *Histoire des animaux*. Galien l'est fort rarement, et seulement pour l'hygiène; les deux derniers le sont seulement une fois ou deux. Junius, qu'on croit généralement être Columelle, est très-fréquemment nommé; cela devait être, car il est l'auteur du traité agronomique latin le plus complet. Souvent on ne trouve du texte latin qu'un ensemble de l'idée ; souvent aussi les articles de Junius se trouvent dans les *Géoponiques*. Le nom de Varron est révoqué en doute, mais à tort, à notre avis. L'opinion de tous les commentateurs est que le Varron des *Géoponiques*, de même que celui cité par Ibn-al-Awam, est Marcus Terentius Varro. M. Meyer veut que ce soit un autre personnage à cause de l'épithète de *Roumi* qui lui est donnée. Mais il nous serait facile de démontrer que ce nom a plus d'une fois été appliqué indifféremment aux Grecs et aux *Romains* ou Latins et cela à partir des conquêtes des Romains dans l'Orient. M. Sontheimer, se guidant sur le sens plutôt que sur la lettre, traduit selon le besoin par *Grec* ou *Romain*, ainsi que l'a reconnu M. Meyer lui-même. Banqueri ainsi que nous avons traduit de même.

M. Meyer veut voir dans *Tarthious* le nom altéré de *Terentius*. Nous ne pouvons admettre cette opinion. Ce nom est cité une seule fois à cause de la culture du *citrus* ; or ce que Varron dit de cet arbre n'a aucun rapport avec le passage cité de Tarthious (*Varr.*, III, 2, 4).

Maron, qu'on voit une seule fois, doit être le *Baron* ou Varron, car c'est sous ce nom qu'on retrouve dans les *Géoponiques* (II, 23) l'article attribué par Ibn-al-Awam à Maron.

Democrites-er-Roumi, que nous trouvons aussi écrit *Democratis*, serait, suivant Needham, le philosophe d'Abdère ; son opinion paraît fondée, car Columelle le cite, nommément parmi ceux qui ont contribué aux progrès de l'agriculture. Varron le qualifie de physicien (I, 1, 8) ;

M. Meyer ne voit en lui qu'un pseudo-Démocrite (H. B.I., 17 (1). Quoi qu'il en soit, Démocrite jouissait d'une grande réputation. Il est très-souvent cité par Ibn-al-Awam et dans les *Géoponiques*. Un manuscrit contenant une traduction arabe abrégée des *Géoponiques* est présenté comme renfermant les doctrines de Démocrite (M.B.I., 914. A.F.).

Kostus ou *Kastos*. Ern. Meyer (t. III, p. 253), à l'occasion des traductions en arabe des traités d'agriculture écrits en grec, se livre à une longue dissertation sur ce nom. Après avoir comparé divers passages qu'il trouve dans Ibn-Beithar avec ce qu'il a lu dans Ibn-al-Awam, il est amené à voir dans *Qostus* ou *Qost*, une abréviation de Constantinus Porphyrogénète, par ordre duquel se fit la compilation des *Géoponiques*. Nous ne suivrons point le savant allemand dans ses doctes et habiles argumentations. A la page 253, il dit que *Kastos* pourrait bien être un abrégé de *Kassius Dionysius*, puis il examine la question en réunissant dans un même article *Bourqastos* et *Léon-Issouad*. Pour nous, nous admettrons tout simplement ce qu'on lit dans Hadji Khalfa (t. V., art. 10377) et qui est répété textuellement dans d'Herbelot, *Bibl. orient.*, p. 975, c'est que *Kastos* fut l'auteur d'un livre intitulé : *Kitab-al-felahah-ar-roumiah*, le *livre de l'agriculture grecque*, qui fut traduit plusieurs fois, d'abord par Sergius

(1) Wustenfeld adopte ces idées, et, suivant lui, l'œuvre agricole de Démocrite aurait été traduite en arabe par Ibn-Walschiah, au IIIe siècle de l'hégire (*De auct. Græcorum Version. et comm. syriac. arab.*, etc. I. G. Wenrich. Lipsiæ. 1842, p. 92).

fils d'Helias *ar-Roumi*, puis par *Kosta-ben-Luca-de-Balbek*, et en troisième lieu par *Eustache* et *Abou-Zakaria-ben-Abi*. Mais la version de Sergius est la meilleure; il a encore été fait une traduction persane sous le titre de *Bourz nameh*. On voit souvent les mois persans dans les citations.

Nous trouvons le nom de *Qostus-ben-Amtsal*, mais une seule fois, et le passage cité se rencontre dans les *Géoponiques*, X, 63, attribué à *Damogeron*, agronome sur lequel on a fort peu de données.

Leon-Aswad (le Noir) ne peut être Léon l'Africain qui vécut au seizième siècle. Nous n'en dirons pas davantage sur ce personnage cité seulement dans la préface. Le nom de *Leon*, seul, peut rappeler le Léon de Photius et le Leontius des *Géoponiques* (Meyer, *Hist. Bot.*, III, 243). Casiri et Wenrich lisent *Léon-al-thabib*, le médecin, correction hardie que rien ne justifie.

Sodion, qu'on trouve écrit *Soudaboun*, est encore un de ces noms difficiles à reconnaître. Est-ce le *Sotion* des *Géoponiques?* C'est très-vraisemblable. Ce Sotion peut-il être le philosophe dont parle Diogène Laërce ; c'est plus que douteux, lui qui recommande d'inscrire le nom de Rophaïl sur la charrue (*Géop.*, II, 19, et *ibid.*, 42), de faire promener une jeune fille nue pour faire périr l'orobanche dans un champ qui en est infesté. Needham croit que c'est un personnage qui pourrait être un grec du Bas-Empire, parce qu'il trouve dans un de ses articles une locution qui appartiendrait à cette époque. Sotion cite Démocrite dans le chapitre 42.

Afriahius, qui vient (I, 658, texte) avec l'Agriculture

nabathéenne, recommande des choses bizarres et superstitieuses. Ce nom nous semble bien une altération du nom grec *Africanus*, qui, lui aussi, prescrit des pratiques superstitieuses (*Géop.*, II, 18, IV, 2, etc).

Anatolius d'Afrique. Casiri lit *Antrolius*, et le fait l'équivalent d'*Antrodation ;* suivant Ern. Meyer, c'est le même qu'Anatolius de Beryte, qui serait le même que *Vindanionius* ou *Vindanius*. Quant à nous, nous n'hésitons point à l'identifier avec l'*Anatolius* des *Géoponiques*, parce que les citations de ce dernier recueil présentent de l'analogie avec celles d'Ibn-al-Awam.

Solon ou *Scholon* paraît être le nom d'un personnage fort problématique. Casiri pense que ce peut être Zénon le critique, Xénophon le disciple de Socrate, l'auteur des *Économiques*, ou même Silon ; mais il laisse la question indécise, ainsi que M. Meyer. Les documents font entièrement défaut.

Apollonius et *Apuleius*. Chacun de ces deux noms n'est cité qu'une seule fois par Ibn-al-Awam, mais le second se trouve souvent dans les *Géoponiques*. Il serait possible qu'Apollonius fût celui de Pergame, cité par Columelle. Apuléius serait l'auteur de l'*Ane d'or*, et d'autres ouvrages dont les titres seuls ont été, dit Needham, conservés par les grammairiens ; parmi ces ouvrages on remarque un traité sur les *arbres*, des questions naturelles et de médecine.

Cassianus est écrit dans la préface *Cassinus* et *Cassius*. M. Meyer (t. III, p. 252) réunit ces deux noms dans un seul article ; nous en avons fait autant. Banqueri lit Cassianus ; nous l'avons imité, comme aussi nous avons lu avec le traducteur espagnol Cassius, quand le nom s'est présenté ainsi. Casiri veut qu'on lise *Cassius*, parce qu'il trouve dans ce nom l'abrégé de *Cassius Dionysius Uticensis* que Varron (I, 1, 10) et Columelle indiquent comme le traducteur des œuvres agronomiques de Magon. Banqueri admet cette opinion pour Cassius, dans Cassinus ou Cassianus; il voit dans Cassianus Bassus le compilateur des *Géoponiques*. M. Meyer veut qu'on lise partout Kassianus, parce que presque tous les articles d'Ibn-al-Awam cités sous ces deux noms se trouvent dans les *Géoponiques* sous le nom de *Cassianus*. Cette raison n'est pas sans valeur. Nous l'admettons d'autant plus volontiers que nous avons, nous aussi, constaté le fait.

Thartius, nom cité dans la *préface*, et que dans le texte on trouve écrit *Tarithious*, serait pour Casiri, *Théophrastus*, et pour M. Meyer, *Terentius*; dans le doute, nous laissons le nom tel qu'il est.

Batoudon serait pour Casiri, *Pythion*, cité par Varron, et *Bindon*, qui est une altération certaine du nom cité dans la *préface*, deviendrait *Bion* - (*Soleus*).

Birihaious de la préface, écrit dans le texte *Birigalous*, devient le nom altéré de *Virgilius*, *Birgilious* des Grecs, parce que l'article cité contient des prescriptions analogues à celles qu'on lit dans Virgile.

Labthius, *Lagthius* et *Lanthius*, sont évidemment le même nom écrit de trois manières différentes. Casiri, qui écrit Laksinus, lit sans difficulté Licinius; pour nous, nous lisons les noms comme ils se présentent.

Sadihames est un personnage complétement inconnu,

comme tant d'autres. Casiri en fait, bien arbitrairement, *Antigonus Kymaüs*.

Samanos ou *Schamanos* est encore un de ces personnages inconnus, comme *Abous*, *Sâdi*, et tant d'autres que nous passons sous silence. Sàdi, qu'on ne peut confondre avec le poëte de ce nom, est dans le même cas, ainsi que *Saraghos*, dont Casiri fait *Chareas* ou *Sergius*, un philosophe du temps de Justinien, suivant Aboulpharage.

Sidagos d'Ispahan; nous adoptons entièrement l'opinion de Banqueri, qui rectifie les diverses manières d'écrire le nom patronymique : il lit partout *Ispheany*. Casiri, avec sa hardiesse habituelle, lit *Pittacus* ou *Isidorus Hispanus*.

Mahraris et *Manharis*. Ce dernier nom ne se trouve qu'une seule fois : nous n'hésitons pas à voir un seul et unique personnage sous ces deux noms, dont l'un est visiblement altéré. En effet, l'article unique de Manharis traite de la plantation des arbres, ainsi que la plupart de ceux de Mahraris, c'est-à-dire du même sujet. Nous repoussons la distinction de Banqueri, et la nature positive et pratique des articles nous fait repousser la supposition de M. Meyer, qui voit dans ces noms la transcription de celui d'*Hermès Trismégiste*.

Margouthis, qu'on lit une fois *Marhouthis*. Banqueri, adoptant cette dernière lecture, traduit par *Mauricio*. Casiri lit plus hardiment *Maghutis* et traduit par *Magon*, dont les travaux agronomiques peuvent autoriser cette conjecture. *Marsial-al-Thabiby* et *Marsinal-al-Thanisy*. Ces deux noms évidemment s'appliquent au même personnage. *Marsial* est la lecture la plus fréquente, et *Marsinal* est une de ces fautes de copiste si communes parmi les Arabes. Les noms patronymiques nous semblent également altérés. La forme *al-Thabiby* n'existe pas en arabe, comme le dit très-bien M. Meyer. *Al-Thanisy* ne peut se traduire par l'*Athénien*, comme le fait Banqueri, puisqu'*Athènes* se dit *Athina* (V. *Edrisi*). A la suite de ces conjectures, nous hasardons aussi la nôtre ; nous lisons Marsial-al-*lathini*, *le Latin*, et nous verrons sous ces noms *Gargilius Martialis*, l'auteur agronomique cité par les *Rei rusticæ scriptores*.

Barouranthous, *Tarouranlioqus* et *Qarouranthous ;* ces trois noms s'appliquent, suivant nous, au même individu. Casiri transforme le premier en *Rhinto* (*comicus*) ; le second devient *Diodorus Atticus,* et le troisième *Pleutiphanes* ou *Plausiphanes ;* mais aucune de ces opinions n'est fondée. Mieux vaudrait chercher *Terentius* (*Varro*), simple conjecture que rien n'autorise.

Anoun écrit par erreur *Abous* une seule fois ; Casiri écrit *Aboun* et traduit par *Evagon Thasius ;* Banqueri lit ces noms comme ils se présentent. Comme M. Ern. Meyer, nous verrons dans le nom d'Hannon celui d'un Carthaginois.

Parmi les Arabes nous voyons *Abou-hanifah,* dont le nom complet est *Abou-hanifah-Ahmed-ben-Dawoud-al-Dinouri*. Ce dernier nom est dérivé de la ville de *Dinour*, de la contrée des montagnes ou de l'Ihraq de Perse. Il est auteur de divers ouvrages scientifiques sur l'astronomie, la grammaire, et surtout d'un ouvrage sur les plantes, très-souvent cité par Ibn-al-Beithar; c'est dans celui-ci que notre auteur a fait ses emprunts. L'époque de sa mort varie depuis 281 de l'hégire (894) à 290 (903 Er. Ch.) (V. Hadji-Khalfa, éd. Flug, III, p. 63, et V, 162).

Rhazès et *Aboulcassem-az-Zahrawi* ou Albucasis, dont nous avons parlé plus haut (fol. 57 et 58).

Abou-Abd-Allah-Mohammed-Ibn-Ibrahim-Ibn-al-Façel-al-Andalisi, l'Espagnol. Casiri lit *Hispalensi.* On manque de renseignements précis sur l'époque où il a vécu; M. Meyer fait remarquer qu'il dut vivre avant l'année 467 de l'hégire, c'est-à-dire 1074, puisqu'il est cité par Ibn-Hedjadj, qui vivait à cette époque. Il composa, dit Casiri, un grand traité sur l'agriculture. Il devait, en effet, être considérable, puisqu'il a fourni de nombreux et importants articles à Ibn-al-Awam. M. Meyer pense qu'il a pu être confondu avec *Ben-Baçal;* nous sommes porté à le croire aussi.

Ibrahim-ben-Mohammed-ben-al-Baçal-al-Andalisi est cité seulement quatre fois, trois fois avec le titre de son livre *Al-qaçad et al-beyân*, les *Buts et les explications.* Il paraît aussi avoir été l'auteur d'un traité d'agriculture, qui en embrassait toutes les parties. Il est cité une trentaine de fois dans le manuscrit 884 f. s. B. I., souvent avec le rappel de son *Traité d'agriculture;* son autre livre n'y est jamais cité. Dans *El-Makkari*, texte, t. II, p. 104, Ben-al-Baçal est indiqué seulement comme l'auteur d'un traité d'agriculture; c'est là l'unique document historique qu'on ait sur lui.

Abou-Omar-Ahmed-Ibn-Mohammed-Ibn-Hedjadj paraît être né à Séville, comme on le voit dans la préface d'Ibn-al-Awam. Il composa le livre intitulé *al-Mognâ*, *le suffisant*, vers l'an 466 de l'hégire (1073, Er. Chrét.). C'était aussi une grande compilation agricole dans laquelle figurent tous les noms des Grecs et des Latins que nous avons vus précédemment, et quelques Arabes, comme nous l'avons déjà dit, Rhazès et Abou-Hanifah. On trouve souvent dans les passages qui lui ont été empruntés des points de contact avec les *Géoponiques*, tellement que parfois ils semblent en être une traduction. On ne voit point qu'il ait connu l'Agriculture nabathéenne, car il n'en dit rien. On se demande pourquoi le livre de *Qaçad-ou-al Beyan* lui a été attribué par notre auteur (chap. XX, art. 1).

Hadj de Grenade, ou, suivant Casiri, *Hadj-Ahmed de Grenade*. Il l'indique comme ayant composé un Abrégé d'agriculture, et il aurait vécu en l'année 553 de l'hégire (1160 r. c.). On ne sait où Casiri a puisé ces données, car on ne trouve rien sur le compte d'Hadj de Grenade ; Hadji-Khalfa l'a passé sous silence.

Abou'l-Khaïr de Séville est un des auteurs arabes le plus souvent cités. Son livre paraît contenir les résultats de sa propre expérience, mais rien ne vient nous éclairer sur l'époque de sa vie et de sa mort ; nous n'avons pas même le titre de son livre.

Cette liste de noms grecs, latins et arabes, est celle des principaux auteurs, ou de ceux qui nous ont paru mériter d'être mentionnés ; il en est plusieurs que nous avons cru devoir laisser de côté parce qu'ils ne sont nommés qu'une seule fois ou même point du tout.

L'Agriculture nabathéenne, comme nous l'avons vu, a fourni de nombreux articles à Ibn-al-Awam. Elle est citée 141 fois dans le premier volume et 157 fois dans le second, ce qui fait 298 fois. Elle est mentionnée, soit sous la simple indication de son titre, soit avec ce dernier, accompagné du nom de l'auteur nabathéen; il est arrivé aussi que les noms des auteurs seuls aient été cités. Le nom d'Ibn-Wahschiah, son compilateur, l'est rarement. On voit alors quelle large part Ibn-al-Awam a faite à ce traité, et l'importance qu'il lui attribuait.

Nous nous demanderons d'abord: Qu'est-ce que ce recueil connu sous le nom d'Agriculture nabathéenne? Quel est son auteur? Ces questions sont devenues nécessaires en présence de tous ces doutes et de ces dénégations élevées récemment sur l'authenticité du livre et la bonne foi de son traducteur, Ibn-Wahschiah.

M. Et. Quatremère, dans son mémoire *sur les Nabathéens*, s'en est occupé très-sérieusement et avec toute l'érudition qu'on devait attendre d'un savant aussi éminent; M. Ern. Meyer a traité de l'agriculture nabathéenne dans le tome III de son *Histoire de la botanique*, s'aidant du mémoire de M. Quatremère et des nombreuses citations d'Ibn-al-Awam. Plus récemment, M. Chwolson a publié sur cette même agriculture un long mémoire qui porte pour titre: *Sur les restes de la littérature nabathéenne dans les traductions arabes.* Ce mémoire a trouvé des contradicteurs, et il a amené la publication de savants mémoires, par MM. Renan, en France, et Gutschmid, en Allemagne. Dans ces mémoires, on s'est occupé bien plutôt de la forme du livre et des accessoires que du fond. Ainsi on a parlé d'abord, et tout naturellement, de la nation nabathéenne, de l'âge du livre qui, suivant M. Quatremère, auquel nous l'avons souvent entendu dire, remonterait à Nabuchodonosor, et suivant M. Chwolson, bien plus-loin encore dans l'antiquité. On a savamment aussi discuté à l'occasion des Sabéens, dont il est fréquemment parlé dans le livre ; les pratiques superstitieuses et leurs auteurs ont encore été beaucoup étudiées, mais la légende de Tamouz surtout a donné lieu à de grandes controverses. On a voulu voir dans l'ouvrage un mélange d'idées grecques et de superstitions orientales. M. Gutschmid croit, et il n'est pas le seul, que l'imagination d'Ibn-Wahschiah a la plus grande part dans la rédaction de son œuvre, dont la majeure partie serait de son invention. Il nous semble qu'on a trop oublié le développement qu'avait pris l'agriculture dans la Chaldée, développement attesté par Hérodote, comme nous l'avons vu, et par tous ces canaux d'irrigation creusés dans la Mésopotamie et la Syrie. Est-il étonnant que dans un tel état de choses il se soit trouvé des écrivains pour composer des livres sur une industrie si prospère ? le contraire devrait plutôt nous surprendre. Quant à nous, notre intention n'est point de prendre part à cette lutte, ni de suivre les savants auteurs nommés dans leurs habiles argumentations. Une pareille entreprise dépasserait nos forces et excéderait de beaucoup les limites que nous avons dû nous imposer. Amené par la nature de notre travail à parler de l'Agriculture naba–

théenne, nous le ferons aussi comme semble l'exiger l'œuvre d'Ibn-al-Awam, c'est-à-dire que nous ferons connaître le résultat de nos études sur ce sujet, en nous repliant de préférence sur la partie pratique, laissant de côté toutes les histoires ou questions de morale qui, à notre point de vue, constituent un accessoire du domaine de l'archéologie et de la philologie plutôt que de l'agronomie.

Nous commencerons par exprimer le regret de n'avoir pu pousser notre investigation aussi loin que nous l'aurions désiré, faute de documents suffisants. En effet, nous ne possédons à Paris qu'un manuscrit incomplet, comprenant la seconde et la troisième partie d'un ouvrage qui en contient neuf, privés surtout de la préface, pièce si importante, quand il s'agit d'apprécier un livre, car c'est là que se trouve la clef de la pensée de l'auteur.

Et encore ce manuscrit est-il très-défectueux. Il y a dans le calendrier une transposition que M. Quatremère a déjà signalée; le mois d'Adar manque tout entier, et vers la feuille 149 il y a un passage brusque de la culture de la pastèque à celle de la vigne. Ces défectuosités en font nécessairement soupçonner plusieurs autres, peut-être non moins importantes. Du reste, l'écriture est nette et lisible.

Il existe, en outre, à la Bibliothèque impériale cinq autres manuscrits de plus petite dimension que le précédent, qui tous traitent de l'agriculture, et qui se présentent, par leurs titres, comme des abrégés de l'*Agriculture nabathéenne*, ou d'Ibn-Wahschiah; ce sont les n°s 914 et 915, A. f., et 882, 883 et 884, f. s. Chose remarquable, tous ces manuscrits semblent accuser une affinité intime entre l'agriculture nabathéenne et l'agriculture grecque.

Le mss. 914, A. F., porte pour titre : *Livre abrégé de l'Agriculture d'Ibn-Wahschiah.* A la suite d'une courte doxologie on trouve : *Voilà ce qu'a établi Démocrite pour l'institution des laboureurs ou des ouvriers*, etc.

Le mss. 915, A. F., a pour titre : *Livre pour la science de l'Agriculture.* En suite de la doxologie et d'un exposé par l'auteur, qui ne se nomme pas, on lit : *Lorsque je me fus bien confirmé sur l'agriculture d'Ibn-Wahschiah et celle de la Grèce*, etc.

Les mss. 883, 1 et 883, 2, f. s., sont identiques avec le précédent, et ils portent le nom de l'auteur, *Tobaïgha-al-Harkamaschy-al-Taman-Tsamari*, nom qui semble turc ou d'origine tartare.

Le mss. 882, f. s., porte pour titre : *Livre de l'Agriculture nabathéenne, abrégé de la grande Agriculture nabathéenne*, par *Abou-Bekr-ben Yahia-ben-Ioussouf-Ibn-Qarqamous-al-Homery.* Après l'invocation habituelle, il commence par ces mots : *Voici un livre des livres du peuple de Roum.*

Le n° 884, f. s., a une physionomie particulière; il paraît d'origine plus moderne que les autres ; il a pour les végétaux une division méthodique qui lui est spéciale, dérivée de la forme du fruit et de la forme de la graine. Il cite des agronomes de toutes les époques, grecs, latins, arabes, sans oublier Ibn-Wahschiah ou l'*Agriculture nabathéenne;* il rapporte à la suite de chaque plante un fragment du livre des *Secrets du soleil et de la lune*, attribué à Ibn-Wahschiah; des distiques ou des quatrains terminent souvent les articles.

Les n°s 914, A. F., et 882, F. S., semblent être une traduction des *Géoponiques* par extrait. Si les auteurs de ces manuscrits eussent présenté leur œuvre comme un extrait de l'*Agriculture grecque*, il n'y aurait rien d'étonnant; mais toujours nous y voyons en tête rappeler le nom d'Ibn-Wahschiah, ou l'*Agriculture nabathéenne*. Cependant l'un d'eux (914) annonce les doctrines de *Démocrite*, nom essentiellement grec, et l'autre annonce un des livres du *peuple de Roum;* fait-il ici allusion aux *Géoponiques*, qu'il traduit? Mais ces expressions sont les mêmes que celles d'Ibn-Khaldoun, parlant de l'Agriculture nabathéenne comme nous allons le voir. Aucun nom grec n'est cité dans le corps des livres. Souvent on trouve réunis les noms des mois persans et syro-macédoniens.

Quant aux n°s 915, A. F., et 883, F. S., ils semblent être un traité abrégé d'agriculture dans lequel seraient fondus ensemble les principes grecs et les principes nabathéens. Il est dès lors peu étonnant que, pendant longtemps, ce livre ait été pris pour un abrégé de l'*Agriculture nabathéenne*.

Ibn-Khaldoun, dans ses *Prolégomènes*, au chapitre intitulé : *Science de l'Agriculture*, parle de l'*Agriculture nabathéenne* et de la compilation d'Ibn-al-Awam en des termes qui ne peuvent servir à élucider la question. Il dit : « Parmi les livres des Grecs, on traduisit le *Traité d'Agriculture nabathéenne*, attribué aux plus savants des Nabathéens, et contenant sur l'article de la *Magie* des détails qui annoncent des connaissances profondes. » Comment concilier cette assertion, que l'*Agriculture nabathéenne* était un des livres du pays grec, avec cette autre assertion qui en fait un livre chaldéen, traduit par Ibn-Wahschiah ? Cette antinomie avait déjà frappé M. Ét. Quatremère, et il avait cherché à l'expliquer par la supposition que ce livre, écrit primitivement en chaldéen, aurait été traduit d'abord en grec et de là en arabe, « ce qui, ajoute-t-il, est le contraire de ce qui a lieu pour les livres grecs, d'abord traduits en syriaque avant de l'être en arabe ; » puis il se reprend bien vite pour déclarer que l'assertion d'Ibn-Khaldoun est erronée et contraire à l'autre assertion, si précisément articulée, que la traduction fut faite du chaldéen par Ibn-Wahschiah. Mais nous dirons qu'on peut très-bien supposer que le manuscrit chaldéen resta sans être traduit oublié et délaissé, dans une bibliothèque, faute d'interprètes capables, comme il arriva au manuscrit de Dioscorides dont parle Ebn-Abi-Osaïba dans la *Vie d'Ebn-Djoldjol* (1), qui, faute d'interprètes, resta dans la bibliothèque de Nasr-Abd-Arrahman.

Si maintenant nous comparons l'agriculture nabathéenne avec les agricultures grecque et latine, au point de vue pratique, nous devons trouver de nombreuses analogies. D'abord les principes généraux pour la culture du sol et la plantation doivent être les mêmes dans tous les âges et dans tous les temps, et l'on pourrait retrouver les mêmes doctrines sur la distinction des terrains, sur

(1) Traduction d'Abdallatif de Sacy, p. 496.

les amendements, la fumure et le mode de plantation, etc., aussi bien chez les auteurs chaldéens que chez les Grecs, les Latins, et même dans Olivier de Serres. Mais ensuite ces principes généraux se modifient dans leur application et dans les détails en raison du climat ou des perfectionnements amenés par l'expérience. Ainsi, de ce qu'une pratique est usitée en Chaldée et en Grèce, ce n'est pas à dire pour cela que les Chaldéens l'aient prise des Grecs. Il faut plutôt penser le contraire, d'après ce que nous avons dit au commencement sur la marche de l'agronomie. Ces analogies dans les procédés de culture peuvent être d'autant plus fréquentes que les deux climats, plus rapprochés, présentent plus de ressemblance pour la nature du sol et les circonstances climatologiques. En outre de ces procédés, il en est d'autres qu'on retrouve partout chez les anciens et chez les modernes, dans l'Orient et dans l'Occident, nés très-probablement dans chaque pays où ils sont employés. Nous citerons pour exemple la recommandation de ne couper le bois que quand la lune est croissante et déjà très-lumineuse; ce principe se rencontre dans tous les pays, chez les Orientaux, les Grecs et les Latins, et même aujourd'hui encore chez nos bûcherons. L'observation de la lune le troisième ou le quatrième jour de son renouvellement, celle de chaque phase du satellite de la terre, pour en déduire le temps probable, se retrouve aussi partout. Combien d'autres faits de ce genre ne pourrait-on pas citer !

Ce qui surtout semblerait témoigner d'une origine grecque, c'est la *vigne de la thériaque*, cette vigne à laquelle on prétendait donner la propriété de contre-poison. Tous les auteurs de l'Orient et de l'Occident en ont parlé : Nabathéens, Grecs et Latins, Palladius et Pline. Il est probable qu'il faut prendre ici le mot *thériaque* comme synonyme de contre-poison. Ce mot était sans doute alors très-répandu et employé en ce sens, et Ibn-Wahschiah aura cru devoir l'introduire dans son texte. Suivant Sagrit, elle aurait été très-anciennement connue dans la Chaldée, où on lui donnait le nom de *vigne crépue, parce qu'elle l'était en effet.*

Une partie qui nous présente de grandes et nombreuses ressemblances avec les *Géoponiques*, c'est le Calendrier; il en est plusieurs parties qu'on prendrait pour la traduction exacte des *Géoponiques.* Toutefois l'auteur ne manque jamais de revenir à la Babylonie et à la Syrie.

Si nous possédions le texte complet, nous pourrions sans doute signaler d'autres points de ressemblance ; mais s'il y a des points de ressemblance nombreux, il y a aussi des différences essentielles qui donnent à l'œuvre d'Ibn-Wahschiah un cachet particulier. Tous les noms de contrées et de lieux sont syriens ou babyloniens; dans les *Géoponiques*, ils sont grecs. Les Arabes sont cités dans celles-ci pour la préparation de leurs engrais, préparations qu'on lit aussi très-détaillées dans l'*Agriculture nabathéenne*. Théophraste vante le système de culture, pour les palmiers, employé par les Babyloniens, ce qui montre les progrès faits par l'agriculture dans ces contrées. Ibn-Wahschiah cite des traditions orientales ; les *Géoponiques* citent les légendes de la mythologie grecque.

L'*Agriculture nabathéenne* indique une rose de seize vents; les *Géoponiques* la donnent de douze, quatre de moins. Dans le mss. 915, A. F., elle est portée à trente-deux, comme nous l'avons vu.

Les auteurs nommés dans un livre ne le sont point dans l'autre. Nous ferons encore remarquer que les *Géoponiques* ne citent jamais les auteurs du recueil des *Rei rusticæ*, sinon Varron, deux fois, et cependant les noms latins sont ceux qu'on rencontre le plus souvent. Ces noms sont très-peu connus, car il ne reste de leurs ouvrages que les passages que nous a transmis le compilateur des *Géoponiques*, et la citation de ces noms dans quelques ouvrages d'érudition.

La liste des plantes aussi a sa physionomie spéciale. Elle contient beaucoup de noms de plantes qu'on ne trouve point dans Ibn-al-Awam. Les noms pour lesquels Ibn-Wahschiah a donné souvent les noms équivalents dans l'arabe et d'autres langues ont une forme spéciale et souvent chaldéenne.

Les Nabathéens rattachent les plantes au soleil, à la lune et aux planètes. C'est ainsi que les cucurbitacées sont des plantes lunaires. La lune et Mars, dit Sagrit, agissent en commun sur la pastèque, c'est pourquoi elle est humide en excès. Deux astres heureux agissent simultanément sur la vigne, ce sont Jupiter et Vénus ; c'est Mars qui a hérissé d'épines les plantes; cette doctrine est aussi étendue aux animaux et aux minéraux. f° 89, 143 et 119. Cette distinction et cette théorie ne se trouvent point ailleurs: nous l'avons déjà signalée plus haut.

L'*Agriculture nabathéenne* rapporte les douze mois de l'année aux quatre éléments, comme nous l'avons déjà vu, et cette division ne se trouve nulle part ailleurs que dans le calendrier de Cordoue.

L'*Agriculture nabathéenne* est surchargée de prescriptions superstitieuses et astrologiques. Les *Géoponiques* en contiennent aussi un bon nombre, mais beaucoup moins; les Romains en ont aussi, mais moins encore que les *Géoponiques*. Ibn-al-Awam, sans y avoir renoncé absolument, en a singulièrement diminué le nombre, ainsi que lui en rend témoignage Ibn-Khaldoun. Columelle cite les Chaldéens pour des observations météorologiques et astrologiques, et Caton recommandait d'y avoir peu de confiance et défendait d'en conseiller l'usage, ce qui indique qu'on pourrait juger de l'âge relatif d'un traité d'agriculture d'après le plus ou le moins de pratiques superstitieuses qu'il contient, et alors l'agriculture d'Ibn-Wahschiah serait la plus ancienne.

Avant d'aller plus loin, citons un fait qui paraît d'une manière détournée établir un nouveau point de corrélation entre les *Géoponiques* et l'*Agriculture nabathéenne*, c'est cette menace de couper un arbre stérile qu'on lit dans un article des *Géoponiques* (X, 83) attribué à Zoroastre et qu'on retrouve dans l'*Agriculture nabathéenne*, suivant une citation d'Ibn-al-Awam (I, 552 texte, 517 trad.). Nul doute que le texte complet du livre d'Ibn-Wahschiah ne nous fournît les moyens de constater d'autres analogies sous le nom de Zoroastre, car la majeure partie des articles, qui dans les *Géoponiques* portent ce nom, sont des prédictions superstitieuses. En attendant, il est important de noter cette coïncidence.

Quel est le Zoroastre cité ici ? Est-ce le *Zerdacht*, législateur des Persans, et celui-ci serait-il le *Zoroastres Persomedus,* auteur de quatre livres sur les phénomènes de la nature, dont parle Suidas, et que Needham pense ne point être celui des *Géoponiques?* Il est bien permis de croire que ces citations auront pu être puisées dans quelque ouvrage publié sous le nom de Zoroastre. Cependant il ne faut point oublier le grand cas que le Zoroastre, auteur du *Zendavesta*, faisait de l'agriculture, et les obligations qu'il impose aux Perses de cultiver et de planter comme nous l'avons vu. Néanmoins il est très-rationnel de penser qu'on aura pu sous ce nom publier des ouvrages pour leur donner plus d'autorité, comme ceux, sans doute, dans lesquels ont pu être puisées les diverses citations attribuées à Adam, Seth, Noah (Noé) et autres patriarches de l'Ancien Testament. Nous sommes autorisé dans nos conjectures, quand nous voyons dans Hadji-Khalfah (tom. I, p. 61) qu'on attribue à Adam : 1° un livre qu'il aurait écrit en diverses langues, trois cents ans avant sa mort ; 2° un traité sur la divination, portant pour titre : *Liber absconditarum*, livre des choses cachées (III, p. 473) ; 3° *Sifr al-moustaqim* ; *Liber rectè constitutus* (*ibid.*, p. 600), etc.

Dans la préface du livre qui a pour titre : *Kitâb kaschaf asrâr al-mohtalin min Beni-Sâssân*, etc., *livre de la mise au jour* (litt. *découverte*) *des secrets des rusés des Beni-Sâssân*), composé par Abd-al-Rahim, de Damas, connu sous le nom d'*Al-Djaubari*, on voit figurer les noms des patriarches, Adam, Seth, Abraham, avec ceux d'Aristote et de Platon, parmi les noms des auteurs d'ouvrages consultés (manuscrit appartenant à M. l'abbé Bargès).

Ces écrits pseudonymes attribués à Adam autorisent à penser qu'il en fut de même pour d'autres personnages. Combien d'écrits dont l'authenticité est contestée n'ont-ils pas été attribués à Aristote; combien ont été publiés sous le nom d'Hermès! Ceux qui sont un peu au courant de la bibliographie française savent que tout ce qui était publié sur la magie et la sorcellerie et qui s'y rattachait était rapporté au savant Albert le Grand sous le titre de *Grand-Albert*, pour les ouvrages importants et la haute magie, et de *Petit-Albert*, pour ce qu'on appelait magie blanche.

Maintenant nous arrivons à une question complexe et bien controversée : Quelle part doit-on faire à Ibn-Wahschiah dans la rédaction de l'*Agriculture nabathéenne?* A-t-il traduit intégralement un livre écrit en chaldéen, ou bien n'en a-t-il traduit qu'une partie, à laquelle il aurait rattaché ses propres observations, ou bien, enfin, son livre aurait-il été fabriqué en totalité par lui? Telles sont en réalité les questions qu'on a posées et débattues.

Avant de les aborder, voyons quels matériaux Ibn-Wahschiah ou l'auteur de l'Agriculture nabathéenne pouvait avoir à sa disposition pour composer son œuvre. Les Nabathéens, dit M. Quatremère, possédaient une littérature assez riche : leurs livres étaient nombreux. Parmi ces ouvrages il y en avait plusieurs qui traitaient de l'agriculture.

Le plus ancien était de Sagrit (Dhagrit, suivant M. Chwolson), qui paraît avoir vécu à une époque indéterminée; il était écrit en vers. Vint longtemps après, Jambouschad, qui ajouta à ce qu'avait fait Sagrit, le résultat de sa propre expérience; puis Tamîtri ou Tamiri, et plusieurs autres dont le mémoire rappelle les noms qui se trouveraient réunis dans l'*Historia orientalis* d'Hottinger; Adam, Seth et Noé y figurent aussi (Cf. Meyer, III, p. 45, 46). Ainsi, il paraîtrait qu'Ibn-Wahschiah n'aurait eu à sa disposition que des ouvrages détachés, qu'on peut difficilement croire avoir été réunis en un seul corps.

Quant à nous, nous pensons qu'Ibn-Wahschiah est l'auteur du livre qui a pour titre: *l'Agriculture nabathéenne*. Mais, en examinant attentivement la forme de la rédaction, nous avons remarqué qu'il se composait de citations diverses portant toutes le nom de leur auteur. Nous avons aussi remarqué que souvent le rédacteur intervenait lui-même en indiquant sa personnalité. Nous avons été frappé de l'analogie que ce plan présentait avec celui suivi par Ibn-al-Awam. Nous avons pensé que l'œuvre d'Ibn-Wahschiah pouvait bien être une compilation dans le genre de celui de notre Arabe de Séville, c'est-à-dire une *Maison rustique*. Nos conjectures ont été confirmées par les deux passages extraits de la préface du livre et rapportés par M. Chwolson dans son mémoire (pag. 15 et 16, note). Dans le premier, il est dit qu'Ibn-Wahschiah traduisit le livre de l'*Agriculture nabathéenne* en l'année 290 de l'hégire, et qu'il le dicta à Abou-Thaleb en l'an 318 de l'hégire. Dans le second passage, il dit qu'il voulut compléter sa traduction et qu'il dicta à Abou-Thaleb, lui recommandant de n'empêcher personne de prendre communication du livre à cause du grand avantage qu'on en pouvait tirer. On voit donc ici un premier travail resté incomplet pendant vingt-huit ans, que son auteur a voulu compléter ; et il l'a dicté à un ami, son disciple, comme le dit M. Chwolson, ce qui est bien probable, ajoutant à la première rédaction et y intercalant diverses réflexions et ces citations traditionnelles si nombreuses.

M. Ern. Meyer, pour ses appréciations de l'*Agriculture nabathéenne*, manquait d'un document fort important, le texte. En effet, Ibn-al-Awam cite toujours l'*Agriculture nabathéenne,* et souvent Koutsami ou autre, rarement Ibn-Wahschiah, de telle sorte que plusieurs des articles cités lui semblent d'une origine commune, tandis que s'il eût vu le texte, il eût distingué ce qui était propre à chaque auteur chaldéen et au traducteur, et il n'eût pas été surpris de rencontrer des noms de plantes grecs ou indiens.

C'est sans doute de ce premier travail que veut parler Abou-Thaleb, quand il dit qu'il demanda à l'épouse d'Ibn-Wahschiah communication d'un exemplaire original pour vérifier une grande lacune qui existait à la place où était expliquée la fabrication du vin.

Ainsi, nous le répétons, il est impossible que le livre d'Ibn-Wahschiah soit une simple traduction, puisqu'il contient souvent des observations qui lui sont propres, portant son nom ou sa qualification de *traducteur* que nous allons expliquer. Nous ferons remarquer aussi que la plus grande partie des traditions historiques viennent de lui. Ceci dégagé, il ne nous resterait de la rédaction chaldéenne ou nabathéenne que les articles de Koutsami, Sagrit, Jambouschad et quelques autres, c'est-à-dire les éléments d'un fort bon traité d'agriculture. L'indication de ces différents noms que portent les plantes dans diverses contrées est bien aussi de la main du rédacteur.

Quel était ce disciple ami d'Ibn-Wahschiah qui fut son éditeur? Il s'appelait *Abou-Thaleb-Ahmed-ben-al-Hossein-ben-Ali-ben-Ahmed-ben-Mohammed-ben-al-Malek-al-Zidt;* il est mentionné par le *Firist-el-Ouloum* comme l'ami d'Ibn-Wahschiah dont il publia les œuvres (*Mém Chwolson*).

Il ne nous reste plus qu'à voir ce qu'on doit réellement entendre par le mot *nâqil;* à proprement parler, ce mot qui vient du verbe *naqal*, lequel signifie *transporter* (d'un lieu dans un autre) et par suite *traduire*, devrait s'interpréter *le traduisant*. Mais nous avons admis qu'Ibn-Wahschiah avait traduit seulement les auteurs nabathéens. Alors nous demanderons encore s'il les a traduits bien intégralement, ou s'il ne s'est pas contenté d'en extraire la partie essentielle à son sujet pour la transporter et l'introduire dans son livre, précisément comme l'a fait Ibn-al-Awam, ainsi qu'on en acquiert la preuve en comparant les extraits qu'il donne de l'*Agriculture nabathéenne* avec le texte du manuscrit. Ibn-al-Awam résumant dans sa préface la méthode qu'il a suivie pour ses citations dit : *naqaltou aqouâl*, *j'ai traduit les dires*, ce qui dans le sens logique signifie : *j'ai rapporté ce qu'ont dit* les auteurs, etc. Ainsi Ibn-Wahschiah pourrait bien, lui aussi, n'être plus un traducteur dans le sens qu'on donne habituellement à ce mot, mais l'homme qui a composé un livre en rapportant les doctrines des auteurs qui l'ont précédé, prenant chez les Nabathéens ce qui convenait à ce sujet, comme semblent l'indiquer ces mots *moulaf ahdâ-al-kitab*, le compositeur de ce livre.

Pourtant on peut très-bien admettre qu'Ibn-Wahschiah ait traduit intégralement les textes des agronomes nabathéens, et que dans sa dictée à Abou-Thaleb il ait entremêlé ses propres observations et ses notes aux articles des divers auteurs qu'il a quelquefois *abrégés*, comme il le dit (V, p. 85). Nous le répétons, pour bien juger la question, il faudrait voir l'ensemble du texte.

Telles sont les conjectures que nous hasardons et livrons à l'appréciation des savants.

Telles sont l'analyse et la disposition du livre dont nous avons entrepris la traduction, travail pénible, labeur difficile auquel nous avons consacré plusieurs années d'études et de recherches consciencieuses.

Cette traduction présentait plusieurs difficultés sérieuses quant au texte et quant à la matière. Le texte, déjà publié par Banqueri, à Madrid, au commencement du siècle, laissait à désirer dans plusieurs parties, ce qui s'explique facilement, parce que le savant ecclésiastique n'avait à sa disposition qu'un seul exemplaire. Nous avons pu opérer plusieurs rectifications en nous aidant de la partie de l'*Agriculture nabathéenne* dont nous avions le manuscrit, et des *Géoponiques*, où nous avons trouvé de nombreux passages analogues et même identiques. Nous nous sommes aidé utilement aussi d'Aristote.

Rendons à Banqueri la justice qu'il mérite. Il abordait une matière très-difficile; il n'avait pas en lexiques ni en auteurs spéciaux les ressources qu'on possède aujourd'hui. Nous croirions manquer à la reconnaissance si nous ne disions que son œuvre, malgré ses imperfections, nous a été d'un grand secours. Le premier qui déchiffre et traduit un manuscrit est comme celui qui explore le premier une forêt vierge ; il ouvre le passage et facilite l'accès à ceux qui viennent ensuite.

Une difficulté sérieuse venait de la lexicographie. Ici, comme toutes les fois qu'il s'agit d'ouvrages techniques, les lexiques laissent infiniment à désirer ; nous avons dû y suppléer en appelant à notre aide les connaissances acquises par notre séjour à la campagne et par l'étude des sciences naturelles. Ces deux auxiliaires nous ont bien servi encore pour l'interprétation de la matière, qui, très-chargée de détails, exige beaucoup de connaissances spéciales.

Un autre ordre de difficultés se trouvait encore dans la détermination des noms des arbres et des plantes. Pour vaincre cette grande difficulté, dont nous avons déjà parlé, nous nous sommes aidé de l'*Histoire de la botanique*, de M. Meyer, déjà souvent rappelée, de l'*Historia rei herbariæ*, de Sprengel, et de la *Flore de Pline*, par M. Fée, œuvre de profonde érudition, où se décèlent le savoir et la sagacité de l'auteur. La version arabe de Dioscorides, parfois aussi, nous a bien servi. Nous avons encore eu recours à Forskhal; mais notre confiance en lui était moindre que dans les deux premiers savants, parce qu'il recueillait les noms tels qu'on les lui donnait, et que souvent il eut affaire à des gens peu habiles, comme le prouve fréquemment la mauvaise orthographe des mots. C'est aussi l'opinion de Sprengel, avec lequel nous avons été heureux de nous rencontrer.

Nous avons aussi tenté de déterminer les insectes nuisibles et les rongeurs, ceux-là surtout qui attaquent les fruits et la vigne; Bochart a nécessairement été consulté, et M. Guérin-Méneville, savant entomologiste bien connu, a été assez bon pour nous venir en aide.

Le plus souvent, et toutes les fois que nous l'avons pu, nous avons donné l'équivalent des poids et mesures arabes en poids et mesures métriques actuels. Pour opérer cette détermination, nous nous sommes aidé du savant travail de M. Vasquez-Queipo sur *les poids et mesures des anciens et des Orientaux*, et d'explications très-lucides contenues dans une lettre que nous a adressée avec une bienveillance remarquable le savant espagnol en réponse aux questions que nous lui avions soumises. C'est lui qui nous a fourni la détermination du *mardjah*, mesure agraire arabe, et de quelques mesures de capacité. M. Jomard, de regrettable mémoire, nous est venu en aide avec sa bienveillance habituelle et la complaisance empressée qu'il mettait toujours à répondre aux questions qui lui étaient adressées. C'est à lui que nous devons la détermination de la coudée et de ses fractions.

Pour l'évaluation du *karat*, nous nous sommes appuyé sur les données obtenues dans les expérimentations faites avec M. Rodet, et consignées dans un article *sur les pesanteurs spécifiques chez les Arabes* (1), inséré dans le *Bulletin de la Société Asiatique*, prenant pour base les quatre grains d'orge, ou 212 milligrammes, et non le grain de *kouara*, comme le dit chaque année, par erreur, l'*Annuaire du bureau des longitudes*, parce que ce grain n'a pas le poids du karat.

Quelquefois, mais pas autant que nous l'eussions voulu, nous avons rappelé les procédés et coutumes aujourd'hui en usage, qui se montrent analogues à ceux de l'Orient. Ce que nous n'avons jamais manqué de faire, c'est de rappeler les *Géoponiques*, le recueil des *Rei rusticæ scriptores* et Pline, quand il y avait lieu, afin de fournir aux curieux une sorte de traité d'agriculture comparée, et de leur venir en aide pour l'histoire de la science.

Les notes placées au bas des pages pourront paraître trop brèves et souvent insuffisantes, nous en convenons; mais nous avons été limité par l'espace, et retenu par la crainte de grossir les volumes, qui déjà par eux-mêmes avaient tant d'ampleur. Nous espérons pouvoir, dans un troisième volume supplémentaire, revenir sur ces notes et leur donner un développement convenable. Nous y donnerons aussi un travail assez étendu sur la détermination

(1) Voy. *Recherches sur l'histoire naturelle et physique chez les Arabes* (*Journal de la Société asiatique*, 1858, tom. XI, 5e série, pag. 379).

des végétaux et des insectes cités, travail déjà fait et qui peut être livré à la presse.

Enfin, nous nous sommes proposé d'être utile à notre pays en faisant connaître les pratiques agricoles de cet Orient si mal connu sous ce rapport. Nous avons pensé que nous ouvririons une nouvelle voie à l'observation et à la pratique. Les agricultures grecque et romaine étaient déjà bien connues, celle des Arabes ne l'était point ou trop peu ; nous avons voulu combler cette lacune. Le lecteur nous fera peut-être le reproche d'être resté trop attaché à la lettre et de ne pas avoir assez fait pour la diction. Nous répondrons que ce n'est point une œuvre littéraire que nous avons voulu faire, mais une œuvre où la pratique vînt s'associer à l'érudition, l'agronomie à la philologie. Nous avons travaillé non-seulement pour des Français, mais aussi pour des savants étrangers ; nous avons donc pensé qu'il fallait surtout faire ressortir l'intelligence du texte.

Nous pensons aussi avoir fait une œuvre utile pour l'Algérie. En effet, quand le gouvernement impérial s'occupe d'une manière si active de faire fleurir l'agriculture dans cette France africaine, afin d'utiliser dans toute son étendue son sol si fertile en céréales et qui fait concevoir de si belles espérances pour la culture du coton, il ne peut qu'être très-avantageux et à propos de vulgariser les préceptes enseignés par les Arabes. Écrits pour le midi de l'Espagne et pour la Syrie, dans leur plus grande partie, ils peuvent donc être avantageusement appliqués à l'Algérie, qui a tant de rapports, pour la climatologie, avec ces deux régions, suivant les indications que nous devons à l'obligeance de M. Renou.

Nous répéterons encore ici ce que nous avons déjà dit dans notre prospectus, qu'il faut bien se garder de confondre l'œuvre d'Ibn-al-Awam avec l'*Agriculture nabathéenne*, comme on le fait si souvent. Cette dernière, ainsi qu'on l'a vu, a fourni de nombreux articles à notre auteur ; mais c'est, comme on l'a vu aussi, un livre bien distinct et d'une époque très-différente.

Qu'il nous soit permis maintenant de témoigner toute notre reconnaissance aux savants ou amis qui ont bien voulu nous encourager dans l'accomplissement de notre œuvre et nous aider de leurs conseils : MM. Reinaud, Caussin de Perceval, l'abbé Bargès et Munk, mes maîtres, qui, par leurs conseils dans de savants entretiens ou par des communications obligeantes, nous ont aidé à triompher des difficultés qui pouvaient nous arrêter.

Nous serions ingrats si nous négligions de mentionner parmi les personnes qui ont droit à notre gratitude, M. Antoine Passy, qui a si chaudement patronné notre œuvre auprès de la Société impériale et centrale d'agriculture, laquelle, sur son rapport, a jugé notre traduction digne d'une médaille d'or. Je dois aussi une mention de reconnaissance à M. Emm. Latouche, secrétaire adjoint à l'École impériale des langues orientales, qui plusieurs fois m'a fourni d'utiles indications. Pourrais-je aussi sans ingratitude oublier deux amis dévoués, MM. le docteur Laudy et Octave Gardet, dont les conseils m'ont été si utiles.

Toutefois, disons en terminant, que si une étude sérieuse et approfondie des agronomes de l'antiquité révèle chez eux de grandes connaissances en agriculture, cependant, en se repliant sur notre époque, on voit que depuis que l'agronomie a attiré vers elle l'attention des hommes d'intelligence et qu'elle s'est élevée à l'état de science, elle a participé au bénéfice du mouvement intellectuel qui caractérise notre siècle, et que sa part dans le progrès lui a procuré de grandes améliorations. Elle nous fournit une nouvelle preuve de la vérité de cette assertion, que si l'on doit dire : *ab Oriente lux*, on peut ajouter avec non moins de vérité : *ab Occidente progressus*.

OBSERVATIONS.

Ibn-al-Awam cite souvent ce qu'il a vu ou expérimenté lui-même; ces citations sont indiquées en arabe, littéralement par ces mots : *pour moi*, que nous avons remplacé par ceux-ci : *l'Auteur dit*.

Nous avons traduit le mot *Anoucha* par *Enoch*, c'est une erreur que nous avons reconnu trop tard, il fallait traduire par *Nouch*, *Noé*.

Les citations de Pline sont faites généralement d'après le texte et la traduction annotée, publié par Panckoucke. Celles des Agronomes latins sont faites d'après l'édition de Casp. Fritsch, 2 vol. in 8°, Lips, 1735. — Pour les Géoponiques, nous avons suivi l'édition de Needham, 1 vol. in 8°, Cantabr. 1704.

Titre du Mémoire de M. Gutschmid : *Die Nabataïsche Landwirthschaft und ihre Geschwister* (*Zeitschrift der deutschen Morgenland-Gesellschaft* ; 50 *Band*, 1 *Heft*).

Errata. — Page 46, lis : Rhazès, né dans l'Iraq-Adjémi, à Rhaï, l'ancienne *Ragès*, d'où lui vient son surnom par l'adjonction d'un Z (*Aboulf.*, *Géogr.*, text., p. 420.

PROLOGUE

OU PRÉFACE DE L'AUTEUR ARABE.

AU NOM DU DIEU CLÉMENT ET MISÉRICORDIEUX EN QUI EST TOUTE MA CONFIANCE.

L'auteur de ce livre, le cheik illustre Abou Zakaria Iahya Ibn Mohammed ben Ahmed Ibn al Awam, à qui Dieu fasse miséricorde, dit : Louange à Dieu, le maître des mondes...

Après avoir lu les livres sur l'agriculture laissés par les agronomes musulmans d'Espagne, et ceux qui viennent d'autres agronomes anciens qui écrivirent antérieurement sur la culture des divers terrains, ouvrages dans lesquels se trouve l'indication satisfaisante des travaux à exécuter pour les semis, les plantations et tout ce qui s'y rattache; et en outre ce qui, dans ces mêmes écrits, forme l'accessoire de l'agriculture, comme l'élevage des animaux, c'est-à-dire de ceux d'entre eux qui lui viennent en aide, mon attention s'est fixée sur ce que ces ouvrages contenaient de plus intéressant. C'est, d'après les sources originales mêmes, que je rapporte dans mon livre les systèmes ou manières de voir qui y sont contenus, conservant les divisions par chapitres, par sections et les explications.

Celui qui voudra embrasser l'agriculture (*litt.* cette partie), comme industrie, y trouvera, Dieu aidant, un moyen d'existence ; il en obtiendra, non-seulement sa propre subsistance, mais aussi celle de ses enfants et de sa famille (domestiques). Il trouvera la satisfaction de ses besoins et de tous ses désirs. Ainsi il se procurera tous les avantages de la vie présente et la félicité de l'autre, avec le secours de Dieu. En effet, au moyen de semis et plantations, ses provisions alimentaires, Dieu aidant, seront abondantes. On rapporte que c'est à cela que le prophète fait allusion, quand il dit : *Cherchez le soutien de votre vie dans les fruits de la terre.*

Le cheik illustre, éloquent, le très-remarquable Abou Omar Ibn Hedjadj, à qui Dieu fasse miséricorde, vers la fin d'un des livres qu'il a composés sur l'agriculture, intitulé le *Moqnah* ou le *Suffisant*, parmi les conseils qu'il donne sur ce à quoi il faut prendre garde, dit ce qui suit : C'est pour toi, mon frère, que j'ai mené à fin ce travail. Tout ce que je dis converge vers le but que je me suis proposé ; je me suis assez étendu pour te prémunir contre les opinions de ces populations ignorantes, chez lesquelles on ne rencontre aucune espèce de savoir, ni rien de bon, quel que soit le laps de temps qui se soit écoulé depuis qu'elles sont adonnées à l'agriculture, et qu'elles sont attachées à ses travaux. Ainsi tu laisseras de côté (1) ces hommes pour adopter les doctrines des agronomes les plus distingués et les plus intelligents, car voilà nos seuls modèles, aucun autre ne peut en servir. Ne te laisse donc point entraîner par les raisonnements de ces gens stupides, ni par les opinions de ces hommes grossiers et orgueilleux ; ne tiens aucun compte de leurs discours frivoles. Tu ne peux espérer tirer d'eux rien de plus qu'un service de valets, car ils sont en dehors de la science et fort éloignés de ce qu'il y a de bon.

(1) *Litt.* tu as détourne toi d'eux (pour te porter vers, etc.

ARTICLE PREMIER.

Parmi les raisons qui peuvent déterminer à se livrer aux travaux de l'agriculture, qui peuvent engager à s'y adonner et à étudier les principes de l'agronomie et ses diverses branches, ce sont les récompenses promises par le prophète à ceux qui les auront mis en pratique (*litt.* aux semeurs et aux planteurs). On raconte que le prophète a dit : Si quelqu'un fait une plantation ou un semis, et qu'un homme en ait mangé ou même un oiseau, ou un animal sauvage, la quantité absorbée lui sera comptée comme aumône. Le prophète a dit encore : Si un homme fait une plantation et qu'elle porte du fruit, Dieu lui donnera une récompense proportionnée aux fruits qui auront été produits (*litt.* qui seront sortis). Abou Harirah rapporte que le prophète a dit : Celui qui élève une construction, sans commettre d'injustice, ni léser personne, ou qui fait une plantation en respectant les principes de la justice, obtiendra de la miséricorde du Créateur une récompense qui lui procurera beaucoup d'avantages. Le prophète a dit encore que lorsque Dieu veut rendre une semence productive, il place sa bénédiction entre le chaume et l'épi, et qu'il prépose un ange à la garde de chaque grain. Ainsi, quand vous faites un semis, dites : O Dieu! envoie ta bénédiction et ta miséricorde. Il existe encore beaucoup de mots et de sentences du prophète sur ce sujet, j'espère que ce que j'ai rapporté sera suffisant.

ART. II.

On lit dans le livre intitulé *Conseils à un homme sur la bonne tenue de son domaine*, qu'un jour Abou Harirah interrogé sur ce qui constitue la valeur de l'homme (la virilité) (1), ré-

(1) Cette expression المر se trouve dans le Mss. 882 f. s. a. f° 2 v° em-

pondit : Craindre Dieu et bien administrer son domaine. Qis-Ibn-Hazem dit à ses enfants : Votre principal devoir, c'est de bien administrer votre fortune, car c'est ce qui excite les sentiments généreux et qui éloigne les idées de bassesse. Atabah Ibn Abou Çafian dit à son intendant en lui confiant la gestion de ses biens : Donne des soins à ce qui dans mes affaires est peu important, il grandira ; si tu négliges ce qui est grand, il s'amoindrira. On trouve bon nombre de préceptes de ce genre comme ce qui suit : Le propriétaire d'un domaine rural doit le surveiller lui-même. Il ne doit jamais s'en absenter, surtout à l'époque où s'exécutent les travaux de culture afin de s'assurer si les ouvriers travaillent avec zèle, les récompenser et remplacer ceux qui en manquent (1). Parmi les proverbes on cite celui-ci : Le champ dit à son maître : Fais-moi voir ton ombre et cultive.

Art. III.

On dit que le premier homme qui se livra à l'agriculture fut Adam, sous l'inspiration divine qui lui enseigna l'agronomie ; ensuite ce fut Seth, fils d'Adam, puis Edriz ; vint ensuite le déluge, et à la sortie de l'arche, personne ne songea à s'occuper de culture, ce fut Noé qui y rappela les hommes (et la leur enseigna).

Art. IV.

Ibn Hazam l'espagnol, à qui Dieu fasse miséricorde, dit : Sachez que l'agriculteur ne trouve de repos, de jouissance, de sécurité, de considération et enfin la récompense à laquelle

ployée dans le sens de *maître du domaine* dans un passage où se trouvent avec détail les préceptes qui sont ici en abrégé. فينبغي للمرء ان يتعاهد ضيعته qui répond bien à ce أن يتفقد صاحب الضيعة بنفسه الخ qu'on lit ici On peut comparer Geop. II. 1. — πολὺ τῷ ἀγρῷ ὠφελίμως ἡ τοῦ δεσπότου παρουσία. *Plurimum confert agro præsentia domini.* Palladius dit à peu près la même chose, *Præsentia Domini provectus est agri. De re rust.* I, 5.

(1) Il faut lire مقصر comme dans le Mss. 882, *loc. cit.* et non مقصد

il a droit, que lorsqu'il a forcé le sol à être son tributaire (*litt.* à lui payer la dîme).

L'agriculture est de tous les moyens de gagner sa vie, le plus avantageux : elle s'applique à deux sortes de terrains (1) ceux *élevés* (qu'on ne peut arroser), et ceux qui sont *arrosés*. De ces deux espèces de sol, celle qui est la plus estimée pour son produit, et comme la mieux garantie contre les accidents, c'est celle qui est arrosée par les sources et les eaux courantes au moyen des rigoles. Une seconde classe de ces terres arrosées exige beaucoup plus de peine et de fatigue, c'est celle qui l'est au moyen des machines telles que *norias,* aqueducs et machines à godets ou seaux que mettent en mouvement (*litt.* font tourner) des chameaux, des ânes et des mulets, celle-ci court le plus de risques (2). Mais il ne faut recourir aux norias ou machines pour les irrigations qu'autant qu'il y a nécessité impérieuse pour assurer la subsistance (de la famille) et qu'on manque de tout autre moyen. Dans ce cas, l'agriculteur doit diriger le travail par lui-même, s'il n'en agit pas ainsi il y aura pour lui augmentation de dépenses et diminution dans les bénéfices. La dépense causée par les animaux vient se joindre aux autres accidents, et souvent aussi, elle éprouve un accroissement (inattendu). Sachez bien qu'un petit domaine réuni est plus avantageux, plus estimé et plus productif qu'une grande propriété (morcelée) et divisée. Le premier peut être surveillé par une seule personne, tandis que pour la seconde il faut un surveillant à chaque partie.

(1) *Litt.* elle se divise en deux parties : les terrains *élevés* et les terrains *arrosés*. Ici est une forte ellipse qui pourrait donner à penser qu'il y a une lacune dans le texte, car pour s'exprimer d'une manière logique il faut dire : « L'agriculture se divise en deux parties, l'une a pour objet les terrains élevés » et l'autre les terrains arrosés; ceux-ci forment deux classes dont la première » la plus estimée, etc. » Notre traduction diffère de celle donnée par M. de Sacy Chrest. arab. I. 225, rectificative de Banqueri. Ces deux natures de terrains étaient connues des Romains sous le nom de *siccanea* et *rigua*. Colum. II, 2.

(2) On lit aussi أقلّ ; Banqueri y a substitué أكثر حد que nous avons adopté ; M. de Sacy a conservé la première leçon. *loc. cit.*

ART. V.

Ce qu'on entend par *agriculture* c'est l'amélioration de la terre, la plantation des arbres, la greffe de tout ce qui peut gagner à ce procédé. Le semis des graines suivant l'usage reçu pour chaque terrain, l'application des soins qui peuvent en étendre le profit, l'emploi des procédés qui, par l'effet de la volonté divine, peuvent écarter les accidents nuisibles, la connaissance des diverses qualités de terre, bonne, moyenne, et celle qui est inférieure : voilà des principes fondamentaux qu'on ne peut ignorer; il faut encore savoir quelles espèces d'arbres, de graines et de légumes il convient de cultiver dans chaque espèce de terrain; faire les choix des bonnes qualités; en quel temps on doit spécialement confier à la terre ces diverses espèces; quel état de l'atmosphère est le plus convenable; de quelle manière on doit exécuter les travaux pour les diverses opérations. On devra aussi connaître les diverses natures des eaux qu'il convient de donner aux différentes espèces végétales. Il faut avoir l'expérience des divers engrais (et amendements) et de ce qui peut ajouter à leur énergie, savoir les appliquer suivant l'exigence de chaque espèce de végétal, plante ou arbre, et même de terre; de quelle façon le sol doit être préparé pour recevoir la semence et comment, après le semis, on continue la culture (1), on applique les engrais; comment aussi se nivelle le terrain pour faciliter le cours des eaux de façon qu'elles arrivent aux diverses parties qu'on veut arroser. Il faut savoir régler la quantité de graine que peut supporter le terrain, suivant chaque espèce, et donner les soins voulus pour combattre les accidents fâcheux qui s'attachent à ces diverses cultures. Il ne faut donc rien négliger et se tenir attentif pour tout ce qui peut maintenir toute chose en bon état, afin d'en tirer tout l'avantage désiré et l'accroître encore, avec la volonté divine. Il faut aussi savoir emmagasi-

(1) *Litt.* la manière du travail avant son semis et après sa plantation.

ner les graines et les fruits, ne point ignorer le parti qu'on peut tirer du produit des arbres et autres détails analogues qui se rattachent à l'agriculture, la volonté divine venant en aide.

ART. VI.

Après que j'aurai, avec le secours de Dieu, terminé ce que je me suis proposé de dire sur l'agriculture, j'ajouterai la manière d'élever les animaux, qui sont indispensables pour l'agriculture. J'indiquerai aussi la manière d'élever certains oiseaux qu'on entretient dans les basses-cours et dans les habitations pour le profit qu'on en tire. Je dirai à quels caractères on reconnaît ceux qui sont les meilleurs et les plus vigoureux. Je tracerai ce qu'il convient de faire au moment du part, et ensuite pour dresser les jeunes animaux. J'indiquerai aussi les soins et les traitements exigés dans diverses maladies, et tous les détails accessoires à cette matière.

ART. VII.

Sachez, Dieu puisse-t-il me venir en aide ainsi qu'à vous, que j'ai divisé mon travail en trente-cinq chapitres. J'ai assemblé et groupé ces chapitres d'après les matières qui y sont traitées et les rapports qui les lient entre eux, aidé de la volonté divine dont j'implore le secours et en qui je me confie. J'ai pris pour base de mon travail ce qu'a écrit le cheik savant et illustre Abou Omar Ibn Hedjadj, à qui Dieu fasse miséricorde, dans son livre qui porte pour titre *El-Mognah* (le Suffisant) qu'il composa en l'an 466 (hégire, 1073, ère chr.). Il a rédigé son travail d'après les doctrines des agriculteurs et des philosophes *Motecalemins* (1) les plus distingués, il a rapporté ou traduit les textes en citant chacun des auteurs auxquels ils appartiennent. Le nombre des auteurs qui ont fourni des citations s'élève à trente. Les anciens sont : Junius, Varron, Lecacius, Youkansos

(1) Secte de philosophie arabe. V. Munk, — *Mélanges de philosophie juive et arabe*, pag. 312 et 321, les *Motecalemins* sont cités deux fois dans le Mss. 884 f. S. A. f. 26 r° et 90 r°.

Teritsius, Betoudon, Baryathius, Démocritus le Grec, Cassianus, Tharour-Atikos, Léon le Noir (l'Africain), Bourkastos le savant grec, Sadihames, Samakous, Sarahous, Anatolius, Solon, Sidagos de Syabes, Mouharis, Margouthis, Marsinal d'Athènes, Hanon, Barour-Anthos, et parmi les écrivains d'une époque postérieure sont : Rhazès, Isaac, Ibn Soliman, Tabit Ibn Korah, Abou Hanifah Aldinouri et autres dont nous omettons les noms.

J'ai ensuite puisé dans les auteurs qui vont être cités ci-après, ce qui m'a paru le meilleur ; de ce nombre est le livre de l'*Agriculture Nabathéenne*, composé par Koutzami. Il a rédigé son travail d'après les principes des savants les plus célèbres et autres dont il a cité les noms et l'époque. Parmi eux sont : Adam, Sagrit, Iambuschad, Anoucha (Enoch), Masi, Douna, Thamitri (1) et autres. Le plus souvent, j'ai abrégé la citation du titre (et du nom) par l'emploi d'un simple signe : ainsi, pour l'Agriculture nabathéenne, c'est la lettre ط. Le livre du cheik Abou Abdallah Mohammed Ibn Ibrahim Ibn el-Fazel, à qui Dieu fasse miséricorde, basé sur l'expérience, a pour signe abréviatif ص. Le livre d'Abou'l Khair de Séville, composé d'après l'ensemble des doctrines des savants et des agriculteurs, aussi bien que d'après les résultats de sa propre expérience, est indiqué par خ Pour le livre d'Hedjadj de Cordoue, c'est غ. J'ai encore cité Ibn Abou'l Djouad, et Gharib Ibn Sahad et autres ; j'ai de plus introduit dans mon livre ce que j'ai rencontré de bon dans ce qui est attribué aux savants dont les noms suivent : Dimouath, dont le signe d'abréviation, est د, Galien ج, Anatolius d'Afrique ى. Les Perses sont indiqués par ر, Kastos par ق, Kassius par ك, Aristote par طط, Makarius le Grec par م. Quelques savants ont écrit dans les *Annales* que ce Makarius grec était originaire d'Alexandrie. On

(1) L'Agric. nabat., f° 54, v° 16, parle de Thaméri le Chananéen, et Thamari al-Karbâsch طامرى الكنعانى طامارى الكربش. Nous trouvons dans Ibn al Awam le premier une seule fois et le second nulle part. Nous reviendrons sur ce sujet.

pense qu'il fut un des hommes qui ont vécu le plus longtemps, et qu'il aurait atteint trois cents ans. Je rapporte les opinions de ces écrivains textuellement, selon qu'ils les ont consignées dans leurs œuvres, sans jamais chercher à modifier l'expression. J'ai aussi introduit les opinions d'hommes étrangers à l'islamisme : je ne les nomme point, mais je les indique d'une façon détournée, en faisant précéder les passages cités et par forme d'abréviation de ces mots : *un autre a dit* telle chose. Quant à moi, je n'avance rien qui me soit propre (1), sans qu'il ait été démontré par plusieurs expériences.

J'ai divisé mon ouvrage en deux parties principales ou livres. On trouve réuni dans la première tout ce qui concerne la connaissance des terres, leur choix, les engrais, les eaux; la manière de cultiver et de planter les arbres, de les greffer, avec tout ce qui peut se rattacher à ces diverses matières et en constituer l'accessoire. La seconde partie (à partir du chapitre XVII) renferme tout ce qui regarde les semailles (2), tout ce qui peut s'y rattacher, suivi de l'élevage des animaux. Dieu est mon aide, mon partage et mon meilleur guide. Quand j'ai à parler de la culture des terres, je mets toujours en première ligne les principes établis par le cheik Al Khatib Abou Omar Ibn Hedjadj dans son livre qui a pour objet les théories des anciens. Je les pose comme bases fondamentales, à cause de la réputation dont jouissent ces doctrines parmi les savants. Je n'en ai rien voulu retrancher, parce que, malgré la distance des régions où vécurent ces agronomes, leurs préceptes s'appliquent très-bien à notre pays. J'ai complété mon œuvre et le but que je me suis proposé, par les emprunts que j'ai faits aux auteurs espagnols. En effet, ce qui est le résultat de leur expérience et qui concorde avec les opinions des anciens, est ce qui convient pour notre pays.

(1) C'est-à-dire *de ma manière de voir* من راى puisqu'en effet souvent Ibn al Awam cite ses propres expériences. Banqueri traduit autrement.

(2) Dans sa plus large acception, la culture de toutes les plantes herbacées, etc.

Observations préliminaires (1). — Koutzami, dans l'Agriculture nabathéenne, pour expliquer ce qu'on doit entendre par *pied* القدم, cité pour donner la mesure de la profondeur, quand il s'agit de fouiller le sol et de creuser des fosses pour y planter les arbres, et autres opérations analogues, dit que *deux pieds* équivalent à une *coudée* ذراع et un peu plus d'un empan شبر ; quelquefois, c'est une coudée et un empan pleins. نبش (*nabsch*, action de découvrir) *déchaussement*, mot qui s'applique à la culture des arbres. C'est une opération qui consiste à découvrir et mettre à nu les racines de l'arbre, suivant ce qui est usité dans l'espèce. طمر (*tâmar*, action de couvrir) *comblement*, c'est ramener la terre dans la cavité. مشق (*maschaq*) désigne une fosse peu profonde. تدويح (*tadouih*) est à peu près synonyme de تقليم *taqlim*, *tailler* (2). *kamah*, mais plus particulièrement *rogner*, est l'équivalent de زبر *zabre* (3).

La *poignée* كف *kaf*, quand sa quantité n'est point déterminée, s'entend de dix grains. Suivant Abou Abdalla Ibn el Fazel, le *qoufah* قفة, cité dans son livre, est égal à un neuvième d'un demi *qafiz* de Cordoue. Le *haud* (4) حوض porte une surface de douze coudées sur quatre.

(1) المقدمة *litt.* préface. Nous traiterons ailleurs des mesures citées.

(2) Pour préparer et disposer les formes de l'arbre *aptare*; ce mot est expliqué à la préparation de la greffe pour l'insertion.

(3) Il s'agit ici encore d'une taille, mais qui s'applique aux extrémités des branches pour les empêcher de s'emporter, les *refréner* en quelque sorte, comme l'indique le mot *kamah*. *frein*. L'*ébourgeonnement* de la vigne se rattache à cette sorte de taille. Vid. *inf.* chap. IX, où cette opération est expliquée avec divers autres synonymes.

(4) Le mot حوض semble désigner ici une mesure agraire dont la dimension est indiquée : nous la retrouvons plus loin, chap. III, art. 3, dans la préparation de la terre pour le froment. Dans les dict., il est traduit par *piscina*, *conceptaculum aquæ majus*, *lapidibus extructum*. Il est pris dans ce sens dans l'*Agr. Nab.*, 55. 3. Mais ordinairement, dans Ibn al-Awam, il indique un *carreau* dont les bords relevés facilitent la retenue des eaux dans les irrigations. Ces carreaux, de dimension variable, sont usités en Egypte dans les diverses cultures. V. Bové, Cult. d'Egypte, p. 11

Ce qui vient d'être exposé précédemment, donne l'indication générale du plan de l'ouvrage ; le contenu de chaque chapitre va venir se joindre à ces explications, la volonté divine aidant.

Le chapitre premier traite de la connaissance des terres et de leurs qualités, bonnes, moyennes et inférieures, d'après les signes et les caractères extérieurs, indications de la nature de ces divers terrains, noms des végétaux qu'on peut utilement semer ou planter dans chaque espèce et ce qu'il est possible d'y faire ; signes auxquels on peut reconnaître les terres impropres à la culture et qu'on nomme *terres délaissées* (landes).

Le chapitre II traite des engrais et de leurs diverses espèces ; manière de les préparer ; utilité qu'ils présentent pour les terres, les arbres et toutes les plantes en général ; comment on les emploie. Ce qui convient à chaque espèce de terre et aux diverses espèces d'arbres et de semis ; noms de ces espèces. Natures de terres auxquelles les engrais conviennent, indication de celles qui ne peuvent les supporter, et pour lesquelles ils ne sont d'aucune utilité.

Chap. III. Des diverses espèces d'eau employées pour l'irrigation des arbres et des plantes, ce qui convient à chaque espèce de végétal. Manière d'ouvrir les puits dans les jardins pour les arrosements ; époque favorable pour le faire, indications pour obtenir l'eau (1), et sur ce qui peut la faire perdre, d'après Philémon et d'autres, avec tout ce qui peut se rattacher à ce sujet. Nivellement du sol du jardin pour favoriser le cours des eaux.

Chap. IV. Etablissement des jardins, symétrie observée dans la plantation des arbres pour obtenir un bel effet, choix à faire.

Chap. V. Ce qu'il convient de faire pour obtenir des arbres diverses espèces de fruits dans les terrains élevés et dans

(1) استنباط a, suivant tous les dictionnaires, le sens de creuser le puits jusqu'à ce qu'on arrive à la source, ou bien à la couche aquifère. Il s'agit ainsi de disposer la cavité eu égard à la nature du sol, de telle façon que l'eau s'y conserve. فرح exprimerait au contraire sa *disparition*, et sa déperdition.

ceux qui sont arrosés. Connaissances indispensables à celui qui veut faire des plantations, époques de celles des arbres. Comment se font les semis des noyaux et des pepins ou graines des divers fruits. Plantation des branches détachées par éclat, boutures ou plançons, celle des *bourgeons* ou jeunes pousses (1). Plantation des branches prises sur les racines, nommées نواي ou *drageons* (2). Comment se fait la marcotte par *couchage* تكبيس, le pliage et provignage de la vigne تغطيس. Comment se pratique celle nommée *istilaf* استلاف (ou marcotte en pot ou par entonnoir). Soins qu'exigent ces divers semis de noyaux et graines, et plantations diverses de boutures, plançons, bourgeons, jusqu'à ce que les jeunes sujets aient atteint leur hauteur et leur croissance normale. Indication de la profondeur des fosses préparées pour les plantations, leur longueur et largeur, distances qu'il faut laisser entre elles.

Chap. VI. Exposé sommaire sur la plantation (mise en place) des arbres fruitiers et des légumes qui peuvent être replantés (3). Expériences faites sur quelques espèces. Choix des époques pour les semis et les plantations, pour effectuer la taille, pour couper les rameaux qu'on veut employer pour les greffes et les écussons, pour la vendange, pour abattre le bois et autres opérations analogues.

Chap. VII. Nomenclature des arbres qu'on plante habituellement dans la plus grande partie de l'Espagne. Détermination des espèces, description de quelques-unes d'elles, mode de plantation pour chacune, terres qui peuvent spécialement leur convenir. Irrigation, application des engrais. Ensemble des soins à donner à chaque arbre individuellement. Je commence par les arbres des montagnes, puis viennent ceux des vallées (ou du littoral), enfin ceux des plaines. Les arbres dont on a

(1) عيون litt. les *yeux*, *oculi* dans Columelle, V, 9. Bourgeons ou jeunes pousses de Rozier.

(2) Vivi radices, Colum. III, 14; ou *stolones*, παραστάδες ou μοσχεύματα, Geop. X, 3.

(3) المدركة litt. *qui sont mûrs*, qui ont atteint, par les procédés indiqués au chap. précédent, leur grosseur normale pour être replantés et mis en place.

traité, sont : l'olivier, le laurier, le chêne, le poirier, le pistachier, le cerisier, le caroubier, le myrte, l'arbousier, le *dharof* (1), le châtaignier, le néflier, l'épine blanche, le grenadier, le grenadier sauvage (*gulnar*), l'amandier, le pin, le pin à pignons (2), le cyprès, le genévrier, la sabine, le figuier, le caprifiguier, le mûrier, le noyer, le rosier, le jasmin, le houx-frêlon, le sumac, le bigaradier, le cédratier, le zamboa, le limonnier (citronnier), le *dadi* (3), le *kadi* (4), le coignassier, le pommier, l'*almês*, l'azederach, l'orme blanc, le noir, le peuplier d'Italie, le saule, l'abricotier, le pêcher, le prunier, le palmier, la vigne, le noisetier, la canne à sucre, le bananier, le roseau à flèches (*arundo sagittaria*), le frêne, le platane, le laurier rose, la ronce, le rosier de montagne (*rosa canina*), le lycium d'Europe.

Chap. VIII. Greffes des arbres entre lesquels il y a affinité et sympathie, indication de ces arbres. Époque où se fait la greffe, comment on doit couper les arbres, c'est-à-dire disposer le sujet pour recevoir la greffe ; moyens d'assurer sa conservation, choix des branches pour l'insertion (qalames) ; comment on les taille. *Greffe nabathéenne* qui se fait en ouvrant des fentes à la partie supérieure de l'arbre ou bien sur la tige et même sur les racines (5). *Greffe romaine* qui se pratique par l'insertion du qalame entre le bois et l'écorce comme la précédente, sur le haut, sur la tige ou la racine de l'arbre (6). La *greffe persane* qui se pratique en tube et aussi sur le haut de l'arbre et les racines ; comment on y procède à l'égard des arbres

(1) Sorte de figuier sauvage suiv. Castel, suivant Forskhal. flor. Ægypt. xcv, *Arbre indéterminé*, *arbor obscura*.

(2) القصير a, dans les diction., la signification de *cône de pin*.

(3) دادي arbre dont la détermination est très-incertaine. Nous y reviendrons plus loin.

(4) *Pandanus odoratissimus*. Spr, II, B. II 1, 270, *Koura odorifera* Forsk. p. 172.

(5) C'est la greffe par *insertion*, *insitio* des Latins Ἐγκεντρισμός. Geop. X, 75. V. Colum., V. 9.

(6) C'est la greffe en *couronne*, *infoliatio* des Latins, Ἐμφυλλισμός. Geop. Ibid.

fruitiers. *Greffe à la grecque*, pour laquelle on enlève un morceau d'écorce en long, ou bien en forme de feuille de myrte, ou encore en carré et même en rond (1). Comment on opère pour la greffe par *térébration* (2) dans laquelle on amène l'union de deux arbres ensemble (en faisant passer un rameau de l'un dans un trou pratiqué dans l'autre) : le premier donne ses fruits habituels et on a de cette façon une tige unique et des fruits de deux espèces. Description de l'opération, soit qu'on la pratique sur la tige au-dessus du sol, soit sur le tronc au-dessous ou bien sur les branches du sujet. Greffe à *l'aveugle* et autres opérations analogues à la greffe, comme d'introduire un noyau ou une graine dans une espèce de plante quelconque, tel qu'un pepin de courge dans une bulbe de scille, de concombre dans de la bourrache; un pepin de melon dans le lyciet, ou bien dans la racine de la réglisse, du mûrier, du figuier ou autres. Exposé sur la durée de la vie des arbres.

Chap. IX. De la taille des arbres, temps où elle doit se faire. Quelles espèces supportent bien cette opération, quelles sont celles qui ne peuvent la supporter. Taille de la vigne *à pied* ou montée, nettoiement préliminaire à lui donner. Par quels procédés on peut activer la pousse des arbres et prolonger leur existence, la volonté divine aidant.

Chap. X. Comment on doit cultiver les terrains plantés d'arbres de manière que la culture profite au sol et aux arbres. Saison où il faut la faire; choix du temps; dans quelles conditions doit être le sol pour recevoir cette culture. Arbres qui veulent une culture fréquente, arbres qui la repoussent. Choix des ouvriers qu'on doit employer pour les travaux agricoles.

Chap. XI. Application des engrais aux terres et aux arbres, aux terrains plantés et non plantés. Nature des engrais qui peuvent convenir à chaque espèce (de sol ou d'arbres), amendement des terres salées; quantité à fournir, temps pour le faire. Manière de donner l'engrais aux arbres en raison de

(1) Greffe en *écusson*, *inoculatio* des Latins, Ἐνοφθαλμισμός. Geop. Ibid.
(2) Colum., IV. 29, 13.

leur condition et de celle des terrains où ils sont implantés.

Chap. XII. De l'irrigation des arbres, des plantes et légumes. Epoque à laquelle il convient de la faire, dans quelle proportion. Noms des arbres qui veulent beaucoup d'eau, et de ceux qui la repoussent.

Chap. XIII. Fécondation artificielle des arbres dont les noms suivent (1) : le sycomore (*ficus sycomorus*), le palmier précoce, le figuier, le pêcher, le grenadier, le néflier, le poirier, le cerisier, l'amandier, le noyer, le pistachier, l'abricotier, l'olivier, le pommier, le châtaignier, le rosier, le palmier ordinaire, le cédratier, le bigaradier, l'œil-de-bœuf (prune de Damas). Manière de procéder à ces fécondations artificielles. Culture (particulière) à donner aux arbres pour faire grossir les fruits, les rendre plus savoureux, plus juteux et plus abondants, par la volonté divine. Indication des arbres entre lesquels il y a de la sympathie et ceux entre lesquels il y a antipathie. Utilisation de ces connaissances pour éloigner dans la plantation ceux qui sont antipathiques.

Chap. XIV. Traitement à suivre pour les arbres et plantes dont les noms suivent quand ils sont attaqués par quelque maladie ou accident fâcheux. Ce sont : le pommier, le prunier, le bigaradier, le pêcher, le coignassier, l'amandier, le noyer. Médication à employer pour les plantes et les légumes. Comment on remédie à la langueur, l'étiolement, le retard dans la pousse, la déviation de direction, la chute des feuilles. Moyen d'éloigner les fourmis et d'empêcher leurs ravages. Remèdes à apporter aux dégâts causés par la gelée ou par la chaleur, par les mauvais vents. Comment on rend la vigueur à la vigne vieille ou affaiblie.

Chap. XV. Procédés ingénieux qu'on exécute sur certains arbres et certaines plantes, tels que ceux à l'aide desquels on introduit dans un fruit un parfum et une saveur (qu'il n'avait pas), ou la propriété de la thériaque; comment un fruit peut

(1) Voilà le littéral mot à mot que suit le texte. Dans ce titre, qui diffère de celui qui est en tête du chapitre, l'auteur semble avoir en vue les procédés qui font acquérir plus de qualité aux fruits. V. *inf.*

devenir doux et purgatif: application du procédé aux arbres greffés, aux branches et aux plantes, de façon que le fruit retienne ces propriétés; description des procédés; époques où on doit les pratiquer. Comment on peut obtenir une rose jaune ou bleue (à volonté). Traitement du rosier pour le faire fleurir hors saison. Comment on amène le pommier à donner ses fruits à une époque qui n'est pas habituelle. Procédé pour faire paraître de l'écriture ou des dessins quelconques sur des pommes. Recette pour forcer les fruits du coignassier, du poirier, du pommier, du melon, du concombre de prendre telle forme que ce soit. Comment on peut faire allonger le grain de raisin ou faire que la grappe paraisse composée d'un seul grain; et aussi pour obtenir dans la même grappe des grains de diverses couleurs. Comment il faut traiter la vigne pour obtenir des grappes sans pepins. Comment on peut amener le figuier à produire des fruits de diverses nuances et obtenir ces nuances sur le même fruit. Procédé pour que la fleur de la girollée soit noire et blanche. Comment il convient de planter les myrtes et les citronniers à l'entour des pièces d'eau. Comment, sur une seule et même racine, on peut avoir de la laitue, de la bette et autres espèces de légumes. Comment par les soins de la culture on peut faire grossir le navet, ou la rave au delà des proportions habituelles. Moyen d'obtenir de la coriandre et du fenouil sans graine.

Chap. XVI. Procédé pour la conservation des fruits frais et secs et celle de la figue verte ou sèche. Comment on doit resserrer les pommes, poires, coings, cédrats, grenades, prunes, cerises, pistaches, glands (doux), châtaignes et jujubes. Emmagasinage du froment, de la farine, de l'orge, des lentilles, des fèves, des graines de légumes, conservation des roses sèches et de l'essence de rose. Recettes pour conserver des légumes dans le vinaigre afin d'en user hors de leur saison.

Chap. XVII. C'est le premier de la seconde partie de ce traité. Comment on doit effectuer (le labour et) le retournement du terrain, temps où on doit le faire, avantage qu'on en retire, amendement par ce moyen des terres épuisées.

Chap. XVIII. Graines et légumes qui, semés dans un terrain, le reposent et lui sont favorables. Choix des semences et des graines, comment on reconnaît celles qui sont les meilleures ; procédés pour constater celles qui sont bien saines et les distinguer de celles qui sont gâtées ou avariées. Choix des conditions atmosphériques convenables pour semer. Nature des terres propres aux diverses espèces de graines.

Chap. XIX. Connaissance des saisons où doivent être faites les semailles, comment elles doivent l'être. Semailles du froment, de l'orge, de l'épeautre (1) سلق que je crois être ce que les Nabathéens appelaient كلب *Kalbâ* (et non *Kali*, ou *Elashkalia* اشقالية) qui est le *Chondros*, Χόνδρος des Grecs, nommé encore par les Nabathéens *Khouschaki* خوشاكى et le *Tharmir* طرمير *qui est le Thourmaki* طرمكى des mêmes. Quelles plantes sont hâtives, quelles plantes sont tardives. Quantité de graine à employer évaluée d'après la condition du sol.

Chap. XX. Des semailles du riz, du *dourah* (millet ou *sorgho* ذرة), du *dokhn* دخن ou *panic*, des lentilles, pois, haricots, dans les terrains arrosés et ceux qui ne le sont pas. Indication de la saison pour semer, quelles espèces conviennent aux diverses espèces de terre.

Chap. XXI. Semis ou culture, dans les terrains arrosables ou non, des légumes, tels que : fèves, pois chiche, lupin, fenu grec, vesces noires, carthame ; époques des semis, en quels terrains il faut les faire.

Chap. XXII. Culture du lin, du chanvre, du coton, de l'oignon, du safran, du hené, de la garance, du jonc aromatique, de la luzerne, du chardon bonnetier, du pavot blanc. Comment doivent se faire les semis dans les deux espèces de terrains arrosables ou non. Terre convenable à chaque espèce.

Chap. XXIII. Etablissement du potager, choix du sol convenable, comment les semis doivent se faire dans les jardins.

(1) Généralement c'est le ζεῖα de Diosc., 2, III, *triticum diccocum*. Ailleurs nous aurons occasion de revenir sur ce grain, ainsi que sur les autres auxquels il est assimilé, et qui forment dans le texte des articles distincts.

Légumes qui aiment la transplantation, temps qu'ils doivent rester dans le terrain pour atteindre leur maturité, en quelle saison il faut faire la récolte des légumes en général. Articles spéciaux pour chaque espèce, ainsi du (semis ou culture), de la laitue, de la chicorée de jardin, du pourpier, de la blète (*blitum*), l'arroche (belle-dame), le chou, le chou-fleur, la bette (ou poirée). Nature des terrains qui peuvent convenir à ces diverses plantes (1).

Chap. XXIV. Semis ou culture des plantes à racines (comestibles) et leurs congénères, comme navets, carottes, radis, oignon, ail, poireau, panais, sécacul, colocase et piment noir.

Chap. XXV. Culture du concombre, de la pastèque, du melon des Indes, du mélo-pépon (ou petit melon), du cornichon, de la courge, l'aubergine, la coloquinte, groupe nommé *plantes de fleurs*. Epoques de culture et terre convenable.

Chap. XXVI. Culture des plantes dont les graines sont employées comme assaisonnement et médicaments, telles que le cumin, le carvi, la nigelle, le cresson alénois, l'anis, la coriandre, le fenouil, espèce cultivée et espèce sauvage, l'anis sauvage نينك, le peucedanum, la cardamome; saisons des semis, quelles plantes veulent les terrains élevés et quelles sont celles que demandent les terrains arrosés.

Chap. XXVII. Culture de l'*ocymum* et plantes aromatiques, telles que la giroflée, le lis, le nénuphar, le buphthalme, les narcisses blanc et jaune, le narcisse macédonien, l'azerion, la rose sauvage (*rosa canina*), la violette, la citronnelle, la menthe cultivée, la marjolaine, l'origan (marou), le basilic (ou thym), l'althéa (ketmie), l'althéa à feuilles de figuier, la mauve commune, celles de Cordoue et de Sicile, l'acacia (sant), la lavande; époques des semis.

Chap. XXVIII. Culture des plantes cultivées dans les jardins et qu'on emploie à divers usages, tels sont : la chélidoine glauque ou pavot cornu, le cardon, la rue des jardins, l'indigo, l'o-

(1) J'ai complété, d'après le titre même du chapitre, le texte qui ici laisse un peu à désirer.

rigan, l'aunée, la sarriette des jardins, l'absinthe, le *peganum harmala*, l'asperge, le câprier, le sumac, le fenouil, la fumeterre, l'iris bleu, *I. germanica*, le plantain, la jusquiame blanche, le lierre, la smilace lisse, l'iris *commune*, l'arum *dracunculus*, la matricaire, la camomille, le mélilot.

Chap. XXIX. Soins à donner aux récoltes et manière de les disposer (1). Procédé à l'aide duquel on peut reconnaître quelle espèce de graine prospérera davantage dans le courant de l'année qui se présente. Connaissance de l'époque des moissons, choix des emplacements pour l'établissement des aires et des lieux pour dépiquer les récoltes; comment on doit emmagasiner les fruits et les grains.

Chap. XXX. Réunissant tout ce qui a été enseigné sur les constructions, le temps opportun pour abattre les arbres qui y sont destinés, et pour les moulins à presser les olives, et autres choses de ce genre. Recettes pour faire sécher les plantes et arbres nuisibles au sol. Moyens de défense pour les vignes et les jardins, remplaçant les murs de clôture. Transplantation des arbres des lieux incultes où ils ont crû, dans les jardins. Description de la *Modjared* ou herse propre à niveler les terres cultivées. Description de quelques arbres ou plantes dont il est parlé dans le livre qui traite de la greffe. Procédés particuliers qui peuvent être appliqués aux arbres ou aux plantes pour leur amélioration. Recettes pour éloigner les animaux et les insectes nuisibles. Ruses pour la chasse des oiseaux. Pronostics pour connaître si le fruit sera abondant, avant l'apparition (des boutons) pour les pommiers, la vigne et les oliviers.

Comment on doit pétrir le pain de froment, le faire lever à l'aide du ferment et même sans aucun ferment; sa cuisson d'après les meilleurs systèmes et les plus propres à augmenter sa qualité alimentaire. Moyens de ramollir les noyaux des

(1) Litt. : *disposition des semences*; mais en se reportant au texte du chapitre on voit qu'il s'agit des moissons et de la manière de les ranger et d'en extraire le grain.

fruits à l'effet de les rendre susceptibles de fournir un pain dont on puisse se servir dans un temps de disette et quand les substances alimentaires viennent à manquer, jusqu'à ce que Dieu dans sa miséricorde envoie un soulagement.

Utilité des averses et ce qu'elles ont de nuisible. Avantages des pluies, du soleil, du beau temps et des vents pour la végétation, la volonté divine aidant. Phénomènes qui font présager que l'hiver sera pluvieux, ou qu'il sera beau et froid, par la volonté divine. Phénomènes indicateurs qu'on peut reconnaître soi-même, suivant l'expérience acquise à cet égard.

Indication des saisons et des travaux agricoles qu'il convient d'exécuter dans chaque mois.

Ce chapitre renferme tout ce qui a trait à ces divers sujets ou autres analogues. C'est par lui que j'ai complété la réalisation de ce que je m'étais proposé dans l'intérêt de l'agriculture (proprement dit) par la composition de mon livre. En Dieu est ma confiance.

Chap. XXXI. C'est le premier de ceux qui traitent de l'élevage du bétail. Education des espèces *bovine, ovine et caprine*, tant des mâles que des femelles. Choix des meilleurs animaux. Epoques où il faut donner le mâle aux femelles, durée de la gestation et de la vie des animaux. Ce qui leur est le plus convenable, tant pour l'alimentation que pour la boisson. Remèdes applicables à quelques-unes de leurs maladies ou infirmités. Comment on doit les gouverner et les diriger, suivi d'autres renseignements qui peuvent fournir à leur bien-être.

Chap. XXXII. Education des chevaux, mulets, ânes et chameaux (mâles et femelles) tant pour le produit que pour la monture et l'utilité qu'on en peut tirer, soit pour les travaux agricoles, soit pour les courses ou les voyages quels qu'ils soient, ou tous autres services analogues. Choix des meilleurs animaux ; temps de la saillie. Durée de la vie (1) des étalons et des femelles d'après les données générales. Nourriture convenable, quantité à fournir ; abreuvement des animaux ; quand il

(1) Sans doute, comme le comprend Banqueri, durée de leur faculté génératrice.

faut le faire. Leur engraissement et leur préparation pour les courses de l'hippodrome (1). Dressage des poulains et rectification des défauts qu'ils peuvent avoir dans le caractère, comme d'être rétifs, etc. Préceptes fondamentaux de l'équitation et de l'art hippique.

Chap. XXXIII. Traitement de certaines maladies des chevaux et bêtes de somme par des médicaments faciles à trouver, ou bien avec l'emploi des instruments (chirurgicaux), opérations faciles et peu douloureuses et qui n'exigent point une grande habitude pratique, telles sont la saignée à la jugulaire, au poitrail ou au flanc, à l'œil, à la cuisse; l'ouverture de la veine, la cautérisation à froid et celle avec le fer chaud (2). Symptômes qui indiquent l'existence des maladies et infirmités, traitement de chacune d'elles quand elles sont constatées. Cette partie est ce qu'on appelle la médecine *vétérinaire* (*albeytharîâ*).

Chap. XXXIV. Des oiseaux qu'on élève dans les habitations, dans les jardins et les métairies, pour le profit ou à cause de leur beauté : tels sont les pigeons, les oies, les canards, les paons, les gallinacés, puis les abeilles. Quels sont les meilleurs animaux, manière de les élever et de les régir, leur nourriture, traitement de quelques-unes de leurs maladies.

Chap. XXXV. Education des chiens, manière de les dresser pour la chasse, pour (garder) les graines et le bétail; les meilleures méthodes pour les gouverner. Traitement de leurs maladies; ce qui leur convient le mieux, suivant les diverses circonstances, avec l'aide de la volonté divine.

Voici le moment de mettre, avec le secours de Dieu, à exécution tout ce qui a été énuméré, chapitre par chapitre, et de coordonner méthodiquement ce que j'ai promis dans ce prologue. C'est là le but final que je me suis proposé et que je veux réaliser. En Dieu est mon espoir.

(1) C'est-à-dire, suivant les amateurs modernes, de leur *entraînement*.

(2) *Vid. inf.* indication précise de ces deux opérations. Ici le texte veut-il quelque rectification?

CHAPITRE PREMIER.

Connaissance, d'après les indices apparents, des terres de bonne qualité, celles de moyenne, et celles de qualité inférieure propres aux semis et plantations. Espèces qui ne peuvent convenir pour ce double but et qu'on nomme *landes* (terres délaissées et incultes). Terrains qui dans chaque espèce conviennent le mieux pour les arbres ou pour les plantes, d'après ce qu'a écrit Hedjadj, à qui Dieu fasse paix et miséricorde, sur les terres de choix et sur les mauvaises.

Le premier point en agronomie, dit l'auteur, c'est de connaître les terrains et savoir distinguer ce qui est de bonne qualité d'avec ce qui est de qualité inférieure. Celui qui ne possède point ces notions manque des premiers principes et mérite, par rapport à l'industrie agricole, d'être traité d'ignorant.

Rhazès dit, dans son livre *de Physicâ auscultatione*, qu'avec le temps, la pierre passe à l'état argileux par suite de l'action du soleil et de la pluie. En effet, le soleil dessèche la pierre, il en divise les parties comme le ferait le feu. Vient ensuite la pluie qui enlève celles des parties qui sont assez ténues, de sorte qu'à la longue, la masse corrodée passe à l'état terreux. C'est, dit Ibn Hedjadj, la preuve la plus évidente que le soleil échauffe la pierre et qu'il en dilate les parties. Ainsi la surface, quant à la chaleur et à la division des parties, est meilleure que tout le reste. C'est pourquoi nous voyons, par exemple, que les diverses natures de terre, extraites du fond des puits ou des tranchées, sont stériles les premières années et ne cessent de l'être que quand le soleil les a mûries et qu'il en a divisé les molécules en les échauffant. La terre ne produit donc rien avant d'avoir senti la chaleur du soleil, parce que de sa nature elle est sèche et froide. Si donc elle ne recevait pas du soleil la chaleur et de la pluie l'humidité, aucune plante ne prospérerait à sa surface. Mais si la terre est sèche et froide de sa nature, elle ne l'est pas au même degré partout ; il y a des parties plus froides comme il y en a de plus humides et d'autres plus sèches. Suivant les agronomes les plus habiles, la terre la plus chaude (1) est la terre noire ; vient ensuite la terre rouge. La terre blanche est plus froide et la terre jaune viendrait encore après. Le degré de froid de la terre blanche sera plus ou moins fort en raison de la quantité de parties de l'élément blanc qui entre dans sa composition ; il en sera de même pour la terre jaune comme pour toutes les autres de nuances diverses. Dieu, qu'il soit exalté ! l'a voulu ainsi.

Parmi les terres fraîches et moites, celle qui tient le premier rang c'est celle qui dans sa disposition ressemble à du fumier ancien et consommé (du terreau), qui se divise facilement sans qu'on y rencontre rien de boueux à sa superficie, qui ne durcit point de façon que sa glèbe soit dans la sécheresse pareille à la pierre par sa compacité excessive. On ne la voit jamais frappée d'aridité ni gercée. Elle ne perd ni sa fraîcheur, ni son humidité, au point que ses parties deviennent une sorte de sable ou gravier pierreux. Une terre qui réunira ces conditions sera la plus estimée de toutes celles de cette catégorie. On la rencontre rarement ; cependant nous l'avons trouvée.

Vient ensuite la terre de laquelle Abou Hanifa, habile dans la connaissance des plantes, a parlé dans son livre dont je loue l'exactitude dans ses doctrines. Il dit que quand le sol est disposé en plaine chaude et meuble, d'un aspect arénacé dans sa couche superficielle, sans cependant qu'on puisse dire que

(1) J'ai suivi le texte publié par Banqueri, j'ai lu أحر ; mais un texte traitant du choix des terres, conçu à peu près dans les mêmes termes (Mss. 615. A. F. B. I.), ne fait de la température qu'une question incidente. Il commence par الارض المختار, ce qui porte à croire qu'il faudrait lire de même, ou اخير ou peut-être أجود, comme plus loin, p. 42.

c'est un sable ; ce terrain sera un de ceux dans lesquels les plantes réussiront bien, et si on a soin (pour les arbres) (1) de les déchausser, puis y rapporter de la terre, on les conservera longtemps, quelle que soit l'espèce. Ce résultat vient de ce que la terre, à cause de sa perméabilité, absorbe bien l'eau, soit qu'elle vienne du ciel, c'est-à-dire par les pluies, ou de la terre par les irrigations ; elle pénètre aisément dans son sein, va arroser les racines des végétaux et raviver les radicelles (*litt.* réjouir les pointes). Le végétal ainsi abreuvé se conserve longtemps. L'auteur ajoute : Quand, au contraire, la terre est compacte et tenace, l'eau se répand à sa surface sans que l'intérieur en retire aucun avantage, puisqu'il ne peut être imbibé, et alors le terrain demeure stérile. Quand la terre est serrée, dure et aride, l'eau s'écoule à la surface sans s'arrêter, et les radicelles des plantes sont privées dans son sein de l'humidité vivifiante.

Suivant l'opinion d'un autre agronome, la terre sèche admet deux divisions ou espèces : les sables qui sont ce qu'il y a de plus aride, parce que c'est une sorte de petit gravier fin, une sorte de pierre sèche et très-pauvre en sucs nourriciers pour les plantes ; la seconde espèce, la terre *boueuse* (2) الطفلة, qui est très-sèche aussi, mais possédant pourtant beaucoup plus de fraîcheur que le sable. On la dit sèche parce que sa glèbe se durcit et acquiert la consistance de la pierre, sans jamais se diviser ni s'ameublir comme celle décrite plus haut. Mais en y mêlant de cette terre douce et arénacée qui ressemble à un sable fin, on la bonifie et on la rend perméable aux radicules ou chevelu des plantes, en lui permettant d'absorber les eaux qu'elle reçoit. Cette dernière nature de terre arénacée se rencontre très-souvent dans les alluvions et les

(1) Ceci n'est pas dans le texte, qui dit les plantes en général ; mais la suite fait voir qu'il s'agit des arbres.

(2) C'est sans doute la terre argilo-marneuse plastique qui, par l'humidité, devient facilement boueuse par le piétinement et la trituration, et qui, par la sécheresse, est au contraire très-compacte et très-dure. Cf. p. 42, l. 9.

îlots (1) Les sols d'alluvion et d'atterrissement sont placés en première ligne pour la bonne qualité, à cause du limon dont ils sont mélangés, parce que les courants apportent avec eux les détritus détachés de la surface du sol avec les immondices et les fumiers. Dans de pareilles conditions, le sol est nécessairement meuble et il retient beaucoup de fraîcheur; et quand il se rencontre, ce qui souvent a lieu, un mélange de sable fin, le sol n'en est que plus frais et plus meuble encore.

Solon s'exprime à peu près dans les mêmes termes. La terre de bonne qualité, dit-il, est celle qui réunit l'aptitude à s'échauffer et celle à retenir l'humidité. Or la couleur noire dans un terrain est le signe indicateur de l'aptitude à recevoir la chaleur. Il en est de même de la terre rouge, mais dans un degré moindre que la précédente. Après la terre rouge vient la jaune; elle est la limite inférieure de l'affinité pour le calorique et plus rapprochée de la constitution froide; quant à la terre blanche, elle est froide (complétement).

Les terres de nature sèche et celles de nature fraîche et humide se reconnaissent à des caractères visibles et apparents. Ainsi, la terre qui ressemble à un fumier ancien et consommé (à un terreau), sur lequel ont déjà passé plusieurs années, qui n'est point de texture compacte, occupe le premier rang parmi les terres de ce genre. Vient ensuite le sol dans lequel se trouve un mélange de limon et de sable, comme les terres d'alluvion et d'atterrissement (2). La terre qui est placée au point extrême pour l'aridité, c'est la terre rude, dont les parties sans cohésion sont un sable graveleux qui n'est mêlé d'aucun limon qui lui procure de la moiteur, ni d'aucune argile qui permette de l'assouplir. Tels sont les décombres des

(1) Banqueri a traduit جزاير *Djezaïr* par la *Mésopotamie*; pour nous, il nous a semblé que l'auteur présentait ici, comme dans tout le chapitre, des principes généraux sans vouloir particulariser. D'ailleurs le nom arabe de la Mésopotamie est جزيرة *Djezireh* au sing., comme on peut le voir dans Aboulfeda, pag. 273, éd. M. Reinaud et dans le *Moschterik*, page 202. Les mêmes expressions ارض الجزاير ont été rendues par *terre des iles*, 19, fin., II, par le même Banqueri.

(2) Le sol de la Mésopotamie suiv. Banqueri.

maisons qui ressemblent à de la chaux, la terre glaiseuse ou boueuse quand elle est sèche, quoique plus fraîche encore, de beaucoup, que n'est le sable, mais sa glèbe en se desséchant prend de la dureté. Or, cette cohésion et cette dureté de la glèbe sont des indices de la sécheresse du sol qui dans ce cas arrive à la consistance de la pierre. Mais si, à un terrain de cette nature, vient se mêler une certaine quantité de terre meuble qui participe du sable, la rigidité cesse et les plantes peuvent y plonger leurs racines. Que ce qui vient d'être dit vous serve de règle.

Sidagoz dit : Quand nous examinons les divers terrains avec l'attention convenable, nous trouvons que les conditions de douce moiteur, de fonds riche (*litt.* gras) et de perméabilité, sont plus nécessaires encore que la chaleur qui peut leur venir du soleil et de l'air, et ainsi leur apporter cette partie de l'amendement. Car alors même on n'est pas dispensé de fournir de l'engrais et d'ameublir le fonds pour faciliter aux plantes les moyens d'étendre leurs racines et rendre l'arrachement plus facile. Mais si les deux conditions de moiteur et de chaleur se trouvent réunies ensemble, c'est ce qu'on peut trouver de mieux et de plus convenable.

Ibn Hedjadj, à qui Dieu fasse miséricorde, dit que les assertions de Sidagoz sont d'une vérité à laquelle on ne peut rien opposer. Le même écrivain dit en traitant de la classification des terrains, d'après les opinions de Junius, de Cassianus, Democrites et Kastos, qui sont les princes de la science agricole : Suivant Junius, les meilleurs de tous les terrains sont les terres noires. Les anciens les vantaient beaucoup; on en trouve de fréquents éloges, et cela parce qu'elles supportent très-bien les pluies abondantes (sans en souffrir). Vient ensuite, pour la qualité, la terre de couleur *violette*. L'auteur entend par là, dit Ibn Hedjadj, une terre *rouge de mer*, passant au noir, ce que nous appelons rouge des Indes (1). Cette

(1) Palladius I, V, cite avec éloge la terre de couleur foncée, mais il dit qu'il faut moins chercher la couleur que la nature grasse et douce. Columelle dit

terre est arrivée au dernier degré de perfection quand elle est d'une texture peu dense. Les arbres y réussissent très-bien. Revenant ensuite à Junius, il dit que la terre inondée par un courant d'eau quelconque est dite *limoneuse* حماية (1).

Suivant Democrites, le terrain de la meilleure nature est celui qui absorbe bien les eaux pluviales, qui ne laissent point sur lui de surface glissante, et qui à la suite des pluies ne se fendille point. La terre qui par l'effet de la chaleur ne se gerce point est encore de bonne nature.

Il ressort de tout cela, dit Ibn Hedjadj, que le terrain (pour être réputé bon) ne doit être ni boueux, ni dur. Quelques-uns m'ont dit, ajoute-t-il : Comment le sage Democrites peut-il ainsi faire la critique des terrains sujets à se fendiller, puisque nous voyons que le sol du territoire de *Carmona* (2), qui est sujet à cet inconvénient, donne des produits en blé plus forts que ceux qu'on voit partout ailleurs ? Or donc, je dis que cette sorte de terre ne doit être dépréciée que par comparaison avec les autres terres qui, d'après les principes établis plus haut, sont de première qualité. Mais d'un autre côté, on ne doit pas ranger dans les premières qualités cette terre sujette à se fendre par la seule raison qu'elle produit de beau froment. Car, comme la majeure partie des graines et des plantations qui lui sont confiées réussissent mal, comment ne pas donner à d'autres terres la préférence sur elle ? La terre noire, d'une texture peu dense, qui ressemble à un fumier vieux et usé (ou terreau), et dans laquelle réussissent toute espèce de semences et de plantations, doit être mise au premier rang

que la couleur noire n'est pas, comme les couleurs en général, un indice aussi certain de la qualité de la terre que le croyaient les anciens. Il conclut en disant : *Non ergo color, tanquam certus auctor, testis est bonitatis arvorum.* De re rust., II, 2, 17.

(1) On lit dans les Géop., II. 9 : *La terre déposée par le courant est appelée limoneuse*, λυώδης *limosa*. *Elle est douce et chaude*, ce qui est plus exact que le texte arabe qui semblerait fautif. Ou bien il faut entendre ici une inondation momentanée d'eau limoneuse comme celle du Nil.

(2) Ville de l'Andalousie.

à cause de sa qualité vraiment supérieure. Mais peut-on mettre en parallèle une autre nature de terre dans laquelle ne peuvent pousser que certaines plantes ou graines, et encore après une interruption de culture, un temps de jachère et de repos, et quand alors même on aura dû recourir à une culture pénible et semer fort? Le besoin de repos et d'un temps de jachère pour cette terre est évident, par suite de la volonté divine.

Suivant Kastos, la meilleure de toutes les terres, c'est celle qui absorbe l'eau des fortes pluies, qui produit toute espèce de plantes et dans laquelle elles se développent en beauté, en force et en ampleur. La terre qui ne donne qu'une végétation grêle et rabougrie est de mauvaise nature. Junius prescrit de choisir pour la culture des légumes la terre qui n'est ni trop blanche, ni trop dure, c'est-à-dire celle qui n'est pas trop crétacée et qui dans l'été ne se fendille point trop. La terre blanche, pendant l'hiver, est facilement prise par la gelée; pendant l'été elle se dessèche et tout ce qu'on y plante est exposé à rester chétif et grêle. La terre blanche (crétacée) peut bien être convenable pour les jardins, mais seulement à la suite d'un travail opiniâtre et après qu'on a mêlé au sol même une quantité d'engrais qui lui soit égale. La terre qui se gerce en été ne peut jamais convenir pour l'établissement des jardins. Une terre rude ne convient pas davantage, parce qu'elle ne peut fournir un suc alimentaire aux plantes qui alors restent sans vigueur, parce qu'elle ne livre aucun passage à l'eau. Les terres qui ne sont point d'une dureté excessive et qui contiennent du sable sont bonnes pour les légumes. Ce sont celles qui contiennent une forte partie de limon (1) et qui peuvent fournir aux végétaux une ample nourriture. On peut reconnaître la terre convenable pour les légumes par l'expérience suivante : on mouille la terre avec de l'eau, on la lave; si l'élément limoneux est dominant, le terrain est bon pour les légumes; si, au contraire, le sable est en excès, il ne

(1) Géop., XII, 3. contient ces principes et la description du procédé. L'article est attribué à Didymus.

convient point. Si, en manipulant la partie terreuse, on reconnaît qu'elle est comme gommeuse et très-visqueuse, elle est encore impropre pour la culture des légumes (1). Voilà ce que dit Junius.

Cassianus dit qu'il faut chercher pour les légumes une terre grasse, onctueuse, qui ne soit ni rude, ni blanche, ni glaiseuse, et qui ne se gerce point en été.

Ibn Hedjadj dit que le motif pour lequel on rejette les terres bourbeuses et celles qui sont rudes, comme impropres à la culture des légumes, c'est parce que ceux-ci sont de leur nature humides, aqueux, et que l'élément (2) en est faible comparé à la texture ligneuse des arbres (*litt.* aux arbres ligneux). Ils ne peuvent donc, par cette raison, réussir que dans les terres grasses, fraîches et meubles, parce que, lorsque les racines exercent leur faculté attractive, les sucs nourriciers sont pompés facilement, tandis que dans les terres bourbeuses (durcies) et glaiseuses ils n'arrivent qu'en très-petite quantité, les racines ne pouvant que difficilement plonger dans l'intérieur de ces sortes de terres, comme déjà il a été dit plus haut. Les terres compactes sont donc plus favorables aux arbres qu'aux légumes.

Il est des agriculteurs qui affirment que la terre sableuse reçoit une augmentation de froid en hiver et une augmentation de chaleur en été. De même, les terres pierreuses à la surface du sol absorbent la chaleur en été et le froid en hiver, et par suite, elles sont nuisibles aux végétaux implantés dans leur sein, tant en été qu'en hiver. En effet, la pierre s'échauffe

(1) Columelle, dont l'auteur arabe parait citer le texte, donne de l'opération et des conséquences déduites une description toute différente : *Quod verumque satis expeditâ nobis ratione contingit discere, nam perexiguâ conspergitur aquâ gleba, manu subigitur, ac si glutinosa est, quamvis levissima tactu pressa inhæ-rescit. Et picis in modum ad digitos lentescit habendo ut ait Virgilius; eadem illisa humo non dissipatur. Ea res admonet nos, inesse tali materiæ naturalem succum et pinguetudinem.* Col., II, 2, 18 ; Virg., Georg. II, 250. Pline parle aussi de cette viscosité d'un bon sol. C. XVII, 3.

(2) Banqueri pour العنصر lit : المعتصر, ce qu'on en exprime.

toujours sous l'influence de l'action de la chaleur solaire, comme elle se rafraîchit quand l'air est froid. Voilà ce que dit Junius, et il dit encore que dans les profondeurs de la terre il en est autrement, c'est tout l'opposé.

Galien dit, dans son livre *Des médicaments simples*, que les Grecs appliquent le nom de *rude* خشنة à une argile qui, à la surface comme dans l'intérieur, est grasse et douce au toucher. Celle qui, au contraire, est l'opposé, c'est-à-dire nullement grasse, est appelée terre *dure*, صلدة; celle-ci ne peut convenir que pour la poterie. Il y a une différence établie entre les lieux dont le sol est doux, frais et de bonne nature, et celui où il est aride, sec et sableux.

Le même auteur dit aussi que les agriculteurs pensent que la terre qui abonde en végétaux s'éloigne de la nature pierreuse. On ne fait aucun cas de la nature aride et sableuse, parce qu'elle n'est propre à rien. Il ajoute que les terres cultivées par les hommes se subdivisent en espèces particulières (1). Ainsi, il y a la terre grasse et de couleur noire, la terre douce, non blanche, qui est grasse : ces deux espèces sont bien tranchées. Les autres occupent divers rangs entre ces deux extrêmes, desquels elles se rapprochent plus ou moins. Il dit encore que la terre grasse est la meilleure des terres labourables, c'est-à-dire pour le labour.

On lit dans le livre d'Hedjadj, sur la connaissance de la nature des parties de la terre qui sont en élévation et de celles qui sont en dépression : Sachez que les montagnes sont plus froides et plus sèches que les plaines. Les terres sèches sont pierreuses, ou bien leur couche superficielle se rapproche de la pierre par sa dureté. Les terres froides le sont par suite de l'action trop intense du vent, ou parce que la neige y séjourne beaucoup, suivant ce que dit Tsabet Ibn Corah. La couche superficielle sur les flancs des montagnes est d'une qualité de beaucoup inférieure. La cause de cette différence, c'est que les parties échauffées par le soleil, et rendues ténues par suite,

(1) Cf. Varron, II, 9.; Pallad., I, 5, 6.

sont entraînées par les eaux pluviales et portées vers le pied de la montagne (dans le fond de la vallée), et par suite, le sol s'amaigrit (par leur perte). Quant aux plaines, c'est le contraire qui arrive. Les terrains plats et les prairies dans lesquelles les eaux ne séjournent pas trop longtemps sont de bonne qualité et dans un bon tempérament, parce que la couche superficielle est devenue noire par suite de décompositions (*litt.* putréfaction) causées par les eaux. Or, tout ce qui se décompose prend une augmentation de chaleur; mais l'eau qui y est amenée en abondance rafraîchit la couche végétale et lui donne de l'humidité. Le froid de l'eau fait équilibre à la chaleur déterminée par la décomposition.

Solon dit que les prés ou marais sont froids, sans pourtant qu'ils le soient en excès. La cause de cet état est dans la quantité d'eau qui afflue et qui, pénétrant le sol, refroidit la couche superficielle. Le froid y devient prédominant; il s'y est établi de deux manières. Mais la putréfaction que l'afflux de l'eau produit dans cette superficie donne une certaine somme de chaleur (1) : comparés aux montagnes, ces prés sont plus humides et plus *chauds*. Ici finit la citation de Solon. Les terres ombragées des vallées profondes et dominées par des hauteurs, les gorges ombreuses par lesquelles s'écoulent les eaux, sont formées d'un sol très-froid, parce que le soleil ne s'y voit jamais et que les plantes ne peuvent s'y nourrir, à cause du froid et de l'humidité en excès (par les raisons qui viennent d'être données). Le sol qui se trouve dans les meilleures conditions et le tempérament le plus convenable, celui conséquemment qu'on prise le plus, est celui qui provient de détritus enlevés aux montagnes, uni dans sa surface, et dans lequel les éléments sont combinés dans une juste proportion. Viennent ensuite les prairies ou marais, puis les montagnes, dans lesquels on préfère les plateaux aux coteaux, par suite des raisons émises plus haut, c'est-à-dire à cause des érosions qui leur enlèvent ce qu'ils ont de bon. Les terrains les plus

(1) *Sous-entendu*, qui affaiblit le froid d'autant.

mauvais de tous sont ceux des gorges profondes encaissées et ombragées, desquels on n'obtient qu'avec grand'peine des produits presque sans valeur. Nous traiterons ce sujet dans le cours de cet ouvrage, la volonté divine aidant.

Solon dit : si on vous interroge sur la nature d'un fonds de terre, dont partie est en plaine et partie en coteau, pour savoir quelle est la meilleure des deux parties, donnez toujours la préférence au terrain de plaine sur celui qui est en élévation, par cette raison que les eaux pluviales se dirigent toujours vers le premier, charriant avec elles ce qu'elles ont enlevé à l'autre qui occupe les parties élevées. Cette portion de sol en plaine est toujours la plus fraîche et la plus meuble. La glèbe, dans les terrains en élévation, est toujours plus dure et se rapproche de la constitution rocheuse des montagnes. C'est ainsi que les choses se passent communément, car souvent il se rencontre des sols élevés qui ont plus de valeur que ceux qui sont dans les fonds (des vallées). On trouve des plaines où le sable est en excès, et plus haut le sol a beaucoup de fraîcheur. Cependant, le plus habituellement les choses se passent comme nous l'avons dit, et ce qui est généralement admis, c'est que les terrains des fonds (ou vallons) sont préférables à ceux des hauteurs (ou plateaux). Cette préférence a lieu surtout si dans le haut c'est la couleur rouge qui domine et si dans le bas la couleur passe au noir ; de même, si la partie culminante est blanche et la partie en dépression rouge ou noire, ce qui se rencontre souvent. Le terrain dans lequel séjourne l'eau (marécages), et qui produit beaucoup d'herbes, n'en est pas moins déprécié, et on en fait peu de cas, parce que l'humidité qui y est en excès neutralise la chaleur. Un sol de cette nature ne peut convenir qu'aux plantes qu'on sème aux approches de l'été, comme les melons, les courges, le doura et ce qui est analogue (1). Les autres ne peuvent s'accommoder

(1) Il s'agit ici sans aucun doute de *marais* qui ont été disposés de façon à pouvoir admettre la culture dans quelques parties relevées au-dessus du niveau de l'eau.

d'un pareil terrain; au contraire, elles s'y gâtent; il faut en excepter le peuplier blanc, le frêne, le saule et autres analogues qui sont des arbres des plaines basses, seulement utiles par leur bois.

D'après le livre d'Ibn Hedjadj, sur l'exploration des terres pour reconnaître leur nature, c'est au commencement de l'hiver qu'on doit faire les expériences. Il en est qui font l'expérimentation par l'odeur et le goût, et d'autres la font par la simple vue et le toucher; d'autres portent leur jugement d'après les végétaux qui croissent sur le terrain. L'expérimentation par la vue et le toucher est la meilleure; en effet, si les plantes viennent à manquer, les signes indicateurs font défaut.

Parmi les méthodes d'expérimentation prescrites par Junius, est celle de l'inspection. Quand on examine une bonne terre, on reconnaît qu'elle ne se fend point par la sécheresse atmosphérique ni par la rareté des pluies. Si une pluie abondante vient à tomber, elle n'est point boueuse, mais elle absorbe toute l'eau pluviale; dans les saisons froides, on ne voit point la surface prendre l'aspect de fragments de tessons de poterie (1). Les anciens, dit Junius, avaient encore une autre façon de juger la terre par la vue en examinant si les arbres et les plantes sauvages qu'elle produisait étaient forts et vigoureux et serrés entre eux, au point de s'enlacer les uns dans les autres; dans ce cas, c'était une preuve de bonne qualité. Si, au contraire, les végétaux étaient de moyenne taille et cependant serrés, c'était l'indice d'un sol de moyenne qualité. Si les branches des arbres étaient grêles, se desséchant promptement, si les herbes étaient courtes, la terre était faible. Quand on explore les terres par le goût, on ne donnera jamais à un terrain salé la préférence sur celui qui est doux.

Junius dit que pour faire l'expérimentation de la terre par la dégustation, on en prend une certaine quantité qu'on tire du fond d'une fosse pratiquée (à cet effet). On la met dans un

(1) On lit dans les Géoponiques : *Et si frigoris tempore dorsum ipsius testaceum ὀστρακῶδες non appareat.* Géop. II, 18.

vase de verre, on verse de l'eau dessus, puis on goûte cette eau (1). La terre salée, suivant les anciens, devait être rejetée comme n'étant bonne à rien, à leur avis, sinon pour le palmier qui y végète très-bien et donne de bons fruits. D'après Ibn Hedjadj, et c'est aussi l'opinion d'un bon nombre d'agriculteurs, le chou y réussit bien aussi. On a encore parlé du concombre qui y acquiert une bonne qualité et une saveur très-sucrée.

Ceux qui expérimentent le sol par l'odorat veulent savoir si l'odeur est mauvaise et désagréable, ou bien si, au contraire, il en est autrement. Les agronomes sont généralement d'accord sur ce point : c'est que la terre qui exhale une mauvaise odeur n'est pas de bonne qualité. Parmi les choses qu'a écrites Démocrite, on trouve ce qui suit : les caractères de la terre bonne pour la plantation se reconnaissent ainsi : on creuse une fosse de la profondeur de deux coudées, on prend de la terre du fond, on la met dans un vase de verre, on verse dessus de l'eau de pluie ou de l'eau courante de bonne qualité exempte de toute mauvaise odeur. On manipule cette terre pour la mêler à l'eau. On laisse le dépôt se faire, et l'eau se clarifier, puis on la goûte et on la flaire tout à la fois. Si l'odeur trouvée est bonne, la terre l'est aussi ; si au contraire elle est salée, c'est l'indice de la stérilité du sol. Si l'odeur est désagréable, la terre est de mauvaise qualité, le tout dans la proportion de l'odeur et de la saveur (révélées par les organes).

Kastos veut qu'on rejette toute terre de mauvaise odeur ou salée, en faisant remarquer que cette dernière est bonne pour le palmier. Junius dit : quand on veut faire choix d'une terre pour semer, et l'expérimenter par le goût et par l'odeur,

(1) Le mode d'opération pour cette expérience par la dégustation est décrit dans Columelle, *de Re rust.* II, 2, 20 et *de Arbor.*, 3, 6. Palladius en parle aussi plus brièvement *de Re rust.* I. — V. Virgile, *Géorg.*, II, 238, 10. L'ensemble de cette citation comme de celle qui précède se trouve dans Columelle, *loc. cit.*, mais disséminée ; souvent la pensée est la même, seulement elle est présentée d'une manière différente.

il suffit de creuser à la profondeur d'un pied. Quand il s'agit de planter des arbres, il faut descendre jusqu'à trois pieds et jusqu'à quatre pour la vigne. La terre de mauvaise odeur doit toujours être rejetée, dans quelque condition que ce soit, car elle ne saurait être bonne à quelque chose.

Sidagoz dit : si on vous présente deux sortes de terre de natures différentes et qu'on vous demande laquelle est la plus imprégnée de salure et laquelle est la meilleure, prenez un vase, emplissez-le d'eau et de l'une de ces deux espèces de terre, et placez-le dans le plateau d'une balance, puis emplissez de même le vase de la seconde terre à explorer. La terre doit être sèche, c'est-à-dire sans humidité apparente (1).

Ibn Hedjadj dit qu'il est des personnes qui jugent si une terre est bonne ou mauvaise d'après les plantes qu'elle produit. Ce moyen n'est point exempt d'erreur (2). C'est le *makjchir*, nommé par les étrangers *qardal* (3), le *tribulus terrestris* sauvage puant, nommé aussi *cisnaga*, deux espèces de plantes qui ne se trouvent guère que dans les bonnes terres habituellement. Dans les terrains inférieurs en qualité, il y croît le *zohter* des champs, connu chez nous sous le nom d'origan de l'âne ; de même aussi, on y trouve *l'amou'hin*, nommé par les étrangers *mostal*, l'heiracium, le froment sauvage, appelé chez nous le blé à la perdrix. Ces plantes ne se trouvent jamais que dans les terres de qualité inférieure. Il n'en est point de même pour toutes les espèces de

(1) L'auteur laisse son explication incomplète ; il y veut établir que la qualité de la terre se révèle par la pesanteur. Pline parle aussi de la pesanteur de la terre, mais d'une manière dubitative. *Nec gravis aut levior justo deprehenditur pondere : quod enim pondus terræ justum intelligi potest ?* Virgile est plus explicite : *Quæ gravis est, ipso tacitam se pondere prodit*. *Géorg.*, II, 254.
Et la main de son poids l'informe sûrement (Delille).

(2) Pline aussi *loc. cit.* parle de l'incertitude des signes extérieurs. *Argumenta quoque judicantium sæpe fallunt. Non utique lætum solum est in quo proceræ arbores nitent*, etc.

(3) Les noms des plantes sont indéterminés et indéterminables jusqu'ici. Peut-être faut-il lire *khardal* خردل *senevé*, parce que plus loin, ch. XXVI. art. 8, on lit que cette plante aime les bonnes terres.

plantes (qui ne sont point aussi spéciales), car il en est que l'on trouve à la fois dans les terres de choix et dans celles de rebut. Aussi sont-elles des indices moins certains : tel est l'oignon sauvage, c'est-à-dire la *scille*, quelques légumes rudes et autres.

Il en est qui disent que la terre humide et fraîche est de bonne nature, et que, lors même qu'elle resterait quelques années privée de culture, elle ne se couvrirait point de broussailles; quant aux terres de qualité inférieure légères ou compactes, celles qui sont sèches se couvrent promptement de broussailles et même d'arbres comme des chênes, du buis et des térébinthes ou de ces autres plantes qui croissent dans les broussailles et qu'on ne trouve point dans les terres maigres.

Ibn Hedjadj dit : nous avons déjà rapporté, en parlant des terres, ce qu'on doit en espérer d'avantageux, Dieu aidant. Peut-être quelqu'un nous objectera que ces terres que les habiles agronomes repoussent, nous les trouverons convenables à ces espèces de plantes qui y croissent (spontanément) et s'y développent si bien. Tel est le sable où se trouve cet arbuste nommé *om ghilan*, épine d'Egypte (*acacia gummifera*), qui y croît ainsi que le *haladji* (*hedysarum alhadgi*, *alhadgi maurorum*) et le buis qui croissent dans les terres dures. Répondez (à ces objections) que ce que j'ai avancé est vrai en ce que dans chaque espèce de terre il croît effectivement des plantes qui y réussissent très-bien, mais que pourtant il en est un bon nombre qui se perdraient ailleurs. Les hommes expérimentés pensent que le choix doit se porter sur la terre où l'humidité, sans être en excès, se trouve associée à la chaleur, mais non celle où l'humidité est exclusivement dominante, parce que les deux (premières) conditions sont celles que réclament le plus communément les plantes, et conséquemment on rejette les terrains qui sont dans des conditions opposées. Les terrains auxquels on donne surtout la préférence, ce sont ceux qui sont propres à la culture du blé, de l'orge, des fèves et autres végétaux les plus nécessaires à l'homme. Par la même raison, on vante les terres qui conviennent aux arbres cultivés dans les vergers, comme le pommier, le poirier, le prunier; on estime encore les terres qui sont propres aux légumes, telles que l'aubergine, l'arroche, l'épinard-fraise, la coriandre, et autres plantes analogues.

Solon dit que dans la terre fraîche on peut semer utilement toutes espèces de plantes en général. Aussi est-elle très-vantée et très-prisée. Pourtant, de ce que le lupin réussit parfaitement dans la terre sableuse, ce n'est pas une raison pour en exalter la qualité, parce que ce fait est une exception à la règle commune; car si on sème cette plante dans la bonne terre, elle ne manquera pas d'y réussir très-bien. Mais si on essaye de semer du blé dans le sable, il sera toujours grêle et petit. Voilà qui est clair et explicatif pour toi (lecteur). De même, parce que le pin vient bien dans le sable, ce n'est pas une raison pour le vanter, puisque le pin est un arbre de peu de valeur; et d'un autre côté (par opposition), dit encore l'auteur, on trouve que le sable ne convient ni pour le pommier, ni pour le poirier, ni pour le prunier. Ce qui constitue le mérite d'une terre, c'est quand on y voit réussir la plupart des plantations ou des semis de ces végétaux utiles à l'homme dans ses besoins.

Ibn Hedjadj ajoute encore que, dans le sable, viennent bien divers arbres, tels que l'abricotier, le grenadier, le cognassier ; mais ce résultat ne se voit que dans les jardins et encore avec le secours des engrais employés en abondance, ainsi que des arrosements continuels, tandis que dans le sable laissé a sa nature primitive ces arbres ne pourraient pas végéter. Mais l'application de l'engrais, la fraîcheur de l'eau lui créent une nouvelle constitution. Cette perméabilité de la masse la rend plus apte à recevoir l'eau d'irrigation et à la retenir, et par suite à permettre aux plantes de plonger leurs racines dans le sol ; sans ces moyens auxiliaires indiqués, le sable n'est qu'un sol de rebut maigre et d'un mince produit, à moins encore qu'il ne soit mêlé de limon ou de terre franche, comme il a été dit plus haut. Mais il faut se garder de trop multiplier les arrosements et de les donner en excès, car le sable n'a point (par lui-même d'affinité pour l'eau. Souvent donc il arrive que des individus peu experts en agronomie s'imaginent que le sable n'admet point l'eau de l'irrigation et ne la retient point par imbibition. Ainsi elle serait comme avalée (par déglutition) dans l'opération: alors, loin d'appuyer l'augmentation, ce serait sa destruction, puisque, par suite de la sécheresse des molécules, le tout est un composé de pierres menues que l'eau traverse seulement dans ses interstices (1).

On lit dans l'Agriculture nabathéenne la même chose que ce qui plusieurs fois a été exposé et détaillé précédemment. Sachez, dit Sagrit, que les terres varient à l'infini (dans leur constitution) et dans leur manière de se comporter par rapport au froid, à la sécheresse et à l'humidité (*litt.* leur manière de les recevoir). Ainsi il est indispensable que l'agriculteur ait connaissance de cet état de choses, puisque la terre est le principe duquel toutes les plantes, sans exception, tirent la matière de leur accroissement. Quand l'agriculteur a reconnu la nature du sol, il peut confier à chaque espèce ce à quoi il est le plus convenable en fait d'arbres, de plantations et de semences : c'est là le complément de l'agronomie et la perfection de la science. Souvent il arrive que la terre est altérée et gâtée au point de contracter un goût nuisible aux plantes; telle est la saveur saumâtre et autre analogue. La cause de cette altération est la combustion produite par la chaleur du soleil et autres causes diverses. Les terres saines, exemptes de toute espèce de vice, conviennent à toutes les plantes en général.

Adam, sur qui soit le salut, dit que la terre de la meilleure qualité et la plus saine est d'une nuance qui passe au noir. Elle absorbe vivement et abondamment les eaux pluviales, sans devenir pour cela boueuse. Cette accumulation d'eau dans sa couche superficielle n'y apporte aucune altération ; sa consistance tient le milieu entre la densité compacte et un état

(1) Ce passage du texte est assez difficile et obscur, et le sens en est malaisé à saisir : il porte à une théorie très-vicieuse en discordance avec les lois de la physique. Je soupçonne de l'altération dans quelques mots.

trop meuble. Un sol dans de telles conditions est le meilleur de tous (1).

Suivant Yambuschad, la terre de première qualité est de couleur violette ; aussi est-elle appelée *terre violette*. Cette nuance se trouve le plus souvent quand l'eau douce a couvert le sol et qu'elle y a séjourné pendant un certain temps pour se retirer ensuite. Le sol alors se teint de cette nuance en même temps qu'il reçoit le limon de l'eau ou l'eau limoneuse. On lit dans l'Agriculture nabathéenne que quand l'eau a séjourné pendant quelque temps sur un terrain, elle y apporte avec elle la graisse des terrains supérieurs qu'elle a enlevée. Par suite de ce séjour, la surface du sol prend une teinte foncée qui a de l'analogie avec la couleur violette, et qu'on nomme pour cette raison *noir de graisse*. Toutes les fois donc qu'on observera à la superficie de la terre une teinte qui la rappelle, c'est un signe qu'elle est *grasse ;* pourtant l'excès du noir de graisse est nuisible. L'opposé du sol gras est celui qui est *maigre et aride* : cet état se reconnaît à la simple vue. Ainsi, le sol mêlé de sable rude ou de pierres grosses ou petites ne peut jamais être gras.

Yambuschad dit que la terre qui, pour la qualité, vient à la suite de celle de couleur violette, c'est celle de couleur cendrée très-foncée, qui est meuble : sa saveur est franchement douce, sans aucun mélange. Vient à la suite celle nommée *chaude* par Adam. Une des propriétés de cette terre, c'est qu'elle est très-meuble. Lorsque le froid sévit avec intensité accompagné de neige ou non, sa surface reste sans aucune modification : la glèbe s'écrase facilement sous la pression du doigt. Vient ensuite, pour la qualité, la *terre forte* dont la nuance est d'un cendré moins foncé passant au blanc, non point au blanc pur,

(1) La traduction a été faite en suivant les rectifications indiquées par le texte de l'Agric. nabat., fol. 52 v° fin. qui porte : فلا تنحل منه ولا تتغير عند اجتماع ترابها. Cette correction est d'ailleurs justifiée par ce qu'on lit plus loin dans la description de la terre dont il est ici question. — لا ..... حدث فيها وحل تتعلك الخ.

mais à celui qui tient le milieu entre le blanc et le cendré. Elle est subcompacte et facile à labourer et à retourner. Elle n'est point favorable aux fruits et elle est impropre pour la plantation des arbres, tandis que les plantes qu'on y cultive réussissent très-bien. Sagrit professe une opinion tout opposée : suivant lui, les arbres réussiraient très-bien dans ce terrain et y donneraient de beaux produits.

La terre *rouge argileuse* (*litt.* qui s'attache) est bonne pour toute espèce de plante ou d'arbre, à l'exception du palmier et des arbres qui donnent des fruits doux, auxquels elle ne convient nullement. Toutes les terres dont nous venons de parler (décrire) sont bonnes et favorables pour toute espèce d'arbre ou de plante, sans aucune exception.

Les terres que les hommes expérimentés nomment terres *profondes* sont également de bonne qualité ; on peut y cultiver avantageusement toute espèce de plantes, excepté les plantes potagères qui n'y viennent pas belles. On lit aussi dans l'Agriculture nabathéenne que les terres profondes sont celles qui tiennent le milieu entre les terres grasses et les terres maigres. Nous les appelons, dit l'auteur, terres *faciles*. Quand, pendant l'hiver, on voit une efflorescence blanchâtre répandue à la surface du sol, c'est l'indice de la présence du sel. Une terre de cette sorte est de mauvaise nature ; elle ne peut convenir qu'au palmier, à l'orge, aux fèves, aux poirées et autres plantes analogues.

Les terres dont le goût est altéré, à l'exception de celles qu'Adam nomme terres chaudes, sont propices pour la plantation de la vigne, la culture des courges, des melons et de toutes les plantes qui s'étalent à la surface du sol sans former une tige qui s'élève. Elles conviennent aux arbres fruitiers, aux graines alimentaires, mais en aucune façon aux plantes aromatiques. Ici se termine, dit Koutzami, l'indication des caractères qui signalent la bonne nature d'un terrain ; ce qui vient ensuite est l'indication des altérations pour lesquelles il faut employer des moyens curatifs afin de ramener (les choses) à de bonnes conditions.

Article I.

Signes indicateurs de la condition des terres, leur mauvais état ou leur bonne nature, tiré du livre de l'Agriculture nabathéenne.

La terre de bonne nature, exempte de défauts, se reconnaît à la simple inspection. C'est celle dont la superficie, sous l'influence d'une forte chaleur ou d'un froid intense, ne se fend point trop, ni quand, pendant l'automne ou bien au commencement de l'hiver, le manque de pluie a causé une très-grande sécheresse. A la suite de pluies continues, la surface n'est point couverte d'un limon glutineux qui adhère fortement aux pieds quand on marche dessus, ou aux mains quand on le manipule : mais toujours elle absorbe les eaux pluviales, et quand la pluie a cessé il n'apparaît point à la surface une sorte d'efflorescence blanche. Il est des terres qui n'occupent point le premier rang pour la bonté et dont la surface, le lendemain ou trois jours après la cessation des pluies, se montre couverte de quelque chose de blanchâtre, sorte d'efflorescence assez semblable à la farine, répandue sur tout le sol ou en amas comme dans les fonds, quoiqu'il n'en existe pas (et que le terrain soit bien uni) : on fait peu de cas d'un sol pareil. Un signe auquel on reconnaît une terre de bonne nature et fort estimée, c'est quand par un froid très-vif on ne voit point se former à la surface une croûte consistante qui a l'aspect et la forme de tessons de poterie ; sa couleur est d'un blanc qui n'est point net. On peut distinguer une bonne terre d'une mauvaise au moyen de l'expérience suivante : on prend une certaine quantité de la terre qu'on veut éprouver, du poids de deux à trois rotls ; on la met dans un vase d'argile dont on bouche l'ouverture bien hermétiquement. On dépose ce vase ainsi préparé dans un trou profond de trois ou quatre coudées. On laisse le tout séjourner pendant quatorze jours, ce qui est la moitié du temps que la lune met à faire sa révolution ; on retire alors le vase, on l'examine avec attention, et, si l'extérieur est couvert d'humidité, on l'ouvre. Si, au contraire, il ne se manifeste aucune trace d'humidité, on le replace et on le couvre fortement de terre; on le laisse ainsi pendant sept jours, puis on le retire et on l'ouvre pour voir s'il ne s'est point produit de ces vers ou autres animaux qui se forment en abondance par suite de la putréfaction dans les lieux non rafraîchis par l'air (s'il en existe); on examine la couleur de ces insectes; s'ils sont noirs, violets ou verts, la terre n'est pas d'une qualité recommandable; si, au contraire, ils sont rouges, jaunes ou cendrés, ou de couleur tirant sur le brun, ou d'un vert clair, ou enfin blancs, la terre sera de très-bonne nature. Vous explorez ensuite l'odeur du contenu du vase; si, après le séjour au fond du trou, elle a retenu l'odeur qu'elle avait avant ou bien si elle en diffère peu, la terre est de bonne qualité et même de la meilleure possible; s'il s'exhale une odeur de gâté, cherchez à vous rendre compte de cette altération, c'est-à-dire s'il y a tendance à l'acidité, à l'amertume, à la stypticité ou autres saveurs pareilles; constatez bien le fait. Si vous avez votre terre exempte de ces saveurs, vous pouvez prononcer qu'elle est de très-bonne qualité. Si quelqu'un de ces mauvais goûts se manifeste clairement, il faut s'assurer si elle dérive d'une tendance à l'acidité, à l'amertume ou à la stypticité ou de tout autre mauvais goût. On forme alors son opinion en conséquence de ce qu'on a observé. On déguste aussi cette terre une demi-heure après l'avoir extraite de la fosse. Si elle a la même saveur que l'argile chaude, de couleur rouge, qu'on extrait du puits, quand elle est sèche, cette terre explorée sera de bonne nature. Si, au contraire, le goût tire au saumâtre, à l'amertume, à l'aigre ou à la stypticité excessive, ou enfin à tout autre goût qui est l'indice de l'altération, vous réglerez encore ici votre appréciation d'après les faits observés.

Autre procédé qui exige moins de temps que le précédent, mais qui est aussi moins sûr et moins certain que le premier.

On prend dans la couche superficielle une poignée de terre

qu'on mêle avec de l'eau douce ; on laisse reposer, puis on agite, opération qu'on répète plusieurs fois vivement, laissant entre chaque fois un intervalle de repos; on déguste ensuite le liquide pour s'assurer de la saveur, si elle est saine ou mauvaise. Le plus certain et le meilleur, c'est d'employer de l'eau douce très-chaude pour ce mélange. On agite (comme il a été dit) à plusieurs reprises, laissant un petit temps de repos entre chacune d'elles. Quand le refroidissement est complet, on hume de cette eau une portion, puis une autre. Le goût revèle ce qu'est la terre, si la qualité en est bonne ou non.

Autre procédé.

On prend de la terre dans le fond d'une fosse, en quantité suffisante; on en aspire l'odeur. Si on la trouve irréprochable et pareille à celle d'une terre de bonne nature, exempte de toute odeur mauvaise ou gâtée, la terre sur laquelle se fait l'épreuve est bonne. Après avoir exploré l'odeur, vous passez à la dégustation, pour vous assurer si la saveur répond à l'odeur. Voici la manière de procéder : on dépose la terre dans un vase, on verse dessus de l'eau douce, pure comme celle du Tigre ou toute autre pareille ; on agite le mélange, on déguste, puis on asseoit son opinion d'après ce que l'expérience a révélé. Le goût d'une terre, ajoute l'auteur, ne se manifeste qu'après qu'elle a été détrempée dans de l'eau pure et légère.

Autre procédé qui a pour but, dit l'auteur, de faire connaître d'une manière bien évidente la qualité et la bonté d'un sol qui n'a point été mis en culture, litt. : *qui est resté vide de semis.*

Il faut, dit l'auteur, commencer par examiner les végétaux qui ont poussé sur le terrain, herbes, broussailles et autres plantes analogues. Si ces plantes s'élèvent vigoureuses et robustes avec leurs branches qui s'entremêlent, le sol est sans reproche et de bonne nature; mais s'il arrive que les plantes soient chétives, grêles, se produisant seulement par places, le sol est d'une nature non exempte de vices.

Koutzami dit qu'il est des personnes qui, dans leur expérimentation, se contentent de la vue des plantes crues spontanément, ne fût-ce que d'une seule, tels que le lis, le lyciet, les épines, les ronces et autres. Ils prennent des branches et des feuilles du centre, ils les goûtent et font la comparaison de leur saveur avec le goût de celles des plantes qui croissent dans les terres exemptes de tout reproche, et de là ils déduisent la différence ou le rapprochement qu'il y a (entre les deux terres). Suivant l'Agriculture nabathéenne, on peut juger de la bonne ou mauvaise qualité d'un terrain d'après la condition des plantes qu'il produit spontanément.

Koutzami dit que souvent il arrive que dans les terrains saumâtres, ceux dans lesquels l'eau transsude, ceux qui sont inondés (bourbeux), ceux trop mous, gras en excès, ceux d'une saveur styptique, les terrains brûlants, meubles en excès, trop durs ou trop compactes, ou autres de nature tout opposée à celles de bonne qualité, on voit croître spontanément des plantes et des végétaux ; néanmoins, ces terrains sont délaissés sans qu'on leur donne ni amendement, ni culture. Ces plantes sont : le pouillot, l'absinthe, l'hyssope, l'armoise (*artemisia orientalis*), la chicorée sauvage, l'ellébore noir qui, chez les Nabathéens, passe pour être un poison, le câprier, l'épine rouge (buisson ardent), toutes espèces propres aux mauvaises terres. Quant aux terres brûlantes et de mauvaise odeur, elles ne produisent rien. Les terres salées et saumâtres produisent le *schal, cydonia indica* (1); dans les terres mouvantes et peu consistantes croît l'armoise de Judée

(1) Le *schal* الشل suivant le diction. de Castel *cydonia indica*, qui est aussi l'interprétation indiquée par le traducteur Ibn Beitharm Sonlheimar. Avicenne cite cette plante trop brièvement pour la reconnaître. Il dit (I, 257), que c'est un médicament indien qui ressemble au زنجبيل *zendjibil amomum zingiber* Linn., *gingembre*. Banqueri traduit par *chardon* (qui croît au pied du palmier, le suffoque). Je ne sais sur quoi s'appuie cette traduction. Kazwini n'en parle point. Je croirais volontiers que c'est un nom altéré.

et celle nommée par les Arabes *qiçoum*, قيصوم, armoise orientale.

Suivant Yambuschad, les terres grasses et celles qui sont rudes et compactes produisent souvent le lis blanc, le narcisse, l'alliacée nommée *bolbous, hyacinthus comosus* Linn., Βολβὸς ἐδώδιμος, Diosc., et autres plantes qui poussent leurs racines avant les feuilles. Toutes les fois donc que vous verrez ces plantes se montrer sur un sol humide, suintant l'eau et limoneux, sachez qu'il est bon et bien près d'être sans défauts. Les terres très-dures produisent une espèce de câprier à petites feuilles; souvent aussi on y voit se produire l'oignon nommé par les Grecs *scille*, poison très-actif pour les rats, d'où lui est venu le nom d'oignon au rat: c'est le *hançal* (des Arabes). Cette dernière plante sort parfois encore du milieu des terres dures dont la nature tire sur celle du gravier, celui qui dans sa texture se rapproche le plus de celui qui forme la couche superficielle des montagnes sèches et des collines élevées. Dans les terres dures des plaines et des montagnes, au milieu des pierres, croissent les arbres pourvus d'épines. Mais les arbres et les épines (proprement dits), pour la plupart croissent dans les lieux maigres et les plus dépourvus d'humidité. En général, les plantes poussent abondamment dans un sol humide; là elles se montrent très-vivaces, tandis qu'un petit nombre seulement réussit dans les terrains secs et arides: ce sont, par exemple, l'oignon au rat (la scille), dont nous avons parlé. De même, les plantes maraîchères de plein champ ne réussissent que fort difficilement hors des terrains de bonne nature et exempts de ces causes qui en vicient la nature. Il faut en excepter la terre saumâtre, qui se rencontre souvent dans les grandes plaines, de laquelle s'accommode un grand nombre de plantes maraîchères qui y croissent, mais qui y restent grêles et d'un mauvais goût. La condition d'un terrain peut se déduire parfois de sa végétation: ainsi, toutes les fois qu'on verra les plantes propres aux terrains saumâtres croître dans un terrain qui ne l'est pas (en apparence), c'est l'indice de la prédominance de la salure. Les plantes épineuses faibles, comme le *hassak*, *tribulus terrestris*, Linn., la herse, τρίβολος, Diosc., plante à épines courtes qui croît dans les bonnes terres et qui, dans ce cas, indique un sol faible et amaigri par un ensemencement trop répété. Il en est de même pour d'autres cas analogues.

Article II.

Espèces de terres qui demandent des soins de culture et des amendements spéciaux, suivant l'Agriculture nabathéenne (1).

Ce sont : la terre grasse, la terre lourde, espèces voisines. La terre grasse en excès est molle, parce que, par suite de sa constitution physique (sa nature), elle est tout imbibée d'humidité et d'eau, et, le plus habituellement, elle est de couleur tirant sur le noir. Il arrive aussi qu'elle soit meuble (de texture peu dense). Nous avons vu précédemment quelques-unes de ses propriétés décrites là où il a été parlé de la terre de couleur violette. Pour bonifier et cultiver convenablement ces deux sortes de terre, il faut les retourner quand la chaleur est dans toute son intensité, deux fois par mois, avec la pioche ou un autre instrument analogue; de cette façon, la terre aura reçu six labours tous les trois mois; si on les porte à sept, ce sera encore mieux. On ameublit la terre en brisant les mottes avec la tête des instruments employés pour la culture (des pioches). Cette dernière opération donne à la terre beaucoup de chaleur et la rend beaucoup plus meuble; l'excès de ténacité et de graisse qui s'y trouvait disparaît, la chaleur du soleil contribuant à le détruire. Par suite encore, la terre perd de sa lourdeur en même temps que son excès de graisse. Ce n'est pas qu'on veuille enlever la totalité, loin de là; mais on veut seulement faire partir par la dessiccation ce qui est en excès, c'est-à-dire en diminuer la quantité; c'est là le seul but qu'on se propose par cette culture. En effet, si cette graisse venait à disparaître intégralement, il faudrait chercher les

(1) V. Mss. B. I., f. 56 r° et suiv.

moyens de la rappeler en partie. Il n'y a pas d'autres soins à donner à ces deux natures de terre que ceux que nous avons indiqués, savoir : les retourner pendant les grandes chaleurs et briser la glèbe. La terre *molle*, *ar'raqiqah*, الرقيقة, exige l'emploi d'un procédé qui fasse cesser cet excès d'amollissement. Yambuschad dit que la terre molle peut être comparée à la terre grasse et à la terre suante dont c'est l'état habituel. Ces trois sortes de terre ont de l'analogie entre elles. Il est des agronomes qui disent que la terre molle est la terre limoneuse, d'autres la placent seulement dans les terres suantes ; mais c'est une erreur, car la terre *suante*, *al-haraqah*, الحرقة, tient le milieu entre la terre molle et la terre limoneuse.

La terre molle en excès est mauvaise, c'est l'opposé de la terre grasse ; elle a une saveur qui tient le milieu entre l'acidité et la fadeur. Par suite de son ramollissement, cette terre ne peut recevoir aucun procédé d'amélioration ; cependant, on peut la retourner pendant les chaleurs solaires pour qu'elles puissent la brûler, mais non complétement ; parce que, trop brûlée, cette terre se met en cendre et ne produit plus que des plantes grêles et étiolées.

On lit encore (dans l'Agriculture nabathéenne) que Yambuschad donne à la terre grasse le nom de terre molle ; c'est une expression impropre (1), car chez nous cette terre est précisément l'opposé de la terre grasse. Il conseille de cultiver cette terre molle, vers l'équinoxe du printemps, plusieurs fois à la charrue, et de donner force fumier, quel que soit celui qu'on puisse avoir à sa disposition, à l'exception, toutefois, de celui de mulet. Le fumier est très-avantageux pour ce terrain, en favorisant en même temps la végétation de ce qui lui aura été confié. Ce à quoi cette terre grasse (suivant Yambuschad) convient le mieux, ce sont les vignes, parce qu'elles s'y développent d'une façon admirable. Les branches y prennent de

(1) L'expression qui se lit ici طرى *thariy*, résume en lui seul la critique que fait Ibn Waschiat de la dénomination de terre molle appliquée à cette terre. Ag. nab., f. 56 v° l. 8. suiv.

l'ampleur, les souches du volume, les raisins, très-juteux, donnent un vin salutaire. Cette terre convient à toute espèce de végétal qui, par sa forme, se rapproche de la vigne, arbrisseau ou plante herbacée.

Cette terre, dit Yambuschad, a été appelée molle parce qu'elle a peu de force. Il faut avec elle en agir avec précaution, parce que si elle recevait plusieurs labours coup sur coup elle s'ameublirait trop et perdrait encore de son peu de force. On y sème particulièrement de l'orge après avoir complété les labours : on donne ensuite une irrigation suffisante, et alors l'orge lève et pousse bien. Si, par hasard, il vient à pleuvoir avant la germination, le succès est plus complet et la récolte plus belle.

Ce nom de molle, *rakikah*, a été encore donné à la terre légèrement saumâtre, qualification qui, sur ma vie, est bien proche de la vérité, car cette terre a été également nommée terre faible. Les causes de cette faiblesse peuvent être corrigées, spécialement par l'application des engrais reconnus lui être avantageux : c'est du fumier de vache mêlé à de la terre étrangère (rapportée) de bonne nature. Mais si on brûle des feuilles et des branches de sebestier garnies de leur fruit, des plants de courges, qu'ensuite on mêle cette cendre à de la terre végétale ou du fumier de vache, et qu'on use de ce compost pour l'amendement de cette terre, à plusieurs reprises, elle s'en trouvera très-bien. Une opération encore bonne pour la terre molle, c'est d'y semer des graines qui ne jettent point de racines trop profondes, comme les *convolvulus* (1), la roquette, le cresson alénois et autres plantes analogues. La terre sableuse varie dans sa coloration en raison de ce qui est mêlé au sable. Il faut l'étudier avec attention pour reconnaître quelle est cette substance étrangère (*litt.* mêlée), ce qui n'est point difficile. La terre sableuse est toujours meuble, parce que, toujours aussi, c'est le sable qui met la terre dans cette condition.

(1) Cette synonymie demande quelque explication ; nous y reviendrons plus tard.

Toutes les plantes qui croissent dans cette terre sont peu enracinées, grêles et faibles. La terre sableuse jouit de la propriété spéciale d'être très-propre pour les vignes. Le sol dont la couche superficielle est mêlée de sable est par là garanti contre les accidents fâcheux. Les soins d'amendement qu'elle réclame, avant de recevoir les semences, seront donnés d'après ce que nous avons indiqué de convenable pour ce mélange (quand il existe), en traitant la question des terrains. Il faut, pour le bien des semis et plantations, retourner le sol ; il faut encore, ce qui est très-avantageux, ajouter un mélange formé de fumier d'âne, de pareille quantité de tiges de fèves, de paille d'orge et de froment. Si on commence la culture avant l'automne, on fera très-bien. La terre *dure* comprend plusieurs espèces. Dans l'une, la glèbe tire sur le blanc : c'est la nuance primitive ou type). Une autre espèce a cette teinte blanche plus légère. La première espèce, où la couleur blanche domine, est dite *gypseuse* (*crétacée*). Celle dans laquelle elle est plus faible est dite terre *dure* ; elle n'est bonne ni pour le palmier, ni pour les plantes aromatiques ; les plantes alimentaires y restent languissantes.

On lit dans une autre partie de l'Agriculture nabathéenne que parmi les terres dures il y en a une espèce dont la couleur tire sur le cendré passant insensiblement jusqu'au blanc : c'est la terre nommée proprement *dure*, quoiqu'elle le soit un peu moins que la précédente. Cette sorte de terre convient particulièrement au froment, au millet, au sorgho, à la lentille et aux grands arbres, tels que le noyer, le noisetier et l'olivier ou autres arbres analogues. Les principaux soins que réclame son amendement, c'est de détruire la dureté en donnant au sol de nombreux labours à la charrue pour le retourner. On les commence dès le premier de tischerin second, qui correspond au mois de novembre. Tous les dix jours on renouvelle le labour, on brise vigoureusement et avec soin la glèbe de façon à l'amener à l'état de terre meuble. Les laboureurs y introduisent les vaches et le menu bétail, pour que les premières y déposent leurs déjections. On ne cesse de les introduire et de les faire aller et venir jusqu'à ce que la terre soit ramollie (1) et la couche végétale très-adoucie. Les hommes doivent accompagner les animaux, et s'ils peuvent piétiner aussi, c'est une chose très-avantageuse pour le sol que ce piétinement simultané des hommes et des animaux, dont les déjections se trouvent mêlées avec la terre végétale (2). C'est là sans contredit le meilleur amendement pour cette sorte de terrain. La terre *pierreuse*, dite aussi terre de montagne, se trouve dans les parties très-froides de la Babylonie. On dit aussi dans l'Agriculture nabathéenne que la terre de montagne, quant à la couche superficielle (végétale et le sous-sol, est dans une condition qui tient le milieu entre la terre pierreuse et la terre molle. La terre pierreuse est donc plus dure que cette terre de montagne proprement dite. Les soins qu'elle réclame, c'est que pendant les grandes chaleurs on la retourne avec de grandes et fortes pioches. On applique cette opération à ce qui peut la réclamer, en se conformant dans ce travail à ce que nous avons prescrit d'après les traditions venues des anciens. Il faut aussi briser la glèbe avec des masses, et, si on n'agit pas ainsi, cette terre demeurera stérile. Les travaux doivent être exécutés la nuit, depuis le commencement jusqu'à la fin, ou depuis le milieu (minuit) jusqu'au jour, ou jusqu'à deux heures après l'apparition du jour. Ce mode d'opérer est le meilleur pour toutes les terres qui sont alors rafraîchies et s'imprégnent de la rosée de la nuit. Aussi ces terres dures profitent-elles beaucoup de la réalisation de ces travaux pendant la nuit. C'est donc le temps pendant lequel il faut les exécuter, et ce qui réclame le labour doit le recevoir la nuit, par la raison que nous avons citée, l'humidité que la terre reçoit de la rosée de la nuit. Les bœufs aussi ne doivent point travailler dans ce terrain pen-

(1) Litt. *pleure*, c'est-à-dire que le piétinement du bétail fasse apparaître l'humidité à la surface.

(2) Il s'agit ici du parcage, indiqué par les agronomes latins : *Ubi sementem facturus eris, ibi oves delectato.* Cato, *de Re rust.*, XXX. Pline dit à peu près la même chose, XVI', 8, 9. fin. Ce passage ne se trouve point dans l'Agriculture nabat. Il aura sans doute été intercalé par Ibn Alawam.

dant le jour, parce que l'ardeur trop intense du soleil les échaufferait et les rendrait malades. Les bœufs ne doivent être attelés à la charrue que quatre par quatre, et on ne doit pas se contenter d'un seul couple à cause de la dureté de la terre : il faut donc les doubler. On se servira aussi de socs pesants et longs ; toujours dans ces divers labours on doit sonder profondément ; c'est plus avantageux. Il faut aussi briser toutes les mottes avec grand soin, tant qu'il en reste une seule. La culture de ce terrain est très-fatigante pour les animaux : le laboureur doit donc avoir avec lui des vases contenant de l'eau fraîche pour en laver le cou et le museau des bœufs : on leur mouille aussi la tête ; par ce moyen, ils sont rafraîchis, reprennent haleine, et le poids du travail est allégé (1).

La terre *rouge* n'exige point qu'on ait recours à aucun procédé extraordinaire pour en amender les mauvaises qualités. Le système de culture à employer pour elle, c'est de labourer en automne avec de petits socs sans plonger trop avant : cette nature de terrain ne l'exige point. La terre *cinéroïde* الرمادية, sa teinte tire au blanc sale avec une nuance grise très-prononcée. On ne peut pas dire qu'elle soit de mauvaise qualité, puisqu'elle produit diverses plantes, et que plusieurs arbres y viennent bien, tels que le palmier et la vigne. Ces deux espèces prospèrent dans ce terrain, à cause de son extrême sécheresse et de son peu d'affinité pour l'eau. Quand on a planté dans cette terre un palmier ou un arbre quelconque, il faut lui donner un arrosement continuel, à cause de la difficulté qu'éprouve l'eau pour pénétrer dans le sol par suite de sa consistance. Quant aux légumes, il faut bien se garder de les semer dans ce terrain ; mais on peut lui confier des graines ayant de l'affinité avec le riz. Si nous disons que cette terre convient à cette graminée et qu'elle s'y plaît, c'est parce que l'eau peut séjourner sur la racine ; de tous les terrains, c'est

(1) Le texte d'Ibn Alawam est ici très-fautif et peu intelligible. Je me suis aidé du texte de l'Agriculture nabathéenne, rapporté ici d'une manière fort inexacte.

celui qui est le plus convenable pour le riz, le froment, l'orge et les pois ; mais on ne doit y semer ni sorgho, ni lentilles, ni haricots, ni pois chiche, ni pois mungo. La terre *charbonneuse* (ou plutôt *anthracoïde*) (1) est d'une couleur noire très-foncée ; quelquefois la nuance perd de son intensité, sans que jamais il s'y mêle rien de blanc. On la voit transsuder à la surface. La méthode à suivre pour la culture est celle prescrite pour la terre *cinéroïde*. Tout ce qui réussit dans l'une réussit également dans l'autre. Ainsi les plantes à qui celle-ci convient, celle-là leur convient aussi ; cette dernière cependant est plus favorable aux palmiers. Quand on donne de l'eau avec abondance, on ajoute beaucoup à sa qualité qui se rapproche de celle de la terre cinéroïde. Cette terre est propice pour la vigne et les plantes qui, comme elle, s'étalent à la surface. Elle convient à toutes les espèces délicates, plantes ou arbres, mais tout particulièrement à toute espèce potagère de gros légumes, comme les choux, les épinards, la poirée, la laitue, le chou-fleur, le cresson alénois et autres congénères : parmi les petites plantes potagères, c'est la menthe, le basilic, le persil et autres. Il faut arroser largement tout ce qu'on plante ou sème dans cette terre, sans attendre que les semis aient trop soif. Si ces terres anthracoïdes ou cinéroïdes se trouvent dans un lieu où il soit possible de faire entrer l'eau et de l'y retenir pendant longtemps, c'est pour le mieux ; on peut alors, sur cette terre ainsi mouillée, cultiver concombres et cornichons, et planter de la vigne. Quand on a fait les semis, le jeune plant reste (après qu'il est levé) jusqu'au moment convenable pour le repiquer. C'est le meilleur système. La terre *argileuse* (céramoïde, al-kazafiah الخزفية) (2), c'est la terre dont la surface, pendant les chaleurs de l'été, semble

(1) *Anthracoïde*, parce qu'elle n'a d'analogie avec le charbon que l'aspect. Banqueri lit العجمية *al-'agemiah* et traduit en conséquence par *étrangère* ; mais c'est une erreur. Tous les traités d'agronomie arabe, y compris l'Agr. nab., folio 63, verso, lisent الفحمية *al-fahmiah*, charbonneux ou noir de charbon.

(2) Précédemment il a été question de cet état de la couche superficielle du sol en traitant des conditions qui dénotaient une bonne qualité, mais pendant la gelée seulement. Ici, au contraire, c'est pour l'été. (C. Ier, p. 48, 17. Géop. II, 10.)

couverte de tessons de poteries, soit pour la consistance, soit pour la couleur; souvent elle prend une légère nuance de l'argile rouge à potier. Le meilleur procédé qu'on puisse employer pour l'amendement de cette terre, c'est de la retourner profondément et de briser la glèbe à la masse, de façon que ce qui a déjà été brûlé par l'excès de la chaleur puisse se mêler à ce qui ne l'a point encore été. On répète l'opération une seconde et une troisième fois, puis on répand un mélange de pailles de fèves, d'orge et de bouse de vache.

La terre, dite *hellèborine*, *al-kharbaqiah* الخربقية, est celle qui exhale une odeur pareille à celle de l'ellébore, odeur fétide; c'est la plus mauvaise des trois qualités citées. Par sa chaleur (excessive) elle gâte toutes les plantes qu'on y sème; cependant elle est bonne pour les fèves spécialement. Les terres molles se placent entre celles qui sont ressuantes et infiltrées d'eau. Toute la différence consiste dans la manière de les traiter. La terre ressuante et celle infiltrée d'eau se traitent en allumant des feux de quelque bois que ce soit, au milieu, et sur les côtés et dans divers endroits en très-grand nombre; par là on fait disparaître l'état limoneux et de transsudation. Cependant il y a à craindre que ces deux natures de terres ne passent à l'argile durcie, et, dans ce cas, ce nouvel état serait pire que celui que l'on a voulu corriger. Déjà il a été mentionné précédemment un genre d'amendement différent applicable à ces deux espèces de terres. Elles sont bonnes pour diverses espèces de plantes, telles que le chou, le myrte, le chou-fleur et autres espèces de nature analogue qui se comportent de même.

La *terre salée* comprend plusieurs variétés. Ainsi, il y a la terre salée proprement dite, la terre salée à laquelle se mêle de l'aridité, celle empreinte d'amertume, de stypticité, et celle enfin qui est légèrement salée. Les signes qui peuvent les faire reconnaître, c'est quand on voit apparaître à la surface une certaine efflorescence blanche qui provient d'un commencement de salure (1). Cette efflorescence a reçu de Sagrit le nom de

(1) C'est-à-dire que le principe salé commence à se montrer.

salure d'*exondation*, *al-thafiah* الطافية, parce que c'est une salure qui s'élève en couche mince à la surface (litt. *exundat*). Quelquefois cette efflorescence se manifeste dans les terrains où sont plantées les vignes. On la fait cesser en y semant de l'orge à l'entour des souches de vigne ou dans le voisinage, parce que cette orge absorbe le principe salé. Il y a pour ce vice du sol un remède général, comme il y a aussi, pour chaque variété de terre salée, un remède spécial; mais le premier peut suffire. Ce qui convient à toute espèce de salure, c'est la plantation du palmier qui pousse avec vigueur et qui devient très-beau dans chacune des terres qui en sont affectées. Le procédé commun consiste à donner, après la première pluie (automnale), si elle vient de bonne heure, à l'entrée du mois de tischerin 1er, un labour, sans attendre plus tard que le huit; si la pluie se fait attendre jusqu'à la fin du mois, donnez, le dernier jour du mois, votre labour à la terre affectée de salure purement et simplement. Si quelque saveur étrangère s'y est mêlée, on labourera dans le second tischerin, sans attendre plus tard que le 2 ou le 3 de ce mois; on se servira de petits socs. On prend ensuite des tiges de fèves dégagées de leurs graines, provenant de la récolte de l'année précédente, et bien sèches. On les bat de manière à les amener à l'état de paille bien menue. On répand cette paille en abondance sur le sol après le labour; on arrose par-dessus soit la totalité, soit une partie seulement si le champ a une grande étendue. C'est le meilleur procédé qu'on puisse employer pour améliorer cette nature de terre; vient à la suite pour l'efficacité la paille de fève, puis celle d'orge, celle de froment (à leur état naturel), puis des sarments de ronce écrasés, des feuilles d'althéa sèches et pilées. Ces procédés sont faciles, usez-en; et, s'il vous est possible d'employer toutes ces choses simultanément, ce sera très-bon. Cependant il est permis d'user de chaque chose isolément, à l'exception toutefois des ronces qu'on ne doit point employer sans un mélange préalable avec quelqu'une des autres substances; mais seules, jamais. Du reste, ce qu'il y a de meilleur dans tout ce que nous avons indiqué, ce sont les pailles de fève et d'orge. On laisse ensuite la terre se reposer dans cet état, sans rien faire de plus. L'été venu, on répand une certaine quantité de bouse de vache mouillée d'eau, procédé qui contribue beaucoup à l'amendement du sol, et à l'amener à une bonne condition, et qui neutralise la salure. Quand arrive l'automne de la seconde année et qu'on entre dans le mois de tischerin 1er, on répand du fumier de vache mêlé de fumier de cheval et d'âne, sans y mettre absolument rien du fumier de mulet; alors on peut semer de l'orge, des fèves, des lentilles, des pois chiches. Entre ces semences, on répand de la graine de lin, puis tout ce qui aura été semé recevra une abondante irrigation. Toutes les graines employées doivent être de choix, recueillies dans des terres de bonne qualité.

Saussade pense que ce qu'on peut prendre de meilleur pour l'amendement de ces terres (salées), ce sont les feuilles de vigne et les sarments, ainsi que les feuilles et les pousses de tout arbre à fruit oléagineux, comme le noyer, l'amandier, le pistachier, le noisetier, le ricin et autres analogues. Ces objets peuvent être employés pour l'amendement des terres viciées, mais particulièrement pour celles qui sont affectées de salure; ils possèdent, à cet égard, une propriété toute particulière. On procède ainsi : on prend les feuilles et la partie la plus délicate des branches, on les bat jusqu'à ce qu'on les ait réduites à l'état d'une paille menue qu'on répand en abondance sur la terre salée. Ensuite on donne avec de l'eau une irrigation légère, et on laisse reposer le terrain. Le même ajoute : on peut appliquer ce procédé à toute nature de terre viciée pour l'amender, à l'exception de celle qui a un goût âcre, pour laquelle il y a une recette différente de celle usitée pour tous les terrains (qui nous occupent). Saussade ajoute : ce qui nous semble convenable pour amender non-seulement la terre simplement salée, mais encore celle où cette saveur est mêlée d'un goût étranger, qui se révèle à la suite de la constatation de la salure, c'est de répandre à la surface de la lie d'huile, provenant d'olives non salées, car elle ne doit porter en elle aucun autre goût que celui de l'olive. On en arrose le sol avant le labour, auquel on procède ensuite; on réitère avec la lie l'arrosement, suivi d'un second labour, après lequel vient une troisième application de la lie. Tout cela fait, on répand du fumier de vache en grande abondance, et on laisse reposer quelques jours. On donne un nouveau labour avec de petits socs, évitant de plonger trop avant, mais au contraire restant presque à fleur de terre. On sème alors de l'orge, du fenu grec, des pois chiches, des bettes, des courges, des mauves. On plante des palmiers très-espacés entre eux, et, dans les intervalles, on sème les plantes que nous avons indiquées, qui absorberont la salure qui vicie le sol. On donne constamment un fumage composé de bouse de vache et de lie d'huile d'olive mêlées ensemble. La bouse ne sera ni trop vieille, ni trop récente, et de la sorte l'amendement sera complet, la volonté divine aidant.

Autre procédé pour l'amendement des terres salées.

Il consiste à retourner la terre au commencement d'octobre, pour que les eaux pluviales puissent laver (l'élément de) la salure, et l'on opère comme sur les terres styptiques ou de mauvais goût. Quant à celle où domine une saveur amère, c'est la plus mauvaise des espèces par son âcreté, et celle qui est la plus rebelle à l'amélioration. Elle est funeste aux graines avant la germination et non après (1). Il y a un moyen cependant de l'amener à un amendement complet ou peu s'en faut. Ce moyen consiste à donner un arrosement d'eau douce réglé en raison de la facilité qu'on aura de le faire. Ces arrosements commenceront dans la seconde moitié de nisan ou avril; pas avant. On devra les pratiquer aussi dans les premiers jours du mois d'adar. L'eau devra séjourner le plus longtemps pos-

(1) Telle est la traduction littérale; il faut entendre par là que les graines y germent très-difficilement, qu'elles y périssent généralement, mais que, quand elles ont pu lever, les plantes s'y maintiennent et y végètent.

sible, et, s'il se pouvait qu'elle restât pendant tous les mois d'été, jusqu'au milieu d'éloul, ce serait très-bon, mais il n'en faudrait point prolonger le séjour plus longtemps. Si l'on ne peut user de ce moyen, il faut prendre des courges desséchées, des convolvulus, des feuilles de vigne; on fait sécher le tout, et les courges sont prises avec la pulpe et la graine, après toutefois qu'on les a coupées en morceaux. On pile le tout, et on le mêle avec de l'eau douce dans des bassins de cuir *gorba* (1). On répand ensuite cette préparation sur le sol qui, à l'avance, aura reçu un labour peu profond et même très-léger. Pour un *adjrab* de terre ainsi viciée, il suffit d'un arrosement avec vingt *gorba* de liquide ainsi préparé. L'opération se fait vers la fin de la nuit, au point du jour; on peut la prolonger pendant trois heures plus tard; c'est le moment de la journée le plus opportun; si on peut forcer les quantités pour la préparation indiquée, ce sera encore mieux. Ce sera encore très-bien, si cet arrosement peut se répéter plusieurs fois, après avoir donné un labour au sol encore humide. On peut aussi pratiquer un mélange d'eau et de terre de bonne nature qui ne soient entachées d'aucun mauvais goût; on s'en servira pour l'arrosement; on donne deux ou trois labours. Le même système se continue pendant six mois, c'est-à-dire pendant l'été tout entier ou même pendant deux étés. La terre, ainsi traitée, sera bien amendée. L'expérience a constaté le succès du procédé, surtout quand le vice n'est point trop grand ni trop invétéré par le laps de temps.

Le même auteur assure que cette terre, imprégnée d'un excès de salure ou styptique dans une mesure qui dépasse toute limite, peut quelquefois être amendée par la culture des plantes mucilagineuses, comme du coton, du fenu grec, des fèves, de

(1) قرب *gouroub*, pluriel de قارب *qarib* qui, suivant le dictionnaire, désigne une *barque* employée pour le service d'un plus grand bâtiment, une *chaloupe*, un *allége*. V. Hariri ٣٥٤ com. Ce nom paraît, par ce qu'on lit ici, avoir été appliqué à une mesure de capacité qui, dans l'espèce, serait en cuir مصنوعة من جلود. — Le même procédé est indiqué dans l'Agric. nabath., folio 46, recto, 1, 16, dans les mêmes termes.

l'orge, des pois mungo, du cresson alénois, du lupin et autres espèces analogues. Il doit en être ainsi à l'égard des terres, citées précédemment, qu'on a pu amender (1) par le séjour prolongé de l'eau ou par l'autre procédé indiqué à la suite, ou bien encore, s'il arrive, dans le climat de la Babylonie et les contrées analogues, que le ciel se couvre de nuages pendant quarante jours sur les terres âcres, d'odeur fétide et autres entachées de vices qu'on désire voir disparaître. Le résultat sera complet s'il peut arriver que le soleil reste voilé pour ces sortes de terrains sans se montrer aucunement pendant la somme de jours indiqués ; on n'aura besoin de recourir à aucun autre procédé. Mais, quand ces améliorations ont été obtenues, on y sème les plantes mucilagineuses et visqueuses, car le semis de ces sortes de graines est indispensable pour enlever ce qui peut encore rester du principe vicieux ou amer. Souvent même il suffit de les y semer une seule fois ou deux. D'autres fois, au contraire, on devra y revenir. Il suffit aussi, pour enlever complètement l'amertume, de la culture de l'amandier à fruits amers, du myrte, du laurier.

« Mon opinion, dit Koutsami, est que, quand on cultive les plantes mucilagineuses indiquées plus haut, et qu'on plante en même temps l'althéa et des branches (ou boutures) d'abricotier dans les terres dont il vient d'être question, aussi bien que dans toutes celles entachées d'un vice quelconque, on les rectifie, à cause de l'absorption qui se fait d'une grande partie de l'élément vicieux. Parmi les terres acides se trouvent les terres molles et celles qui sont ressuantes à cause de l'acidité de l'eau qui constitue l'humidité et le suintement. Cet état est facile à reconnaître à la dégustation, en expérimentant sur la terre seule (directement), ou bien après l'avoir mêlée et détrempée dans l'eau. On peut arriver à l'amélioration de ces

(1) C'est-à-dire que dans les terres amendées par les procédés indiqués plus haut, et qu'il va rappeler en ajoutant celui de l'influence d'un ciel couvert, il faut aussi semer ces plantes mucilagineuses pour achever de détruire le principe délétère, ainsi qu'il l'expliquera ensuite.

sortes de terres, au point d'enlever toute l'acidité et de la neutraliser entièrement. Ce résultat si complet s'obtient par l'application plusieurs fois répétée de l'engrais indiqué comme efficace pour ces sortes d'amendements. L'engrais, indiqué pour les terres molles et ressuantes, est composé de cendre de grenadier, d'engrais humain et de bouse de vache. »

Koutsami continue et dit : « sachez bien que toutes les terres viciées, quelle qu'en puisse être la cause, que ce soit salure, chaleur, acidité, mauvaise odeur, mollesse ou lourdeur, état glaiseux ou compacte, ou ce qui est ressuant, entaché d'aigreur, de stypticité excessive, obtiennent de l'amélioration, quand l'eau limoneuse des courants a séjourné pendant longtemps à la surface, et que, par suite de cette stagnation, elle a laissé déposer un terreau abondant. Cette amélioration est d'autant plus grande que l'eau arrive plus bourbeuse. Cette eau lave et rafraîchit la terre, qui le demande ; elle laisse après elle une terre neuve (*litt.* étrangère), terre de saveur douce; car la terre n'entraîne que les parties les plus légères du sol et les meilleures. Elle rend donc de la vigueur aux terres affaiblies et aigres par un dépôt qui remplace l'engrais. Si le sol renferme un principe salé, l'eau, par sa fluidité, le lave, le dissout et le neutralise par sa saveur douce. Elle chasse aussi la chaleur de la salure par sa nature froide, et, si le sol est trop chaud, elle lui procurera de l'amélioration à l'exclusion de toute autre chose. L'eau éteindra encore l'acidité par sa température froide si le sol est encore imprégné d'une mauvaise odeur l'eau douce, la terre rapportée exemple de mauvais goût dont le sol est chargé, se déposent, se mêlent au sol primitif, atténuent peu à peu l'odeur désagréable qui finit par disparaître en totalité, quand le fait s'est répété plusieurs années de suite. Il faut, quand le sol a été desséché, donner un labour profond, fumer avec des engrais de nature douce et lénitive. S'il arrive que la terre soit molle ou ressuante, le limon dont l'eau est chargée sera salutaire. On retournera le sol une fois par mois, soit quatre fois en quatre mois, à partir du commencement d'aziran jusqu'à celui d'eleul. Le soleil pompe l'humidité, cause de la transsudation, en même temps que la terre rapportée vient se mêler au sol (et produire son effet). »

L'auteur dit encore : « Parmi les choses utiles pour l'amendement des terres en dehors de la bonne qualité et d'une juste proportion (dans leur composition), il faut ranger la pluie douce et légère, qui tombe sans interruption pendant vingt-quatre heures. Vient ensuite la pluie dite de *lavage* (1); elle est plus violente que la première, du double. Ces pluies dissolvent la salure, l'amertume, l'âcreté, lorsqu'elles ont été persistantes. La troisième (classe) d'eau qui concourt à l'amendement, c'est cette eau bourbeuse (dont il a été déjà question), lorsque, séjournant sur le terrain, elle y laisse le limon qu'elle a charrié des autres contrées. Ces atterrissements sont salutaires pour tous les terrains. Les deux sortes de pluie dont nous avons parlé concourront à l'amendement de la terre par la volonté de Dieu ; mais leur effet ne sera bien complet que si elles se reproduisent par intervalles et plusieurs fois, de manière qu'après avoir duré pendant vingt-quatre heures, par exemple, ou environ, elles cessent de tomber ; le vent qui s'élève ensuite frappe la terre de son souffle pendant deux ou trois jours, puis alors la pluie recommence comme précédemment, puis elle s'apaise et cède la place au vent. Ces alternatives de pluie ou de vent, plusieurs fois répétées (produiront l'effet bienfaisant attendu), la volonté divine aidant. »

Art. III.

Moyens à l'aide desquels, suivant l'Agriculture nabathéenne, on peut améliorer (et amender) les terres quand la couche superficielle (végétale) se trouve mêlée de pierres, de fragments de briques ou de poterie, des balayures dans lesquelles sont des lambeaux et des objets de nature diverse, comme d'ordinaire il s'en trouve dans les balayures (ou nettoyages) des habitations humaines et dans les immondices qui se rencontrent sur les chemins auxquels sont mêlés des pierrailles, du petit gravier et autres corps de natures diverses causant de l'altération dans le goût de la terre végétale, tels que du

(1) *Elava*, des paysans de Champagne.

sel, de la couperose (1), des noyaux de fruits de diverses espèces, ou bien de cette terre sur laquelle la chaleur et le froid ont exercé leur influence avec une grande intensité, qui tantôt est sèche, et tantôt d'une humidité qui a déterminé la putréfaction, de telle sorte qu'elle est complètement viciée; comme aussi (pour remédier) à tous ces mélanges de toutes les substances étrangères qui n'entrent point dans la composition de la terre végétale, telles que la sciure de bois, les fragments du roseau, des plâtras, des fragments de mortier de chaux durcie (2) et autres matières analogues en telle quantité qu'ils forment une partie (considérable) de cette terre à laquelle ils causent un grand préjudice.

Dans les terrains où se trouvent ces sortes de mélanges, rien ne réussit que le palmier et les grands arbres. Le moyen d'amender les sols qui se trouvent affectés du mélange de quelques-uns des corps qui viennent d'être nommés, c'est d'y rapporter de la terre d'une bonne qualité bien constatée par l'expérience. La meilleure qu'on puisse employer, c'est une terre glaiseuse rouge, qui, dans la manipulation, reste adhérente aux doigts comme si elle était mêlée de glu (3). On répand par-dessus du crottin d'âne et de la bouse mêlés ensemble; on incorpore le tout avec le sol rendu défectueux par les corps étrangers en plongeant le plus profondément qu'on le peut par le labour. En effet le sol profite particulièrement de ce qu'on peut faire pénétrer dans le fond. A la suite de l'opération, on donne une irrigation assez abondante, pour que l'eau puisse s'élever à la hauteur d'une coudée. On la laisse séjourner pendant plusieurs jours, jusqu'à ce que le dessèchement soit complet. On reprend alors l'application des engrais composés, et on arrose avec de l'eau plusieurs fois. On sème ensuite des aubergines, des légumes de toute espèce : s'il est possible, beaucoup de menthe, c'est excellent. On rejettera le chou-fleur, le

(1) زاج c'est le Χάλκανθον de Diosc. V, 114. Encre de cordonnier, *couperose*, sulfate de fer des modernes.

(2) Littéralement, des graviers de gypse et des pierres de chaux. Mais il est clair qu'il s'agit ici de décombres qui sont mêlés au sol.

(3) Cette terre rouge, visqueuse, conseillée ici, c'est la *marne*. Pline qui en parle avec certains détails, XVII, c. 4, VIII, en cite de plusieurs couleurs, et entre autres le *lemorgillon* des Grecs.

chou ordinaire, le radis, le navet, le poireau de Syrie et autres plantes analogues. Cette terre convient aux légumes et à l'aubergine ; mais il ne faut y mettre ni plantes aromatiques (1), ni graines alimentaires (céréales), ni arbres fruitiers, ni aucun végétal pareil. Quant à la terre qui a été infectée par la putréfaction d'une grande quantité de cadavres (qui y ont été déposés (2)), elle en souffre une altération profonde ; elle doit alors être traitée comme la terre âcre, de mauvaise odeur. Le procédé prescrit doit être appliqué en automne, à l'approche de l'hiver, et vers l'époque de l'arrivée des pluies qui, tombant après l'application des moyens d'amendement, favoriseront un succès complet.

Koutsami dit : « sachez, mes frères et mes amis, que toutes les terres, dans toutes leurs diverses conditions, peuvent être délivrées de toutes les espèces de vices dont elles peuvent être atteintes par l'emploi des moyens d'amendements que nous avons décrits. Il est de ces amendements qui conviennent plus particulièrement) pour les semis et les plantations ; mais tous en général peuvent être profitables aux diverses espèces de plantes sans exception, sinon pour les terres de saveur âcre, de mauvaise odeur qui ne peuvent être bonifiées qu'au moyen d'arrosements très-abondants, en faisant séjourner l'eau à la surface du sol, et en répétant ce procédé pendant plusieurs années de suite. »

ART. IV.

Qualités des terres poreuses, molles, visqueuses (glaiseuses), compactes, très-denses et autres dont il sera question.

La terre de nature *dense* الاكتناز *al-iktinaz* ne peut convenir pour les plantations. On la reconnaît de cette manière : on pra-

(1) A l'exception de la menthe qui plus haut est surtout recommandée. Il en est de même pour les plantes potagères ; il faut tenir compte de la restriction qui précède.

(2) Voy. Asrâr nabâth, folio 54, verso, l. 12 et Mss. B. I., folio 883, f. s. folio 8, recto.

tique trois trous de la profondeur d'une coudée et demie dans trois endroits divers, ensuite on met dans un vase d'argile les terres de ces trous recueillies avec soin : d'un autre côté, on prend dans la couche superficielle d'un sol bien meuble (*litt.* poreux), nullement dense, sur lequel il n'y ait aucun doute, une quantité de terre égale en poids (à la première), ce dont on s'assure au moyen d'une balance. Alors on remplit les trous avec cette terre meuble : on la presse en la foulant aux pieds pour qu'elle s'entasse bien. S'il reste un excédant, soyez certain que le sol dans lequel ont été pratiqués les trous est d'une nature dense et très-dure. Cette sorte de terrain ne convient en aucune façon pour la plantation (des arbres), mais elle est propice aux légumes, aux céréales et menus grains. Si, au contraire, la seconde, c'est-à-dire la terre meuble, remplit exactement les trous pratiqués, sans qu'il y ait aucun reste, cette terre (expérimentée) convient pour les plantations. Vous pourrez en faire, parce que la terre meuble et peu dense est très-bonne pour cet objet, tandis que la terre dure et compacte ne convient aucunement ; mais elle reçoit avec avantage les semis (de plantes).

Les anciens avaient établi une distinction entre la terre *glaiseuse*, المتلزز *al-moutalazzaz*, et la terre *compacte*, المتلبد *al-moutalabbad*, pour la couche superficielle et le fond. Cependant, la manière d'être de toutes deux se rapproche beaucoup, sinon que dans la terre glaiseuse les molécules se pénètrent bien plus intimement, tandis que dans la terre compacte les molécules constitutives sont plus fortement adhérentes entre elles, en même temps qu'il y a entre elles pénétration. La terre dense (*moutakannaz*) passe à la dureté et prend la consistance pierreuse; elle est plus rude que la terre compacte, *al-moutalabbad*, et la terre glaiseuse, *al-moutalazzaz*. La différence qui sépare ces trois natures de terre est très-faible; seulement la terre dense et la terre compacte se rapprochent plus et elles ont plus de confraternité. La terre glaiseuse paraît faire classe à part.

Venant à la terre *molle*, الرخوة *ar-rakhouah*, et à la terre de texture peu serrée, *meuble, poreuse* التخلخلة *al-takalkhalah* (il ne faut pas les confondre), l'une n'est pas l'autre. La terre poreuse (meuble) a peu de cohésion. Ce qui constitue la différence entre elles, c'est que dans la terre *meuble* les molécules sont séparées entre elles par des interstices desquels résulte la sécheresse du tout, mais qui laissent des vides perméables. La terre molle est celle qui, dans ses parties constituantes, est pareille à la terre glaiseuse par l'amollissement qui est dans son essence. Mais il y a entre les deux espèces une différence manifeste. Il a déjà été dit que toute terre *sableuse* (c'est-à-dire qui reçoit du sable dans sa composition) est *molle*, parce que le sable (qui s'y est mêlé) la rend moins consistante. La terre grasse en excès est celle qui est qualifiée de molle, dans laquelle se montrent l'infiltration des eaux et une humidité qui tient à sa nature.

La terre qui tient le milieu entre la terre très-poreuse et celle qui est très-glaiseuse et qui passe à la première convient très-bien aux vignes. Un caractère distinctif, c'est que si elle reçoit l'eau douce elle l'absorbe, et que, s'il en est qui séjourne dans les dépressions qui peuvent s'y trouver, elle disparaît en quelques heures. Cette terre convient très-bien aux vignes, sans aucun doute, mais la terre poreuse leur est plus favorable encore; c'est une propriété qu'elle possède spécialement, et, si à la porosité se joint la légèreté, c'est plus avantageux encore: la vigne alors acquiert beaucoup de force et donne de beaux résultats. La terre très-glaiseuse qui passe à la dureté du caillou se reconnaît à ce qu'elle retient l'eau à sa surface, sans l'absorber ni se laisser pénétrer par elle. Les vignes qu'on lui confie s'y étiolent; cependant, elle est bonne pour les légumes et autres plantes analogues. Les terres qui, absorbant l'eau, la retiennent dans leur sein et dans les cavités qui s'y trouvent quand la surface est aride, comme tout sol analogue, ne peuvent être bonnes pour la vigne, non plus que celles qui tiennent le milieu entre ces terres, c'est-à-dire qui, laissant pénétrer dans leur intérieur une partie des eaux, en retiennent une partie sur le sol qui devient vaseux.

Art. V.

Indices d'après lesquels on peut reconnaître qu'un terrain est humide.

Nous ferons connaître, la volonté divine aidant, dans le troisième chapitre de cet ouvrage, dans la description des terres, ce à quoi on peut reconnaître que l'eau est proche ou éloignée de la surface, comment d'après cela on peut conclure la fraîcheur d'un terrain ou sa sécheresse.

Koutzami dit dans l'Agriculture nabathéenne : nous avons décrit dans ce livre les qualités des terrains, leurs différences, la préférence de certains d'entre eux pour certaines plantes, leur répulsion pour d'autres, tout cela d'une manière assez large et suffisante. L'homme qui comprend bien toutes ces choses, possède l'élément principal de la connaissance des végétaux et de la manière de les cultiver, et de les faire prospérer (*litt.* maintenir leur vie).

Sagrit dit dans le même livre : il ne faut pas croire que le système de culture des arbres et des plantes de toute espèce et les moyens de les garantir des accidents qui peuvent les frapper soient les mêmes partout ; ils varient au contraire en raison de la diversité des contrées. Quelquefois il arrive que dans une région tel végétal réussira, quand il ne réussira pas dans une autre. Ainsi, ce que je prescris dans ce livre (l'Agriculture nabathéenne) est ce qui convient au climat de la Babylonie, spécialement, et par suite à toute autre contrée qui pour la condition climatérique peut avoir de l'analogie avec elle. L'auteur de ce présent traité (Ibn al Awam) dit : j'ai emprunté à l'Agriculture nabathéenne tout ce qui me paraît pouvoir convenir à la partie occidentale de l'Espagne, parce que la Babylonie est située dans le quatrième climat et que cette partie de l'Espagne se trouve placée dans ce même climat. J'ai examiné les époques indiquées généralement dans l'Agriculture nabathéenne pour la maturité (des récoltes) dans la Babylonie et à l'entour, et j'ai reconnu que chez nous elles étaient à peu près les mêmes. Cette raison m'a déterminé à rapporter dans mon livre une partie de ce qui est contenu dans l'Agriculture nabathéenne.

Art. VI.

Signes auxquels on peut reconnaître les différentes espèces de terres bonnes ou mauvaises, d'après les deux ouvrages que nous avons cités, celui d'Ibn-Hedjadj et l'Agriculture nabathéenne.

Anatolius l'Africain dit que, quand on voit dans un champ des plantes dont les feuilles sont grandes, larges, pleines de sève et d'un vert foncé, se pressant les unes dans les autres, avec des racines vigoureuses, c'est l'indice d'un sol de bonne qualité. Si d'un autre côté vous voyez dans un terrain des arbres crus spontanément et sans culture, sans que jamais personne y ait mis la main, c'est encore l'indice d'un bon terrain; si la végétation est dans une condition moyenne, la terre aussi n'est que de qualité moyenne. Mais quand vous voyez les plantes maigres, étiolées, avec des feuilles et des branches toutes grêles, des racines sans vigueur et dépérissant promptement, une pareille (végétation) indique une terre maigre; il en faut conclure de même quand on la voit couverte d'épines, d'herbes et d'arbres rabougris; un terrain (qui donne ces produits) n'est bon à rien (1).

Les caractères auxquels se reconnaît un bon terrain, dit Kastos, c'est quand les arbres y croissent avec force et vigueur. Ils ont moins d'apparence dans un sol de moyenne qualité et sont moins pressés entre eux. Dans une terre de qualité inférieure la végétation sera grêle et chétive.

Suivant Anatolius l'Africain, la meilleure des terres est celle qui pendant l'été ne se gerce pas trop. A la suite de fortes

(1) V. Géop. II, 10, où les mêmes indications se trouvent. Elles y sont attribuées aussi à Anatolius.

pluies sa surface n'est pas glissante, l'eau absorbée promptement n'y séjourne pas longtemps (Géop. *loc. cit.*) Est encore de bonne nature la terre noire qui peut supporter beaucoup d'eau de pluie (sans en souffrir) : cependant ce terrain n'est pas propice aux vignes. Une terre est de bonne qualité, dit Kastos, quand, à la suite de pluies continuelles, l'eau est promptement absorbée, et quand elle ne se fend point pendant les grandes chaleurs.

Djah rapporte que les auteurs qui ont écrit sur l'agriculture disent qu'il y a plusieurs espèces de terre dont ils donnent la description. Ils nomment les unes terres *blanches*, et les autres terres *noires*, d'autres terres *sableuses*. Les terres *grasses* السمينة *as-saminah* sont, suivant eux, celles qui contiennent une sorte de limon visqueux comme de la cire. Ils nomment هشة *haschah* une terre grasse qui possède bien une sorte de limon, mais qui est dépourvue d'adhérence. La terre *haschah*, blanche, est repoussée par eux dans plusieurs circonstances, de même que celle qui est sableuse. De ces deux espèces, la première est la meilleure de toutes et la seconde la plus mauvaise. Mais il existe des variétés intermédiaires qui, pour la bonté, se rapprochent de la première, de même qu'il y en a qui descendent vers la seconde. Il en est aussi qui tiennent un juste milieu entre les deux. Mais tout cela a déjà été présenté plus haut avec quelques détails. Parmi les moyens d'explorer les terres, il faut encore compter l'odorat et la dégustation, ainsi que l'observation de ce qui s'élève à la surface de l'eau dans laquelle on a plongé la terre. Voici ce qu'on fait : veut-on reconnaître une terre destinée aux semis? on opère sur la couche superficielle; mais quand il s'agit d'un terrain pour les plantations, on plonge à deux coudées de profondeur ou même un peu plus. On prend la quantité d'une poignée de terre; on la met dans un vase de verre ou d'argile, neuf, de large ouverture; on verse de l'eau de pluie ou de l'eau douce, de manière que la terre en soit couverte. On agite le mélange jusqu'à ce que la dissolution soit complète. On laisse reposer afin que le dépôt puisse se former au fond du vase. On examine alors la surface du liquide; si l'on voit surnager quelque chose d'épais, le sol est de bonne nature, sinon il est maigre, et on ne pourra l'utiliser qu'à force d'engrais. Employant ensuite l'olfaction et la dégustation, le liquide sera de saveur (et d'odeur) douce si la terre est telle. On a dit aussi que si l'eau se trouve être bonne et douce, la terre également est bonne et douce; si au contraire elle est amère et salée, la terre est de mauvaise nature. La mauvaise odeur est encore aussi l'indice d'un mauvais fonds qui n'est propre à rien. Suivant Kastos, si l'eau est saumâtre, le sol sera libéral (c'est-à-dire fertile) (1).

Suivant Abou'l-Khaïr, si l'eau et la terre, au flairer, accusent une bonne odeur, le sol sera de bonne qualité et dans un bon tempérament; mais une odeur fétide dénote un mauvais sol. Si l'odeur est nauséabonde et celle de substances gâtées, on peut en inférer une altération et une corruption dérivant des éléments qui entrent dans la composition (*litt.* du mélange). Fuyez, dit-on, fuyez de toutes vos forces la terre salée, le sable et l'eau qui le sont aussi. Cela a déjà été dit avec des développements explicatifs: lisez et méditez. Il a été établi aussi que si on pétrit de la terre avec de l'eau, que le résultat soit visqueux et de la consistance de la cire, la terre est bonne; s'il en est autrement, elle ne vaut rien (*Vid. suprà*, p. 44). On dit qu'un des moyens de reconnaître la terre grasse et substantielle et de la distinguer de celle qui est maigre et épuisée, c'est de creuser un trou de la profondeur d'une coudée; on prend bien garde de rien perdre de la terre qui est extraite. On rejette ensuite cette terre dans la cavité qu'on a bien évidée. Si cette cavité étant comblée il reste un excédant, le sol est gras; mais s'il ne reste rien il est de qualité moyenne. Et

(1) Le texte de Banqueri porte سخية *sakhiah*, que tous les lexiques rendent par *liberalis, munificus*; mais je soupçonne que c'est la suite d'une erreur de copiste, car cette assertion est contraire à tout ce qui a été dit jusqu'ici de la terre salée. Il faudrait peut être سبخة *sabakhah* et traduire : la terre salée est celle dite *sabakhah*.

si, toute la terre remise dans la cavité, cette dernière n'est pas complètement pleine au niveau du sol, il est de mauvaise nature et maigre (1). Hedjadj écrit que cette expérience manque d'exactitude.

Suivant Kastos, il faut rechercher pour les légumes la terre grasse et substantielle et celle qui n'est pas rude ; mais on repousse la terre blanche, celle qui est glaiseuse et celle qui se gerce et se fendille pendant l'été. Suivant un autre, la terre la meilleure pour les légumes est celle qui n'est ni rude, ni affaiblie. La terre rude ne supporte pas l'eau donnée avec abondance ; il en est de même de celle qui se fend. La terre faible ou trop légère se ramollit en hiver, se dessèche en été, et les légumes y périssent bientôt.

Ibn el-Fazel dit que dans une terre dont la couche supérieure est bonne et le fond ou sous-sol mauvais, il faut cultiver des menues graines ; que, si on se trouve dans la nécessité de planter, il faut y mettre des arbres dont la racine rampe à la surface du sol, comme le pêcher, le pommier et autres pareils, en observant seulement que quand les racines atteignent la mauvaise terre ils souffrent et périssent. Cette espèce de terre produit au commencement de l'année de l'herbe qui est brûlée ensuite quand la température s'est échauffée, à moins que par l'irrigation on ne lui fournisse la possibilité de mûrir sa graine. Quand par la culture on plonge dans le sol et qu'on donne de profonds labours, la mauvaise terre ramenée à la surface gâte la bonne terre qui alors est privée de sève ; cependant on peut, à force d'engrais bon et consommé, y porter remède : c'est le seul moyen ; on ne peut y suppléer par un autre. Il en est qui prescrivent d'employer pour les semis les terres de bonne qualité et pour les plantations celles qui sont inférieures.

Le livre des deux scheiks Ibn Ibraïm Ibn el-Fazel et Ibn el-Khaïr le savant sur la connaissance des couches superficielles du sol pour savoir ce qui convient pour les semis et ce qui est

(1) V. Géop. II, 11, et Col

bon pour les plantations (1), sur les procédés à employer pour améliorer chaque espèce, avec l'indication des plantes et arbres qui réussissent dans chacune d'elles, ce livre (dis-je) cite la terre blanche. Abou el-Khaïr dit qu'elle est de nature froide et sèche. Ibn el-Fazel dit que les plantes y restent grêles et qu'elles ne conservent pas longtemps une belle apparence. C'est seulement dans les sols de très-bonne qualité et gras que les plantes se montrent en abondance. D'autres auteurs en disent autant. Ces terres (blanches) exigent beaucoup de culture à cause de leur rigidité. Quand elles ont été bien travaillées, qu'on a multiplié les labours profonds et qu'on a appliqué force fumier à cause de la nature froide, elles acquièrent de la qualité et les arbres y atteignent de fortes proportions en hauteur et en étendue. Si c'est un terrain de plaines, auquel on a donné des soins de culture et qu'on ait amendé avec des engrais, les semences qu'on lui confiera réussiront parfaitement. Les plantes dans ce terrain exigent beaucoup de culture avec du fumier chaud et humide; sa nature froide ne lui permet point de supporter une grande quantité d'eau. On y voit prospérer le figuier, l'olivier, le caroubier, le poirier, le grenadier, l'amandier, le coignassier, le pistachier et la vigne. L'amandier y est très-beau, ainsi que le figuier et le caroubier; ces arbres dans ce terrain exigent peu de soins. Le figuier et la vigne ne s'élèvent pas très-haut. Ces deux espèces poussent tres-bien aussi dans d'autres terrains, mais dans celui-ci le raisin est extrêmement sucré et très-juteux. Dans ce terrain réussissent également bien l'aneth sauvage, l'indigo, le pastel et la garance. La colombine fournit un très-puissant amendement. Abou'l-Khaïr dit que dans ce terrain les arbres n'ont aucun mal à redouter. Suivant un autre, cette terre aurait été décrite sous des noms différents. Elle est désignée sous le nom de *terre blanche de montagne*, *terre blanche nue* (dépourvue de végétation), *terre blanche humide*, *grasse*, *dure*, *sub-*

(1) C'est-à-dire celles qui conviennent pour la culture des plantes et celles qui conviennent pour les arbres.

stantielle et douce : la terre *blanche salée* qui n'a rien de bon, c'est celle qui, mouillée après dessiccation, accuse au goût cette saveur (1).

Djah cite dans cette classe la terre *ressuante* dans ses diverses parties, qui n'est point grasse ; la couche meuble est d'une couleur cendrée, à laquelle se mêlent des nuances rouges, blanches et noires. Cette nature de terrain se prête très-bien à la culture. Il y a aussi cette terre de bonne nature grasse, visqueuse, qui se rencontre en plaine et sur les montagnes; elle est préférable au sol blanc superficiel, et exige moins de soins de culture que lui. Elle est favorable à l'olivier, au grenadier, au chêne, au caroubier, au pistachier, au poirier, à l'azerolier, au néflier commun, à l'amandier, à la vigne, aux diverses espèces de figuiers, à celui à fruits longs, à fruits rouges, à fruits panachés, à fruits velus et à toutes les variétés à fruits noirs. Les légumes y réussissent à merveille : la bette, le chou, le navet, le radis et autres analogues, auxquels convient bien cette nature de terrain. L'amendement qu'elle demande, c'est le crottin de pigeon et l'irrigation avec de l'eau douce. Quant à la terre *rouge*, dit Abou'l-Khaïr et autres, elle est de nature chaude et sèche, mais plutôt chaude que sèche. On en compte plusieurs variétés : 1° rouge grasse ; 2° rouge molle ; 3° tirant légèrement sur le noir, rappelant la couleur de raisin sec connue sous le nom de couleur indienne ; 4° celle mêlée d'un peu de sable, connue sous le nom de *ras* (2). Cette variété se subdivise en deux, l'une mêlée de sable et l'autre glaiseuse qui n'en contient point. La *terre de montagne et de plaine* qui est forte et rebelle à la culture, il la faut diviser et la fatiguer beaucoup pour ameublir sa couche terre végétale et en adoucir la raideur. Tels sont les moyens d'amélioration à la suite desquels on pourra une première fois semer sans avoir besoin d'engrais. Cette terre supporte beaucoup d'eau : elle retient

(1) L'auteur paraît avoir voulu rappeler ici les diverses espèces de terres auxquelles on a appliqué l'épithète de blanches.

(2) الرس : plus loin on lit الريص *ar-ris*.

l'humidité pendant longtemps. Ibn el-Fazel dit que ce terrain exige peu de fumier; il ne faut même lui en donner qu'avec beaucoup de modération à cause de sa nature chaude; à peine s'il doit être apparent. On use de la même réserve pour les arbres qui y sont plantés, auxquels la culture seule doit suffire. Mais, si on fait un second ensemencement qui suive immédiatement le premier, il faut que le fumage soit plus abondant et surtout beaucoup arroser, (et ne pas oublier que) la grande quantité d'engrais l'affaiblit et l'altère (*litt.* la rend malade). Il en est qui prescrivent d'employer du fumier d'animaux, usé, de deux ans. Quand cette terre reste inculte, elle ne produit rien; on n'y voit que de la végétation sans verdure (sans doute des mousses et des lichens).

Ibn el-Fazel dit que cette terre est favorable au figuier, à l'amandier, au noyer, au mûrier, au pin à pignon, au thuya, au cyprès, au citronnier, au caroubier, au néflier, au pommier, au prunier ordinaire, au prunier de Damas (œil-de-bœuf); le rosier y pousse d'une façon admirable; sa fleur est du plus beau rouge. Suivant Ibn el-Fazel la terre rouge est bonne pour les plantes herbacées (semences), et non pour les arbres. Il a été dit aussi que la terre rouge pierreuse était, ainsi que la terre d'un noir très-foncé, convenable pour les arbres. Suivant le même auteur, la terre végétale rouge est bonne pour les légumes; on y voit réussir très-bien l'oignon, l'ail, l'aubergine, le radis, la carotte, la rave, la moutarde, le cresson alénois, la nigelle cultivée, le chervis, la rue et autres plantes analogues. La terre nommée الريص *ar-ris* (ou *ar-ras* (*V. sup.*) est un terrain rouge dont la couche supérieure ou végétale est mêlée d'une faible quantité de sable; elle est maigre, très-légère; l'olivier seul peut y végéter après qu'on y a mis force colombine et qu'on l'a plusieurs fois remuée à la charrue. Il y a encore une autre variété de terre rouge, glaiseuse, dans laquelle l'eau ne pénètre qu'avec une grande difficulté; elle est encore connue sous le nom de *ar-ris*; on y voit réussir l'olivier, le figuier velu, le caroubier, le chêne, le poirier, le néflier, l'azerolier, le châtaignier, et autres espèces analogues.

Cette terre exige autant de fumier et de soins de culture que la précédente.

La terre noire, dit Abou'l-Khaïr, est d'une nature chaude et sèche : elle est rebelle à la culture et au labourage (1) ; les arbres ne peuvent y réussir et prendre de l'accroissement (2) qu'à force de peine et d'arrosement qu'il ne faut point négliger. Cette terre, située en montagne et à son état ordinaire, peut avec des soins multipliés de culture convenir pour la plantation de l'olivier, du caroubier, du chêne, du châtaignier, de l'azerolier, du poirier, du prunier, du cerisier et autres. Le figuier ne s'y plaît point, pas plus que le pêcher qui n'y vit que peu de temps et donne peu de fruits. On peut y mettre la fève, l'orge, les lentilles, le sorgho, le millet, le cumin, le chervis, la nigelle et autres plantes analogues, qui y viennent bien ; on y cultive encore fructueusement le cresson alénois, la coriandre et la moutarde.

Il y a, dit un autre, parmi les variétés de terre végétale la *terre molle* qui se fend, la terre de *montagne dure* qui résiste au coup de pioche quand on veut en porter ; une autre est de couleur de cendre foncée, une autre de fraîcheur humide. Hadj de Grenade dit que la terre excessivement noire, s'échauffe (*litt.* se brûle) au point de sortir des bornes d'un juste tempérament et qu'elle perd toute la fraîcheur et l'humidité qu'elle pouvait contenir ; alors les arbres s'y dessèchent. L'amendement qu'on peut appliquer à cette terre, c'est du fu-

(1) Tout ceci semble être en opposition avec ce que nous avons lu plus haut des quantités de la terre noire ; mais il faut remarquer qu'il s'agit ici non de la terre en général, mais de la couche supérieure dont les agronomes arabes admettent plusieurs variétés, comme nous allons le voir bientôt. Nous avons vu aussi que la terre dite *fahamiah* ou *anthracoïde* était très-noire et d'assez mauvaise nature.

(2) Le texte porte لا تشتق منها lit. *ne se fend point d'elle*. Banqueri admet cette version ; il faut donc alors entendre qu'un arbre ne peut dans ce sol devenir assez gros pour être fendu. Telle est notre interprétation. Mais nous pensons qu'il faut lire لا يسق فيها *ne forme point de tige en elle* ; c'est ce qui est plus logique.

mier vieux qui, par son ancienneté, ait perdu toute chaleur, ayant conservé son humidité.

Djah dit qu'il y a une terre grasse glaiseuse qui se dissout facilement dans l'eau. Suivant un autre, la couche végétale qui se gerce pendant les chaleurs de l'été ne peut convenir pour aucune espèce d'arbres; mais le froment y vient bien ainsi que certains légumes. Les plantes qui y croissent le plus communément sont hérissées d'épines, tels que les artichauts (sauvages), les ronces et autres pareils. Le sol où l'artichaut pousse bien, est de mauvaise nature. On connaît de ce terrain noir trois classes, une bonne, une moyenne et une inférieure en qualité aux espèces dont la description précède. La terre *engraissée* ou *fumée* المدمنة *almodamaneh* est ainsi nommée, parce qu'étant contiguë aux habitations, ou voisine, il s'y mèle par suite les fumiers ou déjections des animaux domestiques et autres. Par une conséquence nécessaire, les mauvais terrains (qui se trouvent dans cette condition) doivent se bonifier et la couleur superficielle passer au noir; mais pour ceux qui sont (naturellement) d'une bonne qualité, cet excès d'engrais doit être nuisible aux plantes qui s'y trouvent, quand l'air vient à s'échauffer. Quand ce sont des terres sableuses (en excès) ou blanches, ou montagneuses sèches, ou rudes et pierreuses, ou enfin une de ces espèces de terre ayant besoin d'une grande quantité de fumier, cette condition (de voisinage des habitations) leur est profitable. Les terrains qui sont dans une condition contraire, c'est-à-dire, éloignés des habitations, sont nommés البرانية *al-borâniah*. Les terres *fumées* doivent recevoir une culture fréquente qui mèle la surface avec le fond, et qui rétablisse l'équilibre dans la composition. On peut alors y semer des graines et des légumes de toutes sortes; ils viendront très-bien, si c'est un sol d'irrigation; les plantes potagères peuvent y être utilement semées. On y verra aussi prospérer les arbres qui admettent un fumier abondant et le supportent bien; quant à ceux qui le rejettent, ils n'y vivent pas longtemps, comme le coignassier et le pècher qui n'y durent guère et produisent peu.

La terre végétale *jaune*, dit Ibn el-Fazel, est d'une nature qui se rapproche de celle des terres blanches pour la froideur et la sécheresse; elle leur est même inférieure en qualité, ainsi qu'aux terres noires de montagne, et d'un produit plus faible: elles sont sans force et en quelque sorte maladives et légères. Il n'y a pas d'autre moyen de les amender que de leur donner de nombreux soins de culture, comme aussi fumer largement avec du fumier de bétail et de mouton sur lequel ait déjà passé une année; si ce moyen fait défaut il n'y a aucun moyen d'en tirer profit. On cite plusieurs espèces de cette terre : celle dite المكدنة *al-makdanah,* parce qu'elle ressemble au *Kadân* الكدان sinon qu'elle a de la fraîcheur (1); celle qui tire par la couleur sur le blanc; bourbeuse, on l'appelle البير *al-bir* (2), elle se fend, et c'est la plus légère de toutes ces variétés. Il y en a une très-glaiseuse de laquelle on ne peut rien tirer de bon. De toutes ces sortes de terres, dit Ibn-el-Fazel, les seules qui offrent quelqu'avantage sont celles qui renferment de la fraîcheur humide. La variété *makdanah* ne peut être bonne que pour les arbres dont la souche est vigoureuse, comme le caroubier, l'amandier, l'azerolier, le chêne, le châtaignier, le noyer, le palmier, le citronnier, le mûrier et autres analogues, et encore ces arbres ne peuvent réussir qu'à l'aide de nombreux soins de culture et d'engrais.

La terre rude, nommée al-*moçarmanah* المصرمنة et *mohinah*

(1) Nous avons laissé le nom arabe, faute de pouvoir en déterminer le sens avec précision. Banqueri traduit par *semblable à un cuir corroyé, curo curtido.* Plus loin, page 96, l'auteur arabe assimile cette terre jaune à la *pierre Kadân,* que Banqueri rend par : jaune de *couleur de peau comme la pierre Kadân*. Aucun lexique ni aucun livre d'hist. naturelle ne parle de cette pierre; on lit au contraire dans Castel كدان Kidân, *nodus, funis,* et dans Freytag *separata pars funis in capite cameli.* كدن *Kidan*, sans *élif* a le sens de *sella camelina, pellis de cruce animalis detracta.* Nous avons de même conservé tous les autres noms arabes d'espèces de terrain qui, pris dans un sens technique, ne peuvent s'expliquer par le moyen seul du dictionnaire; nous espérons y revenir plus tard.

(2) *Al-bire*, litt. de *puits*, sans doute parce qu'elle est bourbeuse comme la terre qu'on extrait du fond du puits quand on en fait le curage

حصى est, dit Abou'l-Kaïr, d'une nature sèche et froide. Il y en a deux espèces : l'une dont la couche superficielle est mêlée d'un sable épais; dans l'autre elle est mêlée de gravier et de petites pierres ou galets. Cette variété du sol se rencontre en montagne ou en plaine. La surface, c'est-à-dire la couche superficielle de celle qui est en montagne, repose sur un amas de pierres qui sont très-serrées les unes contre les autres et qui font obstacle à la mise en culture; on n'en peut donc tirer aucune utilité. Celle qui est en plaine contient un gravier assez fin pour se prêter à la culture; lorsqu'au moyen de labours assez répétés, on a pu opérer le mélange et la combinaison des divers éléments (constitutifs) du sol, on est parvenu à une bonne condition. Il devient alors productif, mais il faut beaucoup de travaux et des arrosements abondants. Il lui faut beaucoup de fumier de mouton et de colombine. Toutes les terres de montagne veulent être traitées ainsi. Dans la terre rude réussissent le noyer, le pistachier, le caprifiguier, le figuier *dikal*, le rosier et le prunier; la vigne y pousse bien aussi. On y voit encore prospérer l'abricotier, l'amandier, le laurier, l'azerolier, le cyprès, le myrte, le *dadi*, le néflier commun, et en somme toutes les variétés d'arbres, grands ou petits, que produisent les montagnes.

Suivant l'Agriculture nabathéenne, le figuier *aldi* et le figuier rouge viennent très-beaux dans ce terrain. Parmi les verdures, il y a la courge; mais il faut la semer de bonne heure pour la manger (1); l'aubergine, les diverses espèces de plantes aromatiques, la rue, le lis, le nénuphar, la marjolaine, l'origan mâle et autres; parmi les graines (légumineuses), sont les lentilles, les haricots, les pois chiches et autres, surtout quand on sème tard et qu'on est soigneux pour la culture; car, si on en est parcimonieux, le produit sera médiocre. Les végétaux cultivés dans ce terrain supportent très-bien les chan-

(1) Nous avons fait ici une rectification au texte, assez facile du reste, au moyen de ce qu'on lit à la fin de ce paragraphe où se trouve la même prescription.

gements de temps et les variations atmosphériques. Ibn el-Fazel dit que les plantes de ce terrain peuvent être avantageusement transplantées dans un autre, s'il a de la fraîcheur; on y sème les courges de bonne heure pour les avoir précoces (*litt.* pour les manger).

On compte, dit Abou'l-Khaïr, trois espèces de sables : 1° le sable fin et très-doux au toucher; 2° le sable à gros grains et sans consistance qui ne vaut rien et dans lequel rien ne peut végéter; 3° le sable fin, mêlé de beaucoup de terre végétale; il est connu sous le nom de *terre franche* (1).

Suivant l'Agriculture nabathéenne, le sable humide subit facilement l'influence des variations atmosphériques à cause de son peu de densité (*litt.* sa faiblesse). Ainsi, il se refroidit si le temps est froid, s'échauffe quand il est chaud, mais, en somme, il est froid. Il en est ainsi de la terre sableuse; quand la couche végétale est mêlée de sable et qu'il y est dominant, le sol tire au froid, ce qui a lieu même en dehors de l'influence atmosphérique, car, alors même qu'elle se ferait fortement sentir, le sol serait peu disposé à la subir. Par cette raison, dit Ibn el-Fazel, la chute des feuilles et des fruits est précoce.

La meilleure de toutes ces terres, c'est celle dans laquelle les deux éléments sont dans des proportions égales; une fumure abondante lui convient, la culture en est facile, mais elle veut peu d'eau; aussi le meilleur est-il de la lui laisser désirer avant de la lui donner. La terre sableuse dont nous parlons absorbe l'eau très-vite; réglez d'après cela la proportion qui lui est convenable; il arrive que quelquefois la surface est sèche quand l'intérieur est encore humide. Les arbres qui réussissent le mieux dans ce terrain sont le palmier, le pin, le tamarisc, le cyprès et toutes les espèces qui viennent dans

(1) Nous lisons الحرية *al-harriah*, au lieu de حرية *harriah*, faisant ici une correction indiquée par Banqueri lui-même, II, p. 252, not. 2. Tous les lexiques donnent au mot *harriah* la signification de *terra mollis, facilis et arenosa*, qui convient parfaitement ici; alors nous avons traduit par *terre franche*.

le sable frais. Parmi les plantes de jardin, il y a le pourpier. Les *terres d'alluvion* (1) sont le produit des atterrissements des grands fleuves. La nuance dominante est le cendré communément uniforme. Cette terre est mêlée de sable doux, mais qui n'est point l'élément principal.

Il y a encore la terre *fraîche et molle, routhabah* et *rhakouch* رطبة و رخوة. Suivant Abou'l-Khaïr, c'est celle qui est dans les meilleures conditions de tempérament, celle qui se prête le mieux à la culture de toute espèce de plantes et qui s'accommode facilement à toutes les variétés de température et d'eau. Il lui faut peu d'engrais; aussi ne doit-on le fournir que dans les temps froids. Toute espèce de fumier lui convient quand il est vieux et consommé, soit fumier de mouton seul, soit engrais humain, seul aussi, soit les deux combinés ensemble. Dans ce terrain réussissent toutes les espèces d'arbres à fruits et de plantes aromatiques, le basilic et ses différentes variétés, le jasmin, les plantes de jardin, le figuier *dikal,* celui de Cordoue, le blanc et celui dont le fruit se fend, le coignassier, le pommier, le bigaradier, le cédratier, le jujubier, le grenadier. Ce sol convient encore au lupin qui y réussit comme ailleurs. Le mûrier s'y montre aussi très-beau, ainsi que le rosier, le noyer, le dattier, le néflier, le pêcher, le cerisier qui n'y vit pas longtemps parce qu'il arrive très-rapidement à son terme de croissance, et que son bois a beaucoup à souffrir des atteintes du froid pendant qu'il est encore tendre. La figue y mûrit tardivement, ce qui fait qu'elle se trouve atteinte par les pluies. L'oignon y vient bien, comme le poireau sauvage (2), le lin, le héné, le riz, l'indigo, le cotonnier, les lé-

(1) Nous avons lu ici الجزيرية *djeziriah,* adjectif dérivé de جزيرة *djezirah, île; terre d'île*, formée, comme le dit le texte, par *atterrissement* ou *alluvion; voir* II, 19. une définition de ces terrains qui est identique; *sup.*, 26 not.

(2) Banqueri rend ce mot النبتى *al-nabdti* qu'il propose comme correction de البعثى *al-mahatsi,* par *puerro silvestre*, et il renvoie à Diosc. II, 179, intitulé ἀμπελόπρασον; nous avons suivi cette interprétation, quoique nulle part on ne trouve ce mot *nabati* comme nom de plante.

gumes, les haricots, le sorgho, le millet, le safran et toutes les plantes qui se cultivent dans les jardins; en somme tout ce qu'on y cultive, herbes ou arbres, réussissent parfaitement dans cette sorte de terrain.

La terre dite *épaisse* (forte) al-*ghalithah* الغليظة cette espèce qui, dit Abou'l-Khaïr, est d'une couleur qui tient le milieu entre le blanc et le jaune, est forte, épaisse et glaiseuse. Elle manque de fraîcheur et d'humidité, se prête peu à la culture, se fend pendant la chaleur comme la terre du désert. Les pluies arrivant, les fentes se referment et l'eau ne peut pénétrer à l'intérieur à cause de sa viscosité excessive; aussi en retient-elle une grande quantité (à la surface). Ce qu'il lui faut comme amendement, c'est le fumier de vache et de mouton consommé; c'est une condition nécessaire.

Ibn el-Fazel dit qu'on peut ameublir la terre compacte à l'aide de la cendre et du fumier, et au moyen de labours multipliés jusqu'à un complet ameublissement. On dit cette terre bonne pour l'ensemencement, mais non pour la plantation, comme toutes les terres sujettes à se fendre beaucoup. C'est pourquoi les radis, les navets, l'oignon, le chervis et autres plantes y poussent bien.

Kastos recommande de ne planter des arbres que dans un bon sol ne contenant aucun corps dur ni aucune pierre, non plus que dans celui qui est sujet à se fendre. On rencontre de ces natures de terre dans les plaines, mais elles sont très-sèches à la surface; il en est fait mention sous ce point de vue.

Art. VII.

Espèces de terres qui ne sont bonnes ni pour les ensemencements ni pour les plantations et dans lesquelles rien ne réussit.

Ibn el-Fazel et Abou'l-Khaïr citent parmi ces mauvaises terres celle qui est d'un jaune pur (ocre jaune), qu'on emploie pour la teinture des bois et des étoffes. La terre d'un rouge vif qu'on nomme *maghrah* مغرة (1); il y en a trois espèces. La terre nommée *Berqat* برقة qui est d'un blanc tirant sur le jaune; il s'en exhale une odeur sulfureuse. La terre *caillouteuse*, *haciah*, حصية; elle est blanche, rude sur la surface, repose sur une pierre dont on fait de la chaux; les sables épais, grossiers et rudes entraînés par les torrents impétueux (*litt.* aveugles); la terre bleue mêlée d'argile à potier, employée à faire des vases pour l'huile et le vin (des tines); la terre jaune *al-mokadanah*, qui ressemble à la pierre *Kadan*, sinon qu'elle contient de la fraîcheur. La terre salée, celle qui est chargée de minerai; telles sont les terres arsenicales, sulfureuses, cuivreuses, ferrugineuses et autres. A cette classe appartiennent encore les diverses espèces de terres argileuses, très-visqueuses, la terre limoneuse (boueuse), la terre d'Arménie (le bol d'Arménie), la terre de *Roum*, le *cachet des têtes* (2), l'argile à faire des jarres, la terre *selouki* (de Thessalonique), les terres limoneuses, les boues charriées par les torrents des vallées; ces sortes de terres sont appelées terres faibles (inertes, *landes*).

Nous avons indiqué les moyens d'amender les terres grasses, les terres ressuantes, celles qui sont infiltrées d'eau, celles qui sont saumâtres et celles qui sont sableuses; ce qui a été dit des diverses variétés de terrains auxquelles on peut appliquer utilement les moyens d'amélioration, a été exposé dans un article précédent, d'après ce qui a été extrait de l'Agriculture nabathéenne. Prenez cet exposé, comparez-le avec ce qui a été tiré

(1) Cette terre, d'un rouge vif, est la *Rubrica sinopica* Μίλτος σινωπική de Diosc. V, III. En y ajoutant la *Rubrica friabilis* du même, 76-112, qui admet deux variétés, on trouvera les trois espèces. Pline indique trois espèces, *rubra*, *minùs rubra et media*, XXXV, C. VI, XII.

(2) Cette terre والطين الروم وهو خاتم الروس litt., *cette argile de Roum ou de Grèce, le cachet des têtes*, que Banqueri traduit par *el romano qui es el principal (o mas fino)* ne serait-elle pas la terre sigillée, *Lemnia*, qui viendrait naturellement à la suite du bol d'Arménie? Le nom arabe usuel de cette terre est طين مختوم V. Avic., I, 183 et 184, qui entre dans de grands détails à ce sujet. — Λημνία, Diosc., V, 113.

des livres des deux cheiks Ibn Abdallah (Ibn el-Fazel) et Abou'l Khaïr, auxquels Dieu fasse miséricorde; il en résultera un ensemble de doctrine qui pourra suffire (pour les divers besoins), avec l'aide de la volonté divine qui est notre secours; il n'y a point d'autre maître, et lui seul mérite notre adoration.

Note supplém. à celle de la page 52. — Le mode de culture prescrit ici se trouve presque textuellement dans les Géop., II, 23, où il est recommandé aussi d'atteler *quatre bœufs à une charrue*, c'est-à-dire *deux paires*.

Page 48, l. 2, *lisez* العرقة ressuante, *manantial* de Banqueri, qui a grande affinité avec la terre dite النزة, infiltrée d'eau *ressudante*. Banq., texte, I, 68, l. 20; trad. 54, l. 17.

CHAPITRE II.

Des engrais; leurs diverses espèces, avantages qu'on en tire, leur préparation, manière de s'en servir et de les appliquer. Indication des arbres et plantes qui s'en accommodent bien et de ceux qui ne les supportent pas. Extrait du livre d'Ibn Hedjaj sur les *sardjin*, السرجين, c'est-à-dire les engrais.

Suivant Junius (1), les engrais ajoutent à la qualité de la bonne terre et ils améliorent beaucoup la mauvaise, en lui donnant de la force. La bonne terre exige peu de fumier. La terre qui est d'une qualité moindre, mais dans un bon tempé-

(1) Ce passage attribué ici à Junius se trouve à peu près textuellement dans les Géop., II, 21, où il est attribué aux Quintiliens. Le chapitre où Columelle traite ce sujet n'a qu'un rapport d'ensemble avec ce qu'on lit ici. Le texte arabe dit que la colombine tue les sauterelles جراد سود *djarad soud*; le grec au contraire dit qu'elle tue le gazon, *sed et gramen abundè perdit*, καὶ τὴν ἄγρωστιν δεκυτάρχως λυμαίνεται. Nous verrons plus loin que Kastos dit aussi la même chose. Peut-être l'auteur arabe veut-il dire que la colombine tue les œufs des sauterelles. — Le procédé qui, suivant les Géoponiques, est employé par les Arabes pour la préparation de l'engrais humain, manque ici.

rament, en exige un peu moins que la bonne terre; les terrains faibles et légers en demandent beaucoup. Il ne faut point donner, en une seule fois, au terrain l'engrais dont il a besoin, mais le lui donner peu à peu, à plusieurs reprises successives (1). La terre qu'on néglige de fumer est froide, celle qu'on fume en excès devient brûlante. Il faut, quand on veut fumer les plantations, appliquer l'engrais sur les racines et les troncs ou souches; mais il faut commencer par donner de la terre meuble, puis mettre le fumier ou l'engrais et recouvrir le tout d'une nouvelle couche de terre. En opérant ainsi, jamais les plants ne seront brûlés par l'application de l'engrais, car dans ce cas il envoie sa chaleur peu à peu au travers de la couche de terre interposée (*litt.* du voile), et en même temps la terre qui couvre l'engrais empêche cette chaleur de s'évaporer, et alors elle se reporte vers la partie inférieure.

Suivant Junius, les meilleurs de tous les engrais sont ceux qui viennent des oiseaux, à l'exception de ceux qui proviennent des oies ou des oiseaux aquatiques, lesquels sont mauvais à cause de leur humidité; cependant on peut les utiliser en les mêlant à d'autres espèces. L'engrais le plus avantageux de tous, c'est la colombine, et cela à cause de sa chaleur. Par cette raison, elle est bonne pour les terres faibles auxquelles elle donne de la vigueur; elle leur vient en aide pour la production de fruits vigoureux; elle tue aussi les sauterelles. Après la colombine vient dans le rang de l'utilité l'engrais humain, dans lequel est une énergie qui se rapproche de celle de la colombine; il contient aussi une propriété destructive des herbes. Le fumier d'âne est en troisième ligne pour la qualité. Il donne du stimulant aux semences; il est bon pour les plantations de toutes sortes. En quatrième lieu seulement vient le crottin de chèvre, parce qu'il a beaucoup d'âcreté. Le crottin de mouton est plus gras. La bouse de vache vient enfin; mais le plus faible de tous les engrais et le moins estimé, c'est le fumier de

(1) On lit dans les Géop. : Il ne faut point donner le fumier par tas, mais par couche épaisse.

cheval et celui de mulet, quand on en use tels qu'ils sont et sans mélange; mais, si on les mêle aux espèces naturellement fortes, ils s'améliorent et on peut les employer utilement : tels sont les variétés et les degrés admis par Junius dans les fumiers.

Suivant Kastos, le meilleur de tous les engrais fournis par les oiseaux, c'est la colombine qui par sa chaleur tue les herbes. Vient ensuite le fumier d'âne, puis le fumier du petit bétail, enfin le fumier de vache. Le plus utile de tous les fumiers employés communément, c'est le fumier de cheval en général (1). Le fumier mêlé est meilleur pour les oliviers que tout autre. Cassianus dans un chapitre de son livre exalte le fumier de cheval. Il en fait l'éloge et engage les agriculteurs à l'employer.

Sidagos d'Ispahan dit que la chaleur des fumiers des animaux et leur humidité sont en raison de leur tempérament. Quand un animal a un tempérament chaud, son fumier doit donc l'être aussi; la colombine est chaude et sèche, parce que l'*animal* qui le produit a ce tempérament. Ce principe doit vous guider pour l'appréciation des engrais.

Quant à l'utilité des engrais, c'est qu'ils ajoutent à l'activité de la chaleur naturelle des plantes, pendant que la chaleur propre de l'engrais et les vapeurs qu'il dégage ouvrent les pores de la terre et la rendent plus perméable aux racines des plantes. Ici finit la citation, et alors la suite des idées nous ramène à Junius (Géop. II, 21, p. 52). Il faut, dit-il, avant tout, bien se garder d'employer du fumier de l'année. Si les agriculteurs doivent être détournés d'en user, c'est parce qu'il n'y a aucun profit à le faire; parce que, à cet inconvénient, vient encore se joindre celui de déterminer la génération d'insectes (nuisibles); mais le fumier sur lequel trois ans ont passé, et même quatre ans, est très-bon, parce que par l'effet de ce laps de temps il a perdu tout ce qu'il avait d'humidité et de mauvaise

(1) Le texte porte الخيل و البراذين des chevaux élégants et des chevaux de travail برذين pluriel de برذون cheval de fatigue, *veredus* des Latins.

odeur accidentelle (1); son âcreté s'est adoucie. Ce que nous avons dit doit suffire. Ici finit la citation de Junius.

Solon dit que le fumier qui a vieilli est devenu plus doux, et s'est refroidi; c'est donc celui qui est le plus convenable pour les légumes. On doit employer pour les arbres celui qui a passé un an; ils n'en supportent pas un plus jeune, qui cause l'étiolement. D'un autre côté, il cause la génération d'une quantité considérable d'insectes nuisibles aux plantes. Il y a aussi un chapitre dans lequel Solon dit que la colombine exerce une puissante action sur les fruits, et que celui qui veut augmenter le produit de ses arbres doit leur en appliquer; ils pousseront bien et leurs rameaux seront d'une végétation splendide. Quand on veut qu'un arbre soit bien enraciné, surtout si quelques parties se montrent affaiblies et languissantes (*litt.* vieillies), il faut recourir au fumier de cheval et de vache qui jouissent de la propriété d'activer la végétation et de faire développer le végétal. La terre dans laquelle l'humidité est en excès est amendée par le fumier où la sécheresse est dominante, tels que la colombine et le crottin d'âne. Le terrain pauvre en humidité et maigre s'amende bien par l'emploi du fumier de vache: conduisez donc vos travaux d'après ces principes. Ici finit la citation.

Suivant Junius, il faut appliquer à la terre douce le fumier de mouton et de chèvre, parce que ces sortes de fumiers sont plus doux qu'aucuns autres. Pour les terres blanches, il faut le fumier de vache; c'est le meilleur à cause des principes doux et gras qu'il contient; cette terre étant faible de sa nature, ce fumier lui donne de la force.

D'après le traité de l'Agriculture nabathéenne, où il est parlé de ce sujet (folio 71, recto, fin), Koutsami dit que l'engrais peut s'employer de deux manières: la première tel qu'il se présente, la seconde, à la suite d'une préparation. On le compose au moyen de mélanges de substances et de fumiers différents qu'on as-

(1) Géop., δυσώδης, *mauvaise odeur* seulement; il faut donc ici lire : نتن *natan*, au lieu de تبن *beïn*, qui est dans le texte arabe.

socie ensemble, ou bien par une combinaison de fumier avec une terre végétale de condition qui lui revienne bien. La majeure partie des fumiers simples (non composés) sont bons pour les terres gâtées, c'est-à-dire celles qui ont perdu leur bonne qualité et leur douceur. Ces fumiers simples sont le fumier de vache; viennent en seconde ligne pour la qualité, le crottin des gazelles, celui des ânes sauvages, celui des chèvres nourries par l'homme (1), ceux de brebis et de menu bétail, la fiente des bubales, du cheval, de l'âne domestique; mais, chez nous, le plus estimé de tous les engrais est la colombine.

La fiente des oiseaux autres que le pigeon n'a pas autant d'efficacité, à moins qu'on n'en fasse des mélanges avec d'autres substances qui les bonifient. L'excrément humain est plus tempéré que la colombine et les déjections des oiseaux; cependant il est fort échauffant parce qu'il est plus subtil qu'aucun des autres engrais; il réchauffe donc la terre par suite de son mélange intime avec elle; il fait disparaître ce qu'elle a de dur, neutralise sa froideur et la dessèche. Il est très-utilement employé pour le palmier, les arbres en général et les vignes, comme aussi pour la plus grande partie des petites plantes, dont il active le développement en les préservant d'accidents fâcheux, la volonté divine aidant. L'excrément humain qui est vieux et noirci, mêlé avec du terreau provenant des autres fumiers, pour une plus forte partie, est utile à certains végétaux, tandis que d'autres engrais le sont davantage pour d'autres plantes. Je développerai tout cela, la volonté de Dieu aidant. Voilà quels sont les engrais simples; viennent à la suite les pailles des plantes considérées aussi comme engrais simple, les tiges ou bois de quelques plantes, les feuilles, les souches, *les racines*, les fruits desséchés et pulvérisés. En première ligne est la paille de fève qui se recommande le plus pour son utilité; ensuite la paille d'orge, celle de froment, les tiges de courge, celles des ronces ou plantes grimpantes, des mauves, du rosier, des girotlées, du nénuphar, de l'althéa.

(1) L'Agr. nabath. dit : Que n'élèvent pas l'homme et le fumier de porc.

les feuilles de navet, de carotte, de laitue, les bois du figuier ainsi que ses feuilles, les parties vertes de l'arbre, les pousses, les feuilles de palmier, la partie de sa fructification nommée *balaha* (dattes non mûres) ; après les fumiers et les pailles viennent les cendres. En effet, si on prend les pailles des divers végétaux que nous avons cités, qu'on les brûle, après les avoir fait sécher, qu'on en recueille les cendres, elles deviendront un bon amendement pour les plantes et les terrains. On peut employer la cendre de chaque espèce d'arbre ou de végétal, pour l'appliquer à l'espèce pareille, tels que les vignes, le palmier, les menus grains, les légumes et toute espèce de plante en général, grande ou petite, car l'application s'en fait toujours avec beaucoup de profit, par la force que cette cendre communique à la plante. Voilà le principe et la partie fondamentale de ce chapitre, et son résumé.

Koutzami dit qu'un principe important dans la culture des végétaux sans exception, arbres et plantes délicates, c'est de mêler une certaine portion de chacun de ces végétaux aux engrais ou fumiers qu'on leur donne. Si on fait brûler des noyaux d'un arbre qui en produit, ou des branches d'un arbre qui ne donne pas de noyaux, ou des branches de toute espèce de plantes, et que cette cendre ayant été recueillie soit mêlée à du fumier et appliquée comme engrais à ces plantes, ce mode d'opération sera très-avantageux à ces végétaux pour lesquels on les aura employés et les fera pousser vigoureusement. Ainsi, on peut user comme moyen curatif pour les plantes et les arbres de cendres provenant de quelques-unes de leurs parties et mêlées au fumier. Ainsi peut être traitée la vigne avec des cendres produites par des sarments brûlés de ses feuilles ou des pepins de raisin ; de même pour toute espèce d'arbres et de plantes. Si on ne veut pas faire brûler les parties du végétal, il faut les faire consommer avec les fumiers; le resultat sera bon et on pourra ensuite en faire usage comme engrais.

Je placerai ici, dit Koutzami, un principe général : que l'emploi de tous les fumiers provenant des animaux est bon, de même que ceux obtenus des végétaux. Le résultat en sera profitable, mais les trois espèces d'engrais simples que nous avons signalées comme *bases* (1), et nommées ainsi, sont les plus énergiques; mais les autres gagnent en valeur et en efficacité par leur combinaison avec ces bases.

Sagrit dit que les engrais les plus énergiques de tous sont la colombine et les déjections des oiseaux, à l'exception de celles des oiseaux d'eau et du canard. Dans la plupart des contrées de la Babylonie, on fait un mélange des crottins du pigeon ordinaire, de la tourterelle et du ramier; ce mélange fait pousser vigoureusement le blé, l'orge, le millet, le riz, le sorgho, les lentilles, les haricots. On le sème en même temps que le riz quand on veut activer sa croissance et sa fructification, ce qui se fait surtout pour les terres légères et faibles, suantes et humides; les plantes dans ces conditions doivent pousser vigoureusement. L'engrais fourni par les oiseaux (2) produit le même résultat sur les arbres fruitiers quand on l'emploie de même; vous saurez que l'engrais humain vient après l'engrais qui précède, pour la qualité et l'efficacité sur les terres et les végétaux de toute espèce. Il agit d'une manière particulière sur les terres infectées par le chiendent, les épines et les autres herbes hostiles aux graines alimentaires et à toutes autres plantes cultivées.

Saussade a décrit la préparation à donner à l'engrais humain avant de l'employer. Il faut, dit-il, par la dessiccation, lui faire perdre toute son humidité primitive jusqu'à ce qu'il soit complétement sec et noir. On le dépose alors dans des fosses dont nous donnerons ultérieurement la description. On verse dessus de l'eau douce à deux reprises, on remue fortement de manière à opérer un mélange complet, et aussi pour que la dessiccation s'opère entièrement. On ajoute ensuite des *cendres* de sarment de vigne, puis on en use comme engrais pour les

(1) Les déjections des oiseaux, l'engrais humain, les pailles, page 102.

(2) Dans les limites indiquées, peut-être faudrait-il remplacer l'article par le démonstratif *ces*.

vignes. Mais si on veut faire l'application de l'engrais humain à un légume ou à une plante quelconque, on y ajoute de la cendre de cette plante ou de ce légume pour lequel on veut l'employer.

(L'engrais humain) est, continue l'auteur, le meilleur; mais si on se trouve incommodé par son odeur fétide, on peut la neutraliser au moyen d'une terre rouge, chaude et de bonne odeur, combinée avec les engrais venant des oiseaux. On mêle ces substances intimement avec l'engrais humain, et sa mauvaise odeur disparaît après qu'on l'a laissé sécher pendant plusieurs jours. Le fumier d'âne vient à la suite pour la qualité et son action efficace sur les arbres et les plantes, en faisant remarquer, toutefois, qu'il ne convient point à la vigne ni aux oliviers; il faut renoncer à l'employer pour ces deux espèces, car, lorsqu'on en a mis au pied de l'arbre ou sur la souche, il pousse au bout de deux ou trois jours des plantes très-mauvaises et qui leur sont nuisibles. Quand on se trouve dans la nécessité d'user du fumier d'âne, pour la vigne ou les oliviers, on le mêle avec quantité égale d'engrais humain ou d'oiseau, ou de terre végétale, ou de tout autre engrais. Vient ensuite le crottin de mouton, qui est tout particulièrement utile pour les plantations d'arbres récentes, ou pour les plantes aromatiques et les légumes qui se transplantent.

Sachez que le crottin de mouton est le plus gras de tous les engrais; c'est pour cette raison qu'il est le plus convenable pour les terres salées, chaudes, amères, acides, et pour les plantes qui croissent dans ces sortes de terrains. Viennent à la suite les crottins de cheval et de mulet. Le vulgaire préfère la bouse de vache aux crottins de chèvre et de mouton, et la place à la suite du crottin d'âne. La fiente du porc (1), soumise à l'épreuve, a été reconnue pour être brûlante pour les racines des grands arbres, le palmier et toute espèce de plantes; aussi n'y a-t-il rien de bon en lui.

Suivant Saussade, l'engrais le plus énergique, c'est la colom-

(1) Géop., II. 21, p. 51.

bine, puis les déjections de toute espèce d'oiseaux, à l'exception des oiseaux d'eau; en troisième lieu, l'engrais humain; au quatrième rang est le crottin de chèvre; au cinquième celui de mouton; en sixième lieu, le crottin d'âne; au septième la bouse de vache; au huitième, la fiente de cheval et celle de mulet. Pour le reste des engrais, on les met sur la même ligne et on les assimile les uns aux autres, tant qu'il existe de l'incertitude sur leur condition, et qu'il n'y a pas de motif apparent de préférence.

Koutzami dit que ces engrais se combinent avec des pailles et des cendres; on les laisse se décomposer jusqu'à ce que la masse soit comme ces préparations pharmaceutiques employées par les hommes dans la pratique de la médecine. On applique, en quelque sorte comme médication, ces composts aux arbres, aux palmiers, à la vigne et à toute espèce de plantes pour les guérir des affections morbides qui les atteignent. On a quelquefois employé pour le traitement de certaines maladies des plantes, du sang et des urines, parce que le sang possède une propriété merveilleuse pour fortifier certains arbres et certaines plantes.

ARTICLE PREMIER.

Manière de préparer les engrais.

On lit dans l'*Agriculture nabathéenne* (1) : quand on veut préparer des engrais pour l'utilité des arbres et pour les plantes en général occupant le sol qui leur convient, ou bien pour écarter et chasser les accidents fâcheux qui peuvent les attaquer, on commence par creuser des fosses longues et profondes dans la forme des bassins pour l'irrigation et des réservoirs (2); plus il y a de largeur et de profondeur, et mieux cela vaut. On y dépose des fumiers, de l'engrais humain, de la co-

(1) Géop., II, 22.
(2) F° 73, r°, 19.

lombine et autres déjections de volatiles, excepté celles d'oiseaux d'eau et de canards, dont jamais il ne faut faire usage. Quand le tout est dans les fosses, on en opère le mélange de la façon la plus complète. On y ajoute des feuilles de chou-fleur, des pampres, en outre du limon noir encore humide tiré de certaines rivières ou des puits; on mêle le tout en l'agitant et le retournant avec un long morceau de bois; on répand dessus de la lie de vin, de l'urine humaine. Ce compost est excellent, particulièrement pour les vignes. On a soin de bien retourner la masse tous les jours, ou tous les trois jours, jusqu'à ce qu'il se dégage une odeur fétide. Quand cette odeur infecte s'est manifestée et que le tout est parfaitement noir, on ajoute de la cendre de sarments de vigne brûlés avec les feuilles; on renouvelle la mixtion. Toutes les fois qu'on pourra augmenter la dose des cendres, ce ne sera que meilleur, ayant toujours soin de bien remuer le mélange, comme nous l'avons dit, tous les jours et sans y manquer. Quand le mélange ne laisse plus rien à désirer, on laisse le tout en repos, mais on va déposer des urines dessus tous les jours, sans interruption, jusqu'à ce que l'odeur ait atteint son maximum de fétidité et que la couleur ne puisse être d'un noir plus foncé, et que l'œil ne puisse distinguer aucune des matières qui entrent dans la composition. On étend alors ce compost sur la terre en partie seulement, l'autre restant dans les fosses; on l'étale de même afin qu'elle puisse recevoir l'action de l'air et par suite se dessécher; et, quand la dessiccation est opérée, le compost est arrivé à son terme. Cette préparation s'emploie pour les vignes bien portantes; elle en active la végétation en leur donnant de la vigueur; elle écarte toute calamité qui pourrait les frapper, la volonté de Dieu aidant.

L'engrais destiné aux arbres fruitiers (Ag. nab. 75, r°, 6.), tels que le grenadier, le coignassier, le pommier, le poirier, l'azerolier, le pêcher, l'abricotier, le jujubier, le sebestier et autres arbres pareils dont le fruit est froid, se prépare avec de la cendre de ces mêmes arbres, à laquelle on ajoute de la terre noire prise sous eux; on mêle complètement les deux choses;

on ajoute ensuite du crottin de bon choix, de pigeon commun, de pigeon ramier et de chauve-souris (1). On mèle le tout en l'agitant avec un long bâton ou une pelle à enlever les ordures, jusqu'à mélange complet. On verse sur ce mélange de l'urine d'homme ou de chameau ; on retourne le tout jusqu'à ce qu'il soit devenu bien noir et bien pourri. On rapporte de nouveau de l'engrais humain vieux et noir, en forte proportion ; on continue à remuer avec la pelle et on y dépose les urines journalières, pour augmenter la putréfaction et la fétidité de l'odeur. L'urine de chameau est préférable à l'urine humaine. Aussi, quand celle-ci vient à manquer, vous y suppléerez par du crottin de chauve-souris (Ag. nab.). On ajoute encore des racines et des feuilles de raves, qui accélèrent la décomposition des objets auxquels ils sont mêlés et le développement de la mauvaise odeur (2). On continue d'agiter encore après décomposition, puis l'on étale sur la terre ce compost pour le faire sécher jusqu'à ce qu'il ait perdu toute espèce d'humidité. On l'emploie ensuite pour reterrer les racines *déchaussées* des arbres pour lesquels il est préparé, ou d'espèces analogues auxquelles l'opération sera profitable et qui donneront une belle végétation. Pour l'engrais destiné aux racines du bananier, au melon rond des Indes et autres variétés, ce qui convient le mieux, ce sont les fumiers de vache et d'âne, mêlés ensemble. On ajoute ensuite de la cendre des souches provenant d'épines crues dans des terrains incultes; on opère le mélange complet ; on retourne ce mélange pour combiner ensemble l'humidité que ces deux substances contiennent; on laisse ensuite reposer pour que la putréfaction s'effectue

(1) L'Agr. nabath. f. 75, r°, l. 11, dit : que ce crottin de chauve-souris est nommé الشيزرق *al-chizrak;* ce mot se trouve dans le dict. persan de Castel, indiqué comme étant nabathéen et pouvant se lire شيزرق *schirzak;* il est traduit par *lac, stercus, vel urina vespertilionis.* Ce serait une sorte de *guano* comme on en trouve dans les lieux très-fréquentés par les chauves-souris.

(2) Nous avons ici introduit quelques modifications dans le texte en nous aidant de celui de l'Agr. nabath., f° 75, r°, l. 14.

et que la nuance noire se développe. Alors on rapporte quantité égale de terre pulvérulente venue de loin, ou bien de cette poussière qui s'élève d'un sol poudreux quelconque; on agite avec la pelle. Ce compost, placé au pied des bananiers ou des melons, leur sera très-convenable et leur donnera beaucoup de vigueur.

Préparation de l'engrais qui convient au figuier, au cédratier, à l'amandier à fruit doux ou amer, au pistachier, au noyer ou autres analogues donnant des fruits de nature chaude (1).— On prend de la bouse de vache, du chaume resté sur pied après la moisson du froment et de l'orge, de l'herbe poussée au milieu de ces céréales, des tiges d'ivraie, grandes et petites (2); on fait un tout de ces différentes choses; on le place dans les étables (ou compartiments, litt. *maisons*) où les vaches séjournent, en l'étalant de façon qu'il puisse être piétiné par ces animaux et recevoir leur urine et leur fiente, enfin être broyé avec leurs pieds et réduit à un état de menus morceaux comme une sorte de pâte (A. N.) et être bien mêlé avec leurs déjections stercorales. Il est de nécessité que la putréfaction s'établisse promptement. Quand le compost a atteint cet état, et qu'il est bien noir, on le remue avec de fortes pelles de fer ou de bois, on y incorpore de la terre rouge de bonne odeur, on effectue un mélange bien complet, ensuite on l'étale sur le sol pour amener la dessiccation, de façon qu'il ne reste que le moins possible d'humidité; on peut alors employer cette préparation comme engrais pour les plantes que nous avons indiquées.

Composition et fabrication d'un engrais généralement bon pour toute espèce de plantes, grandes ou petites sans distinction. —On prend du chaume de froment, racines comprises, après la moisson, des tiges d'orge en quantité égale, des épines, des ronces, du bois de figuier lui-même avec ses feuilles; on brûle

(1) Agr. nabath. 75, r° fin.

(2) *Litt.* tiges tubuleuses d'ivraie et ce qui est petit de tige; l'Agr. nabath. dit ce qui est vert ou petit dans la tige.

le tout, on recueille les cendres, on y ajoute une quantité égale de bouse de vache, une partie de crottin de pigeon, des pailles de fève, de froment et d'orge, des tiges de courge dans leur état naturel et non brûlées, des feuilles de vigne avec certaine quantité du sarment et de la souche, des mousses recueillies dans des eaux courantes, ou bien au bord des marais et des canaux d'irrigation, de jeunes tiges de roseaux avec leurs racines ; on dépose le tout dans une de ces fosses dont nous avons parlé précédemment, on dispose des rigoles qui reçoivent les eaux pluviales et les amènent à la fosse afin que par leur séjour elles déterminent la fermentation (*litt.* putréfaction) ; les ouvriers devront aller déposer leurs urines sur ces matières. Sachez bien que les eaux pluviales entraînent par forme de lavage les fumiers, les boues, les argiles et les matières terreuses légères ou épaisses, qui toutes se déposent sur les éléments de l'engrais et s'y fixent lorsque l'eau s'est écoulée ou qu'elle a été absorbée par le sol ; on retourne le contenu de la fosse, on frappe la matière fortement pour amener la pénétration des substances les unes dans les autres, et par suite arriver à une putréfaction qui ne laisse rien à désirer. Quand le tout est bien noir et laisse exhaler une odeur de pourriture, on remue avec la pelle en portant la matière d'un lieu vers un autre avec beaucoup d'énergie, jusqu'à ce que, le mélange étant parfait, la masse soit comme une sorte de pâte. Un pareil engrais est utile pour toute espèce d'arbres et de plantes auxquels on veut l'appliquer, à l'exception du melon et du bananier.

Cet engrais (1), mêlé à l'excrément humain, convient au cornichon, au concombre, aux courges, à la rave, la carotte, l'échalotte et autres plantes qui se développent dans l'intérieur du sol sous forme de racines. Pour le cornichon et le concombre, il faut ajouter de la bouse de vache, du crottin d'âne et de l'engrais humain mêlés avec quantité égale de terre végétale de bonne qualité. L'aubergine, le chou-fleur, le

(1) Agr. nabath., 76, r° 7.

chou ordinaire, la rave, les oignons, l'aunée, devront recevoir de l'engrais humain mêlé de crottin d'âne et de cendre, quelle qu'en soit l'espèce; pourtant la cendre du saule est préférable. On ajoute des feuilles de châtaignier avec les branches et les racines; on dépose le tout dans ces fosses dont il a été question, on verse dessus de l'eau douce, on arrose bien l'ensemble pour favoriser la décomposition putride et l'amener à fin complète, on retourne cette masse, on la retire ensuite de la fosse et on l'étale bien pour la faire sécher et la réduire en quelque sorte à l'état de poussière fine (de poudrette). Ce compost appliqué comme engrais aux plantes indiquées plus haut, elles se développent bien et elles réussissent parfaitement.

Préparation de l'engrais pour les petites plantes de jardin (1), comme la menthe, l'endive, l'estragon, la bette, le poireau nabathéen, la roquette, le cresson, le basilic, le pourpier, le persil et autres pareils.— On prend de l'excrément humain, de la colombine, du crottin d'âne, de la bouse de vache. L'engrais humain doit être en quantité prédominante; on ajoute quantité égale de bonne terre végétale pulvérisée et du terreau recueilli sur les emplacements des dépôts de fumier et autres pareils. On réunit le tout dans la fosse de préparation : on répand dessus du sang, peu importe lequel, mais ce qui est préférable, c'est le sang humain, celui de chameau ou de mouton; on verse sur le tout de l'eau douce; on effectue le mélange en *malaxant* la masse jusqu'à ce que la combinaison soit parfaite. Si la pluie a pu arriver avant, elle active la décomposition putride et donne de l'énergie (*litt.* vivifie). On multiplie la malaxation afin que les éléments se pénètrent bien les uns les autres; quand la putréfaction est complète, et que tout l'ensemble est bien noir, on fait sécher; après la dessiccation, on mêle de la terre végétale pulvérisée ou toute espèce de poussière que ce soit, et on emploie la préparation sur les plantes de jardin indiquées.

(1) Agr. nabath., 76, r. — On remarquera l'emploi du sang humain indiqué.

Un engrais qu'on emploie avec avantage pour la laitue, c'est un mélange d'excrément humain, colombine, crottin de poule, feuilles de laitue, une certaine quantité de fiente de chauve-souris, cendre de tamarisc (tamarix gallica, *Linn.*) et *tamarix gummifera* et autres plantes analogues; on mêlera ces choses, de façon que l'excrément humain entre dans la composition pour moitié, et l'autre se composant des choses que nous avons énumérées en partant d'une appréciation conjecturale plutôt que rigoureuse; on met le tout dans les fosses indiquées; on verse dessus du sang de quelque espèce que ce soit; on arrose avec de l'eau de pluie. On abandonne la préparation à elle-même jusqu'à putréfaction complète, jusqu'à ce que la teinte soit noire, et qu'il se développe une odeur fétide. On extrait alors de la fosse et on fait sécher jusqu'à dessiccation absolue. Dans cet état, l'engrais peut être employé pour les laitues, par l'application au pied, ou bien en saupoudrant les feuilles, de la manière que nous l'indiquerons, aidé de la volonté divine.

Tels sont les procédés à suivre pour faire consommer et pourrir les engrais, et ce qu'il suffit de savoir sur ce sujet. Les substances qui peuvent servir de ferment sont : la fiente de chauve-souris, l'urine et le sang humain qui, pour les fumiers, remplacent le ferment et provoquent la fermentation putride; elles améliorent les engrais et leur donnent plus d'énergie, ajoutent à leur chaleur naturelle, et rendent la combinaison plus active et plus efficace.

Art. II.

La qualité des fumiers est en raison de leur âge (1).

D'après l'Agriculture nabathéenne, les meilleurs engrais et fumiers sont ceux sur lesquels ont passé deux ans, s'ils en ont trois c'est encore mieux : ceux qui sont âgés de quatre ans,

(1) Ce titre n'est pas dans le texte; Banqueri l'a mis comme explicatif. Voy. *Agr. nabath.*, f° 76, r° 16.

qui ont perdu toute leur mauvaise odeur et qui ne sentent rien sont préférables à tous ceux qui sont récents (*près de la putréfaction*, Agr. nabath.).

Ce que je vous recommande bien instamment, dit Koutzami, c'est que vous n'employiez aucune espèce de fumier la première année du mélange des substances et de leur putréfaction. S'il vous arrive d'en user avant qu'il se soit écoulé une année sur lui, il est fort nuisible; même après l'année écoulée il n'a point encore atteint la perfection; celui qui a vieilli pendant trois ou quatre ans est bien meilleur; mais, quand il a passé plus de quatre ans, rejetez-le, n'en usez pas; il est sans action, il a perdu toute sa force. Celui qui est âgé de moins d'un an est mauvais en ce qu'il cause la génération des animaux nuisibles et des vers de toutes les longueurs. Souvent il arrive que, lorsqu'on a appliqué de ce fumier trop jeune à une plante qui est dans une terre molle et suante, et qu'on a donné de l'eau en abondance, la racine se trouve rongée. On ne doit donc employer un fumier qu'un mois ou deux après que l'année de la préparation est révolue (1). Les engrais qui ont atteint cinq ans et plus ne sont bons à rien; mais ils peuvent remplacer ces terres meubles entraînées par les courants, qu'on mêle aux engrais dans la préparation; ce vieux terreau est de beaucoup préférable. Quand l'engrais a dépassé sept ans, sa condition est celle d'une terre végétale de bonne nature, s'il est resté en plein air; mais, s'il est abrité d'un toit, il conserve son efficacité; il est encore bon quoiqu'il ait cet âge, et il ne passe à cet état de terreau inerte qu'au bout de dix ou douze ans.

Article III.

Manière d'employer les engrais pour les arbres et les plantes et de les projeter en poussière sur certaines plantes.

On lit dans l'Agriculture nabathéenne (76, r° 19) : tous ces engrais décrits servent pour les arbres et les plantes; à cet

(1) Agr. nabath., f° 80, r. 15, suiv

effet on déchausse le pied (*litt.* on creuse) peu ou largement, en raison de la dimension de l'arbre, et on remplit la cavité avec quelques-uns de ces engrais. Si on voulait les répandre et les projeter à l'état pulvérulent sur les rameaux, qu'on s'en garde bien, car ils ne sont profitables aux arbres et aux plantes que si on en fait l'application au pied; mais ils deviennent très-nuisibles quand ils tombent sur les feuilles, particulièrement sur celles des arbres fruitiers et des vignes; qu'on ne les emploie donc jamais par ce procédé. Ainsi, on ne peut projeter des engrais pulvérulents que sur l'aubergine, les choux, le chou-fleur, et en général sur les gros légumes (1), sur lesquels, du reste, on ne peut répandre que les engrais qui sont spéciaux pour les petits légumes en couche légère et très-mince, en même temps qu'on en applique une certaine quantité au pied. On lit dans l'Agriculture nabathéenne : *il en est au contraire qui pensent* (2) qu'il est d'une utilité évidente pour la vigne de projeter sur elle l'engrais pulvérulent qui, en tombant sur les feuilles, remplacera à son égard la terre pulvérisée étrangère qu'on y projette. Cette opération est profitable et favorise le développement du fruit. D'autres vont jusqu'à dire que la pulvérisation en couche épaisse est pour les vignes d'une très-grande utilité. On a dit d'un autre côté, dans l'Agriculture nabathéenne, que l'engrais pulvérulent projeté sur la vigne lui est on ne peut pas plus nuisible. Ce même livre dit que les vignes ne doivent point recevoir la pulvérisation avec les engrais, et qu'elle ne doit être employée que pour les légumes et les petites plantes avec mélange de la terre végétale écrasée, quand l'application

(1) L'Agr. nabath. porte : sur tous les légumes en général ; mais il faut employer rarement pour les petits légumes tous ces engrais dont nous avons donné le mode de fabrication. Agr. nabath., 76, r. 19.

(2) Cette phrase n'est point dans le texte; mais Banqueri l'a ajoutée avec raison pour faire cesser la contradiction qui existerait dans cette partie du texte avec ce qui précède. Dans le ms., le texte s'arrête précisément là où il va être parlé de la pulvérisation des vignes citée plus haut, au mois de Tamouz, et Géop. mois de juillet, liv. III, 10.

de ce procédé peut leur convenir. La même Agriculture nabathéenne dit que la pulvérisation n'est bonne aux plantes qu'après que les feuilles ont été arrosées suffisamment pour faciliter l'adhérence.

Saussade dit que ces engrais, surtout ceux de nature chaude, ne peuvent être employés que pour le pied des arbres ou les parties ligneuses des plantes, mais que lorsqu'il est nécessaire de donner de l'engrais à de jeunes plantes et à des arbres, il faut commencer par appliquer (sur la racine) de la terre végétale rapportée d'un autre endroit ; sur cette couche on dépose l'engrais qu'on recouvre d'une seconde couche ; de sorte qu'il se trouve entre deux lits de terre fine. La partie superficielle des terres rouges, dites chaudes, est ce qu'on peut employer de meilleur à cet effet. Vient ensuite le terreau ramassé dans les lieux où a séjourné le fumier et dans ceux délaissés et inhabités.

Sagrit prescrit de prendre, pour amortir le feu des engrais, des terres tirées des lieux sauvages, inhabitables pour les hommes. C'est ce qui est le plus profitable pour tous les arbres, pour les palmiers sans exception et toutes les plantes petites ou grandes. Aboubekr Ibn Waschiah (1) dit que Sagrit veut indiquer les lieux découverts exposés à une fréquente action des vents. Quand l'engrais se trouve entre ces deux couches de terre, c'est une garantie pour les arbres et les palmiers contre son action trop vive.

Les aubergines, les cornichons et les concombres, les melons et les plantes potagères qui sont considérées comme grandes, ont besoin qu'on emploie pour elles la pulvérisation, en même temps qu'on applique l'engrais au pied. Suivant l'Agriculture nabathéenne, tous les gros légumes, les choux, les aubergines, les choux-fleurs, les bettes, les laitues, les épinards demandent qu'on leur applique au pied une couche d'engrais disposé entre deux couches de terre avant qu'on en

(1) Banqueri n'a pas compris que c'est ici le nom entier d'Ibn Waschiah, cité à cause de l'explication qu'il donne.

use pour eux sous forme de pulvérisation. La terre doit être rapportée d'un autre endroit, de bonne nature, ou bien du terreau ramassé dans les places où a séjourné le fumier et dans des lieux écartés, ou bien de la terre venant des plaines désertes, comme le dit Sagrit. Souvent l'engrais est répandu sur les eaux courantes et les canaux d'irrigation des jardins (*litt.* légumes) pour que l'eau le porte elle-même au pied des plantes. Suivant le vulgaire, c'est la meilleure manière de procéder.

La plupart des hommes qui appliquent l'engrais versent (d'abord) l'eau sur le pied de l'arbre qui le reçoit, puis ils donnent une irrigation suivant l'usage. D'après l'Agriculture nabathéenne, quand l'engrais avec toute son âcreté tombe sur les feuilles des grands arbres, et que le soleil dardant avec toute sa force en active encore l'action, les feuilles sont brûlées et détruites, et par suite l'arbre perd de sa vigueur. La condition des légumes et des plantes délicates est assimilée à celle des racines des grands végétaux pour l'application de l'engrais. Ainsi, il faut pour ces petites plantes fournir de l'engrais aux racines et aux branches, tandis que pour les autres, c'est-à-dire les arbres, l'engrais doit être appliqué aux racines seulement, sans qu'il en arrive rien sur les jeunes rameaux ni sur les feuilles; c'est là le moyen de le rendre utile en même temps aux racines et aux branches des grands végétaux.

Article IV.

Utilité des engrais pour les terres; époque où il faut les employer, d'après l'Agriculture nabathéenne.

Sagrit dit : tous ces engrais dont nous avons précédemment donné la description, en parlant en même temps de leur utilité pour les plantes, sont aussi très-profitables pour les terres, soit celles qui sont couvertes de plantes, soit celles où il ne se trouve ni plantes ni arbres; car, si on met de l'engrais dans une mauvaise terre, il la bonifie, et, si la terre est de bonne nature, l'engrais l'améliore encore et ajoute à son énergie. Son action est la même sur les plantes et les arbres; il leur donne de la vigueur, les tient dans de bonnes conditions, neutralise les mauvais effets que peuvent produire les vents nuisibles, le froid, une chaleur excessive, la sécheresse et les eaux corrompues. Les terres dans des conditions médiocres et celles qui sont mauvaises en reçoivent un grand avantage parce qu'elles sont amendées et rendues à une bonne qualité et à un bon tempérament. Enfin, les terres faibles et celles qui appartiennent à ces classes connues sous le nom de terres légères, humides et suantes, exigent qu'on leur donne de l'engrais.

Article V.

Les engrais que nous avons indiqués sont bons communément pour les terres altérées dans leur qualité : c'est là leur utilité générale; mais ils ont aussi une utilité plus spéciale, alors qu'on les emploie pour les arbres et les plantes pour lesquels ils sont spécialement préparés, sur lesquels ils agissent en même temps que sur les terres. Les terres faibles, qui contiennent des plantations ou d'autres plantes grandes ou petites, veulent recevoir de l'engrais plusieurs fois de suite. Souvent il faut le fournir en automne, en hiver et au commencement du printemps, constamment et sans interruption. Cette continuité consiste en ce que tous les deux jours on remue la terre : le troisième jour on donne l'engrais; on continue d'en agir ainsi pendant vingt jours, ou quinze, ou même pendant dix jours, suivant qu'on le croit convenable, et en raison du degré avancé de la mauvaise qualité du terrain, ou de sa proximité d'une bonne nature : si on vient à forcer l'engrais et à dépasser la proportion convenable, la terre en souffre et les plantes s'altèrent et s'affaiblissent; de sorte qu'il faut recourir à un moyen de médication contre cette altération. Si, au contraire, on reste dans les limites d'une juste proportion, la terre ni les plantations n'ont rien à souffrir. Si on exagère la quantité d'engrais dans un champ, de telle sorte que tout le sol soit comme transformé en engrais, il devient âcre et brûlant, et la plupart des plantes se dessèchent au point qu'il devient nécessaire d'y porter remède en mêlant une grande quantité de terre végétale de bonne nature, ou bien de combattre l'âcreté par des arrosements d'eau douce qui l'enlèvent. Ainsi, une terre n'a jamais besoin de fumier en excès. Un des avantages de l'engrais, c'est qu'il vient en aide au soleil et à l'air pour échauffer le sol et contrebalancer l'effet du froid trop vif qui peut frapper les plantes, tant par l'eau que par la terre, qui sont deux corps froids. L'engrais communique ses qualités à tout ce qui touche à la racine ou souche des arbres, des palmiers, des vignes et des grands végétaux de toute espèce. Il communique à la terre une chaleur qui pénètre dans ses profondeurs, se communique aux racines, au tronc de l'arbre et du végétal et de là remonte jusqu'aux branches. D'après l'Agriculture nabathéenne, les engrais échauffent la surface du sol pendant la saison froide en repoussant le froid de l'atmosphère ; pendant les chaleurs, ils rafraîchissent le fond de la terre qui, alors, tend à s'échauffer, ce dont les arbres ainsi que les plantes auraient à souffrir.

Sagrit dit que la terre d'une qualité tout à fait supérieure n'a point besoin d'engrais, tandis que la terre de mauvaise nature en demande dans une quantité qui soit en rapport avec ce qui lui manque pour être de bonne qualité (1). Quant au terrain de médiocre qualité, c'est-à-dire qui est placé entre la bonne et la mauvaise, il lui faut un engrais fourni avec persévérance, dans la façon que nous avons prescrite pour répondre aux besoins de la terre légère. Car, nous l'avons dit positivement : cette terre exige un engrais abondant pour faire cesser son peu de force et lui rendre l'énergie qui lui manque. Parmi les avantages qu'offrent certains engrais, il y

(1) *Litt.* En raison de ce qu'elle sort de la bonne qualité pour aller à la mauvaise.

a celui d'écarter les animaux et les oiseaux des champs ensemencés.

Koutzami dit que toutes les fois que le crottin d'oiseau est combiné avec celui de chauve-souris, qui est le *schirzak*, avec du sang desséché, pulvérisé, ou bien en morceaux avec les graines, et qu'on sème le tout ensemble, surtout dans les terres légères, ou affaiblies, ou suantes, ou humides, il en résulte une grande amélioration pour le sol et les plantes ; la fructification en est activée ainsi que la croissance. Cette combinaison écarte les animaux nuisibles qui pourraient attaquer les semis, tels que les rats, les lombrics de terre, les chenilles et autres qui causent des dommages aux graines et les emportent. Quand cette composition est tombée dans le sein du sol, que l'humidité l'a frappée, il y a décomposition et combinaison avec la couche végétale qui se porte sur les racines des plantes ; elle s'étend en même temps à la surface, et alors il s'exhale une odeur désagréable qui déplaît à tous les oiseaux, aux moineaux et autres petits animaux, tels que les rats et autres.

Article VI.

Force des engrais.

Il y a des engrais qui sont chauds, d'autres qui sont froids ; il y en a de gras et de doux. On emploie chacun d'eux pour amender des terrains qui sont dans des conditions contraires. Ainsi, on applique l'engrais chaud à ce qui est froid, et ce qui froid au terrain chaud ; celui qui est gras à ce qui est maigre, de même pour les autres.

D'après l'Agriculture nabathéenne, l'engrais chaud se compose avec de l'engrais humain, pareille quantité de colombine, autant de crottin de brebis, partie égale de crottin de chauve-souris, de lie d'huile d'olive. On laisse le tout se putréfier assez longtemps pour que les vers se développent ; alors on fait sécher le compost qu'on emploie pour l'appliquer aux vignes qui ont été frappées par les vents froids ou autres accidents de ce genre. L'engrais doux est celui qui ne contient point d'engrais humain, ni de colombine, mais dans la composition duquel entre la bouse de vache, le crottin de brebis avec de la terre pulvérisée recueillie là où les fumiers ont séjourné.

Quand on a besoin, dit Koutzami, de recourir à des engrais âcres, on les obtient par l'addition de cendres de végétaux de nature chaude, qui leur communiquent une chaleur et une âcreté très-fortes ; telles sont les cendres de menthe, de jasmin, de rose sauvage, de serpolet, de basilic et de persil, qui possèdent cette qualité toute spéciale et vraiment merveilleuse. On emploie ces cendres et celles des plantes chaudes de leur nature de la manière suivante : on mêle les terres aux engrais, les laissant se putréfier de manière que les divers éléments soient bien incorporés les uns dans les autres ; cette composition s'applique aux végétaux qui ont souffert du froid ou d'autres accidents analogues. L'engrais gras, nommé engrais doux, se compose aussi de la bouse de vache, des pailles de menus grains et des feuilles de plantes vertes, et surtout de celles qui sont mucilagineuses. On fait les engrais rafraîchissants de cette manière : on prend ce qu'il est possible de se procurer des diverses espèces de pavots sauvages ou cultivées, feuilles, tiges et racines, qu'on mêle aux engrais, les faisant pourrir ensemble. On dit que si on mêle et que l'on fasse pourrir ensemble de l'engrais humain, du crottin d'âne, de la bouse de vache, on obtient un engrais très-profitable, la volonté de Dieu aidant, pour toutes les plantes qui ont souffert des effets d'un excès de chaleur, ou de la maladie nommée *jeteritie* (jaunisse), ou bien de ces *brûlures* (rougeau) qui attaquent les arbres et les légumes par suite de l'action d'un air trop brûlant. Dans tous ces cas, cet engrais agira avec une efficacité merveilleuse, la volonté divine aidant. Voyez la composition de ces engrais rafraîchissants et humides au chapitre du semis du riz, et la composition de l'engrais chaud au chapitre du semis des bettes.

Article VII.

Gardez-vous d'appliquer à la vigne les engrais chauds, dans la crainte qu'ils ne brûlent les racines et qu'il ne leur survienne cette maladie qui fait sécher les raisins. Toutes les fois qu'on reconnaît qu'un arbre et une plante ne peuvent supporter un engrais chaud et brûlant, il faut le remplacer par des pailles qu'on a fait pourrir ensemble. Les pailles des graines alimentaires, qui fournissent plus de sève et qui conviennent le mieux aux vignes, sont les pailles de fève, d'orge, de froment, qui toutes sont employées utilement sans qu'on puisse concevoir aucune des craintes qu'inspirent les engrais brûlants.

Suivant les deux livres d'Ibn el-Fazel et d'Abou 'l-Khaïr sur les engrais, il en est sept espèces qui sont employées en agriculture; nous en donnerons la description, la volonté de Dieu aidant. Les engrais en général sont de nature chaude et humide. L'engrais vieux est plus humide que le nouveau. Celui-ci est plus chaud, mais il n'est point d'un usage favorable; on n'use d'un engrais qu'au bout de deux ans, ou même plus tard, afin qu'il se mûrisse. S'il arrive qu'on soit forcé de l'employer avant ce temps, on ajoutera de la colombine et de la cendre qui possèdent la propriété d'accélérer la maturité de l'engrais. Nous ferons connaître la manière de procéder dans ce cas, la volonté de Dieu aidant.

Le crottin du pigeon ordinaire, du pigeon pattu et du francolin est très-chaud et très-sec, qu'on le prenne vieux ou récent; on l'emploie contre les accidents que le froid peut causer aux plantes. L'engrais humain est employé contre ceux que peut causer la chaleur (1). Les engrais rafraîchissent la terre frappée d'aridité, ils en divisent les portions compactes, ils échauffent celles qui sont froides, ils engraissent celles qui

(1) Banqueri remarque avec raison que ce principe est en opposition avec ce qui a été dit plus haut.

sont maigres, ils ajoutent à la qualité des bonnes. Parmi les pailles, celles de fève, d'orge et de froment sont profitables aux terres, employées ensemble, isolément ou à l'état de décomposition.

Article VIII.

Des déjections des oiseaux.

Les déjections des oiseaux sont, suivant Abou 'l-Khaïr, un poison violent pour les plantes, à l'exception de la colombine qui est le meilleur de tous les engrais. Elle est d'une nature chaude en excès et sèche. Ibn el-Fazel dit, au contraire, qu'elle est d'une chaleur et d'une humidité portée à l'excès.

Abou 'l-Khaïr dit que ce qu'il y a de plus nuisible pour les plantes, ce sont les crottins des oiseaux d'eau, des poules et des oiseaux. La colombine fait pousser les plantes et les ravive très-promptement, quand par suite des gelées le froid les a atteintes et qu'il a arrêté leur croissance. On remédie à ces accidents en la délayant dans de l'eau douce et l'employant pour les arroser. La colombine convient à toute sorte de plantes et d'arbres; elle agit surtout avec une efficacité merveilleuse sur le henné et l'olivier.

Ibn el-Fazel dit qu'une excellente chose pour les plantes qui ont eu à souffrir des rigueurs du froid, c'est de les arroser avec de l'eau dans laquelle on a fait dissoudre de la colombine. Mais il ne faut recourir à l'usage de cet engrais que lorsqu'il est bien nécessaire de le faire. On le dit aussi très-utile pour les terres affaiblies. Cet engrais, à cause de sa chaleur, n'occupe que le second rang pour la qualité.

Kastos dit que la fiente de toute espèce d'oiseau, et de canard en outre, est profitable à toute espèce d'arbres et de semis auxquels on veut l'appliquer; il est bon aussi pour les lentilles; mais ce qui est plus efficace contre toute altération qui puisse leur survenir, c'est la colombine, à cause de sa grande chaleur. *Tasmid* تسميد et *tazbil* تزبيل ont l'un et l'autre la même signification, action de *donner de l'engrais*: les fientes des pigeons ordinaires, des pigeons à collier et des moineaux sont égales en qualité.

L'engrais humain خرو الانسان, c'est زبل الكنيف celui qui est extrait des lieux (ou fosses) d'aisances (1); suivant Abou el-Khaïr, il s'emploie après qu'on l'a fait sécher et réduit en poudre (poudrette); il est d'une nature chaude, humide et visqueuse. Suivant Ibn el-Fazel, cet engrais est de nature humide et muqueuse; la chaleur en lui est modérée. On a même dit que l'excrément humain pourri était froid et humide. Suivant Abou 'l-Khaïr, c'est lorsque cet engrais a séjourné dans les fosses d'aisances qu'apparaît son humidité.

Ibn el-Fazel dit que l'engrais humain convient bien aux légumes d'été, comme les courges, les aubergines, le pourpier, l'oignon, le chou-fleur, l'épinard fraise (2), le henné, cela par suite d'une condition toute spéciale ; il convient de même pour la laitue. Il agit d'une manière merveilleusement favorable sur le palmier; on le fait dissoudre dans l'eau des réservoirs; on en arrose les verdures dans la saison chaude; c'est ce qu'on peut employer alors de meilleur. Loin d'être nuisible, il est au contraire fort avantageux pour ces plantes dont il active la végétation quand elles ont trop souffert d'une chaleur brûlante. Employé dans ce cas et dissous dans l'eau destinée à l'arrosement, il produit d'excellents résultats en très-peu de temps. Il en est qui disent que l'engrais humain est sans contredit le meilleur qu'on puisse donner à la terre; c'est le plus chaud de tous et celui qui est le plus hostile aux plantes nuisibles aux semences. On l'a signalé comme mauvais pour les oliviers et bon à un degré très-élevé pour les vignes. Il en est qui, pour la qualité, l'ont placé au troisième degré ; d'autres le rangent à la suite de la colombine.

Les crottins tels que ceux de brebis, de chèvre, de chameau, de gazelle, de cerf, et ceux qui s'amassent dans la bergerie, ont tous, dit Abou el-Khaïr, une grande affinité entre eux. Ils

(1) *Secessus, latrina*, et *cloaca*, lieu couvert et détourné. *Cast. lexic.*

(2) Blitum virgatum, Linn.

sont d'une nature chaude et humide; ils sont au-dessous de la colombine; on ne les emploie que lorsqu'ils sont consommés et pourris et que les graines d'herbes qu'ils peuvent contenir sont mortes; car, si on en faisait usage plus tôt, ces mauvaises graines, en poussant, nuiraient *aux bonnes semences*. Cette sorte d'engrais est excellente et d'un grand avantage quand on l'a employée pour amender les terrains avant d'y répandre les semences de froment et de légumes. On l'applique avec succès aux terres sujettes à se fendre, aux terres molles des plaines. Quand ces crottins ont été mêlés à toute autre espèce de fumiers et bien consommés, ils forment un excellent amendement pour toutes les verdures ou autres végétaux auxquels on les applique.

Suivant Kastos, les meilleurs de tous les crottins sont ceux de chèvre et de brebis, ensuite la fiente de vache et celle de chameau, qui tous profitent aux plantes auxquelles on les applique. Suivant quelques-uns, le crottin de chèvre est le quatrième pour la chaleur: le crottin de brebis lui serait inférieur en énergie; enfin la fiente de vache est la dernière.

Suivant Abou el-Khaïr, la fiente de porc est nuisible aux plantes pour lesquelles elle est un poison mortel. Suivant un autre auteur, c'est un mauvais engrais pour tout ce à quoi on l'applique, excepté pour l'amandier à fruits amers, qui, par son influence perdent leur amertume et s'adoucissent. Les fumiers de bêtes de somme, comme le cheval, l'âne et le mulet, appartiennent à une seule et même espèce. Ils sont d'une nature froide et humide. Ils donnent un bon engrais qui pourtant le cède en qualité à ceux que nous avons nommés plus haut. On les emploie tels qu'ils se présentent, sans autre préparation que d'enlever ce qui peut y être mêlé de corps étrangers, tels que pailles, herbes, pierrailles, os et autres choses pareilles. Suivant Ibn el-Fazel, cet engrais est très-estimé; on l'emploie seul après l'avoir purgé de corps étrangers, et après l'avoir fait pourrir pendant l'hiver. On le pose sur les planches de courges, d'aubergines, de cornichons, de colocases et autres analogues. On l'emploie tout spécialement, dans l'espèce, tout récent et tel qu'il est.

Suivant Kastos, les meilleurs crottins des bêtes de somme sont ceux de l'âne, ensuite ceux du mulet et du cheval. Suivant d'autres, ce sont ceux de mulet et d'âne qui seraient les meilleurs pour être employés sans mélange ; suivant d'autres, ils peuvent servir encore utilement quand ils sont mêlés d'engrais chauds. Le même auteur dit que les engrais auxquels on ajoute des déjections de bêtes de somme, des crottins de menu bétail, de la fiente d'oiseau, fournissent le meilleur compost dont on puisse user pour l'olivier. L'engrais composé des balayures des maisons est le dernier de tous, à moins qu'il ne soit pourri, haché et nettoyé de corps étrangers et qu'il ait plus d'un an. Dans cet état de préparation, c'est un bon engrais pour les arbres, les verdures et les semis ; il est particulièrement favorable au pourpier, à l'épinard fraise, le *blitum capitatum*, l'arroche des jardins, le légume des ançariens (1) ou le chou commun, la crette potagère et autres plantes analogues.

Suivant Ibn el-Fazel, l'*engrais composé* ou *compost* est chaud et humide, salé et visqueux ; un petit volume a la puissance d'action de tout autre employé à forte dose (2). On ne doit en user qu'au bout d'un an à partir du moment où ses éléments ont été réunis ensemble, et après qu'on l'a nettoyé de tout corps étranger. Si on l'employait plus tôt, il se produirait des plantes et des insectes ou animaux nuisibles à toutes les plantes d'alentour. Mais, quand il a passé une année, c'est un des engrais les plus avantageux et qui puissent le mieux convenir pour être appliqué à la terre, parce qu'alors il est arrivé à une condition suffisamment tempérée. Après un espace de deux ans, il est parfait. Après trois ans, c'est, dit-on, le meilleur de

(1) بقلة الانصار *Baqlah al-ançar*. D'où ce surnom vient-il au chou ? Je ne le sais pas. Est-ce *légume des chrétiens?* ou des *ançariens* de Médine ?

(2) *Litt.* une petite quantité de lui tient la place d'une grande quantité d'un autre.

tous les engrais, sans exception. On peut alors le donner comme amendement à toutes les terres sableuses et comme engrais à toutes les plantes. On peut, dit-on, en y ajoutant le tiers de cendre de bains récente, ou le sixième, suivant d'autres, accélérer la putréfaction et ajouter encore à sa qualité. *L'engrais des bains* est, suivant Abou el-Khaïr, un mélange de cendres et de balayures; il est salé, sec, dépourvu de toute espèce d'humidité. On ne peut l'employer seul, sinon pour ameublir la terre compacte et en dilater les pores quand elle est dure, rude ou compacte. Mais seule, elle ne convient en aucune façon aux verdures sinon au bout d'un an et plus, quand l'air lui a communiqué de l'humidité et diminué la quantité de son élément nitreux et sa chaleur. Cet engrais jouit de la propriété de tuer tous les insectes nés dans le sol par suite de pourriture ou de décomposition, tels que les vers, le *tharlan* et autres pareils qui attaquent les racines des plantes.

Suivant Ibn el-Fazel, la *cendre de bains* (1) est de nature sèche, salée, ne possédant aucune humidité; elle fait disparaître les dégâts causés par les animaux et les vers qui prennent naissance dans les jardins et ailleurs, dans le sein de la terre. A cet effet, on répand de cette cendre dans les carreaux en couches de l'épaisseur de la main; par dessus on place l'en-

(1) رماد الحمامات *Ramad al-ahmmamat, cendres de bains*, et non comme le traduit Banqueri *cendre de pigeon, ceniza de palomas*. Un peu plus loin, p. 131, Ibn-al-Awam y revient et nous apprend que dans les bains on y brûlait des fumiers رماد الحمامات التى تحرق فيها. Chardin nous dit aussi (Voyage en Perse v. p. 307, Amst. 1711) qu'on brûlait dans les bains des broussailles et des *mottes faites de terre et de fumier*. Bové nous apprend aussi qu'en Egypte on use de cendres de bains; Cult. égypt., 47. Les Grecs employaient aussi cet engrais, soit à l'état de *cendre sèche*, τέφραν, soit à l'état de *lessive*, *κονίας* βαλανευτικῆς, Géop. II, 22 33. Le ms. 815, S A. F° 22, v° a un article sur la cendre des bains qui rappelle une partie de ce qu'on lit ici. Il faut remarquer aussi que le mot *pigeon*, spécificatif d'engrais est toujours rendu par الحمامة, tandis que le mot رماد est toujours suivi de الحمامات au pluriel. L'Agr. nab. f. 73, v. 11; parle bien d'engrais composés de cendres d'animaux brûlés ; mais on en usait rarement.

grais (spécial), puis on fait le semis. Quand, ensuite, l'insecte trouve sous la plante la cendre qu'on y a répandue, il s'enfuit; c'est une sorte de couverture (voile) interposée entre lui et la plante. La cendre divise la terre compacte au point de la rendre très-meuble. La cendre est, dit-on, chaude et neutralise les effets du froid, sur tout ce à quoi on l'a appliquée.

Ibn Hedjadj, à qui Dieu fasse miséricorde, dit, d'après Junius, que la cendre pour les légumes est préférable à tous les engrais (1). La raison, c'est que la cendre est légère et d'une nature très-chaude et fournit avec l'eau la nourriture du végétal, tue les vers et tous les autres insectes qui sont engendrés dans le sein de la terre par les fumiers ou par toute autre cause que ce soit. Cette opinion, émise par Junius, dit Hedjadj, est erronée, parce que la cendre est extrêmement sèche, qu'elle n'a pas la moindre humidité; répandue sur la terre, elle l'amaigrit, la divise et diminue la quantité d'humidité qu'elle contient. On ne doit pas l'employer seule, sinon pour la destruction des insectes et des vers particulièrement. Il faut, toutes les fois qu'on veut faire usage de la cendre, la mêler avec un fumier humide bien consommé pour neutraliser l'effet nuisible de sa sécheresse.

Suivant Cassius, le meilleur engrais qu'on puisse donner aux légumes, ce sont les cendres, à cause de leur chaleur et parce qu'elles tuent les vers et en outre les herbes (nuisibles); vient ensuite la colombine, qu'on ne doit pas employer en trop grande quantité, le crottin de menu bétail et autres fumiers pareils, dont on n'use que lorsqu'il y a nécessité. Un engrais ne doit point être employé trop vert, car il cause la génération des insectes et des vers. Suivant l'Agriculture nabathéenne, le crottin de chèvre et la bouse de vache conviennent aux semences, et les crottins des bêtes de somme aux arbres. L'engrais humain est bon pour le palmier et autres arbres. La colombine va bien à toute espèce d'arbres. Mêlée aux graines et

(1) Pour les artichauts, *cinara*. Col. *De re rust.*, XI, 71, 28. Cet article se retrouve presque littéralement dans Géop., XII, 4, attribué à Didymus.

jetée avec elles dans les terres fraîches et basses, elle donne un bon résultat, mais elle ne vaut rien dans les terres sèches. On fait usage de ces engrais, quand on en a; mais, quand ils manquent, il faut recourir à d'autres. Voici les moyens de les préparer, suivant Abou 'l-Khaïr. On recueille les vieilles pailles, celles des granges (1), des herbes qu'on a coupées; on met le tout ensemble dans une fosse en raison de sa capacité en ajoutant de la cendre, ou suivant Abou 'l-Kaïr, de la terre végétale pulvérulente en petite quantité; on arrose avec de l'eau chaude, s'il est possible, ou bien de l'eau froide plusieurs fois, jusqu'à ce que vienne le temps des pluies; on arrose aussi avec de l'urine humaine, s'il est possible, puis on laisse les choses en cet état jusqu'à ce qu'il se soit écoulé une année. Alors on retourne le tout à plusieurs reprises: on le divise en le séparant; on ôte avec soin les pierres et tous les corps étrangers qui peuvent s'y trouver mêlés; on remue plusieurs fois pour activer la décomposition putride, la coction et la sortie des vapeurs (des gaz) délétères. Employé au bout d'une année, ce compost est bon pour les arbres et les verdures dans toute espèce de saison. C'est le meilleur engrais qu'on puisse appliquer aux arbres et surtout à l'olivier. Suivant Ibn el-Fazel, les composts ou engrais composés sont les fumiers les plus énergiques.

Autre procédé.

On dépose les diverses espèces de fumiers dans une fosse; on ajoute des cendres, et on arrose avec de l'eau douce; on retourne l'ensemble plusieurs fois pour activer la décomposition putride. Ce compost est très-bon pour les oliviers et la lavande *stœchas*. Si on ajoute à une partie de compost trois (2) parties de terre végétale qu'on mêle bien ensemble, on obtiendra un bon engrais pour les semences.

(1) *Litt.* les pailles usées et des environs (impluvia) des maisons. C. f. Col *De re rust.*, II, 15.

(2) Litt. Si à une *charge* de lui on ajoute trois *charges*.

Autre.

Suivant Ibn el-Fazel, on prend une charge d'un compost quelconque, ou bien, suivant d'autres, une charge, ou plus, d'un engrais quelconque, et on y en ajoute trois de terre végétale. Abou 'l-Khaïr indique une partie de cendre, une partie de sable; on divise la masse, on mêle bien les parties divisées (morceaux). On laisse le tout en repos jusqu'à ce qu'il se soit écoulé un laps de temps d'une année. On arrose plusieurs fois avec de l'eau froide ou chaude, à moins que la pluie ne vienne elle-même à tomber dessus. On recommence encore à couper plusieurs fois la masse qui devient un excellent engrais, qu'on peut employer partout où il en est besoin.

Autres.

Il faut, dit Ibn el-Fazel, prendre une charge de colombine, vingt charges de terre végétale, suivant Abou'l-Khaïr, une charge de noyaux d'olives. On mêle la totalité, on coupe et recoupe la masse à plusieurs reprises, et elle passe à l'état d'un engrais de bonne nature, qui est d'un emploi très-profitable pour les arbres et les plantes; on peut en user au bout d'une année.

Kastos dit avoir fait l'expérimentation d'une espèce d'engrais dont n'ont parlé ni l'Agriculture nabathéenne ni aucun agronome. J'ai pris de ces engrais bien connus, je les ai fait brûler jusqu'à ce qu'ils fussent réduits en cendres. J'en ai usé en cet état, et je les ai trouvés au maximum de bonne qualité et d'utilité pour les arbres et les verdures *de toute espèce*. Il me semble que les cendres des bains dans lesquels on brûle des fientes (sèches) sont de cette qualité.

Ibn el-Fazel dit que, généralement, on défend d'employer les engrais avant qu'il ne se soit écoulé une année révolue; mais, si on veut le faire avant l'expiration de ce délai, il faut prendre de tel engrais qu'on voudra: on le disposera en couches unies et égales: dans l'intérieur, on pratiquera des creux isolés de peu de profondeur, dans chacun desquels on mettra de la colombine dans la proportion d'une partie pour dix de fumier ou même plus. On recouvre d'engrais, on laisse reposer pendant un mois. Par ce procédé, l'engrais éprouve une coction telle, qu'il semble avoir trois ans.

L'auteur dit : J'ai un soir formé un tas d'engrais composé de crottin de bête de somme, de balayures de la maison, de terreau noir recueilli dans les places à fumier, et des cendres; j'ai disposé le tout en couches sur une large natte. Il est venu à tomber dessus de la pluie. J'ai divisé ou coupé avec une pelle l'ensemble encore tout trempé de l'eau pluviale. J'ai enlevé tous les corps étrangers qui s'y trouvaient mêlés, tels que pierrailles ou autres. J'ai ensuite fait un nouveau tas bien pressé en le foulant aux pieds; la nuit passée, j'ai fendu ce tas, et j'ai répandu les matières. Il s'est trouvé qu'elles avaient la qualité de la colombine, comme elles en avaient la couleur et en exhalaient l'odeur. Dans cet état, je les ai appliquées comme engrais à la quantité d'une demi-charge à un olivier qui avait une grosse souche; j'en ai appliqué aussi au pied d'un second olivier de moyenne taille et d'un troisième de petite dimension, et j'ai constaté que cet engrais était d'une très-grande efficacité, qu'il amenait dans les arbres un produit abondant et précoce. J'ai continué la même opération plusieurs années de suite et toujours avec succès. Une petite quantité de cet engrais composé équivaut à une plus grande quantité d'engrais simple.

Article IX.

Temps convenable pour appliquer les engrais, d'après les mois arabes.

L'Agriculture nabathéenne (1) dit qu'il ne faut donner de l'engrais ni aux terres ensemencées, ni aux palmiers, ni aux arbres, ni à quoi que ce soit des plantes, le premier du mois, ni

(1) V. mss. f. 80, v°, l. 21. Le texte de ce mss., semblable au commencement avec celui d'Ibn-al-Awam, en diffère complétement vers la fin.

dans les jours qui le suivent, jusqu'au moment où la lune est en opposition avec le soleil (1). Quand elle a passé ce point, et qu'elle est dans sa période décroissante, c'est-à-dire, depuis le 16 du mois lunaire jusqu'à la fin, donnez les fumiers et les engrais à toutes les plantes sans exception. Suivant quelques-uns, il faut donner de l'engrais aux vignes dans la période croissante de la lune, c'est-à-dire, depuis le premier du mois jusqu'à la moitié ; il en résultera un avantage bien évident ; mais si cette opération ne se fait que dans la période décroissante, ce sera le contraire ; il n'en résultera aucune utilité. Dans la nuit de la pleine lune, il se manifeste une force, un développement de végétation, un accroissement en beauté dans l'extérieur des plantes qui sera sensible et non douteux (2).

Article X.

Quant à l'époque de l'année solaire où l'on doit fumer, elle sera indiquée dans ce qui suivra, la volonté divine aidant.

Article XI.

Il a été dit précédemment qu'il y avait des arbres et des plantes qui n'admettaient pas les engrais, et d'autres, au contraire, qui s'en accommodaient très-bien et auxquels par conséquent il n'en faut point appliquer. D'après le traité sur l'Agriculture nabathéenne, les arbres qui n'ont pas besoin d'engrais sont : le noyer, le noisetier, le tamarisc d'Orient (3), le caroubier de Syrie (4), le chêne, le châtaignier, le laurier, le cyprès, l'olivier sauvage, dont les fruits sont minces, le rosier et autres arbres analogues qui croissent spontanément dans

(1) C'est-à-dire arrivée au plein.

(2) Cf. Géop., II, 21 *fin*. Col., *De re rust.*, II, 5. Pallad., *Sept.*, 13, I. Plin., XXIII, 32.

(3) Ou bien *acacolis* à feuilles de tamarisc.

(4) Le *caroubier de Syrie* est, suivant Ainselie, *Mat. medic. indic.*, I, 364, le *caroubier nabathéen* ; mais Avicenne en fait deux espèces.

les lieux incultes et en abondance, et qui sont de leur nature d'une texture dure et serrée, ou qui aiment une terre rude et compacte. Il en est qui repoussent les engrais, ou bien il leur faut de ces engrais spéciaux dont nous avons parlé, pour qu'ils profitent. Si pourtant on ne leur en fournit pas, ils s'en passent très-bien. Ces arbres sont ceux à qui la terre chaude, celle qui est dure, ou celle qui est blanche mêlée de graviers (1), convient; elle suffit pour leur communiquer la force dont ils ont besoin ; aussi, ne réclament-ils ni soins ni culture ; si cependant on leur en donne, ils y gagnent.

Suivant Koutzami, tous les arbres qui contiennent de l'huile n'ont pas besoin d'engrais ; pourtant il y a avantage à leur en donner, et l'engrais ne leur nuit aucunement. Ces arbres admettent la greffe d'autres arbres qui ne peuvent souffrir les engrais, tels que le myrte, le jasmin, le cédratier, le bigaradier, le bananier. Les arbres qui repoussent les engrais, et pour lesquels les engrais deviennent un poison sont : le coignassier, le cerisier, le prunier, le rosier, le laurier, le pin, l'abricotier et tous les bois gommeux qui souffrent de l'application des engrais. Parmi les plantes aromatiques auxquelles les engrais sont préjudiciables, il y a (2) la marjolaine, la violette, le basilic, la mélisse officinale, le thym. Parmi les verdures, il y a le radis, le navet et la carotte. Les arbres qui supportent bien l'engrais sont : l'olivier, le figuier, l'amandier, le palmier, le poirier, le grenadier, le jujubier, le pistachier et leurs congénères.

(1) Banqueri traduit : terre blanche gypseuse.

(2) On trouve ici le nom du bananier; ce ne peut être qu'une erreur.

CHAPITRE III.

Des diverses espèces ou natures d'eau qu'on peut employer pour l'irrigation des arbres et des plantes. Quelle nature d'eau convient à chaque espèce de plante. Comment on doit procéder pour ouvrir des puits dans les jardins pour les arroser. Nivellement du terrain pour faire arriver les eaux dans les endroits voulus (*litt.* vers eux). Signes extérieurs auxquels on peut reconnaitre la proximité des eaux de la surface ou leur éloignement, enfin tout ce qui se rattache aux irrigations par l'analogie.

L'eau potable, dit l'Agriculture nabathéenne, celle qu'on préconise, c'est celle dont on dit qu'elle est douce. C'est celle dans laquelle ne domine ou ne se rencontre aucun goût particulier (1). Cette saveur douce lui est inhérente. L'eau amère est la plus mauvaise, puis l'eau salée et saumâtre, ensuite l'eau âcre et styptique; enfin vient celle où prédomine une certaine saveur minérale. Abou'l-Khaïr reconnaît six espèces diverses d'eau : l'eau douce, c'est la plus légère en poids (2), et la plus convenable pour l'alimentation des hommes et (l'irrigation)

(1) Le Mss. 11. 915. B. I. a. f. fol. 8 v°, dit que l'eau originairement n'a ni odeur, ni saveur, ni couleur; mais que par sa nature elle est disposée à prendre ces accidents dans les terrains sur lesquels elle coule ; d'où il résulte une grande variété dans les eaux quant à la saveur.

(2) L'eau douce est la plus légère *en poids* أخفّ وزناً Comment faut-il entendre cette expression ? L'auteur veut-il dire que cette eau est plus légère à l'estomac et plus facile à digérer, par opposition à l'eau pesante et lourde, ثقيل de mauvaise qualité? Pline parle, liv. 31, 23, de la constatation du poids de l'eau par la balance, *statera*, moyen fort inexact, ajoute-t-il. Athénée, l. 11, p. 46, parlant longuement des caractères par lesquels on peut constater la bonne qualité de l'eau, cite aussi l'expérimentation par le poids, qui suivant Érasistrates est fautive. Notre auteur semble indiquer la constatation du poids par la balance.

des plantes; l'eau de pluie, eau de bénédiction, qui est très-bonne pour les plantes délicates, comme les céréales, les légumes et les plantes potagères qui s'élèvent sur une seule tige et dont la racine s'étend assez près de la surface du sol. Cette eau est encore très-bonne pour l'irrigation des arbres transplantés. D'après Ibn Abou'l-Fazel, c'est la meilleure des eaux et la plus estimée; avec elle, et à cause de sa pureté et de sa fraîcheur, on donne de la beauté à chaque espèce de plante; on obtient meilleure qualité dans le chou, l'aubergine, l'arroche et autres légumes analogues.

Quant aux cours des rivières, dit Abou'l-Khaïr, celles qui sont douces et limpides conviennent très-bien pour toute espèce de verdure, telles que courges, aubergines, aulx, oignons, poireaux, et, en général, toutes les plantes potagères. Elle est favorable encore pour certaines plantes cultivées dans les champs, comme le lin; pour les plantes aromatiques, pour le carvi, le cresson alénois, la nigelle et autres espèces voisines. Ces dernières veulent beaucoup d'eau courante quand elles ont été forcées en fumier. Il en est de même de la plupart des plantes dont la racine débile se tient proche de la surface du sol, qui réclament un arrosement large parce qu'elles veulent aussi beaucoup de fumier; souvent elles se trouvent mieux de l'eau courante que de toute autre.

Ibn el-Fazel dit que les eaux des courants sont de natures qui varient entre elles soit par leur *sécheresse*, leur humidité ou leur âpreté. Elles enlèvent au sol sa fraîcheur; c'est pour cette raison que les plantes délicates, auxquelles on les donne, veulent une plus forte dose d'engrais (1).

L'eau saumâtre et celle qui est amère, dit Ibn el-Fazel, conviennent à quelques-uns des légumes maraîchers, tels que le pourpier, nommé aussi *biqlah* البقلة, *ridjelah* الرجلة; le

(1) Ce que dit notre auteur de la sécheresse et de l'action desséchante des eaux courantes paraît anormal et contraire à ce qu'on doit attendre de l'eau. Banqueri tente de l'expliquer à l'aide d'une citation de Herrera, en disant qu'elle dissout les parties de l'humus contenues dans le sol, ne laissant qu'un sable inerte. Le texte est précis, il faut le suivre.

biqlah ou légume de l'Yemen, qui est le *yarbouz* ou la blette; l'épinard fraise; le *biqlah az-zabbiah*, qui est l'arroche: le *dosti* ou l'épinard; la laitue; la chicorée; le lis des jardins; la corète cultivée (meloukhia) et autres plantes analogues. Ces eaux conviennent encore pour l'irrigation du lin, de la courge, de l'aubergine, du henné, des diverses espèces d'origan et autres semblables.

Les eaux douces de fontaine conviennent, suivant Abou'l-Khaïr, pour l'arrosement de tout ce qu'on sème dans les jardins, à l'exception de tout ce que nous avons mentionné précédemment. Les eaux de source et de puits, suivant Ibn el-Fazel, conviennent aux plantes pourvues d'une longue racine plongeant profondément dans le sol, telles que carottes et navets longs; ce n'est même qu'au moyen de cette eau que ces légumes peuvent obtenir une bonne végétation, et cela quand même le sol serait mouillé par les eaux pluviales. Les eaux de puits, comme celles des fontaines, étant très-froides, impriment aux plantes une secousse qui leur est favorable lorsqu'on les emploie pour les arroser. Les verdures exigent de l'eau venue de source à trois époques de l'année : en automne, au printemps et en hiver. Dans cette dernière saison l'eau jaillissant des sources, par sa subtilité, sa fraîcheur, son humidité et sa chaleur, imprime aux plantes pour lesquelles on l'emploie de l'agitation (ou une secousse). Si cette ressource manque, il faut y suppléer par le fumier donné à forte dose. L'usage de ces mêmes eaux, en automne et au printemps, contribue à donner aux végétaux un bien-être (de végétation) évident.

L'eau salée, dit Abou'l-Khaïr, est celle de laquelle on obtient du sel, aussi bien que de l'eau de mer; elles ne valent rien pour l'irrigation des plantes ni l'une ni l'autre ; elles leur sont, au contraire, nuisibles tout aussi bien qu'aux arbres. Quant à moi, dit l'auteur, mon opinion est que les eaux ferrugineuses (1), les eaux sulfureuses, comme les eaux chargées

(1) On trouve en note : ce sont les eaux qui causent de l'altération (ou du dommage) aux godets des norias. Banqueri n'a pas traduit ce membre de phrase qu'il dit n'avoir pas compris, et qui du reste est mal écrit.

de cuivre, ne peuvent convenir en aucune façon aux végétaux, et que l'eau la meilleure est l'eau douce, ainsi qu'il a été dit plus haut.

Article I.

Indices d'après lesquels on peut juger si les eaux sont proches de la surface du sol ou si elles en sont éloignées.

Quand on voudra ouvrir un puits, on pourra se guider d'après certaines espèces de plantes, ou bien d'après la couleur du terrain à sa surface, sa saveur et son odeur, et par diverses autres circonstances que nous indiquerons, Dieu aidant (Conf. Géop. II, 5).

L'Agriculture nabathéenne dit que lorsque les montagnes renferment des eaux à une profondeur peu éloignée, on voit à la surface une humidité très-sensible qu'on distingue au toucher et à l'œil, surtout vers la première heure du jour ou à la dernière. En effet, on observe sur cette surface une sorte de sueur et d'humidité. Toutes les fois qu'on en voudra acquérir la preuve, on répandra de la terre pulvérisée sur les pierres et sur les parties terreuses de la montagne ; on observera ensuite le mouvement de l'eau ; si on voit la poussière s'imprégner d'humidité, la montagne renferme de l'eau peu éloignée de la surface, et le degré d'humidité sera toujours en raison du peu de profondeur de la nappe d'eau et de son importance ; de sorte que, si elle est faible, l'humidité (extérieure) sera faible aussi et peu sensible. Sachez aussi que la présence des eaux dans le sein des montagnes peut être constatée par l'audition de leur murmure et la disposition du terrain de la superficie ; ce sont encore des indices (à consulter), comme l'état de mollesse ou de consistance du terrain et autres accidents locaux qui peuvent se rencontrer, une certaine onctuosité du sol bien connue ou son absence remplacée par l'aridité. Si en observant la surface du sol on trouve une terre grasse, de couleur noire ou cendrée, glaiseuse au toucher, au moindre contact avec l'eau, sachez bien qu'il y a dans les flancs de la montagne une quantité d'eau abondante; si le sol est visqueux, mou, noir et gras, si en pétrissant une certaine quantité de la couche superficielle elle devient gommeuse, il y aura de l'eau en grande abondance. Si, au contraire, la terre est rude au toucher, nue à la surface et dépourvue de toute espèce de végétation, ou qu'elle y soit très-pauvre, concluez-en l'absence de l'eau ; de même, si la surface toute fendillée produit des mottes sèches, arides, noires; si le sol est d'une teinte jaunâtre, passant au blanc, il faut de même en conclure absence d'eau; de même encore si cette surface fendillée prend un aspect de tessons de poterie très-secs. Le signe le moins équivoque de cette disette d'eau et de toute humidité, c'est quand le sol prend l'aspect de l'argile à potier. Le procédé pour juger par le goût et par l'odorat de la proximité ou de l'éloignement des eaux est celui-ci : on creuse dans ce terrain un trou d'une coudée de profondeur, on prend de la terre du fond, on la met dans de l'eau douce, dans un vase bien propre, et on goûte cette eau en même temps que la terre; puis on cherche à se rendre compte de sa saveur ; si celle de la terre, comme celle de l'eau dans laquelle elle a trempé, tourne à l'amertume, c'est que le sol ne contient point d'eau; il en est de même si on trouve un goût salé et piquant. Si la salure est faible, on arrivera à une certaine quantité d'eau, mais faible; si l'on ne reconnaît aucun goût quelconque, ni dans le liquide ni dans la terre, c'est que la couche aquifère est proche de la surface. Dans l'expérimentation par l'odeur, voici ce qui arrive : quand la nappe d'eau est seulement à la profondeur d'une coudée faible, on trouve une odeur pareille à celle qui s'exhale des terres extraites des canaux d'irrigation, des rivières et des eaux stagnantes, quand cette vase a été desséchée. L'odeur d'eau croupie (de putréfaction), celle des mousses aquatiques, sont encore des indices de la présence des eaux. Suivant l'Agriculture nabathéenne, Ibn el-Fazel et Abou'l-Khaïr, ce qui indique la proximité de l'eau dans une terre légère, c'est la présence du cyprès, du térébinthe, des ronces, du petit lyciet, qui, suivant Ibn el-Fazel, s'appelle *Houllab* (1). Suivant l'Agriculture nabathéenne, le petit lyciet est celui qui, dans le genre, indique plus spécialement la présence de l'eau, parce que la grande espèce croît dans les terrains maigres où l'eau est fort éloignée (de la surface), tandis qu'au contraire la petite est toujours dans les terrains frais et humides, à la surface desquels se trouve l'eau. Le tamarisc, le roseau à papier, le sumac, les ronces, le plantain croissent dans les lieux aquatiques, les étangs et les marécages. La bourrache, les menthes, les camomilles, la ketmie, la capillaire des puits, le jonc (*diss*), le souchet odorant, les graminées, le mélilot, le ricin commun, le pouillet, le souchet, la mauve, le trèfle sauvage, toutes ces plantes croissent dans les prés (humides) (2); mais la petite centaurée, la petite joubarbe et autres analogues croissent dans les endroits légèrement humides et peu fournis d'eau. Mais quand ces plantes se montrent vigoureuses, bien feuillées, avec une teinte verte persistante, c'est un signe que les eaux sont abondantes et peu éloignées dans le sein du sol qui les a produites; quand c'est le contraire dans la végétation, c'est aussi l'indice du contraire pour les eaux. La proximité de l'eau douce s'annonce par les roseaux et le chiendent. Suivant l'Agriculture nabathéenne, quand ces plantes sont fortement établies dans le sol par les racines et le tronc, surtout en été et en automne, c'est une preuve que le terrain renferme de l'eau en abondance (3).

On lit dans l'Agriculture nabathéenne qu'un des moyens de s'assurer de la proximité des eaux et de leur saveur, c'est de creuser d'abord sur le sol, particulièrement là où croissent les plantes indiquées plus haut, un trou de trois cou-

(1) Le texte porte العوسج و الصعتر; Banqueri a lu avec raison العوسج الصغير, comme l'indique la citation de l'Agric. nabath. الحلب suiv. le dict. de Fraytag; c'est le nom d'une plante *qui fait tomber le ventre des gazelles*.

(2) Cf. Palladius, Aug. VIII, et Géop., II, 4, 5.

(3) Ces circonstances de végétation sembleraient s'appliquer plutôt à des plantes annuelles qu'à des plantes vivaces comme le chiendent et le roseau.

dées ou environ de profondeur. On prend ensuite un vase de cuivre ou de plomb, ayant la forme d'une coupe ou d'un grand seau, de capacité suffisante pour contenir environ dix rotls; suivant d'autres, on peut employer un vase d'argile. L'Agriculture nabathéenne veut que le vase ait une forme hémisphérique pouvant contenir de 7 à 21 rotls. On prend ensuite un flocon (*litt.* une portion) de laine blanche bien lavée, de façon qu'il ne lui reste aucun goût étranger. On le fait sécher complètement, on le lie avec du fil, on le fixe à l'intérieur du vase, au milieu et à chacun des côtés, avec de la cire, de manière qu'il ne touche point la terre; quand le vase sera renversé sur lui-même (*litt.* sur sa face), suivant quelques auteurs, on enduit l'intérieur du vase, de poix fondue, de graisse ou d'huile; surtout si ce vase est d'argile, c'est même une chose de nécessité. Après le coucher du soleil, on place le vase ainsi préparé sur son ouverture, dans le fond de la cavité; on fait une couverture d'herbes vertes avec de la terre par dessus, de l'épaisseur d'une coudée; suivant d'autres, on rapporte autant de terre qu'il en faut pour combler le vide. Le lendemain, avant le lever du soleil, on enlève tout ce qui recouvre le vase et on examine l'état de la laine. Si l'eau est proche de la surface, cette laine sera imbibée; si elle est à une profondeur moyenne, elle sera seulement moite et fraîche. S'il n'en est pas ainsi, l'eau repose à une grande profondeur; mais si la laine est restée absolument sèche, on ne trouvera point d'eau (1); ou bien il peut se faire que sous le vase se trouve

(1) Ce mode d'expérimentation est décrit dans les Géop. 11, 4, où il est attribué à *Paxamus*, tandis qu'ici il est dit extrait de l'Agric. nabat.; le grec dit que dans le milieu du flocon de laine on fixe une petite pierre par une ligature, sans doute pour donner de la pesanteur, δησάτω κατὰ μέσον τοῦ ἐρίου μικρὸν λιθάριον, circonstance qui manque dans l'arabe.

Banqueri a renvoyé en note et déclaré inintelligibles ces mots وتلصق بثيرا وتوفت; si on rétablit l'orthographe du dernier mot qui est altéré on lit : وتلصق بقيرا وتوقف, *on fixe avec de la cire et l'on assure la stabilité*, le sens ne laisse rien à désirer. Nous signalerons même ce mot قيرا qui est le mot chaldaïque employé pour désigner la *cire*, avec l'*aleph* final, forme spéciale à cette langue (Cast. Lex.).

une roche très-dure qui recouvre la couche aquifère (et cependant alors, malgré cette sécheresse), on devra trouver une eau abondante. En goûtant l'eau (qui adhère à la laine), elle accusera une saveur pareille à celle du lieu ou à peu près, si Dieu le veut. Nous avons, dit Ibn el-Fazel, fait cette expérience, et nous avons trouvé toutes choses conformes à ce qui avait été dit; puis il ajoute un procédé que nous avons encore trouvé capable de faire connaître le goût de l'eau avant l'ouverture du puits : c'est de creuser, dans le lieu même où l'on veut le faire, une fosse de la profondeur d'une coudée, prendre dans le fond une motte de terre, la mettre dans un vase de terre vernissé. Alors on verse sur cette terre de l'eau douce (de bonne qualité), ou bien de l'eau de pluie ou autre de pareille nature, ou même de l'eau de puits, de façon que le morceau de terre puisse se dissoudre. On laisse les choses en cet état jusqu'au lendemain matin: on déguste l'eau; si elle se trouve être douce, c'est l'indice qu'on la trouvera telle dans ce lieu; s'il en est autrement, l'eau sera en raison du goût constaté dans celle d'expérimentation.

Article II.

De l'ouverture des puits dans les jardins et les lieux habités.

Abou'l-Khaïr et autres disent que le puits rond à la partie inférieure (dans le fond), avec une ouverture allongée, est appelé puits *arabe*, et que celui de forme oblongue à l'orifice et à la base est appelé puits *persan*. Les puits parfaitement ronds à la base, c'est-à-dire les puits arabes, contiennent plus d'eau que ceux qui sont elliptiques (les seconds), parce que la rondeur de cette base étant proportionnée à l'ellipse, l'orifice devient nécessairement plus large. On lit dans l'Agriculture nabathéenne que lorsqu'on creuse un puits, et qu'on voit que le sol est dur et solide, la circonférence devra être plus large qu'elle ne l'est d'habitude. S'il est mou et peu consistant, on devra au contraire la restreindre. Quand l'eau commence à sourdre, on en prend dans un vase pour la déguster. Si elle est douce, on continue le travail; si le goût n'en est pas franc, on interrompt un peu le travail. On reprend un peu plus tard la dégustation. Si on constate cette seconde fois qu'en réalité l'eau soit mauvaise et tienne du saumâtre, on cesse tout travail sans regret. Mais si l'eau a de l'amertume ou quelque mauvaise qualité, on couvre le puits jusqu'au lendemain matin, pour reprendre le travail et le compléter.

Abou'l-Khaïr dit que quand un puits est profond, il faut lui donner une ouverture large de même qu'à l'appareil de puisage (1). Si la profondeur du puits est de cinq *qamah* (brasses) ou environ, l'ouverture devra être de seize empans, afin que la circonférence du mur prenant deux coudées environ, il reste encore environ neuf empans d'ouverture. Si la profondeur du puits est plus considérable, l'appareil de puisage aura plus d'ampleur. Sa circonférence devra donc être de douze empans. On lit dans l'Agriculture nabathéenne que si les ouvriers, en travaillant, ont reconnu que les sources sont pauvres et l'eau peu abondante, il faut pour obtenir une plus grande abondance, pousser le travail à une plus grande profondeur, sans oublier, pour cette grande dimension (*litt.* extrémité), ce qui a été recommandé plus haut (pour les proportions). Si on veut obtenir un puits qui fournisse beaucoup plus d'eau, il faut en creuser un second à côté, mais non contigu avec le premier, jusqu'à ce qu'on atteigne la veine de l'eau. Ce second puits devra être moins profond que le pre-

(1) سانية *sâniah*, *situla magna et instrumenta ad eam pertinentia*, Freytag. C'est tout l'appareil de puisage y compris la *noria*; *Vide inf.*

الطي *al-ṭay*. Banqueri a traduit par *plano* en proposant de lire الطاية; nous ne saurions admettre cette interprétation; nous pensons qu'il s'agit ici de la *muraille du puits*, ce qui l'entoure. En effet, plus loin (p. 145) en parlant de puits creusés dans la terre molle, l'auteur dit : Il faut se hâter de les murer ويبادر بطي البير في الارض الرخوة. Vers la fin du chapitre, l'auteur, le même Abou'l-Khair, indiquant les moyens de prévenir la casse des godets contre le mur d'enceinte, se sert du يطي. Les dict. donnent au verbe طوى. qui est le radical, le sens de *opplevit puteum lapidibus*, et par suite ce mot a pris place dans la langue technique avec le sens qu'il a ici.

Ailleurs nous reviendrons sur les mesures indiquées dans ce paragraphe.

mier, d'une coudée et demie environ; on en creusera ensuite un troisième qui descendra, au-dessous de la source, d'une coudée plus bas que le second; vous complétez de cette façon (une série de) quatre puits, de manière que le premier soit plus profond que tous les autres. On pratique ensuite dans le fond de ces quatre puits un trou (qui les mette en communication) avec le premier, afin que l'eau fournie par tous se réunisse dans le premier, en augmente le volume et le double.

Ibn el-Fazel dit que quand la veine qui fournit de l'eau dans le puits est dans un gravier, elle donnera abondamment; dans le sable, elle sera moins riche; si le sol est gras, l'eau ne viendra que par suintement. Un procédé par lequel on fait arriver l'eau de la source avec plus d'abondance et auquel il convient surtout de recourir si le puits ne donne que peu d'eau, c'est de prendre un makouk de sel bien mesuré; on le mêle à une quantité égale de sable (1) pris dans un ruisseau d'eau courante, la nuit, quand brillent la lune et les étoiles. Le lendemain matin, on répand ce mélange sur l'origine de la source, ou bien tous les jours on en jettera sept poignées dans le puits, seulement ce que peut contenir (*litt.* porter) la main droite. Quand vous aurez complété la pratique du procédé, l'eau augmentera d'une manière visible. En outre, quand vous voudrez donner à votre puits plus de profondeur pour obtenir une plus grande quantité d'eau, il faut le faire en septembre ou octobre, quand les sources sont arrivées à leur point extrême d'abaissement (*litt.* d'arrêt) avant la chute des pluies (2). Ce travail doit se faire vers le 7 du mois lunaire ou le 21 ou 22.

D'après Ibn el-Fazel, il faut faire en sorte de creuser son puits dans la partie la plus élevée du jardin et dans le potager, et près des portes, ou dans le milieu de (l'emplacement), s'il est possible. Mais il faut toujours s'attacher à

(1) Le texte porte زبل *zibel, fumier*; Banqueri a adopté cette lecture et il a traduit par *fimo*, mais nous pensons qu'il faut lire *ramal* رمل *sable*, leçon plus logique et appuyée du lieu où il doit être pris *un ruisseau d'eau courante*, نهر جار.

(2) C'est encore l'époque à laquelle aujourd'hui on creuse les puits.

l'établir dans le point culminant pour que l'eau arrive plus facilement vers toutes les parties des terrains ; placé près des portes, l'accès en sera plus facile. C'est dans les mois d'août et de septembre ou octobre, qu'il faut ouvrir les puits. On examinera attentivement ceux qui se trouvent dans les alentours, la nature de la terre, leur profondeur, le volume d'eau qu'ils fournissent, et on se guidera d'après les indices observés. Quand les ouvriers ont atteint l'eau, on effectue l'épuisement, afin de pouvoir pousser le travail plus avant, jusqu'à ce qu'on ne soit plus maître de l'eau. Si, dans le fond, on rencontre une couche de terre forte, jaune, peu humide, passant à une teinte blanche faible, ou blanche passant au jaune, cette terre nommée *al-mouthabel* (1) المطبل donnera peu d'eau. Si le fond est formé d'une terre compacte ou par une roche, l'eau arrivera par côté et par suintement; mais ne vous en tenez pas là; seulement, continuez à creuser jusqu'à ce que vous ayez traversé et brisé l'obstacle superposé à la source, et soyez arrivé jusqu'à elle; l'eau affluera en abondance sur les graviers (provenant de la roche brisée). On lit dans l'Agriculture nabathéenne que si, en creusant un puits, on arrive à une roche qui arrête le travail, il faut allumer dessus du feu qui la brisera par l'effet de la chaleur et de la fumée (en la calcinant) (2).

Abou'l-Khaïr dit que, dans les terres peu consistantes, il faut se hâter de murer les puits. S'il est besoin d'une voûte, elle aura vingt palmes de long sur une largeur de douze environ. Les voûtes les plus petites en longueur sont de douze palmes sur cinq et demie de large. Si on craint, dit l'Agriculture nabathéenne, qu'il y ait dans le puits des miasmes délétères qui en interdisent l'entrée pour les travaux, on s'en assure de la manière suivante : on allume une bougie, on la descend dans la cavité : si elle ne s'éteint point, le puits est sain, exempt de

(1) On ne trouve nulle part ce mot, qui sans doute est un mot usuel peut-être altéré, Banqueri la traduit par *apanderada*.

(2) Ce phénomène se manifeste fort souvent, il est très-connu en géologie; c'est dans le forage des puits dans les terrains de craie surtout qu'on l'a observé, car aussitôt que la couche solide du grès a été traversée, le jaillissement a lieu.

toute exhalaison nuisible. Si, au contraire, le flambeau s'éteint, c'est qu'il y a des vapeurs qu'on expulse par la ventilation au moyen d'une pièce d'étoffe ou de quelque chose d'analogue qu'on agite (vivement). Ce moyen est bien connu ; on l'exécute de la façon suivante : un homme fait descendre dans le fond du puits une pièce d'étoffe attachée à (l'extrémité d')une corde; il l'agite vivement, en l'amenant vers l'orifice, et la plongeant rapidement dans le fond, il répète cet exercice plusieurs fois. Si le puits a beaucoup d'ampleur, plusieurs hommes pratiquent l'opération ensemble, munis chacun d'une pièce d'étoffe différente ou de quelque objet analogue ; en cela, on se règle sur la dimension du puits. On reprend ensuite l'expérience avec la bougie ; si elle ne s'éteint point, c'est que les vapeurs délétères auront disparu. On peut encore faire des bottes de roseaux ou de quelque chose d'analogue, d'un volume proportionné à la capacité du puits. Ces bottes sont descendues à l'aide de cordes que des hommes tiennent à la main et qu'ils agitent vivement en les attirant à eux pour les faire monter, puis ils les font descendre, répétant plusieurs fois ce mouvement rapide descendant et ascensionnel, faisant en cela exactement les mêmes mouvements que pour piler une substance qui serait dans le fond de la cavité. Ce travail, assurément, expulsera tous les miasmes délétères. (Il y a encore ce procédé.) Dix hommes ou un plus grand nombre, suivant la grandeur de la circonférence, se placeront à l'ouverture, ayant chacun un vase d'eau froide à la main. Ces vases seront de la capacité de deux rotls. Ces hommes verseront tous simultanément le contenu des vases, puis ils procéderont aux ventilations de la manière que nous avons indiquée, ou bien à l'aide de quelque procédé analogue ; et alors les vapeurs disparaîtront, la volonté divine aidant. On a prescrit encore de verser de l'eau extrêmement chaude dans le puits et de couvrir aussitôt l'orifice avec une étoffe épaisse qu'on enlève ensuite ; c'est encore un moyen d'assainissement (d'expulser les vapeurs), la volonté divine aidant. On a dit encore de mettre dans un vase de la paille ou quelque chose (en combustible) analogue. On y met le feu, et, quand la fumée se développe, on plonge dans le puits cette paille fumante, puis on la ramène (à la surface). Cet exercice, plusieurs fois répété, emportera les vapeurs, Dieu le voulant (1).

Abou'l-Khaïr, (décrivant la machine à puiser l'eau), dit qu'il doit y avoir, par chaque *qamah* (brasse) de la corde de la noria, cinq godets environ. Il ajoute : Toutes les fois qu'on augmentera le nombre des dents de la petite roue qui fait tourner, c'est-à-dire qui donne le mouvement à la noria, et que l'on augmentera (le diamètre de) la grande, la machine fonctionnera avec plus de légèreté et plus d'aisance. *L'axe* ou *arbre de couche*, par sa longueur, ajoute aussi à la facilité (de la marche) de la noria; il n'y a aucun inconvénient à ce qu'il soit de trente schabres (6^{m},930) ou environ. Un des moyens de rendre le mouvement encore plus facile, c'est que l'axe, dans la portion qui est au-dessus du trou dont il est percé, reçoive (*litt.* soit coupé par) une pièce de bois disposée perpendiculairement. Un autre moyen d'allégement, c'est que la roue (*litt.* le cercle) qui supporte les godets soit en bois dur très-pesant, et qu'on lui donne plus d'épaisseur et de poids qu'on ne le fait habituellement. On a encore recommandé de pratiquer un petit trou au fond des godets, comme moyen de les empêcher de se heurter dans l'eau contre la *rampe*; on prévient encore, par là, un mouvement de torsion dans l'eau et la fracture des uns par les autres, ou contre le mur d'enceinte du puits, et quand la noria s'arrête (et cesse de marcher) les godets se vident (de l'eau qu'ils contiennent), et par suite la corde durera plus longtemps (*litt.* la vie de la corde sera prolongée), Dieu aidant (2).

(1) On trouve dans Pline, XXXI, 28, et dans Palladius Aug. 9, des prescriptions semblables à celles qu'on lit ici. Kazwien indique la ventilation à l'aide du souffle comme moyen d'assainir l'air vicié des mines.

(2) La traduction de ce passage présente de grandes difficultés : d'abord celle de l'insuffisance des dictionnaires pour les termes techniques, puis parce qu'ici l'auteur ne donne de la description de la *noria* que les moyens d'en perfectionner la marche. جرّة, correction proposée par Banqueri, semble indiquer l'*arbre*

Article III.

Manière de prendre le niveau de la terre (1) avec l'instrument appelé *al-marhifal* (2) ou autre pour régulariser le cours des eaux.

Cet instrument, dit Abou'l-Khaïr, est bien connu. Le procédé, quand on veut régler la surface du sol et la niveler en l'employant, consiste à prendre trois ou quatre bâtons de longueur égale; on ajuste chacun d'eux solidement et droit sur une planche; on aura ainsi une forme de table pour chacun, et tous ils auront, la base comprise, une hauteur bien égale; c'est une condition rigoureuse. Le premier de ces jalons se placera bien perpendiculairement sans qu'il penche (ni à droite, ni à gauche) à l'ouverture du puits, si l'eau d'irrigation part directement du puits sans réservoir (ou bassin), ou bien à l'orifice de ce dernier si l'irrigation part de là. Le second jalon sera posé à la distance en ligne (*litt.* en face) avec le premier; il en sera de même pour le troisième et le quatrième à l'extrémité du canal (ou conduite d'eau) qu'on veut mettre de niveau à partir de l'ouverture du puits ou de la bouche du réservoir. La distance laissée entre chaque jalon sera bien égale. On assure le pied au moyen de pierres ou de quelque *corps pesant*, pour prévenir la chute ou la dé-

de couche; il le traduit par *Atraveno*. Il viendrait de جر *entraîner*, car il transmet à l'appareil le mouvement reçu de la petite roue. Le mot سهم *pièce de bois droite* nous a semblé devoir remplir les fonctions de *volant*. — الرقوة est rendu dans les lexiques par *cumulus arenæ ad ripam*; Banqueri le rend par *gradus escalleria*; nous avons traduit par *rampe*, qui semble se rapprocher de l'interprétation du dictionnaire. — Au lieu de بهطي, nous lisons بها يطوي ou بها تطوي, ce qui environne, le mur (V. sup., p. 125, note). Il semblerait que les godets portaient sur une seule corde.

(1) وزن répond ici à cette expression latine *librare terram, aquam*, prendre le niveau de la terre, de l'eau. V. Plin. xxxi, 31, *not.* 3. (*Edit.* Hard.)

(2) C'est le *niveau avec fil à plomb*; ce mot ne se trouve pas dans les lexiques.

viation. On tend alors sur le sommet de ces jalons une petite corde (une ficelle) qui partant du premier arrive jusqu'au dernier; on l'attache solidement; on y fixe, entre les deux premiers jalons, l'instrument (le *marhifal*). On interroge le fil à plomb pour s'assurer s'il tombe exactement sur la ligne qui coupe en deux parties égales la surface de l'instrument. S'il en est ainsi, la section de la conduite d'eau est de niveau entre ces deux jalons; s'il incline vers l'un ou l'autre, il y a dépression de ce côté et élévation de l'autre. On procède alors au nivellement du sol en prenant de la terre dans la partie trop élevée pour la porter dans la dépression jusqu'à ce que le fil à plomb revienne sur la ligne médiane de l'instrument. On opère de la même manière entre chacun des jalons. Quand le sol a été nivelé jusqu'à son extrémité par ce procédé, on pense à rendre le point sur lequel on veut porter l'eau inférieure de niveau à l'ouverture du puits ou à l'orifice du réservoir. Le moins qu'on puisse donner de pente, c'est douze doigts par cent coudées (1) de longueur. C'est la mesure indiquée par Philémon dans son livre sur la *Direction des eaux*.

On peut encore se servir de l'*astrolabe* pour régler le terrain et le niveler. On procède ainsi : on dispose à l'ouverture du puits ou à l'orifice du réservoir une planche placée bien de niveau; on ajuste sur cette planche l'instrument, de manière que l'*alidade* soit placée en dessus, et que les deux trous qui y sont percés dans les pinnules (2) soient bien correspondant à l'ouverture du puits ou bien au point d'écoulement du réservoir, et l'autre visant sur la ligne par laquelle

(1) C'est-à-dire 0.231mm pour 46m 20, d'après la coudée égyptienne.

(2) Le texte dit de façon que le شظية soit placé en dessus et que les *trous*, qui sont aux extrémités d'elle, soient placés, etc. Ce mot شظية est traduit dans Castel par *schidium*, *segmentum ligni*, *similisve rei*, et même par *orbiculi*. Mais ici il paraît difficile de prendre une autre signification que celle d'*alidade* et de traduire طرفيه autrement que par les *pinnules* qui sont percées d'un trou chacune, ce qui répond à cette description : l'alidade العضادة est une règle de la même substance que l'astrolabe placée sur le côté (*litt.* le dos) à ses extrémités, على طرفيه dont deux pinnules هدفة percées de trous. مثقبتان. Mss. B. I. a f. 1157 f. 5 v°.

on veut tracer la conduite d'eau. On prend ensuite une planche ou une pièce de bois carrée; on pratique sur l'une des surfaces (*litt.* un des carrés) de grands cercles rapprochés les uns des autres, depuis le bas jusqu'au haut, tous d'un diamètre égal, mais chacun d'eux d'une couleur différente de celle de son voisin, ou bien on place (au centre) des signaux différents faits de quelque matière que ce soit, et très-visibles quand on veut les regarder de loin. On dresse cette pièce de bois ou planche (ainsi préparée) perpendiculairement, n'inclinant ni ne penchant vers aucun côté de la ligne qu'on veut niveler. Les cercles feront face à l'astrolabe. Un homme applique ensuite sa joue sur la partie du sol comprise entre l'astrolabe et l'orifice du réservoir, en s'approchant (le plus près possible) de l'instrument. Il porte son œil au trou de la pinnule de l'astrolabe qui est proche de lui, dirigeant son regard par l'autre trou, en visant en ligne droite de là vers les cercles coloriés de la mire, de façon que son œil, qui peut les atteindre tous, puisse les juger, et, en faisant passer le rayon visuel par les deux trous des pinnules à la fois, en ligne bien droite, il reconnaisse quel est précisément celui des cercles coloriés ou des signaux sur lesquels s'arrête le point de mire à l'exclusion de tout autre; il tâche de le retenir, se rend auprès de la mire pour s'assurer de l'élévation du cercle ou du signal au-dessus du sol qui la porte. Cette hauteur est celle (du terrain) entre l'orifice du réservoir et la mire. On enlève alors l'excédant où il existe pour le reporter sur la partie trop basse, rapportant dans les dépressions, autant qu'il est nécessaire pour que le rayon visuel, enfilant les deux trous de l'astrolabe, soit ramené au cercle (qui devient alors) le premier sur la mire et en contact avec la surface du sol. Quand ce résultat est obtenu, on est sûr que l'espace intermédiaire est de niveau. On opère de cette façon en face et sur les côtés, à droite et à gauche, sur une distance égale à la première; puis on effectue le nivellement du sol en rapportant de la terre des parties trop élevées dans celles qui ne le sont point assez, jusqu'à ce que l'œuvre soit au complet.

Philémon a exposé ces procédés dans son livre sur la *Direction des eaux*.

Quelquefois on remplace l'astrolabe par une planche longue d'une coudée ou environ, dans le milieu de laquelle on a tracé une ligne droite ; à chacune des extrémités on perce un trou (1). Dans chacun de ces trous, on enfonce un piton (2). (Ces deux pitons doivent être) bien égaux en hauteur et en ouverture, et les ouvertures bien correspondantes entre elles, suivant la direction de la ligne. On opère (avec cette planche ainsi préparée) comme avec l'astrolabe. On regarde par le trou de l'un des pitons, en dirigeant la ligne de vision sur l'autre pour arriver à la mire. On emploie encore, au lieu de l'astrolabe, deux tuiles creuses قرميدتان *qirmidatân*. Le dos, ou la partie convexe de l'une, repose sur la terre, l'autre est placée sur la première, de manière qu'ensemble elles forment un conduit percé (un tube). On fait (partir) l'observation du point le plus élevé, c'est-à-dire, de l'orifice du réservoir, en dirigeant sa visée vers l'autre trou pour arriver à la mire (3), et l'on effectue son opération comme il a été dit plus haut. Quand le sol a été bien nivelé et le terrain bien égalisé, on fait ses divisions, et l'on ouvre les canaux ou rigoles (dans les conditions) connues. Il y aura entre les rigoles un intervalle (concordant) avec la meilleure dimension pour la longueur des carreaux ; on aura soin que ces rigoles soient un peu inférieures au niveau des carreaux dont la surface devra être très-unie, sans que jamais la tête soit plus élevée que l'autre extrémité (4), sinon l'eau entraînerait les semences et les engrais de la partie élevée vers la partie basse. Suivant Ibn el-Fazel, les carreaux doivent avoir douze coudées de long

(1) *Litt.* à l'une des extrémités on perce un trou, et à l'autre un autre (trou).

(2) رزة *Rezzah*, *oculus ferreus quo pessulus excipitur*, Cast., ce qui a exactement la forme du piton, qu'on définit aussi clou dont la tête est en forme d'anneau.

(3) Ici l'auteur revient, sans prévenir son lecteur, à l'observation à l'aide de la planche et des pitons.

(4) *Litt.* et ne sera par le haut ni plus déprimée ni plus élevée que le bas.

sur quatre de large (1). Ce sont des carreaux de cette dimension qui seront toujours cités dans cet ouvrage, Dieu aidant. Si cependant on les fait de moindre dimension, il n'y aura pas d'inconvénient. Si on veut que la rigole parte en droite ligne de l'orifice du réservoir, comme pour toute autre conduite d'eau, on prend trois piquets en bois d'une longueur arbitraire. On en plante un près de l'orifice, enfoncé de façon qu'il soit en saillie d'une palme au-dessus du sol, le second à droite, par rapport à la muraille du réservoir, laissant entre les deux (piquets) la distance d'une coudée environ ou plus ; on plante ensuite le troisième à gauche dans les mêmes dispositions que le précédent, laissant entre lui et le piquet placé à l'orifice un espace égal à celui qui est entre le dernier piquet et l'autre à droite. On prend ensuite une ficelle (petite corde) ; on fait un œillet à un bout qu'on adapte à l'un des piquets placés aux extrémités (c'est-à-dire, de la ligne de droite ou de gauche) ; on étend ensuite cette ficelle vers le piquet de l'autre extrémité (de ligne). On fait un nœud (à la corde au point de rencontre) ; puis, tenant à la main ce nœud, on se porte vers la gauche, décrivant ainsi un demi-cercle ; ensuite portant l'œillet de la corde vers l'autre piquet auquel on la fixe, on se porte sur la droite vers le piquet (centre du demi-cercle) précédent pour tracer un autre demi-cercle. L'intersection de ces deux demi-circonférences se trouvera précisément vis-à-vis du piquet placé vers l'orifice du réservoir. Alors on attache la corde qui doit servir à la division (au piquet) dans le milieu en face de l'ouverture du réservoir; on la porte jusque vers le point de rencontre des deux cercles ; on continue toujours ainsi en ligne droite, sans s'écarter de ce point d'intersection, et l'on porte cette ligne jusqu'où l'on veut. On opère de la même façon pour tracer des rigoles qui sortent d'une autre (ou qui s'embranchent sur elles).

(1) C'est-à-dire $5^m,544$ sur $1^m,848$, d'après la coudée égyptienne.

CHAPITRE IV.

De l'établissement des jardins et de la disposition des plantations qu'on y doit faire, d'après ce qu'a écrit Ibn Hedjah sur ce sujet.

Il faut, dit Junius, quand on veut planter un verger (1), choisir les emplacements dans lesquels se trouve de l'eau en quantité suffisante. Il faut qu'il ne soit point trop éloigné de l'habitation du maître, autant que faire se peut, afin de jouir à la fois de l'agrément de la vue, de la salubrité de l'air qu'il assainit et du repos qu'il procure à l'œil (2). La plantation des arbres ne doit point se faire confusément et sans ordre; il faut, au contraire, rapprocher tous les congénères pour éviter que les espèces trop vigoureuses n'absorbent les sucs nourriciers, et que celles qui sont délicates n'en soient privées. La distance à laisser entre chaque arbre devra être réglée d'après la nature du terrain et sa force. Il en sera parlé ailleurs, la volonté divine aidant.

Il faut savoir, disent Junius et Kastos, que de toutes les manières de planter, celle qui donne les plus faibles résultats c'est le semis (en place), *litt.* les graines; et sachez encore que la plus avantageuse est celle qui procède par transplanta-

(1) On ne voit point pour quel motif Banqueri a voulu changer le texte et le lire تختار مواضع البساتين لغرس فيها مية كافية, choisissez, pour planter, les lieux des jardins où sont des eaux suffisantes. Les Géop. X, I, disent la même chose à peu près que le texte arabe primitif. Pallad. dit aussi, I, 34. *Horti et pomaria domini proxima esse debebunt*, qui vient ensuite dans notre texte. Le passage des Géop. est attribué à Florentinus ; dans Columelle on ne trouve rien.

(2) *Litt.* Parce qu'avec la vue sur lui et l'agrément il faut qu'il assainisse l'air et les yeux de ceux qui regardent.

tion, et qu'un excellent mode de plantation pour les arbres est l'emploi de leurs branches (c'est-à-dire les boutures et les marcotties) (1). Kastos professe à peu près les mêmes principes que Junius dans ce qui précède. Voici ce qu'il dit : Il faut grouper les arbres par espèces analogues, sans jamais confondre celles qui diffèrent et s'éloignent (par leur nature), pour éviter que ce qui est délicat soit avec ce qui prend du développement. Ceux-ci par leur ampleur produisent une ombre qui, couvrant les premières, leur portent préjudice et leur font perdre toute leur vigueur (les rendent chétifs).

Kastos dit : L'emplacement le meilleur pour l'établissement d'un jardin, c'est celui qui est pris dans un terrain uni qui reçoit les eaux d'irrigation d'un point plus élevé. Il est des agronomes qui disent que la meilleure manière d'entretenir les arbres en bon état, sans exception, c'est de leur donner de l'eau dans le cours de l'été et d'arracher tout ce qui vient se fixer (de plantes étrangères) sur ou à l'entour des racines, pendant qu'elles sont encore jeunes (*litt.* tendres), sans attendre qu'elles aient pris une consistance ni qu'elles se mêlent aux rameaux des arbres, et que par suite toute la force (nutritive) se porte sur ces parasites (*litt.* alors ira vers eux la force de cet ensemble).

Un autre dit qu'il faut redresser les arbres courbés au moyen de perches en bois (tuteurs) auxquels on les fixe avec une corde pour les faire tenir droits ; quand l'arbre est jeune, il prend facilement cette (bonne) direction. Il faut aussi être soigneux de fournir l'engrais (nécessaire).

Suivant Abou'l-Khaïr, quand on veut planter des jardins ou des vergers, il faut choisir les terrains des meilleures qualités dans les vallées arrosées de sources donnant les eaux les plus pures. On met, avant d'en venir à la plantation, le sol dans de bonnes conditions, on le nivelle pour que l'eau circule facilement quand on procède aux irrigations ; car ce nivellement, si on l'effectue après la plantation, peut mettre

(1) Géop., *ibid. loc. cit.*

à découvert quelques-unes des racines (importantes) des arbres et leur porter préjudice. Les jardins doivent, autant que possible, être à l'exposition du levant; les arbres seront plantés en ligne droite et par ordre, en se donnant bien de garde de planter les arbres qui prennent un grand développement avec ceux qui s'élèvent peu (Cf. Géop., X, 1). Il ne faut pas non plus associer les arbres qui se dépouillent de leurs feuilles avec ceux qui les conservent: c'est d'un plus bel effet. Les arbres à feuilles persistantes se plantent à la proximité des portes et des bassins ou réservoirs; tels sont: le laurier, le myrte, le cyprès, le pin. le cédratier, le jasmin, le bigarreautier, le *zamboa* (pamplemousse), le limonnier, l'arbousier, et autres de même nature. On place le pin là où il est besoin d'une ombre épaisse, ainsi que dans le milieu des parterres. Le cyprès se range en allées et occupe les angles des carrés. Les arbres qu'on peut planter à la proximité des puits et des réservoirs sont, par exemple, le sorbier, l'azederach, le *dadi*, l'orme, le peuplier d'Italie, le saule, le grenadier sauvage (goulnar) et autres analogues. Dans les jardins, on suspend aux grands arbres, pour l'agrément (1), des treillages ou berceaux; par suite, l'eau sous leur ombrage est plus fraîche et dans cet état de fraîcheur où elle est meilleure et plus avantageuse pour l'irrigation dans la saison des chaleurs. On dispose à l'aspect du nord des arbres qui projettent beaucoup d'ombre et ceux qui sont épineux (ou frutescents); tels sont: le jujubier, le pin, l'orme, l'*almès*, le saule et autres (qu'on range) vers les murs de clôture. On plante les mêmes espèces à l'aspect du couchant (2): leur ombre ne portera aucun préjudice aux arbres plantés dans le jardin, non plus qu'aux verdures (et légumes). Dans les grands vergers, les arbres

(1) Banqueri a rejeté du texte les mots البساتين للذاذة qui nous semblent bien convenir ici: en effet en lisant في البساتين للذاذة *dans les jardins, pour l'agrément* etc., l'addition de la particule في est la seule correction qui nous paraisse utile.

(2) Banqueri a lu الدّرب qu'il traduit par porte; nous croyons plus naturel de lire الغرب qui s'adapte mieux à l'ensemble de la phrase.

doivent être plantés séparément par espèces, c'est-à-dire que ceux qui donnent leurs produits à la même époque doivent être groupés ensemble: tels sont : le pommier, le prunier, le poirier, l'abricotier ; c'est un moyen d'alléger les soins qu'exige leur conservation (leur entretien). Les rosiers se plantent sur le côté du jardin (1). Dans les endroits où se trouve beaucoup de fraîcheur (*litt.* d'humidité), plantez l'orme, le saule pleureur, le platane, le cédratier, l'*atmès* et le laurier. On aura soin que le cédratier soit garanti des vents du nord et du couchant, et qu'il reçoive au contraire les vents du midi. Dans le chapitre XXII, on indiquera les terres qui conviennent pour le potager, si Dieu le veut. Précédemment, nous en avons dit quelque chose; consultez-le.

CHAPITRE V.

Manière d'élever les arbres dans un terrain non arrosé ou dans un verger (2) en terrain arrosé. Indication des arbres qu'on n'arrose point (3) d'après l'expérience acquise à ce sujet.

Sachez qu'il y a des arbres qu'on plante pour leur fruit et d'autres pour leur beauté, le parfum de leurs fleurs et leur éclat. Il est aussi des arbres cultivés pour l'utilité qu'on retire de leur bois. On obtient toute espèce d'arbres, soit par le semis des noyaux, pour ceux qui en produisent, soit par les pepins contenus dans leurs fruits, quand ils n'ont point de noyaux.

(1) Les Géop., X, 1, veulent qu'on plante les rosiers dans les intervalles des arbres.

(2) جنّة plus جنّات se dit particulièrement d'un lieu planté d'arbres ou de vigne, un verger. بستان est un jardin proprement dit, un jardin d'agrément, un parterre planté de fleurs, comme l'indique son étymologie persane بو odeur, ستان lieu, lieu des odeurs, lieu odorant.

(3) Le texte dit : que n'arrose point le planteur.

La reproduction se fait encore au moyen de branches qu'on éclate, ou bien qu'on coupe après les avoir choisies dans la partie la plus convenable (1). On multiplie encore les arbres à l'aide de bourgeons pris à l'extrémité des branches, ou bien encore au moyen de boutures ou plançons taillés dans la partie inférieure de ces mêmes branches. Un autre moyen est de prendre les drageons poussés sur les racines de certains arbres, ou dans le voisinage, qu'on nomme *nawami* ou *lewahiq* et encore *nabât* et *laqah*, qu'on choisit (2) et qu'on enlève avec leurs racines pour les replanter dans un lieu où on les élève (en pépinière). Si (ces drageons) n'ont point de racines, on les tient en nourrice jusqu'à ce qu'ils soient poussés. Nous traiterons plus loin, la volonté divine aidant, de la manière de les diriger (3). Ces modes d'opérations s'appellent *taglis* تغطيس (couchage),

(1) Nous avons traduit ce qu'on lit dans le texte, mais nous sommes porté à croire que le mot اختيار est altéré ; le sens semble appeler une autre expression.

(2) Nous pensons que ces mots النبات et اللقاح sont des dénominations de rejetons. Au lieu de اللقاح nous lisons اللقاح dérivé de لقح qui, très-souvent est employé dans le sens de *germinare*, *pullulare*. Le mot اللباخ proposé par Banqueri ne donne pas de sens.

(3) Les Géoponiques, X, 3, indiquent seulement quatre moyens de propagation qui résument les détails ; par la semence ἀπὸ σπέρματος : *surculis avulsis*, ἀπὸ παρασπάδων *stolonibus appellatis* τῶν λεγομένων μοσχευμάτων ; *à taleâ*, πασσάλου et *à ramo* ἀπὸ κλάδου. Théophraste, *Hist. plant.* II, est plus détaillé. Il admet la reproduction spontanée sans culture αὐτόματος, ou de graine, par la culture, ou de racines, (ce qui s'applique surtout aux plantes bulbeuses) par drageons enracinés ἀπὸ παρασπάδος اللقات — اللواحق — النوامي, par les branches ἀπὸ ἀκρέμονος القضبان qui s'entend des branches propres aux marcottes ἀπὸ κλωνὸς *summitas rami*, les yeux اعين عيون ou bourgeons, *surculi* de Pline, ἀπὸ αὐτοῦ τοῦ στελέχους, du tronc de la tige disposée en plançons ou boutures, *talea*, *clava*, وتد plur. أوتاد ou du bois lui-même coupé menu ἀπὸ τοῦ ξύλου κατακοπέντος εἰς μικρά, ce qui rappelle le *semis par tronçons*. (Théop., *Hist. plant.* comm. Scaliger, p. 72, 73). Cf. Varron, *De re rust.*, I, 40, Pallad. X, 11, 12, 13. Cato XLV., Col. *De arbor.*, 7 et *De re rust.*, pass. Pline, XVII, 10. Virg., Géorg. II, 17, suiv.

et *istitaf* استطافة (marcotte en entonnoir ou en pot). Chacun de ces procédés, pour la culture et la plantation, est soumis à une méthode particulière que nous ferons aussi connaître, Dieu aidant. Quand les branches ainsi plantées sont bien reprises et enracinées, que leur bois a pris de la consistance, ce qui a lieu au bout de trois ans ou à peu près, elles fournissent des sujets bons à transplanter et à mettre à demeure fixe dans les endroits convenables à chacun d'eux, et dans lesquels, Dieu aidant, ils donneront de bons fruits.

On lit dans Ibn Hedjadj, dans son livre qui traite des espèces et des formes des arbres qu'on plante, que Junius dit que toutes les espèces d'arbres peuvent être propagées (*litt.* plantées) par les moyens qui suivent : à l'aide de noyaux, de graines, ou de rejets ou drageons, qu'on détache de l'arbre (*avulsione*), ou bien à l'aide (de boutures et de plançons, *taleæ* ou *clavæ*). On choisit à cet effet ce qu'on a trouvé de plus fort (1). Les espèces, d'une pousse vigoureuse et d'une nature spéciale, exigent qu'on y regarde à plusieurs fois. Ce qui demande à être propagé de graine ou de fruit, c'est le noyer, l'amandier, le châtaignier, le pêcher, le prunier, le pin à pignon, le cyprès, le sorbier domestique, le laurier, le pin mâle (cèdre). Demetrius mentionne dans ce groupe l'abricotier, et Kastos ajoute le pistachier. Le même veut que quand le plant venu de graine a pris racine, il faut le porter (le repiquer) ailleurs, parce qu'il s'en trouve bien. Démocrite s'explique ainsi : Quand deux ans ont passé sur ces semis, il faut les replanter dans un autre endroit. Junius exige aussi la transplantation de ces jeunes semis. Ibn Hedjadj affirme que tout ce qu'il y a d'hommes intelligents parmi les agronomes est d'avis qu'il est désavantageux pour les semis de rester en place.

Junius dit que ce qu'on multiplie de branches détachées de l'arbre (2), c'est le pommier, le cerisier, le pistachier, le myrte,

(1) Ce passage attribué à Junius est un résumé des préceptes de Columelle dans son livre *De arboribus*. Pline XVII. 20 dit à peu près la même chose. Cf. Virgile, Géorg. II, 9 et suiv.

(2) Suivant les Géop., X, 2, de drageons, *à stolonibus*. Ce passage cité comme

l'azerolier. Kastos ajoute à ces noms celui du néflier. Junius dit qu'il est des individus qui prennent une branche encore adhérente à l'arbre, la courbent, la tiennent couverte de terre jusqu'à ce qu'elle ait pris racine; alors on replante cette branche (ainsi marcottée), parce qu'elle exige la transplantation. Nous donnerons ultérieurement la description de cette opération (*litt.* forme), Dieu aidant.

Suivant le même auteur, ce qu'on multiplie de bouture (ou de plançons), c'est le figuier, le cédratier, le coignassier, l'olivier, le tamarisc et le peuplier. Ces espèces, transplantées ensuite, n'en valent que mieux (1).

Sidagos dit que quand un arbre ne se dépouille point de ses feuilles, qu'il reste longtemps sur pied, et qu'il ne vieillit qu'à la suite de longues années, quand sa feuille et sa fleur sont tardives à se montrer, nous reconnaissons que cet arbre est d'un bois dur et *visqueux* (2), et non d'une texture molle et lâche. Quand au contraire la vie de l'arbre est courte, et qu'il reste peu de temps fixé au sol, c'est un signe que le bois est léger et tendre, et qu'il se gâte promptement. Ainsi, je pense que si l'on veut propager des arbres d'un bois dur, il vaut beaucoup mieux employer des boutures prises dans des branches lisses et jeunes (dont le bois est formé), que celles prises dans des branches tendres (dont le bois est incomplet), parce que ces boutures (d'un bois) plus solide et plus dense se fixeront beaucoup mieux qu'étant prises dans ces branches (qui sont tendres). Le résultat sera plus satisfaisant. (Ceux des arbres pour lesquels il faut agir ainsi) sont le mûrier, le coignassier, l'olivier, le poirier, le cédratier, le grena-

extrait de Junius est dans les Géop. sous le nom de Didymus. Ce passage semble être l'indication de ce qui sera dit art. VIII.

(1) Ce passage est une traduction des Géop., X, 10, avec cette différence que les Géop. disent que ces arbres se multiplient par éclats ou drageons, branches et boutures *ἀπὸ παρασπάδος, ἀπὸ κλάδων, ἀπὸ πασσάλου*. Les autres prescriptions des Grecs manquent ici.

(2) Le mot arabe لزجة ne peut se traduire autrement; mais il est probable qu'il faudrait un mot qui exprimât la *densité* pour répondre aux deux qualités contraires qui suivent.

dier et le myrte. Si les boutures employées pour la propagation de ces arbres sont d'un bois déjà consistant, les racines qu'elles jetteront prendront de l'extension et se fixeront solidement. Quand on veut procéder à la plantation des branches de ces arbres, il faut opérer comme nous l'avons indiqué; c'est ce qu'il y a de mieux et de plus convenable. Quant aux arbres qui sont de peu de durée, et dont la feuilaison est précoce, nous savons qu'ils sont d'un bois tendre et de peu de densité. Tels sont : l'amandier, le pêcher, le prunier et autres espèces analogues. Pour les multiplier, on emploiera des branches tendres; les fruits en seront plus beaux (*litt.* plus convenables). Quant au figuier, qui est un arbre qui vit longtemps, et dont le bois tendre s'écarte de la règle, on a pensé qu'il fallait le propager au moyen des branches tendres (des bourgeons). Car, quand on emploie à cet effet les plançons, alors même qu'on les plante grands, l'air et la pluie pénètrent dans l'intérieur (par la section supérieure) et viennent attaquer ce qu'on appelle la moelle. Le plançon, alors affaibli, ne pousse point de racines; il se gâte et se pourrit. Ici se termine la citation.

Solon dit que, quand les boutures ont peu de sève et qu'elles sont d'une nature sèche, les drageons et les branches (ou marcottes) sont préférables, parce qu'ils contiennent plus de sève. Karoman tient à peu près le même langage. Kastos entre dans de plus grands détails, et, dans certains cas, il diffère de Junius. Voici en résumé ce qu'il dit : Sachez que, quand on veut multiplier un arbre de graine, il faut la briser à la main avant de la semer. Si la multiplication se fait avec des branches, il faut prendre les drageons (1) qui poussent sur le pied : mais ces modes (de culture) ne peuvent être toujours les mêmes. Souvent il sera bon de semer des graines; souvent aussi il sera bon de recourir aux branches et aux drageons; souvent, si on associe à l'objet planté un autre arbre, ce sera avantageux (2). Il y a pour chaque genre un mode particulier

(1) Lisez لواحق et non اواخر, comme le propose Banqueri.

(2) Banqueri, par suite d'une rectification fort bonne du reste, supprime ce

qu'un autre ne peut remplacer utilement. Ainsi, les espèces qu'on propage par le semis : sont : le pistachier, le noyer, le noisetier, l'amandier, le châtaignier, le pêcher, le prunier, le pin à pignon, le cyprès, le laurier, le palmier (1). Quand les jeunes plants sont bien enracinés, il faut les reporter ailleurs; ils s'en trouveront bien. On propage de branches tirées à la main, éclatées ou cassées, le nèflier, le myrte, le pommier. Quand la reprise du jeune plant est bien assurée, on en effectue aussi la transplantation. On multiplie de rejetons ou drageons poussés sur le pied et de boutures, l'amandier, le poirier, le mûrier, l'olivier, le cédratier, le coignassier, le myrte, le nèflier. Il faut ici encore porter les sujets ailleurs après la reprise. Les espèces qui réclament beaucoup de soin sont : le mûrier, le cédratier, l'olivier, le grenadier, le jujubier de montagne blanc et le coignassier. Il en est pour lesquels on met à découvert les racines, pour les arracher ensuite à la main ; ce sont : les racines de vigne, de saule et de pin (2). Ce qu'on sait pouvoir être multiplié de semis et de drageons, c'est l'abricotier, les diverses espèces de pruniers, l'amandier, le pistachier et le laurier (V. Géop., *loc. cit.* fin).

Ibn Hedjadj dit que Kastos, comme on l'a vu, a consacré dans son livre un chapitre particulier aux arbres qui se plantent d'une seule manière. Ce qui peut être planté de deux manières est également traité dans un autre chapitre isolément. Il a expliqué et associé ensemble chaque objet avec ce qui lui est analogue dans la condition, quoiqu'en cela il puisse y avoir des choses à réfuter (3).

passage ورب غرس ان اضيف الى غيره من الشجر كان خيرا que nous avons conservé, comme répondant à ce qu'on lit dans Columelle : *Vitem maxime populus alit, deinde ulmus, deinde fraxinus* (*De arb.*, XVI. *Vide infrà*, liv. XII, art. 2.

(1) Pareille nomenclature se trouve dans les Géop., X, 10, qu'on peut rapprocher de ce paragraphe.

(2) Ce procédé rappelle la multiplication par racines, indiquée par Théophraste. *Hist. plant.* II, 1.

(3) Pour ce qui précède, cf. Géop., X, 3.

Ibn Hedjadj, en traitant de la disposition des pépinières, الترمدانات, dit que Junius, parlant des branches éclatées, (*avulsa*, et drageons,) des boutures ou plançons, recommande de les établir dans les lieux appelés pépinières ou *termadânât*, puis de les reporter ailleurs. Ce dernier nom est celui que donnent les Grecs aux lieux où se font les plantations d'abord, et dans lesquels on prend les sujets pour les replanter ailleurs; telle est l'explication qu'en a donnée Junius dans son livre (1). Il ajoute que l'opération pratiquée à l'aide des branches est bien plus avantageuse en automne. On y procède de la manière qui suit : on commence par labourer le terrain profondément (*litt.* fouiller); on y met de l'engrais. On y plante ensuite ce à quoi on veut faire prendre racine, soit branches détachées par éclat (ou coupées), ou boutures, laissant entre chacun la distance d'une coudée; on couvre de terre les objets plantés, et l'on arrose (on laisse en place) pendant trois ans jusqu'au moment de la transplantation. On a soin d'enlever avec la serpette (2) tout ce qui pousse à l'entour du sujet. Quand on veut effectuer la transplantation, il faut creuser (faire la fouille) avec une grande précaution pour éviter de blesser en rien les racines, et faire en sorte que la terre qui leur est adhérente ne se détache point : pour cela, on l'assure à l'aide d'un lien; (ainsi préparé) l'arbre est mis en place partout où on le désire. Le même auteur parle également des semis en ces termes : Souvent il arrive que les arbres qu'on transporte à de grandes distances se dessèchent. (Pour éviter cet inconvénient) il y a des personnes qui ont recours au semis (3) de la façon suivante : quand le fruit a complété sa

(1) Nous n'avons trouvé ce mot nulle part; il est sans doute très-altéré et défiguré.

(2) منجل *mindjal*; c'est un petit instrument tranchant, en fer, à lame recourbée, qui dans le dictionnaire est traduit par *falx messoria* (faucille); nous pensons que celui employé en horticulture devait être l'équivalent de notre *serpette*.

(3) Sans doute que ce semis se fait sur place et dans le lieu trop éloigné. Tout ce qui suit se trouve dans les Géop., X, 86. L'art. est attribué à Pamphilius.

maturité sur l'arbre, on recueille la graine, qu'on étale pour la faire sécher, puis on la sème. On doit éviter de l'exposer à l'ardeur du soleil; il faut, au contraire, la faire sécher à l'ombre; il en est même qui répandent de la cendre par-dessus. Il convient que le lieu qui reçoit les semis soit arrosé et pourvu d'engrais. On pratique des trous d'un empan ($0^m,231$) de dimension, laissant entre chacun d'eux une distance d'un pied (1); dans chacun d'eux on dépose une graine, on couvre de terre meuble, on donne de l'eau (constamment) jusqu'à ce que les pluies viennent. Quand le jeune plant a atteint deux ou trois ans, il faut le replanter avant qu'il ne soit ramifié. On le dépose en terre avec toutes ses racines, ayant bien soin de ne laisser passer que la tête au-dessus du sol et rien de plus; on dispose à côté (de chaque plant), et pour le protéger, des soutiens (tuteurs). Il est des personnes qui pensent que toute plantation (arbre) venue de graines est faible (et délicate). Il faut cependant bien se rappeler que chaque espèce de graine produit toujours un arbre d'espèce pareille à la sienne, à l'exception de l'olivier qui donne une espèce de sauvageon qu'on appelle *qartanon, oleaster,* qui ne produit pas de fruits (2).

Sidagos dit en traitant ce sujet que, toutes les fois qu'on veut transporter des graines d'un lieu éloigné vers un autre, il faut répandre sur elles de la cendre pour empêcher que l'humidité ne les fasse adhérer entre elles. Si on ne prend point cette précaution, une grande partie sera frappée de stérilité ou gâtée. Il ne faut point les exposer au soleil qui certainement leur causerait un excès de dessiccation nuisible et les priverait de tout ce qu'elles auraient d'humidité douce et onctueuse. Si les graines sont pourvues d'une écorce ou coque, comme la noix et la noisette, et autres fruits pareils, le soleil

(1) Nous avons suivi dans ce passage le texte du mss. de la Bibl. imp. plus explicatif que celui de Banqueri.

(2) قرطنون *Oleaster* ἀγριέλαιον. Le plus généralement il arrive chez nous que les pepins donnent seulement des sauvageons.

ne leur fera aucun mal ; cependant, le mieux, en tout état de cause, est d'opérer la dessiccation à l'ombre.

Le même auteur dit, dans un autre endroit que, lorsqu'on veut porter le jeune plant de la pépinière dans la place où il doit être à demeure, il faut l'enlever avec sa motte (*litt.* son argile), sans que rien en soit détaché. Quand on le pose en terre, il doit être couvert de façon que les trois quarts se trouvent enfouis, et que l'autre quart s'élève au-dessus de la surface. C'est la meilleure méthode à suivre et celle que professent les hommes les plus habiles, sur la manière d'enfouir les arbres.

Junius prescrit d'établir la pépinière dans un terrain resté sans culture, exempt d'humidité, et dans lequel rien précédemment n'ait été déposé. Il faut exposer sa pépinière au levant; elle doit être accessible aux courants d'air. On retourne le terrain et on le cultive à fond pour en extraire toutes les racines (qui peuvent s'y trouver). Les plants déposés dans ce terrain doivent être espacés entre eux d'un pied. Le trou qui reçoit le plant doit avoir un demi-pied de profondeur. En disposant les choses de la sorte, on rend plus facile l'extraction du sujet avec la pioche. Il est nécessaire que les plants ne soient point serrés, mais au contraire écartés, pour qu'ils puissent tous jouir de l'influence du soleil, dont alors ils pourront recevoir la chaleur à toute heure du jour. On choisit, pour planter, les branches dont les yeux sont pressés, parce que la reprise en est plus prompte. Le brin ne doit point avoir moins d'un pied et demi de long. Il est des agronomes qui pensent qu'on doit donner un serfouissage à l'entour des plantes en pépinière, six fois (par an). Si on veut le faire tous les mois, on commence dès le premier mois. Les instruments employés pour la culture (des pépinières) doivent être de petite dimension pour ne point blesser les jeunes sujets, quand ils sont (plantés) rapprochés les uns des autres (bien serrés). (Cf. *Col.*, *De re Rust.*, III, 15, *suiv.* *De arbor.*, I, *suiv.*)

Le même auteur ajoute qu'il faut faire tomber les branches

qui tendent à pousser à côté des bourgeons (1), pendant qu'elles sont tendres, et avant qu'elles aient pris de la consistance, afin que l'opération se fasse sans difficulté. La pousse qu'on laisse ne doit point avoir plus d'un pied de haut ; si elle excède cette dimension, on la rognera pour la faire croître en grosseur. Tous ces retranchements (pincements) doivent être faits avec les mains et jamais avec un instrument en fer. Il faut aussi que la seconde année on donne un serfouissage six fois répété à l'entour du jeune plant, comme dans la première année. On ne laisse pas plus de deux yeux (bourgeons) à chaque sujet, et l'on ne manquera pas de faire tomber les pousses secondaires aussitôt qu'elles se produisent, de la même manière que nous avons dit (par le pincement) pour la première année(2). Après avoir ainsi traité les arbres en pépinière et leur avoir donné tous les soins (qu'ils réclamaient), on songe à les porter en place. Il y a des agriculteurs qui pratiquent la transplantation la troisième année (seulement), parce que, lorsque le jeune sujet n'a qu'un an (de pépinière), il ne reprend que fort difficilement. Aussi, Léon l'agriculteur (3) prescrit de ne point transplanter d'arbre au bout d'un an seulement, parce que les racines sont encore trop faibles pour assurer sa solidité ; ainsi la transplantation faite dans ces conditions devient nuisible.

Il y a des personnes, dit Junius, qui croient devoir arroser les plantes pendant qu'elles sont dans la pépinière; c'est un soin inutile; l'arrosement ne se fait qu'après la transplantation.

(1) Sans doute celles qui poussent à côté de la branche principale, comme on peut l'inférer de ce qui va être dit bientôt.

(2) Banqueri rejette le passage suivant comme superflu et altéré : وان تشتد الغروس الى ان ما يقام اليد فيمسكه. Nous pensons qu'il ne serait point inutile, car il parait se rattacher à la manière dont il faut disposer le tuteur dont il a été parlé précédemment ; mais la traduction en est difficile à cause de l'inexactitude du texte.

(3) Léon l'Africain ? Le texte dit اتم لاون صاحب الفلاحة, Banqueri صاحب الفلاحة الاتحول يعرف que nous n'admettons point.

Ibn Hedjadj fait remarquer que ces prescriptions concordent avec ce que dit Sidagos : qu'aucun plant, soit qu'il vienne de branches éclatées (ou drageons), ou de branches (marcottées), ou de noyaux ou de boutures qui ont crû dans un sol arrosé, ne doit être replanté que dans un terrain pareil à celui dont il sort. Ibn Hedjadj dit qu'il n'y a point d'inconvénient à arroser les plants qui sont en pépinière, s'il y a excès de chaleur ou de sécheresse dans le sol.

Il y a, dit Junius, des résultats différents entre ceux donnés par un plant de vigne pourvu de racines et celui qui est mis en terre immédiatement après avoir été détaché du pied. En effet, la vigne, plantée avec toutes ses racines, reprend sur la plantation elle-même (sans retard) (1), et on ajoute à cette occasion, que, lorsqu'il y a eu transplantation, la grappe en est plus belle. Kastos dit à peu près la même chose. Junius prescrit de nettoyer le terrain dans lequel on veut faire la plantation et d'enlever toutes les espèces de broussailles qui s'y trouvent. En prenant ce soin, on est dispensé de labours profonds. Il suffira de faire passer plusieurs fois la charrue et la herse. On devra enlever les broussailles et les pierres, celles surtout qui sont tranchantes, parce que toutes ces pierres répandues à la surface peuvent brûler le plant, lorsqu'elles sont échauffées par la chaleur du soleil qui, en été, se fait sentir sans interruption sur les corps solides (plus aptes aussi à la concentrer). En hiver, ces mêmes pierres se refroidissent (et lui transmettent du froid) ; ainsi elles sont toujours nuisibles au jeune plant avec lequel elles sont en contact à la surface du sol. Au fond du sol, au contraire, leur effet est tout autre, car, dans les grandes chaleurs, elles procurent de la fraîcheur aux racines.

Il faut aussi, dit l'auteur, niveler son terrain autant que possible, sans jamais laisser de dépressions dans la vigne. Suivant

(1) Le texte nous paraît fautif; Banqueri propose une correction qui ne nous satisfait point et qui ne paraît pas répondre à la situation. Il faut peut-être lire : الغروس التى لها اصول كلها ان تعلق فى نباتها et traduire comme nous l'avons fait.

un autre, il faut commencer par choisir le sol qui convient aux espèces qu'on y veut cultiver et lui donner plusieurs bons labours, quand il est dans des conditions de qualité et de fraîcheur suffisantes. On le purge de tout ce qu'il peut contenir de bois, racines et autres corps étrangers ; plus on aura multiplié la culture, mieux ce sera. Une culture profonde est ce qu'il y a de mieux et ce qui peut le plus longtemps entretenir le sol dans une fraîcheur et des conditions convenables. Si, après tout cela, il est en un lieu arrosable, on peut procéder à la plantation, Dieu aidant. Les époques convenables pour la faire seront indiquées plus loin collectivement (dans un même chapitre). D'après l'Agriculture nabathéenne, il faut, pour l'emplacement de la pépinière qui recevra les jeunes plants et les graines ou noyaux, choisir un terrain bien reposé de toute culture (*litt.* semence), et en jachère depuis un an ; s'il est possible, depuis deux ans, c'est meilleur encore. La pépinière doit être exposée à l'action des vents. Le terrain dans lequel on replante les arbres doit avoir une analogie très-proche avec celui de la pépinière où le semis a été fait, ou bien lui être pareil. Il faut surtout se garder de porter un arbre d'un bon terrain dans un mauvais.

Article I.

Temps où doit se faire la plantation des arbres, des branches éclatées, des bourgeons et des boutures, d'après le livre d'Ibn Hedjadj.

Sidagos recommande de planter dans les régions chaudes en automne, surtout quand l'eau n'y est point abondante, afin que les sujets plantés puissent profiter des pluies de cette saison, de celles de l'hiver et de celles du printemps (Cf. *Géop.*, x, 2). On peut planter aussi après la cessation des froids rigoureux, et lorsque les arbres approchent du moment où leurs boutons vont s'ouvrir. Le point capital pour la plus grande partie de ces arbres, c'est de leur donner de profonds labours en lignes (raies) rapprochées, afin que la terre conserve aux arbres qu'elle renferme l'humidité des irrigations. Dans les pays froids, les plantations doivent se faire après que le froid a perdu de sa rigueur et de son intensité, quand les branches vont se couvrir de végétation et les boutons s'ouvrir. La plantation automnale se fait, parce qu'on obéit à cette opinion que dans cette saison les racines des arbres sont vigoureuses. La terre se trouve dans une bonne condition, parce que le soleil d'été, par sa chaleur, l'a rendue plus légère, et, si la gelée ne vient point la saisir, amendée encore par les travaux préparatoires, elle sera très-bien disposée à recevoir ce qui lui sera confié. L'automne est donc, suivant les partisans de cette opinion, la meilleure saison (*litt.* il est donc chez eux le meilleur pour cela).

Suivant Junius, le moment convenable, pour faire les plantations, varie selon les contrées où on doit les faire et suivant leur position (géographique). Quelques agronomes conseillent de les faire après la vendange, quand les feuilles sont tombées. D'autres font leurs plantations au commencement du printemps; ils s'y prennent dès le 7 du mois de schebat (février). Le meilleur, en cela, est de planter les parties élevées et sèches, après la vendange, et les terrains de plaine ou qui y touchent, au commencement du printemps, dès le mois d'adar (mars). Les terres humides se plantent les dernières à la fin des époques. Les terrains salés se plantent à la suite de la vendange, parce que les pluies qu'ils reçoivent laveront ce qu'ils contiennent de mauvais et de délétère. Il faut, quand on leur donne les façons de culture, jeter au pied des plants de la bouse de vache, car ce genre d'engrais neutralise l'élément salé. Les terres grasses doivent, pendant l'été, recevoir un labour profond (1), parce que, frappées par le soleil, elles s'échauffent (se brûlent); ensuite les pluies surviennent qui les ameublissent et les rendent aptes à recevoir très-promptement

(1) Le texte porte خبر *connaître*; nous pensons qu'il faut lire حفر *fouiller*, cultiver profondément, qui donne un sens plus convenable et conforme d'ailleurs aux principes d'agronomie et à ce qui vient à la suite.

les diverses plantations. Les terres légères n'ont aucun besoin d'être fouillées ainsi d'avance, car la chaleur du soleil suffit pour les ameublir à l'égal de la cendre. Pourtant cette culture profonde doit se faire comme la plantation, à la même époque en automne. Les deux opérations étant faites à la même époque dans ce terrain, le résultat sera avantageux.

Junius dit qu'il en est (des praticiens) qui pensent que dans les terres chaudes, en général, la plantation doit se faire en automne. On commencera alors dès le milieu du mois de ticherin 1er (octobre), pour continuer jusqu'au commencement du premier kanoun (décembre) (1). Les mêmes praticiens suspendent toute plantation jusqu'au 7 du mois de schebat (février), quand il est chaud. Il faut, dans les lieux qui sont exposés au froid de l'hiver, surtout quand ils sont en montagne, commencer la plantation vers la fin du printemps. Car, quand l'air est froid, et qu'on y dépose de jeunes plants, il leur reste trop peu de force pour croître et se développer. Il devient donc, par ces motifs, nécessaire de multiplier les plantations en automne dans les lieux chauds. La raison (physique), c'est que, dans cette saison, ils sont peu disposés (*litt.* lents) à pousser; tout chez eux se porte vers l'émission des racines. Au printemps, c'est le contraire; l'air est échauffé, et le végétal est disposé à produire la fleur qui est située à l'extrémité (des branches) plutôt qu'à lancer ses racines (2). Nous devons travailler aux plantations depuis la troisième heure du jour jusqu'à la dixième, par la raison que le vent se fait plus vivement sentir au commencement et vers la fin du jour. Quand on plante, le sol ne doit point être humide, ni boueux, ni sec en excès.

Le même auteur rapporte aussi que Junius a traité de la

(1) On remarquera ces noms de mois syro-macédoniens dans une citation attribuée à Junius. Columelle dit en général : *Arbores aut radicata semina autumno serito circa Idus octobris. Taleas et ramos vere antequam germinare arbores incipiant.* Arb., XX.

(2) Ces principes de la physiologie végétale ancienne se trouvent dans les Géop., X, 2. Nous les retrouverons bientôt exprimés en termes un peu différents.

plantation de l'olivier (1). Nous aussi, nous en avons parlé fréquemment dans d'autres endroits. Le terrain dans lequel se fait la plantation de l'olivier doit être chaud et humide. Si l'une ou l'autre de ces deux qualités vient à manquer, l'arbre reste stérile et improductif. Il faut donc, par cette raison, effectuer la plantation (de cet arbre), soit en automne, soit au printemps, parce que, dans ces deux saisons, la terre est échauffée par le soleil, et que (de plus), dans la première, elle est mouillée par les pluies automnales. Elle est donc, en cette saison, dans des conditions de chaleur et d'humidité convenable par suite de l'état tempéré dans lequel se trouve alors l'atmosphère. Au printemps, la terre commence à s'échauffer, le froid qui venait du ciel a cessé. Le soleil dessèche et vaporise l'eau qu'elle contenait en abondance. Ainsi soulagée de son excès d'humidité, la terre commence à s'échauffer et à fournir à la nourriture du jeune plant qui lui a été confié. Toutefois, l'automne est la saison favorable, plus que toute autre, à ces plantations. C'est donc à cette époque qu'il faut les faire, quand tombent les pluies, après le coucher des Pléiades, et continuer jusqu'au moment où le froid acquiert de l'intensité; on suspend (le travail) jusqu'à l'arrivée du printemps, avant que les feuilles se montrent et que les branches s'ouvrent (à la végétation), car le temps qui s'écoule, depuis le solstice d'hiver jusqu'au commencement du printemps, est très-froid. On reprend donc les plantations au printemps, depuis l'ouverture de la saison, quand soufflent les vents du midi, mais on les interrompt, quand souffle le vent du nord.

Voici ce que dit Kastos : L'automne est la saison la plus favorable pour les plantations, particulièrement dans les contrées où l'eau est peu abondante, parce que l'humidité qu'amène l'hiver arrive en totalité au sujet planté. Or, planter en automne est un principe sur lequel les savants sont tous d'accord. Ce-

(1) Columelle dit : *Olea maximè collibus siccis et argillosis gaudet ; at humidis campis et pinguibus lætas frondes sine fructibus affert.* De arb. et — *De Re rust.* V, 9. 6, il dit à peu près la même chose. Les Géop. s'expriment aussi en termes analogues dans un article attribué au Florentinus. IX, 4.

pendant, on peut, sans inconvénient, planter aussi au printemps. Kastos ajoute : habituellement les plantations se font partout en automne; j'approuve bien cette pratique; d'autres que moi l'ont suivie avec succès. Les savants donnent la préférence à la plantation automnale sur celle faite au printemps, par cette raison que les arbres prennent leur accroissement, soit par leur extrémité supérieure, soit par l'extrémité inférieure (selon le temps de la plantation). Or, ce qui est planté au printemps se développe dans sa partie supérieure, (c'est-à-dire, par ses branches), et ce qui est planté en automne se développe par les racines (V. *sup.*, p. 151). Il est donc bien plus rationnel de planter dans le temps où la croissance de l'arbre a lieu par le pied. Ici finit la citation de Kastos.

Voici, dit Ibn Hedjadj, l'opinion des trois agronomes les plus notables de la science agricole. Ils sont unanimes sur ce point : que la plantation automnale est la meilleure. Ils se sont arrêtés à cette opinion par les raisons indiquées précédemment. Marsial, le médecin, dit que les arbres qui ont été indiqués (1) doivent être plantés, non dans les grands froids, mais au printemps, au moment où ils vont pousser, c'est-à-dire, à partir du mois de février. Fin de la citation. Ibn Hedjadj fait remarquer que ce principe de la plantation au printemps se trouve en opposition avec l'opinion précédemment émise, comme on peut le voir. Quant à lui, il trouve l'opinion de Junius la plus raisonnable de toutes.

L'Agriculture nabathéenne dit que l'époque qui convient surtout pour planter la vigne depuis les régions de l'orient jusqu'à celles de l'occident, c'est la première partie du printemps. Suivant d'autres, les arbres plantés en automne donnent un produit plus abondant que ceux plantés au printemps. Suivant un autre, on doit planter en hiver les arbres à bois dur, tels que l'olivier, le pistachier, le chêne, le jujubier, l'orme et autres pareils. Ceux d'un bois d'une dureté moyenne

(1) Les noms de ces arbres manquent, parce que nous n'avons ici qu'une citation incomplète.

se plantent au printemps avant la végétation et l'apparition des feuilles; ce sont : le figuier, le pommier, le coignassier, le pêcher, l'abricotier et autres. Suivant d'autres praticiens, toutes les plantations doivent se faire (au printemps), quand (les bourgeons) commencent à s'ouvrir (1), c'est-à-dire depuis le milieu de janvier; il y a exception pour l'amandier et autres dont la floraison est précoce; ceux-ci veulent être plantés plus tôt. On ne doit planter aucun arbre, après qu'il s'est couvert de verdure, et que ses feuilles se sont montrées, à l'exception du grenadier, particulièrement, qui, planté dans cet état, réussit bien. Il a été dit également que le prunier et le figuier, plantés ainsi, n'en ressentaient aucun mal. On a encore avancé que l'automne est, de toutes les saisons, la plus (convenable) pour faire les plantations, ensuite l'hiver. La plantation, faite au commencement du printemps, est moins bonne; car la saison des chaleurs qui survient, atteignant le jeune arbre pendant qu'il est encore vert et tendre, il ne peut se consolider, et par suite il se perd. S'il peut échapper (à cette épreuve), il sera tué par le froid. Il faut, dans les régions chaudes, commencer à planter de bonne heure, de même pour celles qui sont froides, et surtout pour les prairies, parce que, dans celles-ci, et dans les endroits très-humides, la plantation n'est bonne qu'en automne; jamais elle ne l'est en hiver; elle n'y est avantageuse qu'après que les eaux se sont retirées et que le sol se trouve dans un bon tempérament. Ne plantez jamais, après l'équinoxe du printemps, aucune espèce d'arbre dans un terrain non arrosé. On a dit que ce qu'il y avait de mieux à faire, c'était de planter pendant l'hiver, dans cette classe de terrains, les bourgeons, les boutures, les branches éclatées ou drageons, les noyaux. Dans les terrains arrosés, on

(1) Le texte porte تجدد بالفتح *lit.* se renouvelle par l'*ouverture* (des bourgeons) comme on vient de le lire; mais Banqueri préfère بالقح qu'il traduit ici comme partout par *fecundare*; nous préférons le sens de *germinare*, *pullulare*, qu'on trouve dans Castel, et qui est employé par les agronomes latins pour indiquer la végétation printanière des arbres.

peut planter toute espèce d'arbres pendant trois saisons de l'année, surtout au commencement du printemps, et quand ce sont des plantes munies de toutes leurs racines ou au moins de la plus grande partie, et dans leur motte; mais n'oubliez point d'arroser soigneusement.

L'air et le vent les plus favorables dans notre pays pour faire les plantations, dit Abou'l-Khaïr, c'est le vent du couchant, un ciel couvert et... (1). Ne plantez jamais dans un jour de pluie, sinon l'olivier exclusivement. Les jeunes plants, venus de graines (*litt.* de noyaux) (2), doivent nécessairement être replantés. Abou'l-Khaïr ajoute qu'il a vu un amandier venu de graine, qui, n'ayant point été transplanté, était très-avare de ses fruits. Il ne faut point planter le vendredi ni le dimanche (*litt.* le jour de la djemah, ni le jour premier). Dans les chapitres qui suivront, nous indiquerons la manière de planter les noyaux, les graines, les branches (marcottes) boutures (ou plançons), et les époques (pour le faire), la volonté de Dieu aidant.

Article II.

Époque de la plantation (semis) des noyaux (3).

Ibn el-Facel et autres disent que le moment où se plantent communément les noyaux, c'est celui où se mange le fruit, lorsque sa maturité est complète, et ensuite en novembre, décembre ou janvier, qui est la limite extrême de cette plantation. En effet, ce qui serait planté plus tard serait atteint par la chaleur, qui le ferait périr, comme ensuite

(1) Ici est le mot altéré الرذار qu'on ne trouve nulle part, laissé non traduit par Banqueri.

(2) Le texte porte الانقال الفائية qui ne nous semble pas donner un sens satisfaisant; nous préférons الانقال النابتة, jeunes plants poussés *de noyaux*.

(3) On verra que l'auteur, dans cet article, n'applique pas le mot النوى, qu'on traduit toujours par *noyau*, seulement aux graines pourvues d'une écorce ligneuse et dure, mais encore à celles qui ne l'ont point telle, comme le gland, la chataigne, etc.

le froid le détruirait (*litt.* le brûlerait). La plupart des noyaux germent (poussent) au mois de mars. Les noyaux qu'on a coutume de semer chez nous sont ceux des arbres suivants : le pêcher, l'abricotier, l'amandier, le noyer, le prunier, l'olivier, le caroubier, le noisetier, le pin à pignon, le chêne, le châtaignier, l'orme, le cerisier, l'azerolier, l'azederach, le palmier, le sorbier, le pistachier, le cyprès et autres. Le semis s'en fait de cette manière. On choisit le noyau frais, bien sain, exempt de défectuosité. Il doit venir d'un fruit bien mûr, cueilli sur un arbre d'une fécondité reconnue, d'une bonne saveur ; on ne peut rien espérer de bon d'un noyau qui ne réunit point toutes ces qualités. Abou'l-Khaïr veut qu'il soit pris dans les fruits les premiers produits (*litt.* du premier ventre). Ce sont les fruits qui mûrissent les premiers. On effectue le semis en carreaux ou dans de grands pots de terre (ou terrines). A cet effet, on dispose les carreaux en terrain convenable, conformément à ce qui a été dit plus haut. Le sol doit être préparé par la culture et amendé par des engrais vieux (terreau), et rendu frais par l'arrosage. On dépose les noyaux dans des trous alignés, de la profondeur de deux tiers d'empan ($0^{m}077$) ou un peu moins, se réglant d'ailleurs sur le volume du noyau ou sur son exiguïté. On ramène par-dessus la terre végétale ; on laisse entre chaque noyau l'intervalle d'une coudée, quand la transplantation ne doit point avoir lieu en motte ; mais, si elle doit se faire de cette manière, on laissera une plus grande distance. Tout cela au surplus sera indiqué ultérieurement. A la suite (de la plantation), on donne de l'eau, ayant soin de ne jamais laisser le terrain devenir blanc de sécheresse ; (on continue ainsi) jusqu'à ce que la germination soit complète et que le sujet ait atteint la hauteur d'une coudée pour le moins. Viendra plus loin l'indication de la manière de gouverner (la pépinière) jusqu'à ce que (le semis) ait pris de la consistance (*litt.* se soit fixé). Nous traiterons du semis des noyaux en pots (ou terrines) dans l'article suivant.

Article III.

Semis des graines contenues dans les fruits des arbres qui n'ont point de noyau; tels sont : le coignassier, le pommier, le poirier, le laurier, le cédratier, le bigaradier, le limonier (citronnier), le myrte, le cyprès, le pepin de raisin, la graine de figuier, de mûrier et autres, dont le fruit renferme une graine (ou pepin).

On choisit, parmi les pepins, ceux qui répondent aux qualités indiquées précédemment (pour les noyaux), c'est-à-dire ceux qui viennent des fruits de la première récolte, et qui ont mûri les premiers. On fait les semis dans les mois indiqués dans l'article qui précède, afin que, la saison des chaleurs arrivant, le jeune plant ait déjà acquis de la force et de la vigueur. Il y a à craindre, pour les noyaux et graines semés au printemps, que les jeunes pousses n'aient à souffrir de la chaleur et du froid des deux saisons (l'été et l'hiver) à cause de leur peu de force (ou faiblesse).

Voici comment on procède : le semis des graines de toute espèce quelconque se fait dans des vases ou terrines d'argile neufs, percés dans le fond. On dispose dans ces vases de la terre meuble prise à la surface du sol, de très-bonne nature, ou toute autre terre de choix qu'on mêle avec un bon engrais, mais de façon que le vase ne soit pas comble (afin qu'il reste un vide) pour l'arrosement. Le semis se fait légèrement (peu épais), ayant égard en cela à la grosseur ou à la ténuité de la graine, c'est-à-dire qu'on le fait plus épais quand elle est petite ou fine, et qu'on peut craindre qu'une partie ne soit stérile (ne germe pas) ; mais on sème plus clair quand la graine est plus forte, et qu'on n'a point à redouter pareil inconvénient.

On recouvre ensuite le semis d'une couche d'une épaisseur égale à celle d'une pièce d'étoffe (1), ou plus, d'engrais passé

(1) Le texte porte : l'épaisseur d'une étoffe الثوب ; mais il semble qu'il serait plus rationnel de lire الاصبع *du doigt*, mesure souvent indiquée en pareil cas.

au crible; l'épaisseur, du reste, devra être réglée en raison de la force végétative (*litt.* pénétrante) de la graine, ou de sa faiblesse. On projette par-dessus du *diss* (1) ou de l'halfa haché, pour le couvrir (et le protéger) contre l'action desséchante de l'air. On arrose ensuite, en faisant passer l'eau à travers un morceau de natte d'halfa, ou quelque chose de pareil, pour empêcher que l'eau (en arrivant avec trop de précipitation) ne déplace la graine et ne la porte d'un lieu vers un autre. Si on peut, avant la germination, donner un arrosement à main (2), ce sera beaucoup mieux encore. C'est ainsi qu'on doit en user avec les graines délicates; or, celles qui le sont le plus sont celles de cyprès, de myrte, de mûrier, et autres analogues. On agit de même envers les graines fines, comme celles des *ocymum* et autres qui sont dans les mêmes conditions. Quand on a affaire à ces sortes de graines, le mode de travail doit toujours tendre à une précaution minutieuse pour elles. Il faut suivre les arrosements avec beaucoup de soin, jusqu'à ce que le semis soit levé; ils seront moins abondants à l'approche de l'hiver, et, quand les pluies surviennent, il faut les cesser tout à fait, parce que l'eau pluviale fournira suffisamment à la nourriture de la jeune plante. Il faut encore ralentir l'arrosement à l'approche de la saison des grandes chaleurs, afin que la jeune tige prenne de la solidité (de la consistance) en cessant de croître (en hauteur); car, si la chaleur l'atteint quand elle est encore tendre, elle lui fera du mal: et, si elle lui échappe, le froid (plus tard) la tuera (*litt.* la brûlera). Quand le semis des noyaux se fera en terrines, on le traitera par les mêmes procédés que ceux que nous avons indiqués pour le semis en carreaux, et, si on le couvre d'une couche de sable, on aura un bon résultat (*litt.* ce sera beau).

(1) ديس sorte de jonc. *ampelodesmos tenax*, Linck. *Arundo festucoïdes.* Desf. حلفا, *arundo epigeios*, Forsk. *flor. Egyp.* 23. *Stipa tenacissima.* Prax.

(2) C'est-à-dire *avec l'arrosoir* مرشة Cast. et Marcel, vocab. franç. arab.

Article IV.

On ne doit pas laisser (le jeune plant) en terrine plus d'une année. A cette époque, on les repique dans les carreaux où on les élève (jusqu'au moment de les mettre en place). Si on les laissait plus longtemps (dans la terrine), ils dépériraient. D'un autre côté, si on les repiquait avant ce temps, on les tuerait, et, surtout si ce sont des espèces à bois tendre, ils perdraient toute leur fraîcheur et ils s'étioleraient. On les transporte ensuite, des carreaux où ils ont grandi, dans les places où ils doivent achever de grandir (rester à demeure).

Suivant Ibn el-Façel, l'arbre venu de noyau atteint son développement normal et donne du fruit au bout de sept ans. Celui venu de pepin (*litt.* graine) atteint sa croissance normale vers quatre ans, et au bout de trois ans on replante ce qui a pris sa croissance. Abou 'l-Khaïr défend de replanter le bigaradier avant qu'il ait atteint la taille d'un homme ; si on le replante avant qu'il ne soit arrivé à cette hauteur, il se perd. Dans un chapitre spécial, nous traiterons des soins à donner à cette espèce jusqu'à la reprise, Dieu aidant, (et de ce qu'il convient de faire), si on veut hâter la fructification et tirer plus promptement profit (de son sujet), avec la volonté divine. Quand on ne veut pas laisser improductifs les carreaux dans lesquels on a fait un semis de noyaux, on peut y mettre des plantes dont la pousse a lieu (*litt.* qui sortent) avant celle des noyaux, comme la coriandre et autres.

Article V.

Plantation des branches éclatées ; choix des plus belles (1).

Ibn Hedjadj dit, dans celui de ses livres qui est intitulé *Al-Mokna'h* (le Suffisant) : tous les agronomes sont unanimes

(1) الملوج litt. *avulsum*, branche arrachée, rappelle les *rami avulsi*, du la-

sur ce point, que lorsqu'on veut détacher une branche d'un arbre, ou couper une bouture, il ne faut pas la prendre ailleurs que du côté du levant ou du midi. C'est aussi une des recommandations faites par Junius, quand il dit de choisir en haut (*litt.* à la tête) d'un arbre des branches dans leur seconde année de pousse. On les prend sur la partie de l'arbre tournée au midi ou au levant, puis on effectue la plantation. Les boutures et les branches éclatées doivent être prises, suivant Marsial, du côté du levant ou du midi; elles ne doivent jamais venir du côté du nord, car les plus belles branches sont au levant, ensuite au midi, enfin au couchant; celles qui viennent du côté du nord ne valent rien.

Sodaboun dit que, quand on veut faire une plantation de quelque façon que ce puisse être, soit de branches coupées, arrachées (*avulsa*), éclatées, de branches enracinées (*viri radices*), il ne faut jamais prendre que celles du côté exposé au soleil, et qui par suite ont ressenti l'effet de sa chaleur et se trouvent placées dans de bonnes conditions. En effet, tout ce qui est exposé à cette influence solaire est le plus avantageux, parce qu'il a reçu une (sorte de) préparation (1) qui le rend apte à reprendre plus promptement, et l'arbre qui en proviendra sera plus productif. En outre, les branches épaisses du pied, dont les yeux sont rapprochés, et jeunes, sont bien préférables à celles qui ont crû à l'ombre, qui sont grêles et effilées. Ne prenez jamais de branche à l'aspect du nord, ni dans ce qui s'en rap-

tin, παρασπάδοι du grec, ou drageons; cependant, nous croyons qu'il s'agit ici de branche détachée par éclat avec une portion des vieux bois, soit avec la main, soit à l'aide d'un instrument, comme dit le texte. Nous arrivons ainsi à la multiplication par les rameaux, *ramis*, des Latins, qui se rapproche de la multiplication par bouture, *talea*. Ce qui semble porter à cette interprétation, c'est que nous verrons l'art. VIII, spécialement consacré aux drageons (*avulsi*), sous le nom de النوامي, اللواحق etc., qui sont les *surculi sua sponte nati* de Col. Arb. I, l. V. Inf. pag. 166.

(1) ذباج, *litt.* préparation donnée au cuir; sans doute que l'auteur emploie cette expression pour faire comprendre l'action exercée par la chaleur solaire sur la peau du végétal.

proche; car ce qui pousse à l'ombre est peu productif et toujours peu enraciné.

Junius défend de prendre des branches sur la longueur de la tige; mais on doit les prendre vers le sommet. Solon dit qu'on dédaigne les branches crues sur le pied, parce qu'elles ont crû à l'ombre, qu'elles sont étiolées, n'ayant pu ressentir l'effet vivifiant, de l'influence de la chaleur naturelle, et qu'elles sont comme noyées (*litt.* accablées) par l'humidité; dans cet état, elles ne peuvent qu'avec peine effectuer leur reprise. Les agronomes sont encore d'avis que des branches telles ne peuvent jamais donner beaucoup de fruits ni grand produit, parce que, dans le principe de leur pousse, l'élément (*litt.* la matière) humide a été dominant, et l'élément chaud a été plus faible. Solon ajoute : Quant à moi, je dis : Si l'arbre (dans les conditions qui viennent d'être indiquées) donne peu de produits après sa reprise et qu'il soit stérile, cependant, quand après la plantation, la reprise étant assurée, il a crû au soleil qui domine et rallume la chaleur naturelle de cet arbre, il reprend de la vigueur et du développement; cependant on dédaigne ces arbres qui ne s'enracinent que faiblement, principalement parce que leur chaleur est faible et peu favorable à la maturation du fruit. Nous avons précédemment indiqué quels arbres se multipliaient par branches éclatées. Suivant un autre agronome, on doit, pour les plantations, choisir les branches épaisses (bien nourries) d'une belle venue, qui aient déjà donné du fruit, fortes du pied, pourvues de nœuds rapprochés, lisses de peau et exemples de tout défaut. Il faut que l'arbre duquel on tire les branches soit d'un bon produit. On ne peut rien espérer de bon d'une branche grêle qui a poussé à l'ombre. Si la reprise en est facile, elle ne fournira jamais qu'un arbre peu productif. Il faut prendre dans le pourtour de l'arbre, et non au sommet, ce qui est à l'exposition du levant; c'est très-bien ; à son défaut, prenez au midi : si vous ne le pouvez encore, prenez au couchant, et jamais au nord, parce que vous auriez un arbre d'un mince produit et dont le fruit, si l'arbre en donne, tombera avant la maturité. On en dit autant pour la branche qui a été prise au couchant. L'heure de la journée convenable pour détacher les branches, c'est après que le soleil levant s'est fait sentir (*litt.* après le lever du soleil sur elles). On fait éclater la branche à la main, s'il est possible ; sinon, on la détache avec un instrument de fer bien tranchant. La branche doit avoir deux coudées de long ; si on lui en donne plus, il n'y a aucun inconvénient. Il faut la prendre quand la sève est au complet et que le sujet en est bien rempli, lorsque la végétation s'établit et que la fleur va se montrer. On la plante dans des carreaux ou bien dans des pots, et l'on arrose.

Voici comme on procède pour mettre la branche en terre. On pratique dans un terrain disposé en carreaux une fosse (*litt.* sépulcrale), plus longue que large. Sa profondeur, s'il doit y avoir transplantation, sera de deux empans (0m,462) environ. Si le sujet doit rester en place, on donnera une plus grande profondeur, qui sera du reste en raison de la longueur de la branche ; on la couche en long (*litt.* étendue); on relève l'extrémité perpendiculairement au bout de la fosse ; on laisse saillir au-dessus du sol la hauteur d'un doigt. On fait un mélange de terre végétale avec de bon engrais vieux, on rapporte ce mélange sur la branche, de façon que le trou ne soit point entièrement comblé. On comprime fortement la terre en la foulant aux pieds. La plantation des branches éclatées se fait aussi sur les canaux d'irrigation de la même manière. Il arrive encore qu'on dispose les principaux canaux d'irrigation de façon à recevoir la plantation des branches éclatées, de cette façon : en préparant les lieux pour l'établissement des canaux d'irrigation, on fait des bords relevés, larges et proportionnés à la longueur du canal lui-même, ou à la quantité de branches qu'on doit planter. Dans la partie inférieure, sont placées et rangées les branches, dont le bourgeon terminal de chacune fait saillie de chaque côté sur une longueur d'un doigt. On couvre de terre qu'on presse en foulant du pied. On organise des conduites d'eau, de chaque côté desquelles les bourgeons doivent former comme deux rideaux, entre lesquels l'eau coulera. Nous traiterons de la manière de faire ce travail dans les terrains élevés (non arrosés), dans le chapitre où il sera parlé de la culture (*litt.* plantation) des grands arbres dans cette classe de terrains, avec tout ce qui peut compléter l'opération, (aussi bien pour les arbres eux-mêmes) que pour les drageons, et de tout ce qui se rattache à ce sujet (1). On laissera entre chaque plant un intervalle d'une coudée ou un peu plus dans les carreaux, quand il doit y avoir transplantation sans motte ; mais elle doit être plus forte quand elle doit s'effectuer en motte. Nous dirons, avec le secours de Dieu, la distance à observer dans les plantations en terrain élevé : de même aussi que nous indiquerons la manière de traiter les (sujets venus des) branches éclatées, jusqu'à ce que soit atteinte leur hauteur normale, Dieu aidant.

Article VI.

Manière de planter les bourgeons des arbres, tels que le pommier, le figuier, la vigne, le jasmin et toutes les espèces d'arbres à fruits, où le liquide séveux (*litt.* l'humidité) est très-abondant. Choix de ce qu'il y a de plus convenable pour cet objet.

Suivant Hadj, de Grenade, il faut choisir (pour planter les bourgeons de pommier) ceux qui sont les mieux venus et les mieux lancés. Pour le figuier, la vigne et le jasmin, on prend ceux dont les nœuds sont les plus rapprochés. On applique (du reste dans cette plantation toutes les indications et prescriptions) qui ont été faites pour les branches par éclat. L'époque de cette plantation est dans les mois de février et de mars. Le mode d'opération est aussi le même que pour ces branches éclatées et les boutures mises en carreaux et en lignes sur les canaux, opération qu'on verra dans l'article suivant, Dieu aidant.

(1) On lit dans le texte ولواحقها واسببه ; pour ce dernier mot, Banqueri lit : أسيبه, que nous ne trouvons nulle part. Nous ne voyons pas d'inconvénients à laisser le mot du texte, avec le sens que nous avons adopté, dont le lexicon de Castel offre des analogues : *quo aliquid connectitur*, etc.

ARTICLE VII.

Plantation des boutures (ou plançons) et branches éclatées. Choix des meilleures et de ce qu'il y a de plus beau (1).

On lit dans le livre d'Ibn Hedjadj, à qui Dieu fasse miséricorde, que la branche la plus convenable pour la multiplication par éclats est celle qui est dans sa seconde année de pousse. Pour faire des boutures ou plançons, c'est celle qui est âgée de deux ans ou de trois, à cause de la sève qu'elle contient, et quand cette bouture est mise en terre à peu de profondeur, elle reprend facilement. S'il arrive qu'on emploie une branche nouvelle pour la planter en totalité, il ne faut pas la mettre trop avant, ni la laisser trop longtemps (en pépinière) sans la replanter. Une bouture courte reprend facilement et pousse rapidement; une bouture (trop) longue pousse mal; c'est l'opinion de Solon.

Suivant un autre auteur il faut, pour les boutures (ou plançons), choisir des branches réunissant les conditions indiquées pour les branches éclatées: elles doivent, en outre, être de la grosseur du bras ou d'une hampe de lance, ou du manche d'une hache à peu près (2). La longueur de la bouture doit être d'une coudée au moins. On la coupe avec un instrument tranchant, prenant bien garde d'endommager l'écorce, soit en la détachant, soit en la taillant (pour l'aiguiser), ou en la plantant aux époques indiquées. Il en est qui veulent que la plantation des boutures de bigaradier se fasse dans l'engrais; voici comme on procède pour planter les boutures, soit en carreaux,

(1) الوتد c'est le πάσσαλος des Grecs, Géop., X, 3. *Talea Pallad. Mart.*; *Cato, De re rust.*, XLV. Plin. XVII, 18. Dans cet article, l'auteur parle particulièrement des *boutures*, *Talea*, *Clava*, des Latins. En Champagne, le plançon est appelé en langage vulgaire *Tale*.

(2) Il s'agit visiblement dans ce passage du *Clava* qui, suivant Palladius, doit avoir des dimensions pareilles à celles indiquées ici, *Clava manubrii crassitudine longitudine cubitali. Pallad.* IV, 10, 12. Ici le plançon est taillé en cheville et fiché en terre.

soit sur les rigoles ou canaux d'irrigation. On prépare une cheville ou plantoir en chêne, ou toute autre espèce de bois dur, un peu plus longue et plus épaisse que la bouture; on enfonce ce plantoir dans le lieu qui doit recevoir cette bouture, jusqu'à la profondeur voulue. On le retire ensuite et on le remplace par la bouture elle-même en la frappant légèrement, puis on remplit le vide qui reste autour de la bouture avec de la terre meuble passée au crible, ou du sable, jusqu'à ce que la cavité soit bien comblée. On arrose ensuite avec de l'eau; on laisse (en cet état), puis on rapporte (de nouveau) de la terre meuble ou du sable, afin qu'il ne reste point à l'entour de la bouture le moindre vide. On plante les boutures en lignes avec les distances indiquées pour les branches éclatées. Si on frappe sur la tête de la bouture pour la fixer plus solidement, il faut bien prendre garde que le bois ne se fende, ou que l'écorce ne soit endommagée, surtout si on plante des boutures de cédratier ou autres espèces pareilles.

Autre manière de procéder (1).

On commence par pratiquer, soit dans les carreaux, soit sur les bords des rigoles d'irrigation, des fosses de la longueur de la bouture. On la dépose dans la fosse préparée, on ramène la terre par-dessus, et on la presse en la foulant aux pieds; puis on se conforme (pour les soins ultérieurs) à ce que nous indiquerons plus loin pour la culture des légumes et des arbres, Dieu aidant. Les boutures devront être plantées en lignes, en laissant entre chacune d'elles une distance pareille à celle que nous avons indiquée dans l'article qui précède.

(1) Dans ce procédé, le morceau de la bouture doit être enfoui en totalité, comme le prescrit Palladius. *Loc. cit. Clava quæ omnis obruitur.* Théophraste parle aussi de mode de multiplication des arbres H. P. II, 1. C'est un procédé analogue au *semis en tronçons* de nos horticulteurs.

Article VIII.

Plantation des branches dites *el-nawami*, النوامي *al-infât* اللفات *el-lawahiq* اللواحق (drageons).

On examine (ce qui est dans des conditions convenables), on arrache ce qui peut être arraché avec ses racines, on le replante en pépinière ou bien on le met en place de suite, là où il doit donner son fruit (rester à demeure), si toutefois le sujet peut convenir. Le plus souvent, la plantation se fait à l'époque où se fait celle des arbres de l'espèce (à laquelle appartient le drageon). Si le sujet ne peut être enlevé avec ses racines, on a recours, pour lui en faire pousser, à l'art, c'est-à-dire qu'on le soumet à l'opération (de marcottage) dite *taghtis* (submersion), ou à celle dite *istilaf* (emprunt), suivant ce qui convient le mieux.

Manière de procéder à l'opération dite taghtis ou takbis (enfouissement) marcotte par couchage (1).

Il faut avant tout choisir les pousses les plus vigoureuses, les plus longues, les plus droites et les plus exemptes de toute espèce de défaut et de difformité, (c'est-à-dire) qu'on prend ce qui se rapproche le plus des conditions exigées pour les branches éclatées. Il faut aussi faire attention à ce que le sujet soit greffé, parce qu'alors, s'il est bien fructueux, on est dispensé de le faire de nouveau. Il doit en être de même pour les branches éclatées, les bourgeons et les boutures qu'il faut toujours prendre (aussi) sur un arbre bien productif, sinon on

(1) تكبيس. Ce verbe, à la première forme, a le sens de *obruere*, *deprimere*, etc.; à la seconde, celui de *coacervare quid in caput*, et par suite, *multiplicare*, *propagare* : pratiquer la multiplication par marcotte, ou couchage, ou provignage (V. Cast.). Ce mot est *générique* pour toutes les sortes de marcottes, y compris celles en pots ; souvent on le trouve au pluriel تكابيس dans ce sens. Il est synonyme de l'hébreu talmudique *habrakah* הברכה.

devra le greffer. On doit user de la même précaution dans le choix des branches pour éclat, des bourgeons, des boutures qu'on doit toujours prendre sur des arbres qui donnent de bons fruits, sinon on devra (plus tard) en venir à les greffer. Mais la plantation la meilleure, la plus avantageuse, est celle qu'on fait avec des sujets pourvus de racines (*vivi radices* des Lat.). (On procède à l'opération du couchage comme il suit :) On pratique pour chaque brin une fosse (1) qui, partant de la naissance du brin, va en s'éloignant. La profondeur doit être de deux empans et demi environ (0,46), et la longueur égale à celle du brin (ou rejeton). On incline celui-ci doucement, on l'étend en long dans la fosse, de manière à laisser saillir l'extrémité ou bourgeon sur une petite longueur, qui se relève en suivant la ligne droite (2) de l'extrémité de la cavité. On ne détache point le brin de la souche, mais on l'y laisse adhérent, afin qu'il en reçoive des sucs nourriciers. On ramène ensuite la terre par-dessus, on la tasse en la pressant du pied. Le rejeton reste dans cet état jusqu'à ce qu'il ait pris racine, et alors on fait la transplantation. On peut soumettre à cette opération tout rejeton ou brin en sève qui en est susceptible. Si la branche sur laquelle on veut agir est adhérente à une souche de vigne et qu'on veuille l'allonger pour la faire arriver aussi loin que possible, on s'y prendra de la même manière. Quand on veut laisser le brin de sarment adhérent à la souche, mais qu'il n'en tire qu'une partie des sucs nourriciers, on donne une torsion très-légère vers le point de jonction (avec la souche mère), puis on couche ce brin en long dans la fosse. C'est surtout avec les vignes jeunes plantées en terrain non arrosé que cette opération est avantageuse. Dans les terrains susceptibles d'irrigation, il faut, sans exception, donner de l'eau et continuer pendant une année entière ou même plus. Ensuite on

(1) خرقة *litt.* une fente, une déchirure. *Sulcus. Col. de Arb.*, 7, 8.

(2) مع قعب ذلك الخرق وعوجته *litt.* avec le cube de ce sillon qui, à son extrémité, c'est-à-dire en suivant l'angle droit, fait l'extrémité de la cavité.

fait avec un instrument tranchant une légère incision pour diminuer la force végétative que reçoit le brin de la souche mère. Après un intervalle de trois ans ou même de cinq, suivant l'état de la vigueur qui se manifeste, on opère la section complète de la souche avec le brin, afin que celui-ci ne tire plus sa nourriture que de ses propres racines, ou bien on effectue la transplantation, s'il est nécessaire. Si le brin est encore trop court pour atteindre le but auquel il convient (qu'il arrive), on recommence à l'étendre (en répétant l'opération) l'année suivante, et cela lors même que la vigne aurait déjà donné du fruit. La saison favorable (pour le couchage ou provignage), c'est avant que les boutons ne s'ouvrent; on peut cependant le pratiquer après sans danger. Toute espèce d'arbre se prête à cette mesure en tel temps que ce soit, quand le rameau n'est point détaché de la souche. Hadj, de Grenade, raconte qu'il lui est arrivé de coucher des rejetons de myrte et de jasmin pendant l'été, dans le plus fort de ces deux saisons (1); l'opération a parfaitement réussi, et les deux sujets ont atteint leur grosseur normale (pour la replantation). Quelquefois il arrive que l'arbre n'a point de rejet, ou qu'ayant été frappé de quelque accident, ou de vieillesse ou par toute autre cause, on l'a coupé vers le pied; il en sort alors des rejetons sur la souche, à l'aide desquels on peut pratiquer l'opération décrite, ce qui se fait pour les bigaradiers et leurs congénères (2).

Autre manière de procéder, analogue à la précédente.

On choisit sur un arbre très-fertile et de bonne qualité une branche verte (c'est-à-dire bien en sève), qui donne du fruit. Elle doit être longue, pour que le sommet puisse atteindre le

(1) في سموم الصيف وفي سموم الشتا pendant le simoum de l'été et pendant le simoum de l'hiver.

(2) Il se forme ce qu'on appelle *des mères*.

sol étant courbée) (1), réunissant d'ailleurs toutes ou la plus grande partie des conditions voulues pour les branches éclatées. On attache au sommet une corde ou lien solide, on fait ensuite incliner cette branche jusqu'à ce que le sommet touche à terre ; on fixe la corde à un piquet solide, pour que la branche (soit maintenue courbée), sans pouvoir se redresser avant d'avoir atteint le but qu'on se propose. (Ceci fait) on creuse, pour recevoir le sommet de cette branche, une fosse longue, de la profondeur de deux empans (0^m,462), ou même plus. On étend en long, dans cette fosse, la sommité de la branche ; on recouvre de terre meuble, qu'on presse fortement en foulant avec le pied, à peu près comme on le fait dans la pratique du couchage, dont ce procédé est un autre mode. On a bien soin d'arroser la souche (mère) et la branche couchée, et de l'entretenir (de bons soins) jusqu'à l'expiration d'une année. Si alors l'état de la végétation et la vigueur de cette branche portent à en induire qu'elle tire sa nourriture de ses propres racines et qu'elle peut se passer des sucs nourriciers qui viennent de la souche *mère*, on en opère la séparation avec un instrument tranchant. S'il en est autrement (c'est-à-dire si la branche n'est point enracinée), on la laisse jusqu'à ce qu'il soit visible qu'elle l'est. (Dans le cas précédent), après avoir attendu une seconde année après la séparation de la branche, si (ce nouveau sujet) est en état d'être replanté, on l'arrache avec ses racines, ou même sa motte, si l'arbre est une de ces espèces qui veulent être transplantées de la sorte ; ceux qui l'exigent sont les arbres dont les feuilles ne tombent point. On dépose le sujet dans le lieu qui lui est convenable, et dans lequel il portera ses fruits, Dieu aidant. C'est en terrain arrosé surtout que ce procédé réussit le mieux ; il est avantageux aussi pour le figuier, dont on courbe jusqu'à terre la branche qui se présente (le plus commodément), puis on opère ainsi qu'il a été dit précédemment. On éclate aussi une grosse

(1) Le texte porte يلحق الغلاة الارض, mais il faut lire évidemment يلحق اعلاه الارض comme deux lignes plus bas. La rédaction est elliptique.

branche qui donne du fruit, sans la détacher entièrement du tronc; on la courbe jusqu'à ce que le sommet atteigne le sol, et on couche en terre les branches, suivant le procédé indiqué. (Cette branche) ne cesse point de tirer sa nourriture de la *mère,* jusqu'à ce qu'elle ait poussé des racines qui lui suffisent; alors on opère la séparation. Cette pratique est très-avantageuse et très-profitable pour un rejeton partant du tronc ou poussé dans la proximité, parce qu'on obtient du fruit plus promptement. Il peut arriver aussi que la branche ou le drageon poussé au pied ou dans le voisinage ne se prête point à l'opération du couchage; on supplée en amoncelant de la terre au pied, ou bien on en rapporte de manière à former une butte, dans l'intérieur de laquelle l'arbre pourra pousser ses racines. On arrosera avec soin jusqu'à ce qu'elles soient poussées, procédant du reste, ainsi qu'il a été dit plus haut. On peut encore introduire la branche (ou pousse) dans un vase d'argile neuf, comme on le pratique pour la marcotte en pot. On le remplit de terre meuble et l'on arrose avec soin jusqu'à ce que les racines se soient produites; ce système d'opérations est très-bon. Les opérations dites *al-inqalâb* الانقلاب *inversion* ou *taghis, immersion* (c'est-à-dire *couchage* ou *provignage*), s'appliquent aussi très-bien à la vigne, soit en souches, soit montante, ou bien lorsqu'il y a dans l'intérieur (du champ) de grands vides, et que dans le voisinage il y a des souches et des plants (1). (Dans ce cas) on creuse une fosse d'une dimension suffisante pour recevoir le plant de vigne tout entier. Cette fosse sera pratiquée au pied de la souche, se dirigeant vers le lieu du côté duquel on veut faire arriver les brins du sarment, où des fosses seront ouvertes dans toutes les directions, s'il est nécessaire. On prend bien garde d'endommager ni de couper la souche ou les grosses racines qui sont les bases (essentielles). On dégage la terre pour déchausser cette souche et ses racines principales. Les fosses étant préparées dans les directions par lesquelles on veut faire

(1) V. Col. *De arbor.*, VI. Géop. IV, 3.

sortir les brins de sarment, on les y couche avec la souche elle-même tout entière, prenant garde de rien (éclater ni déraciner), laissant saillir les sarments au-dessus du sol, là où il est convenable de le faire pour combler les vides. On retranche tout ce qui peut être inutile, on ramène la terre sur le tout, on la presse du pied fortement, ainsi qu'il a été dit plus haut pour les diverses plantations. Ces provins ne cessent point de recevoir la sève nourricière de la souche mère, qui elle-même se nourrit par ses propres racines. Ils croissent vigoureusement et largement, donnent du fruit dans l'année même, et en très-peu de temps ils deviennent eux-mêmes des plants ou ceps, tandis que la souche mère se pourrit promptement. On peut appliquer ce procédé aux vignes montées. Un point capital (dans ces opérations), c'est d'éviter de rien couper, surtout dans les racines principales. On pratique l'opération avant la taille de la vigne : c'est une époque (du reste) bien connue pour la plantation des arbres ; l'automne est la saison la plus favorable. On procède de la sorte pour les vignes montées : on couche, dans le sillon ou fosse, le corps tout entier de la tige montante ; on étend dans divers sens les diverses branches dans les sillons préparés à cet effet. On laisse saillir aux divers points où il est convenable de le faire, l'extrémité des provins, se réglant du reste sur ce qui a été dit antérieurement, et alors la réussite est assurée. Quant à moi (dit l'auteur), j'ajouterai qu'on peut, avant de couvrir de terre les provins, pratiquer la greffe par térébration dans les parties les plus épaisses de la tige ou corps du plant ; on laisse sortir hors du sol l'extrémité des branches dans les endroits convenables, et si on se conforme à ce qui est enseigné au chapitre de la greffe, tout réussira bien, la grâce de Dieu aidant, par cette raison que la greffe et la plantation se feront simultanément. Un des moyens les plus efficaces pour assurer la réussite des marcottes par le couchage, comme par celui des procédés analogues, c'est d'avoir grand soin de donner de l'eau et de pratiquer l'opération en automne. L'auteur ajoute : Si, quand on recouche des vignes montées, il se trouve quelques parties qui, à cause de leur gibbosité, restent apparentes sans qu'il soit possible de les couvrir de terre entièrement, on les laisse telles qu'elles sont pour les couper plus tard quand la reprise sera bien assurée, Dieu aidant.

Article IX.

Comme se pratique l'opération nommée *istilaf* الاستلاف (*marcotte en pot ou en entonnoir*), employée pour la multiplication des arbres, on peut l'appliquer à toute espèce d'arbre; elle a quelque analogie avec le genre de marcotte qui vient d'être décrit.

Cette opération consiste en ce qu'on prend un pot de terre tout neuf semblable à une grande chaudière (une terrine), convenablement large de la base et de l'ouverture ; on en prépare un nombre égal à celui des sujets sur lesquels on doit opérer. Au fond de chacun de ces vases est un trou de dimension répondant à la grosseur de ce qui doit y être introduit, sarment ou branche de myrte, de jasmin, de poirier, de cédratier ou de toute autre espèce que ce soit qu'on veut marcotter de cette façon. Si c'est un arbre fruitier, vous choisissez une branche ou un rameau dont la disposition réponde à la meilleure (et la plus convenable) de celle indiquée pour les branches éclatées; qu'elle soit placée au sommet, sur la tige, ou au pied de l'arbre, (peu importe). On enlève toutes les brindilles qui peuvent s'y trouver, ne laissant qu'un seul bourgeon au sommet. On introduit alors la branche, (ainsi préparée) par son extrémité, dans le vase par le trou pratiqué au fond, de manière que le sommet sorte par l'ouverture (et dépasse) les bords. On fait descendre le vase jusqu'à la rencontre de la bifurcation du rameau sur laquelle il s'appuiera, ou bien seulement jusqu'au point qui convient (à l'agronome), soit de la totalité, soit d'une partie seulement du rameau. On fait descendre jusqu'à terre quand on opère sur un arbre d'un seul jet (1), ou si ce jet part d'un point qui

(1) شجرة مفردة litt. *arbre simple*, c'est-à-dire formé d'un seul jet, non ramifié, et qui permet au vase d'arriver jusqu'à terre.

y touche. S'il arrive que le vase ne puisse s'appuyer sur la terre, pratiquez au-dessous du vase, au point où il doit s'arrêter, une espèce de bourrelet (1) formé de loques tordues, ou tout simplement avec une corde, sur lequel le vase viendra descendre et s'appuyer. S'il arrive que l'arbre ne soit point assez fort pour supporter la charge, si vous craignez que le vent n'agite le vase, (surtout) si l'opération se fait sur un point élevé, on pratique sous le vase une sorte de petite plate-forme ou estrade en bois (2), au moyen de quatre pieds ou poteaux, ou de toute autre façon que ce soit, sur lesquels on ajuste une planche sur laquelle repose le vase. On en assure la stabilité par la plate-forme elle-même, ou bien à l'aide de la branche la plus rapprochée, par un lien solide, de façon à prévenir toute oscillation que pourrait causer le vent. On bouche ensuite les vides qui peuvent encore exister dans le trou pratiqué pour le passage de la branche, au moyen de petits coins de bois, ou bien avec du plâtre ou de l'argile assez glaiseuse pour empêcher la déperdition de l'eau ou de la terre qu'on introduira dans le vase. On remplit ensuite avec de la terre végétale de bonne qualité, mêlée d'engrais vieux, de façon que la cavité ne soit point entièrement comblée, (mais qu'il reste un vide) pour la facilité de l'arrosement. La branche s'élève du milieu de cette terre végétale bien tassée à la main ; enfin, tout étant assis d'une manière stable et de niveau, on arrose avec de l'eau douce. Si le vase porte sur la terre, qu'on puisse l'y faire plonger ou qu'on puisse ramener assez de terre à l'entour pour former une butte, ce sera très-avantageux. Il ne faut point négliger d'arroser le pied de l'arbre ou la terre qui contient le vase, sans jamais la laisser se dessécher. Les arrosements doivent se continuer pendant longtemps, jusqu'à ce que la branche ainsi préparée (*litt.* qui est entrée dans le vase) ait poussé des racines, et alors on s'occupe de la replanter, ce qui a lieu au bout

(1) خلخال *litt.* anneau que les femmes portent aux jambes. *Compes, periscelis. sc.* ornamentum muliebre *infirmæ tibiæ*, Cast.

(2) سرير *litt.* un siége, un trône, etc.

d'un an ou plus tard. Aussitôt qu'on a acquis la certitude (de l'existence de ces racines), on opère la section de la tige au-dessous du vase avec beaucoup de précaution, dans la crainte qu'en causant de l'agitation à la terre du vase elle n'abandonne la racine. On transporte vers le trou (préparé à l'avance) le sujet avec le vase (qui le contient) qu'on brise avec précaution pour que la terre ne se détache pas, on opère la plantation avec la motte, et immédiatement on effectue l'arrosement. C'est un excellent mode de multiplication (*litt.* plantation) ; il est très-rare qu'il trompe l'espoir de l'agriculteur. Quand le vase porte sur la terre ou qu'il en est très-rapproché (il arrive), après qu'on a coupé le sujet marcotté, qu'il repousse, de la souche restante, un ou deux rejetons sur lesquels on pourra, quand ils auront atteint les proportions du premier, agir de même; et l'opération se répétera, sans interruption, jusqu'à ce qu'on ait multiplié dans la quantité voulue cet arbre unique (de son espèce). Mais, si le rameau est placé au sommet de l'arbre, ou (quelque part) sur la tige, dans un lieu qui ne permette point de l'enfouir avec le pot, il ne faut pas négliger d'assurer la solidité du vase en le fixant avec un lien à la branche voisine; sinon, on dispose une estrade de bois de la manière que nous avons dit pour empêcher que le vent, en causant de l'agitation, ne désagrége la terre, et que le sujet périsse. Il faut toujours aussi être soigneux de donner de l'eau pendant une année tout entière, sans jamais attendre que la terre soit sèche. Le moins qu'on puisse faire, c'est d'arroser deux fois la semaine, hors la saison des chaleurs. Il faut encore être bien attentif à garantir le vase des coups de vent qui causeraient une commotion au sujet (et à tout l'appareil). S'il en était ainsi, il faudrait ramener la terre à l'entour du sujet avec soin. Lorsqu'au bout d'un an on trouve qu'il a poussé des racines qui se montrent sous la partie inférieure du vase, c'est un indice qu'il en existe aussi dans l'intérieur; d'où on pourra conclure que la marcotte a acquis assez de forces pour tirer par elle-même sa nourriture de la terre contenue dans le vase. Il est bon aussi, quand on introduit la branche dans ce vase, d'y faire entrer en même temps les branches grêles (ou brindilles), ou les nœuds qui peuvent faciliter l'émission plus prompte des racines, la volonté divine aidant. Si on peut ne détacher le sujet marcotté de sa tige mère, qu'au bout de deux ans, ce sera très-bien aussi. Kastos et autres ont décrit un système de marcotter à peu près pareil, avec cette modification : c'est que, quand on sépare le sujet de la tige mère, après qu'il est pourvu de ses racines, et susceptible d'être replanté, on effectue cette plantation avec le vase sans le briser. La cavité pour le recevoir aura la forme d'une fosse sépulcrale. On y dépose le pot et le sujet dont on relève la tige, de façon à suivre l'angle droit du bord de la fosse. On ramène ensuite la terre sur la totalité : on la comprime bien, sans négliger de donner de l'eau. Au bout de deux ans, on relève la terre qui couvrait le vase, et on trouve (la partie inférieure de) la tige pourvue d'un chevelu de racines qui rendent inutiles celles qui sont contenues dans le vase. On opère alors la section du sujet avec beaucoup de précaution en avant de l'orifice du vase, à la distance de quatre doigts, (ce qui laisse une portion) de la tige, qui reste (1) en avant du contenu du vase. On extrait celui-ci de la cavité; on ramène la terre sur le sujet, en la pressant fortement, ayant bien soin de donner de l'eau. Le plus souvent on laisse en terre le vase ayant son ouverture à fleur du sol avec le tronçon de la tige coupée, on arrose soigneusement. Alors on voit pousser un second arbre susceptible de transplantation. On opère encore comme il vient d'être dit. On remet en terre (de la même façon) et l'on obtient ainsi un troisième sujet pour la transplantation. On répète la même opération jusqu'à ce qu'on soit arrivé à multiplier son arbre autant qu'on le désirait. On peut pratiquer sur toute espèce d'arbre que ce soit la méthode de reproduction par couchage, inversion et marcotte en pot, aux époques indiquées, soit en terrains arrosés, soit dans les ter-

(1) On lit dans le texte سقى qui ne donne aucun sens ; nous lisons تبقى qui complète le sens de la phrase. Cette correction est indiquée par ce qu'on va lire.

rains qui ne le sont point, dans un sol amélioré. Jugez donc, d'après ce qui a été dit, les cas analogues, et vous réussirez, la volonté divine aidant. S'il est possible d'ajuster au-dessus de cette terrine (qui contient la marcotte) un autre petit vase rempli d'eau douce, et percé d'un trou très-étroit par lequel l'eau s'échappe goutte à goutte de façon à entretenir constamment la terrine et son contenu dans un état d'humidité regulière, ayant soin de remplir quand l'eau est réduite à moitié, c'est un des meilleurs procédés qu'on puisse employer pour fournir de l'eau à la marcotte et à toute espèce de greffe. Nous en parlerons ultérieurement, ainsi que de tout ce qui y ressemble, la volonté divine aidant.

Article X.

Manière de gouverner les noyaux, les (pepins et) graines, les branches éclatées, les bourgeons, les boutures et les rameaux dont nous avons parlé, pour assurer leur conservation; surveillance à exercer jusqu'à ce qu'ils aient atteint leur croissance normale et qu'ils soient arrivés à l'état d'arbres parfaits, Dieu aidant.

Abou'l-Khaïr et d'autres (agronomes) recommandent de donner de l'eau largement aussitôt que (le semis ou) la plantation sont terminés, sans laisser la terre prendre une teinte blanche par suite d'un arrosement trop faible. Il faut donc arroser pendant huit jours consécutifs, ensuite seulement tous les quatre jours pendant quinze jours, jusqu'à ce que la reprise de la bouture se manifeste. S'il vient une pluie abondante, on suspend tout arrosement; lorsqu'elle vient à cesser, on les reprend comme il suit : pendant l'hiver, on arrose tous les quinze jours; hors de cette saison, on le fait tous les huit jours. On arrache toutes les mauvaises herbes qui poussent au pied et dans les intervalles; on donne un bon binage avec le sarcloir (ou petite pioche), prenant bien garde de le porter trop près (de la bouture) pour ne pas offenser les racines encore si délicates; il ne faut point remuer la terre qui tient au sujet. On n'oublie point d'arroser toutes les fois qu'on voit le sol blanchir à sa surface. Au bout de quatre mois, quand il ne peut plus rester aucun doute sur la reprise de la bouture, et qu'elle a déjà acquis de la force, on donne un bon binage. Et quand le terrain a été mis dans une condition satisfaisante, on lui donne, autant qu'il peut en supporter, un engrais composé de fumier de quadrupèdes (animaux domestiques), de cendre et d'engrais humain, par tiers; on incorpore ce mélange au terrain au moyen d'un binage. Il faut excepter les bigaradiers et espèces congénères auxquelles on donne l'engrais humain seul en le mêlant avec le sol au moyen du binage (comme il vient d'être dit). On reste en repos pendant huit jours, ensuite on donne de l'eau et un peu de terreau si le terreau الهزبلة peut être convenable (1), puis on continue à entretenir (le tout) en bon état par la culture et les arrosements. Tout cela a déjà été dit précédemment, et nous le répéterons encore lorsque nous traiterons de la plantation (ou culture) de chaque espèce en particulier; en suivant ces préceptes, on aura des arbres en bon état et bien venants, la volonté de Dieu aidant. Pour les boutures de coignassier, de grenadier et autres espèces pareilles, il faut, avant que leur reprise se manifeste, cultiver dans les carreaux, dans les intervalles (*litt.* avec eux), des plantes potagères qui exigent beaucoup d'eau, comme des plants d'aubergines; ce sera très-avantageux pour les boutures, parce que les tiges (de ces aubergines) s'élevant au-dessus d'elles (2), elles seront protégées contre les ardeurs du soleil. Déjà, aussi, nous avons dit qu'il fallait, dans les carreaux où sont semés les noyaux, mettre de la coriandre et autres plantes qui occupent le terrain pendant un temps aussi long qu'eux, et dont les germes aussi se montrent simultanément. La quantité d'eau nécessaire a déjà aussi été indiquée, mais nous la rappellerons encore dans chaque chapitre spécial, la volonté divine aidant.

(1) Cette phrase a été rejetée par Banqueri, qui la trouve confuse.

(2) شجر على الوتد s'élève en arbre, forme un arbre au-dessus de la bouture.

ARTICLE XI.

Le meilleur système de plantation qu'on puisse adopter pour les branches éclatées (et drageons), les boutures, les bourgeons, les rameaux, c'est d'en placer deux dans chaque fosse, parce que si l'un vient à manquer, l'autre réussira. Pour les boutures de grenadier, il faut en mettre trois ensemble ou même un plus grand nombre. Le but qu'on se propose en cela est de les faire pousser en touffe pour rendre la fructification moindre et pour que le soleil ne brûle point les grenades, (ce qui a lieu) quand les arbres sont trop espacés entre eux. Les boutures de grenadier, d'olivier et de coignassier peuvent être couchées en terre sans qu'il en résulte le moindre inconvénient. On peut faire de même pour les branches éclatées ou drageons. On dit même que ce système peut s'appliquer à toute espèce d'arbre. Tous les sujets produits par les divers modes de multiplication que nous avons indiqués se replantent quand ils ont atteint l'accroissement qui les rend susceptibles de l'être et qu'il se manifeste en eux assez de force, c'est-à-dire au bout de trois ans; on les porte dans les lieux où ils doivent rester à demeure (*litt.* donner leur fruit). Nous avons aussi tracé les soins à donner dans la pépinière ; en étudiant ce qui y est dit avec ce qui se trouve ici, on aura tout ce qu'il y a de mieux sur la matière (*litt.* on sera parvenu à la mesure de l'extrémité), Dieu aidant.

ARTICLE XII.

Proportions à observer dans les plantations (1).

Les fosses varient dans leurs dimensions pour la longueur, la largeur et la profondeur, en raison des sujets qui doivent y être déposés, et aussi en raison de la nature du sol. Ce qui doit en premier lieu appeler l'attention, c'est la profondeur,

(1) C'est-à-dire, dimension des fosses à ouvrir.

qui doit être telle que les travaux de culture n'atteignent point les racines, non plus que les variations de l'atmosphère, et encore, pour que le vent ne renverse point l'arbre, surtout quand il est planté à demeure fixe (1). Quant aux drageons, boutures et autres qui ne doivent point rester en place et qui seront replantés ailleurs, quand on les croira capables de l'être, et surtout s'ils sont placés en terrain arrosé, ne faites point pour eux des fosses trop profondes, afin que la chaleur du soleil, provoquant en eux le besoin d'eau (*litt.* causant la soif), les dispose mieux à absorber celle qu'on leur donnera, ce qui les fera pousser vivement. Mais plus les fosses (qu'on prépare) pour les oliviers auront d'ampleur, de profondeur et de longueur, mieux l'arbre s'en trouvera. Il faut, un an d'avance, préparer le trou pour recevoir l'olivier, et y déposer l'arbre (seulement) la seconde année (Col., *de Arb.*, 19). J'en ai fait personnellement l'expérience, dit notre auteur, et j'ai obtenu un bon résultat. Il en est qui veulent que dans la terre légère la plantation suive immédiatement la préparation du trou, parce que le soleil pourrait absorber l'humidité du sol qui a si peu de consistance (*litt.* si faible). Il en est qui disent que, si l'on veut rendre le trou plus promptement apte à recevoir le jeune arbre, sans être obligé d'attendre l'année entière, il faut y allumer du feu; puis on attend que la pluie vienne à tomber et fournir un arrosement abondant; on peut alors faire sa plantation (sans être obligé d'attendre plus longtemps). Ne plantez jamais rien sans avoir mis dans la fosse de l'engrais de bonne qualité, usé, mêlé avec de la terre végétale prise à la surface du sol. On en applique aussi sur les racines. D'après l'Agriculture nabathéenne, la profondeur des fosses doit être en raison de celle à laquelle descend la chaleur du soleil dans l'intérieur du sol. Il en est qui disent que la profondeur doit être d'un pied sur une largeur d'un empan (0^m,231); suivant d'autres, c'est un pied et demi sur quatre doigts de large; sui-

(1) Le texte porte لسقى; mais il est clair qu'il faut lire ليبقى, pour qu'il reste en place, et cela par opposition à ce qui est dit dans la phrase suivante.

vant d'autres encore, la profondeur sera de trois pieds sur quatre doigts de large (1): suivant une autre opinion, le terme moyen est de trois pieds, à quoi on peut ajouter ou retrancher un demi-pied. On a dit aussi de faire descendre la fosse à quatre pieds dans les pays chauds, et à trois seulement dans les pays froids; ceux-ci sont ceux où il tombe de la neige. Suivant l'Agriculture nabathéenne, la chaleur solaire descend dans les terrains légers plus profondément que dans ceux qui sont durs et compactes. Pareillement, dans les terrains doux, très-légers, ceux qui se gercent, la chaleur descend jusqu'à cinq pieds, tandis que dans ceux qui n'ont point ces défauts elle ne va point plus bas que trois pieds, ou peut-être un demi-pied plus bas. Enfin, on a prescrit de porter dans tous les terrains, la profondeur des fosses à une coudée et demie ($0^{m}, 693^{mm}$). Il y aura, dans le sixième chapitre, un supplément qui complétera ce qui précède et donnera des éclaircissements sur ce qui peut présenter de l'obscurité et des doutes; si nous (croyons devoir) revenir sur ce sujet, c'est pour le plus grand avantage du lecteur, et pour compléter l'ordre de l'exposition de ce qui se rattache à la matière. Dans les sections spéciales, à la plantation (culture) de chaque arbre en particulier, nous donnerons la dimension des trous que demande chacun d'eux et la manière dont le travail doit être exécuté.

(1) Les Géoponiques indiquent aussi la limite de la pénétration de la chaleur solaire dans le sol, comme celle de la fosse Βόθρος. Elles portent donc le chiffre pour les fosses à quatre pieds maximum. Géop., V, 12. Agr. Nab. Mss. 180 R° l. 15, suiv. Cf. pour les dimensions des fosses, Col., *De re rust.*, V, 5. *De Arb.*, 19. Plin. XVII. Théoph. *Hist. plant.*, II, 7. V, aussi Xénophon, *Economiques*, ch. XIX. — Le pied nabathéen est de 0^{m}, 346, le pied grec 0^{m}, 308, et le pied romain 0^{m}, 295, comme nous l'établirons ailleurs, d'après M. Jomard et Ed. Bernard.

CHAPITRE VI.

Manière de planter les arbres fruitiers et les jeunes arbres qui ont atteint leur croissance normale (pour être transplantés), exposée en termes généraux, avec quelques explications (plus spéciales), suivant les exigences du sujet. Procédés pour amender le sol, et culture à lui donner avant la plantation. Destruction des plantes nuisibles aux arbres. Dimensions à donner aux fosses préparées pour les divers plants et branches éclatées ou drageons. Semis des noyaux et transplantation des sujets qui en proviennent. Distance à laisser entre les arbres ; leur choix et celui des jeunes sujets à replanter. Quelle est la condition de l'air préférable pour effectuer les plantations, pour la greffe et les semis, pour donner de l'eau, et appliquer les engrais. Epoque (de l'année) la meilleure pour toutes ces opérations. Précédemment nous avons exposé les époques de plantation; il a été dit que la saison la plus favorable pour effectuer celle des arbres fruitiers était l'automne, suivant Ibn Hedjadj, à qui Dieu fasse miséricorde; comment on plante, dimension des fosses à préparer pour chaque arbre, amélioration des arbres, terres pour les recevoir, distances (à observer) quand on plante.

J'ai lu, dit Ibn Hedjadj, dans les livres de quelques agronomes que, quand on veut faire une plantation, on doit commencer par cultiver le sol sur lequel on veut l'établir, en lui donnant un labour profond, en (sillons ou) lignes serrées qu'on répétera trois ou quatre fois; plus on multipliera la culture et mieux ce sera, et plus on donnera d'énergie au terrain. Il faut couper (ou essarter) tout ce qui peut s'y trouver, en graminées, épines, roseaux et autres mauvaises plantes nuisibles. On laisse ensuite l'air (exercer son action pour) ameublir les parties (constituantes) du sol et leur faire sentir sa chaleur. Si on laisse les choses en repos pendant une année tout entière, pour que le sol ressente toutes les variations des vents et que la chaleur du soleil et de l'été passent sur lui, ce sera infiniment meilleur encore.

Cassius recommande de creuser un an à l'avance les fosses qu'on prépare pour recevoir les plantations afin que le soleil, les vents, les pluies pénètrent dans la profondeur du terrain, le transforment en une terre nouvelle, et que les racines s'y fixent et plongent (plus facilement). Junius dit à peu près la même chose (Col., *de Arb.*, 19). Suivant lui, la meilleure plantation se fait dans des fosses, et le meilleur encore est de préparer les fosses un an à l'avance. En agissant ainsi, la terre se trouve saturée par la chaleur du soleil, par les pluies et les différents vents et les influences de l'air, toutes circonstances qui accélèrent la croissance des arbres, brûlent les herbes qui peuvent rester encore, et rendent le terrain plus meuble.

Le même Junius dit, dans un autre endroit de son livre, qu'il faut cultiver profondément (*litt.* fouiller) pendant les jours de chaleur, le terrain dans lequel on veut faire des plantations. On arrache les broussailles, et derrière ceux des ouvriers qui exécutent ce travail, il en vient d'autres qui les ramassent pour les faire sécher. Cette opération doit se faire au mois de tamouz (juillet), le soleil étant dans le signe de l'écrevisse, et la lune dans la seizième nuit. Il convient de transporter au loin les broussailles desséchées. Lorsqu'on attaque les mauvaises herbes dans les jours indiqués, il n'en est point qui reprennent racine.

Kastos, en traitant de la destruction des broussailles et autres mauvaises herbes par l'effet de la chaleur, dit qu'il faut semer de la roquette romaine, nommée *lupin* ; qu'on l'arrache ensuite avec toutes ses racines ; quand elle a poussé suffisamment, on jette le plant sur les herbes nuisibles au sol et gênantes pour la culture. On laisse le tout en cet état pendant douze jours, c'est-à-dire jusqu'à ce que la pourriture ait eu lieu ; on fume par-dessus et on retourne la terre, et alors on peut faire le semis qui, par la volonté divine, sera garanti de tout mal, c'est-à-dire de l'invasion des mauvaises herbes.

Ibn Hedjadj dit que plus on fouille son terrain qu'on veut planter et plus on le remue (1), mieux cela vaut et mieux aussi il est nettoyé (de mauvaises herbes). La fosse doit avoir une profondeur qui atteigne la hauteur de la cuisse (2), si c'est un arbre qu'on veut planter. Les agronomes veulent de la profondeur pour les fosses pour trois raisons : la première, c'est pour que les racines ne soient pas atteintes par la chaleur excessive en été, ni par la gelée en hiver, ce qui leur serait préjudiciable, et ensuite pour que les vents violents qui pourront souffler sur l'arbre planté ne puissent l'ébranler. Les branches éclatées et drageons qu'on met en pépinière jusqu'à ce qu'ils soient assez forts pour être replantés demandent des fosses d'une profondeur (variant) depuis un empan jusqu'à une coudée, suivant la différence dans les conditions météorologiques (*litt.* la variation de l'air) du pays. Après avoir donné à son terrain un labour profond, l'avoir répété plusieurs fois, il ne faut point cesser de l'entretenir en bon état par des serfouissages et des binages, pour couper les mauvaises herbes, parce que la fraîcheur du sol se conserve par cette culture assidue. Si dans l'été on redoute la sécheresse en tenant le serfouissage trop rapproché de la surface, il faut en forcer la profondeur toutes les fois qu'il est besoin d'une culture profonde. En ce qui concerne les noyaux et les pepins d'arbres fruitiers, ce qu'il y a de meilleur, suivant Solon et Marsial et ceux qui postérieurement ont adopté les principes de ces deux agronomes, c'est de les semer dans des terrines ou vases remplis de fumier (terreau) vieux, bien consommé, sur lequel aient passé plusieurs années. On le divise bien et on le mêle avec de la terre végétale prise à la

(1) حرث et حفر indiquent deux genres de culture : حفر en *fouillant* ou cultivant profondément à la bêche ou à la pioche ; حرث en *remuant* la surface à la herse ou bien au râteau. C'est ainsi que قلب indique un labour fait avec une *charrue* qui retourne le terrain ; حرث le travail fait avec l'*araire* qui remue la terre et la rejette par côté.

(2) Columelle indique pour la vigne une largeur et une profondeur de trois pieds (0m,885) *scrobs tripedaneus*. *De re rust.*, V, 5, 2.

surface du sol, et on donne de l'eau jusqu'à ce que la germination (la pousse) ait eu lieu; on a soin de sarcler avec soin tout à l'entour et constamment, jusqu'à ce que le semis soit trouvé capable d'être replanté.

On préfère, dit Ibn Hedjadj, faire les semis des noyaux en pots et terrines, parce que ce sont pour les jeunes plants des protecteurs quand on les replante. En effet, quand le temps est venu de le faire, on creuse un trou dans lequel on dépose tout ensemble le vase et le jeune sujet contenu dans sa motte; ceci fait, on brise le vase, et le plant reste dans sa terre (primitive) qui l'environne comme la *fosse* (1) elle-même. On répand ensuite de la terre meuble, comme il sera expliqué à la fin de cet article, Dieu aidant. Si on se conforme à ce qui vient d'être dit, la plantation ne périra point. Solon, en parlant (de la composition) de la terre dont on emplit les vases pour recevoir les noyaux, dit qu'elle doit être un mélange composé de trois parties: un tiers de terre végétale prise à la surface même du sol, un tiers de poussière ramassée dans les chemins tracés dans les terrains de bonne nature ayant subi l'action énergique du soleil sans discontinuation, enfin un tiers de fumier ou terreau bien consommé ayant perdu toute sa mauvaise odeur (2). Fin de la citation. Le motif de la transplantation des jeunes sujets produits de branches éclatées ou drageons, de noyaux, de boutures, est, suivant l'opinion unanime, qu'il y a pour eux en cela cause de prospérité et cause d'affaiblissement en restant en place. Ils se développent mieux, parce que les (plants venus des) noyaux, ou des boutures, ou des drageons, sont trop courts (3) pour pouvoir s'y enraciner (convenablement). Nous avons plus haut parlé suffisamment de la profondeur à donner pour la plantation des arbres, pour

(1) Le mot جورة nous paraît d'une explication difficile: on trouve dans Castel le mot *forea*, que nous adoptons, ce qui donne à penser qu'il faudrait peut-être lire حفرة. Banqueri traduit par *jorencitos*.

(2) Le texte porte نجبد, mais il faut lire نتند évidemment.

(3) C'est-à-dire trop peu enfoncés en terre pour que les racines se développent bien, comme il résulte des explications qui suivent.

nous dispenser d'y revenir. Il devient donc nécessaire de replanter les jeunes arbres dans des fosses plus profondes, par les raisons que nous avons données. Il faut en outre, pour le faire, les enlever avec leur propre terre. Mais, dira-t-on (*litt.* a dit le diseur), pourquoi cette préoccupation? les branches éclatées ou drageons et les boutures seront taillées courtes quand on devra les transplanter; on les tiendra longues pour les laisser en place, sans qu'il soit nécessaire de s'occuper de les transplanter. Il a été dit à cet égard ce que nous avons mentionné en sa place (son temps), qu'il est certains arbres, comme l'olivier, dont les boutures ou les rameaux se plantent fort longs pour rester en place sans qu'on les porte ailleurs, parce qu'on a pratiqué pour eux sur place des fosses très-profondes. Mais l'usage habituel, et (du reste) une nécessité bien connue pour tous les arbres, c'est de tailler court les branches éclatées ou drageons, ainsi que les boutures. Le motif de cette *manière de procéder* part de ce principe fondamental reçu par les agronomes, c'est que la branche nouvelle qui est dans sa deuxième année de croissance est celle qui convient le mieux pour la multiplication par branche éclatée. C'est aussi ce que dit Junius. La bouture âgée de deux ou trois ans, riche de séve, placée en terre à peu de profondeur au-dessous de la surface, est très-prompte à la reprise, parce que la matière (séveuse) étant descendue vers la terre, y trouve la partie la plus subtile du sol gras et chaud, (et elles concourent) ensemble au développement de la végétation. Ces branches ne se trouvent pas facilement, et la circonspection (*litt.* l'avarice) qu'on apporte pour les couper vient de ce que, lorsqu'on a coupé une seule même de ces branches, une grande partie de la séve s'épanche, et il s'ensuit l'atrophie (*litt.* elle devient petite), lors même que cette branche serait épaisse. La branche longue est estimée pour la facilité à la reprise. Ainsi nous la prenons dans son entier quand nous la trouvons très-fructueuse de sa nature; si nous la rencontrons jeune et complète (dans ses qualités), nous ne voyons aucun inconvénient à planter profondément et à laisser en place de jeune arbre en provenant).

De même quand les sucs nourriciers du sol arrivent en abondance à un corps faible ou à une branche courte, la croissance en est rapide. Car, dans une branche longue, les mêmes sucs nourriciers sont forcés de se partager, à cause de la longueur; par suite, la pousse peut ne pas montrer un sujet aussi vigoureux que dans le premier cas. Voilà ce que dit Solon (1).

Sidagoz dit : Nous devons avoir grand soin de ne planter les sujets provenant de branches éclatées de rameaux (marcottés), de noyaux ou de boutures crûs dans des lieux arrosés (*litt.* humides) que dans des terrains qui sont dans de pareilles conditions. Ces jeunes sujets, portés dans des terrains qui ne recevraient point d'autres arrosements que ceux de la pluie, ne pourraient jeter aucune racine et nullement végéter; c'est un principe généralement admis; cependant, quoi que ce soit qu'on rapporte en terrain arrosé, il n'y a aucun inconvénient. Néanmoins, en somme, ce qui a crû sur un terrain arrosé doit être mis en terrain arrosé, ce qui vient d'un terrain élevé, doit l'être aussi dans un terrain élevé (non arrosé); le terrain arrosé est ce qui convient aux arbres tirés de cette espèce de sol. La récompense de votre travail est attachée à ces conditions. Fin de la citation. Quand c'est sur des branches (2) qu'on opère, on les étend dans des fosses de forme allongée; si c'est du (sarment), branches de vigne, la fosse doit être d'une coudée, parce que le sujet ne sera point déplacé, et qu'au contraire il devra rester en place. Toutes les branches qui doivent être replantées demandent des fosses de la profondeur d'une coudée, puis on leur donne les soins indiqués précédemment, jusqu'à ce que la transplantation ait été effectuée. Quant au choix

(1) Dans ce passage, l'auteur veut appuyer ses préceptes sur ces théories de physiologie végétale reçues alors, mais fort obscures en elles-mêmes, dont la science moderne a fait justice. Ces raisonnements jettent une obscurité assez grande. Nous ne sommes pas toujours d'accord avec Banqueri dans la traduction de ce texte difficile.

(2) Il s'agit ici des branches non enracinées, κλάδος, des Grecs, *rami*, *talea*, des Latins, à quoi se rattachent les *provins* et sans doute aussi les marcottes par *couchage*.

des branches, il en sera parlé dans un autre chapitre pour parfaire et compléter ce que nous disons sur ce sujet, Dieu aidant. La profondeur des trous doit varier en raison (de la différence) des terrains. Junius dit à ce sujet, dans le lieu où il parle de la préparation des fosses pour la plantation de la vigne (1) dans les terrains élevés et les coteaux : Il suffit d'une profondeur de trois pieds; mais dans les terrains de plaine, il faut donner quatre pieds ; tout cela par cette raison que nous voulons que la chaleur du soleil puisse arriver jusqu'à la racine au fond de la cavité et que, suivant les anciens, cette chaleur ne descend pas plus bas, sinon dans les terres *très-chaudes* (2). Si pour la vigne la profondeur donnée est moindre que ce qui est indiqué, ce sera un désavantage pour le plant, qui tirera trop peu de nourriture du terrain, et qui pendant l'été sera brûlé par la chaleur : et d'un autre côté, privé de la fraîcheur et de l'humidité du fond, (ce plant) périra promptement.

Junius, en traitant de la plantation de l'olivier, recommande de donner aux fosses une profondeur réglée d'après la nature du sol. Dans les montagnes et les coteaux, la profondeur doit être de deux coudées (3) plus une palme, avec pareille largeur. En plaine, la profondeur sera plus forte, la largeur restant la même à peu près.

Ibn Hedjadj dit : Junius ne donne point d'explication sur le peu de profondeur des fosses dans les terrains élevés et sur leur plus grande dans les plaines; il n'indique pas davantage de proportions moyennes. Sadihames donne cette moyenne quand il dit que la profondeur des fosses pour les plantations

(1) *Col.*, *De arb.*, 4 *passim.*

(2) Le texte porte شوق *amore flagrans.* Il est constant que l'auteur veut parler ici de terres absorbant beaucoup de calorique ; comme la terre *noire* est dans ce cas, nous sommes porté à lire سود.

(3) Columelle, *De re rust.*, V, 9, 7, dit : *Scrobes quaternum pedum præparantur anno ante.* Quatre pieds romains, = 1m, 387, ce qui répond à la profondeur de trois coudées, 1m, 386, indiquées pour les fosses des oliviers dans les Géop., IX, 6.

doit, en plaine, être plus forte, moindre pour les terrains des sommets ou plateaux, et sur les versants des montagnes il faut la diminuer d'un tiers. La cause de cette différence, c'est que, si on ne donne pas de profondeur aux fosses, l'action violente du vent ébranle (*litt.* atteint) les racines, et l'été est funeste au jeune plant. Le sol des montagnes est d'une nature plus froide que celui des plaines. D'un autre côté, l'eau pénètre avec beaucoup plus d'abondance dans les terrains des plaines à cause de leur perméabilité, tandis que la dureté du sol des montagnes rend cette pénétration bien moins abondante. Sur les versants des montagnes, l'eau trouve peu de terre; et, par suite de la déclivité, elle (descend et) s'écoule avec rapidité. Si donc on y pratique des fosses profondes, l'arbre ne reçoit point les eaux pluviales, et l'on arrive à un sous-sol maigre, pierreux, dans lequel les racines ne peuvent prendre aucune nourriture.

Mais, dira-t-on, si sur les flancs des montagnes vous ne pratiquez point, pour les plantations, des trous profonds, les eaux entraîneront le peu de terre qui environne les racines, et bientôt on les verra saillir à nu, et souvent même l'arbre sera déraciné. A cela on répond que c'est au maître de la plantation de prendre soin de rapporter la terre entraînée par les pluies et de la replacer et de l'étendre sur les racines. On dispose aussi du bois et des pierres au-dessous de l'arbre, du côté par lequel la terre peut être entraînée, et là elle s'arrête et s'accumule quand elle est emportée sur la déclivité. Fin de la citation. Ibn Hedjadj indique pour les distances à laisser entre les arbres une limite que nous allons citer à la suite, la volonté divine aidant. Cette distance doit varier en raison de l'espèce de l'arbre. Il y en a qui prennent beaucoup d'ampleur, d'autres qui en prennent peu. De même pour la terre; dans celle qui est de première qualité (*litt.* de choix), les arbres acquièrent de grandes dimensions, tandis qu'ils réussissent mal dans une terre légère. Je traiterai des distances à laisser entre les arbres, dans les terres de bonne qualité, comme dans les terres maigres, et je le ferai en me guidant sur ce que j'ai pu trouver dans les écrits (des agronomes) ; quand je n'y ai rien trouvé, j'y ai suppléé en me réglant d'après les principes qu'ils ont établis. Je laisserai cette indication pour la fin de ce chapitre. Il faut bien savoir que, lorsque les arbres ont été plantés dans un ordre qui ne leur convient pas, il en résulte deux graves inconvénients : le premier, c'est que les branches trop rapprochées empêchent le soleil de pénétrer dans l'intérieur (du massif); souvent même l'enlacement des branches est tel, que l'extérieur (1) lui-même ne pouvant recevoir les rayons solaires, le produit est moins abondant. Le vent et l'air, empêchés de circuler et de rafraîchir le plus grand nombre de branches dans leur allanguissement, elles deviennent fort longues, grêles, sans consistance, se courbent vers le sol par suite de leur affaiblissement ; c'est là une cause de la perte du plus grand nombre. Le second (inconvénient), c'est que, par suite de la proximité, les racines trop pressées les unes par les autres se gênent réciproquement pour l'absorption des sucs nutritifs du sol. Un troisième inconvénient encore, c'est que si la terre est dense, elle ne reçoit point la coction (qu'elle devrait attendre) de la chaleur solaire, à cause de l'excessive (opacité de l') ombre qui la couvre. Alors, loin de s'ameublir, les parties restent serrées et adhérentes entre elles, le froid augmente, et, si l'on n'a soin de fumer, le mal va toujours en augmentant. Junius dit qu'on ne doit point oublier que les vents causent de l'agitation aux arbres et à tous les fruits, mais que, soit qu'ils soufflent avec violence, ou que, tempérés, ils soufflent doucement, ils sont favorables aux arbres ; je dis (continue Junius) qu'ils le sont également aux jeunes plantations, particulièrement aux jeunes oliviers (2). Il faut donc laisser, entre les su-

(1) Ces mots خارج الاغصان rendent la phrase difficile à expliquer; comment comprendre que l'enlacement des branches soit tel qu'il empêche le soleil d'atteindre l'extérieur, à moins de supposer qu'il s'agit ici des branches qui occupent la circonférence de la tête de l'arbre, qui sont ordinairement les plus productives? Peut-être faut-il lire اطراف, les *extrémités*.

(2) *Amat olea feracibus ventis clementer agitari*. Pallad. nov. 5. Dans quelques parties du départ. de l'Aube est accréditée l'opinion que les grands vent

jets plantés, assez d'espace pour que le vent y pénètre facilement. Il dit ailleurs que les arbres doivent être espacés entre eux d'une manière égale de tous les côtés, pour rendre l'accès des vents plus facile. (Notre auteur) ajoute encore : On portait une attention minutieuse sur les plantations. Ainsi, on s'étudiait pour que le sujet fût aussi, dans le lieu où on le portait, placé dans les mêmes conditions (*litt.* position) que dans celui d'où il avait été tiré (*litt.* le premier), c'est-à-dire que chacun des aspects fût tourné au même vent que celui auquel il avait été exposé (primitivement); ainsi, le côté du levant devait être au levant, le côté du couchant au couchant; de même pour les deux autres côtés; de cette façon, l'arbre était mieux disposé à la reprise. La difficulté sera facilement levée (dit Junius) si, avant d'arracher l'arbre, on a soin de marquer avec de la craie le côté qui est au levant (1). Il y a, sans doute, des personnes qui ne tiennent aucun compte de ces prescriptions, cependant c'est leur accomplissement régulier (*litt.* leur enchaînement régulier) qui constitue l'art de la culture des arbres. Ibn Hedjadj dit : Si quelqu'un s'imagine que ces recommandations ne sont d'aucune conséquence pour le succès des plantations, qu'il n'existe aucune raison qui nous oblige à les suivre, (nous répondrons) par ce que nous observons pour le figuier dans notre pays; (on sait) que le vent qui amène la pluie du couchant, et celui qui souffle entre le couchant et le midi, sont les plus chargés d'humidité et de moiteur ; si nous portons nos regards vers la vallée et les figuiers, nous voyons sur les deux parties exposées aux deux vents (que nous venons d'indiquer), que tout y est frappé de pourriture et languissant, fait qu'on n'observe qu'à ces deux aspects seulement (le couchant et le midi).

Ibn Hedjadj dit que tous les agronomes sont unanimes sur ce point : c'est qu'on ne doit remplir les fosses qu'avec de la

qui soufflent en novembre, c'est-à-dire pendant l'*Avent*, sont favorables à la fécondité des arbres.

(1) Colum., *De Arb.*, 20, et Virg., Géorgiques, I, 265 et suiv.

terre prise à la surface du sol, à l'exclusion de toute autre espèce, à cause de sa douceur et de sa chaleur. Mais ils sont divisés sur la question de savoir si cette terre doit être employée seule ou mêlée avec de l'engrais. Kastos est un de ceux qui veulent ce mélange; Solon ne le veut point. Il en agit ainsi parce que l'arbre, par le fait seul de l'arrachage et de la transplantation, éprouve un grand affaiblissement; si donc alors on applique de l'engrais aux racines, souvent elles n'en sont que plus affaiblies encore et l'arbre souffre beaucoup de l'action exercée sur lui par la chaleur de l'engrais. L'opinion de Junius, c'est qu'il faut commencer par appliquer la terre végétale immédiatement sur les racines et, par-dessus, du bon terreau gras et bien pourri. De cette façon on fait arriver aux racines le bien-être de l'engrais, dans des proportions modérées, au travers de cette sorte de couverture de terre. C'est à mon avis ce qu'on peut prescrire de meilleur et de plus convenable; toutefois, Kastos n'admet point l'introduction (mélange) de l'engrais pourri. Il y a encore divergence d'opinion sur la manière dont la terre doit être pressée (ou foulée). Suivant Junius, il ne faut point comprimer les racines; la terre qui les environne ne doit pas être trop pressée ni foulée en excès; alors, la chaleur du soleil pouvant arriver constamment jusqu'à elles, le sujet poussera et s'implantera solidement dans le sol. L'auteur ajoute : On ne doit donc point enfoncer à plus d'un pied de profondeur ce qu'on plante en pépinière, pour que la reprise se fasse promptement, et cela par suite des raisons que nous avons données touchant la chaleur du soleil (qui alors se fait sentir). Telle est l'opinion de Junius. Mais Kastos dit que les arboriculteurs (*litt.* le peuple des planteurs) doivent, après avoir rempli la fosse de terre, la presser en foulant fortement du pied; ensuite on donne à la surface une culture légère avec une petite pioche. Ibn Hedjadj dit : Cette prescription de Kastos me paraît merveilleuse : en effet, notre but (dans tout cela) est de disposer la terre convenablement pour les racines, puisque c'est elle qui fournit à leur alimentation, et (conséquemment) de la leur faire adhérer fortement : car si nous laissions du vide, ce serait défavorable; quel bien en pourrait-il résulter ? Nous aurions rompu la communication existant entre ces deux choses (racines et terre), le point d'où se tirent les sucs alimentaires (séveux) ; nous les aurions annihilés, et l'arbre tomberait dans un état d'affaiblissement. Il est donc de toute nécessité que la terre soit en contact immédiat et adhérente ; mais aussi, il faut ménager entre eux l'intervention de la chaleur et de l'air, pour prévenir toute aggravation dans la débilitation et le dépérissement. Car on ne doit pas oublier (ce point important), c'est que, tout en pressant la terre, il faut qu'une certaine quantité de la chaleur atmosphérique puisse s'insinuer dans les interstices du sol, en quantité suffisante pour faciliter la reprise de l'arbre. Quant à la prescription de Kastos, de cultiver la superficie avec une petite pioche, elle est bonne, en ce sens que sa pensée est que la terre soit meuble et cultivée, pour que (la racine) du plant ne manque point d'eau (1). Mais tous les agronomes sont d'accord sur ce point, c'est que, lorsqu'on remplit la fosse, il ne faut le faire qu'avec ce qu'il y a de meilleur, et qu'il ne faut point que la cavité soit complétement comblée, mais qu'on laisse un petit vide qui ressemble à un bassin, où l'eau s'amasse pour ensuite pénétrer jusqu'aux racines. Plus la fosse aura de largeur et mieux ce sera ; car la terre dont on la remplit, c'est-à-dire la terre de la surface qui est la meilleure, présentant une plus grande masse (*litt.* étant plus abondante), l'arbre pourra

(1) Ce passage présente quelque obscurité, la pensée n'est pas toujours exprimée avec clarté et le texte n'est pas constamment correct. L'auteur commente et explique la prescription de Solon. La citation de ce dernier n'est pas la même, page 208, que page 209. Dans la première, on lit : يهشق اصله عند ذلك مشقا بقدم; dans la seconde فيهشق اعلاه بقدوم, nous lisons dans les deux endroits اصل et بقدوم, on cultive légèrement (*litt.* on peigne) le pied avec une *petite pioche*. Nous donnons à قدوم le sens de petite pioche, parce que, dans tous les dictionnaires, il a le sens de *instrumentum quo fabri lignarii utuntur. Hachette erminette*, dont le fer est placé horizontalement, de plat ; ce qui, à cause de l'analogie de forme, aura, sans doute, fait donner ce nom à un instrument de culture indiqué ici.

lancer ses racines dans tous les sens, les plus éloignées elles-mêmes jouiront d'une terre d'élite.

Moharris tient le même langage. Il faut, dit-il, lorsque nous voulons planter un arbre, y apporter beaucoup de précautions. On doit donc, dans l'intérêt de la chose, creuser un trou de la profondeur d'un *orgye* (environ deux mètres); il sera rond, de quatre à cinq pieds de diamètre (1). On le remplit à moitié de terre végétale prise à la surface, bien choisie, et de la meilleure qualité. Alors on pose le jeune plant et on achève de combler avec de la terre de pareille nature. Ainsi, quand l'arbre pourra envoyer vers le fond ses racines principales (pivotantes) et étendre les autres dans cette partie où il trouvera une terre fraîche, de bonne nature et meuble, il poussera rapidement et il surpassera les autres en hauteur. Fin de la citation.

Nous voici maintenant arrivés au moment de parler de la distance à laisser entre les arbres quand on les plante. La distance entre les oliviers doit être de 15 à 20 coudées (2); c'est la limite extrême; et si on restreint ces mesures, le résultat est défavorable. On laisse pareille distance entre les figuiers; la vigne élevée en treilles (ou berceaux) demande de dix à quinze coudées; la vigne courte de six à huit empans; le poirier quinze à vingt coudées ; le pommier huit à douze ; le prunier cinq à sept; c'est la limite. Le peuplier exige quinze à dix-huit coudées; l'amandier dix à quinze; le mûrier quinze à 20; le cerisier 15 à 25; le cédratier 10 coudées; on peut aussi lui donner la même distance qu'au prunier, mais le premier chiffre est préférable. Le grenadier veut 8 à 10 coudées ; l'abricotier 15 à 20 ; même distance pour le pin; le coignassier de 6 à 8 coudées; le palmier de 5 à 7; le myrte même nombre; le jujubier 15 à 20 ; le châtaignier 20 à 25; le chêne

(1) Le texte قطرها, *son diamètre*. Banqueri corrige et lit قدرها, *sa dimension*. Nous avons conservé le mot du texte qui donne un sens convenable.

(2) Nous rappellerons ici une fois pour toutes que, suivant les évaluations de M. Jomard et d'Édouard Bernard, la coudée est de 0m,461 et que l'empan = 0m,231.

même distance. Ces distances sont les plus convenables pour les plantations qui se font dans les jardins et les vergers ; ce sont celles qui donnent le meilleur résultat; cependant, quand les arbres sont plantés en petit nombre, plus on leur donne d'espace et mieux on s'en trouve. Pourtant plusieurs praticiens pensent qu'on ne doit pas laisser trop d'intervalle entre les cédratiers et les grenadiers. Il en sera question ultérieurement, Dieu aidant. Il en est de même pour le coignassier, qui est sujet au même accident que le grenadier, c'est-à-dire que le soleil brûle l'écorce (du fruit) et qu'il en résulte pour le fruit une acidité très-mauvaise; mais quand ce fruit est protégé par l'ombre, il est très-juteux (1).

D'après Ibn el-Façel et Abou'l-Khaïr, Hadj de Grenade et autres, il faut, quand on veut planter des arbres, choisir ceux qui donnent le plus de produits et les meilleurs fruits. En effet, que l'arbre qu'on plante soit de bonne ou de mauvaise qualité, la dépense et les soins de culture sont les mêmes; ainsi la plantation d'un arbre de bonne nature est bien préférable. Ne plantez jamais que des sujets jeunes et de belle venue; laissez de côté ce qui est élancé et grêle. Prenez parmi les jeunes sujets (*litt.* ce qui est transplanté) ceux d'une belle végétation, d'une belle venue, d'une taille moyenne, droits et seuls sur leur pied; s'il arrivait que le jeune sujet fût trop élancé, d'un seul jet et rempli de sève, comme on le voit dans le figuier et autres arbres pareils, on couche la partie inférieure dans une fosse qu'on a creusée en forme sépulcrale (en long) et la partie supérieure se relève en s'appuyant sur le bord de la fosse dont il suit la ligne; on opère du reste comme il a été dit plus haut (pour le couchage), et on fait de même pour le sarment qu'on plante. Quant aux grands arbres, s'ils ont plusieurs branches, on les coupe, n'en laissant qu'une seule, celle qui est la plus droite (et de la plus belle venue); si l'arbre est bien vigoureux, on peut lui laisser plusieurs branches en raison de sa force. (On fait ce retranchement) afin que la sève qui se portait vers

(1) Banqueri n'a point traduit cette dernière phrase; il est vrai que le texte laisse beaucoup à désirer. Il y a ici une lacune dans le Mss de la B. I.

les branches coupées revienne vers celles qui sont conservées. Toutes ces coupures doivent se faire avec un instrument en fer (une serpette) bien tranchant, et quand il se peut que la plaie causée par la coupure soit enfouie dans la fosse, c'est bien plus avantageux. Pour l'olivier, il faut retrancher toutes les branches sans exception : c'est indispensable ; et si on le plante avec toutes ses branches et ses feuilles, il noircit et meurt. J'en ai, dit l'Auteur, fait personnellement l'expérience; le résultat a confirmé le précepte. Il est dit dans le livre d'Hadj de Grenade qu'il faut, pour planter, creuser une fosse dans laquelle le tronc et les racines soient au large en y faisant entrer de la tige deux empans (0^m,462) et plus. La fosse aura assez de largeur pour que l'ouvrier puisse à l'aise presser la terre avec le pied sur les racines. On pose l'arbre dans la fosse bien perpendiculairement et d'aplomb sur sa base, sans qu'il incline ni à droite ni à gauche. On ramène ensuite sur les racines une certaine quantité de terre végétale prise à la surface, on la presse avec les pieds de façon qu'elle pénètre dans les vides ; la fosse ayant reçu une largeur suffisante, on opère de la même façon sur tous les côtés, jusqu'à ce que la terre rapportée ait rempli environ la moitié ou plus de la capacité de la fosse. Si la plantation se fait en un lieu arrosé, on donne (la cavité étant à moitié remplie) de l'eau sur l'heure en abondance ; on laisse ensuite les choses pendant quelques jours, puis on donne un second arrosement, quelques jours après un troisième, et ensuite on achève de combler le trou avec de la terre prise dans les champs et de bonne qualité, (toujours) foulant avec le pied. Si la plantation se fait en terrain élevé (non arrosé), quand la cavité est remplie à moitié on laisse les choses en tel état jusqu'à ce que viennent les pluies plusieurs fois et par là fournissent une bonne irrigation ; on achève de remplir et de niveler le terrain avec de la terre prise dans les champs de préférence à celle du sol dont on n'use point (comme dans le cas précédent). Tout ceci doit être fait dans l'espace d'un mois à partir de la plantation. J'ai procédé de cette manière, dit l'Auteur, et j'ai toujours eu un résultat satisfaisant, sans avoir aucunement besoin de recourir à l'arrosement pendant la saison des chaleurs. Quand j'ai été dans la nécessité de le faire, je n'ai pas donné l'eau immédiatement au pied de l'arbre, mais je l'ai fait à distance afin que (le liquide) arrivât à la racine par les voies souterraines. Si on donne l'eau directement sur le pied, elle pénètre en laissant, entre cette partie de l'arbre et la terre végétale, un vide par lequel s'introduit la chaleur du soleil qui est nuisible à l'arbre.

Koutzami dit, dans l'Agriculture nabathéenne : Nous avons constaté par l'expérience que si, lorsqu'on plante, on met dans les fosses de l'engrais sec, il est utile (1), mais que s'il a beaucoup d'humidité il est utile au suprême degré; c'est une observation fine pour l'espèce.

Koutzami prescrit de disposer au pied de l'arbre deux jarres d'argile neuve, remplies d'eau douce. Le fond de chacune d'elles est percé d'un petit trou par lequel l'eau s'écoule lentement sur le pied de cet arbre. On ménagera un intervalle entre le fond (*litt.* le trou) du vase et le sol pour empêcher que la terre ne vienne obstruer le trou. Chaque fois qu'on voit l'eau baisser dans les deux vases on les remplit. (Cet appareil) reste pendant deux mois; souvent l'arbre, ainsi soigné, donne du fruit dans l'année même, comme (il l'eût fait) s'il fût resté en place. Néanmoins on ne doit point négliger de donner de l'eau à cet arbre quand on en donne aux autres. C'est une très-bonne chose d'entretenir par ce procédé, en usant d'eau douce, l'humidité de la partie de l'arbre sur laquelle a été pratiquée la greffe (c'est-à-dire la greffe elle-même).

Article I.

On peut transplanter toute espèce d'arbres, mais il faut le faire en leur conservant toutes leurs racines autant que possible. Pour les arbres qui sécrètent de la gomme, on doit bien

(1) Le texte porte ثم ينتع, nous lisons ينفع comme concordant mieux avec ce qui vient à la suite.

prendre garde de léser les racines, surtout les grosses ; ceux d'une séve aqueuse souffrent peu, alors même qu'on en coupe quelques-unes ; pour l'olivier, il n'y a aucun mal (à craindre) de lui couper toutes ses racines. Les arbres à séve aqueuse reprennent en général bien plus facilement et plus promptement que les autres quand on les transplante. Il en est de même pour leurs marcottes et leurs boutures. Gardez-vous bien de transporter un arbre d'un bon terrain et de celui humecté d'eau douce dans un terrain de mauvaise nature ou imprégné d'eau (salée ou) qui n'est pas douce. Tout arbre réussit bien si, quand on le replante, on l'arrose avec de l'eau douce ; mais il en sera autrement si on emploie de l'eau saumâtre ou salée qui lui est toujours nuisible et malsaine. Il faut se garder de porter un arbre d'une terre bonne et grasse dans celle qui est sableuse et maigre, ou d'un terrain froid vers celui qui est chaud, ou d'une terre douce à celle qui est salée, ou bien de plaine en montagne. S'il y a nécessité de planter dans un sable qui retienne beaucoup d'humidité à la suite des pluies, il faut remplir le trou avec de la terre rapportée, de bonne qualité.

Pour moi (dit Ibn el-Awam), j'ai planté trois jeunes oliviers dans la région de Scharfa (1), dans un sol formé de sable pour la majeure partie ; la pluie vint y apporter beaucoup d'humidité et de la terre de bonne qualité qu'elle avait entraînée ; les arbres ont repris très-bien ; antérieurement on avait planté dans le même lieu des oliviers qui ne poussèrent point. Il est dit, dans l'Agriculture nabathéenne, que, quand on plante de la vigne dans un terrain salé, il faut en couvrir les racines avec du sable pris dans les eaux courantes douces ; c'est le moyen de neutraliser les effets délétères de la salure. Il est des agriculteurs qui veulent que lorsque l'écorce d'un jeune sujet est devenue trop rude, on enlève, sur deux tiers environ de la

(1) El-Scharf ou Alxarf est citée par Edrisi comme province limitrophe de celle de Chedouna (Sidonia) et située entre Séville, Lebla (Niebla), etc. Ibn al-Awam en parle souvent. V. Edrisi, trad. Jaubert, t. II, p. 14. Banqueri cite le texte du géographe arabe.

partie de la tige qui doit être couverte de terre, l'écorce jusqu'à ce qu'on atteigne cette écorce délicate qui est adhérente au bois (*le liber*); ceci fait, on effectue la plantation. (On en agit ainsi) surtout quand c'est l'écorce du palmier (1) qui dans ce lieu est frappée de rigidité. On ne doit jamais remuer la terre en contact immédiat avec le pied de l'arbre qu'avec des instruments non terminés en pointe, qui pourraient blesser les racines trop délicates, surtout s'il s'agit des oliviers, dont les racines sont à fleur de terre. On doit user de cette précaution jusqu'à ce que l'arbre ait acquis de la force et qu'il soit bien fixé par ses racines ; alors elles plongent dans le sol et l'arbre peut se garder de lui-même (2). Il est impossible qu'on ne coupe point de racines en cultivant, surtout avec des oliviers et autres arbres pareils (quant aux racines). Pour cette raison il faut prendre garde, pour le jeune olivier, d'aller trop avant quand on déchausse l'arbre ou qu'on cultive au pied peu de temps après la transplantation à cause de (la disposition de) ses racines, pour éviter de les couper. J'ai vu de mes propres yeux, dit l'Auteur, ces faits imprudents, et toujours il en est résulté des inconvénients.

Suivant Ibn el-Façel et autres, il est certains arbres qu'on replante avec la motte de terre adhérente au pied et qui environne les racines ; ce sont surtout les arbres à feuilles (persistantes) qui ne tombent point en hiver. L'olivier fait exception, car il n'est pas besoin pour lui de tant de précautions. Ce genre d'arbres est connu pour être aqueux et participant de la nature herbacée (3). On exécute l'opération de la façon suivante : en automne, ou dans la saison favorable pour replanter cette sorte d'arbres (à feuilles persistantes), on visite les jeunes plants de cette dernière classe ou

(1) Banqueri dit que l'original portait نقلة, *jeune plant* qu'on porte ailleurs, et la copie نخلة, et qu'il a préféré ce dernier; cette correction parait fondée.

(2) Banqueri rejette le mot يتحفظ du texte pour يتخفض, *deprimitur* ; nous conservons la leçon du texte.

(3) *Litt.* possédant des eaux légumineuses, البقال *herbascentes*, Cast.

même de celle des arbres fruitiers ; on constate ce qui est susceptible d'être replanté ; on arrose la terre qui est au pied de l'arbre et aux alentours ; quand le terrain a été légèrement imbibé, on donne de la consistance à ce qui environne l'arbre ; à cet effet, on le bat avec une masse de bois lourde et large ou quelque chose de pareil, jusqu'à ce qu'on ait obtenu une densité prononcée. Ensuite on pratique une excavation circulaire, à distance suffisante pour ne point endommager les racines : on fait aussi descendre la fouille en raison de la profondeur à laquelle plongent les racines. On continue toujours à excaver le terrain près de la surface et à le fouiller dans le fond jusqu'à ce qu'on soit arrivé aux grosses racines plongeant dans le sol ; on suit toujours l'opération avec prudence et sans rien brusquer (*litt.* on met de la douceur dans la chose), de façon qu'on puisse sans secousse extraire l'arbre. On rapproche toute la terre qui peut former garniture sur lui, et, quand la motte a été bien assemblée et consolidée de tous les côtés et par le fond, on retire le sujet de la cavité avec ménagement, de peur que la terre ne se détache des racines. Si l'arbre doit être porté à distance, on peut alléger la motte pour rendre le transport plus facile. On l'enveloppe d'une natte qu'on assure avec une corde (ou un lien quelconque) pour empêcher que la terre ne s'égrène. Quand l'arbre a été descendu dans le trou qui lui est destiné, on détache la natte, puis on complète l'opération et on gouverne l'arbre de la manière qui a été indiquée plus haut. Quand on prend soin de replanter les arbres fruitiers ou tous autres en motte, c'est une excellente opération.

Hadj de Grenade raconte qu'il a effectué, à Grenade même, au mois de mai, la transplantation d'un pêcher chargé de fruits déjà noués (1). Pour l'enlever du sol et le replanter, il a employé les procédés indiqués précédemment, ayant bien soin

(1) Le texte porte عقد, choses nouées, ce qui peut s'entendre seulement de fruits noués dans le climat de Grenade surtout ; plus loin il est dit que l'arbre conserve ses fruits. Banqueri traduit par *botoncillos*.

d'arroser et de gouverner l'arbre de la façon prescrite. (L'opération eut un tel succès que) l'arbre ne perdit rien de ses feuilles ni de ses fruits, et qu'il donna une bonne récolte. Il a transporté de la même manière un cédratier, un myrte et un jasmin au mois d'août en terrain arrosé, usant des mêmes soins et des mêmes précautions ; rien ne souffrit, rien ne fut malade. Il dit avoir deux fois répété l'opération sur le même arbre fruitier en fleurs, en suivant toujours le même système, et cet arbre donna du fruit dans la même année, sans (qu'il parût) avoir éprouvé le moindre mal.

Ibn el-Façel et autres recommandent, dans le terrain destiné à recevoir de jeunes plants, de semer à l'avance des lignes de légumes ou plantes maraîchères, jusqu'à ce que le jeune plant ait pris assez d'accroissement et fourni lui-même de l'ombre au terrain. Dans les lieux arrosés, après qu'on y aura déposé les sujets transplantés, appartenant à ces espèces qui exigent beaucoup d'eau, on sème avec eux des plantes qui en demandent peu. A l'égard de la transplantation d'un arbre sauvage qu'on rapporte dans un jardin, il faut le planter avec la terre dans laquelle il a crû (c'est-à-dire en remplir le trou). Il doit en être de même pour les graines (de plantes ou arbres) sauvages quand on les veut cultiver. Quand on effectue la transplantation en automne, on la fait avec tous les fruits restants. J'ai transplanté de cette façon le poirier sauvage avec un plein succès ; je l'ai fait au printemps quand les boutons commençaient à s'ouvrir, mais sans résultat. Il en est qui disent que si on transporte ailleurs un arbre de jardin avec la (motte de) terre dans laquelle il a crû et dans laquelle il a conséquemment impliqué ses racines (*litt.* en quoi il est impliqué), on aura un plein succès.

Article II.

Comment on gouverne des plantations.

Suivant Hadj de Grenade et autres, il faut, quand on plante un arbre, ne pas négliger, pour quelque motif que ce soit, de lui donner de l'eau à quelque distance du pied, quand c'est dans un terrain élevé, non arrosé ; pour celui qui l'est, on donne une irrigation abondante tant au pied qu'à distance, afin que la terre végétale dissoute puisse s'appliquer à la tige du jeune arbre de façon qu'il n'existe aucun interstice par lequel l'air (desséchant) puisse s'introduire. On laisse ensuite les choses en tel état jusqu'à la mi-mars, alors on nettoie le terrain à l'entour de ce qui est bien repris et l'on enlève les mauvaises herbes qui auraient pu pousser ; on donne un binage (ou serfouissage) léger et superficiel en ramenant au pied du jeune plant de la terre meuble. Les sujets plantés en automne et dont la reprise est assurée doivent être cultivés au pied quatre fois, en laissant un intervalle de vingt nuits, entre chacun des deux labours qui seront d'un empan ($0^{m},231$) de profondeur. Quant à ce qui aura été planté plus tard, on ne donnera de culture qu'après que la reprise sera bien assurée et que déjà l'arbre sera enraciné. Prenez bien garde, en cultivant, de couper quelques racines, ce qui affaiblirait le sujet et surtout l'olivier et les autres arbres qui, comme lui, ont leurs racines près de la surface ; il faut leur donner un labour au crochet ou avec tout autre instrument analogue (1), jusqu'à ce que les racines aient acquis assez de force et n'aient plus à craindre d'être coupées par l'instrument ; on donne alors une culture plus profonde avec la pioche ou la bêche. Quand on veut que le jeune plant donne des pousses dans l'année même, il faut au mois d'août enlever une petite portion d'écorce au-dessus de la surface du sol ; si l'arbre se trouve dans une condition chaude et bonne, il poussera (comme on le désire) ; si on ne pratique point cette décortication, on ne le verra pousser que la seconde année, au mois d'avril environ. Ces pousses, qui se montrent au pied et le long de la tige, doivent être enlevées à la main (par le pincement) et non avec l'instrument tranchant, en ne laissant au sommet que ce qui

(1) حرث, instrument de culture à dents, ou étroit et pointu, disposé pour remuer le sol à la surface et non profondément, comme un crochet, à un râteau, une pioche étroite et pointue, à la différence du مسحاة pl. مساحي qui est plus large : une pioche ordinaire ou une bêche, *pala* du dict.

est nécessaire pour y appeler la force qui s'accumule à l'extrémité des rameaux. Il ne faut point porter l'instrument tranchant en fer sur l'arbre défectueux avant deux ans au moins, parce que ce serait nuisible pour l'arbre et que cela le rendrait languissant. J'ai vu, dit l'Auteur, la chose de mes propres yeux, sur un olivier sur lequel on avait pratiqué un retranchement de branches avant qu'il eût donné du fruit : tout ce qui avait été atteint par le fer fut brûlé, et l'arbre se flétrit et mourut. Cet accident est surtout à craindre pour le jeune sujet replanté, dans sa première année. Nous avons précédemment exposé des points qui se rattachent à cette matière, comparez-les et méditez.

Article III.

Conditions atmosphériques les plus favorables pour semer, faire les irrigations, fumer et émonder les arbres. Quelles époques il faut choisir pour faire ces opérations.

La majeure partie des agronomes anciens et autres s'accordent sur ce point : c'est que jamais on ne doit planter ni arracher aucun arbre, ni greffer, dans un jour de grand vent, surtout s'il est froid et accompagné de phénomènes fâcheux. De même, il ne faut semer aucune espèce de graine, pepin ou noyau, ni plantes quelconques, les jours de grand froid ou quand le vent souffle du nord. Rien ne peut venir à bien de ce qui a été semé ou planté quand ce vent règne, surtout l'olivier, parce que sa racine étant à fleur de terre, par suite toute la partie de l'arbre exposée au nord se dessèche. La raison, en est que les vents froids, par leur action délétère, absorbent à la fois l'humidité de la terre et celle de la racine. Ainsi, choisissez un jour de température chaude, quand le vent souffle du midi, vers le matin; profitez aussi du vent du couchant qui a traversé les mers et la partie occidentale de l'Espagne et autres parages placés dans les mêmes conditions. Tout ce qui aura été semé par le vent du midi ira bien et réussira ; ce sera très-avantageux pour la plantation, s'il peut arriver que, le jour où on l'a fait, il survienne de l'humidité ou de la pluie, surtout pour le jeune olivier, particulièrement dans les terrains élevés (non arrosés). Il faut donc interrompre tout travail commencé, quand viennent à s'élever les vents défavorables ou que l'air passe à un froid vif. Si déjà vous avez arraché quelque plant, mettez-le en terre (en jauge) jusqu'à ce que le temps se montre favorable. Gardez-vous bien de rien déposer dans l'eau, sinon pour un jour ou deux au plus. Si pourtant (1) le séjour du plant en jauge s'était prolongé, il devient utile de le plonger dans l'eau, mais peu de temps seulement avant de le planter. Ne faites aucune plantation ni le jour de la djemah (vendredi), ni le jour premier (le dimanche); l'expérience le défend. Prenez de préférence pour votre travail les premiers jours des mois arabes, ceux de la croissance de la lune et de son plein dans les mois lunaires. (Cf. Géop., x, 2.)

Il en est qui disent que la lune est froide et humide; mais que, quand elle est dans son plein intégral qu'on nomme *Bedr* بدر, ce qui a lieu le quatorzième jour du mois lunaire, à cette époque on voit un accroissement sensible dans les semis des plantes potagères, telles que melons, pastèques, courges, aubergines, haricots, lin et autres. On observe pareil phénomène (*litt.* accroissement) dans les fleurs des plantes aromatiques et dans les fruits. Les ramifications de ces plantes s'allongent (dans la période de croissance), tandis que c'est le contraire pendant celle du déclin de la lune, tout cela par la volonté de la divine providence. C'est pour cette raison que le vulgaire se plaît à planter les vignes et tous les arbres, et aussi à faire les semis, pendant la période du croissant de la lune. Ils affirment que tout ce qui est planté pendant cette période est infiniment plus beau et de meilleure qualité que ce qui est planté dans tout autre temps; la reprise des arbres est plus prompte et ils poussent plus vite; ils deviennent très-beaux, très-vigoureux, et bien plus fertiles quand ils sont plantés en

(1) Le texte porte الى أن : nous croyons devoir lire الا أن qui donne un sens plus logique.

ce moment, tandis que c'est tout le contraire qui arrive quand la plantation se fait au décours. Aussi, disent-ils qu'on ne doit jamais planter que pendant la période de croissance, règle qui s'applique au lin, car si on le sème en décours il ne réussit jamais, non plus que dans les derniers jours du mois. Abou'l-Khaïr dit l'avoir expérimenté lui-même sur cette plante et constaté le fait. On dit que, suivant quelques agronomes, le moment convenable pour ces opérations, c'est depuis le quatrième jour du mois lunaire jusqu'à la fin du quatorzième. Il en est qui disent que le vingt-quatre est un jour de bénédiction pour planter en terrain arrosé, (c'est-à-dire) toute la journée, depuis le lever du soleil jusqu'à son coucher. Il en est qui blâment la plantation faite à la pleine lune de mars.

Koutzami dit, dans l'Agriculture nabathéenne, que David Nadan, seigneur de *Bachra* (1), prescrit de ne faire aucune espèce de plantation, de ne rien greffer ni semer (pendant le déclin de la lune), parce que la seule époque favorable pour planter et pour obtenir une belle végétation, c'est depuis le moment où la lune commence à croître jusqu'à la cinquième nuit après qu'elle est entrée dans son déclin. Ainsi (pour l'exécution de ces travaux) son opinion agrandit (le chiffre) (2). Adam, sur qui soit le salut, professe la même opinion. Koutzami ajoute avoir constaté l'exactitude de ces assertions par l'expérience (3). Sachez bien que le temps le meilleur pour toutes les opérations agricoles qui ont pour objet de donner de l'eau aux plantes et aux arbres, soit par irrigation (au pied), soit par les

(1) Banqueri dit que le Diction. géogr. porte الباشر et non بشر ; c'est une forteresse à deux journées d'Alep. Aboulféda dit la même chose, mais il lit تل باشر Aboulf. Edit. M. Reinaud, p. ٢٣٢. Edrisi parle de Bachar بشر comme étant une forteresse dépendant de Biskara, t. I, p. 247, trad. Jaub. Comme le fait est cité par le nabathéen Koutzami, il est plus probable qu'il s'agit de Bachara, près d'Alep.

(2) En effet, il étend la faculté de planter jusqu'au cinquième jour après le plein de la lune.

(3) Des modifications ont dû ici être introduites dans le texte par Banqueri et par nous ; nous espérons y revenir plus tard.

arrosements à la main (sur les feuilles), soit pour faire usage de l'eau comme moyen curatif ou pour toute autre cause qui en exige l'emploi, c'est (sans contredit) le temps de la croissance de la lune, c'est-à-dire depuis qu'elle a cessé d'être en conjonction avec le soleil jusqu'après le moment où par son plein complet elle se trouve en opposition, ce qui dure une période de jours commençant le treize et finissant le seize; ce temps passé, il faut s'abstenir de toute espèce de travail (1) (de ce genre).

Koutzami dit : Quand nous avons planté un arbre ou un palmier suivant notre désir ou bien que nous avons fait un semis (dans cette partie du mois qui s'étend) depuis la première nuit de la nouvelle lune jusqu'à ce qu'elle soit parvenue au point où il y a entre elle et le soleil 90°, ce qui est le premier quartier, tout ce que nous avons planté réussit parfaitement sans craindre aucun accident; tout s'implante (et s'enracine) dans le sol d'une façon admirable, les arbres produisent constamment de très-beaux fruits et en abondance. Il en est de même pour la fumure. Mais, si l'engrais est appliqué quand la lune est décroissante, alors nous voyons se développer une vigueur et une végétation qui ne se produisent point quand l'opération s'est faite pendant la croissance de la lune. Le travail doit se faire quand cette planète est dans le rayon de l'*horoscope*, c'est la quatorzième mention du zodiaque. Si on est dans les signes de l'eau, qui sont l'écrevisse, le scorpion et les poissons, ou bien dans les signes venteux qui sont les gémeaux, la balance, le verseau, les conditions sont excellentes. Les signes terrestres viennent à la suite pour l'efficacité; mais gardez-vous des signes du feu, qui sont le bélier, le sagittaire et le lion (2), quand l'horoscope ou la lune y sont. Etudiez donc

(1) Ces prescriptions sur l'observation des phases de la lune peuvent être rapprochées et comparées avec celles qui se trouvent dans les Géop., V, 10, et X, 2. V. aussi Plin., XVIII, 75.

(2) Cette division des signes du zodiaque qui se trouve ici dans une citation de Koutzami, Agron. nabath., et plus loin, ch. XXX, art. 10, dans une citation de Cassianus, se trouve également et semblable dans le calendrier de Cordoue.

bien la position de la lune quand vous voulez exécuter quelques-uns de ces travaux; si elle se trouve dans ces conditions ou dans l'une d'elles, le moment est très-bon, il faut en profiter.

Parmi les anciens, il en était qui ne tenaient aucun compte de toutes ces recommandations et qui prescrivaient de semer depuis le commencement du mois jusqu'à la fin. D'autres disaient de planter le premier et le dernier jour, d'autres n'admettaient pas cette opinion et ils la repoussaient.

Abou'l-Khaïr dit que le travail doit être ainsi réparti, dans le mois lunaire : cinq jours de repos, cinq jours de travail; quatre jours de repos, quatre jours de travail; trois jours de repos, trois jours de travail, deux jours de repos, deux jours de travail; un jour de repos et un jour de travail; ce qu'on fait pendant les jours indiqués pour le repos est mauvais, tandis que celui fait les autres jours est bon, la volonté divine aidant. (*V.* Virg., *Géorg.*, I, 276.)

Article IV.

Parmi les anciens, il en était qui, par crainte de l'humidité excessive qui existe quand la lune est au croissant, préféraient tailler les arbres, couper les branches pour greffer, et faire les vendanges dans le déclin de la lune. Ils étaient persuadés que les bois destinés pour les couvertures et autres, coupés au déclin de la lune et surtout dans les trois derniers jours du mois, n'étaient jamais attaqués par les vers (1).

(1) Cette assertion se trouve dans Pline, XVI, 74 ; dans Théophraste, Hist. Plant. V, 1 ; Colum., XI, 2, 11 ; Géop. III, 1 ; Vitruv., lib. II, 9. Comme l'auteur arabe s'étend très au long sur cette matière, chap. XXX, art. 2, nous y reviendrons avec plus de détail à cette occasion.

Banqueri a renvoyé au bas de la page un paragraphe fort altéré, duquel il semble résulter que les épines coupées dans le croissant de la lune ne repoussent pas. Le manuscrit de la Bibl. imp. présente une lacune en cet endroit.

CHAPITRE VII.

Arbres qu'on a l'habitude de cultiver dans quelques parties de l'Espagne. Énumération de ces espèces d'arbres. Manière de planter chacune d'elles. Indication de ce qui leur est avantageux dans les diverses natures de terre. De l'arrosement, de la fumure ou *Tasmid*, تسميد, et des soins à donner à chaque espèce en particulier.

Article I.

Culture de l'olivier.

Il y a deux espèces d'oliviers : l'olivier sauvage qui croît naturellement sur les montagnes, et jamais sur les bords des rivières (ou des eaux courantes), ni là où les racines pourraient rencontrer des eaux abondantes et continues. L'autre espèce est cultivée (*litt.* domestique); elle est plus abondante que la précédente et son fruit donne aussi plus d'huile.

Ibn Hedjadj rapporte dans son livre que, suivant Junius, la terre qui convient à l'olivier, c'est la terre légère; c'est par cette raison que l'olivier réussit très-bien dans le territoire *d'Astigis* (1), parce que le sol de ce pays est de cette nature et que l'olivier planté dans un tel terrain, s'y montre d'une végétation luxuriante, et bien mieux que partout ailleurs. Mais, dit Ibn Hedjadj, par cette belle végétation il faut entendre l'abondance de l'huile, plutôt que l'état brillant des rameaux.

Junius dit encore : la terre blanche convient aussi très-bien

(1) اشْبغي, ou suiv. Banqueri اسطبغي, *Astigis*, auj. *Ecija*, dans le royaume de Séville. Aucun des noms cités par Columelle, *De re rust.*, v, 8, et *De arb.*, 17, ne rappelle celui-ci, qui est peut-être mis ici pour la *Bétique*, dont parle l'agronome latin.

pour la culture de l'olivier, surtout si elle est douce et fraîche : car, lorsqu'on le plante dans un tel terrain, il donne un fruit renflé, abondant, lisse, gras et abondant en huile. L'olivier se plaît encore dans la terre noire, celle surtout qui contient de petites pierres ou beaucoup de détritus de roches et dont la glèbe tire sur le blanc; la terre sableuse (est encore) bonne quand elle n'est point saumâtre; tous ces terrains conviennent bien à l'olivier. Il faut l'éloigner de la terre profonde qui convient au grenadier, qui y devient très-grand; mais les olives y donnent peu d'huile et elles sont très-aqueuses; leur maturité est tardive et le marc bien plus considérable que l'huile. Il en est de même pour la terre très-glaiseuse qui, par son (tempérament) froid, ne convient point à l'olivier. Les terres chaudes ne valent pas mieux, parce que dans l'été elles s'échauffent bien plus que les autres; souvent elles sont crevassées de larges fentes très-ouvertes, et dans l'hiver elles deviennent froides.

Suivant Démocrites, l'olivier se plante dans les terres blanches dépourvues d'herbes, qui sont sèches et non humides. Il faut se garder de le mettre dans la terre rouge saumâtre ou salée, non plus que dans les terrains qui se refroidissent trop dans les grands froids de l'hiver ou s'échauffent en excès dans les fortes chaleurs de l'été, ni là où le vent souffle avec impétuosité, ni dans un sol sujet à se gercer.

Suivant Kastos, la terre la plus propice pour la culture de l'olivier, c'est celle qui est (dite) *al-çamâ*, et dénudée d'herbes; or, الصما, *al-çamâ*, signifie terre sèche et sans humidité. Il ne faut point cultiver l'olivier en terrain saumâtre ni dans la terre rouge qui a de la profondeur et qui pendant l'hiver se refroidit, et qui dans l'été s'échauffe en excès, non plus que dans un sol sujet à se gercer. L'olivier peut encore se planter dans un terrain léger et de bonne qualité.

J'ai rapporté, dit Ibn Hedjadj, les opinions que j'ai trouvées dans les trois plus célèbres agronomes sur le choix des terres pour la culture de l'olivier; je les ai trouvées concordantes, sans aucune différence. Ce qui en somme ressort à mon esprit, de ce qui a été écrit par eux ou par les autres dont j'ai lu les ouvrages, c'est que tous rejettent pour la culture de l'olivier la terre trop bonne parce que le fruit y contient une grande quantité d'eau, et donne beaucoup de résidu au détriment de l'huile qui est moins abondante (1); d'un autre côté, cette huile est très-claire et très-prompte à se gâter, à cause de la quantité d'eau qu'elle renferme, et elle ne se garde pas longtemps. Ces vices sont bien plus graves encore dans une terre humide en excès. La terre indiquée par nos auteurs comme convenable est dans des conditions tout autres; toutefois, les arbres les plus beaux et de la plus belle apparence sont dans les plaines basses, de bonne qualité.

Kastos s'exprime de même; voici ses propres expressions : L'olivier a de l'affection pour la terre qui regarde la mer et qui est humide; il y croît rapidement, et la végétation est plus brillante dans ce terroir que partout ailleurs. Il ajoute ensuite que la meilleure terre pour la culture de l'olivier est la terre dénudée d'herbe.

Les agronomes sont unanimes sur ce point, c'est que le vent est favorable à l'olivier; il faut donc le planter sur les montagnes et les coteaux, toutefois lorsque la neige n'y tombe point en trop grande quantité, et qu'il n'y est point exposé à des vents froids et glacés, non plus qu'à une chaleur excessive, car si la chaleur lui est profitable, elle peut aussi lui être nuisible. C'est dans les contrées où la température est élevée, que l'extraction de l'huile est plus facile, tandis que dans les pays froids il est fort difficile de l'obtenir et l'on ne peut même y arriver qu'avec beaucoup de travail. Quant à l'huile par elle-même, elle aime l'air un peu froid. Aussi, a-t-on soin de la tenir dans des vases qu'on range dans des pièces exposées au

(1) *Litt.* à cause de ce qu'il y a d'énorme qui survient en lui pour la quantité d'eau et de marc, l'huile en est diminuée à cause de cela. Le texte porte : زتبة ينتقل على ذلك : nous conservons ce texte en lisant زيتة et prenant ينتقل à la VIIe forme, qui n'est pas dans les dict., mais qui se trouve dans Ibn al-Awam. Banqueri propose une autre correction.

nord. Elle y gagne en qualité et acquiert un goût plus agréable, tandis que le soleil et la chaleur produisent un effet tout contraire. Voilà ce que dit Cassius.

Ibn Hedjadj, en parlant de l'époque de la plantation de l'olivier et de la dimension des fosses, dit que déjà précédemment il a exposé l'époque convenable pour les plantations, de même que ce qui est relatif à la capacité des fosses, mais qu'il y reviendra succinctement pour ce qui est spécial à cette espèce d'arbre, bien que ce qui a été dit antérieurement pût suffire.

Junius veut qu'on plante l'olivier à l'une de ces deux époques : au printemps, ou en automne. Cette dernière saison est plus favorable que l'autre. Il faut effectuer la plantation lorsque viennent les pluies, et continuer jusqu'à ce que le froid se fasse sentir avec force. Alors on suspend toute plantation jusqu'à l'arrivée du printemps, et on la reprend dans cette saison lorsque le vent du nord se met à souffler.

La meilleure plantation est celle qu'on fait dans des trous, comme aussi le mieux c'est de préparer les trous un an à l'avance, comme déjà il a été dit. Il faut encore, ajoute le même auteur, que la grandeur du trou soit proportionnée à la nature du terrain, ce qui également a été expliqué plus haut. Dans les terres élevées on donnera deux coudées (0^{m},924) de profondeur, et autant de largeur. En plaine il faut une plus forte dimension (1).

Suivant Junius, il est des agriculteurs qui, pour les plantations des oliviers en plaine, donnent aux fosses une plus grande dimension, parce qu'ils poussent plus rapidement dans cette position (*litt.* ces lieux), que les fruits sont plus

(1) Cette citation de Junius paraît être plutôt un résumé de l'ensemble de ses prescriptions. Il prescrit pour les fosses *pedes quaternos quoquoversus*, *De arb.*, 17, 2. Les Géop. disent trois coudées, et pas moins de deux et demie, IX. 6, c. f. Plin. XVII, 29. *Cato*, *De re rust.* 45, Varro I, 40. En ramenant ces mesures au système métrique, on trouve pour les quatre pieds romains 1^{m},183, pour les trois coudées 1^{m},386 et pour les deux coudées et demie 1^{m},155. On voit que la différence est faible.

abondants à cause de la fraîcheur humide du sol et qu'il y a (par suite) lieu de craindre que les arbres ne soient renversés par les vents (qui ont plus de prises sur eux).

Ce qu'on vient de lire, dit Ibn Hedjadj, à qui Dieu fasse miséricorde, confirme ce qu'a avancé Kastos, que l'olivier, dans un terrain frais et humide donne beaucoup de fruit; mais, quant à la qualité de l'huile, il s'abstient d'en rien dire; c'est de là (c'est-à-dire de la plaine) que se tirent les différentes espèces pour planter (1).

Junius rapporte qu'il est des personnes qui fendent la racine de l'olivier, et qui prennent la partie fendue pour la planter. D'autres plantent les sujets avec le pied; d'autres se servent de pousses arrachées de l'arbre (des drageons). Hannon, agronome très-soigneux, usait de ce moyen, c'est-à-dire qu'il prenait de jeunes pousses, les mettait dans un lieu où elles grandissaient (en pépinière), puis il transplantait le jeune arbre quand il le jugeait capable de l'être. Toute branche (ou drageon) qu'on plante doit être de bonne espèce, avec extérieur lisse, prise sur une tige, c'est-à-dire sur un arbre jeune. Suivant Démocrite, les branches d'olivier destinées à être plantées (en boutures) doivent avoir une écorce lisse, être prises sur un jeune sujet. Suivant Chamayos, l'olivier se propage par les jeunes arbres qu'on replante, par boutures, par loupes ou protubérances شجر (2). Le jeune plant provient de bouture, et celle-ci est détachée de l'arbre. Chaque bouture (*clava*) doit être de la longueur d'une coudée, sur une grosseur qui remplisse la main. La loupe a la forme d'un œuf; elle se trouve sur les grands et vieux arbres qui donnent du fruit; on la détache avec la hache, du pied, puis on la plante. Souvent cette loupe porte une jeune branche (adventice); on enlève le tout ensemble, ce qui est bien plus avantageux que la bouture, et d'une reprise plus facile et plus prompte. Fin de la ci-

(1) Nous différons ici notablement de Banqueri.

(2) Ce mode de reproduction est indiqué par l'auteur de l'article *Olivier*, dans le Dict. d'hist. nat. de Déterville, p. 174 et 175; et Géop. IX, 5, fin, comme étant en pratique chez les Syriens qui nomment ces loupes γοῤῥία, גרופית Chald.

tation. Karour-Afenthaous dit que la bouture se plante couchée (horizontalement) ou en sens inverse, ou toute droite (en position naturelle).

Ibn Hedjadj raconte qu'il lui est arrivé de planter un morceau d'olivier sur lequel était une loupe. Il le déposa couché (horizontalement) dans une fosse, le couvrit de terre végétale, de telle façon qu'on n'en apercevait rien. Il reprit parfaitement bien, (il en résulta un arbre qui) donna du fruit. J'ai eu l'occasion de voir, dit cet auteur, des brins d'olivier de la grosseur du petit doigt qu'on avait mis en terre sans intention de les planter, et qui prirent promptement racine. Ces brins que j'ai vus (réussir ainsi) n'étaient point affectés de loupe. Mais on défend d'user, pour la multiplication de l'olivier, de ces sortes de branches, et l'on prend généralement de grosses branches avec loupe ; on les taille d'une longueur de sept coudées, plus ou moins ; on les couche au fond d'une fosse profonde, où elles prennent racine ; on laisse en place les rejets qui en proviennent sans les replanter. Pour ces sortes de plançons (ou boutures), on ne tient pas à ce que l'écorce soit lisse ; on prend au contraire les branches grosses et rugueuses, cherchant surtout à ce que la branche porte une gibbosité de la grosseur d'un œuf. J'ai vu de ces branches déjà dures, mais dépourvues de la loupe, qui portaient, à l'extrémité où elles avaient été détachées de l'arbre, une portion de l'écorce de la tige qui avait la forme d'un soulier ; cette branche fut plantée (dans cet état) et elle reprit très-bien. J'ai vu encore planter un jeune rameau à écorce lisse, à l'extrémité duquel on avait laissé une portion du vieux bois rugueux ; ainsi disposé et planté, il a bien repris.

Mais revenons à Junius. Il faut, dit-il, quand on veut faire des plantations bien soignées, c'est-à-dire quand on prépare les fosses, déplacer la terre du fond ; ce qui est bon encore, c'est de pratiquer sur le terrain une double irrigation avant d'effectuer les fouilles, et de rapporter de la terre mêlée d'engrais sur une épaisseur de quatre doigts et d'enduire le plant de bouse de vache (Cf. Géop., IX, 5).

Ibn Hedjadj prescrit de mettre du sable dans chaque trou destiné à recevoir des boutures ou branches sans racines telles que boutures vieilles ou autres pareilles. Cette précaution est bonne, à mon avis, car étant plus dures que celles enracinées, le sable ne les affaiblit point (1); il leur est au contraire utile et facilite la pousse du chevelu, quand l'humidité apportée par l'eau d'irrigation ou de la pluie dissout l'engrais.

Junius dit qu'on ne doit point multiplier les irrigations pour l'olivier, car l'excès en cela lui devient très-nuisible. Les branches ou boutures doivent être mises en terre aussitôt qu'elles ont été détachées de l'arbre. Le plançon pris sur l'arbre aura une longueur double de celle de la cuisse; il faut l'enlever de façon qu'il reste une portion (du vieux bois) de la tige (2), il pousse mieux; cette branche doit encore avoir l'écorce lisse et être parfaitement saine, c'est-à-dire, dans le langage de Junius, intacte et sans fissure aucune dans l'écorce. La branche ou bouture, choisie dans les conditions que nous venons de détailler, grandira et prendra un développement rapide. La bouture lisse de peau et vigoureuse poussera et prendra de l'accroissement ainsi que le comporte la nature de l'olivier. Mais ce qui sera (planté trop) grêle donnera des résultats contraires, c'est-à-dire une végétation languissante.

Junius dit que les vieux plants dont l'écorce intérieure est fendue sont difficiles à la reprise. Ibn Hedjadj dit que par ces paroles Junius entend que, si le plant n'est point pourvu de cette protubérance dont nous avons parlé plus haut, (il reprend difficilement), tandis qu'au contraire, si elle s'y trouve, la reprise ne se fait point attendre. Le même Junius dit encore qu'il faut donner aux boutures qu'on plante dans les lieux élevés une longueur de deux coudées (0,724), et quatre plus une palme (2,080) à ceux qu'on plante en terrain bas. Solon veut que ces boutures soient courtes pour les terrains de montagnes et les coteaux élevés; pour la plaine, il faut les tailler

(1) Il est à craindre qu'il ne se soit glissé quelqu'altération dans le texte, dont on ne saisit pas bien le sens. Il y a ici lacune dans le manuscrit.

(2) C'est la crossette.

beaucoup plus longues. Voici le motif : c'est que, les terrains élevés étant plus durs et plus maigres, la bouture en aspire beaucoup moins de sucs nourriciers que dans les terrains de plaine. Il devient donc nécessaire alors, à cause de la pauvreté des sucs séveux, d'établir le contact avec des corps de taille petite, tandis qu'en plaine, (où les sucs sont plus abondants), on l'établit avec des corps plus longs, (qui reçoivent ainsi une nourriture plus large) (1). C'est ainsi qu'en usent ceux qui taillent les arbres; ils laissent dans les bonnes terres les jeunes branches plus nombreuses et plus longues, tandis que dans les terres maigres ils les tiennent plus courtes et moins nombreuses. Ici finit la citation de Solon. Revenons à Junius. On ne doit point planter la bouture la tête en bas (Géop., IX, 5), parce qu'elle se pourrirait. Ibn Hedjadj fait remarquer que Tharour-Atticos (et autres) sont d'avis contraire, puisqu'ils insistent pour qu'on plante le rameau du grenadier en sens inverse. Ils préconisent cette méthode. J'ai vu, dit-il un arbre de belle venue, et productif, qui provenait d'une bouture plantée en sens inverse.

Il y a, dit Junius, des agriculteurs qui conseillent de joindre au jeune plant des pierres ; quand on use de ce procédé, il faut faire plonger l'arbre à la profondeur d'une coudée : on jette ensuite de la terre sur les racines, afin que celles-ci en été profitent de la fraîcheur de la pierre et que dans l'hiver elle leur communique sa chaleur, parce que la pierre produit ces deux effets (suivant la saison). Il faut recourir à ce procédé, dans les terres sableuses plus fréquemment que dans les autres. Souvent on commence par mettre les pierres dans le fond de la fosse (Col., *De re rust.*, V, 10). Il faut que les trois quarts du plant soient enfoncés en terre, et qu'on laisse le surplus dépasser au-dessus de la surface du sol. On enduit la plaie causée par la coupure à la partie supérieure avec une préparation d'argile pétrie avec de la paille. L'auteur ajoute que le cultivateur soigneux doit enlever les pousses qui se pro-

(1) Cette dernière phrase a été renvoyée en note, sans être traduite par Banqueri, mais nous avons pu le faire nous aidant du mss. B. I. qui donne un texte plus complet, f° 97, v° 2.

duisent entre les lignes des oliviers (1) : avec ce soin et une bonne direction, l'arbre sera d'une belle venue et donnera du fruit (en abondance). En effet, le vent ayant la facilité de s'introduire entre les lignes, à cause de leur (bonne) disposition, l'arbre sera nécessairement d'une belle végétation et très-fertile. Les lignes doivent être dans la direction du levant au couchant et du midi au nord, et également espacées (2). Lorsqu'ils ont été ainsi rangés, le vent du levant et celui du midi trouvent des issues faciles pour l'entrée et la sortie, et, sous l'influence de leur souffle, la plantation se conservera dans un état satisfaisant. L'auteur ajoute encore : On ne doit rien semer dans une terre légère plantée en oliviers ; ce serait pour eux une cause de débilitation. Les arbres qu'on plante dans cette sorte de terrain peuvent être plus rapprochés, puisqu'on n'y doit rien semer, comme il a été dit. Un autre motif indiqué par Ibn Hedjadj, c'est que dans ces sortes de terres les arbres pullulent moins et que les olives ne sont ni grosses ni renflées.

Comme il est constant, dit Junius, que les plants sur lesquels on pratique la greffe sont plus beaux et plus productifs que les autres, il est très-avantageux de cultiver l'espèce dite *Qothinon* (κότινος, Géop., X, 86, *Oleaster*), c'est-à-dire *zanbouch* زنبوج Cast., parce qu'elle forme racines et pousse très-promptement : dès la troisième année le plant de cette espèce est susceptible d'être greffé. Voyez-le dans l'année qui suit cette opération ; s'il a été greffé avec des branches tirées d'une espèce bien venante et fructueuse, ainsi que nous l'avons recommandé, il portera des fruits bien plus tôt que toutes les autres espèces et en grande quantité. Le même auteur ajoute : tout arbre multiplié de semis donnera des fruits pareils à

(1) Le texte porte ان يتن ناميوا صعوب الزيتون ; nous lisons ان ينقي ناحية بين صفوف, guidé en cela par ce qu'on lit dans les Géop. IX, 9, où ce nettoiement est prescrit très-précisément.

(2) *Ad favonium dirigi ordines convenit, ut aestivo proflatu refrigerentur.* Col., *De re rust.* V, 9, 7.

ceux de son espèce. L'olivier fait exception (Géop. X, 86); s'il est semé dans une terre forte, il naîtra du semis une espèce nommée *Qothinon*. Ibn Hedjadj dit : J'ai constaté l'exactitude de cette assertion. Chez nous, par suite de la grande quantité d'oliviers qui se trouvent sur la montagne d'*Axarafe* de Séville, il en tombe sur le sol beaucoup de noyaux. Je ne vois point d'autre cause pour expliquer la multitude de jeunes plants d'oliviers qui y croissent; mais ce qu'on rencontre surtout, ce sont des arbres de l'espèce *Qothinon*, qui forment la plus grande partie de ce qui pousse entre les oliviers petits ou grands qui donnent du fruit, ce qui porte à conclure que cette grande quantité provient des noyaux des arbres (qui les fournissent). Mais Dieu est le plus savant. Je ne prétends pas dire que tous ces oliviers sauvages qui poussent sur cette montagne viennent exclusivement des noyaux d'oliviers; je dirai au contraire que cette espèce croît (spontanément) dans les montagnes en grand nombre, ainsi que dans les terres rudes, de la même manière qu'on y voit pousser beaucoup d'autres arbres tels que des chênes, des caroubiers et autres d'espèces analogues (qui se reproduisent de fruits tombés). L'olivier se propage de noyaux (on le sait). Junius le dit et moi-même je ne nie point que l'olivier puisse se multiplier de cette façon. J'ai eu une occasion de le constater chez un de mes frères qui habitait un village; aussi je dirai que la majeure partie des oliviers sauvages vient de cette façon, comme l'a dit Junius. Revenons à lui. Il nous apprend que la plupart de ceux qui veulent faire des plantations ouvrent des fosses larges, carrées et spacieuses, dans lesquelles ils déposent quatre boutures; ce qui est une grande faute en plantation, ils placent ces plants aux angles, et, quand après la reprise, les arbres restent en place, le résultat est bon, et il nous est possible si nous le voulons d'en replanter ailleurs un, deux et même trois (1). Ibn Hedjadj affirme avoir trouvé chez lui

(1) Ce passage présente de l'obscurité; la fin ne répond point exactement au commencement; il semble qu'il manque quelque chose.

cette méthode en grande pratique sur la montagne de Scharfa. Mais il dit qu'elle est mauvaise aussi suivant lui.

Quant aux pépinières d'oliviers (*oliveta*, Colum.) suivant le même auteur, Junius dit : Les branches qu'on prend pour planter en pépinière (*litt.* où on élève les plants) doivent être prises sur des arbres en bon état, jeunes et fertiles; elles seront régulières dans leur grosseur. Ces branches ne doivent pas être prises sur la tige mais au sommet de l'arbre (*Géop.*, IV, 15). On les coupe à la scie, prenant bien garde d'endommager l'écorce. A côté de chaque brin on plantera un roseau, pour que les ouvriers en faisant le serfouissage puissent le reconnaître (Col. *Re rust.*, V, 9). On exécute du reste dans l'opération tout ce qui a été prescrit plus haut. Les anciens avaient pour habitude de pratiquer le serfouissage une fois par semaine quand il était possible de le faire et que la nature argileuse de la terre ne s'y opposait point. Ces jeunes plants (ou boutures) sont tenus en pépinière pendant trois ans. La quatrième, on retranche toutes les branches inutiles, puis on porte l'arbre où il convient de le planter, en conservant une certaine portion de la terre dans laquelle il a poussé. Cette manière de propager l'olivier au moyen de branches (ou boutures) est sans contredit la meilleure; voilà tout ce que Junius recommande (*Géop.*, IX, 5).

Le même, en parlant des soins à donner aux jeunes sujets qu'on transplante, indique les règles suivantes. Quand on veut replanter les jeunes oliviers, il faut le faire en automne, puis les laisser en repos sans donner aucune culture jusqu'au printemps. Il faut alors donner à l'entour un serfouissage; le moins qu'on puisse en donner à la pioche, c'est quatre (par an). Il faut aussi pratiquer à l'entour une rigole circulaire (un bassin), afin que les eaux pluviales arrivent plus facilement aux racines et ne se perdent point de côté et d'autre. Quant aux plantations faites au printemps, il faut commencer par cultiver la terre à l'entour des arbres, à moins cependant que nous croyions devoir nous en abstenir. Une excellente méthode, c'est d'arroser pendant la première année, particulièrement pendant l'été, lorsqu'il est possible de le faire. Il faut, quand le jeune arbre est repris et qu'il se met à pousser, détacher à la main (en les pinçant) les branches surabondantes, pendant qu'elles sont encore tendres, car alors il est facile de le faire. La seconde année, il faut, ajoute l'auteur, déchausser les jeunes arbres en automne, leur donner de l'engrais; mais auparavant on a soin de rapporter de la terre meuble sur les racines, de peur qu'elles ne souffrent de la chaleur de l'engrais. Si les pluies arrivent avant le solstice d'hiver, on donne un ou deux serfouissages (culture profonde) autour de l'arbre, en ménageant des rigoles qui lui amènent des eaux pluviales, ce qui est d'un très-grand avantage pour lui. La troisième année venue, on retranche avec la serpette (*litt.* le fer) une grande partie des branches, de manière à n'en conserver que cinq ou six des plus fortes, et des plus belles par leur venue ; on administre ensuite de l'engrais, et les mêmes opérations se réitèrent la quatrième année.

Junius, traitant aussi de l'engrais qui peut convenir à l'olivier, dit que c'est le crottin de chèvre, de brebis et de tout autre bétail (1). Cet arbre aime aussi le crottin d'âne, de cheval et de toutes les bêtes de somme en général. Mais l'engrais humain ne convient pas à l'olivier ; si on lui en donne, il faut bien se garder de l'appliquer directement sur la racine ; mais il faut, au contraire, le poser à une petite distance du tronc, afin que, se mêlant à la terre, sa chaleur arrive seulement peu à peu aux racines. Les agriculteurs intelligents croient devoir commencer par disposer de la terre meuble sur les racines, puis ils appliquent l'engrais qu'ils recouvrent d'une nouvelle couche de terre.

L'auteur dit encore : il faut donner de l'engrais tous les trois ou quatre ans, particulièrement aux époques de l'irrigation et dans les endroits humides, et cela pendant plusieurs années

(1) Columelle indique le crottin de chèvre à la quantité de six livres : *stercoris caprini sex libra*, *Re rust.*, v, 9, 14, sans rien dire des autres. Ces préceptes d'agriculture, donnés sous le nom de Columelle, se trouvent d'une manière générale, seulement dans les deux chapitres 8 et 9 du l. v, *De re rustic.*, qui sont spécialement consacrés à la culture de l'olivier. Le chap. XVII du traité *De arbor.* fournit encore moins.

(*Géop.* IX, 9); mais, dans les lieux où la végétation est moins active et qui sont secs, la quantité du fumier doit être plus forte.

Suivant Kastos, toute espèce (de crottin ou) de déjection, à l'exception des matières fécales humaines, convient à l'olivier, et il faut se garder de le porter trop près du pied; on ne le donne qu'une fois tous les deux ans. Démocrite et Cassius disent que toute espèce de fumier, à l'exception des matières stercorales humaines, peut convenir à l'olivier; mais on ne doit lui donner de l'engrais que tous les trois ans une fois (1). Ibn Hedjadj dit que tous les agriculteurs intelligents sont unanimes sur ce point : c'est que l'engrais humain ne convient point à l'olivier, de même que l'excès de (tout autre) engrais. Il a exposé avec clarté ce précepte que Marguthis a présenté d'une manière obscure.

Le même auteur dit que l'application immédiate de l'engrais à l'olivier cause de nombreux accidents et une trop grande quantité de résidu (ou marc) fournie par le fruit. Ensuite (voici) ce qui arrive aux branches qui à cause de l'humidité (liquide séveux) en excès sont antipathiques à l'engrais : c'est qu'elles se dessèchent. En effet, quand on applique l'engrais à la racine, son humidité (séveuse) est détruite par la sécheresse (excessive) de cet engrais, et alors, quand le vent s'élève avec force, ces rameaux (ainsi desséchés) sont brisés et les sommités de l'arbre sont détruites en grande partie, en raison de ce qui a été atteint par le dessèchement (*litt.* la décomposition). Si les anciens ont toujours craint de planter l'olivier dans les terres molles, humides (fraîches), ou de bonne qualité, c'est par les raisons exposées au commencement. Fin de la citation. Ibn Hedjadj dit : Quant à ce qui concerne le nettoiement (le pincement des petites branches inutiles) de l'olivier et sa taille : j'en parlerai plus tard spécialement, Dieu aidant.

L'Agriculture nabathéenne, en traitant de ce sujet (la culture de l'olivier), dit que les régions qui conviennent le mieux à cet arbre sont celles qui, proches de la zone tempérée, tendent au

(1) Géop., IX, 15, d'après Didymus.

froid, et celles dont le sol (cultivé) est glaiseux, très-doux et faiblement meuble. Si le climat incline vers une chaleur modérée, il n'y a rien à craindre; l'arbre ne souffrira point; il n'en progressera pas moins bien. Le moment de planter l'olivier, c'est quand le soleil est dans la seconde moitié du signe des poissons, jusqu'à ce qu'il soit dans celui du taureau, et quand la lune est dans sa période de croissance; ce sont les jours les plus favorables pour cette opération. Celui qui est préposé à cette plantation doit être de couleur noire ou brun foncé, (d'un âge) entre trente ans et la vieillesse. Un homme, quelque bien et robuste qu'il soit, ne doit pas en approcher s'il a touché quelque chose d'impur ou s'il est souillé de quelqu'impureté (1). Thaër prescrit de verser sur le pied de l'olivier qu'on plante, deux onces (61 gr.) de bonne huile, mêlée de pareille quantité d'eau douce; ce traitement échauffe l'arbre en éloignant tout accident fâcheux. Quand l'arbre a commencé à donner du produit, il faut le mouiller (le bassiner) avec de l'huile mêlée d'un peu d'eau qu'un homme prend dans sa bouche et qu'il projette sur l'arbre en tournant à l'entour. Ce procédé le fait pousser, active son développement, le rend plus fertile, procure aux rameaux une végétation luxuriante et de la qualité au fruit. On multiplie l'olivier au moyen de branches de la grosseur de la cuisse, qu'on divise à la scie en divers endroits, sans couper entièrement; on pousse seulement le trait de scie jusqu'au tiers de la grosseur, laissant entre chacune de ces sections une longueur qui varie depuis une coudée et demie jusqu'à deux coudées. On dispose dans le sol pour recevoir ces branches, des fosses longues (*sulci*, Colum.) dans lesquelles on les pose en long; on les couvre de terre sur une épaisseur depuis un doigt jusqu'à un empan ($0^m,231$), ou environ, en formant une espèce de bassin à l'entour et l'on arrose une fois par jour.

(1) Le texte porte : وذلك ان يكون مس مسّا, *s'il est qu'il ait touché quelque chose d'impur*, comme le donne à entendre le Dict., ou *touché du tact* (de Satan). Les Géop. exigent une grande pureté de mœurs, IX, 2. Palladius en dit autant, *De re rust.*, VI, 13.

La végétation s'établit aux bords des traits de scie, et, quand les jeunes pousses ont atteint la hauteur d'une coudée, on enlève celles qui sont trop faibles, laissant seulement ce qui se montre vigoureux, puis on les replante quand on les juge capables de l'être. Suivant un autre auteur, l'olivier aime la terre sèche des hauteurs, et dans les plaines, celle qui n'est pas d'une humidité trop grande. Quand on plante l'olivier dans un terrain qui est favorable pour les semences (en céréales, etc.), qui n'est pas sujet à se fendre, il pousse bien, montre une belle végétation, donne des fruits nombreux, mais qui rendent peu d'huile, laquelle prend un mauvais goût en peu de temps. Dans les terrains qui produisent beaucoup d'herbe, sableux ou calcaires, il y réussit moins bien que dans tout autre.

Abou'l-Khaïr et autres disent que les arbres oléagineux repoussent les terrains où l'humidité est en excès, comme l'huile repousse l'eau (1) refusant de se mêler avec elle. L'olivier (*litt.* l'arbre à l'huile d'olive) est un arbre de bénédiction; il comprend beaucoup d'espèces; on le propage de plants enracinés ou non enracinés. On le propage encore au moyen de ses branches, quelle qu'en soit la grosseur. On rogne l'extrémité des sujets replantés aussi bien que celle des branches. Les jeunes plants (2) doivent être, dans toute leur longueur, protégés par des enveloppes (*litt.* stores) ou treillages qui les mettent à l'abri (de la dent) des animaux et s'élèvent au-dessus du sol jusqu'à la hauteur à laquelle pourraient atteindre les animaux pour les brouter. On propage encore l'olivier au moyen de morceaux détachés des racines nourricières de l'arbre. Ce sont des (sortes de) nœuds qu'on nomme *Ahdjar* (*vid. sup.* p. 211). On raconte que ce fut de cette manière que l'olivier fut rapporté d'Afrique en Espagne lorsqu'une grande sécheresse eut fait périr tous les

(1) Le texte porte : للبلاتة, qui est un mot altéré qu'on ne trouve dans aucun dictionnaire. Nous lisons en place الباً لاثة qui se comprend très-bien.

(2) نقل pl. انقال. *littér.*, ce qu'on transporte, a, dans ce texte, le sens de plant ou jeune arbre transplanté ou destiné à l'être; cette acception manque dans les dictionnaires; *Novella* des Latins; νεόφυτον des Géop. שְׁתָלִין Chald.

arbres et les jeunes plants. J'ai fait, dit Abou'l-Khaïr, l'expérience de ce mode de propagation et je l'approuve. Les fosses préparées pour recevoir le plant doivent avoir une profondeur proportionnée à la grosseur du sujet qu'on y doit déposer, c'est-à-dire six empans ($0^m 40$) ou environ, plus ou moins, suivant le besoin. En tout état de cause, une fosse large, profonde et spacieuse, est bien préférable à une petite, quand le sujet replanté doit rester en place, sans avoir à souffrir une transplantation nouvelle. Si le jeune arbre est petit et la fosse trop grande et trop profonde, ou bien si la terre du fond est de mauvaise qualité, il faut y rapporter de la terre de la surface, de bonne nature, mêlée de bon engrais, vieux et usé, dans une proportion convenable. La distance à laisser entre les oliviers en ligne droite est de vingt-quatre coudées ou un peu plus, de façon qu'il y tienne neuf pieds d'arbres dans un mardjal de trente brasses. Si on augmente cette mesure (dans la distance) on perd du terrain, qui reste improductif, de même que les arbres souffrent quand les rameaux sont trop à l'étroit. Dans une terre de plaine dite de *semence* (1), la distance peut s'étendre de ce chiffre jusqu'à cinquante coudées, de façon qu'il puisse y avoir dans chaque mardjal quatre à six pieds d'arbres. La distance devra encore être égale sur les quatre côtés. Cette distance de cinquante coudées est celle adoptée par les Syriens et les Coptes (ou Égyptiens) sans y rien ajouter. La moindre distance qu'on puisse laisser, c'est quatorze coudées. Mais ce qu'il y a de mieux à faire, c'est d'étudier la qualité de la terre, parce que, comme dans un bon terrain les arbres prennent de l'extension, il faut élargir la distance, tandis que dans les terres maigres c'est tout le contraire.

L'auteur ajoute : Tout cela a déjà été dit précédemment; ce qui est ici rapporté est un supplément; voyez et pesez le tout. Mon opinion est que, lorsqu'on prépare un trou pour y planter un jeune olivier, on doit le faire beaucoup plus spacieux qu'il n'a été dit. Car, pour le jeune olivier, la culture ne doit pas être trop

(1) Sans doute une terre apte à la culture des céréales.

profonde, dans la crainte que, lorsqu'on fait le sertouissage ou le déchaussement, on ne coupe les racines avec le fer de l'instrument, car ces racines sont délicates et rapprochées de la surface; tandis que, si la plantation se fait dans un trou spacieux, la culture n'atteindra pas les racines, à cause de la terre meuble que l'arbre trouvera dans la vaste cavité de la fosse (qui fera que les racines ne tendront pas à venir à la surface). J'ai expérimenté cette méthode et je la déclare bonne (*litt.* je la loue).

Kastos dit qu'on peut planter l'olivier au printemps et dans toute autre saison non pluvieuse; alors on donne de l'eau deux ou trois fois par jour, jusqu'à ce que la reprise ait eu lieu. Les branches coupées pour être plantées (comme boutures) doivent être enfouies pendant sept jours dans la terre végétale, et plantées le huitième jour sans plus tarder. Pour moi, j'ai planté un jeune olivier environ deux mois après qu'il avait été arraché; il n'en a point souffert. Je pense que si on plantait les jeunes arbres, les boutures et les branches avant l'apparition du fruit, ce serait meilleur que de le faire avant de le recueillir.

ARTICLE II.

Les noyaux de l'olivier doivent se planter au mois d'octobre: on se conforme pour cette opération à ce qui a été prescrit plus haut pour les semis de noyaux. Ils doivent, suivant Abou'l-Khaïr, réunir les conditions exigées par Ibn el-Façel. Il donne du fruit la quatrième année (1). Il en est qui recommandent d'enduire la racine du jeune sujet qu'on plante de bouse de vache fraîche, mêlée de cendre de chêne délayée dans de l'eau. On recommande encore de déposer dans le fond des fosses des graviers mouillés, de rapporter dessus de la terre végétale prise à la surface. On a dit encore de répandre

(1) Banqueri traduit par : *on greffe la quatrième année*. Le mot يطعم peut se prêter à l'un et l'autre sens, suivant qu'on le prend à la seconde ou à la quatrième forme.

des fèves alentour de l'arbre pour en activer la végétation. On ne doit donner de l'engrais qu'après deux ans de plantation. On ne doit, dit-on, confier la plantation de l'olivier, sa culture et les divers soins qu'il réclame (*litt.* son traitement) qu'à un homme de bonnes mœurs, exempt de vices et d'une conduite régulière ; avec cela le produit sera plus abondant et les fruits mieux nourris. Si d'un autre côté le maître est satisfait de ce que lui envoie (la Providence), Dieu le bénira. Une femme, dans le temps de la menstruation, ne doit jamais approcher d'un olivier, non plus qu'un homme dans un état d'impureté légale ou frappé de stérilité, ou de mauvaises mœurs, sinon le fruit serait moins abondant et le produit (moins riche), par un effet de la volonté divine. Cette recommandation s'applique surtout à la plantation. Les personnes très-propres doivent seules s'approcher de l'huile d'olive bien pure. L'olivier ne souffre point du défaut d'arrosement, de même qu'il ne souffre pas davantage si on l'arrose. L'olivier se greffe sur congénères, sur le *Qothinon* ou *oleaster*, et sur d'autres espèces encore ; tout cela sera exposé dans le chapitre de la greffe, Dieu aidant de sa volonté. L'olivier peut recevoir la greffe en écusson, après que l'arbre sur lequel on veut le pratiquer a été taillé (et préparé) au mois de janvier. On opère sur les branches *secondaires* (1) comme sur les branches du figuier. La greffe se pratique comme sur le *raqah* (2) ; l'époque pour faire cette opération est le mois de mars.

Article III.

Quand un pied d'olivier a souffert des atteintes du feu, il faut retrancher ce qui a été brûlé, en le coupant avec

(1) L'auteur de l'article *Olivier*, Dict. Hist. nat. Déterv., p. 175, distingue mères branches et branches secondaires.

(2) رقعة est un nom d'arbre indéterminé ; Castel *Lex. hept.* traduit par *Arbor magna platanum stipite referens, foliis cucurbitæ fructuficus.* Banqueri traduit par *Elecho* fougère, ce qui est ici inadmissible ; on ne greffe point la fougère même arborescente.

un instrument bien tranchant, enlever aussi toute la terre qui a senti l'action du feu. On lit dans l'Agriculture nabathéenne que la terre brûlée enlève à l'arbre sa fécondité. Quand le vent a brisé le sommet de l'arbre, l'a partagé en deux ou en a rompu quelques parties, on égalise la partie brisée et on la rend unie au moyen d'un instrument bien tranchant. Quand ensuite l'arbre a donné de nouvelles branches, on les éclaircit à la main (par le pincement) en enlevant ce qui est faible entre ce qui est vigoureux, dans une proportion suffisante. On se garde bien d'employer aucun (instrument de) fer avant deux ans au moins (Col., V, 9, 11). Quand la tige s'est trouvée coupée ou cassée, on brûle ce qui reste (sur pied), puis on opère comme il vient d'être dit plus haut.

Article IV.

Il ne faut point secouer les oliviers par un jour pluvieux, car c'est mauvais pour l'arbre. Le moment favorable pour faire la récolte sur les arbres en montagne, c'est le mois de janvier, surtout quand les arbres sont productifs. Les signes auxquels on reconnaît que la maturité est à son point, c'est quand le liquide contenu dans l'olive (*litt.* le grain) a pris une teinte rouge. Pour ce qui est en plaine, surtout dans les terres de *semence*, la récolte se fera aussitôt que le fruit sera coloré en rouge, sans jamais attendre qu'il soit devenu noir (1), ni qu'il soit trop mûr. Au mois de janvier, la partie onctueuse de l'olive a atteint son complément sur les arbres plantés en montagne, qui sont sains et que n'ont point atteint la mort ni la sécheresse. La récolte se fait en février.

Suivant Ibn Hazem, à qui Dieu fasse miséricorde, on mange l'olive en cas de constipation, et jamais pour le relâchement.

(1) Les Grecs et les Latins recommandent au contraire d'attendre que le fruit soit *noir*. V. Géop. IX, 17; Col., *Re rust.* XII, 40; Caton LXV. Cette recommandation se trouve encore dans l'art. *Olivier*, Dict. H. N. Déterv.

Article V.

Plantation (ou culture) du laurier, nommé aussi *Gar* et encore *Dahmest*.

Il y a, suivant Abou'l-Khaïr, le mâle qui ne donne pas de produit et la femelle qui donne un grain noir à l'extérieur. Il y a (une autre) espèce qui est très-feuillue. Suivant l'Agriculture nabathéenne, c'est un arbre qui croît dans les régions montagneuses, et auquel ne convient nullement la terre salée ; la terre salée c'est celle dont l'humus est mêlé de sable, de manière que celui-ci est bien plus abondant que la partie terreuse. Elle ajoute : c'est un arbre d'un aspect gracieux, qui gagne en mérite (*litt.* en admiration) par la proximité des arbres aromatiques et des plantes odorantes. Parmi ses merveilleuses qualités est celle d'éloigner les bêtes venimeuses, qui jamais n'approchent des lieux où on le trouve : tels sont les cantharides (1) de toute espèce et les serpents. Si on pratique, en le projetant sur le feu, une fumigation telle qu'on en soit suffoqué, les serpents y accourent. Si on laisse un morceau de bois de laurier dans un lieu où repose un enfant au berceau continuellement pris de frayeur, il en éprouve un grand bien.

Suivant un autre auteur, le laurier se plaît dans un sol rude et pierreux. Il réussit bien dans les terres franches et humides, et nullement dans les terres nitreuses. D'après Ibn el-Façel et Abou'l-Khaïr, on multiplie le laurier de rejetons poussés au pied de l'arbre, qu'on enlève avec les racines (*stolones*, Géop. IX, 3) ; de toute autre manière il ne réussirait point. On plante le rejeton couché dans une fosse longue préparée sur les principaux canaux d'irrigation (*litt.* les mères). On le multiplie

(1) Banqueri lit : الدراريج et il traduit par *francolins* au lieu de الذراريح, *cantharides*, qui peuvent bien plutôt passer pour venimeuses que les gallinacés. Il a presque toujours commis cette erreur. Nous verrons ailleurs la synonymie de ces cantharides des Arabes. — Il est curieux que l'odeur de l'arbre chasse les serpents et que la fumée les attire.

encore en recouchant ses rejetons qu'on replante (quand ils sont susceptibles d'être replantés). Il en est qui disent qu'on plante les branches éclatées du laurier sur les canaux principaux d'irrigation, opérant du reste de la manière prescrite. On sème aussi les baies de laurier dans les plantations en automne, et suivant quelques-uns en février et mars (1). Le jeune plant est mis ensuite dans des fosses profondes de trois palmes ou environ, laissant entre chacune un intervalle de dix coudées ou environ; la manière de procéder est pareille à celle indiquée plus haut. Il ne faut pas lui donner (*litt.* approcher de lui) le moindre engrais; il ne le supporterait pas; il en périrait très-promptement, surtout si on employait ces engrais qui exhalent une mauvaise odeur. L'irrigation avec de l'eau ne lui cause aucun mal. On greffe le laurier sur ses congénères, et il peut recevoir utilement la greffe de l'olivier, du ben (*glans unguentaria*, Linn.), du lentisque, du *katam* et du térébinthe, qui tous contiennent des huiles odorantes. On a dit encore que le laurier pouvait recevoir la greffe de l'amandier et du coignassier; Abou'l-Khaïr dit qu'il reçoit aussi celle du pommier. Si on ajoute des baies de laurier aux olives préparées pour l'alimentation, celles-ci contractent une odeur aromatique.

ARTICLE VI.

(Culture et) plantation du caroubier.

Suivant Abou'l-Khaïr, on en compte plusieurs espèces : l'*andaloux*, qui comprend deux variétés : le mâle qui est stérile, l'autre (la femelle) qui donne un fruit (silique) large et long; le caroubier *lisse;* celui dit *queue de rat;* le caroubier de Syrie, dont les siliques (fruits) sont courtes et arrondies; le caneficier (*Cassia fistula*, Linn.) et le caroubier de montagne. On choisit pour le planter, parmi les terrains de plaine, ce qui se rapproche de la terre de montagne (pour la condition). Il réussit bien

(1) Après les Ides de mars (Géop, *loc. cit.*).

dans les terres de bonne qualité et grasses. On en replante les drageons tout enracinés, ou bien marcottés par recouchage, pour les obtenir avec les racines avant de les replanter. On propage encore le caroubier de noyau dans la terre de montagne mêlée de sable et de fumier vieux (dans la proportion d')un tiers de chaque chose ; avec ce mélange on recouvre le semis d'une couche de l'épaisseur d'un doigt, et l'on donne des arrosements modérés. Au bout de deux ans on replante le jeune sujet, en janvier ou en février, dans des fosses de quatre palmes ($0^{m},921$) à peu près de profondeur; on laisse entre chaque pied environ vingt coudées de distance; le travail se fait d'ailleurs comme il a été dit plus haut; le caroubier ne réussit point de branche éclatée. On greffe les différentes espèces les unes sur les autres, et jamais sur aucune autre espèce d'arbre (il ne réussirait pas). La greffe du caroubier se fait d'une manière particulière qui sera décrite au chapitre de la greffe, Dieu aidant. Les moucherons n'approchent pas de son bois.

Suivant l'Agriculture nabathéenne, on choisit une certaine quantité de siliques de caroubes (1) fraîches ou sèches, on les brise en petits fragments, on les moud avec le grain, on mêle (au résultat) une certaine portion de farine d'orge ou de froment, on pétrit le tout ensemble avec du ferment (de la levûre) pour la farine; quand la fermentation s'est établie d'une façon moyenne, c'est-à-dire qu'il s'est écoulé, depuis que la pâte a été pétrie, un laps de temps moyen, on effectue la cuisson sur des plaques, et (l'on obtient un pain qu')on mange avec de la graisse, de l'huile ou des confitures. Ibn Hazem dit que la caroube peut fournir à l'alimentation au besoin.

(1) *Litt.* on choisit parmi le produit du caroubier des siliques; on les prend fraiches ou sèches, etc. Ce mot جربان *djouroubân*, signifie proprement *un fourreau, une gaîne*, et est pris nécessairement pour silique, puisque deux lignes plus bas, il est prescrit de les moudre avec le *grain*.

Article VII.

Culture du myrte ou *al-as*.

Suivant Abou'l-Khaïr, c'est un arbre qui habite les montagnes couvertes de broussailles. Il y en a deux espèces (principales) : le myrte cultivé ou des jardins et le myrte sauvage ou myrte des champs.

Le myrte cultivé se subdivise en plusieurs variétés : 1° le *hâschami* et celui à larges feuilles; 2° le *khiav;* 3° le *yarsafi,* qui a les feuilles plus belles que le hâschami et qui est aussi plus gracieux et plus odorant que lui ; 4° le *scharki* ou *oriental,* à feuilles étroites; 5° le *châri* ou *velu,* dont on compte trois variétés : celle à feuilles larges de couleur foncée; le *mor* à feuilles larges, et le *mor* à feuilles minces comme l'oriental. Toutes ces variétés (du myrte velu) se couvrent en été d'un duvet blanc, qui se montre en mai et juin. On a dit qu'il y avait une espèce cultivée qui porte le nom de *hamir* et de *antzî;* elle est à feuilles rondes. Suivant l'Agriculture nabathéenne, le myrte est le principal (*litt.* le maître) des arbres odorants. On distingue en lui trois formes et trois couleurs : l'une est (le myrte) vert; c'est l'espèce vulgaire la plus connue; l'autre est violacée (glauque); elle ressemble à la précédente; quelques personnes l'appellent (myrte) *romain ;* sa feuille est délicate, d'une nuance glauque brillante; l'autre a une teinte jaune. Quant aux genres, il y en a trois : le myrte légèrement odorant comprenant deux espèces, le *zarnab* et celui du Khorasan, à grandes feuilles; la troisième espèce est celle que nous avons dit être le myrte romain. Quant aux formes, c'est le myrte à feuilles étroites, celui à grandes feuilles, celui à feuilles longues, qui est le *rihani,* espèce bien connue. Souvent la feuille étroite devient longue, et souvent aussi elle est courte.

Le myrte croît très-bien dans toutes les espèces de terre, excepté dans la terre trop salée; il supporte bien la privation d'eau jusqu'à un certain degré. Suivant ce qu'on lit dans Ibn

Hedjadj (à qui Dieu fasse miséricorde), le myrte se plaît dans les terres sableuses ; il se plaît également dans d'autres aussi ; il se propage bien de branches éclatées et de boutures ; l'époque de la plantation est depuis Schebath (février) jusque vers le milieu de Nisan (avril). Quand il y a transplantation, après que la branche éclatée ou que la bouture a pris racine, c'est beaucoup mieux, comme il a été dit plus haut (1). Le myrte fleurit chez nous au mois de Haziran (juin). Suivant d'autres agronomes, il se plaît dans la terre de plaine qui a de la ressemblance avec celle des montagnes sur lesquelles il croît spontanément ; telle est la terre pierreuse, rude et sableuse. Il prospère beaucoup encore dans la terre de bonne qualité, sinon il y souffre bien plus promptement des atteintes du froid, ce contre quoi on peut le prémunir en le *buttant*. La chaleur (trop forte) lui est encore nuisible et le brûle ; les arrosements nombreux lui sont avantageux dans ce cas. On propage le myrte de bouture, de branches éclatées, de drageons et de graines (Géop., XI, 7). On arrache le jeune plant enraciné avec sa motte pour le porter en lieu convenable. On peut aussi marcotter les rejetons par couchage, de même que les branches vertes. On peut encore pratiquer sur celles-ci la marcotte en pot, pour obtenir de jeunes plantes, ainsi qu'il a été dit précédemment en traitant de cette opération. Les boutures se plantent vers le milieu de janvier (2) ; le semis se fait en pots. A cet effet, on recueille en novembre les baies les plus noires, bien mûres et très-sèches ; on les conserve dans un pot de terre neuf qu'on tient dans un lieu garanti de l'humidité ; le semis s'effectue ensuite en pot, suivant la méthode prescrite, depuis le commencement de janvier jusqu'au milieu d'avril, dans de la terre de montagne mêlée de sable et d'engrais vieux ; l'auteur ajoute qu'on y met

(1) C'est-à-dire qu'il est plus avantageux de replanter le jeune arbre que de le laisser en place. Le mss. f° 104 v° lit. كذلك au lieu de لذلك, ce qui donne un meilleur sens.

(2) Géop, III, 4, en mars.

encore de la cendre. Les baies de myrte sont rangées parmi les petites graines. On ne fait point tremper dans l'eau ce qu'on veut semer. Quand la germination a eu lieu, on a soin d'arroser trois fois par semaine. Le jeune plant est porté avec sa motte, au bout d'un an environ, dans des carreaux où on l'élève en pépinière; on laisse entre chaque sujet une distance de trois empans (0^m,693). Trois ans plus tard au plus, on plante le jeune myrte avec sa motte dans le lieu où il convient de le placer (à demeure). On effectue la plantation dans des trous proportionnés à l'arbre, depuis le premier février jusqu'à la mi-avril; suivant d'autres encore (cette plantation se fait) en novembre. Suivant Abou'l-Khaïr, on replante le myrte en janvier spécialement; on tient les sujets assez rapprochés dans la plantation; il en résulte un plus bel effet, parce que, le myrte étant disposé à s'écarter, il est forcé quand il est serré, de s'élever et de monter. On suit pour cette plantation ce qui a été prescrit précédemment. Le myrte supporte très-bien l'eau donnée en abondance. Il ne faut point couper ses branches (les retrancher), mais au contraire les laisser dans leur entier, c'est ce qui fait sa beauté. Il ne faut pas porter la main trop souvent sur le plant; il en souffre et il est arrêté dans sa belle végétation. Suivant l'Agriculture nabathéenne, la culture du myrte et les soins à lui donner n'exigent rien de plus que de tenir le sol nettoyé et libre d'épines et de (toutes ces) mauvaises herbes diverses qui nuisent à tout ce qui les avoisine (Cf. Géop., XI, 7). La baie de myrte est le produit de l'arbre. On en fait des pains (1) (de cette manière); on prend les baies après leur maturité et quand elles sont bien noires, on les fait sécher au soleil; on les pile dans un mortier, on les expose une seconde fois au soleil pour les faire encore sécher pendant une journée; on les fait passer ensuite à la meule, et alors

(1) Ces mots يعمل منه جرتان présentent des difficultés et surtout le dernier qu'on ne trouve point dans le dictionnaire. Banqueri a traduit par *ballos, pains au lait*. Peut-être devrait-on lire يعمل منه خبزبان, *on fait de celui-ci* (du fruit du myrte) *un pain, en ce que*, etc. Le mss. porte حرتان.

on obtient un pain de bonne qualité. Il est nécessaire, avant de procéder à la dessiccation, de tenir les graines dans l'eau; on verse ensuite cette eau qu'on remplace par de la nouvelle eau douce dans laquelle on laisse séjourner la graine pendant longtemps; on retire alors la graine pour la faire sécher au soleil; on fait moudre; on pétrit cette farine avec du ferment de froment, on la laisse en repos pendant quelques heures, puis on fait cuire dans un four, ou sur des plaques, ce qui est préférable, et alors on obtient un pain de bonne qualité dont on se nourrit (en le mangeant) avec de l'huile, de la viande grasse, du beurre ou des confitures. Une des propriétés du myrte, c'est qu'étant semé dans une terre amère, il en allége l'amertume qu'il attire à lui; souvent il arrive que les racines et la feuille de cet arbre gâtent le sol en lui communiquant son amertume. Son utilité pour la chevelure est bien connue : c'est que quand on le pile tout vert, et qu'on l'applique sur la chevelure après l'avoir fait sécher et réduit en poudre, puis imbibé d'huile, il lui donne du brillant, la noircit et la fait pousser, et la garantit de tout accident, en neutralisant tout ce qui pourrait être nuisible. Si on pile la feuille de myrte verte, qu'on prenne de la cendre de son bois, deux parties égales, qu'on mêle les deux choses et qu'on en fasse une pâte qu'on applique sur les cheveux, ils grandiront, surtout quand on aura humecté la préparation avec de l'huile (1). On prépare encore une huile de myrte de cette façon : on pile la feuille toute verte, on en exprime le suc, on en jette un quart de rotl sur un rotl (367 gr.) d'huile; dix drachmes (25 gr.) de myrobolan; on expose ce mélange sur un feu de charbon (embrasé) sans flamme, pour qu'il prenne une belle couleur et qu'il soit clarifié parfaitement. Cette préparation, employée pour les cheveux, leur donne une belle teinte noire, les fortifie, les fait croître en longueur, et les rend en même temps crépus. Quand on ajoute à cette composition du suc (*litt.* de l'eau) de myrte,

(1) Cette préparation est une véritable pommade. Cf. Avicenne, vº آس, où tout ceci se trouve en substance.

et qu'on en use à plusieurs reprises pour les yeux bleus, il leur fait prendre une coûleur noire. Suivant un autre, quand on en use en boisson mêlée au vin, elle est efficace contre la piqûre de l'araignée ou du scorpion (1). Hadj de Grenade recommande bien de ne pas planter le myrte de montagne au milieu des habitations, ni dans les jardins; ce serait pour eux cause de malheur.

Article VIII.

Culture de l'arbousier *al-djeni-al-ahmar* (du fruit rouge), le *matsroufat* des étrangers, le *qothlob*; son fruit est appelé le henné rouge; le vulgaire le nomme *qabel ommih* (qui reçoit sa mère).

C'est un arbre propre aux montagnes, dont les feuilles ne tombent pas. On lit dans l'Agriculture nabathéenne, qu'il aime (2) les terres des jardins; suivant un autre, il affectionne la terre de plaine qui ressemble à celle des montagnes dans laquelle il croît spontanément. Planté en vallée, il donne une belle végétation et sa feuille est d'un beau vert; les sommets isolés ne lui conviennent pas (3).

Suivant Ibn el-Façel, on propage l'arbousier de ses graines semées en pots d'argile (terrines) dans de la terre végétale de montagne; on repique le jeune plant au bout d'un an dans des carreaux où on l'élève en pépinière; deux ans après, et même plus tard, on le transporte avec sa motte dans les places qui conviennent. On transporte aussi dans les jardins les jeunes plants bien venant, crûs sur les montagnes. On enlève le jeune arbre avec sa motte en prenant garde d'offenser les racines. On le transporte ainsi, avec la terre dans laquelle il a poussé; on le plante dans des trous de la profondeur de quatre

(1) Cette recette est tout entière dans Avicenne, *loc. cit.*

(2) *Litt.* qu'il est l'arbre des terres de jardin.

(3) Cette phrase a été rejetée par Banqueri à cause du mot البروج qui, littéralement, signifie *turre, propugnacula*, et que nous supposons avoir pu être pris pour *sommets isolés, pics.*

empans ($0^m,924$), laissant six coudées d'intervalle entre chaque plant. Le temps (convenable) pour cette opération est le mois de janvier, ayant toujours soin de donner de l'eau jusqu'à reprise (complète). Il faut en agir ainsi pour tout ce qu'on transplante (1), arbre ou plante sauvage. Il en est qui ont avancé qu'il était bien meilleur et plus avantageux de faire en automne la transplantation des arbres sauvages dans les jardins, lorsqu'il leur reste encore quelques feuilles. L'arbousier ne souffre point d'un arrosement peu fréquent, parce que c'est un arbre originaire des montagnes. On ne peut le propager, ni par couchage, ni par branches éclatées, ni par boutures, mais en employant sa graine et par transplantation, de la manière qui a été dite. Suivant moi, dit l'Auteur, on doit s'y prendre de même pour importer, des montagnes dans les jardins, le lentisque, le buis, le térébinthe et le myrte.

Article IX.

Culture du châtaignier ou *Gland royal*.

Il y a, suivant Abou'l-Khaïr, plusieurs espèces de châtaignes : celle renflée, connue sous le nom d'*amlisi* (lisse); la petite châtaigne nommée aussi *bourdji ;* celle dont l'écorce intérieure (*litt.* mince) en contact avec la pulpe se détache d'elle-même sans qu'il soit besoin de recourir au feu. D'après Ibn Hedjadj, lorsqu'il parle du châtaignier, Junius dit qu'il aime la terre légère en élévation. Quand nous sommes obligés de le planter en plaine, le meilleur est de le mettre dans un endroit sableux et sur les bords des rivières ; c'est ce qui lui convient le mieux, car le châtaignier aime l'air frais, et il se développe très-bien dans les lieux où souffle le vent du nord. On le propage de plants enracinés et de graine. La plantation se fait

(1) Le texte et le manuscrit portent من التربة, qui ne donne pas de sens et que Banqueri a supprimé dans sa traduction ; nous lisons البرّية, qui se trouve deux lignes au-dessous, et qui répond mieux au sens général.

depuis l'équinoxe d'automne jusqu'à celui du printemps. La plantation (des branches) se fait comme pour l'olivier, c'est-à-dire qu'on le propage de rameaux détachés de l'arbre ou de brins enracinés.

Il est des personnes qui pensent que le fruit qui est resté au milieu de l'écorce appelée le *hérisson* (1) est préférable à tout autre. Il faut, quand on plante la châtaigne, la mettre en terre à dix doigts de profondeur, de manière que la queue (2) soit en l'air; on fait le semis depuis l'automne jusqu'au printemps. Fin de la citation.

Suivant Démocrite, on multiplie le châtaignier par le moyen de ses branches et de son fruit. On replante le jeune arbre au bout de deux ans, au mois d'Adar (mars) à l'équinoxe (du printemps). Kastos ben Amtzal dit que les terres qu'affectionne le châtaignier sont celles élevées et fraîches. On peut le multiplier aussi bien par ses branches qu'avec sa graine. Le sujet venu de branche (bouture ou marcotte) donne du fruit au bout de deux ans. Le moment pour semer la graine, c'est depuis l'automne jusqu'au printemps. Quand on veut propager le châtaignier de fruit, il faut planter la châtaigne dans le trou, de façon que la partie pointue soit tournée vers le ciel, de la même manière qu'on plante la noix et l'amande. Ibn Hedjadj fait observer que Kastos se trouve en contradiction avec sa première prescription, comme on le verra aux articles de la plantation du noyer et de l'amandier. D'après un autre auteur, le châtaignier est un arbre de montagne; il croît spontanément sur celles où se trouve la fraîcheur produite par l'eau (*litt.* une humidité venant de l'eau). Il réussit dans les lieux froids, dans les terres montagneuses exposées à l'action des vents; il ne souffre en rien s'il s'y trouve de la pierre (*litt.* il n'y a pas de mal).

Il ne se plaît nullement dans les pays chauds. L'Agriculture

(1) Ce nom de *hérisson* قنافد est donné à l'écorce. Ce texte se trouve dans Plin., XV, 23, *armatum iis echinato calyce vallum.*

(2) C'est-à-dire cette partie qui correspond à la queue. V. Géop. x, 63.

nabathéenne dit que le châtaignier est un arbre qui croît spontanément dans les lieux incultes et pierreux. D'autres disent qu'on le plante (utilement) dans les terres rudes et celles qui sont rouges ; mais il repousse les terres blanches, naturellement (1). On le propage au moyen de son fruit et de jeunes plants; ce (dernier) mode de propagation est le meilleur. On transplante le jeune arbre de la montagne où il a crû, bien enraciné, avec sa motte, choisissant toujours ce qu'il y a de jeune; cette opération se fait en novembre. On dépose l'arbre dans une fosse de quatre empans ($0^m,924$) de profondeur ; on garnit le fond de sable grossier, ou de gravier mêlé avec de la terre de montagne prise à la surface. La châtaigne se plante toujours fraîche, après qu'elle a atteint sa maturité complète, dans des terrines neuves, dans du sable mêlé de terre de montagne prise à la surface du sol et semblable à celui dans lequel le châtaignier croît spontanément, en novembre ou en janvier quand la lune est croissante. On place en bas la partie pointue, suivant d'autres en haut et regardant le ciel. Au bout de l'année, on porte le jeune plant dans les carreaux en pépinière; au bout de deux ans, au commencement du mois de mars, on le porte dans les lieux où il convient qu'il soit. Entre chaque arbre on laisse une distance de vingt coudées ($9^m,25$) et plus, parce que c'est un arbre qui s'étend beaucoup. Du reste, la plantation se fait de la manière indiquée précédemment. Suivant l'Agriculture nabathéenne, la manière de planter le châtaignier est la même que pour le noyer ou l'amandier.

Hadj de Grenade prescrit de donner beaucoup d'eau au châtaignier, si faire se peut, depuis le commencement de septembre jusqu'au moment où se recueillent ses fruits, et s'il est possible de faire arriver l'eau sur le pied (et l'y maintenir) pendant la nuit et le jour (l'espace de vingt-quatre heures), les châtaignes seront plus renflées, la pulpe plus grosse; d'au-

(1) Effectivement, le châtaignier ne vient point sur la craie blanche, il lui faut un terrain siliceux.

tres disent qu'on peut très-bien laisser le châtaignier sans l'arroser, sans qu'il en souffre, parce que c'est un arbre propre aux montagnes. On le greffe sur des sujets de son espèce tant qu'ils sont petits, et jamais sur ceux qui sont gros; si on fait macérer la châtaigne (sèche) dans l'eau pendant longtemps, l'amande se ramollit (1), devient très-agréable de saveur, et (fournit) un aliment salubre. Il est sain de manger la châtaigne froide avec du miel ou chaude avec du sucre. On lit dans Anoucha : Si vous voulez faire du pain avec la châtaigne fraîche, il n'est pas besoin d'autre préparation que de la piler, l'exposer au soleil pendant un jour entier, y mêler une certaine quantité de millet, et faire moudre. On procède ensuite à la confection du pain en ajoutant du ferment de farine de froment, et on aura un pain très-bon. Suivant un autre, le pain fait avec la châtaigne est meilleur que celui fait avec le gland. Suivant Ibn Hazem, la châtaigne est un fruit alimentaire.

Article X.

Culture du chêne.

On en compte plusieurs espèces : celle à fruits longs et celle à fruits courts; à glands doux; à glands amers, qui est propre aux montagnes et qui ne croît point dans les prés (ou plaines) ni sur les bords des grandes rivières. On lit dans le livre d'Ibn Hedjadj, que Démocrite dit que le chêne se plante dans le mois de Schebath (février), qu'il aime les coteaux (*litt.* lieux inclinés) frais, la terre grasse et forte; on lui donne pour engrais du fumier de vache mêlé de terre végétale.

Suivant Annon, ce qui convient au chêne, c'est la terre forte dépourvue d'humidité, comme la terre de montagnes, la terre sableuse; la terre rouge lui convient aussi, lorsque, durcie à la suite de la pluie, elle prend l'aspect de la scorie de fer. Les bonnes espèces de chêne sont élevées dans les jardins; on les

(1) Ou plutôt revient à l'état de châtaigne fraiche, non sèche.

arrose pendant l'été, et on leur donne du fumier de vache, et le gland acquiert une bonne qualité et une saveur douce.

Il y a, dit Margouthis, des individus qui se dispensent de semer le gland (pour propager le chêne); ils plantent de jeunes arbres arrachés sur les montagnes, dont on peut ensuite retrancher moitié en faisant un choix (1). Ce mode de propagation est plus facile et plus expéditif. Suivant l'Agriculture nabathéenne, le chêne est un arbre sauvage propre aux montagnes. Il y croît spontanément, ainsi que parmi les pierres, et dans les terres dures ou non. Quand le chêne s'est fixé quelque part où il y a de l'eau, il s'étend et prend un grand développement. Suivant un autre agronome, le chêne se plaît dans toutes les espèces de terres de plaine qui ont de la ressemblance avec celle des montagnes. On le multiplie de ses rejetons, ainsi que de son fruit frais, lorsqu'il a atteint toute sa maturité. On pose le gland la pointe en l'air après avoir légèrement brisé son écorce. On peut aussi le multiplier par de jeunes plants sauvages. On doit dans toutes ces circonstances, exécuter les travaux conformément à ce qui a été dit précédemment; le jeune plant croît en hauteur sans jamais en souffrir, si on lui donne de l'eau.

Enoch, sur qui soit le salut, dit, dans l'Agriculture nabathéenne, que lorsqu'on veut faire du pain avec du gland, il faut le prendre sur l'arbre lorsqu'il a atteint une maturité bien à point, de façon à ne point le laisser sécher sur l'arbre, et pourtant ne pas le prendre avant qu'il soit bien mûr. On enlève l'écorce encore fraîche, soit à la main, soit avec un instrument contondant (un bâton). Le gland est styptique, et toutes les fois qu'on le mange avec sa stypticité il est extrêmement nuisible. Pour l'assainir et en obtenir du pain, c'est de le faire cuire dans de l'eau douce, après l'avoir au préalable fait séjourner dans l'eau douce pendant vingt-quatre heures, sans aucune addition de sel. Après avoir changé l'eau, on fait cuire sur un feu doux pendant six heures ou environ;

(1) Banqueri traduit ضاعفها *on double*; nous lisons ضعفها, on diminue, on affaiblit. Ce verbe se prête aux deux sens.

on change l'eau une seconde fois, on remet sur le feu de nouveau, à peu près pendant le même temps, puis on goûte, et, si la stypticité a disparu, on s'en tient à ce qui a été fait; s'il en est autrement, on expose encore au feu pendant quatre heures, dans une nouvelle eau; car tout cela doit suffire. On fait écouler l'eau et l'on étend les glands dans un endroit spacieux où l'air puisse les frapper beaucoup. Quand ils sont bien secs, on prend une certaine quantité de châtaignes qu'on dépouille de leur coque; on les pile complètement; on mêle cette préparation au gland dans une proportion égale à la moitié ou bien au tiers. C'est le meilleur procédé que nous ayons pu trouver pour corriger (la stypticité que contient) le gland et le plus efficace de tous; on fait passer sous la meule pour réduire en farine; on complète ensuite la panification après avoir introduit dans la pâte du ferment de farine de froment, et alors on a un pain de bonne qualité.

Article XI.

Le gland qui est très-blanc, très-doux, qui n'est pas nouveau, ni frais, et qui (pourtant) n'est pas trop vieux, est ce qui convient le mieux pour faire cuire à l'eau ; et, quand il l'a été ainsi, il est d'une digestion plus facile. Un des moyens de neutraliser ce qu'il y a de délétère dans le gland, c'est, après avoir enlevé son écorce, de le faire tremper dans l'eau chaude; alors on peut le manger. Rhazès dit que, quand on fait un usage prolongé du pain de gland, surtout quand on n'y est pas habitué, on n'échappe pas aux accidents (qui en sont la conséquence), à moins d'en user avec beaucoup de graisse, de la confiture ou du sorbet doux. » Un autre dit avoir expérimenté le gland et avoir constaté en lui une substance épaisse, sèche, passant au froid, pouvant amener au foie des obstructions, qui y font beaucoup de ravage. Suivant Ibn Hazem, le gland peut, en cas de nécessité, fournir à l'alimentation.

Article XII.

Culture du poirier que le vulgaire appelle *idjaz*.

Suivant Abou'l-Khaïr, il y a deux espèces de poirier : celui des montagnes et celui des jardins. Ce dernier comprend plusieurs variétés : à fruits sucrés, à fruits aigres, à fruits en forme de courge (1), en forme de lampe et autres. Suivant Kastos, il y a le poirier à fruits doux et celui à fruits âcres, celui peu juteux (cassant), celui qui l'est beaucoup (fondant), à gros fruits, à fruits moyens, et à fruits petits. Suivant Ibn Hedjadj, Junius dit que le poirier est un genre qui aime les lieux froids, très-humides et très-herbus; on en compte plusieurs espèces (2). On le propage de plusieurs manières : de branches détachées de l'arbre, de jeunes plants tirés des lieux où ils ont poussé. On le multiplie encore de boutures; on peut encore semer le pepin de la poire.

Il y a, dit Junius, des personnes qui font encore mieux que tout cela. Elles greffent la plupart des poiriers qu'elles plantent; elles arrachent le sauvageon bien enraciné, là où il a crû, le replantent en se conformant à ce que nous avons prescrit, afin de pouvoir greffer ce sujet, lorsqu'il sera reconnu apte à être greffé, avec l'espèce qu'on juge convenable (Géop. X, 23.)

Karour-Athikos dit que, lorsqu'on plante le poirier en un lieu élevé où il n'est point arrosé, il faut le faire au commencement de l'automne; si on le plante dans un sol qui reçoit les eaux d'irrigation, il faut le planter à partir du huit de Schebath (février) jusqu'au milieu d'Adar (mars). Cet arbre se plaît dans les endroits humides, frais et (même) froids. Il n'aime point le terrain dur. D'après un autre auteur, le poirier aime la terre de bonne qualité et grasse, élevée et froide, mêlée d'un peu de sable. Il prend beaucoup d'extension dans les terrains de plaine, qui ne sont ni ressuants, ni salés. Il rejette la

(1) Ou de calebasse, *cucurbitina*, de Caton, VII; Macrobe, II, 15, 21.
(2) On lit la même chose dans la Géop, X, 23, art. attribué à Diophanes.

terre noire et celles qui sont trop basses (*litt.* les fossés); suivant les uns, la terre rude ne lui convient point; elle lui conviendrait au contraire, suivant d'autres.

Démocrite prescrit de débarrasser des pierrailles et de tout corps dur les trous qui doivent recevoir le poirier; on y dépose le jeune arbre, on jette sur (les racines) de la terre passée au crible, puis on arrose (1). Les agronomes disent que le poirier se propage de rejetons poussés sur le tronc et sur les racines (drageons, *stolones*) qu'on enlève avec leurs propres racines, ou après les avoir marcottés par couchage sur place avant de les arracher; on multiplie encore le poirier de pepins et de boutures (*taleæ*) ou plançons. Ces boutures doivent avoir trois empans (0^m,70) de long. Il y a encore les branches éclatées, qu'on replante, en janvier ou février, sur les principaux canaux d'irrigation, et en terre de condition analogue, c'est-à-dire qui ne manque jamais d'une humidité entretenue par l'irrigation; c'est de nécessité, et jamais on ne doit négliger les arrosements; s'il arrive qu'un courant d'eau passe sur le terrain sans y rester stagnante, c'est très-avantageux. On sème le pepin de la poire en terrines; c'est une des semences faibles. Le jeune plant se met en trous de quatre empans de profondeur environ, dimension qu'on augmente, en raison de la grosseur du sujet. Il en est qui veulent que le trou qui doit recevoir le jeune arbre soit mouillé (humide) au moment de la plantation, qui se complète avec de la terre prise à la surface du sol. L'époque pour la plantation du poirier est depuis octobre jusqu'en janvier, et l'espèce sauvage se plante en automne. Il en est qui disent que l'expérience a prouvé que l'arbre planté entre le commencement de février et le premier avril est plus prompt à la reprise et pousse beaucoup mieux.

Hadj de Grenade dit que, si on plante le poirier après le troisième jour du mois lunaire, il donnera du fruit au bout de trois ans: après le cinquième jour, il fructifiera au bout de cinq ans; après le dixième, au bout de dix ans; après le vingtième,

(1) Géop., X, 22, art. attribué aux Quintiliens.

au bout de vingt ans, et ainsi de suite, jusqu'au trente du mois. Il faut donc toujours faire en sorte de réaliser sa plantation à la suite du troisième jour du mois et pas plus tard, car il y aurait du retard dans la fructification.

Suivant un autre agronome, quand un poirier est tardif dans sa fructification et dans la maturité de ses fruits, on les accélère par la greffe sur une espèce sauvage analogue. On peut encore prendre sa greffe sur le rejeton qui provient de ce poirier, ou bien sur le plant (obtenu) du semis de ses pepins et l'insérer sur un sujet donnant déjà du fruit; c'est aussi un moyen d'accélérer la production. Le poirier se prête très-bien à la greffe; on peut le greffer sur le coignassier et le pommier. On dit que si on coupe une des branches d'un pommier et qu'on y applique une greffe de poirier, elle poussera bien et jamais elle ne manquera. Il faut avoir soin de donner de l'eau et du fumier au poirier, sans les lui trop épargner, parce que c'est un arbre des montagnes. On plante le jeune poirier tant que son écorce est lisse; mais, quand elle est devenue rugueuse, la plantation ne réussit plus: le fait est constaté par l'expérience.

Suivant l'Agriculture nabathéenne, le poirier est un des arbres qui reçoivent le plus facilement (*litt.* promptement) la greffe, et, quelle que soit l'espèce qu'on lui applique, elle réussit (toujours). On peut obtenir du pain avec la poire. On prend tout ce qui est mûr (sur l'arbre), ou qui ne l'est point encore, on mêle le tout, et on le coupe en morceaux avec des couteaux; on fait sécher au soleil; après avoir enlevé les pepins et la pelure, on fait moudre la pulpe seule ou avec les pepins, après la dessiccation, sans qu'il soit besoin de passer le fruit à l'eau bouillante, ni de l'y laisser séjourner. La farine qu'on a obtenue est pétrie dans l'eau chaude, à laquelle on a ajouté de l'huile de sésame et du ferment. On laisse en repos jusqu'à ce que la fermentation soit bien établie; on projette par-dessus, comme siccatif, de la farine de froment ou d'orge; on fait cuire (et l'on obtient un pain qu') on peut manger, la volonté divine aidant.

Article XIII.

Culture du jujubier, *ounâb*, qui est le *nebeq* ou le *ziphziph*.

Suivant l'Agriculture nabathéenne, le *ounâb* et le *nebeq* seraient deux arbres distincts (1). Suivant Abou 'l-Khaïr, il existe plusieurs espèces de jujubier : celui à gros fruits, très-rouges ; un autre dont le fruit est du volume de la baie de la sabine ; une troisième espèce porte un fruit encore plus petit. Le jujubier (*nabeq*), dit l'Agriculture nabathéenne, comprend plusieurs espèces : l'une à fruit rouge un peu allongé et très-doux. C'est un arbre qui produit beaucoup ; il y a une espèce sauvage et une espèce cultivée (*litt.* de jardin). Le jujubier croît spontanément sur les montagnes, les plaines incultes et les terres dures. C'est un arbre épineux qui vit longtemps ; il se plaît dans les terres des montagnes et dans celles qui sont dures. Sa durée est à peu près égale à celle de l'olivier ; ses racines tendent toujours vers l'eau et vers les lieux où elle coule (2). Il n'est point (absolument) nécessaire de donner du fumier au jujubier cultivé dans les jardins ; si pourtant on lui applique du crottin de brebis et de la colombine, c'est utile ; sa croissance est activée, son tronc devient plus vivace, et il est plus productif, si on rapporte au pied de la terre prise ailleurs, et qu'ensuite on donne de l'eau. Il en est qui disent que, si on coupe le jujubier, on lui coupe la vie et qu'il périt peu de jours après (le tronc sans doute, qui ne repousse pas).

Ibn Hedjadj, à qui Dieu fasse miséricorde, rapporte que Samanos (3) dit que le jujubier se propage de rejetons ; ce

(1) Nous traiterons ultérieurement ces questions de synonymie.

(2) Ce passage présente des difficultés qui viennent du mot بجوزة, écrit de diverses manières. On peut le prendre comme nom d'action du verbe جاز, *transire, pervadere*, et traduire : *vers son passage* (de l'eau), quoique généralement ce mot ne soit pas usité pour exprimer le cours de l'eau. Banqueri traduit tout différemment.

(3) Banqueri dit : «*Samanos, cité dans l'Agriculture nabathéenne,* » sans par-

sont de jeunes plants (*stolones*) qu'on détache des racines sur lesquelles ils poussent, dans le voisinage (et à l'entour de l'arbre). Il aime la terre fraîche, qui est humide en même temps. Démocrite dit : Quant au jujubier, vous prendrez, pour le planter, des rameaux d'un pied productif; ils reprendront très-bien. D'autres défendent de propager le jujubier de noyau, parce que l'arbre qui pourra en provenir ne donnera plus de fruits, ou bien celui qu'il produira ne sera pas plus gros que celui de l'olivier sauvage, qui, a un fort noyau et très-peu de pulpe. Le meilleur système de propagation c'est au moyen des rejetons fournis par un arbre dans une bonne condition, et tous les ans on aura des fruits pareils en qualité. Il faut faire cette plantation le cinquième jour de la lune dans son déclin, dans des trous de trois empans ($0^{m},7$) de profondeur. On ramène (sur le pied) la terre seule, sans engrais ; on arrose tous les huit jours depuis le premier novembre jusqu'au premier mars. Suivant d'autres encore, on peut propager le jujubier au moyen de ses noyaux qu'on sème en terrines, au mois de septembre et de janvier. Avant le semis, on fend le noyau qui renferme la graine. On couvre de terre de l'épaisseur de deux ou trois doigts; on arrose jusqu'à la germination, et au bout de deux ans on effectue la transplantation. On a affirmé qu'il fallait planter les jeunes plants, les branches éclatées (ou rejetons) et les noyaux en janvier, février ou mars, et les boutures en mars et en mai. On laisse entre chaque arbre de vingt à vingt-cinq coudées d'intervalle. La plantation se fait de la manière indiquée précédemment. Le jujubier ne peut se greffer sur ses congénères, ni sur aucune autre espèce. Il ne se prête à la greffe, ni activement ni passivement (*litt.* on ne greffe ni de lui ni sur lui), à cause du peu d'abondance de la matière (séveuse) (1). Le jujubier est le premier des arbres qui perd ses feuilles, et le dernier à végéter et à pousser. Il

ler d'Ibn Hedjadj, dont le nom est en toutes lettres, tandis qu'il n'est point parlé de l'Agriculture nabathéenne.

(1) المادة, sans doute, le *cambium* des modernes.

supporte l'eau donnée avec abondance, sans pourtant souffrir si on ne l'arrose point, parce que c'est un arbre propre aux montagnes. Il en est qui disent que le jujubier aime les terrains rudes et pierreux. La plantation du cyprès se fait de la même façon que celle du jujubier.

Article XIV.

Culture du pistachier.

Il y a, dit Abou'l-Khaïr, une espèce délicate et une autre qui est forte. Le mode de culture est le même pour toutes deux; il y a aussi mâle et femelle. D'après Ibn Hedjadj, Junius dit qu'il faut prendre le fruit de la pistache avec sa coquille, c'est-à-dire que cette coque doit être parfaitement saine, sans avoir souffert aucune avarie. On le sème de la même manière que tous les fruits secs dont nous avons parlé, et à la même époque de l'année (Géop., X, 11). Suivant Kastos, on prend une pistache (belle et) grosse, on l'enveloppe dans un flocon de laine cardée et lâche pour la mettre à l'abri des atteintes des insectes (1); on tourne la fente vers le ciel.

Sâdihames, le savant, dit que le pistachier manifeste de la sympathie pour le noyer et le noisetier quand il leur a été associé dans la plantation. Solon dit qu'il faut, quand on plante la pistache, l'envelopper dans un flocon de laine cardée, pour empêcher qu'elle ne soit attaquée par les petits animaux nuisibles. Souvent (le noyau de) la pistache a peu de solidité, et une partie (de la coquille) se sépare de l'autre et laisse à découvert l'amande contenue à l'intérieur : mais, quand il y a une enveloppe de laine, les petits animaux ne peuvent l'atteindre. La terre rouge des montagnes convient bien au pistachier.

Mousal (Marsial ?) dit que, lorsque le pistachier se trouve dans un emplacement sec où la végétation est maigre, son fruit n'en

(1) Il faut comprendre sous cette expression, non-seulement les insectes, mais encore les petits rongeurs, que les Arabes confondaient dans le même ordre.

est que meilleur. Suivant un autre, il réussit bien dans le sable, et mieux encore ailleurs que dans le sable. On lit dans l'Agriculture nabathéenne, que le pistachier a de l'analogie avec le noisetier, en ce qu'il croît (comme lui) sur les montagnes et dans les terres dures et compactes, de telle façon qu'on le voit soulever les pierres avec ses racines. On l'élève dans les jardins où il réussit très-bien aussi. C'est un de ces arbres qu'on propage de son fruit ou de plants enracinés avec une portion de la terre dans laquelle ils ont poussé. Cette seconde manière de propagation est préférable au semis. Il en est de même pour tous les arbres à coque (dure) qui poussent lentement de graine. L'époque des semis cause du retard au produit du pistachier, comme au noyer et à l'amandier (1). Le semis et la plantation du pistachier se font depuis le premier d'adar jusqu'au commencement de nisan; il en est de même pour le noisetier. Le pistachier est de forme gracieuse. Suivant un autre, le pistachier se propage de noyau, de boutures et de rejetons. On sème les noyaux en terrines dans la terre de montagne, blanche, mêlée de fumier vieux ou dans la terre rouge, prise ou dans les champs ou bien dans des carreaux (disposés) dans des terrains pareils à ceux qu'on vient de dire; les noyaux auront à l'avance séjourné dans l'eau pendant deux jours et deux nuits. On les place ensuite dans les carreaux, laissant entre eux une distance de trois empans ($0^m,7$) ou environ; on les couvre d'une couche de sable de l'épaisseur de trois doigts réunis (2), on dépose dans chacun des trous préparés, dans les carreaux ou dans les terrines, quatre noyaux, deux la pointe en haut et deux la pointe en bas; on arrose immédiatement après la plantation. Les noyaux plantés en sens inverse, c'est-à-dire la pointe en bas, fourniront des mâles qui ne donnent point de fruit; ceux qui seront plantés droits,

(1) Cette phrase est peu claire dans le texte, mais elle le devient en retranchant le mot وقت.

(2) Ce second mode rappelle la prescription des Géop., X, 12, de planter ensemble mâle et femelle. Palladius indique le moyen de reconnaître les sexes. *Octob.*, XII, 3.

la pointe en haut, fourniront un arbre femelle qui est fertile. Il en est qui disent que les mâles sortent des noyaux dont on a coupé la partie supérieure pointue. Le pistachier est un de ces arbres qui admettent la fécondation. Il a été dit que la femelle ne donne du fruit que lorsqu'elle a le mâle dans son voisinage, ou qu'elle en est à peu de distance, de telle façon que le vent puisse se porter du mâle vers elle, comme dans le palmier. Le peuple donne au mâle le nom de *barqân* برقان. L'époque convenable pour semer le noyau du pistachier, c'est en février et dans la première moitié de mars. La propagation du pistachier de rejetons, de branches éclatées et de boutures se fait suivant la méthode indiquée précédemment. Il en est qui disent qu'on ne peut le propager de rejets, parce qu'il n'en produit point, sinon quand il est brisé, ou qu'on l'a coupé par le pied; alors seulement il produit des rejetons. On peut le multiplier au moyen de branches du sommet, marcottées en pots, suivant le procédé indiqué à l'article des marcottes en pots ou *entonnoir* (1). Le jeune sujet, de quelque façon qu'il ait pu être obtenu, se replante au bout de deux ou trois ans, avec le pot ou la motte de terre. On le dépose dans des trous de trois ou quatre empans de profondeur, ou bien de la dimension exigée par le jeune arbre, suivant qu'il est gros ou petit. Il faut prendre garde de couper aucune des racines lorsqu'on arrache le jeune sujet. Il faut laisser entre chaque pied un espace de vingt coudées ($9^m,240$) ; on arrose immédiatement après la plantation, opérant du reste comme il a été prescrit plus haut. On fait de même pour le cerisier et le noisetier. Il en est qui disent que le pistachier ne réussit ni de boutures ni de branches éclatées. On greffe le mâle sur la femelle et réciproquement ; on a dit aussi qu'on pouvait greffer le pistachier sur le térébinthe qui en est le mâle (2). Il en est qui

(1) V. *sup.*, chap. V, art. 9, page 172, marcotte nommée *istilaf*, analogue à celle dite *takbis*

(2) فحل, litt. *admissarius*, mot qui s'applique particulièrement au palmier mâle, employé sans doute à cause de l'affinité admise par les Arabes entre l'homme et le palmier.

disent aussi que le pistachier peut se greffer sur le lentisque, sur le ricin et sur l'amandier; nous en avons fait l'expérimentation et le résultat a confirmé l'assertion. On a dit encore que cet arbre se plantait dans les terrains délaissés pour leur rudesse, en cherchant seulement un lieu humide. On veut aussi qu'il se plaise dans la terre rouge de montagne, où il faut choisir les emplacements forts et humides. On dit encore qu'il n'aime point une culture trop fréquente, ni des arrosements trop abondants, ce qui le ferait périr; l'excès d'eau, dit-on, fait pourrir les racines.

Article XV.

Culture du cerisier ou *grain royal*.

Il y a deux espèces de cerises, la noire et la rouge; cerise de jardin ou cultivée; cerise de montagne ou sauvage (merise); suivant quelques-uns ces mots *grain royal* s'appliquent à l'amande du grand pin à pignon (1).

Ibn Hedjadj, à qui Dieu fasse miséricorde, dit que suivant Junius, le cerisier se plaît dans les lieux très-froids et que son fruit gagne en grosseur par la greffe. Sâdihames dit que le cerisier se plante au mois de kanoun second et de schebat. C'est un de ces arbres qui se plaisent sur les montagnes et les sites très-froids; la cerise devient plus grosse et plus renflée par la greffe. Sâdihames dit que le cerisier se plante dans les mois de kanoun second et de schebat (2). On le multiplie de rejetons ou drageons; on le propage encore de branches éclatées, mais on rejette la multiplication par noyaux. Suivant un autre, le cerisier pousse sur les montagnes froides et dans les plaines humides, dans les terres sableuses et pierreuses, dans la terre rouge grasse, en site élevé et dur. La terre noire brûlée ne lui convient aucunement, à moins qu'elle ne soit extrêmement

(1) Nous traiterons ailleurs de ces synonymies.

(2) Il y a ici, dans le texte, une répétition que nous avons cru devoir respecter dans la traduction.

humide. On multiplie le cerisier de noyaux, de rejetons et de branches éclatées. Les rejetons ne croissent point au bas de la tige, mais à distance d'elle; on le multiplie par recouchage, puis on porte ailleurs les plants enracinés. On peut encore replanter les jeunes arbres des montagnes en janvier et en novembre. On a bien soin, en arrachant, de ne rien couper des racines. C'est ainsi qu'on doit en agir pour transplanter les arbres qui sont gommeux, dont il faut bien se garder d'endommager les racines, sinon ils ne pousseraient point. (Ainsi arrachés), on les plante dans les jardins. On dit qu'il faut choisir les plus belles branches, celles qui sont rouges, lisses, d'un beau jet et d'une longueur de six empans ($1^m,4$) ou environ; on les détache en les éclatant, puis on plante dans un trou en long (*litt.* de forme sépulcrale), de trois empans de profondeur, laissant quinze coudées ($7^m,0$) de distance entre chaque pied. Le noyau se sème dans de grandes terrines neuves, depuis le mois de juin, temps où on mange la cerise, jusqu'au premier janvier, après l'avoir fait macérer dans l'eau pendant vingt jours, si le semis se fait après le mois de juin. On ne laisse point sécher le noyau avant le semis. Quand ce semis a été fait en automne ou pendant l'hiver, il pousse en mars, et parfois la germination se fait attendre jusqu'à l'année suivante; la transplantation s'effectue au bout de deux ans, dans les formes que nous avons indiquées.

Le même auteur ajoute qu'il ne faut point donner de l'eau en excès au jeune arbre, soit qu'il vienne de marcotte, de rejetons ou de noyau; au contraire, il faut se contenter d'arroser tous les huit jours une fois; cependant l'eau abondante peut être bonne quand le besoin s'en manifeste (*litt.* si on le juge convenable). Il n'aime point le fumier; si on en dépose à sa proximité, il en souffre; il se dessèche si on lui en applique trop au pied. Quand on veut obtenir une espèce nouvelle, on y arrive en pratiquant une marcotte en pot, sur une branche du sommet, d'après la méthode indiquée plus haut, dans le cours du mois d'octobre. La transplantation ne doit se faire qu'au bout de trois ans, à partir de cette époque; la saison pour la pratiquer, c'est au commencement de novembre. On greffe les diverses espèces réciproquement les unes sur les autres ; on greffe encore le cerisier sur l'*ahnfar* (1), sur le pêcher, dont il reçoit aussi la greffe. Suivant d'autres, on le greffe aussi sur l'amandier et le néflier. Le plant importé des montagnes, quand il n'est pas une espèce de choix, se greffe au bout de deux ans ou à peu près, quand sa force et sa vigueur se manifestent bien.

Quand on veut accélérer la fructification du jeune cerisier venu de noyau, on le greffe, après qu'il s'est écoulé une année ; au bout de l'année suivante, il donnera du fruit en plus grande abondance qu'aucun autre de son espèce, Dieu aidant de sa volonté.

Article XVI.

Culture de l'alisier, *moschtahy*(2), ou, suivant Hadj de Grenade, du *zahrour*.

Le même écrivain ajoute : Chez nous, on compte deux espèces (d'arbres qui portent ce nom de zahrour) : l'une, dont le fruit mûrit (*litt.* est bon) à l'*ançarah* (ou vingt-quatre juin) (3), et qui ne peut se conserver, et l'autre, dont le fruit ne mûrit jamais qu'en hiver. On recueille, au mois d'octobre, les fruits de ce dernier encore acides ; on les suspend et ils mûrissent peu à peu. C'est une des bonnes espèces de fruits. Il est des personnes qui parviennent à conserver de cette manière le fruit de l'espèce qui mûrit au mois de juin (ançarienne) : ils en

(1) Ce mot, qu'on rend ordinairement par *marjolaine*, doit être altéré.

(2) Ce nom de المشتهى est indiqué ici comme synonyme du *zahrour*, et plus loin, art. 33, il est donné comme étant celui du *ghebird*. Il nous parait ici être le *cratægus aria*, Linn., l'alisier ; et plus loin le *sorbus domestica*, Linn., *le sorbier*. L'autre espèce, الزعرور العنصرى, le *zahrour ançharien* ou de la Saint-Jean, serait un azerolier hâtif, *cratægus azarolus*, Linn. L'espèce d'hiver qui forme un arbre d'ornement, est *l'alisier*, sans aucun doute.

(3) عنصرة, *ançarah*, s'entend ordinairement, chez les chrétiens, de la Pentecôte ; mais nous verrons au chapitre du calendrier que c'est une fête qui vient le 24 juin. Ce mois est souvent appelé mois de l'ançarah par Ibn al-Awam.

font des espèces de lustres (1) qu'on met en réserve. Le néflier (azerolier) de juin se ramifie beaucoup, ce que ne fait point celui d'hiver qui s'élève sur une tige unique dont la cime se termine comme celle du pin à pignon. Cet arbre aime la terre de montagne, celle qui est sableuse, et aussi celle qui est humide et chaude; seulement, dans ce dernier terrain, il ne fait que donner une belle végétation sans produire de fruits. On le propage de graines, de rejetons, de branches éclatées rouges, de la longueur de six empans ($1^m,4$) ou environ. L'époque de la plantation des rejetons et des branches est au mois de janvier et de février; dans les mêmes mois aussi, on plante les boutures; l'engrais préparé pour les recevoir est un mélange de la terre de bonne qualité avec du fumier vieux, de la cendre et du sable. Au mois de janvier on plante les rejetons dans des fosses profondes de trois empans ($0^m,7$) ou environ. On laisse entre chaque pied un espace de quinze coudées ($6^m,83$); on se conforme du reste à tout ce qui a été prescrit plus haut. On le plante aussi le long des pièces d'eau, à cause de sa beauté. Il est très-long à donner du fruit, qui n'atteint sa grosseur (normale) qu'au bout de vingt ans de plantation. Suivant quelques-uns on ne mange ce fruit que quand il a pourri (molli) dans les habitations. Cet arbre croît à Grenade et dans ses alentours; on ne peut le greffer sur aucune autre espèce; de même aussi il n'admet la greffe d'aucune autre espèce.

Article XVII.

Plantation de l'aubépine (2).

C'est un arbre propre aux montagnes, qui a l'aspect de broussailles; son fruit est d'un rouge vif, du volume d'un

(1) En les attachant sans doute à des cerceaux qu'ils suspendent au plafond, dans l'intérieur.

(2) Plus loin, art. 56 de ce chapitre, nous retrouvons ce mot المصع *al-maçah*, indiqué comme une variété de *rhamnus*, donnant des fruits rouges, bons

gros pois chiche, doux et bon à manger. Dans l'intérieur on trouve un pepin pareil à celui que contient le raisin de renard. La baie de l'aubépine est d'un rouge vif; c'est pourquoi on dit proverbialement : plus rouge que l'aubépine. On la multiplie de boutures, de rejetons et de pepins. La plantation se fait en septembre dans une terre meuble, mêlée de fumier (non vieux) (1), de cendre et de fumier usé; quand le semis du pepin se fait plus tard, il faut à l'avance le faire tremper dans l'eau douce, un jour et une nuit; alors on peut faire le semis. La transplantation (ou repiquage) se fait au bout d'une année. La façon d'opérer est la même que pour l'alisier; son fruit n'a de qualité et de grosseur que par la greffe. Le fruit de l'épine blanche ne se mange qu'après qu'il a molli (*litt.* pourri) dans l'intérieur de la maison (2). Comme cet arbre est propre aux montagnes, il supporte peu l'eau donnée en abondance.

Article XVIII.

Culture du grenadier.

Il y a plusieurs espèces de grenades : la grenade velue; celle qui est lisse; celle qui est renflée; celle qui est sphérique, qu'on nomme encore *dalowi;* la *qosthisi* à odeur de *qostus*; la lenticulaire; la grenade de Murcie; celle au sucre indien (3) et celle citriforme : toutes ces espèces sont douces. Il y a encore la *moruna*. qui est grosse, à chair épaisse (com-

à manger, et qui n'est autre que celui dont il est parlé ici. Il se rapprocherait ainsi des azeroliers; on pourrait y voir aussi le *mespilus pyracantha*; Linn. Mais nous préférons y voir un *oxyacantha arabica fructu magno eduli* cité d'après Shaw, par Rosenmuller, *Biblische Naturgesch.*, t. II, p. 204. Nous reviendrons sur ces synonymies.

(1) Peut-être faut-il lire رمل *sable*?

(2) Si ce n'était l'indication de la couleur du fruit, on serait disposé à voir ici le *néflier*.

(3) الخزايني, *al-khazâïny*; nous avons suivi l'interprétation du *lexic. hept.* de Castel et traduit *celle au sucre indien*. Banqueri traduit par *sonrosa*

pacte), à pepin rouge dans sa pellicule (1); la grenade acide; le grenadier mâle, qui est le *djoulnar, le balaustrier*. On dit que la grenade velue fut envoyée à Abd-al-Rohaman al-Dakhil, en Espagne, entre autres présents qu'on lui adressa de Bagdad ou de Médine, suivant d'autres, d'un arbre planté par le prophète de sa propre main. On donna pour cette raison (2) à cette espèce le nom de *saphria* (voyageuse); suivant d'autres, ce nom lui vint de celui qui (le premier) la cultiva, à Cordoue, et qui s'appelait *Sapher* ou *Mousapher*. L'auteur, continuant, ajoute que le mode de culture est le même pour toutes les espèces de grenadiers. On lit dans le livre d'Ibn Hedjadj, que, suivant Junius, le grenadier se plaît dans la terre blanche.

Suivant Kastos, le lieu le plus convenable pour planter le grenadier, c'est celui qui est sec, exempt d'humidité. Solon dit que ce qu'il y a de meilleur pour planter le grenadier, ce sont la terre de montagne et toutes les espèces de terres qui sont sèches. Cependant, les arrosements sont favorables au grenadier dans les terres compactes; il vient bien, et, si on ne lui donne point d'eau (dans ce terrain), son écorce se fend.

Suivant Lanthius, le grenadier prend du développement, planté dans les plaines humides. Si on le plante dans les terrains secs des montagnes, et qu'on lui donne beaucoup d'eau, le fruit est plus beau, mais aussi il est d'une saveur plus amère. Sidagoz dit que la terre de montagne et un arrosement abondant conviennent très-bien au grenadier à fruits doux, tandis que les plaines et les prairies conviennent à celui à fruits acides, parce qu'alors l'acidité diminue et la grenade se rapproche de la saveur douce; suivant un autre, le grenadier réussit bien dans les sables quand on a soin de l'arroser. Tous les maîtres en agriculture, Kastos et Junius, disent que quand on plante des arbres, il faut toujours le faire avant

(1) فـق, mot qui ne se trouve pas et que nous avons cru dériver de فوف, *fûf, pellicula ossis dactyli.*, Cast.

(2) Puisqu'elle avait été apportée de loin.

que les boutons se soient ouverts et que les feuilles se soient montrées, à l'exception du grenadier qu'on peut planter quand ses feuilles ont paru (*litt.* après l'ouverture), et cela par une disposition spéciale à sa nature.

Suivant Bandon (Betodon), on propage aussi le grenadier de boutures et de branches éclatées, et la plantation des unes et des autres se fait dans les mois de schebat et d'adar (février et mars). On en sème aussi le pepin qui pousse bien. Sâdihames pense que la plantation de la bouture doit se faire dans la seconde moitié d'adar, à cause du peu de séve (*litt.* d'humidité) de cette sorte d'arbre (1).

Démocrite dit que quand on veut multiplier le grenadier, on plante une branche prise au sommet de l'arbre, parce qu'alors on aura du fruit bien plus promptement. La branche doit être mise profondément en terre. Il dit encore qu'il existe de la sympathie entre le grenadier et le myrte, et que, si on les plante ensemble, leur produit est plus abondant, parce que leurs racines se recherchent et s'entrelacent (Géop., X, 29).

Maurice (Margouthis) dit que souvent on veut planter les grenadiers pressés afin que les fruits se trouvent à l'ombre, parce que, quand ils sont frappés du soleil, l'écorce est atteinte de la brûlure, et ils deviennent blancs et amers. Suivant l'Agriculture nabathéenne, on sème le pepin de grenadier dans de petits trous, en février ; on dépose, dans chacun de ces trous, de sept à quatorze pepins; on arrose avec de l'eau, et quand le jeune plant est à la hauteur d'un empan ($0^m,231$), on applique un engrais composé de crottin de brebis, de colombine et de terre pulvérisée sèche, dans la proportion d'un tiers de chaque élément; on a soin de donner des arrosements modérés. Quand le plant a atteint la hauteur de deux empans, on augmente les arrosements graduellement ; on procède

(1) Banqueri a renvoyé en note, et sans le traduire, un passage assez altéré, duquel il semble résulter que l'écrivain veut que la plantation des boutures soit retardée jusqu'à ce que la séve répandue se concentre vers la terre pour produire les racines.

ensuite à la transplantation avec les racines et la terre qui environne le pied. On dispose dans les trous une certaine quantité de l'engrais mentionné précédemment; la terre dans laquelle on plante doit être fraîche et mouillée; Sagrit conseille de mouiller le fond des trous avec de l'urine humaine ou de chameau, ou bien de vache, car c'est là ce qu'il y a de plus avantageux dans la plantation du grenadier.

L'auteur ajoute que la vie et la belle végétation du grenadier tiennent à la multiplicité des arrosements. Ainsi, il faut donner de l'eau tous les jours (aux boutures ou jeunes plants), depuis le moment de la plantation jusqu'à celui où l'arbre commence à donner du produit; on continue même après cette époque, car cet arbre en a besoin. Les pepins se plantent dans de petits trous dans chacun desquels on en dépose de six à neuf, et même jusqu'à douze; mais il ne faut point dépasser ce nombre. On tient ces pepins isolés entre eux au moyen de terre végétale, et l'on donne de l'eau immédiatement à la suite du semis, sans la donner trop abondamment dans les premiers temps.

Saussade prescrit de mâcher l'extrémité des rameaux qu'on veut planter, et alors on aura des produits pareils à ceux de l'arbre originaire. Un moyen d'augmenter le volume du fruit, c'est de mettre, avec le rameau qu'on plante ou les pepins qu'on sème, une poignée de fèves pilées avec leur écorce, ou de pois chiches pilés et mouillés avec du lait récemment trait. On dépose cette préparation dans le trou avec le pepin qu'on sème ou la branche qu'on plante. Si l'on enduit la partie inférieure des branches qu'on veut planter, sur une longueur de quatre doigts, avec du miel de bonne qualité, ou bien que sur le semis de pepins on répande du miel, le fruit qui en viendra sera doux et sans pepins. Le même auteur dit qu'il existe entre le grenadier, le serpent et les vipères, une antipathie naturelle qui ne permet point aux serpents de séjourner sur le pied de cet arbre, particulièrement à la vipère noire, au grand serpent الشجاع et au serpent tacheté. Nous avons de nos propres yeux observé l'antipathie de ces reptiles pour le grenadier; nous avons également vu les vipères et autres fuir le voisinage de cet arbre ; la fumée de son bois, de son écorce et de ses branches met ces reptiles en fuite. Une des propriétés de la grenade douce, c'est d'enlever aux aliments qu'on fait cuire (*litt.* à une cuisson) le goût de fumée. En effet, si un aliment qu'on fait cuire dans une chaudière émet une vapeur d'une odeur qui ne soit pas la sienne, qu'on prenne alors une grenade douce, qu'on en jette les graines dans cette chaudière, qu'on fasse suivre d'une petite quantité de graisse de bœuf, ce mauvais goût disparaîtra. Ce procédé fera aussi disparaître tout autre mauvais goût.

Suivant un autre agronome, le grenadier s'accommode de toute espèce de terre passant à la saveur douce ; la terre rouge, humide, la terre légère fraîche, un sable doux lui conviennent encore. Il pousse bien dans les terrains mous et gras, et dans les endroits frais. Il donne une très-belle végétation dans les bonnes terres et dans celles de bonne qualité, mais son produit y est faible; on dit que l'expérience a prouvé que le grenadier et l'olivier se trouvaient bien dans les lieux secs. Il a encore été prescrit, si on plante un jeune grenadier et un jeune balaustrier dans un terrain sec, d'arroser ces jeunes arbres, le second jour de la plantation, avec de l'eau dans laquelle on a fait tremper de la cendre de bois (1). Le grenadier se propage de branches éclatées, de boutures, de drageons arrachés avec leurs racines (propres), ou au moyen de marcottes, par le couchage, de rejets poussés à l'entour, il se propage aussi avec des branches du sommet soumises à l'opération dite *istilaf* (marcottes en pot ou entonnoir), ou bien par quelqu'autre de ces moyens précédemment indiqués. On propage aussi le grenadier de pepins. Les boutures se plantent en janvier; on les groupe dans la même place, par trois ou plus encore, quand les arbres doivent rester en place; si au contraire ils doivent être portés ailleurs, on laisse

(2) C'est-à-dire avec de la lessive de bains : *aqua cum lixivio balneorum primixta*. μεμιγμένης αὐτῷ κονίας ἀπὸ βαλανείου. *Géop.*, X, 33.

de l'intervalle; les branches arrachées (seront traitées) de même. Les boutures de grenadier se plantent (aussi) en mars, et la branche éclatée, en février; les marcottes par couchage se font en décembre; il ne faut pas que la fosse préparée à cet effet ait plus de deux empans ($0^{m},462$) de profondeur. Pour le semis, on choisit les grenades mûres parmi les plus belles espèces; on égrène (les vésicules), on en exprime le jus, on prend les pepins, qu'on lave dans l'eau; on les fait bien sécher, puis on les serre dans un vase neuf. Le pepin de grenade est compté parmi les graines faibles. Le semis se fait en janvier, dans les terrines, dans de la terre prise à la surface du sol, et mêlée de fumier vieux, de sable et de cendres. La transplantation s'effectue au bout de trois ans ou environ, et l'arbre est mis dans le lieu où il convient qu'il soit. Cette plantation des jeunes grenadiers se fait dans des trous de trois empans ($0^{m},7$) de profondeur, parce que cet arbre est un de ceux dont les racines rampent à peu de profondeur de la surface du sol. On mêle de la cendre au sol où se plante l'arbre. On tient ces arbres espacés depuis six jusqu'à huit coudées; cette disposition rapprochée est *dans l'intérêt* du fruit (1) et pour la raison qu'a donnée plus haut Margouthis (Maurice). Si le jeune arbre est transplanté avec sa motte, c'est beaucoup mieux. Au bout d'un an, à partir de la plantation, on donne un engrais en poudre mêlé de cendres de bain et de sable, et l'on procède pour tout cela, suivant ce qui a été dit précédemment. Les boutures se plantent couchées (2), et la branche éclatée taillée en pointe; suivant quelques-uns, ce qui a été planté de la sorte donne du fruit qui ne se fend pas. Suivant d'autres, au contraire, les arbres ainsi plantés ne retiennent pas leur fruit

(1) Le mot arabe fort mal écrit peut se lire de trois manières ; c'est pourquoi nous avons adopté un sens général. Cette raison donnée par Maurice, c'est de procurer de l'ombrage au fruit.

(2) Il nous semble qu'au lieu de متكبية, il faut lire منكوسة, comme dans le paragraphe suivant qui parait être un exemple cité du fait, et traduire par *inclinée* ou *couchée*, comme le prescrit Palladius, *scrobi velut obliquus immergitur*. Mart., 10.

qui tombe sans que les soins de culture puissent y remédier.

Ibn Hedjadj, à qui Dieu fasse miséricorde, dit : J'ai vu un grenadier d'une belle venue et productif, produit d'une bouture plantée inclinée ou couchée; il avait donné du fruit quoique tout jeune encore. Quand le grenadier se met à donner du fruit en abondance, il faut bien se garder de lui rien couper (c'est-à-dire de le dégarnir de ses branches), car il est mauvais pour lui d'être trop exposé à l'action de l'air. Il faut bien se garder de rien planter qui domine les boutures, avant qu'elles ne se mettent à monter, (tels que) les jeunes plants d'aubergines, car (ce voisinage) ne lui convient pas. Le grenadier veut une culture assidue et beaucoup d'eau. Il aime ces soins qui lui sont très-favorables; pourtant, si les arrosements sont plus rares, il n'en souffre point; le jeune arbre donne de beaux résultats avec une culture très-suivie. Le grenadier aime qu'on lui donne de l'eau tous les cinq jours, depuis la fin de juin jusqu'au commencement de septembre. On recueille les grenades à la mi-octobre; la trop grande quantité de sable ne lui convient pas.

On raconte que le Prophète dit : Prenez la grenade et mangez-la, car elle chasse la haine et l'envie. On raconte, d'après Ali Ibn Abou Thaleb, qui le disait lui-même, d'après le Prophète : prenez la grenade et mangez-la avec ses pepins, parce qu'elle donne de la vigueur à l'estomac. Il n'en entre (*litt.* tombe) pas un grain dans le corps de l'homme sans que son cœur n'en soit embrasé, et qu'il n'en soit protégé contre les démons, pendant quarante matins. On raconte qu'Ahrets dit avoir vu Ali, à qui Dieu fasse miséricorde, qui, après avoir mangé une grenade, élargissait la partie supérieure de son vêtement. Interrogé sur ce fait, il répondit : Sache, ô Ahrets, qu'il n'y a pas une seule grenade qui ne contienne un grain du paradis (1); mais celui qui en mange avec satiété est obligé de recourir au médecin. On raconte d'Ibn Abbas (que Dieu

(1) Ces citations d'Ahrets et d'Ali se trouvent dans Kazwini, sauf quelques différences, v° رمان.

l'ait pour agréable), qu'ayant trouvé (par hasard) un grain de grenade, il le mangea ; on lui dit : O Ibn Abbas, tu trouves un grain de grenade et tu le manges. Il répondit : il n'y a pas une grenade qui ne soit fécondée par un grain du paradis, peut-être que c'est celui-ci. On raconte qu'Ibn Abd Allah disait :Il n'y a pas une grenade qui ne contienne un grain du paradis; je ne veux le partager avec personne.

Article XIX.

Culture du balaustrier (grenadier sauvage).

Cet arbre est de l'espèce du grenadier ; c'est le grenadier mâle. Il y a le balaustrier de jardin (cultivé) et le balaustrier des montagnes (ou sauvage). Il porte une feuille plus belle que celle du grenadier, une fleur mieux disposée et plus large que lui et d'un rouge plus vif. Il y a l'espèce à fleurs roses et celle à fleurs blanches. Il en est qui veulent que ce soit avec son secours qu'on féconde le grenadier. On le propage au moyen de ses différentes parties (c'est-à-dire par boutures ou marcottes), et la manière d'opérer ne diffère en rien de ce que nous avons décrit précédemment pour le grenadier. Il manque de pepin.

L'Auteur dit que, si on veut faire passer le grenadier à l'état de balaustrier, il faut planter une bouture de grenadier, sans en aiguiser les bouts, au mois de novembre ; au bout d'un an, on l'arrache, on retranche avec un instrument bien tranchant les jeunes pousses, on plante de nouveau la bouture inclinée ; on répète quatre fois l'opération, pendant quatre années consécutives. La cinquième année, on laisse en repos. L'arbre donnera des fleurs en plus grande abondance que le grenadier (à la suite desquelles) aucun fruit ne se produira. Il faut pratiquer l'opération sur plusieurs boutures, parce que les diverses plantations répétées en font périr une partie.

Article XX.

Plantation de l'amandier.

Il y a l'amandier à gros fruits et celui à fruits doux et petits, de la dimension d'une pistache ; les soins de culture sont les mêmes pour toutes les espèces. On lit dans le livre d'Ibn Hedjadj que, suivant Junius, l'amandier aime la terre légère. Suivant Kastos, les meilleurs emplacements pour l'amandier sont les terres d'alluvion. Suivant Samanos, l'amandier se plante sur les montagnes parce qu'il aime le froid et la terre légère où il devient plus grand et plus productif.

Suivant Junius, avant de planter les amandes, il faut les tenir plongées dans un fumier trempé de beaucoup d'eau pendant trois jours. On les dépose ensuite chacune séparément dans un trou au fond duquel on a disposé à l'avance de la terre prise à la surface du sol. Il n'est pas nécessaire de laisser une grande distance entre elles. La queue doit être disposée vers la terre, sans pourtant qu'elle touche le fond du trou, mais la terre rapportée qu'on y a déposée ; ensuite on rapporte de l'engrais mêlé de terre. La profondeur du trou ne doit pas excéder celle d'un empan ($0^m,231$) (1). On plante à côté de chaque trou un bâton qui s'élève au-dessus perpendiculairement. Suivant Junius, l'amandier se propage encore de branches prises au milieu de l'arbre même. Kastos dit qu'il y a diverses manières de propager l'amandier. Il en est qui le propagent de ses rejetons et (du semis) de ses fruits avec leur coque. Il en est un grand nombre qui le propagent au moyen de ses branches qu'on a éclatées et arrachées à la main.

(1) Conf. *Pallad.*, *Januarius*, XV, 6 et suiv., et Géop. X, 57, qui veulent que la partie tronquée μείουρον soit vers la terre, et la partie ligneuse et mince tournée en haut. Il y a, p. 262, une prescription analogue, et contradiction dans les *Géop.*, entre le texte et la traduction ; μείουρον, qui, d'après les dict., doit être traduit par *mutilum*, *truncatum*, l'est par *partem acuminatam*.

Il en est qui emploient, à cet effet, les jeunes pousses et les branches prises au sommet, préférant ce mode à tout autre. Suivant un autre, on plante les dragcons (*stolones*) tout enracinés, provenant de l'arbre même et poussés autour de lui. Le jeune amandier se plante en automne et non au printemps, parce que dans cette saison se montrent ses feuilles ; mais le semis des amandes se fait à deux époques, au printemps et en automne.

Démocrite dit que la récolte des amandes se fait quand l'écorce externe commence à se détacher ; on jette dessus (c'est-à-dire on les lave avec) de l'eau salée ; on les expose au soleil, ce qui les fait blanchir (Cf. Géop. X, 58). Le jeune amandier se replante vers le milieu de tischerin second (novembre). D'après le livre d'Ibn el-Façel (1), si on enfonce l'amande à plus de quatre doigts de profondeur dans la terre, elle ne pousse point. L'amandier est le premier arbre qui montre ses fleurs ; il devance tous les autres. Il réclame le fumier de vache mêlé à sa feuille et une certaine portion de ses branches décomposées (*litt.* pourries), de la terre pulvérisée et une certaine dose d'engrais humain, du crottin de pigeon ou de quelques autres oiseaux. Si ces substances manquent, il faut mettre ensemble de la bouse de vache, des coques d'amande, des feuilles de l'arbre dans une petite fosse où les ouvriers vont déposer leurs urines, jusqu'à ce que le tout soit en putréfaction et bien noir. On fait alors sécher le compost, on le mêle avec de la terre végétale pulvérisée, et on en fait usage pour l'amandier, en l'appliquant directement sur le pied, sans en user pour la pulvérisation. Cette opération se fait en décembre. Ce procédé est pour l'amandier à fruits doux. Pour l'amandier à fruits amers, on ne lui donne de l'engrais qu'une seule fois. On fait du pain avec l'amande en l'associant à une certaine quantité de graines alimentaires. On fait moudre, on procède à la panification, et de cette façon on obtient un pain de bonne qualité.

(1) Banqueri laisse le nom en blanc ; mais le mss porte le signe indicateur d'Ibn el-Façel.

D'après un autre agronome, le lieu où l'amandier croît (le plus volontiers), ce sont les parties élevées des montagnes froides, et les versants qui sont exposés au midi. Les terrains arrosés lui sont favorables quand ils ont de l'analogie avec ceux des montagnes; mais il rejette la terre noire. On propage l'amandier au moyen (du semis) de son fruit, ainsi que de rejetons arrachés avec leurs racines, plantés obliquement et couchés dans des fosses longues. On dispose au-dessous du jeune plant une couche de terre et de sable mêlés en quantités égales, on le couvre avec ce même mélange. On arrose tous les quatre jours. Cette opération a lieu en janvier. A cette époque se fait la plantation des boutures sur les canaux principaux (*litt.* les mères des rigoles), ou bien au bord des cours d'eau. Si on fait séjourner pendant trois jours l'amande dans de l'eau avec du miel, avant de semer, le fruit (à provenir) sera d'une saveur douce. Suivant un autre, le semis des amandes se fait en terrines ou en carreaux ; on dispose la partie pointue de l'amande tournée vers le ciel et la partie inférieure tournée vers la terre (Vid. sup. p. 260; not.) Anatolius, l'Africain, prescrit de déposer dans chaque trou trois amandes placées droites. Un autre dit : au bout d'un an, au mois de novembre, ou de janvier suivant d'autres, on repique le jeune plant dans des terrines ou dans les carreaux; on l'enlève pour le replanter, au bout de deux ans, dans les lieux où il convient de le mettre. Il faut bien prendre garde, dans l'arrachage, de rien couper des racines, ayant soin que le fer (de l'instrument) ne touche point le sujet. On le dépose dans des trous convenablement disposés, proportionnés à sa grosseur. On laisse entre chaque pied une distance de douze coudées (5m,5). Il a été dit que s'il n'y a point déplacement, c'est encore mieux; cependant j'ai vu, dit l'auteur, un amandier non replanté qui donnait peu de produit.

L'amandier ne supporte ni la taille, ni l'émonde, ni l'eau en trop grande abondance, parce que c'est un arbre propre aux montagnes; par cette raison, il est peu exigeant quant à la culture ; la méthode à suivre est celle qui a été tracée précédemment. On greffe l'amandier au moyen de ses jeunes pousses; on le greffe sur le cerisier, l'abricotier, le pêcher, l'œil-de-bœuf (prune de Damas), et enfin sur tous les arbres qui donnent de la gomme ; on le greffe encore sur le poirier et, dans ce cas, l'arbre donne beaucoup de fleurs, il devient très-beau et prend un grand développement.

Article XXI.

Culture du pin (à pignon).

Il y en a, dit l'auteur, trois espèces : le pin des montagnes, c'est la femelle; il donne de gros fruits ; l'autre espèce ne donne pas de fruits; on l'appelle le mâle; on le nomme encore *erez;* une troisième espèce est le *qacem* des Korischites, qui ressemble au cyprès ; et le mode de culture est le même pour tous (1).

Ibn Hedjadj rapporte dans son livre que, suivant Démocrite, on fait séjourner la graine (*litt.* le cône ou pignon) dans l'eau pendant trois jours, avant de le planter, ce qui a lieu pendant la première moitié du mois d'adar (mars). Au bout de deux ou trois ans, on effectue la transplantation du jeune pin ; cet arbre ne vient très-bien que dans les plaines incultes (les déserts). Solon dit que ce qui convient au pin, c'est le sable ; c'est une des productions végétales des rivages. On le trouve aussi dans les jardins, mais c'est la première espèce qu'on y trouve le plus communément. Marsial dit que le pin réussit aussi bien dans les terres du littoral que dans celles des plaines.

Junius dit que l'*amande* de pin se plante comme les noisettes et à la même époque. Suivant d'autres, le pin de montagne sableuse aime la terre sableuse et rude. Il ne donne pas

(1) *Pinus pinea ; cedrus larix*, cèdre ; *pinus orientalis*, dont le cône porte le nom de *qacem* des Koreischites ; Spreng., *Hist. rei herb.*, I, 268. Nous reviendrons ultérieurement sur ces synonymies ; provisoirement nous dirons que le mot *erez* n'a point ici la même application que dans le chap. suivant.

de fleur ; on lui voit seulement un épi auquel succède le cône ou pignon. Il se multiplie (spontanément) de sa graine et on en tire le jeune plant des montagnes. Il ne réussit point de branches éclatées, ni de bourgeons, ni de boutures.

L'auteur ajoute : Voici la manière de l'obtenir de ses graines : on extrait ces graines des cônes (*litt.* des têtes) en les battant avec une pierre, un bâton (1) ou quelque chose de pareil, sans que jamais le feu les atteigne (c'est-à-dire sans les y présenter). On fait le semis dans de grandes terrines neuves, dans de la terre végétale prise à la surface du sol et mêlée d'engrais. On recouvre cette graine semée d'engrais de l'épaisseur de deux doigts, et l'on donne de l'eau. L'époque convenable pour ce semis est la moitié de janvier et de février ; suivant un autre, c'est la première moitié de février, sans dépasser (ce terme) ; si pourtant on l'avait fait et que le semis se fît en mars, la graine lèverait en avril.

Démocrite le Grec (*litt.* le Roumi) prescrit de faire tremper la graine dans l'eau pendant trois jours, et d'en mettre trois dans chaque trou, en tournant l'une d'elles en sens inverse, c'est-à-dire l'extrémité mince en bas. D'autres prescrivent de mettre en haut cette partie. On fait, au préalable, tremper les graines de pin dans l'urine d'enfant pendant dix jours, ou, suivant d'autres, pendant cinq jours. Au bout de l'année, on transporte les jeunes pins des terrines dans les carreaux à nourrice, avec leur motte ; deux ou trois ans plus tard, on les porte aussi en motte dans le lieu où il convient de les planter. On tire aussi des montagnes, en janvier, le jeune plant (qui y croît). On fait, en arrachant, bien attention aux racines, prenant garde d'en rien couper. On le pose dans des trous de dix empans (2m,31) de profondeur ou environ. On laisse entre chaque arbre une distance de douze coudées, ou même moins, pour les forcer à monter. On arrose à

(1) مِنْجَم, mot que tous les lexiques traduisent par *ansa libræ in quâ examen consistit*, sans doute le fléau de la balance romaine où sont les points qui indiquent la pesanteur, ou quelque chose d'analogue.

la suite de la plantation pendant huit jours consécutifs ; puis, pendant une période de huit autres jours, on arrose alternativement de deux jours l'un ; au bout du mois, l'arrosement ne se fait plus que tous les huit jours. On ne fournit point d'engrais aux carreaux dans lesquels sont les jeunes pins, car l'engrais les ferait périr. Lorsque le jeune pin pousse, ses branches s'élancent en ligne droite, chaque année au printemps, de telle sorte que tous les ans, dans cette saison, le faîte gagnant en hauteur, et les branches en croissance, l'arbre prend une forme agréable (1). En traitant le pin de cette façon, il prendra du développement et formera un grand arbre. On arrose tous les trois jours, sans trop prodiguer l'eau. Il en est qui disent, que si on répand de l'orge avec la graine (dans le semis) ou sur les racines du jeune arbre (au moment de la plantation), on accélère sa croissance et l'époque de la fructification ; et il gagnera en hauteur dans une année, plus que ne gagnerait un autre planté sans (l'addition de l') orge. Il en est qui prescrivent de déposer dans chaque trou de l'engrais. Le *qacem* des Koreischites ressemble au pin à pignon (2) ; il donne un petit cône qui a la forme du pignon, dans lequel se trouve une petite graine ; le mode à suivre dans sa culture est exactement le même que celui qui est suivi pour le pin à pignon.

Article XXII.

Culture de l'*erez*, celui qu'on appelle *sarou*, le cyprès.

Il y a, dit l'auteur, deux espèces : l'une ressemble au tamarisc et l'autre ressemble au genévrier ; il y a une espèce qui porte le nom de cyprès de la Chine ; c'est un arbre bien connu ; c'est lui qui, dit-on, porte en Syrie le nom d'*erez*. On lit dans le livre d'Ibn Hedjadj, à qui Dieu fasse miséricorde,

(1) Banqueri, lit : على صفة الحبة et traduit (en forme pyramidale) comme le *pignon* ; nous suivons le texte qui porte على حبة صفة.

(2) Nous avons vu, au commencement du chapitre, qu'il ressemblait au cyprès, ce qui montre le peu d'exactitude de ces définitions.

que Kastos dit qu'on sème la graine du cyprès, et par-dessus de l'orge (1), et les jeunes plants (provenus de ce semis) sont replantés quand on le juge convenable. Enfin, il convient de semer la graine (du cyprès pour le propager (2)). J'ai lu, dit Ibn Hedjadj, dans un traité d'agronomie, que la cause pour laquelle on sème de l'orge par-dessus la graine du cyprès, c'est que cette céréale, pendant l'été, se nourrit de l'humidité visqueuse; on veut donc, par le secours de l'orge, déterminer l'attraction (de cette viscosité) pour qu'alors le (jeune) cyprès soit prémuni contre (les mauvais effets) d'une terre âcre, sèche et ne possédant que très-peu d'humidité visqueuse (c'est-à-dire de sucs séveux); or, l'orge convient pour remplir cette condition, par l'analogie de sa nature (ou constitution physique) (3).

Suivant un autre, le cyprès aime une terre rude et sableuse, surtout quand on veut l'obtenir de graine; car c'est un arbre qu'on obtient de cette manière et non de boutures; il ne se produit point de rejets sur son tronc, ni dans son voisinage; cependant on peut pratiquer la marcotte par couchage, sur des branches prises dans la partie inférieure, dont l'extrémité peut, par incurvation, arriver jusqu'à terre. On les enfouit dans des tranchées (*sulci*) de deux empans ($0^m,46$) au moins de profondeur; cette opération se fait en octobre. On pratique aussi, sur quelques-unes des branches, la marcotte en pot nommée *istilaf*. Quant à la graine, pour la recueillir, il faut prendre la noix (ou cône) fraîchement cueillie et mûre, dans les dix derniers jours de février; on en extrait la graine, qu'on sème dans la terre végétale rouge, rude et sableuse, ou dans le sable, comme on sème le basilic. On recouvre d'une couche de sable d'épaisseur égale à celle d'une étoffe, (en le répan-

(1) Florentinus, dans les Géoponiques, XI, 5, indique aussi ce procédé.

(2) Le texte porte littéralement : *où on plante la graine il faut planter*. Cette rédaction embarrassée laisse beaucoup à désirer.

(3) Aujourd'hui, les agronomes plus éclairés voient dans ce semis d'orge sur la graine de cyprès un moyen de procurer au jeune plant une ombre dont il a besoin.

dant) au moyen du crible (1). La graine de cyprès est comptée au nombre des semences faibles. On procède du reste de la même façon que celle indiquée plus haut pour le myrte et autres arbres analogues. On place les terrines (dans lesquelles les semis ont été pratiqués) à des expositions où le soleil puisse les atteindre; suivant d'autres, où elles soient garanties du soleil. Il faut bien veiller à ce que ces semis ne soient point battus de la pluie avant la germination. On arrose avec de l'eau douce, deux fois par semaine.

Le même auteur dit qu'on sème de l'orge avec la graine de cyprès, celui-ci pousse, et quand l'orge est mûre il en a atteint la hauteur. On le repique au bout de l'année, dans les carreaux où il est à nourrice; puis, on (le tire de là) pour le planter ailleurs quand on le juge convenable. L'auteur ajoute : on le plante où il convient qu'il soit planté, au bout de deux ans, avec sa motte et ses racines contournées autour du pied. On dépose l'arbre dans un trou proportionné à sa grosseur. On laisse entre chaque cyprès un espace de six à huit coudées ($2^m,8$ à $3^m,7$). On arrose exactement une fois tous les quatre jours. On donne une culture soignée jusqu'à ce que l'arbre ait atteint sa croissance complète, Dieu aidant. Il en est qui disent qu'au bout de l'année il faut déchausser le jeune cyprès, en automne, et déposer sur le pied de l'engrais humain sec et en poudre (de la poudrette); puis on donne de l'eau (à la suite de l'opération). Suivant d'autres, on rapporte au pied de la terre végétale grasse et fumée. On donne une culture soignée, enfin on se conforme, pour tous les travaux et la direction du cyprès, à ce qui a été dit antérieurement. On retranche les branches qui avoisinent le sol et chargent le bas de la tige, à partir de la hauteur d'une coudée (2).

(1) Cf. Cato, *De re Rust.*, XLVIII, qui dit l'épaisseur d'un doigt.

(2) لان حماها مسرولة Ce membre de phrase est difficile à expliquer littéralement; seulement on entrevoit que l'arbre chargé de ces branches jusqu'en bas, est comme l'oiseau qui a des plumes jusqu'au bout des pattes, *plumipes*. V. Castel. *Lexic. Hept.*

Quant à la *sabine* et au genévrier (*ahrahr*), on les traite comme on l'entend ; l'un et l'autre est le cyprès mâle. Il en est qui disent qu'*ahrahr* est le cyprès de montagne (*cupressus montanus*). Il y en a une espèce qui est grande et une autre qui reste petite.

Article XXIII.

Culture du *firçad*, c'est-à-dire du mûrier, qu'on appelle mûrier d'Arabie ; c'est le mûrier de la soie.

D'après Ibn Hedjadj, à qui Dieu fasse miséricorde, Kastos dit que le mûrier se plante au commencement du printemps et aussi en automne ; la plantation automnale se fait après la vendange. L'auteur continuant : on multiplie aussi le mûrier de graine ; il végète bien et donne du fruit. Démocrite dit qu'on fait des boutures de la grosseur d'un bâton qu'on plante au mois de schebath (février). Karour-Athikos dit qu'on plante des branches détachées par éclat, épaisses, à partir depuis le dernier tiers (c'est-à-dire le 20) du même mois de schebath jusqu'à la fin du mois d'adar (1). Le mûrier aime la terre sableuse, humide, douce et fraîche; il va très-bien dans la terre forte quand on lui donne de l'eau en abondance, car cet arbre, par sa nature, aime les arrosements.

On dit qu'il y a une espèce de mûrier à fruit blanc, de grosseur tenant le milieu entre le gros et le petit, une espèce à fruits noirs et une autre à fruits jaunes, à fruits blancs violacés, à fruits cendrés. Il y a aussi de la variété dans la saveur du fruit, car les uns sont doux, d'autres amers et d'autres sont insipides (2). Le fumier ou l'engrais convient très-bien au mûrier, mais il n'en demande point un spécial ; tous au contraire, dans toutes leurs diversités, lui sont bons, et sous

(1) On lit ici ce commencement de phrase : *on plante aussi de lui ;* qui n'étant point complet, ne présente aucun sens ; nous l'avons supprimé.

(2) On trouve exactement la même distinction d'espèces et de goût dans le Mss. 884, B. I., fond sup., page 88, v°, sous la rubrique d'Ibn-Waschiah. Avicenne I, 265, parle d'un mûrier à fruits amers appelé *mûrier de Syrie.*

leur action il pousse très-bien et il devient fort beau. Mais les plus beaux mûriers sont ceux qui viennent des graines qui, avalées par les oiseaux de certaines espèces dans un état de parfaite maturité, sont rejetées dans leurs déjections sur les bords des rivières et dans les lieux parcourus par les eaux pluviales; ces graines viennent très-bien, parce qu'elles portent avec elles leur engrais. La pousse est très-rapide, à cause de cette humidité que le sol emprunte du voisinage de l'eau. Le mûrier pousse encore de lui-même dans les champs; il y prend du développement; mais s'il se trouve dans le voisinage de l'eau ou sur le bord des rivières, il y devient bien plus grand encore, et acquiert beaucoup plus d'ampleur. Le mûrier se greffe avec succès sur les arbres qui ont de l'analogie avec lui et qui lui ressemblent. Suivant Saussade, le mûrier est le frère du poirier, parce qu'il lui ressemble sous plus d'un rapport, dans la manière dont il pousse (1). Suivant un autre, le mûrier aime la terre sèche, épaisse et fraîche, peu exposée à l'action des vents, parce que comme il a peu de racines, lorsqu'ils se déchaînent contre lui (*litt.* le bois de son corps), il arrive que souvent il est déraciné. Toute terre lui est bonne à l'exception de la terre noire. Il réussit dans la terre très-humide avec beaucoup d'eau. Le fumier abondant lui convient bien encore; il supporte bien les irrigations abondantes. Il reprend de drageons et de branches éclatées, rouges, lisses, (taillées) d'une longueur de quatre empans (0^{m},924). On le propage encore de boutures (ou tronçons), depuis la grosseur du bras (2) jusqu'à celle d'un bâton, ou depuis celle d'un manche de hache jusqu'à celle de la cuisse à peu près. Le mûrier se multiplie aussi de graines laissées dans la pulpe. Les boutures et branches se plantent en ligne sur les rigoles d'irrigation.

Le même auteur dit : (Quand on veut propager le mûrier avec les grosses branches, on les coupe en morceaux, cha-

(1) Ici se trouve un passage rejeté par Banqueri et qui semble s'appliquer à la confection du pain avec la graine de mûrier.

(2) Peut-être faut-il lire du doigt? mais le texte est précis.

cun de la longueur de trois empans (0^m, 693); on fend celles qui sont trop épaisses, et la plantation s'en fait dans les carreaux au mois de mai; on les recouvre de terre d'une épaisseur d'un empan (0^m, 231); on a soin de donner un arrosement suivi; on procède en cela de la manière prescrite plus haut pour l'olivier et autres arbres analogues. L'époque pour effectuer ces plantations, c'est depuis le commencement de janvier jusqu'au milieu d'avril, suivant d'autres, en février et dans la première moitié de mars.

La graine de mûrier est classée parmi les graines faibles. On la sème suivant la méthode tracée précédemment pour les (graines) pareilles. Il en est qui disent qu'on prend le fruit (la mûre) quand elle est dans un état de maturité complet; on la lave dans l'eau, on la malaxe en pressant (la pulpe), on extrait la graine qu'on fait sécher à l'ombre, et on l'enlève pour l'employer au moment de faire le semis (Cf. Géop. X, 69).

Il se fait en terrines. Le jeune plant, au bout d'un an, est transporté en motte, dans les carreaux où on le tient à nourrice; puis, au bout de deux années, on l'enlève des carreaux aussi avec sa motte; on replante aussi les rejetons enracinés, ou bien après qu'ils ont été marcottés. On a bien soin, en arrachant, d'apporter beaucoup de précaution (*litt.* d'aller doucement), de façon à laisser (au sujet) beaucoup de racines. Cette opération se fait en janvier dans des trous proportionnés à la grosseur de l'arbre. On laisse entre chaque pied une distance de vingt coudées environ (9^m, 240) et plus, parce que c'est un arbre qui s'écarte beaucoup; on donne des arrosements suivis, jusqu'à ce que la reprise soit assurée, ensuite on n'arrose plus qu'une fois tous les huit jours.

On cueille pour le ver à soie la feuille du mûrier la deuxième année après la plantation (définitive); on ne doit jamais cueillir celles des bourgeons, car c'est mauvais de laisser l'arbre entièrement dépouillé de ses feuilles. Une chose qui convient au mûrier, c'est de le nettoyer chaque année, et de retrancher les branches devenues noueuses, et celles qui embarrassent, pour éclaircir l'ensemble (1). Quand le mûrier est devenu trop vieux, on rogne le sommet, en le coupant à hauteur d'homme ; on recouvre la plaie de la coupure avec de l'argile blanche et douce. Lorsque l'arbre a donné de nouvelles pousses, on fait tomber celles qui sont trop faibles, en conservant celles qui sont fortes et de belle venue. On donne une culture soignée à laquelle on revient souvent. Une des propriétés du mûrier, c'est que rarement il tombe de vétusté, mais qu'il est au contraire brisé ou éclaté, et c'est ce qui lui arrive le plus communément, tandis que c'est le contraire pour l'olivier, qui tombe de vieillesse.

Article XXIV.

Culture du noyer.

Il y a plusieurs espèces de noix : l'une à écorce lisse et grosse, celle à coque tendre, *la tarhin*, qui est d'un petit volume à coque dure (noix anguleuse) (2). Ibn Hedjadj dit dans son livre que suivant Junius le noyer aime les lieux vers lesquels se portent les eaux, les terrains humides et frais, et nullement ceux qui sont chauds.

Sadihamès dit que le noyer se plaît aussi sur les montagnes où il y a de l'eau, et qui permettent aux racines de s'étendre. Suivant Sodion, le noyer recherche les terrains froids. Suivant Démocrite, on plante le noyer dans les terrains qui ne sont ni chauds ni froids. On sème la noix au mois de schebath et en automne ; on repique le jeune plant quand on le juge convenable. Suivant Junius, le noyer se propage de branches éclatées de l'arbre, auxquelles on donne des soins jusqu'à ce qu'elles soient enracinées.

Marsial dit que la meilleure manière de planter la noix, c'est de la placer (horizontalement), de façon que l'une des moitiés

(1) *Vide infr.*, p. 505, où se trouvent quelques différences dans la rédaction.

(2) Nous trouvons exactement ces trois espèces. Dict. Dét., v° *Noyer*, p. 101.

repose sur l'autre, l'une en haut, l'autre en bas, sans (inclinaison) ni à droite ni à gauche (V. *infrà*, pag. 274).

Kastos raconte que le savant *Tarour-Athikos* ouvrit une noix avec beaucoup de précaution, qu'il enleva l'amande bien intacte et bien saine; il l'enveloppa de laine cardée pour la protéger contre les atteintes des petits animaux (ou insectes); il la planta (en cet état) dans un lieu où (elle resta à demeure) elle poussa, donna du fruit. Il procédait de la même façon pour tous les fruits pourvus d'une coque (dure).

Le jeune noyer se plante avant le printemps et avant que ses bourgeons ne s'ouvrent; on le plante encore en automne. Démocrite prescrit de planter le noyer au mois de schebath, lorsqu'on sème la noix. Il y a aussi des noyers parmi les arbres des montagnes; ils sont à l'état sauvage, y croissent spontanément. Le noyer s'obtient aussi en plaine, et de graine; on transplante les jeunes sujets. La noix se plante par deux et jusqu'à cinq dans un seul trou, dans une terre fraîche, qui doit être meuble, nette et exempte de toute espèce de goût désagréable; on couvre de terre meuble et on arrose peu, et la végétation s'établit. L'époque pour faire ce semis, c'est depuis adar (mars) jusqu'au premier de nisan (avril). C'est aussi à cette époque que se fait la plantation du noyer. Le noyer est un arbre qui s'élève beaucoup et qui exhale une bonne odeur. Si un homme se couche sous un noyer, il y jouira d'un sommeil paisible. Le noyer n'exige pas de soins bien assidus; tous les engrais lui sont nuisibles. Il faut même, quand on le cultive dans les jardins, en déchausser le pied, le laisser deux jours à découvert, puis remplir la cavité avec de la terre, et rétablir les choses dans le même état. L'usage de la noix, comme aliment, enlève la plupart des mauvaises odeurs de la bouche, et, si la tête est fatiguée de vapeurs, elles se dissipent promptement. Ce fruit jouit encore de la propriété spéciale de neutraliser l'effet du venin des insectes à aiguillons (*litt.* doués de la piqûre). La noix fraîche est chaude; elle est de nature douce à cause de la substance huileuse qu'elle contient. Si on plonge la noix sèche dans l'eau qui commence à tiédir, elle s'adoucit et devient comme une noix fraîche. Quand on jette des noix dans une chaudière avec de la viande, elles lui enlèvent tout mauvais goût. Quand on a jeté dans une préparation culinaire du sel (en trop grande quantité) et que le goût en est altéré, on prend une certaine quantité d'amandes de noix, on l'écrase, on la mêle avec du miel, puis on jette cette préparation dans le vase; elle enlèvera l'excès de salaison.

Suivant un autre, le noyer pousse dans les terrains voisins des eaux. C'est dans les terrains froids que sont ceux de la plus belle venue. Le noyer aime encore la terre rouge, celle qui est rude, pierreuse et celle sableuse, toujours à la proximité des eaux. Il a été dit que le noyer se plantait dans la terre humide et froide, et que la terre noire ne lui convenait point. Sa croissance est lente dans la terre sableuse; quand on y a planté la noix, on ne transplante point (l'arbre qui en provient). Ce qui lui convient le mieux de tout, c'est un terrain froid et sec (à la surface). Il réussit bien en semis dans la terre douce, molle et ferrugineuse; si, par hasard, il lui arrive d'être brisé ou coupé par le pied, on le traite de la manière indiquée plus haut; il peut, dans ce cas, fournir à la propagation par ses rejets qui repoussent.

Suivant..... (1) pour le semis du noyer, on choisit parmi les meilleures espèces les noix les plus grosses, bien saines, à coque tendre, blanches, d'un bon goût, et récentes; on les fait tremper dans l'urine d'enfants qui n'aient point encore atteint l'âge de puberté, ou bien (on les fait stratifier) dans une terre humide de bonne nature pendant cinq jours, puis on fait le semis; après une telle préparation, l'arbre donnera toujours des fruits à coque tendre; c'est ainsi qu'on opère sur l'amande (Cf. Géop. X, 64). On a dit aussi que si on faisait séjourner la noix, avant de la planter, dans de l'eau avec du miel, elle donnerait des arbres à fruits doux et de bon goût. Après ces préparations, le semis se fait dans des terrines larges, ou bien dans des

(1) Le nom de l'auteur manque.

carreaux dans une terre de bonne qualité, mêlée de fumier vieux. On recouvre le fruit d'une couche de terre meuble de quatre doigts d'épaisseur. En faisant la plantation, on place la noix, la pointe tournée vers le nord, l'une des deux moitiés occupant le haut, et l'autre le bas; on pose à la pointe une pierre large, ou bien un morceau de bois également large qui serve de signal pour le jeune arbre (qui poussera) (1). Si on veut planter la noix en place pour que le noyer y reste et prenne tout son accroissement, sans jamais le replanter ailleurs, alors on dépose dans chaque trou deux ou trois noix, afin que, si l'une vient à manquer, (on puisse compter sur) l'autre qui restera. On place auprès de chaque trou des signaux qui restent jusqu'à ce que la germination ait eu lieu, puis on arrose avec de l'eau, sans cesser de le faire jusqu'à la germination (V. sup., p. 272). La meilleure saison pour cette opération, c'est le mois de septembre ou le mois d'octobre, si on a laissé passer le premier; c'est le moment de la cueillette du fruit. La germination se manifeste au mois de mars. On fait aussi quelques plantations ou semis au mois de schebath (février) et en automne. On replante le jeune noyer quand il est jugé capable d'être replanté, et cela au bout de deux ans, ou même plus tard en janvier. Cette plantation se fait dans des trous de la profondeur de quatre schabres (ou deux coudées 0^{m} 924) et pas moins; l'arrachement se fait en ménageant toutes les racines, pour ne pas les rompre; c'est de cela que dépend la réussite de l'opération. On laisse entre chaque pied une distance de vingt-quatre

(1) On lit dans Palladius Jan., XV, 15 : *Ponemus autem (nuces) transversos ut latus, id est ipsa corina, figatur in terra, cacumen ipsum, cum ponimus nucem; in aquilonis partem dirigemus, lapis subter, vel testa est ponenda, ut radicem non simplicet, sed repercussa respergat.* On retrouve dans l'auteur latin les mêmes préceptes que chez les Arabes, en combinant ce qu'on lit ici avec ce que dit Marsial page 271. Seulement ils diffèrent sur la disposition des pierres et leur usage. — Dans le même chap., Palladius cite Martial qui pourrait bien être le même que celui qui a fourni l'extrait à l'auteur arabe. L'orthographe du nom diffère, suivant le génie des deux langues.

coudées (onze mètres environ). Il en est qui disent de transplanter le jeune sujet avec sa motte; on donne une culture très-suivie et de nombreux arrosements jusqu'à ce que la reprise soit assurée. Si on déchausse le pied, et qu'on mèle a la terre une certaine quantité de cendre, qu'on la ramène sur les racines, c'est très-profitable pour l'arbre qui se couvre d'une belle végétation. L'auteur ajoute : On répand encore avec beaucoup d'avantage de la cendre sur les branches. Il a été dit (par quelques agronomes) que si on ouvre une noix avec précaution, de façon à en retirer l'amande bien intacte, qu'on enveloppe cette même amande dans un flocon de laine ou dans une feuille de vigne, et qu'ainsi enveloppée on la plante en mars dans une terre mêlée de vieux fumier, on obtiendra un arbre qui donnera des fruits à coque tendre. On peut en faire autant pour l'amande et le pignon (du pin) (Géop., X, 66). Nous avons précédemment donné des explications qui ont de l'analogie avec tout cela. On a dit que, si le jeune noyer est déplanté et replanté par trois fois après avoir séjourné un an en chaque endroit, il végète beaucoup mieux et donne un produit abondant (1).

Suivant Hemaïrah, les arrosements tuent le noyer grand ou petit et le font sécher (quand ils sont trop abondants) ; mais, si on (se contente de lui donner) pendant l'année quatre arrosements pleins, il s'en accommode très-bien. Le noyer est un arbre qui ne peut supporter qu'on le taille ou qu'on l'émonde; il ne faut point que le fer le touche. Tous les arbres plantés dans son voisinage lui montrent de l'antipathie, à l'exception du figuier, qui se trouve avoir quelques points de convenance avec lui. Le noyer ne réussit point à la greffe (sur les autres arbres), et il ne la reçoit point (2). Cet arbre reste sur pied pen-

(1) Θᾶττον δὲ αὐξήσει ἡ καρύα μεταφυτευομένη πολλάκις. Citius porro augescet nux saepe transplantata. Géop., X, 64. On lit la même chose, Dict. Déterv., v° *Noyer*, p. 102.

(2) Les Géoponiques admettent, au contraire, la greffe du noyer, ainsi que les agronomes latins et les modernes. V. Géop., X, 75, Col. *De re rust.*, V, 11, 8; Pal., *Apr.* V, 1, et Dict. hist. nat. Déterv., v° *Noyer*, p. 102.

dant environ deux cents ans. L'auteur dit encore : On écorce les racines du noyer quand on le juge convenable ; c'est une bonne opération pour lui ; si même on néglige de le faire, le fruit se gâte et noircit, et les vers l'attaquent. S'il est planté dans un terrain chaud dont la couche végétale soit sans mélange, où ne se trouve ni pierres ni sable, si, au contraire, il est dans une terre aride (1) formée de l'élément terreux seulement sans mélange ni de pierres ni de sable, il n'y a aucun inconvénient à laisser le noyer pendant longtemps, sans pratiquer sur ses racines la décortication. Voici comment se pratique la décortication : on incise vers le pied les racines sur lesquelles on veut opérer, (les enlevant) de façon qu'il n'en reste rien, car ce qu'on laisserait se gâterait, et ferait ensuite gâter l'arbre lui-même. Quand l'excision (de l'écorce) est complète, l'arbre donne des pousses magnifiques au bout de six ou huit ans à partir (du jour) de la section ; on observe qu'il est sorti de nombreuses racines qui remplacent (les premières) et qui sont beaucoup plus belles. L'opération faite, on ramène la terre sur l'arbre, on donne l'arrosement, surtout si c'est en été ; mais, s'il arrive qu'on écorce toutes les racines du noyer, sans en laisser aucune, il faut aussi retrancher toutes les branches, sans en laisser une seule ; autrement le vent renverserait l'arbre immédiatement. Il ne faut donc point négliger cette mesure. Voici comme on procède pour faire sécher ces écorces ; on les ouvre bien, puis on les attache à l'ombre des bâtiments, ou dans le voisinage, là où elles seront exposées à l'action directe des vents, tout en les garantissant du vent du couchant qui les fait noircir quand il souffle pendant quelque temps sur elles. Le vent d'orient est celui qui leur est le plus favorable. Les meilleurs rouleaux d'écorce (2) sont ceux levés en automne ou bien au commence-

(1) Nous lisons : الحارزة, traduit dans les dictionnaires par *terra sicca, herbis carens* ; c'est une de celles qu'affectionne le noyer.

(2) Le mot arabe شواكت, qu'il faut peut-être lire اشواكت, se traduit généralement par *épines* ; il est sans doute devenu une expression technique appliquée ici ; peut-être faut-il, comme le pense Banqueri, voir un mot mal écrit.

ment du printemps; ceux levés en hiver noircissent et se gâtent (1).

Article XXV.

Culture du figuier.

Il y a des figuiers de différentes couleurs, comme il y en a de différentes espèces; la culture est la même pour tous. Ibn-Hedjadj, dans son livre, rapporte que, suivant Kastos, le figuier se plante en automne aussi bien qu'au printemps. Ce qui convient le mieux pour la plantation du figuier, ce sont les parties légères d'un sol fort, nullement humide, où l'eau n'est point apparente, car l'eau abondante est nuisible à l'arbre et au fruit; il en est de même pour l'excès d'engrais, qui fait ramollir et pourrir son fruit (Géop. X, 45). Ce qui est bon pour le figuier, c'est le sable, qui rend son fruit sucré. On prétend que le sable convient très-bien au figuier, à cause de la fraîcheur dont il jouit en été; et par suite, si une chaleur excessive se fait subitement sentir, elle n'atteint point le figuier, à cause de la fraîcheur du sable (en été) qui, partant des racines, s'élève jusqu'au sommet de l'arbre, parce que le sable dans le sein de la terre arrive à une grande fraîcheur. Les figuiers qui acquièrent le plus d'extension se trouvent dans la terre de bonne qualité. On l'élève encore dans les terres blanches et les rouges les plus légères; l'arbre n'y acquiert pas un grand développement, mais son fruit est doux. On propage le figuier de branches éclatées qu'on prend sur l'arbre en opérant de la manière prescrite plus haut. On dépose aussi en terre cette graine fine que contient la

(1) Le texte de cette description de la *décortication* laisse à désirer, et présente des difficultés. En effet, si on n'enlevait que l'écorce, qu'on utilisait sans doute, pourquoi ces observations relatives à la section des racines? Dans cette portion de phrase قشر كثير خرج منها, nous croyons devoir lire عرق *racine*, comme donnant un sens plus favorable. On ne voit nulle part mention de cette décortication. Une *Maison rustique* moderne parle seulement d'incision faite à l'écorce du noyer.

figue ; elle lève et donne des arbres qu'on replante ensuite et qui réussissent. Suivant l'Agriculture nabathéenne, le figuier aime la terre légère, d'une texture serrée, sans être dure. On propage aussi le figuier de graines ; à cet effet on choisit à sa volonté parmi les meilleures espèces, d'une maturité parfaite et qui ont séché sur l'arbre. Celui-ci doit être jeune, ou tout au moins d'un âge moyen. On fait macérer ces figues dans le lait de brebis jeune, ou dans du lait de femme, qui est meilleur encore, jusqu'à ce qu'il passe à l'aigre et se gâte. On dépose ensuite ces figues dans des trous, au nombre de trois par chaque trou. On couvre légèrement de terre, et rien de plus ; le semis se fait dans la dizaine moyenne (c.-à.-d. du dix au vingt) de février, en mars, et jusqu'au dix exclusivement du mois de nisan (1). On donne de l'eau en petite quantité jusqu'à ce que la germination ait eu lieu. Quand le jeune plant aura atteint une coudée de hauteur, on le transportera sans jamais le laisser en place. On le traite pour la culture comme tout ce qu'on plante ; on donne de l'engrais au figuier sans jamais employer pour lui la pulvérisation ; mais on déchausse le pied, et la cavité est remplie avec de la bouse de vache mêlée de cendres de bois de figuier ou de rosier, et on recouvre cet engrais de terre du lieu même (*litt.* du champ) dans lequel l'arbre est planté. Ainsi dirigé, le figuier poussera bien, et fera un bel arbre. Il est des individus qui effectuent ce semis de graine, sans faire tremper le fruit dans le lait, et qui donnent au figuier pour engrais, après la transplantation, un mélange de bouse de vache et de feuilles de courges consommées, et l'arbre vient bien. Il faut avoir soin de donner de l'eau et d'appliquer du fumier au pied constamment. La plantation des rejetons et des branches (pour la propagation) se fait à ces époques que nous avons indiquées pour le semis.

Sagrit dit : Si on déchausse le pied du figuier, c'est une des

(1) Ce passage se trouve tout entier dans le mss B. I. f. s. 884, f° 85, v°, sous la rubrique d'Ibn Waschiah. On y lit que le semis se fait dans *la dizaine médiane de schebath, jusqu'au dixième jour de nisan.*

choses les plus avantageuses pour l'arbre (1), car en y procédant on change la terre qui est au pied, en enlevant celle qui provient de la cavité, qui est remplacée par de la terre nouvelle, en quantité égale, prise dans le champ, mais autre que celle qui était au pied de l'arbre. Le figuier aime beaucoup l'eau dans le principe; mais quand il est devenu vieux, si on lui en donne beaucoup, c'est nuisible. Il a besoin d'être émondé à l'époque où l'on émonde les autres arbres.

Suivant le même auteur, il ne faut jamais manger ni figue, ni aucun autre fruit, qu'il n'ait atteint sa maturité sur l'arbre, particulièrement la figue. En effet, la perfection de la maturité enlève aux fruits la majeure partie de ce qu'ils pourraient avoir de nuisible. Il faut enlever la peau, parce que c'est en elle que réside la difficulté de la digestion; la figue est par nature émolliente et purgative. Celui qui mange des figues doit se garder de se croire obligé de boire du vin; car, lorsque ces deux substances se trouvent réunies dans le corps de l'homme, elles lui causent des maladies. Lorsqu'on jette du bois de figuier sec ou vert dans une chaudière dans laquelle cuit de la viande, la cuisson est accélérée; le résultat sera le même si on y jette trois figues des plus mûres. Si on fait tremper pendant un jour et une nuit dans de l'huile d'olive trois figues qu'on jette ensuite dans une chaudière qui contient de la viande (en cuisson), elle devra nécessairement cuire très-promptement. Le bois du figuier fait cailler le lait récent, c'est-à-dire que, si on expose du lait sur le feu et qu'on le remue constamment avec un morceau de bois de figuier, il se coagulera. De même, si on prend une figue séchée sur l'arbre, qu'on la réduise en poudre aussi fine que possible, cette poudre étant projetée sur du lait récent placé dans un lieu où pénètre l'air chaud, on le verra se coaguler complétement. Quand on frotte les dents avec la cendre de figuier, elle en enlève le jaune et le noir. Il en sera de

(1) Le texte a reçu une rectification de Banqueri; mais nous lisons avec le mss. B. L., f° 126, R° وان ينبش شجرة التين انفع شي للتين, ce qui est indiqué par ce qui suit.

même si elle est mêlée à la perle qui passe au jaune ou au noir; elle fait disparaître ces nuances, et lui rend sa blancheur (et son brillant quand on les agite ensemble).

On peut aussi obtenir de la figue un pain dont on fait usage en cas de disette, de cette manière : on fait la cueillette des figues lorsqu'elles commencent à jaunir; ce sont les plus fermes ; on les traite d'après le procédé indiqué plus haut pour le gland et autres fruits pareils, c'est-à-dire qu'on les fait tremper, puis bouillir dans l'eau douce, puis sécher; on fait moudre; enfin on complète la panification. La figue qui n'est pas mûre contient des principes de douceur, avec une âcreté et une acidité qui disparaissent au moyen de la recette qui vient d'être indiquée, Dieu aidant.

Razès dit qu'il ne faut point faire cuire ni rôtir de viande sur les charbons de bois de figuier, ni sur celui de laurier rose ou de ricin et autre bois de nature analogue, et que jamais il ne faut chauffer le four avec ces sortes de bois. Suivant un autre, le figuier croît spontanément sur les montagnes et sur la pierre. Élevé en plaine dans un terrain frais, cet arbre devient fort grand, et plus il y aura de fraîcheur, plus aussi sa végétation sera luxuriante et plus il se développera; mais l'air vicié lui est défavorable. Il ne faut point songer à planter le figuier dans un terrain de première qualité; il y végète mal; l'hiver qui le trouve en cet état le fait périr (1) et il y vit peu de temps. Le sol de l'*Auranitis* (région au midi de Damas) lui convient très-bien; quand on le plante en plaine, il faut tenir les pieds espacés.

Ibn el-Façel et autres disent que le figuier se propage de graine, de branches éclatées, de bourgeons, de boutures prises sur l'arbre, et de rejetons poussés au pied, et qu'on arrache tout enracinés, ou bien qu'on a marcottés par couchage à l'avance pour leur faire prendre racine, d'après les pro-

(1) Litt. *le brûle*. La phrase, comme on le voit, a un sens négatif quant à la végétation ; nous pensons qu'il faut faire précéder le verbe تنعم d'une négation.

cédés indiqués plus haut pour les arbres analogues. Le figuier se plante en terrain non arrosé (élevé) et en un terrain qui l'est. Les branches éclatées et les bourgeons se plantent quand la séve circule et qu'ils en sont remplis, ce qui a lieu en janvier, dans des fosses longues : la plantation des boutures se fait plus tôt. Si on prend une épine et qu'on l'enfonce à la partie inférieure (1) d'une figue quelconque, elle n'aura pas séjourné un jour et une nuit sans que cette figue soit mûre. Ibn Hazam dit que la figue est une des substances alimentaires.

Suivant l'Agriculture nabathéenne, le *djoumiz* ou sycomore (2) est une des espèces du figuier; il y en a deux espèces dont les fruits sont bien plus chauds et plus âcres que toute autre espèce de figue. Le mode de plantation, de semis, et tous les soins de culture ne diffèrent point de ceux donnés au figuier. Le sycomore est un arbre qui s'élève beaucoup plus qu'aucune autre espèce de figuier. Le fruit du sycomore est mauvais et funeste pour l'estomac, parce qu'il (se décompose), et qu'il se tourne facilement en bile. Le figuier mâle ou *caprifiguier* se plante et se traite exactement de la même manière que le figuier, sinon que, manquant de graine, on ne peut le propager de semis. Toutes les espèces de figuier peuvent se greffer les unes sur les autres; on greffe le figuier sur le caprifiguier, et réciproquement le caprifiguier sur le figuier.

ARTICLE XXVI.

Culture du rosier.

Suivant Abou'l-Khaïr, les couleurs de la rose sont très-variées ; il y a la rouge, la blanche, la jaune, celle couleur de la-

(1) C'est-à-dire l'*œil* ou l'*ombilic*. Les figues de Provence et même de Paris mûrissent beaucoup plus tôt lorsqu'on pique leurs yeux avec une paille trempée dans l'huile. Dict. h. nat., Déterv., v° *Figuier*.

(2) *Ficus sycomorus*, Linn. *Djoumis* et non *hamir*. Abdal. Relat. Égypte, édit. Sacy, p. 84.

zulite (bleu céleste), une autre qui est bleu céleste à l'extérieur et jaune à l'intérieur. Les espèces sont aussi très-nombreuses; il y a le rosier de montagne (1), le rosier rouge, le rosier blanc, tous deux à fleurs doubles, et le rosier de Chine. Le rosier de montagne comprend aussi deux espèces, celle à fleur blanche sans aucun mélange de rouge, et l'espèce rouge connue sous le nom de rose des Mages, qui est la rose d'Orient, du pays de Ghaur, et de Syrie. La fleur de ce rosier est formée de cinq feuilles (pétales). La rose double est la plus estimée de toutes les espèces; elle se fend sans s'épanouir complétement; elle est blanche, panachée de rouge plus foncé que celui de la rose de montagne; elle se compose de cinquante pétales, ou quarante pour le moins. Ces pétales n'ont jamais à souffrir aucune altération. C'est l'espèce la plus franche (et la meilleure) pour la distillation de l'eau de rose, parce que c'est celle qui jouit de la meilleure odeur. Le pédicule (*litt.* le rameau) de la rose double est plus épais que dans toutes les autres espèces, à l'exception de la rose de montagne. Lorsque celle-ci est plantée dans une terre grasse, le pédicule prend de la grosseur. Il y a, en Orient la rose jaune et la rose bleue, et une autre espèce dont les pétales sont rouges à l'extérieur et bleus à l'intérieur; une quatrième espèce dont les pétales, rouges à l'extérieur, sont d'un jaune blanc à l'intérieur; cette espèce est cultivée dans les environs de Tripoli de Syrie. La rose jaune se trouve dans les parages d'Alexandrie; le mode de culture est peu différent pour chacune de ces espèces (2).

Suivant Ibn el-Façel, il y a quatre espèces de roses : la rose blanche camphrée (3) : elle est généralement connue sous le nom

(1) C'est l'*églantier*, dont nous verrons la culture art. LIV.

(2) Nous traiterons de ces diverses espèces quand nous traiterons de la synonymie des noms arabes des végétaux cultivés. En attendant, nous dirons que nous pensons que ce nom de *rose* a été, dans l'Orient aussi bien que chez nous, donné à des fleurs d'espèces étrangères au genre rosier. La rose réellement bleue n'existait pas, comme nous l'apprendra plus loin l'indication des essais faits et des recettes pour l'obtenir (Chap. XV.)

(3) Sans doute le rosier musqué, *rosa moschata*.

de rose double: dans une seule fleur on compte plus de cent pétales: la rose jaune, de la nuance du narcisse de cette couleur; la rose violette foncée (*litt.* noire, violette); la rose rouge bien connue partout; la blanche nuancée de rouge (sans doute couleur de chair) dont le parfum est plus agréable et plus pénétrant que celui de la rose jaune, et celle de couleur foncée (noire) et qui fournit davantage à la distillation. Toutes les espèces de roses sont exigeantes pour la culture et l'irrigation. D'après le livre d'Ibn Hedjadj, le rosier aime les champs en plaine, parce qu'il a de l'analogie avec la ronce; il aime aussi le sable, dans lequel il acquiert un parfum plus vif et plus pénétrant. On le multiplie (de rejetons éclatés) de son pied; on le multiplie encore de ses branches, qui reprennent bien. Il est nécessaire, quand il a pris beaucoup d'extension dans un lieu, qu'on le coupe rez terre (*litt.* qu'on le fauche); il en est qui y mettent le feu. Un serfouissage léger le fait bien pousser; la plus grande partie des roses se montrent au mois de nisan (avril).

Suivant l'Agriculture nabathéenne, le rosier réussit également bien en plaine et en montagne, dans les vallées fraîches dont le sol est de bonne qualité et qui n'est pas trop meuble. Il vient bien partout, en terrain arrosé; il a une belle végétation, surtout dans les bonnes terres, les champs humides et les terres blanches et froides.

Ibn el-Façel dit que le rosier se propage de graine, de branches éclatées, intactes ou coupées, ou de rognures prises à l'extrémité des branches, de rejetons enracinés; on l'obtient encore de rejetons marcottés pour leur faire prendre racine, et replantés ensuite. On peut encore marcotter le rosier par couchage et l'allonger (dans une direction quelconque) quand l'emplacement est assez spacieux. Le temps de la plantation du rosier est assez large. Les rosiers en pleine croissance, enracinés, se plantent depuis le commencement de l'automne, en octobre, novembre, après la chute des pluies, et après que la terre en a été bien mouillée, aussi bien dans les terrains non arrosés que dans ceux qui le sont. Ces rosiers donnent dans l'année même des fleurs, et ils pullulent beaucoup. Si le jeune plant porte encore quelques feuilles, il n'y a aucun inconvénient. La limite extrême du temps pour planter, c'est le commencement du printemps, quand la végétation va paraître; suivant d'autres, cette limite extrême serait en janvier. Le moment de planter les rognures des branches, c'est en octobre et en novembre, pas plus tard. Il ne faut rien couper rez terre, car la souche en souffrirait, ainsi que ce qu'on plante en janvier ou février.... On sème la graine en terrain arrosé, au mois d'août. Ibn el-Façel et autres disent que le semis se fait au mois d'août, en terrines, en se conformant à ce qui a été prescrit pour le semis de graines faibles.

On dit que la graine de rosier se sème de la même manière que le froment et l'orge (à la volée); on la recouvre d'une couche d'engrais, en le tamisant sur le semis; on donne de l'eau immédiatement, puis on continue à en donner deux fois la semaine, jusqu'à ce qu'on ait atteint l'automne, et alors on cesse tout arrosement. Quand le jeune plant a pris assez de force et atteint une certaine hauteur, on le transplante des pots en pleine terre (1); mais, si le semis a été fait dans du terreau, on laisse en place, ou bien on effectue la transplantation, si cela convient, et la troisième année on a des fleurs. On rogne la sommité des rosiers en octobre, et ces rognures se plantent couchées dans des fosses disposées (2) dans un terrain bien cultivé, en ayant soin d'arroser. Ces rognures de branches pousseront et donneront un beau résultat. Quand on veut planter les branches en morceaux de la longueur de quatre doigts au moins, on met en fosse perpendiculairement, ou bien en sillons proportionnés, puis on donne de l'eau (3). Tout ce qu'on plante, rejeton, branche écla-

(1) Nous traduisons : on les transplante des pots en pleine terre en remplaçant la prép. في par من comme étant plus logique et plus conforme à la pratique.

(2) Nous avons substitué الحفر, *fosse*, au mot الحر, *la chaleur*, qui ferait une contradiction avec l'époque de cette plantation fixée à l'automne, octobre et mois suivants, et qui se comprendrait peu.

(3) C. f. Varron, *De re rust.* I, 35, Pallad. Novemb. II, Géop. XI, 18.

tée et branche (coupée) doit faire saillie au-dessus du sol, d'une hauteur allant depuis un doigt jusqu'à un schabre (0m,231). Tout ce dont nous avons parlé se plante dans des carreaux dans un terrain préparé par la culture, ou bien en bordure sur des sillons relevés, dans des fosses allongées, de la profondeur d'un schabre pour les brins qui sont longs, et moindre pour ceux qui sont courts ; ou bien, si on plante en lignes, ce sera de la même manière. On laissera entre chacune de ces lignes une distance de deux *brasses* dans les bonnes terres, et moins dans celles qui ne le sont pas. Entre chaque fosse la distance sera d'une coudée (0m,462). On peut aussi planter les jeunes rosiers par poignées, chacune formée de trois à six brins, et même davantage, s'il est possible. Les brins qui sont longs se couchent, et les autres se plantent droits. On recouvre de terre qu'on presse bien du pied, et on arrose immédiatement après la plantation. Il en est qui prescrivent de planter les rosiers dans les carreaux sur trois lignes de large et dix de long, et si l'on arrose, aussitôt la plantation faite, la végétation s'établira, par la faveur divine ; ensuite les arrosements n'ont plus lieu qu'une fois par semaine, jusqu'au mois d'août. A partir de ce moment, on laisse désirer l'eau pendant quatre jours environ, puis on en donne ; mais pendant l'hiver on suspend tout arrosement de même qu'en automne, parce que les pluies fournissent les sucs nourriciers. La végétation s'établit (sur les marcottes et boutures) au mois de mai, et l'on fait une légère culture de sarclage vers le 24 juin.

On procède de la manière suivante pour la plantation du rosier en terrain non arrosé. On donne à la terre une culture très-soignée ; on pratique des fosses, on trace des sillons en ligne, de la façon que nous avons indiquée, à peu près. La plantation est plus rapprochée ici ; la distance entre chaque ligne sera d'une coudée. La pose des plants se fait comme il a été dit. On s'y prend de bonne heure pour ces opérations, surtout s'il s'agit de plants non enracinés. Il faut donc planter au commencement de l'automne, afin que le sujet soit alimenté par les eaux pluviales.

On pratique (très-bien) la marcotte par couchage sur le rosier à fleurs doubles, quand l'emplacement le permet; on procède ainsi : on ouvre dans les espaces libres des fosses étroites (*sulci*, lignes) de la profondeur d'un schabre (0m,23) et de la longueur totale du brin. On étend dans ces fosses les brins les plus rapprochés, de façon que, dans cet espace libre, l'extrémité se montre au-dessus du sol. On se conforme du reste à tout ce qui a été prescrit précédemment pour les marcottes par couchage. Si, quand on plante un rosier, on courbe la branche en couronne, il donnera des fleurs en plus grande abondance. Quand on arrache un rosier du lieu où il est planté pour le porter ailleurs, ou bien si on arrache en terrain arrosé, un vieux pied de rosier, qu'ensuite on donne une culture au terrain et qu'on arrose, il poussera des racines qui seront restées du pied, un grand nombre de rejetons qui donneront des roses dans la seconde année. Si c'est dans un terrain non arrosé, l'arrachage doit se faire de bonne heure; ensuite on égalise et on nivelle le sol, afin que les racines qui ont pu rester dans l'intérieur profitent des eaux nourrissantes des pluies d'automne et d'hiver, et on verra sortir de terre de nombreux rosiers, Dieu aidant. On cultive le rosier avec des instruments légers, mais il ne faut point le laisser sans culture. Au bout d'un certain temps, on sarcle et on nettoie le terrain de toutes les mauvaises herbes. Toutes ces opérations seront traitées, Dieu aidant, dans le chapitre sur la culture.

Quand un rosier est resté longtemps dans la même place et qu'il est devenu vieux et faible, et que ses fleurs sont plus rares, si, dans ce cas, il existe dans le voisinage un arbre, quelle qu'en soit l'espèce, on arrache le rosier, on traite le terrain comme nous l'avons indiqué; s'il n'y a point d'arbre (qui gêne), on emploie le feu au mois d'octobre, quand règne la sécheresse. On donne ensuite un arrosement complet, puis on cultive le sol avec un instrument léger; il poussera de jeunes rosiers qui, Dieu aidant, fourniront des fleurs nombreuses. Il arrive que, pour la décoration et l'embellissement, on plante en octobre dans les jardins, dans des lieux isolés, des pieds de rosiers réunis par groupes de six ou huit environ. Quand la reprise est bien assurée et la végétation bien établie, on les enferme dans des tubes qu'on fait arriver par le haut (du groupe). Ces tubes, qui ressemblent à des *ahnabith* (1), sont peints de diverses couleurs. Leur longueur totale est de deux coudées (0m,92). Le sommet des rosiers s'élève au-dessus des tubes qu'il dépasse. Ils sont perpendiculaires; on les emplit de terre meuble et de sable, on arrose à diverses reprises, et, quand tous les rosiers contenus dans chacun de ces tubes se mettent à donner des fleurs, ils ressemblent à des arbres de diverses couleurs.

Le rosier ne supporte pas l'eau donnée en trop grande abondance. Je l'ai planté, dit l'*Auteur*, sur les canaux principaux d'irrigation, et il a réussi très-bien. J'ai planté aussi des rognures sur les rigoles, et j'ai obtenu un beau résultat. On dit que le rosier se greffe très-bien sur le pommier; on le greffe sur l'amandier, et sa fleur acquiert de l'ampleur. On lit dans Ibn el-Façel que le rosier se greffe sur la vigne, sur le pommier, l'amandier et autres arbres analogues. La greffe (*qalam*) se prend dans l'intérieur (*litt.* sous la surface) du sol, c'est-à-dire qu'on choisit les brins les plus délicats, ceux de la plus belle venue, on les déchausse, et l'on taille la greffe dans la partie la plus consistante; cette greffe se pratique à sec, mais elle est protégée par un vase rempli de terre meuble mêlée d'une certaine quantité de sable; on arrose avec soin, et l'on obtient un bon résultat; alors le rosier jouit d'une vie commune avec l'arbre sur lequel il a été greffé, si Dieu le veut ainsi.

Article XXVII.

Culture du jasmin.

Il y a, suivant Abou'l-Khaïr, cinq espèces de jasmins : une

(1) On ne trouve ce mot dans aucun dictionnaire. Banqueri le traduit par *lose nanos*, ou *pumiliones*, le prenant pour le pluriel de حنبط, *pumilio, brevis staturâ*.

à fleurs blanches; une autre à fleurs jaunes, sans autre odeur ni parfum que celui de la pomme, *schahiby* (1); de couleur gris foncé (de Kohol); de couleur très-rouge : ce sont les espèces cultivées. Les espèces sauvages sont au nombre de deux : l'une à fleurs jaunes, l'autre à fleurs blanches; c'est l'espèce dite *thian,* connue en Afrique et en Syrie sous le nom de *al-haramy* (la sacrée). Le mode de culture est le même pour toutes ces espèces.

J'ai vu, dit Abou'l-Khaïr, un jasmin s'élevant en arbre qui fournissait de l'ombre à celui qui s'arrêtait (sous ses branches) sous lui, comme tout arbre à tige étalée. Ibn-Hedjadj, à qui Dieu fasse miséricorde, en traitant dans son livre de la plantation des branches du jasmin, dit qu'on choisit une branche sur un pied où il s'en trouve qui déjà blanchissent. On plante ce rameau dans le mois de nisan (avril); on lui donne des arrosements avec soin, jusqu'à ce que la reprise ait eu lieu. En été, il faut donner des arrosements suivis; puis, quand le sujet est assez grand, on le replante. Il faut avoir soin de couvrir le jasmin pendant l'hiver, sinon la neige le ferait périr (*litt.* le brûlerait). Le jasmin est un arbre qui est continuellement en fleurs; mais en été elles sont plus belles. Un autre, d'après les livres d'agronomie, dit que le jasmin aime la terre rude. On le propage de graines et de branches éclatées encore tendres, de boutures et de rejetons. Les moments convenables pour la plantation sont les mois de février et mars jusqu'au commencement d'avril. Dans les régions froides, on le plante à l'exposition du levant. Pour la multiplication par branches éclatées, on choisit parmi les pousses de la dernière année; on enlève ce qu'il y a de plus jeune, et on plante en terrines au mois d'avril, plus tôt dans les contrées chaudes, dans une terre meuble de nature rude, mêlée d'engrais vieux et de sable. On donne de l'eau à la suite même de la plantation; on a soin de continuer à le faire jusqu'à ce

(1) Banqueri traduit par *azurronada* ce mot, que nous ne trouvons pas dans les lexiques.

que la reprise ait eu lieu et que la végétation soit évidente. Pour les boutures, on les taille dans les branches plus anciennes dont la couleur passe à la teinte blanche, et cela aux époques qui viennent d'être indiquées. Il faut avoir soin que la bouture porte deux ou trois nœuds, car c'est par ces nœuds que la reprise s'établit. Si donc il n'y a point de nœuds, la reprise ne peut s'effectuer, comme pour la vigne. On pique ces boutures dans des carreaux, ou bien dans des terrines; on laisse dépasser au-dessus de la surface de la terre un nœud avec le tiers environ d'un empan (0^m,077) de la bouture, pendant que tout le reste y est plongé: on laisse entre chaque bouture un espace d'environ trois empans (0^m,693). La plantation terminée, on arrose largement, et l'arrosement se répète aussitôt qu'on voit le terrain blanchir à la surface et se gercer. On opère de même au bout de vingt-cinq jours; on arrache les mauvaises herbes, et, trois mois plus tard, ou environ, on donne un binage et en même temps on applique un engrais composé de crottins d'animaux, une partie, pareille quantité de cendres de bain, et autant d'engrais humain (1); on donne un binage qui remue à la fois cet engrais et la terre végétale; on arrose tous les quatre jours, et la seconde année l'engrais se donne au commencement d'octobre et au commencement du mois de l'ançara (juin). Si les boutures du jasmin ont été plantées dans de grandes terrines, l'opération est excellente. On met trois brins dans chaque terrine, et l'on arrose trois fois la semaine. Au bout de l'année, ces boutures sont reportées avec la motte dans les carreaux, où on les tient en nourrice; plus tard, on les arrache encore avec leur motte pour les porter dans les endroits où il convient de les placer à demeure, la volonté divine aidant.

Suivant Hadj, de Grenade, on fait aussi des boutures de jas-

(1) Suivant Banqueri, il existerait ici une lacune, parce qu'il n'a pas compris le vrai sens des mots ذوات الأربع qui se disent habituellement des quadrupèdes; en réalité le texte est complet.

min jaune de la même manière qu'on l'a indiqué précédemment (pour le jasmin blanc). On les plante au bord des eaux courantes, parce qu'alors la reprise a lieu beaucoup plus rapidement, et on les traite, du reste, comme les boutures du jasmin blanc; l'on obtient ainsi tout le succès désirable. La transplantation se fait avec la motte ou sans la motte; cette transplantation du jeune plant de jasmin s'effectue, quand il a atteint sa croissance normale, depuis février jusqu'en avril; les trous sont proportionnés à la grosseur du sujet; on laisse entre chaque pied une distance de cinq empans ($1^{m},55$), pour qu'ils puissent s'enlacer les uns dans les autres. La graine se sème en pots, et l'on opère, pour le traitement, de la manière indiquée précédemment pour les espèces qui présentent de l'analogie.

Abou'l-Khaïr dit que la baie ou graine du jasmin est noire et égale en grosseur à celle du genévrier, contenant un pepin à l'intérieur. Le jasmin aime les arrosements modérés, et l'engrais ou fumier usé en petite quantité. On le plante sur les rigoles d'irrigation pour obtenir de meilleurs résultats; avant de le planter, on prépare (pour le garantir) des brise-vents ou claies en bois et en roseau, qui le préservent de la neige et du froid qui lui sont nuisibles, et (en outre) on le couvre de terre pendant tout l'hiver. Il donne des fleurs pendant la plus grande partie de l'année. Le *thian* est le jasmin sauvage; on le transplante des lieux incultes où il a crû, et on le traite d'ailleurs, pour la culture, de la même manière que le *khaizourân* (*ruscus aculeatus*, Linn.), dont nous parlerons plus loin, Dieu aidant. Le *thian* ressemble au jasmin; ses branches s'entrelacent, et ses feuilles ressemblent à celles de la rue, mais elles ne sont pas pointues à leur extrémité; sa fleur est jaune, de la même dimension que celle du jasmin, mais plus délicate : tel est le jasmin sauvage. Il en est qui disent que celui qui a la fleur blanche s'attache à tout ce qui l'environne. Le *thian* porte aussi le nom de *al-harrah*; en Perse, on le nomme *fariqaqarted*; suivant l'Agriculture nabathéenne, le jasmin et le *nisrin* (1) seraient deux espèces tellement voisines, qu'elles seraient en quelque sorte sœurs; l'une et l'autre comprennent deux espèces, l'une à fleurs jaunes, et l'autre à fleurs blanches. Il y a une de ces deux espèces dont la fleur est plus grande que celle de l'autre; on l'appelle *djasirin*. Chacune de ces espèces en a sous elle d'autres (dans lesquelles elle se subdivise). L'espèce nommée *djasirin*, à fleurs blanches, porte des fleurs (*litt.* une floraison) plus grande que le nisrin et le jasmin : elle est épineuse comme la ronce; elle aime la terre argileuse (2) dont la partie végétale est plus molle que l'argile du sous-sol; elle aime aussi l'eau qui la ravive, mais elle doit être douce et de bonne nature, car l'eau gâtée la fait dépérir, la tue.

Article XXVIII.

Culture du *khaizourân*, houx frelon, ou fragon.

Il y en a, dit Abou'l-Khaïr, deux espèces: celle qui est sauvage et propre aux montagnes, et l'autre est le *madjloub*. Le haizourân s'élève en tige lisse garnie de feuilles de la dimension de l'ongle et terminées en pointe; il porte une graine rouge, ronde, adhérente à la feuille, comme le *kermès;* sa fleur aussi ne se produit point ailleurs que sur la feuille. Cette espèce ne grandit point chez nous comme le *madjloub* (*litt.* le transporté). (*Ruscus hypophyllon*, Linn.) On le trouve fréquemment sur les (vieilles) murailles des tours ou forteresses inhabitées. Il en est qui disent qu'il reçoit la greffe du jasmin et qu'elle y réussit bien. On le prend des lieux incultes où il croît spontanément, pour le planter dans les jardins. Il aime les terrains de plaine, qui par leur condition se rapprochent de ceux de montagne;

(1) On rend habituellement ce mot par *rosa canina*, Linn. Mais ce n'est pas ici le cas; nous verrons ailleurs que ce mot *nisrin* s'applique à des plantes qui ne sont nullement congénères. Les mots persans ne se trouvent pas.

(2) Nous lisons طينة, argileuse, pour طيبة, bonne, déterminés par ce qui suit.

telle est la terre rude et celle dite de montagne. Ce mode de transplantation consiste à l'arracher au mois de février ou mars avec sa motte ; on le plante vers les bouches des réservoirs ou sur les courants d'eau, parce que cette espèce aime beaucoup l'eau. On suit, du reste, ce qui a été prescrit plus haut. Le fragon sauvage croît habituellement dans le voisinage de la mer, dans les terrains saumâtres ; il s'étend et s'allonge à la manière du jasmin.

Article XXIX.

Culture du cédratier.

Suivant Abou'l-Khaïr, le cédratier, le bigaradier (l'oranger ordinaire), le *bostanboun* qu'on nomme aussi le *zamboa*, le limonier (1) sont des espèces si voisines, qu'elles semblent n'en faire qu'une seule ; aussi la culture est analogue pour toutes. Le cédratier est connu sous le nom de pomme de l'Yémen. Il y a le cédrat doux et le cédrat acide. La différence qui existe entre ces deux arbres, c'est que dans le cédratier à fruits acides, les feuilles, les bourgeons ou jeunes pousses et son bois prennent une teinte noire, qu'il est armé d'épines fortes et longues. Dans le cédratier à fruits doux, la feuille, les bourgeons et le bois prennent la teinte jaune ; il n'a des épines qu'en petit nombre et courtes. Il y a plusieurs variétés de cédrat : celui gros et pointu, connu sous le nom de cédrat *de Cordoue ;* celui qui est gros et lisse, nommé C. *qosty* (ou de l'arome du costus) ; le C. rond, de la grosseur d'une aubergine ; il est acide, même dans sa pulpe : on lui donne le nom de cédrat *de la Chine ;* le bigaradier rouge, bien connu ; il y a une autre espèce qui est jaune d'or, de la grosseur du cédrat ; elle est ronde et pointue, et parsemée de grains (tuberculeux) ;

(1) Le texte porte سغارية. Nous pensons que ce mot est altéré, d'autant plus que ce nom spécifique ne se trouve plus cité, pas même dans l'art. XXXII qui traite spécialement de la culture du limonier. Nous lisons donc منقارية, qui parait mieux s'adapter avec ce qui suit.

le limon (citron), qui est rond, de la grosseur d'une coloquinte et plus; il est comme parsemé de pustules varioliques; sa couleur est jaune. Il existe encore une autre espèce à écorce lisse, de la grosseur d'un œuf de poule et de couleur jaune, ainsi qu'une espèce dite bostanboun (la pomme d'Adam), plus grosse que le limon pointu; elle est striée de lignes de la couleur rouge orangé (de la bigarade). La fleur du cédratier s'épanouit au printemps, en été, dans l'automne, dans tous les mois (de ces saisons). Ainsi, on voit toujours la fleur et le fruit se montrer ensemble. La fleur de toutes les autres espèces se produit aussi au printemps, dans les mois de mars et d'avril (1).

D'après Ibn-Hedjadj, à qui Dieu fasse miséricorde, Junius dit que le cédratier se plante en automne et jusqu'à l'équinoxe du printemps. C'est un de ces arbres qui s'accommodent très-bien du vent du midi, mais à qui le vent du nord est nuisible. Il faut, dit-il, planter le cédratier dans le voisinage de murailles qui le protégeront contre le vent du nord; et, dans l'hiver, il faut couvrir l'arbre et les fleurs.

Suivant Kastos, on plante le cédratier au commencement de l'automne et au printemps, dans des emplacements chauds exposés au vent du midi, et garantis de celui du nord. Il ne faut pas lui laisser désirer l'eau. Il faut le planter dans le voisinage des murailles, à l'opposé du vent du nord. Tharitius dit que le cédratier *souffre* (2) du froid et du vent du nord; c'est pourquoi bon nombre d'agronomes restreignent l'espace entre les arbres de cette espèce, pour qu'ils se conservent mutuellement la chaleur et se protégent contre la gelée et les vents froids; et, d'un autre côté, quand ces arbres ont été plantés à

(1) Tout ce qui précède est, comme on le voit, une nomenclature de toutes les espèces du genre *citrus* alors connues. Du reste, la majeure partie de ce chapitre, surtout les premiers paragraphes, traite d'une manière générale de la culture du genre, et souvent on pourrait substituer dans la traduction le mot *citrus* à celui de cédratier. Le passage qui suit, et qui est attribué à Junius, est la traduction d'une partie du chap. 7, liv. x, des *Géoponiques*.

(2) Le mot *souffre* n'est pas dans le texte, qui laisse à désirer, mais le sens l'exige.

trop grande distance, le vent fait tomber les fleurs par l'agitation qu'il cause parmi les branches qui se froissent les unes les autres.

Démocrite dit que le cédratier se propage de boutures de la longueur d'une coudée, dans le mois d'adar (mars). Suivant Stephanos, on plante les boutures bien vertes; elles sont préférables à celles qui sont sèches, dures et grêles. On choisit encore une branche facile à arracher à la main, on l'éclate et on la plante. Parfois aussi on sème le pepin contenu dans l'intérieur du fruit, et l'on obtient un bon résultat et des arbres d'une belle venue. Le terrain qui convient au cédratier, c'est le terrain de plaine, qui a de la ressemblance avec celui des montagnes, une certaine dureté et une certaine sécheresse. Cependant, en tout état de cause, il ne faut jamais négliger de donner de l'eau et de la donner largement, parce que le cédratier est un de ces arbres qui éprouvent le plus le besoin d'être arrosés.

Varron le Romain (1) dit qu'il ne faut jamais négliger d'arroser le cédratier en été, en automne, en hiver et au printemps, parce que c'est un de ces arbres lymphatiques (*litt.* aquatiques) qui ne peuvent supporter le manque d'eau. L'engrais le plus convenable pour le cédratier, c'est le crottin de mouton. Il faut, quand le froid est trop rigoureux, pratiquer à l'entour de l'arbre une fosse circulaire qu'on remplit de loques d'une étoffe chaude, recouvrir de terre végétale et arroser, comme nous l'avons dit précédemment.

Solon prescrit de planter les boutures de cédratier seulement au printemps. Cependant il y a beaucoup de gens qui font cette plantation en automne; mais le froid et la gelée viennent frapper les boutures, qui en sont garanties par la plantation printanière.

On lit dans l'Agriculture nabathéenne qu'Adam, sur qui soit le salut, a nommé le cédratier l'arbre de la pureté; il aime

(1) Varron ne dit rien de tout ce qui est rapporté ici ; il parle du *citrus* très-brièvement, seulement comme ornement de la maison de campagne ou *villa* d'Appius Claudius. *Var.*, *de re rust*, II, 2, 4.

les contrées qui approchent d'une condition tempérée (1). Il vient bien, quand on le sème dans le mois d'eileul (septembre) ou bien dans celui de schebath. Quand il a bien pris racine et qu'il a commencé à végéter (après la mise en place), il est rare qu'il éprouve des avaries. Les soins à donner à la culture du cédratier consistent à l'émonder, le tailler et le soulager de son bois quand il en est trop chargé, ou quand les branches (s'emportent) s'allongent trop, ou bien que l'arbre pousse trop en feuilles. On ne laisse point le fruit sur l'arbre quand il a atteint la plénitude de la maturité, le complément de la teinte jaune et de sa grosseur, parce que si on le laissait (sans le cueillir) il nuirait à l'arbre en absorbant son humidité (séveuse). Le fruit acquiert parfois un si gros volume que les branches ne peuvent le porter; il faut alors préparer des étais en bois sur lesquels s'appuieront les branches, comme on fait pour la vigne quand elle se charge de grappes en trop grande quantité. Le contact d'une femme, à l'époque de la menstruation, le fait gâter (*litt.* tourner) ou fait tomber les feuilles et une partie des fruits, ou bien cause une agitation (fâcheuse). Ainsi une femme ne doit approcher d'un oranger que lorsqu'elle est bien pure ou débarrassée du flux menstruel ou de toutes autres affections.

Suivant Ibn el-Façel, le cédratier se plaît dans les terrains de plaine et de bonne qualité, frais et fumés. Les terres salées ne lui conviennent aucunement. Il aime encore la terre chaude et celle qui est noire. Il se propage très-bien de boutures, de plants enracinés, et de semis ou de pepins. On taille la bouture ou plançon (*talea sive clava*) de la longueur d'une coudée, et d'une grosseur qui remplisse la main (Cf. Pallad., *Mart.*, X, 12). On les met en terre en mars ou avril et même jusqu'à la mi-mai, dans des carreaux cultivés et amendés par de l'engrais; on

(1) Le texte amène cette traduction; mais nous pensons qu'il faut entendre : les régions d'Orient, où la température ne varie point comme l'indique le mss. 884. v. s. fr. v°, qui porte que le *citrus* aime les contrées de l'Orient où il n'y a *aucune différence entre les qualités du froid et du chaud.*

laisse environ trois empans ($0^m,693$) d'intervalle; on donne de l'eau, et au bout de deux ans, on replante le jeune sujet avec sa motte. Suivant Ibn el-Façel, la transplantation peut se faire toute l'année, parce que le jeune arbre est protégé par sa chaleur naturelle (1). Il est permis de fendre le plançon ou son écorce pour la plantation. Il en est de même pour l'oranger ou bigaradier, le limonier ou citronnier, et le *bostambo*. Ibn el-Façel dit qu'on sème les pepins du cédratier dans des terrines ou des pots, au mois de février, en se conformant du reste à ce qui a été dit plus haut pour les semis des graines faibles. Le jeune arbre est replanté au bout de deux ans au plus en motte, depuis septembre jusqu'à la fin de janvier. On le plante à proximité des murailles ou autres constructions analogues qui le protégent contre le vent du nord, qui lui est nuisible, tandis qu'il faut faire en sorte qu'il reçoive le vent du midi, qui lui est avantageux. Les trous seront creusés en proportion de la grosseur du sujet (à planter). On laissera entre les pieds une distance de six coudées ($2^m,8$) ou environ; si on en laissait moins, la production des fruits serait moindre; on observe les mêmes règles pour l'oranger, le limonier et le zamboa. On se conformera, pour la plantation, la direction des soins, à ce qui a été dit antérieurement. Le cédratier ne réussit point de branches éclatées; ses boutures et ses plants, enracinés, plantés sur les bords des rigoles exposées au soleil et traités comme il a été dit précédemment, réussiront très-bien, Dieu aidant. Le cédratier demande de l'engrais froid, humide, c'est-à-dire l'engrais humain pourri; si on ne lui fournit point d'engrais, il s'affaiblit. Si, au contraire, on lui en donne, il produit des fruits plus nombreux et plus gros, ayant une pulpe (chair) très-douce. Le crottin de cheval lui convient encore très-bien. Si (ces deux espèces) d'engrais manquent, on peut prendre un engrais doux et pourri, et si on y ajoute un sixième de cendres de bain, ce sera très-

(1) Le texte est positif, il porte حرارته, *sa chaleur*; mais nous inclinons à croire qu'il faudrait حرزة من ترابه, *la protection de sa motte*, ce qui est plus pratique.

avantageux. L'engrais est appliqué à l'automne et au printemps. Il faut bien se garder d'approcher l'instrument de culture en fer à moins de trois empans ($0^{m},693$) de distance du pied; on observe la même précaution pour le limonier (citronnier). Quand l'arbre est trop chargé de fruits, on en fait tomber une partie, et on conserve l'autre, qui alors acquiert plus de développement, est bien plus saine et de meilleure qualité. Il en est qui disent que, quand on plante le cédratier avec le grenadier, il donne des fruits rouges. Quand le fruit a été enduit de gypse délayé avec de l'eau, il peut rester tout l'hiver sur l'arbre sans que la neige lui cause le moindre préjudice. Si on dispose au-dessus un auvent en planches ou en roseaux, qu'on couvre de stores, on éloigne aussi les causes de destruction.

On applique utilement au cédratier la marcotte en pot, d'après la méthode décrite précédemment. Il se trouve aussi que le cédratier, l'oranger, le limonier et le zamboa produisent des rejetons, particulièrement quand l'arbre a été coupé par le pied; on marcotte ces rejetons par couchage, suivant la manière décrite plus haut, et on lui donne des soins jusqu'à ce qu'on ait obtenu un plant enraciné, soit par le couchage soit par la marcotte en pot, en y introduisant la branche, après l'avoir rempli de terre végétale; ou bien (et plus simplement) on amoncèle la terre à l'entour de la branche, afin qu'elle y puisse prendre racine; alors on opère la transplantation. En la faisant, on tâche d'enlever avec le sujet une portion du tronc, s'il est possible (1).

Article XXX.

Culture de l'oranger ou bigaradier.

Koutzami dit dans l'Agriculture nabathéenne que l'oranger

(1) Dans ce paragraphe, l'auteur indique trois sortes de marcottes pour les rejetons النوامي : le couchage, la marcotte en pot, ou tout simplement en formant une butte au pied du brin.

est un végétal indien. Il est cultivé dans un grand nombre de contrées, celles surtout qui tendent à une température chaude. C'est un arbre qui devient grand, qui a l'écorce lisse et souple, d'un vert très-foncé; il donne un fruit rond, et sa pulpe (*litt.* son intérieur) a l'acidité du cédrat, auquel cet arbre comme toutes les autres (espèces du genre *citrus*) doivent leur origine; aussi lui ressemblent-ils beaucoup. Toute espèce de terre lui convient, à l'exception de celle gâtée par un mélange de cendre, de gypse et de *céruse* (1), de fragments de briques et autres corps étrangers analogues, car tout cela lui est contraire, parce que si ses racines les rencontrent, elles ne peuvent s'allonger. Le vent du levant lui convient, ainsi que celui qui souffle entre le midi et le levant (le sud-est, *eurus* des Latins). Cet arbre donne une fleur blanche quand elle se développe (*litt.* dans sa pousse) et d'une bonne odeur. Il se trouve quelquefois, mais rarement, que l'orange donne une fleur nuancée de violet (2). Celle-ci est d'un parfum plus suave que la fleur toute blanche. On retire de ces fleurs une huile (essentielle) qu'on obtient de la même manière que celle de la giroflée et de la violette; elle est très odorante, comme celle du jasmin parmi les arbres. Elle fortifie les articulations par la propriété qu'elle a de chasser les mauvaises odeurs. Quelquefois on laisse sur l'arbre le fruit qui se panache par suite de diverses couleurs. Cette opération n'est avantageuse ni pour l'oranger, ni pour aucune espèce d'arbre. Car lorsque l'arbre est allégé de ses fruits en temps convenable, il en acquiert de la vigueur; tandis qu'en les y laissant, ils se gâtent, et c'est pour l'arbre une charge nuisible.

D'après un autre auteur, l'oranger aime la terre noire et fumée, celle qui est sableuse et rude (3). L'oranger se multiplie

(1) C'est l'interprétation qu'on lit dans tous les lexiques; mais il faut entendre par là une terre mêlée d'une substance minérale défavorable à la végétation.

(2) Nous avons traduit le mot زرقة par nuance *violette*, *violacée* et non *bleue*; plus loin nous expliquerons nos raisons.

(3) Le mss. 882, f. 62 v° dit, d'après Ibn Waschiah, que le sable et le gypse ne lui conviennent point.

de graines, qu'on sème en grandes terrines neuves, au mois de janvier, de la façon indiquée plus haut. On a soin d'arroser, sans jamais laisser le terrain sec, jusqu'à ce que la germination ait eu lieu. On arrose de même abondamment le jeune plant, sans jamais laisser le sol se dessécher, jusqu'à ce qu'il ait acquis de la force. On dépose les terrines dans des lieux où elles soient garanties de la pluie. La germination s'établit en mars, et l'on repique le jeune plant dans des carreaux, où on l'élève en pépinière; puis, deux ans plus tard, ou même davantage, on le lève avec sa motte, on le plante dans des trous de trois empans (0^m,693) environ. Suivant Hadj, de Grenade, on ne doit transplanter l'oranger que lorsqu'il a atteint hauteur d'homme, et jamais avant. On tient les pieds espacés entre eux de six coudées (2^m.772) environ; du reste, pour la plantation, les soins, l'irrigation et autres détails, on se conforme à ce qui a été dit plus haut. Hadj de Grenade dit encore que l'oranger se propage de boutures ou plançons, de la manière suivante : on choisit une branche, on y coupe un plançon de la longueur de deux empans et demi (0^m,577); on enfonce en terre une longueur de deux empans (0^m,462), une coudée), et il ne reste dehors qu'un demi-empan (0^m,115). Cette plantation se fait dans un terrain bien cultivé, amendé avec de l'engrais bien mouillé. On arrose pendant huit jours en donnant l'eau un jour, se reposant le lendemain; puis on continue l'arrosement en le pratiquant tous les quatre jours une fois, pendant quinze jours pleins. Quand la végétation a commencé à se montrer, on donne un léger binage, prenant bien garde d'approcher de trop près de la bouture ou plançon et de remuer la terre qui tient à l'entour. On arrose toutes les fois qu'on voit le sol blanchir à la surface. Au bout de quatre mois de plantation, on donne un bon binage, on fournit de l'engrais humain seul; c'est à l'aide de ce binage qu'on incorpore l'engrais à la terre. On laisse reposer pendant huit jours, puis on recommence à arroser. On s'abstient de le faire pendant l'hiver. Le printemps venu, on donne un bon binage, à l'aide duquel on introduit une poudrette de crottin d'animaux, chevaux, mulets et ânes, et l'on n'oublie point d'arroser toutes les fois qu'on voit blanchir à la surface du sol des carreaux; avec ces soins, le fruit sera persistant et de bonne qualité, Dieu aidant de sa volonté. On procède, pour la transplantation, de la façon indiquée plus haut. L'oranger peut encore se propager au moyen de rejetons, comme nous l'avons dit. Il faut se garder de planter dans le voisinage du cédratier et de l'oranger de la rue (*ruta graveolens* Linn.), ni le platane, ni la mélisse, ni l'euphorbe, ni aucune plante exhalant une odeur pénétrante; les arbres en souffriraient.

Article XXXI.

Plantation de l'*istioub*, ou *zamboa* (pampelmouse, pomme d'Adam).

Abou'l-Khaïr dit que le zamboa ressemble à l'oranger, sinon que son fruit est très-gros, granuleux et de couleur jaune; on en mange l'extérieur et l'intérieur; il est d'une grande acidité, il aime les terrains rudes et fumés; on le propage de graines, et par marcottes. On le multiplie encore, dit-on, par boutures ou plançons; le jeune sujet se replante au bout de deux ans. On l'expose dans les sites que vient frapper le soleil levant, dans des trous en rapport avec la grosseur du sujet. On espace ces arbres entre eux de six coudées (2^{m},772). On suivra d'ailleurs pour cette espèce tout ce qui a été dit précédemment. Il ne peut être greffé sur aucune autre espèce, de même qu'il n'admet la greffe d'aucune espèce d'arbre.

Article XXXII.

Culture du limonier ou citronnier.

Suivant Hadj de Grenade, le citron ou limon ressemble à un petit cédrat; il est pointu à l'extrémité, et la feuille (de l'arbre) est plus jaune que celle du cédratier et plus contractée. Suivant l'Agriculture nabathéenne, le *hassia* est le limonier des

Persans. Cet arbre donne des fruits ronds, d'une bonne odeur; le fruit ressemble au cédrat et à l'orange, seulement il commence par être vert, ensuite il jaunit; il y en a une espèce qui est d'un jaune tirant légèrement au rouge. Là où on sème pepin du limonier, il y reste à demeure et il y donne du fruit cependant on peut aussi le replanter ailleurs. Cet arbre aime les terrains mous, salés le moins possible; la terre rouge meuble, mêlée d'un peu de sable. Quand il a pris racine quelque part, il y reste sans éprouver aucune altération. Parmi les choses qui peuvent lui convenir, et qui lui communiquent beaucoup de vigueur, c'est de brûler de la graine de coton, du bois d'oranger, de cédratier; on recueille la cendre, qu'on mêle et qu'on pétrit avec de la lie de vin; puis on fait sécher, on réduit en poudre; on emploie cette poudre en la projetant sur les feuilles du limonier, et l'appliquant à son pied; on répète assidûment cette opération plusieurs fois; par ce moyen seront éloignés tous les accidents fâcheux, et l'arbre, prenant de la vigueur, sera plus beau, donnera plus de fruits et un produit meilleur, enfin il en résultera un très-grand avantage. Ce qui convient bien au limonier, c'est le sédiment vaseux mêlé de terre noire meuble. On déchausse l'arbre et on remplit la cavité avec ce détritus qui lui sert d'engrais. Suivant un autre, l'usage, comme aliment, par une femme, de l'orange, du cédrat et du limon, éloigne (de son esprit) tout mauvais désir. L'écorce et la feuille de la petite espèce sont un bon antidote contre le poison (1).

(1) A cette occasion, il convient de rappeler ce que dit Virgile des propriétés antivénéneuses du *citrus medica*, *Géorg.*, II, 126. Avicenne parle aussi de cette propriété du *citrus*, et Kazwini l'indique comme étant surtout efficace contre la morsure des serpents, et il cite à cette occasion une longue anecdote. Vº ليمون.

Article XXXIII.

Culture du *ghébirah*, dit aussi *sébestier*.

Le *ghébirah* (1), dit Abou'l-Khaïr, est un grand arbre qui porte une fleur petite et blanche; c'est l'arbre qui donne le *meschety*, fruit nommé aussi *lofah*, mandragore (2). Il en est qui veulent que ce soit le *zahrour* ou azerolier sauvage; suivant d'autres, c'est l'arbre nommé par les Berbères *hawdar;* son écorce est employée pour la préparation des peaux. On lit dans l'Agriculture nabathéenne : Le *ghébira,* qui est le *sâmt*, a de l'affinité avec la racine de la mandragore. On le cultive dans les jardins; il porte un fruit pareil à la jujube ; on le mange quand il est mûr. Il contient un noyau qui est très-visqueux et très-gommeux. L'arbre dans toutes ses parties a de la viscosité, dans ses branches, ses feuilles, sa souche et son fruit; celui-ci est froid et rafraîchissant (c'est le vrai sebestier). Suivant un autre, le sorbier aime la terre ferrugineuse, celle qui est molle et douce. Il se propage de rejetons, de boutures, de plantes enracinées et des semis de sa graine; le moment pour faire ces plantations, c'est le mois de janvier.

Suivant Hadj, de Grenade, on tire la branche du ghébirah jusqu'à ce qu'elle éclate avec une partie de son écorce *intérieure,* sans jamais, pour la détacher, recourir à un instrument en fer, et aussi en évitant bien de la briser; dans cet état elle reprend bien. Le semis de la graine se fait en la mêlant avec de la terre végétale, de l'engrais vieux, de la cendre et du sable. Ce semis se fait en terrine dans cette terre ainsi pré-

(1) Sous le nom de *ghébirâ* غبيرا qui est celui du sorbier, *sorbus domestica,* (Linn.) nous trouvons la description d'un fruit qui est, en réalité, celui du *sébestier, cordya mixa* (Linn.) duquel on tire de la glu. Le sébestier, mentionné ici, n'est pas celui décrit au chap. XXXIII, art. 20, comme nous le verrons. L'arbre indiqué par l'Agr. nabat., dont la racine est employée en teinture, est peut-être une espèce d'arbre toute autre. Nous y reviendrons ailleurs. Vid. inf., ch. XVI.

(2) Ce nom est aussi celui de la *mandragore*, chez les Arabes.

parée, à l'époque où on mange le fruit; le travail se ... reste suivant ce qui a été dit précédemment. L... est transplanté quand il paraît susceptible de l'êt... ...e dépose dans des trous de la profondeur de trois empans (0m,693); on laisse entre chaque arbre une distance de douze coudées (5m,545). On plante cet arbre (comme ornement) sur le bord des pièces d'eau, à cause de la beauté de son port et de celle de la fleur et de sa largeur (*litt.* ouverture). L'arbre commence à pousser en mars, et la fleur paraît en mai. Le ghébirah ne se prête point à la greffe, ni pour la recevoir, ni par application sur les autres arbres. Suivant l'Agriculture nabathéenne, le ghébirah est un arbre originaire des déserts et des lieux sauvages; c'est un de ceux qui habitent les régions chaudes, où il est cultivé; il a besoin d'être taillé; on peut enlever ses branches par éclat, comme celles de tous les autres arbres. Il passe pour causer des altérations au cœur (1).

Article XXXIV.

Culture du *dadi* (2).

Suivant Abou'l-Khaïr, c'est un arbre qui porte des fleurs rouges et grandes, et qui a reçu le nom qu'il porte à cause de

(1) Il en est qui disent qu'après le coucher du soleil, les Djins se réunissent à l'entour de ces arbres et qu'ils y boivent de l'eau sans jamais pouvoir se désaltérer. Quand les femmes respirent l'odeur de sa fleur, elles en éprouvent une très-vive excitation et les appétits vénériens s'allument en elles aussi vivement que chez les passereaux au printemps, ou chez les bêtes fauves en hiver. Il en est même beaucoup chez qui le désir est porté à un excès tel qu'elles s'offrent elles-mêmes toutes nues. — Ce passage, renvoyé en note par Banqueri, n'a point été traduit par lui. — Le ghébirah est surnommé *arbre des Djins*, dans le mss. 915, A. F., f° 90.

(2) Le dernier paragraphe de cet article donne la description d'un arbre qui rappelle le *gainier* ou *arbre de Judée*, *Cercis siliquastrum*, (Linn.), dont les fleurs, à cause de leur saveur piquante et agréable, servent à assaisonner les salades. Dict. hist. nat., v° *Gainier*. Avicenne parle du *dadi*, mais de sa graine seule, I. 158.

sa couleur. Il se plaît dans la terre de montagne et celle qui est rude. On propage le dadi de boutures, de noyaux, de rejetons et de drageons enracinés. La plantation s'en fait en février ou mars; on tient les plants espacés de douze coudées environ (5m,545). On dit que sa fleur infusée dans le vin lui communique promptement une saveur sucrée. On dit encore que, dans l'Irak, on en use pour provoquer la fermentation du vin de dattes, son fruit ne se mange point; cependant l'arbre est cultivé pour l'ornement, et sa reproduction se fait par les moyens indiqués plus haut.

Ibn-Harar raconte que celui qui boit du vin appelé *dadi*, à la dose de deux mitskals (7 gr., 65), est saisi de violentes coliques, de vertiges et de délire; et que, si on n'applique pas une prompte médication, la mort survient la quatrième nuit.

Il y a, dit l'auteur, chez nous, sur la montagne d'Alcharaf, un arbre dont la feuille est pareille à celle du coignassier; son écorce tire sur le noir (elle est brune). Il produit une fleur rouge qui se montre sur les branches mêmes; ces fleurs sont groupées deux par deux au même point; la fleur se montre quelques jours avant la feuille. Il porte un fruit mince, de la forme de la caroube; ce fruit renferme deux petites graines; l'arbre est appelé *dadi*. On peut manger la fleur et le fruit sans qu'il en résulte rien de nuisible; il a un petit goût acide.

Article XXXV.

Culture du kâdi (1).

Cet arbre ressemble au palmier; il aime la terre molle et rude. Le mode de culture à suivre est le même que pour le *dadi*, qu'on trouve antérieurement.

(1) Le mss. 884, f. s. a. f° 71, 1°, cite, d'après Abou-Hanifah, parmi les arbres qui ressemblent au palmier, le *kâdi* qui fournit une huile aromatique portant le nom d'*huile de kâdi*.

Article XXXVI.

Culture du coignassier.

Cet arbre est, dit-on, appelé *amandier de l'Inde*. Il y en a une espèce dont le fruit est petit et rond, une autre chez laquelle il est allongé; on l'appelle *monhad*. Il y en a une espèce qui est douce et une autre qui est acide (1). Ibn-Hedjadj, à qui Dieu fasse miséricorde, dit que le coignassier se plaît dans les terrains de plaine qui ont de la fraîcheur et de l'humidité. Labathius dit que le coignassier aime le sable amendé par l'engrais, et qu'il reçoit des arrosements suivis. Démocrite dit qu'on le multiplie de boutures dans le mois de schebath (février); c'est aussi l'époque pour planter l'arbre enraciné. Suivant Annon, on multiplie encore le coignassier de branches éclatées qu'on couche en long dans la fosse; on le propage aussi de drageons (*stolones*) crûs à l'entour de l'arbre. Le mois de schebath est l'époque où se font toutes ces plantations. Il en est qui sèment les pepins que contient le fruit; on en obtient des arbres qui deviennent beaux.

Sachez bien que le coignassier veut être planté à des intervalles rapprochés, pour que son fruit ne soit point frappé des rayons du soleil qui le brûlent, lui font une peau rugueuse, lui donnent un goût styptique (2).

Suivant l'Agriculture nabathéenne, il y a (deux espèces de

(1) Ces espèces indiquées au commencement de cet article ont peu de rapport avec notre coignassier commun. En laissant de côté l'amandier indien, peut-être trouverait-on les deux espèces qui suivent dans l'*amona glabra* corassol d'Asie سفرجل هندى, ou dans le *pirus hadiensis*, nommé aussi *seferdje'*. V. Forskhal, *Flor. arab.*, CXIV et 212. Nous reviendrons ailleurs sur ces synonymies.

(2) Palladius recommande, au contraire, de les espacer assez pour que, lorsque le vent les agite, les gouttes d'eau qui tombent des feuilles n'atteignent point le fruit. Pallad., Feb. XXV, 22. On trouve aussi dans Palladius (*loc. cit.*) plusieurs préceptes qui sont ici.

coignassier) le coignassier cultivé et le coignassier sauvage. Ce dernier s'élève peu, à cause de la maigreur du sol où il croît, et aussi se dessèche-t-il à cause de la privation de l'arrosement abondant qui lui est nécessaire. Quand on sème les pepins de coings véreux ou pourris, ils ne poussent point, ou, s'ils germent, ils réussissent mal. Aussi, pour le semer, on prend les pepins de fruits bien sains et doux, et on les sème assez rapprochés les uns des autres. Iambouschad (1) dit qu'il faut faire macérer le pepin de coing dans l'eau douce, pour le débarrasser de sa viscosité; c'est le meilleur procédé et celui qui est le plus profitable. On peut obtenir du coignassier un pain pour fournir à l'alimentation dans les temps de cherté et de disette; à cet effet, on réunit la totalité des fruits mûrs ou non, et on les traite à peu près de la même manière que celle indiquée précédemment pour la poire et autres espèces analogues, jusqu'à ce que la panification soit complète; suivant un autre, le coignassier s'accommode de toute espèce de terre en plaine exposée au soleil : terre douce, terre molle, terre qui a de la fraîcheur, terre fumée, les lieux humides et les terres froides; il réussit dans toutes ces qualités, mais il repousse les terres âpres et rudes. On peut propager le coignassier de branches éclatées, de boutures, de bourgeons, de plants, de drageons et rejetons enracinés ou marcottés, afin qu'il leur pousse des racines, d'après les procédés décrits. L'époque pour faire ces divers genres de plantations, c'est depuis décembre jusqu'à la fin de janvier. Le semis des pepins se fait en octobre dans des terrines; de quelque manière que les diverses parties du coignassier soient plantées, droites ou couchées, la réussite est certaine. Le jeune arbre se met dans des trous de la profondeur de trois empans ($0^m,693$); entre chaque arbre, on laisse une distance de six coudées ($2^m,772$) environ, plus ou moins selon la qualité du terrain. Nous avons dit précédemment de quelle façon se fait la transplantation. Le coi-

(1) A partir de ce moment nous lirons Iambouschad avec l'Agr. nabath. ? Saussade est ce nom altéré.

gnassier exige beaucoup d'eau et beaucoup de culture; et quand ces soins lui manquent, il se perd. Il ne faut jamais le toucher avec un instrument de fer; il ne supporte point l'engrais qui, pour lui, est un poison. Le coignassier se greffe sur ses congénères et toute espèce d'arbres à fruits doués comme lui d'un suc séveux léger. Il reçoit la greffe de toute espèce d'arbres que ce soit. On sème dans la terre, où sont piquées ses boutures, quelques-unes de ces plantes potagères (*litt.* verdures) qui exigent beaucoup d'eau, comme les aubergines et autres analogues. On opérera, du reste, de la manière prescrite pour les boutures du grenadier, Dieu aidant. On raconte d'Ibn-Abbaz, qu'étant entré chez le Prophète, sur qui soient la paix et le salut, il le trouva qui mangeait un coing. Il lui dit : — Mange de ceci, parce qu'il donne de l'énergie au cœur. — On raconte encore du Prophète (sur qui soient, etc.) qu'on lui apporta un jour de la ville de Thaïef (1) un coing; il dit : — Qu'est-ce ceci? — O Prophète de Dieu, lui répondit-on, c'est un coing. — Je vous recommande le coing, répliqua-t-il, parce qu'il dissipe les nuages du cœur. — Quelqu'un ayant demandé ce qui pouvait jeter des nuages sombres sur le cœur : — C'est, dit-il, le chagrin qui vient (peser) sur lui. — Djaber-Ibn-Abdallah raconte qu'il offrit au Prophète un coing venu de Thaïef. Il le mangea en disant qu'éclaircissant le cœur il chassait ce qu'il y a de noir dans la poitrine. On lit dans un autre *hadits* ou tradition qu'il (le coing) enlève les chagrins du cœur et éclaircit les troubles de l'âme; mangez-en donc. On raconte encore du Prophète (sur qui soit le salut, etc.) qu'il dit à Djafar (2) : — Mange du coing, parce qu'il fortifie le cœur et donne de l'énergie à l'âme. — Abou-Abdallah dit que celui qui mange du coing, Dieu lui délie la langue pour la science pendant quarante nuits.

(1) Thaïef, ville de l'Arabie (Hedjaz), citée par les géographes arabes qui parlent de sa situation agréable et de ses beaux fruits, surtout de ses raisins qu'on exporte au loin. Ils mentionnent cette particularité, qu'il y fait froid pendant l'hiver, au point que l'eau y gèle. *Aboulféda*, *text*. p. 94 (Éd. Reinaud, *Edrisi*, *trad. Jaubert*, I, 142, Niebuhr, *Descr. Arabie*, II, 243).

(2) Kazwini raconte à peu près la même chose. V° سفرجل.

Article XXXVII.

Culture du pommier.

Suivant Abou'l-Khaïr, il y a plusieurs espèces de pommiers: celui (à fruits) doux, celui à fruits acides et désagréables; ceux nommés : *aliby*, *schahiby*, le *rakhamy*, le *schoubraqan*; le pommier à fruits rouges. Le *schahaby* ne produit point de fleurs et son fruit ne contient aucune espèce de graine. D'après Ibn Hedjadj, Junius dit que le pommier aime les lieux froids et la terre noire. Kastos tient à peu près le même langage, et voici ce qu'il dit : les meilleurs emplacements pour la plantation du pommier sont les endroits qui, en été, reçoivent les vents froids. Ibn-Hedjadj dit que les meilleures places pour la plantation du pommier sont, d'après l'avis unanime des agronomes, les plaines moites et les prairies fraîches; il n'a jamais vu de divergence dans cette opinion. On propage le pommier de rejetons (*stolones*) poussés dans le voisinage de l'arbre, qu'on arrache avec leurs racines pour replanter. On le multiplie encore de branches éclatées, en donnant les soins indiqués et se conformant à ce qui est prescrit plus haut, dans le chapitre qui traite des divers modes de plantation. Celui employé plus habituellement pour le pommier, c'est par bouture ou par semis des pepins. Suivant Kastos, il y a deux saisons dans l'année pour la plantation du pommier : ces deux époques sont le printemps et l'automne. On lit dans l'Agriculture nabathéenne que le pommier aime les diverses espèces de terrains ou de vents qui plaisent au coignassier. On extrait les pepins de l'intérieur de la pomme, quand elle atteint le complément de sa maturité sur l'arbre; on les laisse en lieu sec jusqu'à dessiccation complète. On effectue le semis vers le milieu de schebath (février); on verse de l'eau sur le semis en quantité suffisante jusqu'à ce qu'on ait la certitude que l'humidité est arrivée jusqu'à la graine. On répète cet arrosement jusqu'à ce que la germination se soit établie; alors on n'arrose plus que comme on le fait pour les autres plantes, légèrement et ensuite modérément. Quand le jeune plant a grandi et qu'il a atteint la hauteur d'une demi-coudée et un peu plus, on recommence à donner de l'eau et à arroser graduellement jusqu'à croissance complète, Dieu aidant. Le semis et la plantation du jeune sujet se font quand la lune est en croissance, car cette circonstance vient en aide à la végétation et au développement du plant Une chose qui est encore très-favorable, c'est de donner un engrais composé de bouse de vache à laquelle on aura mêlé des feuilles de pommier et, s'il est possible, une certaine portion des fruits (*litt.* produits). Il est encore très-bien d'ajouter à ces deux choses une certaine quantité de feuilles ou fruits des amandiers à fruits doux et à fruits amers (1). On laisse pourrir toutes ces substances; on fait ensuite sécher; puis on déchausse le pied de l'arbre sur lequel on répand cette poudre; on pratique cette opération depuis le moment de la plantation jusqu'à la fin de son affaire (c'est-à-dire de sa vie). Suivant un autre, le pommier se plaît dans un terrain doux (de saveur), léger, dans la terre franche, dans celle qui est rouge et celle qui est chaude. Il n'aime point la terre noire, il n'y réussit point, mais il se plaît beaucoup sur les rivages de la mer (*les sahels*). Dans les régions froides, il réussit beaucoup mieux que dans les régions chaudes. Il rejette les terres salées et saumâtres. On le multiplie de branches éclatées, de boutures, de bourgeons, de sujets replantés et de rejetons avec des racines ou marcottés, pour leur en faire pousser; on le multiplie encore par le semis des pepins. Ces diverses opérations de plantation se font en automne; on peut aussi planter en mars dans les lieux froids. Le jeune arbre se replante depuis novembre jusqu'à la fin de mars. Ibn el-Façel dit que le jeune pommier se replante en janvier, en février; on laisse entre chaque pied l'intervalle de vingt empans (dix coudées, 4^{m},620). Il en est qui disent que

(1) Le texte ne parle point de l'*amandier à fruits amers;* mais il y a une forme de duel pour les pronoms affixes dont on ne se rend pas compte, et qui s'explique très-bien par la correction que nous avons faite à l'aide du mss. 884, F. S. A.

la plantation en terrain élevé, non arrosé, se fait en novembre, mais en terrain arrosé, en février. Les emplacements les plus convenables pour planter les branches éclatées, les boutures, les bourgeons, ce sont les bords des grandes rigoles d'irrigation; ils y réussissent très-bien. On greffe sur le pommier planté dans ces lieux le poirier, à cause de l'abondance des sucs nourriciers fournis par l'eau courante. J'ai, dit l'Auteur, vu la chose de mes propres yeux. Ibn el-Façel dit que si on plante le pommier dans des carreaux, il ne faut point négliger de lui donner de l'eau. Le jeune pommier se plante en terrains arrosés et en terrains qui ne le sont point, dans des trous de la profondeur de trois empans ($0^m,693$) ou environ. Le semis des pepins, qui sont une graine faible, se fait en terrines. On exécute en cela tout ce qui a été prescrit précédemment; on cultive le sol avec soin, et l'on y peut semer des légumes; les soins et le mode d'opérer sont les mêmes pour les boutures. Le pommier ne souffre aucune espèce d'engrais ni de taille, sinon quand il est petit (1).

Suivant Hadj, de Grenade, le pommier aime la culture et les arrosements tant qu'il est à l'état d'arbre à bois lisse et exempt de l'attaque des vers; cependant, il ne faut point que ces soins lui soient donnés en excès. Quand il est devenu arbre fait (*litt.* vieux), on cesse sa culture et les arrosements doivent être plus rares; si on en usait autrement, l'arbre se gâterait et il ne vivrait pas longtemps. Le pommier *schaïby*, qui n'a point de pepin, se multiplie seulement de parties détachées de l'arbre (boutures, branches éclatées, etc.). Il en est qui prétendent que, quand la fleur du pommier se montre avant la feuille, c'est l'annonce d'une fructification (abondante) pour cette année. Le pommier se prête très-bien à la greffe, soit pour être appliqué sur les autres, soit pour la recevoir sur lui. Il admet toutes les espèces qui lui ressemblent, ou bien avec lesquelles il a de l'ana-

(1) Le mss. 884, dans un passage attribué à Ibn-Bi-âl, rapporte une partie de ces prescriptions; il est muet quant à l'engrais, mais il ne permet d'émonder ou de tailler le pommier que quand il est jeune, et jamais avec le fer.

logie très-rapprochée. D'après Avicenne, la pomme possède au plus haut degré la propriété de réjouir le cœur et de le fortifier, (particulièrement) l'espèce parfumée et l'espèce douce (1). Elle est employée comme aliment et comme médicament.

Article XXXVIII.

Culture de l'*almis* (*celtis australis*, Linn.).

C'est le *fatfat* (2) espèce de *naschem;* il en est qui le prennent pour le naschem femelle, tandis que le mâle serait le *naschem noir*. Son fruit est une baie petite, noire et ronde, qui renferme un noyau. On le mange au mois d'octobre; il a une certaine saveur douce; son bois est très-bon pour faire des selles et autres ouvrages. Il aime les endroits moites, il réussit dans tous les terrains, à l'exception des terres noires et chaudes qui ne lui conviennent en aucune façon. On le multiplie de rejetons et de branches éclatées, au commencement de l'automne. On le multiplie encore de noyaux, qu'on sème de la manière prescrite plus haut, pour les arbres avec lesquels il a de l'analogie. Un autre (moyen de multiplication), c'est que les étourneaux avalent la baie de l'almis et rejettent le noyau au milieu de leurs déjections, et alors il germe au printemps et l'on peut, si on le préfère, lever les jeunes plants quand ils peuvent l'être. Si on juge convenable de les laisser en place, ils viennent bien aussi. Si on prend le parti de transplanter,

(1) On lit dans Avicenne : particulièrement *le parfum de Syrie* et *le parfum doux*. Avic., text., I, 264.

(2) Nous trouvons au commencement de cet article des noms d'arbres qui, scientifiquement parlant, n'ont aucun rapport ensemble ; l'analogie du bois pour la couleur et les qualités, ou peut-être des confusions dans la dénomination, les ont ici fait réunir, comme il arrive souvent chez les Arabes. La description du fruit et du bois de l'*almis* s'appliquent très-bien au micocoulier. Le chap. de Dioscoride auquel renvoie Dauqueri est le *Lotus*, I, 171, qui, suivant Sprengel, H. R. Herb., serait le *celtis*. Le nom espagnol du micocoulier est *almes*, qui est bien le nom arabe. La fin du chapitre peut bien s'appliquer à l'orme.

Au lieu de الفتفت, on lit : العبعب, plus loin, article LIII.

on dépose le sujet dans un trou proportionné à sa grosseur; entre chaque arbre on laisse un espace d'environ six coudées (2^{m},772). On le met à l'exposition du nord, en bordure, sur les portions de terrains qui sont inutiles. Son bois est estimé; son fruit qu'on a dit être la graine du naschem enlève..... (1); on le cultive ainsi qu'il a été dit; il aime l'eau donnée en abondance, il veut être nettoyé ou émondé et taillé. C'est l'arbre qui convient le mieux pour recevoir les vignes montantes, qui s'attachent très-bien à lui.

Article XXXIX.

Culture de l'azaderacht.

Suivant l'Agriculture nabathéenne, l'azaderacht aime les terres dures, rouges, celles qui sont compactes et noires, les terres blanches; en somme, toute terre dure convient à cet arbre. On peut semer sa graine, et le jeune plant reste en place jusqu'à ce qu'il ait sa croissance normale, avant de le porter ailleurs. Ce qui a été arraché et replanté prend de la force sans doute, mais ce qui reste où il a été semé devient beaucoup plus beau. Parmi les propriétés dont jouit l'azaderacht, c'est que ses feuilles et ses fruits présentent un grand avantage pour la chevelure, aussi bien chez les hommes que chez les femmes; ils font noircir et pousser les cheveux, les empêchant de se casser comme cela arrive. Voici comme on prépare ces parties de l'arbre pour la teinture des cheveux et pour les noircir. On pile les feuilles et les jeunes rameaux verts et tendres; on en exprime le suc qui, pour avoir une bonne qualité, doit être d'une certaine consistance. On le met dans un vase de pierre à aiguiser ou de toute autre espèce de pierre compacte qui ne l'absorbe point. On verse ensuite sur ce suc autant de rotls d'huile d'olive qu'il y a de rotls de suc. On peut employer indistinctement de l'huile de sésame ou de graine de lin. On fait

(1) La phrase est incomplète.

ensuite chauffer sur un feu de charbons sans flamme jusqu'à ce que l'eau s'évapore et qu'il ne reste plus que l'huile qui a pris toute la vertu du liquide. Cette huile donne aux cheveux une teinte noire, les fortifie et les garantit de tout accident fâcheux. Si même avec cette préparation huileuse on frotte constamment la (peau de la) figure, elle prend une teinte noire qu'on ne peut plus enlever que difficilement. Ainsi il faut, quand on en use pour les cheveux, prendre des précautions à cet égard. Suivant d'autres agronomes, l'azaderacht aime la terre rude, pierreuse, meuble, humide et froide; il veut beaucoup d'eau; c'est pourquoi il réussit bien dans les lieux bas et le long des pièces d'eau. On le propage de semis (*litt.* de noyaux), de rejetons enracinés naturellement ou marcottés, jusqu'à ce qu'ils soient pourvus de racines. Le noyau se sème au commencement de l'automne. Le jeune sujet se plante quand il est dépouillé de ses feuilles, et en février. L'auteur, continuant, prescrit de laisser entre chaque pied une distance de six coudées environ pour que l'arbre puisse s'étendre librement. Il ne réussit point de boutures, ni de branches éclatées. Il faut s'attacher à planter l'azaderacht et tous les arbres qui lui ressemblent dans le voisinage des pièces d'eau et des puits. On les dispose en berceaux ou treillages pour en obtenir de l'ombre qui serve à la fois au bétail et aux machines, et en même temps qui conserve à l'eau sa fraîcheur. On ne mange point les fruits, qui sont mauvais pour la poitrine, et qui, parfois, donnent la mort.

Article XL.

Culture de l'abricotier, nommé aussi *barqoq* ou pomme d'Arménie.

Il y en a, suivant Abou'l-Khaïr, deux espèces, l'une à petit fruit, et l'autre à gros fruit. Le mode de culture est le même pour toutes deux. L'abricotier est de la famille des arbres gommeux. D'après Ibn-Hedjadj, à qui Dieu fasse miséricorde, on multiplie l'abricotier de noyaux, de rejetons poussés sur le pied de l'arbre. Il aime la terre moite (et fraîche). Suivant Mauricius, ce qui lui convient le mieux, ce sont les terrains sableux ; il réussit bien aussi dans les autres, mais il réussit mieux encore dans les précédents. L'abricotier se propage par semis ou par plantation (de drageons), mais ce dernier moyen est le meilleur (1). On prend le noyau dans le fruit qui, sur l'arbre, a atteint sa perfection, bien dilaté dans toutes ses parties, d'une maturité bien complète, et d'une nuance nette ; on fait le semis depuis le commencement de schebath (février) jusqu'à la fin d'adar (mars). On dépose dans chaque trou depuis quatre noyaux jusqu'à sept. Quand ils commencent à pousser, il faut garantir du froid jusqu'à ce qu'il soit passé. On replante le jeune abricotier, quand on le croit susceptible de l'être. Un mois après la transplantation, on déchausse le pied et on applique un de ces engrais décrits comme propres aux arbres. Cette application d'engrais se répète constamment toutes les semaines ; mais le plant enraciné, pris sur une vieille souche ou bien provenant d'une branche (éclatée ou marcottée), ne doit point recevoir autant d'engrais que le sujet qui provient de noyau ; il faut, au contraire, lui en donner moins.

Sagrit dit : Quand on sème ou qu'on plante l'abricotier, la lune étant dans sa croissance, cette circonstance est très-avantageuse pour la crue, très-favorable à la santé de l'arbre et assure sa belle venue. On lit encore dans l'Agriculture nabathéenne que l'abricot détermine des fièvres pernicieuses si on en mange immodérément ; mais quand on en mange de temps en temps et avec modération (*litt.* non continuellement), on n'en ressent aucun mal. D'après un autre traité, l'abricotier aime la terre qui est à la fois rude et meuble ; mais, dans celle qui est pierreuse et celle qui est sableuse, le fruit reste petit

(1) Nous différons ici avec Banqueri qui traduit : le meilleur abricotier est celui qui est planté de semence prise du fruit, etc. Nous avons été confirmé dans notre interprétation par le texte du mss. 884, f° 73, v°. Cependant ce qu'on lit plus loin, que l'*abricotier se propage seulement* de noyau, semble contradictoire. Ces contradictions sont fréquentes chez les Arabes, comme on le verra dans ce chapitre. Les *Géoponides* et les agronomes latins parlent peu de l'abricotier.

et l'arbre ne prend point de développement. Sur l'amandier, le pêcher, la prune de Damas (œil de Damas), plantée en terre sableuse, on applique (avec succès) la greffe de l'abricotier. Ibn el-Façel dit que l'abricotier pousse bien dans un terrain qui tend à la mollesse, et dans lequel se fait sentir promptement l'effet de la chaleur. On propage l'abricotier de noyau, seulement, comme tous les arbres qui donnent de la gomme. On ne voit réussir ni les branches éclatées, ni les boutures, ni les plants enracinés. Le noyau se sème en terrines dans la terre végétale, prise à la surface du sol, mêlée de vieux fumier (terreau), en novembre et à l'époque où on mange le fruit. Au bout d'un an on repique le jeune plant dans des carreaux où il est à nourrice, et deux ans après on le porte en place (*litt.* où il devra donner son fruit). Il faut bien prendre garde, en faisant cette opération, de couper aucune racine; il faut en agir ainsi pour tous les gommifères. Suivant Ibn el-Façel, il est beaucoup meilleur de transplanter le jeune abricotier avec sa motte. On le dépose dans des trous de quatre empans (0m,924) environ de profondeur, en laissant douze coudées (5m,544) et plus encore dans une terre molle.

Suivant Hadj, de Grenade, on peut replanter le jeune abricotier quand il a atteint la hauteur d'homme; mais il n'est plus permis de le faire quand il l'a dépassée. Le mode d'opération est le même que ce qui a été prescrit antérieurement. L'abricotier ne supporte point l'engrais, qui le fait périr. Il aime qu'on lui fournisse de l'eau. Il en est qui disent que les boutures d'abricotier peuvent réussir, si on a soin de les arroser. On le greffe sur l'amandier et sur le pêcher.

Article XLI.

Culture du pêcher, nommé aussi pomme de Perse.

Suivant Abou'l-Khaïr, il y a deux espèces de pêches : celle qui est lisse sans aucune espèce de duvet, colorée de rouge; on la surnomme *pêche chauve;* elle est d'Égypte; le vulgaire la surnomme *loufâh* (*mandragore*). Une espèce tire légèrement à l'acidité. Une autre espèce est couverte de duvet ; on la surnomme *pêche velue*. Il y a la pêche qui se détache (du noyau) et celle qui ne se fend point. Le mode de culture est pareil pour toutes ces espèces. Suivant quelques-uns, l'abricot *barqoq* serait une espèce de pêche. La pêche qui se sépare du noyau est meilleure que celle qui ne se fend point. L'espèce à peau glabre, très-parfumée, agréable au goût et peu juteuse, connue sous le nom d'*al-zahry*, ou pêche fleurie, est la meilleure de toutes (1).

D'après Ibn-Hedjadj, à qui Dieu fasse miséricorde, Junius dit que le pêcher devient un grand arbre quand on le plante dans un terrain très-humide ; cependant il ne faut point lui donner un arrosement continuel. Il faut savoir que le pêcher s'élève promptement. Nous-même l'avons greffé sur prunier et sur amandier, et nous avons eu des arbres plus beaux. Il est des personnes qui pensent qu'il convient de renouveler souvent la terre qui est au pied de l'arbre. Elles pensent aussi que le pêcher, greffé sur le prunier, donne de gros fruits (Cf. Géop., X, 13). Ici finit la citation de Junius.

Suivant Kastos, le lieu le plus propice pour planter toute espèce de pêcher que ce soit, c'est la terre humide et forte, ou celle dans laquelle l'eau se montre assez pour qu'on puisse arroser le pêcher toutes les fois qu'il en a besoin. En effet, quand il est planté dans ces deux endroits, le fruit prend de l'ampleur. Mauricius dit que le sable convient très-bien au

(1) On reconnait très-bien dans cette nomenclature : 1° le brugnon, 2° la pêche ordinaire, 3° la pavie. Ce nom de *barqoq*, qui est le Βερίκοκκον des Grecs, *præcox* des Latins, est, suivant les *Géop.*, X, 73, l'*abricot*, nom qui en est évidemment dérivé. Suivant le mss. 815, A. F., f° 106, le barqoq serait une espèce de prune, et la cerise d'Égypte القراصيا المصرية. Les *Géop.* nomment les pêches δωρακινὰ, *duracina*. *Géop.*, X, 13. Pline parle de six espèces de pêches parmi lesquelles il cite la *duracine* dont la chair est adhérente au noyau ; c'est la *pavie* ou *presse*, suiv. le P. Hardouin dans ses notes, Plin., XV, 11 et 34. Palladius, Nov. VII, 64, compte quatre espèces de pêches auxquelles il réunit les *præcoqua* et *armenia*.

pêcher quand on l'arrose largement. Il n'est pas de terrain où il prospère mieux. Fin de la citation. Syrius dit qu'on peut semer le noyau de la pêche, et que le jeune plant peut être replanté au bout de deux ans ; le moment pour cette opération, c'est depuis le commencement de kanoun second (janvier) jusqu'au milieu de ce mois. L'époque pour semer le noyau, c'est depuis la moitié du mois d'ab (août) jusqu'à la fin de schebath (février). Démocrite dit que le noyau d'abricot se sème au mois d'ab (août), quand on mange ce fruit. Il faut arroser le pêcher parce que, lorsqu'on le fait, le fruit en est plus gros. Le plant provenant du semis se replante au second kanoun. Sadihames dit que la branche éclatée reprend bien et donne un beau résultat. On lit dans l'Agriculture nabathéenne, que le pêcher est le frère de l'abricotier par plusieurs points, sinon que l'abricotier vit plus longtemps ; car au bout de cinq ans environ, on voit diminuer le produit du pêcher (1). On le plante et on le sème à la même époque que l'abricotier; on l'arrache de la même manière que ce dernier. D'après un autre, le pêcher aime la terre rude et graveleuse; son fruit y devient très-beau, gros, blanc et agréable. Il ne vit pas longtemps dans les terres molles et trop fumées; mais il végète bien dans une terre sableuse, non compacte. Dans une terre fumée (disons-nous), le pêcher n'y vit pas longtemps, et les fruits sont petits. Il en est de même quand il est dans la terre noire. La terre naturellement rouge convient encore au pêcher; les terres maigres lui sont bonnes aussi, quand on a soin de les cultiver. Le pêcher réussit bien de noyau, mais il ne vient point de branche éclatée, ni de bouture. ni de rejetons enracinés parce

(1) Le mss. 844, f. 74, v°, dit, d'après Ibn-Waschiah, c'est-à-dire d'après l'Agric. nabat. : « Le pêcher est le frère de l'abricotier, il a de l'analogie pour la forme avec lui, en toutes choses, si ce n'est pour la durée ; car l'abricotier vit plus longtemps, etc. ; car le plus que porte le pêcher, c'est pendant quatre ans, *ensuite, sa production cesse.* » Nous croyons donc que dans le passage de notre texte extrait de l'Agr. nabat., il faut lire يتقطع حمله, supprimer يتقوى *se fortifie*, qui n'est pas dans le mss. C'est du reste ce qui se voit dans le pêcher en plein vent, franc de pied.

qu'il est de la famille des gommifères. Le noyau se sème au mois d'août et de septembre, quand on mange la pêche. Il se plante encore, au mois de janvier et de février, en carreaux et dans les terrines, dans une terre prise à la surface du sol, mêlée de fumier vieux et de sable; chacune de ces substances entrant pour un tiers dans la composition, on arrose avec de l'eau, ce qui accélère la germination (*litt.* la sortie de terre). Au bout d'un an, on repique le plant des terrines dans des carreaux où il reste en pépinière; on met au pied de chaque sujet une poignée du mélange qui vient d'être indiqué, et l'on arrose avec de l'eau deux fois par semaine. Au bout de deux ans, quand le jeune plant a atteint sa grandeur normale, on l'enlève des carreaux pour le planter dans des trous de trois empans (0^m,693) environ; on laisse entre chaque pied une distance de dix coudées (4^m620), parce que c'est un arbre qui prend de l'ampleur, qui ne monte point et qui vit peu de temps. Suivant quelques agronomes, il faut planter les pêchers à courts intervalles, afin que lorsqu'ils sont très-chargés de fruits, ils se prêtent appui l'un l'autre.

Suivant Hadj, de Grenade, on replante le pêcher venu de noyau au bout de deux ans; la réussite est alors certaine : si on le replante après qu'il a fleuri, la reprise est moins assurée; c'est bien meilleur de le transplanter garni de sa motte. Il en est qui disent que, si on plante un rosier sous un pêcher, les fruits en seront rouges. On greffe le pêcher sur ses congénères, et sur le prunier de Damas (œil-de-bœuf), sur le cerisier et l'amandier; le pêcher, de son côté, reçoit la greffe de tous ces arbres (*Géop.*, x, 15 et 17).

J'ai vu, dit l'Auteur, un pêcher planté en bon terrain sur une rigole principale d'irrigation; il avait atteint les proportions de l'arbre parfait. Il y donnait beaucoup de fruits qui étaient gros; sa durée fut plus longue que celle de la plupart d'autres pêchers plantés loin de lui. Suivant l'Agriculture nabathéenne et autres, il ne faut pas boire de l'eau froide sur la pêche; c'est accroître ses qualités nuisibles. Il ne faut point non plus en manger à la suite de mets assaisonnés avec du vin pur ou du vinaigre. L'abstention de toute boisson après avoir mangé des fruits juteux est le meilleur remède contre leurs effets nuisibles et le meilleur moyen de les neutraliser et de les expulser de l'estomac. Si on coupe une pêche avec un instrument (une lame) de fer, et qu'on les laisse en contact, au bout d'une heure l'odeur du fruit sera altérée par cela seul.

Article XLII.

Culture du prunier, nommé aussi œil-de-bœuf (1).

Suivant Abou'l-Khaïr, il y a plusieurs espèces de prunes : la noire qui est grosse, et connue sous le nom de *thari* (*fraiche*); la noire, petite, qui porte le même nom ; la noire passant au vert, nommée *haziar*; la blanche, la jaune, la rouge; parmi les noms des prunes, nous trouvons encore les noms de *quarmezi* (cramoisi), *sihy* (striée). Le mode de culture est le même pour toutes ces espèces.

D'après Ibn-Hedjadj, Junius dit que le prunier aime les lieux frais et moites. Suivant Solon, le prunier aime qu'on le plante dans les vallées étroites (*litt.* canaux), fraîches, dans les endroits très-humides et dans les plaines en culture. Sadihames, parlant de la manière de propager le prunier, dit qu'il se multiplie au moyen de rejetons pris sur le tronc, de branches éclatées et de semis de noyau. Démocrite dit qu'on plante le prunier au mois de schebath (février). Suivant l'Agriculture nabathéenne, le prunier est un arbre froid; il a besoin qu'on lui donne un engrais (composé) de bouse de vache, de matière fécale humaine, de terre en poudre rapportée d'un autre lieu. Il est bon de déchausser le pied et d'y rapporter de la terre végétale prise dans un terrain dur. Ce procédé convient quand il y a

(1) *Œil-de-bœuf* est plus généralement appliqué à la prune de Damas, δαμασκηνή des Grecs, et qui semble être pour eux le nom générique. Cf. *Géop.*, X, 39. Le mss. 884, f. s. 75 v° réunit le prunier au cerisier pour la culture; le mss. 915, A. F. f. 106, lui adjoint le *barqoq*, comme nous l'avons vu.

dans l'arbre un excès d'humidité visqueuse; cette terre lui est très-bonne. Suivant un autre, les espèces de terrains qui conviennent au prunier, c'est la terre moite, la terre douce, sableuse et grasse, et la terre molle; dans ces terrains il donne de gros fruits. En terre molle, la prune acquiert un goût très-agréable. Le prunier se plaît encore dans les terrains rouges, dans ceux qui sont rudes; seulement le fruit est de mauvaise qualité dans cette dernière terre et dans celle qui est stérile; (en somme), il réussit bien dans toute espèce de terre, excepté dans la terre noire, brûlante, à cause de sa chaleur excessive. Il vient bien dans les terrains bas et très-humides et dans la terre blanche, fumée. On dit encore que le prunier vient bien dans les terrains pierreux et sableux; et, si on le plante dans d'autres terrains et qu'on y mêle l'un ou l'autre de ces deux éléments, l'arbre s'enracinera beaucoup mieux et donnera du fruit bien plus promptement. On le multiplie de rameaux poussés sur le tronc ou sur les racines, qu'on arrache tout enracinés; et, s'il n'est pas possible de les avoir ainsi, on les marcotte afin de leur faire pousser des racines; alors on peut les replanter. On propage encore le prunier du semis des noyaux, soit quand on mange le fruit, soit dans le mois de janvier, et, suivant d'autres, en février, dans des carreaux améliorés de fumier vieux; le semis peut aussi se faire en terrines. On laisse entre chaque noyau un espace d'un empan (0^m,231); on recouvre d'une couche de terre de l'épaisseur de quatre doigts rapprochés, soit de terre meuble, soit de fumier vieux. On arrose immédiatement à la suite de la plantation, et l'on continue de le faire soigneusement jusqu'à la germination établie. Le noyau commence à pousser depuis la mi-mars environ jusqu'à la fin d'avril. Au bout de l'année, on porte le jeune plant, des terrines, dans les carreaux où on le tient à nourrice; puis, à l'expiration de l'année suivante, on plante le jeune arbre là où il doit rester à demeure (*litt.* où il donnera du fruit). Les drageons doivent être arrachés tout enracinés et plantés dans des trous de la profondeur de trois empans (0^m,693) dans les mois d'octobre, janvier, février et mars, en le tenant espacé de douze coudées (5,544) environ. Il sera très-favorable de déposer avec eux (dans le trou), en les plantant, de la bouse de vache; la reprise sera bien plus prompte. Le travail à faire en cela est en tout point le même que celui indiqué antérieurement. On arrose le prunier deux fois par semaine, et trois fois dans les grandes chaleurs. Si on est attentif à donner de l'eau, le fruit sera beau et gros, tandis que c'est tout le contraire dans les terrains élevés (*siccanei*) ou ceux qu'on néglige d'arroser. Suivant quelques-uns, la propagation du prunier se fait de branches éclatées et de boutures qu'on met en terre au mois de décembre, et qui viennent bien si on les arrose, comme le prouve l'expérience. Le prunier se greffe sur l'abricotier, sur le cerisier et autres arbres analogues gommifères. Les mêmes espèces peuvent réciproquement être utilement greffées sur le prunier.

Article XLIII.

Culture du palmier (*phœnix dactylifera*, Linn.).

On en compte plusieurs espèces; l'arbre aussi porte plusieurs noms. Il y a le *dattier sauvage*, l'*ahdjouah*, le *schahrir*, le *kisneh* et autres espèces. D'après Ibn-Hedjadj, à qui Dieu fasse miséricorde, Junius (1) dit que, pour planter le palmier, il faut creuser des trous de deux coudées (0^m,924) de profondeur, d'une largeur égale. On remplit la cavité de terre végétale et d'engrais, en laissant un vide d'une demi-coudée. On dépose ensuite le noyau de la datte dans le milieu, non perpendiculairement, mais horizontalement. On rapporte par-dessus de la terre meuble mêlée d'engrais et de sel, assez pour remplir la

(1) Ce passage attribué à Junius se trouve dans les *Géoponides*, X, 4, au commencement, sous le nom de Léontinus. Columelle et les agronomes latins ne disent que peu de chose du palmier. — Théophraste entre dans beaucoup de détails sur la culture de cet arbre, *Hist. Plant.*, II, 8; plusieurs de ses préceptes se trouvent ici. Pline donne beaucoup de détails sur le palmier et sa culture, XIII, 6 *et suiv.*; il en cite ainsi que Théophraste plusieurs espèces.

cavité. On la recouvre avec du sarment, et l'on arrose tous les jours jusqu'à ce que la germination soit établie; on porte alors (ce noyau et sa jeune pousse) dans un autre endroit. Il en est qui le mettent à sa place immédiatement en terrain salé, comme nous l'avons dit précédemment. Si on veut faire le semis ailleurs que dans un terrain non salé, il faut y ajouter une certaine quantité de sel pur, ainsi que nous l'avons également dit. Tous les ans on pratique à l'entour un serfouissage, et on jette du sel; par ce traitement, le palmier donnera plus promptement des fruits, et produira des dattes (en abondance).

Suivant Démocrite, on creuse un trou de la profondeur d'une coudée ($0^m,462$); on le remplit de terre et d'engrais; on prend ensuite un noyau qu'on fend par la moitié, puis on le dépose dans le trou, de façon que la terre soit adhérente à la partie qui a été fendue. Ainsi posé, on répand par-dessus de la terre et de l'engrais, après y avoir mêlé une certaine quantité de sel; on arrose constamment jusqu'à ce que la germination ait lieu. Il est des personnes qui, aussitôt que la pousse s'est produite, effectuent la transplantation. D'autres le laissent en place, ayant soin chaque année de serfouir à l'entour, en répandant une certaine quantité de sel, parce que le palmier en contact avec le sel prend de la force (Cf. Géop., II, 10). Ibn-Hedjadj dit avoir vu planter un noyau de datte sans qu'on eût mêlé du sel à la terre ni fendu ce noyau, il leva et donna un bel arbre; néanmoins, on est généralement d'accord que le sel et la terre saumâtre sont ce qui lui convient le mieux (1).

Sagrit dit que celui-là doit se garder de planter le palmier,

(1) Banqueri a renvoyé en note sans le traduire un passage extrait de l'Agr. nabat., fautif dans quelques-unes de ses parties, mais qui est explicatif des conditions d'état exigées par Sagrit, pour l'homme qui plante le palmier; il doit avoir un temperament lymphatique, *lunaire*, et le corps dans un état normal. Il ne doit point replanter le jeune palmier le second jour du mois lunaire. Il doit en faisant cette plantation être gai et souriant, *sans contrainte*, avec une figure bien épanouie et très-enjouée; c'est une expérience que nous avons faite et nous avons reconnu l'exactitude du précepte, ajoute l'auteur.

qui a une mauvaise haleine, et qui est d'un caractère triste. Toutes les fois donc qu'un homme effectue cette plantation, il doit être gai et joyeux; si la lune est pour lui dans une condition favorable, elle lui communique de sa force. Quand on sème une certaine quantité de noyaux d'une seule espèce, pris sur un seul palmier, on en voit sortir diverses variétés, et même de mauvaises (1). Si on plante des noyaux de ces variétés, on verra sortir (de ce second semis) l'espèce primitive.

Si on plante un drageon de palmier فسيلة, on obtiendra des dattes pareilles à celles du palmier originaire, ainsi que le régime et le *chou du palmier* جمار. Ce jeune régime peut fournir du pain quand il est vert (2); (s'il ne l'est plus), on ouvre la membrane ou spathe, on prend le régime qui y est contenu; mais si la spathe est fraîche, blanche et tendre, on coupe tout ensemble (spathe et régime) en petits morceaux qu'on fait sécher complétement au soleil; on les soumet à la trituration, on passe à la meule, puis on pétrit la farine avec du ferment de froment ou d'orge; ensuite on laisse reposer cette pâte pendant longtemps. Il faut pour pétrir employer de l'eau chaude et beaucoup de sel; on complète ensuite la panification (par la cuisson), on peut alors user de ce pain. Quand on passe deux fois à l'eau chaude et au sel, c'est très-bon; ce sera mieux encore si on le répète une troisième fois. Chaque fois qu'on passe à l'eau, on en prend de la nouvelle; on opère de la même manière sur toutes les dattes qui sont pareilles à celles-ci, avant d'en faire du pain. On les passe deux fois à l'eau douce et au sel, ou bien à l'eau seule; elle doit (toujours) être ainsi passée si elle est d'une saveur âcre et très-acerbe; mais si la saveur est mêlée d'amertume ou autre, on emploie le sel et l'eau mêlés ensemble.

(1) Le mot أخشن qui se trouve ici nous semble difficile à comprendre, il signifie proprement *mauvaise odeur*. Nous l'appliquons à la qualité.

(2) Il s'agit ici de la spathe non encore sèche et du jeune régime qui s'y trouve contenu, dont le noyau est encore sans consistance. Le chou du palmier est mentionné par Théophraste, H. P., II, 8, sous le nom de ἐγκέφαλος, *cerebellum*. طلع est le jeune régime et la spathe ou membrane qui l'enveloppe.

D'après un autre, le palmier pousse dans les sables et dans les plaines. Il aime la terre saumâtre ; on le multiplie de noyaux, ou de drageons poussés à l'entour du tronc quand on a coupé l'arbre ; mais il ne réussit point de branches éclatées, ni de boutures. Le noyau se plante à plusieurs reprises (1) en le prenant dans les dattes de la meilleure qualité. On prépare un trou d'une coudée de profondeur, on le remplit jusqu'à la moitié de terre mêlée de sel et d'engrais humain. Suivant Kastos on y mêle des crottins d'animaux. Suivant Ibn el-Façel, on y mêle environ quatre roïls (livres) de sel pour deux paniers ou *cabas* d'engrais (le *cabas* est égal au neuvième de la moitié du *qafiz* de Cordoue). On dépose à la partie supérieure du trou ainsi rempli, dans le milieu de la terre, le noyau couché et non perpendiculaire, de façon que le point qu'on aperçoit sur le dos occupe la partie supérieure, et le sillon نقير le bas. On le recouvre de ce mélange (de terre et d'engrais) d'une épaisseur de deux doigts réunis, et cela en mars ou avril ; suivant Ibn el-Façel, au mois de janvier. On donne de l'eau deux fois par semaine, jusqu'à ce que la germination soit effectuée ; si le noyau était posé sur le dos, il ne pousserait point.

Macarius dit de prendre un noyau, de le fendre par le milieu et de le déposer dans le trou, de façon que la partie fendue adhère au sol ; la partie pointue extrême doit être tournée vers le levant. Suivant d'autres encore, on prend la datte non complétement mûre, on enlève ce qui couvre le dos à l'opposé du sillon, et la plantation se fait ensuite. On dit encore que, si avant de faire le semis on laisse macérer le noyau pendant cinq jours, et qu'on le pose en terre, le dos faisant face au ciel et le sillon à la terre, ce mode de plantation donnera un arbre grand et fort et qui sera très-productif. Suivant d'autres,

(1) Litt. *plusieurs fois*. Le texte est tel, dans le mss. de la B. I. et dans l'imprimé ; mais je crois que ce qu'on lit dans la note de Banqueri est une explication utile pour compléter la pensée : « On en extrait le noyau qu'on dépose » immédiatement dans une terre sableuse ou saumâtre pour le faire stratifier » avant le semis. »

quand le point qui est au milieu de la datte القطمير occupe la partie inférieure, il en naît un palmier mâle.

Suivant Hadj de Grenade, le rejeton du palmier se plante dans un trou de la profondeur de deux empans ($0^m,46$), pas moins; on rapporte dessus le mélange de terre meuble, d'engrais et de sel indiqué, on donne un arrosement immédiat, puis l'arrosement se continue tous les quatre jours jusqu'à la fin du mois. Aux deux quinzaines de ces jours (du mois), on fait dissoudre du sel dans de l'eau, qu'on répand sur le pied, puis (ce mois expiré) on reprend les arrosements tous les huit jours jusqu'à la fin du printemps; à l'aide de ce procédé, la reprise s'effectuera et l'arbre donnera promptement du fruit. Hadj de Grenade dit : J'ai vu de mes propres yeux réaliser cette opération sur un jeune plant. Il en est qui disent qu'on traite de même les drageons pris au pied de diverses espèces.

Un autre dit que le palmier s'accommode très-bien du sel quand on lui en applique une fois chaque année; si on lui donne de la lie de vin vieux, c'est encore meilleur et plus avantageux pour la qualité de la datte. (Géop., X, 4.) Il en est qui disent que le palmier a de l'affinité pour les substances acides; on a dit encore qu'il ne fallait jamais négliger de donner deux fois par an, ou à peu près, du sel au palmier, jusqu'à ce qu'il donne du fruit. D'autre part, tel veut continuer plus longtemps l'application du sel au pied du palmier; tel autre l'arrête; seulement si cet arbre est planté en terrain salé, il n'a pas besoin (du secours) du sel. Il a été dit que si on appliquait à la base du palmier, du sel commun (1) et qu'on eût soin de l'arroser plusieurs fois, il donnait des fruits plus doux et d'une maturité parfaite. On retranche les branches sèches du palmier à l'équinoxe du printemps, à la mi-mars ou à peu près; suivant certains auteurs, l'opération doit se faire en mars, ni plus tôt, ni plus tard.

(1) Ce mot الآدمي, *humain*, donné comme spécifique au sel dans cet endroit seulement, est très difficile à expliquer; — Banqueri a cru voir le *sel commun*, nous avons adopté son opinion.

Abou'l-Khaïr dit : Voici la manière de rendre douces les dattes acides, comme la datte d'Espagne (par exemple). On prend ces dattes espagnoles quand elles sont arrivées à leur point ; on les fait bouillir dans l'eau douce, jusqu'à ce que toute l'acidité ait été enlevée ; on retire l'eau et on laisse le fruit sécher jusqu'à ce que l'humidité ait disparu ; alors la datte améliorée est agréable à manger. On opère la fécondation du palmier (femelle) au moyen du mâle à l'époque de la floraison, et l'on obtient des fruits mûrs et succulents. L'Auteur dit : J'ai opéré la fécondation d'un palmier sauvage sur le mont Ascharff au moment de l'épanouissement des fleurs, au moyen d'une petite portion de fleurs mâles. J'ai projeté sur ce palmier la poussière obtenue de ces fleurs, et une partie des fruits s'est produite douce et de bonne qualité. Je n'ai pratiqué l'opération qu'une seule fois cette année, mais il faut nécessairement la répéter plusieurs fois successives, comme pour la fécondation du figuier.

On raconte du prophète, sur qui soit la paix et le salut, rompant (un jour) le jeûne en mangeant une datte, Abou-Abdallah lui dit : Quel bien (*litt.* quel remède) l'âme peut-elle tirer de cette datte fraîche pour que Dieu en ait donné à manger à Marie, sur elle le salut ? Celui, répondit le prophète, qui mange sept dattes (de l'espèce dite *ahdjwah*, dattes de Médine), avant de s'endormir, tue le ver qui est dans son corps. On dit que le premier qui cultiva le palmier fut Seth, fils d'Adam, sur qui soit le salut (1).

(1) Les Arabes ont des traditions légendaires très-nombreuses sur le palmier, qu'ils considèrent comme ayant été formé de la terre restée sous la main de Dieu après la création de l'homme dont ils disent qu'il est le frère. Ils font aussi de curieux rapprochements entre les fonctions organiques de l'homme et celles qu'ils prêtent au palmier. *Vid.* mss. 884, s. f° 65 r°. Les Géoponiques prêtent aussi des sentiments d'amour passionnés au palmier, X, 4.

Article XLIV.

Culture du noisetier, *djilouz*, nommé aussi *le nardjil* et même *fauqal*.

Suivant Abou'l-Khaïr, il y a quatre espèces de noisetiers : l'*amlissi* (lisse), le *tardjin*, le *bahrar* et le *maçadi* ; le mode de culture est le même pour toutes ces variétés. D'après Ibn-Hedjadj, Junius dit que la noisette se plante dans le même temps que le *houdam* (1). Le mode de traitement est le même. Il aime les lieux dont le sol est blanc, et qui sont très-humides. Il y a des noisettes (ou avelines) qui sont rondes et d'autres qui sont longues. Lorsque la noisette ronde est plantée en même temps que celle qui est longue, elle pousse plus rapidement.

On lit dans l'Agriculture nabathéenne que le noisetier croît spontanément dans les montagnes, et plus souvent encore dans les plaines dont le sol est dur. C'est un arbre forestier (*litt.* sauvage). On arrache sur les montagnes les pieds qu'on transporte tout enracinés dans les jardins; ils y reçoivent les soins de la culture et ils réussissent bien. On les met dans un terrain qui ait de l'analogie avec la terre des landes incultes, pour la dureté et pour le mauvais goût. Le noisetier ne demande point d'engrais; rien ne lui est plus favorable que de l'émonder dans le temps où on taille la vigne, particulièrement; (avec ces seuls soins) le noisetier grandit, végète, pousse et prend de la force. On dit que les serpents ni les vipères ne peuvent séjourner sous cet arbre, non plus que les scorpions et autres animaux venimeux. Le scorpion s'enfuit à l'approche

(1) La citation attribuée ici à Junius se trouve dans les Géop., X, 68. La noisette y est indiquée sous le nom de *nux pontica*, Κάρυον ποντικὸν καλούμενον λεπτοκάρυον. Il y est dit qu'on la plante à la même époque que *l'amande et la noix*. Ces deux mots sont remplacés par le nom informe الكودم qui peut être une altération de الجوز واللوز. Columelle ne cite l'*avellana* qu'en passant, V, 10, 14. *Vid.* Plin., xv, 24.

d'un homme qui tient à la main une ou deux noisettes, cela par l'effet d'une propriété qui leur est toute spéciale (1). Sagrit dit que le noisetier nommé *djalouz* (possède cette propriété). Si donc un homme porte trois ou quatre noisettes cachées dans dans son sein, ou s'il en a quelques-unes dans un nouet dans sa *boutique*, ou si encore il tient à la main un bâton de coudrier, les scorpions fuiront, et cela par suite de la propriété que possède la noisette.

Suivant un autre, le coudrier réussit dans toute terre moite et sur les courants d'eau ; c'est pour cela qu'on le plante dans les terres meubles que les eaux pénètrent facilement, dans les lieux élevés très-humides et sur les canaux ou fossés. La terre blanche lui convient très-bien. On propage le noisetier de semis, de plants obtenus au sommet ou bien à la partie inférieure au moyen de marcottes en pots. La noisette se plante fraîche, en terrines, en octobre, époque où on la mange. On la sème placée la pointe en bas. Les plants enracinés sont plantés, en janvier et février, dans des fosses longues dans lesquelles on les couche comme on le fait pour le sarment et autres végétaux analogues. On donne à la fosse une profondeur de quatre empans ($0^m,964$) et entre chaque pied on laisse environ dix empans ($2^m,310$) de distance, parce que cet arbre prend peu d'étendue. Il faut donner beaucoup d'eau afin que le terrain ne reste jamais sec ; s'il arrive que l'on apporte de la négligence dans les arrosements, le noisetier périt, et surtout le jeune plant. Ibn el-Façel dit qu'il convient d'arroser tous les jours. Le noisetier veut beaucoup de culture, mais il repousse très-énergiquement l'engrais. Hadj de Grenade dit que quand on coupe les rejetons qui sont au pied, il faut prendre garde de faire la coupure immédiatement sur le pied parce que les vers attaqueraient l'arbre qui en souffrirait. La noisette se montre en mai, elle mûrit et on la récolte à la fin de septembre ou au commencement d'octobre.

(1) Les Géoponiques disent que *Plutarque attachait des noisettes (avelines) au pied des lits*. Géop., XIII, 9.

Article XLV.

(Culture et) plantation de la vigne.

Les espèces de raisin sont nombreuses; il y a le raisin noir, à grains ronds; celui à grains allongés; une autre espèce (de forme et de couleur) intermédiaire; le rouge tirant sur le jaune; le raisin précoce et le raisin tardif, et les variétés qui tiennent le milieu. Suivant Ibn-Hedjadj, à qui Dieu fasse miséricorde, lorsqu'il traite de la plantation de la vigne et des saisons où on doit la faire, Kastos a dit : J'ai étudié l'époque de la plantation de la vigne dans toutes les conditions, et j'ai trouvé que les meilleures de toutes les plantations étaient celles d'automne, surtout dans les contrées où l'eau est peu abondante. Alors le sarment, débarrassé de son fruit, déjà consistant (par lui-même) prendra encore de la force par l'irrigation qu'il recevra de la pluie qui va venir; il sera garanti des atteintes du froid et deviendra ainsi plein de vigueur; or quand la vigne est plantée en automne, la pousse est plus rapide. On prescrit de planter en cette saison dans les pays où l'eau est rare, à cause de l'humidité qu'amènera l'hiver pendant toute sa durée, et alors les racines s'implanteront dans le sol en attendant l'arrivée du printemps; c'est ainsi, en effet, que les choses se passent (1). Kastos dit : Quand j'ai essayé pour la première fois cette plantation en automne, ceux qui en étaient témoins la critiquèrent, mais ensuite ils applaudirent au résultat; ils firent ensuite de même et ils le font encore aujourd'hui.

(1) Il nous paraît à peu près certain que nous trouvons ici la reproduction de ce qui est dit dans les Géoponiques, v, 6, d'après Cassianus ; mais, comme souvent la citation manque parfois d'exactitude, nous avons cru devoir introduire une modification que semble appeler ce qui suit : واشتدت لها يستقبل من مطر شتيه المستقبل. Banqueri a traduit différemment.

Kastos et Junius disent qu'il est des personnes qui choisissent (*litt.* prennent) au commencement du printemps les brins de sarment qu'elles veulent planter; elles commencent au sept de schebath (février); d'autres commencent leur plantation lorsque la végétation commence à se montrer (Cf. Géop., *loc. cit.*). Marsial dit qu'il faut planter les brins (*chapons*) (1), les boutures et les branches éclatées (drageons) quand elles se mettent à pousser. Ibn-Hedjadj, à qui Dieu fasse miséricorde, dit : Les préceptes de Junius et de Marsial sur cette matière m'ont causé beaucoup d'étonnement, mais je leur donne la préférence sur ce que dit Kastos qui, pourtant, peut avoir du bon. La cause de cette préférence, c'est que l'époque de cette plantation des brins, branches éclatées et boutures, doit être faite quand ils sont pleins de séve et d'humidité aqueuse, parce que dans cet état, ces fluides se portent vers la partie inférieure, se mettent en contact avec la terre végétale, et que par suite se produisent les racines. Par cette raison donc je donne la préférence à cette dernière opinion (celle de Marsial) pour ce qui doit être planté sans racines, par ce motif qu'il faut que le brin produise ses racines et sa souche à l'aide de la matière séveuse qui en est la base. D'autre part il n'y a aucun inconvénient dans l'emploi de ce mode de plantation (*litt.* en cela), pour les plants enracinés. Les anciens avaient approuvé ce principe. Maintenant que j'ai déterminé dans ce qui précède l'époque de la plantation, je m'abstiendrai d'y revenir. En ce qui touche la plantation de la vigne en automne, comme alors elle n'a que très-peu de séve, il faut s'occuper de la faire plutôt au printemps qu'en automne, quoiqu'il ne soit point impossible d'y songer en automne (utilement), comme le prouvent les expériences de Kastos et autres.

Suivant Junius, il y a des agronomes qui défendent de planter les brins ou chapons de vigne quand les yeux ont commencé à pousser, d'autres qui ne défendent point de planter ce qui est

(1) Ce mot technique se dit des brins de sarment plantés sans racines. Dans Columelle on trouve généralement le nom de *malleoli*, *crossettes*, ou *sata*.

en pleine végétation. (Les premiers se fondent) sur ce qu'il est manifeste que toute plantation faite ainsi n'est pas convenable. Il faut, quand on couvre de terre le brin de sarment, qu'il soit appliqué sur le côté de la fosse (Cf. Col., IV, 4, 2), parce que, quand on le dispose ainsi, il forme une vigne plus forte (et plus belle). Kastos dit que cette position fournit mieux à la nutrition du plant et détermine un produit plus abondant. Si on porte dans un autre endroit le provin après sa reprise, il sera plus productif. En réunissant dans un même lieu diverses espèces de vignes, on obtient cet heureux résultat que, si une espèce trompe les espérances (du planteur) pour le produit, l'autre ne le trompera point (1). C'est un fait acquis par l'expérience d'un viticulteur qui avait planté une seule espèce de vigne et appuyée sur ce que la vigne est exposée à beaucoup de maladies et d'accidents. Il en est qui affirment le contraire. (Kastos) dit de planter la vigne toute droite et elle réussira, mais qu'elle réussira encore mieux si on lui donne dans la fosse une certaine inclinaison. Ibn-Hedjadj dit qu'il préfère donner de l'inclinaison dans la fosse, parce que dans ce cas l'adhérence entre le sarment et la terre est plus possible quand on la presse du pied. Cette partie de son opinion dans le mode de plantation est bien connue, elle a été indiquée précédemment dans le chapitre qui traite de la manière de planter. Il y a encore cette (seconde) raison, c'est que le brin de sarment étant planté obliquement dans la fosse, on enfouit une plus grande quantité d'yeux (2); il pousse mieux surtout quand vient se joindre l'adhérence de la terre végétale.

Il faut, dit Junius, lorsqu'on opère une plantation, faire un mélange de terre de bonne qualité avec de l'engrais sec; la

(1) Sotion, dans les Géop., V, 16, a; plaudit à la plantation de plusieurs espèces dans le même terrain, mais isolément.

(2) Le texte porte عروق, ce qui peut être vrai jusqu'à un certain point, si on enfouit un plant enraciné : mais s'il s'agit d'un plant non enraciné, il vaut mieux lire عيون, *des yeux*, ce qui est beaucoup plus exact. C'est du reste ainsi qu'on lit dans le paragraphe suivant.

souche qui en sera environnée poussera bien, et le jeune sujet replanté végètera plus rapidement. Ibn-Hedjadj, à qui Dieu fasse miséricorde, dit : Cette manière de voir est encore bien connue, je veux dire le mélange de la terre et de l'engrais. Il est, dit-il, des individus qui enfoncent dans le terrain une cheville (ou plantoir), puis ils posent la base du brin dans la cavité formée par le plantoir. Baloudon dit que cette méthode est toute désavantageuse, parce que les yeux du brin planté en éprouvent de l'affaiblissement, en ce que l'air qui vient en grande quantité frapper ce brin les dessèche par le manque d'adhérence de la terre qui l'enveloppe mal.

Kastos dit que si on dépose dans la même fosse deux plants enlacés l'un à l'autre, la terre n'est point assez forte pour fournir à leur nourriture; c'est comme si la même nourrice voulait allaiter deux enfants à la fois : son lait ne pourrait leur suffire (Géop., V, 13).

Je ne crois pas que la fosse, pour l'utilité du pied, doive, dans les terrains secs, durs et dépourvus d'humidité, avoir moins de deux coudées ($0^{m},924$), car si elle a moins, le pied vieillit bien plus vite et donne peu de produit. Une autre raison, c'est que la chaleur du soleil arrive jusqu'à la racine, absorbe (*litt.* écarte) l'humidité du sol qui est la nourriture de la vigne.

Junius dit que dans certains cas il faut planter dans des trous (*scrobes*) et dans d'autres en sillons ou rigoles (*sulci*). La plantation en trous est utile dans la terre de bonne nature qui n'exige point de trop grands soins de culture; mais dans les terres chaudes qui ne sont pas de bonne qualité, il faut planter en rigoles (Cf. col., V, 5). On les prépare de cette manière : on creuse un fossé en long en raison de l'étendue de l'emplacement qu'on veut planter; ces fossés auront deux pieds romains ($0^{m},592$) de large sur une pareille profondeur. Quand on veut réaliser la plantation, on dispose au fond du fossé, au lieu même où doit être disposé le brin de sarment, une petite fosse de huit doigts de profondeur. Le travail doit, en totalité, être effectué dans la première et la seconde année, de telle sorte qu'à la troisième on examine les vides qui se sont produits dans les divers endroits, et on rapporte la terre sur les côtés de la rigole (là où il est nécessaire), après l'avoir mêlée avec de la terre autre que celle du voisinage de ces rigoles, ayant soin de les incorporer l'une à l'autre. Pendant ce temps, on *ne doit pas oublier* de couvrir de terre les plants déposés dans la cavité des rigoles, en raison du besoin, ajoutant à la terre une proportion suffisante d'engrais; à la fin de tous ces travaux la surface du terrain sera nivelée partout.

Suivant Junius, la plantation en rigoles est ce qu'il y a de plus avantageux dans les terrains très-gras, parce que ce mode de travail lui fournit le moyen d'absorber l'air et de l'expirer. Ibn-Hedjadj, à qui Dieu fasse miséricorde, dit que le mode de plantation décrit par Junius est d'une science très-profonde et le plus profitable. Cependant les hommes de notre époque repoussent des préceptes aussi sages à cause de la difficulté (dans l'exécution). Je ne vois point que personne des maîtres (en agriculture) en ait parlé. En réalité les rigoles (ou sillons) sont de grandes lignes qu'on ouvre dans la terre avec la pioche (*ligo*); elles sont plus larges que les lignes qu'on ouvre en labourant. La terre qu'on extrait de la cavité des lignes est posée de chaque côté, sur les bords, où elle forme des tas. On creuse ensuite des fosses (*scrobes*) dans la cavité de la rigole pour y mettre le plant. Ces fosses restent ouvertes pendant tout le temps que nous avons indiqué, afin que tout l'ensemble soit soumis par là à l'influence de la chaleur du soleil, et s'ameublisse par celle de l'air ou de la pluie, et qu'ainsi le terrain soit mis dans une condition favorable et bien préparé pour recevoir les plants qui lui seront confiés.

Ibn-Hedjadj, à qui Dieu fasse miséricorde, dit : Le mot *djari* جرى est grec, c'est un pluriel qui s'applique à ces sortes de lignes (qui viennent d'être) décrites; le singulier est حونة *hounah* (1).

(1). Ces mots ne se trouvent nulle part. Les textes des manuscrits portaient tous الحوتى et Banqueri a admis la correction الحجرى qui, prise dans le sens de courant, rendrait assez bien la pensée; mais alors, il faudrait lire المجرى, où les mots donnés comme grecs n'en ont point la physionomie. Plus loin, p. 374,

Un témoin digne de foi m'a raconté qu'à *Khama-Sallhamâsah* on employait un procédé analogue dans des terrains arrosés, mais qui ne peuvent l'être que faiblement à cause de leur élévation. On pratique des sillons ou rigoles, dans lesquels on plante les brins de sarment, puis on donne de l'eau. Quand ce brin a bien pris de la force, on ramène la terre par-dessus; on nivelle le sol, on cesse tout arrosement, et le terrain revient à l'état de terre non arrosée (*sécheron, siccaneum*). D'après le livre d'Ibn-Hedjadj, il faut bien nettoyer de toute espèce de broussailles les lieux qui doivent recevoir le plant; cette opération doit se faire avant tout. Il faut donner un serfouissage autour du jeune plant quand il est bien repris, c'est-à-dire après la première année; ensuite, on enlève les racines qui se montrent trop voisines de la surface du sol, avec la serpette, parce que c'est généralement l'habitude des provins de lancer des racines dans tous les sens, ce qui n'empêche qu'ils ne les portent en profondeur, sinon tardivement. Au bout de deux ans, il faut donner un serfouissage qui alors devra descendre à la profondeur d'un pied ($0^m,296$), ayant en diamètre le triple, trois pieds. Fin de la citation. On traite de même les vignes qu'on doit faire monter sur les arbres.

Junius dit que quand on plante ces sortes de vignes (montées sur les arbres), si on laisse de grands intervalles, il est bien plus facile d'ensemencer le sol tous les deux ans. La limite de l'élévation des arbres qui portent les vignes, c'est une hauteur de soixante pieds ($17^m,760$), elle ne sera aucunement préjudiciable à la vigne (1). On laissera, dans les très-bonnes terres, les arbres montés à la hauteur indiquée; mais, dans les terres maigres, on la réduira à huit pieds ($2^m,268$), de peur que ce qu'il y a de force dans le terrain ne se porte sur les arbres. L'auteur ajoute : Il faut que nous étalions autant que possible les branches vers le levant et le midi, en évitant le couchant et le

nous verrons ces tranchées ou rigoles décrites sous le nom de خندق, plur. خنادق.

(1) Cette hauteur paraît exagérée, mais le texte est précis.

nord. Ces vignes doivent avoir une bonne longueur ; il faut les planter en racines (*vivi radices*). Il est des personnes qui, voulant employer des plants enracinés, les portent de la pépinière (où ils ont été formés) vers la fosse où ils veulent planter. D'autres n'usent point du procédé de plant élevé en pépinière, mais ils plantent simplement des chapons. Le premier procédé est le meilleur. Il faut savoir que ces vignes, qu'on veut faire monter sur les arbres, exigent qu'à la taille on leur laisse des brins de deux coudées ($0^m,924$) pour le moins. On doit laisser entre les pieds de la vigne montante quinze coudées ($6^m,945$). Il est possible d'établir dans les intervalles des arbres à fruit peu enracinés, comme le grenadier, le pommier, le coignassier ; on y plante aussi parfois des oliviers, quand il y a un assez grand espace. Il est des personnes qui n'approuvent point cette méthode, et d'autres qui pensent que la plantation du figuier est très-favorable pour la vigne. Mais il n'en est point ainsi, car d'après le résultat que nous a fourni l'expérience, la plantation du figuier à l'entour du champ de vigne, au dehors, est beaucoup plus avantageuse.

Ibn-Hedjadj, à qui Dieu fasse miséricorde, dit : Nous avons vu chez nous le figuier planté entre les vignes, en très-bon terrain, et elles poussèrent très-bien en hauteur ; c'était dans les vallées voisines du Guadalquivir. De même, les pieds de vigne qui en étaient éloignés poussèrent bien et donnèrent beaucoup de fruits ; mais cela se produisit dans ce lieu, parce que la terre était de très-bonne qualité, fournissant bien à la nutrition de la vigne et du figuier *litt.* pour les deux). Je n'ai jamais vu, sur la montagne de l'Ascharff, planter de figuier dans les vignes, sans qu'elles en fussent affaiblies, comparativement avec celles où il n'en avait pas été planté. De même, les cépages de vignes qui y sont plantés deviennent rachitiques aussitôt que les arbres prennent quelque développement, à cause de la maigreur du sol de l'Ascharff, qui est dur comme dans les montagnes ; c'est pourquoi ce qu'a dit Junius y trouve son application. Cette assertion est pleine de vérité, et très-connue chez nous parmi les populations répandues sur l'Ascharff, car bon nombre de ces habitants l'ont apprise par l'expérience. Voilà l'indication, d'après lui (Ibn-Hedjadj), de la terre qui convient à la vigne. Suivant Junius, la terre qui convient le mieux à la vigne est la terre noire, qui n'est point dure et dans le fond de laquelle l'eau douce se trouve dans une juste proportion. Quand cette terre a reçu les eaux pluviales, elle ne les laisse point pénétrer dans son sein en trop grande quantité, mais elle les laisse s'infiltrer sans les retenir à la surface; car les eaux retenues à la superficie du sol gâtent ce qui y est planté et le font pourrir (*Géop.*, V., 1).

Il faut aussi se rendre compte de la profondeur du sol, car souvent il arrive que sa couche superficielle soit noire, lorsque le sous-sol est blanc (argileux) (*Géop.*); quelquefois aussi, c'est le contraire qui a lieu. La meilleure de toutes les terres est celle qui est rapportée par les eaux courantes. C'est pour cette raison qu'on vante beaucoup le sol de l'Egypte. Nous dirons, en somme, que toute espèce de terre noire est bonne, quand elle n'est point compacte, ni glaiseuse; si elle a une certaine humidité, c'est alors la nature de terrain qui convient le mieux pour (la culture) de la vigne (Géop., *loc. cit.*). Il faut donc planter dans ces terres noires, fraîches et humides que nous avons mentionnées, les espèces de vignes qui puisent dans le sol une grande quantité de sucs nourriciers, car ce n'est qu'avec difficulté que ces vignes reçoivent leur nourriture (Cf. *Géop.*, V., 2). L'auteur ajoute que, dans la terre sèche, maigre et sableuse, ces sortes de vignes ne prospèrent point; cependant, on voit réussir, dans les terres légères, les espèces dont le suc est moins épais que dans les autres. Il convient de planter les espèces naturellement très-juteuses dans des lieux chauds, secs et élevés. Mais, ce qui est plus sec (moins juteux), il faut le mettre dans des endroits frais et moites; ces différences en plus dans la nature du sol compenseront ce qu'il y a en moins dans la nature du plant; en somme, il ne faut point planter dans une terre grasse les espèces de vignes qui se nourrissent très-facilement; il faut leur confier ce qui est dans une disposition contraire. On doit mettre dans les terres noires les espèces faibles, peu juteuses, et qui sont impuissantes à attirer tous les sucs du sol. Si le plant qui se nourrit facilement est déposé dans un terrain gras, son fruit ne tardera point à se fendre, et il poussera beaucoup de feuilles; et si les espèces faibles sont mises en terrain sec, elles ne donneront qu'un fruit grêle; par tous ces motifs, il faut s'appliquer à bien connaître la nature de ce qu'on veut planter, et du sol (où on doit le faire), et juger de leur différence d'après ce que nous avons exposé précédemment, et étudier de même leur tempérament.

Il faut savoir que de tous les emplacements, les plus convenables pour la plantation des vignes basses qui s'étalent à la surface du sol, ce sont ceux qui sont sur les flancs des collines et les terrains qui tendent à monter et à s'élever au-dessus du niveau des plaines. Les vignes plantées dans de telles positions seront très-fertiles à cause de l'action de la chaleur en été, et du vent qui viendra souffler sur elles avec force. Ces sortes de vignes s'accommodent très-bien aussi des terrains qui s'étendent en collines et qui sont voisines du pied des montagnes, parce qu'il arrive vers ces emplacements une forte partie de la force nutritive qui produit (la végétation et) la croissance, entraînée par les eaux pluviales. Mais on ne doit point planter de vignes sur la crête des montagnes, parce que, les pluies entraînant la terre végétale, les racines restent à découvert, et sont privées de nourriture. Les vignes montantes doivent être plantées dans les plaines unies qui ont de l'humidité et de la fraîcheur, et surtout dans les endroits chauds qui ne sont point trop fatigués de vents. Les vignes mises dans de tels emplacements et qu'on fait monter sur les arbres, sont rafraîchies par les vents quand ils soufflent et s'en nourrissent. Toutes ces prescriptions sont de Junius. Le même agronome dit encore : Les lieux voisins de la mer conviennent très-bien pour la vigne, à cause de la chaleur et de la douce moiteur qui s'élève de la mer et dont le plant se nourrit; les vents de mer lui sont encore très-favorables. Il est des hommes qui pensent que la vigne ne doit pas être plantée dans le voisinage des rivières, accompagnées de marécages, ni du lieu où s'élèvent des vapeurs infectes et froides ; c'est de ces vapeurs que s'engendrent les vers qui font des dégâts dans les vignes et qui en causent aussi aux diverses semences ; c'est par cette raison qu'on s'éloigne des lieux marécageux (1). Démocrite parlant de la forme des brins (de sarments destinés pour la plantation), de leur choix et de la manière de les conserver (frais), quand on ne peut les planter au moment où on les coupe, dit qu'il ne faut prendre ces brins ni sur une vieille vigne, ni sur une jeune, mais sur celle qui est d'un âge moyen, parce que jeune et vieille ne donnent aucun produit. Kastos s'exprime à peu près dans les mêmes termes : Il ne faut point que le brin soit ni d'une vigne jeune, ni d'une vieille vigne, car l'une et l'autre donnent très-peu de fruits ; il faut donc employer pour la plantation, des brins pris dans une vigne d'un âge intermédiaire, c'est-à-dire, ni vieille ni jeune. Il ajoute : Le sarment destiné à la plantation ne doit point être aplati, ni avec une écorce rugueuse, ni grêle, avec des yeux trop écartés les uns des autres. Ainsi le brin destiné à faire une bouture ou chapon doit être lisse, luisant, long, avec les nœuds rapprochés ; il faut que chacun de ces brins porte avec lui une portion du bois de l'année précédente. On plante son brin aussitôt qu'il a été détaché, car ceux-là sont les meilleurs qu'on plante avant que l'air ne les ait frappés ; mais si *le vigneron* ne peut effectuer la plantation de suite, au moment où les brins sont détachés, il faut les enfouir dans une terre ni humide, ni sèche, ou bien on peut les déposer dans un vase d'argile, de manière que dans l'intérieur de ce vase ils soient environnés (*litt.* qu'ils aient dessus et dessous) de la terre végétale de bonne qualité, qui

(1) Ces prescriptions relatives au voisinage de la mer et des lieux marécageux se lisent dans les Géop., v, 5, où l'article est attribué à Démocrite. Il y a entre autres variantes, celle-ci, que les vapeurs des eaux stagnantes déterminent la maladie de la rouille, *rubigo*, ἐρυσίβη.

Ce qui suit se trouve dans les Géop., V, 8, attribué aux Quintiliens. Il y a ici quelques variantes.

les protége contre l'action du vent (et de l'air extérieur). Ces brins de vigne peuvent être transportés au loin, ainsi protégés par cette terre végétale, son humidité et le vase d'argile, et rester deux mois sans qu'on les plante. Si la plantation du sarment éprouve beaucoup de retard (1) après qu'il a été détaché, il faut le tenir immergé dans l'eau pendant un jour et une nuit; planté ensuite, il reprendra (plus facilement). L'auteur continuant dit encore : Si la terre qui doit recevoir le plant est trop aride et que le plant soit desséché, il faut dans ce cas procéder de la même manière, laisser le sarment immergé dans l'eau pendant un jour et une nuit, puis effectuer la plantation. Il ne faut jamais laisser les brins de vigne destinés à être plantés séjourner dans l'eau jusqu'à ce qu'ils commencent à pousser (2), car ils se dessécheraient (et ne reprendraient point). Fin de la citation de Kastos.

Démocrite dit que si, après qu'on a coupé les brins de sarment, on ne peut les planter immédiatement, il faut les lier en faisceau et les enfouir dans une terre ni trop humide, ni trop sèche, et si on les apporte d'un lieu éloigné, et qu'on puisse croire que (frappés par le vent), ils en aient souffert, il faut les tenir plongés dans l'eau douce avant de les planter. Junius dit qu'il n'est point bon de planter des brins de sarment pris dans les parties inférieures de la vigne; il veut indiquer par là les branches qui ont crû sur la souche même du plant; il ne faut pas non plus prendre ce qui a poussé le long de la tige (dans la vigne montante); il ne faut point prendre les parties grêles, ni les sommités. Il faut prendre seulement les parties moyennes dans les brins qui sont tendres; ceux dont le bois est trop dur ne conviennent point pour planter. Le brin de la partie où les yeux sont très-

(1) Le texte porte تقدم, qui, à notre avis, ne donne pas de sens plausible; nous y substituons تأخر, guidés en cela par ce qu'on lit dans les Géop., *loc. cit.* Le contexte de cette phrase et la confusion des préceptes nous font voir le peu d'exactitude et de méthode.

(2) Nous lisons ينبت, au lieu de يبس d'après les Géop., *loc. cit.*

rapprochés sont plus convenables, de même que ceux qui sont épais et parfaitement ronds (1). Quant au brin qui est aplati (*litt.* large), rude, sans consistance et grêle, avec les yeux écartés, il faut le rejeter. Le brin qui mérite la préférence doit être d'une pousse vigoureuse; il faut qu'il y reste attaché une partie du bois de l'année précédente, en forme de *fuseau* (de fileuse; *malleolus*). Il faut aussi se garder de prendre le sarment dans une vigne sauvage ou trop jeune, c'est-à-dire qui ait moins de six ans. Fin de la citation de Junius.

Kastos, dans un autre passage, ajoutant à ce qui a été dit par lui et par les agronomes (précédents) : dit qu'on n'aura pas de bon résultat, si on découpe trop le sarment, avant de le planter. On ne doit point employer un chapon qui ait moins de sept nœuds à partir de la base, après qu'on a retranché l'extrémité : c'est ainsi qu'en usaient les habiles agronomes anciens (Cf. Géop., V, 8).

Ibn-Hedjadj, à qui Dieu fasse miséricorde, dit : Nous voulons un chapon qui porte sept nœuds, quand il est élevé en pépinière, et qu'il soit bien pourvu de racines, avant de le porter ailleurs. Mais, si la plantation était faite pour rester en place, il n'en serait pas ainsi, le plant serait trop court. Solon dit à peu près la même chose que l'agronome dont j'ai rapporté les paroles antérieurement; voici ses propres termes : Il ne faut pas planter un brin de sarment pris sur une vigne vieille, ni sur celle qui n'a pas encore atteint sept années (de plantation). En effet, quand la vigne vieille touche à sa fin, sa chaleur naturelle a baissé ; elle a perdu aussi de sa force attractive et digestive, et les deux *agents* lui deviennent insuffisants dans leur action (affaiblie). Il faut donc bien se garder d'employer des brins provenant d'une vigne en cet état. Quant à la jeune vigne, l'état lymphatique (*litt.* l'humidité) dominant chez elle, la chaleur qu'elle contient en est noyée, la force

(1) Nous retrouvons encore ici un passage déjà cité ailleurs (p. 362, m.), et qui a son analogue dans les Géop., V, 8. Il n'y a pas entière concordance, mais au fond les principes se reviennent. Quelques parties du texte sont obscures.

attractive affaiblie (1)....., et la reprise n'a point lieu. Ainsi, nous ne devons jamais prendre les chapons que sur les vignes entre les deux âges. Ce que je viens de vous dire peut trouver sa comparaison dans l'état d'une lampe peu pourvue d'huile ; vous voyez comme sa lumière est faible et combien peu elle est utile ; de même aussi, quand l'huile est en excès et la noie, la condition est la même pour la lumière quant à l'affaiblissement. Il ne faut pas non plus prendre des brins dont l'écorce soit rude parce qu'ils sont frappés de sécheresse. Il ne faut pas davantage les prendre trop grêles, car c'est le signe de l'exiguïté de la matière (séveuse du sujet) sur laquelle domine la sécheresse. Il faut donc fixer son choix sur les brins où les nœuds sont nombreux et non trop espacés, par ce motif que ce que nous cherchons, c'est qu'il sorte du brin beaucoup de racines pour tirer leur nourriture du sol ; or, c'est des nœuds que les racines sortent le plus promptement. Il est également nécessaire de couper avec le chapon, s'il est possible, une portion du brin sur lequel il a crû, car c'est là que plus communément les racines se montrent le plus promptement, parce qu'à cause de sa nodosité la matière séveuse y est épaisse et plus en rapport avec la condition (*litt.* le tempérament) des racines. Mais s'il ne nous est pas permis de couper à la base du brin une portion du vieux bois, ce qu'il y a, dans ce cas, de mieux à faire, c'est, suivant Hannon et les autres maîtres en agronomie, de rejeter la partie supérieure, et la partie inférieure, pour ne planter que le milieu, parce que la sommité est grêle et faible, et la partie inférieure, est rude, dure et peu fournie d'humidité (séveuse). Or, la reprise n'a lieu que quand cette humidité séveuse est dans une bonne condition moyenne ; et c'est dans la partie du milieu du brin que, sans aucun doute, se trouve cet état plutôt qu'aux deux extrémités. Il est cependant des *viticulteurs* qui rejettent ces prescriptions et qui plantent le brin de sarment tel qu'il se présente, et cependant la reprise se fait bien ;

(1) Ici est un passage inintelligible, rejeté par Banqueri et par nous.

il n'en résulte aucun inconvénient. Néanmoins, ce que nous avons dit et rapporté est ce qu'il y a de plus convenable pour assurer la reprise des chapons, et ce qu'il y a de meilleur à suivre dans les plantations. Fin de la citation de Solon.

Ibn-Hedjadj dit : J'ai rapporté dans ce chapitre ce que j'espère devoir offrir le plus d'utilité et des documents pour suppléer à ce que je n'ai point dit; ce qu'on lira devra servir de moyen d'induction pour le faire. S'il y a des répétitions par place, je n'ai point eu d'autre pensée que celle de bien faire connaître au lecteur les opinions des anciens concordantes avec ce que j'indique; afin que, connaissant cette concordance de doctrine, il travaille d'après elle et s'y attache fixement. Si par hasard je cite l'opinion de l'un d'eux sans parler de celle de ses contemporains, je ne veux pas pour cela donner à penser qu'il ait plus d'autorité qu'eux (*litt.* ses égaux), mais c'est parce que j'ai reproduit les citations selon qu'elles se sont présentées à moi, pour confirmer mes prescriptions et en démontrer la nécessité.

Suivant l'Agriculture nabathéenne (mss. B. I, f° 161 v°), au chapitre qui traite de la plantation de la vigne montante et autre, la terre qui peut convenir à la vigne, soit pour semer (1), soit pour planter, c'est la terre grasse; celle qui le plus généralement prend une teinte noire, celle qui tient le milieu entre une grande compacité et celle qui a de la tendance à l'ameublissement, voilà ce qui convient à la vigne, sans aucun doute. Cette terre est par sa nature disposée à recevoir l'eau douce; elle l'absorbe, et en retient une partie dans ses interstices (*litt.* ses cavités), mais cette eau disparaît au bout de quelque temps. Il en est ainsi, parce qu'il est généralement dans la nature de la terre compacte qui tire sur la nature pierreuse, qu'elle retienne à sa surface l'eau, qu'elle n'absorbe pas et qu'elle n'attire qu'en petite quantité dans son intérieur; ce qui perd

(1) زرعا pour *semer* ; ce mot doit être pris dans la même acception que *serere*, par Columelle *de Arbor.*, *III*, qui le dit de la plantation de la vigne, surtout des crossettes, chapons ou plants. Ces derniers sont appelés *semina* et *sata*.

les vignes, c'est quand elle y est retenue. Une pareille terre peut convenir aux légumes et autres plantes analogues. Mais ces terres absorbant l'eau et qui la détiennent cachée dans leur sein et leurs interstices (ou cavités) dont la surface est d'un aspect mal propre, et toutes celles qui sont telles, ne peuvent aucunement convenir à la vigne; mais la terre grasse (1) qui tient le milieu entre la terre compacte et celle qui est peu consistante est celle qui convient le mieux pour la vigne; (par sa constitution) elle tient le milieu entre les deux, soit pour l'admission de l'eau dans son sein, soit pour la retenir à la surface, ce qui la rend limoneuse. La superficie de cette terre et de la plupart des terrains est un signe indicateur de la nature du fonds, parce qu'on la reconnaît à la couleur. Souvent la surface du sol est d'une nuance qui dénote une bonne qualité, qui descend à une profondeur d'une ou deux coudées; dans d'autres, au contraire, cette couleur (externe) indique une mauvaise qualité; ainsi l'aspect superficiel du sol donne la connaissance de sa condition. Mais le choix se fera d'une façon précise, si on creuse dans divers endroits à la profondeur de trois coudées (1m,386), et, si alors l'intérieur et la profondeur sont pareils à la surface, ou à peu près, cette terre sera bonne. Si, au contraire, on reconnaît de la différence dans la couleur ou autres caractères, le terrain ne convient point pour la vigne.

Thamitri (Thamiri le Chananéen) dit qu'il est indispensable que le pied de la vigne soit dans une humidité continuelle (2). En traitant des diverses espèces de terres qui conviennent aux diverses espèces de vignes, il dit : La vigne varie beaucoup dans ses espèces ; à chacune d'elles il faut une sorte de terre spéciale. La terre meuble et grasse, d'une nuance tirant sur le noir, convient à la vigne donnant du raisin à grain blanc et allongé, ou rond; la vigne à grain rond d'une

(1) C'est-à-dire bien fourni de sucs végétaux.

(2) On voit dans le mss., f. 160 r°, que l'auteur fait, pour la Syrie, une distinction qui n'est point rapportée ici.

teinte qui tient du blanc et du vert, aime la terre qui montre naturellement dans sa partie supérieure de l'humidité et de la fraîcheur ; celle qui est grasse en excès ne peut convenir à ces deux espèces, non plus que la terre mentionnée antérieurement. La terre qui se fend par l'excès de chaleur et l'excès du froid ne convient en aucune façon à la vigne qui donne du fruit blanc. Le sol dont la partie végétale est mêlée de sable est dans une condition spéciale qui convient à toute espèce de vignes, et les préserve en même temps de tout accident fâcheux..... (1). Dans la plantation des vignes montantes ou autres, la nature de la terre doit être différente de celle que veut la vigne (non montante) ; si donc le grain du raisin est mou, il faut planter en terre dure ; si au contraire il est ferme, il faut planter en terre légère (molle). La vigne dont l'aspect est peu agréable indique qu'elle a peu d'humidité, il faut la planter dans un sol où il s'en trouve. La terre qui a un aspect triste, où la sécheresse domine, admet la plantation de la vigne qui abonde en sucs séveux (*litt.* en humidité). La vigne dans une condition moyenne se plaît dans une terre de condition moyenne.

Sagrit dit : Le raisin noir à grain allongé et celui à grain rond demandent un terrain très sec; celui dont la surface est sombre et dont la couleur passe le plus souvent au rouge, le raisin ferme légèrement et celui qui tire sur le rouge, se plantent en terre légère et dans celle dont la couche végétale renferme un mélange de sable. Sachez donc que le terrain dans lequel prospèrent les deux espèces de raisin noir et rouge, le raisin noir et blanc n'y sauraient réussir aucunement; dans les espèces de vignes à fruits blancs, il y en a une qui se plaît dans la terre légère et sableuse. Celle dont le grain est jaune (rouge clair, mss.), qui est l'espèce qui a le plus d'humidité doit, par cette raison, être plantée dans un terrain chaud, sec et maigre d'apparence, et

(1) Nous avons retranché ici quelques mots dont le sens nous échappe.

exempt (*litt.* éloigné) de toute humidité et de moiteur. Les habitants de *Barima* et de *Bakrit* plantent cette espèce dans les parties élevées du sol, et cherchent en cela un lieu sec et un peu éloigné de l'eau (1). La vigne qui donne du raisin à gros grains, par suite de la greffe, et qui exige une nourriture abondante, ne peut être plantée que dans une terre grasse et profonde, parce que c'est une espèce vigoureuse qui absorbe beaucoup de nourriture. La vigne dont le corps est lâche, grêle et (lymphatique), laissant écouler beaucoup d'eau, doit aussi être plantée en terre grasse et profonde ; mais les vignes délicates, dont les rameaux sont grêles, à feuilles petites, réclament une terre noire, parce qu'elles ne peuvent point attirer à elles tous les sucs nourriciers (trop abondants) ; la terre noire qui n'en fournit qu'une petite quantité, convient à ces sortes de vignes (d'une constitution faible), dont le raisin est délicat, petit et ferme, soit que les grains soient rapprochés ou écartés. Les vignes fortes, dont le raisin tient du noir et du rouge, où cette dernière couleur domine ; l'espèce dont le raisin est moyennement rouge, dont le grain, de moyenne grosseur, est, sur la grappe, pressé par place, écarté dans d'autres, est comptée aussi parmi les bonnes espèces. Elles aiment toutes deux les terres dures, qui pourtant ne le sont point en excès, mais qui l'étant ont un peu de friabilité. Les deux espèces de vignes, dont le raisin est de couleur tirant au rouge, avec grain arrondi, sont très-recherchées des guêpes et des abeilles qui en font leur nourriture ; elles l'aiment beaucoup. En effet ce raisin est délicat, très-juteux et transparent, d'un aspect agréable et d'un très-bon goût. Une des choses les plus avantageuses pour ces deux espèces de vignes, est de retrancher les pampres trop frêles et d'en alléger le pied ; quand on a pratiqué cette opération plusieurs fois pendant le cours du printemps, de l'été et de l'automne,

(1) Ici nous nous sommes un peu écarté du texte de Banqueri pour nous rapprocher du mss., Ag. nab., 161, v°, l. 15.

le cep de vigne croît d'une manière merveilleuse (1). Koutsami recommande de planter les vignes faibles, c'est-à-dire celles dont le raisin est délicat, petit, et dont le grain est peu juteux, dans des endroits frais, dans un terrain très-humide; cette grande humidité est toute sa graisse et toute sa force. Si on mêle à la terre végétale une petite quantité de sable, ce sera très-bon pour les vignes faibles. Quand ces vignes délicates ont été plantées dans un terrain sec et pauvre en sucs nourriciers, la faiblesse ne fait qu'augmenter et le fruit s'amoindrit beaucoup; on n'en tire rien. Quand on a soin de planter la vigne vigoureuse dans un terrain qui lui convient, elle prospère bien.

L'Agriculture nabathéenne recommande de planter, dans un terrain léger, les plants venus dans un terrain dur, et ceux venus dans ce dernier terrain dans un terrain léger: d'un terrain gras dans un terrain maigre; d'un terrain maigre dans un terrain gras; d'une terre noire dans une terre rouge; d'une terre rouge dans une terre noire; d'un terrain fertile dans celui qui ne l'est point; de la montagne dans la plaine et de la plaine dans la montagne, parce qu'il est de l'essence du terrain de donner de la vigueur à ce qui a crû dans un terrain contraire. Suivant..... (2), parlant du choix des brins de sarment pour la plantation et de la manière de les conserver jusqu'à ce qu'il soit possible de réaliser la plantation, dit : Il faut que le brin destiné à faire des chapons ou crossettes soit pris vers le milieu du cep, au centre de la vigne, à la hauteur d'un schabre (0m,231) au-dessus du sol. Le cep devra être âgé de six à vingt ans. (*Agr. nab.*, fol. 175, r° 18.) Les yeux doivent être rapprochés et le brin lisse, à l'exception de la place occupée par les yeux, bien nourri, rond et court. On doit rejeter le

(1) L'auteur parle ici de *l'épamprement*, *pampinatio* des Latins, Βλαστολογία des Géoponiques. Cf. Columelle, *de Re rust.*, IV, 27 et Géoponiques, V, 28 et 29.

(2) Ici est une lacune que nous n'avons pu combler.

sarment qui a un aspect rude, lâche, avec les yeux très-écartés. On donne encore la préférence aux brins qui se produisent dans un point où les yeux sont gros et ressemblent au peson d'un fuseau, فلكة ; ceux-ci ne sont point une production primitive de la vigne, mais un accident (de végétation). On doit planter le brin tout entier ou par segments, sans aucun retard, à moins qu'il n'y ait impossibilité (*litt.* nécessité). Si on est forcé de différer, on lie ces brins de sarment en faisceaux peu serrés, et on les dépose, pour les garantir du vent et du froid, dans des celliers souterrains, arrosés à l'avance *avec un arrosoir* qui écarte l'eau.

Enoch (Noé?) dit, à cette occasion, qu'on creuse dans le terrain où est implantée la vigne, qui fournit les sarments, un puits dans lequel on les dépose sans les lier *en paquets* (*litt.* séparés). L'intérieur de ce puits ne doit pas être d'une humidité sensible, non plus que d'une sécheresse apparente, mais dans une condition moyenne. (*Agr. nab.*, f. 176 r°). Koutsami dit : Ce que nous avons expérimenté et trouvé de très-bon, c'est de déposer les brins de sarment dans un grand bâtiment où n'arrive point le vent et qui est exempt de courants d'air. Au préalable, on donne à l'emplacement un arrosement léger avec de l'eau douce. Suivant d'autres, si la quantité des brins est peu nombreuse et n'excède point la capacité de l'orifice d'un vase d'argile, mettez-les dans un vase d'eau, laissez-les-y pendant deux heures environ ; rejetez ensuite cette eau ; étalez dans le fond du vase de la terre de bonne qualité, sur laquelle vous placerez ces brins de sarment tout droits, dans la vigne même. Quand ceci est terminé, répandez par-dessus de la terre végétale en assez grande quantité, de façon que cette terre, s'introduisant entre les brins, les environne de toute part.

Adam (*Agr. nabath.*, 176, 177) dit : Toutes les fois que la plantation des brins de sarment est retardée et que vous craignez que l'air ne les dessèche, plongez-les dans l'eau douce pendant une journée, c'est-à-dire l'espace de douze heures; puis plantez-les pendant qu'ils sont tous humides. Un procédé qui est meilleur encore, c'est, quand on est exposé à un retard forcé dans la plantation, de déposer dans chaque fosse deux brins ensemble ou même plus; loin de nuire, ce procédé sera favorable à la reprise; c'est un bon procédé. L'Agriculture nabathéenne parlant de l'époque pour choisir les brins de sarment, pour les couper pour les mettre en terre, la manière de le faire et la longueur à leur laisser, dit que (le moment favorable) c'est depuis la première nuit du mois lunaire jusques et y compris le cinquième jour. Toute plantation faite alors réussira sans qu'il s'en perde un seul brin (*litt.* rien) et le produit sera très-beau. Quant à la saison de l'année, c'est en automne, car ce qu'on plante en cette saison jette en terre de grandes racines et se consolide; puis, quand vient le printemps et que la température s'est échauffée, on voit des pousses belles, fortes, vigoureuses et grandes. Il en est qui disent de planter la vigne en automne, dans les terrains sableux spécialement. Le moment favorable pour couper les brins, c'est depuis le commencement ou le point du jour jusqu'à la troisième heure inclusivement. On ne doit point, s'il est possible, différer d'une heure la plantation du brin après qu'on l'a coupé, ou deux heures, ou bien au maximum deux jours et une nuit. Le travail se fait depuis le matin jusqu'à quatre heures (de jour). Quand les yeux sont rapprochés, le brin doit dans sa longueur comprendre de huit à douze yeux; mais, s'ils sont écartés, il en contiendra de six à huit. Le brin doit être planté incliné et nullement droit et vertical. Enoch dit qu'on doit donner l'inclinaison vers le levant. Chaque trou destiné à le recevoir doit avoir environ deux pieds ($0^{m},694$) de profondeur. Si vous déposez deux brins dans la même fosse, rapportez entre eux de la terre, afin que l'un ne touche point l'autre. Les chapons se plantent dans des fosses ou dans des rigoles tirées en long. On enfouit sous terre trois yeux ou quatre, ce qui est meilleur encore; on recouvre de terre meuble, de façon qu'on laisse dépasser quatre yeux non enfouis. Il ne faut point planter la vigne à raisin blanc et celle à raisin noir dans le même endroit; chaque espèce se plante isolément. Les brins après la plantation doivent être recouverts de terre meuble, modérément pressée, c'est-à-dire comprimée non avec les pieds (1) mais avec les mains; la pression à la main est suffisante.

Massy dit qu'il y a une distinction à faire entre les chapons qu'on plante dans des fosses, et ceux qu'on plante en rigoles. La terre qui peut convenir pour la plantation en fosses, ne convient point pour la plantation en rigoles, cela, parce que les fosses sont creusées dans les terres de la meilleure qualité, qui n'exigent pas beaucoup de culture, et même peu leur suffit. Ce qui convient le mieux, c'est de donner peu de largeur aux fosses, de les faire aussi rondes que possible, avec une profondeur de deux pieds (0m,693) ou environ, ou un peu plus; l'ouverture sera d'une largeur (en diamètre) de trois pieds (1m,040). Après que les brins de sarment ont été posés dans ces fosses, on les couvre de terre meuble mêlée d'engrais, sans la presser aucunement; au contraire, on jette la terre tout simplement, se gardant bien de la comprimer, afin de laisser à l'air la possibilité de s'insinuer dans les vides et de pénétrer ainsi jusqu'au sol. Quant au mode de plantation en rigoles (*sulci*, خنادق), on fait les fouilles dans les terres dures *indiquées* pour la plantation des vignes; on les pratique aussi dans les terres compactes, grasses en grande partie. Voici comment se font les rigoles : on creuse un fossé long et étroit; quant à la longueur, elle est en raison du champ de vigne qu'on veut planter; la largeur doit être de deux pieds sur une profondeur égale. Si on a plusieurs rigoles à faire, on procédera de la même manière pour toutes; on laissera entre elles une distance ou ligne (séparative) égale. Dans le fond de la rigole, on pratique des fosses de la profondeur d'un empan et demi (0m,346) à la place que les brins devront occuper. On les plante de façon à laisser entre eux les distances que nous indiquerons ultérieurement, Dieu aidant. Au bout de la première année, au commencement de la seconde, on prend de la terre

(1) Nous introduisons ici une négation voulue par le sens, d'après le mss. Ag. nab., 179, n° 8.

meuble de la couche superficielle du sol, dans le voisinage de la tranchée où la plantation est faite; on la rapporte dans la tranchée, avec une certaine quantité d'engrais mêlé de terre sèche, qu'on met ainsi mélangée sur le pied du plant et dans le reste de la cavité qu'on achève de combler pour rendre la surface de niveau avec celle du terrain environnant (1). Le moment (favorable) pour faire cette opération, c'est celui où l'on taille les vignes avec la serpette (*litt.* le fer, *vinitoria falx*, Col., *de Re rust.* IV, 25, 1).

§ 1.

Intervalles qu'on doit laisser entre les vignes montantes et entre celles non montantes.

Pour les vignes (qui sont basses, *vites humiles*, χαμαίζηλοι, Géop., V, 2, c'est-à-dire) qui s'écartent sur la surface du sol, et qu'on ne fait pas monter, on laisse entre chaque ligne une distance de six pieds (2^{m},08), et, entre chaque brin, une distance de quatre pieds (1^{m},40). Pour les vignes qu'on fait monter sur les arbres (*vites arbustivæ*, ἀναδενδράδες, Géop., IV, 1), on tient les lignes espacées de vingt pieds (6^{m},936), et les brins à une distance de sept pieds (2^{m},427) ; mais, pour celles montées autrement que sur des arbres (2), les distances entre les lignes comme entre les brins doivent être moitié de celles que nous venons d'indiquer pour celles-ci. Sagrit dit que l'arbre le plus convenable pour y faire monter la vigne, c'est celui qui n'a qu'une seule tige. Suivant Koutsami, le pin mâle et l'orme sont les arbres les plus convenables pour recevoir les vignes montantes. Les arbres trop ramifiés ne conviennent point pour cet objet, pas plus que ceux dont la hauteur est trop exagérée, c'est-à-dire qui s'élèvent pour le moins de vingt coudées (9^{m},24), et, suivant d'autres (3), de *cinquante* (23^{m},10). Il faut appliquer de l'engrais au pied des arbres sur lesquels

(1) *Vid. sup.* la description de ces sillons ou rigoles, page 332.

(2) *Vites jugatæ* des Latins.

(3) Les Chananéens et leurs voisins. Ag. nab., 182 r°.

on veut faire monter les vignes; on les déchausse, on pratique le serfouissage comme pour la vigne exactement; seulement, la quantité d'engrais sera moindre que pour celle-ci; le serfouissage pratiqué à l'entour sera moindre aussi que pour la vigne. La vigne qu'on veut faire monter doit être plantée avec ses racines et sa motte (1) à trois coudées (1^{m},40) environ de distance de l'arbre, dans une fosse longue; il faut bien soigner la culture. Quand le plant a poussé, qu'il s'est déjà élevé, et que le brin montant a pris de la force, on l'étend vers l'arbre dont on le rapproche peu à peu jusqu'à ce qu'il l'atteigne et puisse y être fixé de la façon qu'on le désire; car à cet égard, personne ne peut vous venir en aide. Faites tomber, par le pincement (*litt.* avec la main), les bourgeons qui poussent sur le brin, de façon à n'en laisser qu'un seul. Dégarnissez aussi par la taille ce qui, du côté de l'arbre, doit être comme le chemin pour arriver à faire monter la vigne et à la fixer. Quand au bout d'un certain temps (toujours assez) long, la nécessité de tailler la vigne se fait sentir, on ne lui laisse de ses rameaux que ceux qui sont vigoureux et même en petit nombre, retranchant ainsi le plus grand nombre des pousses. Il en est qui disent que les espèces de vignes à fruit blanc, ou qui tire sur le blanc, ou d'un blanc jaune, ou d'un blanc de quelque nuance que ce puisse être, excepté celles à fruits d'un blanc sans mélange, se plaisent beaucoup mieux comme vignes montantes; elles prennent plus de vigueur et donnent un produit bien plus beau. On a dit encore que la vigne qu'on fait monter sur les arbres est bien plus belle et plus vigoureuse, plus avantageuse, que celle montée sur bois ou roseau (*jugatæ*, en berceau ou treillage). On dit aussi que la vigne qui s'étend à terre (*vitis sine adminiculo*, Col., V, 5, 1) est préférable à celle qui est montante, à cause de la sympathie de la vigne pour la terre. On veut encore que les positions très-froides ne puissent convenir aux vignes montantes (2). Les brins qu'on ne destine

(1) *Litt.*, avec de l'argile à la partie inférieure. Ag. nab., 183 r°.

(2) Nous retrouvons les principales formes de vignes citées par les Grecs et

point à monter doivent être nettoyés de leurs bourgeons de façon à n'en laisser qu'un ou deux. Cet ébourgeonnement se fait dans le cours de la première année. On fixe à proximité un *échalas* (morceau de bois) ou roseau sur lequel le brin s'appuie et auquel on l'attache avec des feuilles de palmier; c'est pour la vigne un point d'appui qui l'empêche de tomber à terre; car, si elle y tombait, il en résulterait pour elle un grand dommage; par ce procédé la souche prend de la force et de la consistance. Au bout d'un an on rogne avec des ciseaux de fer (1) les extrémités de ces vignes montantes; cette opération les fait croître et acquérir de la force pour attirer les sucs nourriciers du sol, et par suite se couvrir d'une belle végétation et devenir très-vigoureuses.

Massy dit, en traitant de la transplantation des vignes et de leur transport d'un lieu dans un autre, qu'une opération qui contribue beaucoup à faire prendre de la force à la vigne et qui lui est très-utile, c'est de la transplanter du lieu où elle a été semée de pepins, ou de tout autre endroit où elle a pu croître, vers un autre emplacement où elle reste à demeure (*litt.* donne du fruit); cette opération la fait pousser et donne une belle végétation. Le jeune plant doit être changé de place la troisième année. Il en est qui disent qu'on peut le faire la seconde année, mais que dans la troisième c'est meilleur. On ne doit point porter le jeune plant d'une bonne terre dans une mauvaise, car il en résulterait un très-grand affaiblissement (2).

les Latins : *δενδρίτιδες ἄμπελοι*, *vites arbustiva*; *χαμαιζήλοι*; *vites humi projectæ*, *vites jugatæ*, *vites pedoncæ*. Géop., IV et V, 2. Colum., *de Arbor.*, IV, 1.

(1) تخرق اطرافى ... بكلاليب من حديد l'Ag. nabat., mss. f° 197, r° 22, lit de même. Nous pensons qu'il faut prendre ce mot تخرق dans le même sens que le chaldéen חרק *scidit*, *couper*, *rogner* avec des *ciseaux*, car كلاب plur. كلاليب ont dans le dict. de Castel et autres le sens de *forceps*, *forcipes*. Nous verrons plus loin l'allégement des azéroliers de leurs feuilles, par le même instrument, prescrit art. LV; peut-être s'agit-il d'un instrument analogue à notre *sécateur*.

(2) C'est, dit l'Agr. nabat., comme si on enlevait un enfant à une bonne nourrice pour le confier à une mauvaise, *Agr. nab.*, 185 v°.

Quand la vigne atteint sa dixième année ou sa douzième, c'est alors qu'elle commence à donner du fruit et à montrer de la vigueur. Suivant d'autres, au contraire, c'est dans la quinzième année que se manifestent ce produit et cette vigueur. Il est, dit-on, confirmé par l'expérience que ce qui peut activer la pousse de la vigne et en éloigner les divers accidents, c'est de prendre des fragments de roches réduits en petits volumes qu'on met entre les plants, et l'on verra la réalisation de ce que nous avons dit, la volonté divine aidant.

Suivant Iambouschad (Ag. nab., 189 v°), ce qui contribue à donner de la vigueur aux vignes montantes sur les arbres (*arbustivæ*) et aux plants (*semina*), au début même de la plantation particulièrement, c'est de prendre des feuilles de vigne, de les réunir et les mêler avec les vrilles qui déjà se sont montrées, d'y ajouter des feuilles de courge, de haricot, de khetmie (*althœa*); on expose le tout au soleil pour le faire bien sécher; on le bat ensuite avec des morceaux de bois; on répand par-dessus de la colombine, une certaine quantité d'engrais humain dans de bonnes conditions, de chaque chose partie égale; on ajoute un peu de bouse de vache; on arrose avec de l'eau et on laisse le tout jusqu'à ce que la couleur et l'odeur en soit changées; ensuite on étale bien le tout pour le faire sécher; on ajoute encore de la poussière provenant de balayures, ou ramassée sur les chemins et contenant des déjections (crottins) d'animaux; on projette par-dessus de la paille de lin de bonne nature; on mêle bien tout cet ensemble en le frappant vigoureusement; on le retourne de façon à ce que, par le mélange, on n'ait qu'une substance uniforme, terreuse et pulvérulente: on déchausse le pied de la vigne; on applique de ce compost dans la cavité et on achève de la remplir avec de la terre végétale; on fait aussi arriver l'eau sur laquelle on projette de cette substance pulvérulente qui ainsi arrive aux racines, et qui possède une énergie très-utile à la vigne; on applique aussi cette poudre aux jeunes vignes et aux jeunes provins récemment plantés.

§ 2.

Manière de semer les pepins du raisin frais ou sec; en quel temps c

D'après l'Agriculture nabathéenne, Thamitri dit de prendre (des pepins) dans les raisins secs, qui sont les plus forts; c'est en eux que doivent se trouver les plus gros. On les enfouit au nombre de trois ou quatre, dans de petits trous, depuis le milieu du premier tischerin (octobre) jusqu'au milieu du second tischerin (novembre). Si on craint que le froid puisse être nuisible au semis, on dispose des supports (*litt.* des constructions) qu'on couvre de stores (pour le protéger). Adam et Enoch disent de semer les pepins dans la seconde moitié d'adar (mars), époque où commence le printemps, après les avoir extraits du raisin sec; cette indication est pour tous les pays, depuis l'orient jusqu'à l'occident. Adam recommande de faire séjourner ces pepins dans l'huile d'olive pendant sept jours. On dépose dans chaque trou depuis sept grains jusqu'à douze. On les recouvre de terre, ainsi que cela se pratique dans tous les semis. On donne de l'eau (avec l'arrosoir) en quantité suffisante, ensuite on arrose par irrigation au bout de quatre jours, ce qu'on doit continuer de faire. On dépose aussi dans les trous, avec les pepins, une certaine quantité d'orge, soit en farine, soit concassée finement. On a dit aussi de plonger dans l'eau chaude et même de faire bouillir avec la terre le raisin bien sec. Suivant Masy, on sème toute espèce de vigne depuis le commencement du second tischerin jusqu'à la fin de ce mois. Ces trente jours sont ceux des semis et des plantations, les premiers particulièrement, qu'il faut devancer de quelques jours.

Suivant Iambouschad, on prend du raisin sec, déjà ancien, sur lequel ait passé au moins une année. On ouvre (les grains) pour mettre à nu les pepins; cette précaution accélérera la germination. On met ces pepins dans un plat large, dans un endroit propre; on verse de l'eau dessus; si elle est chaude, c'est encore mieux; on répète l'opération plusieurs fois pendant l'espace de vingt heures, ensuite on sème les pepins ainsi mis à nu, ou bien on peut dépouiller tout l'ensemble de la pulpe en une seule fois, en le tenant dans l'eau chaude pendant une heure. (Cela fait), semez vos grains par cinq, plus ou moins, dans de petits trous; projetez ensuite sur le semis, au bout de deux ou trois ans, de cette espèce d'engrais dont nous avons donné la description précédemment. Quand le semis aura atteint l'époque de la transplantation, faites-la, la volonté divine aidant.

L'Agriculture nabathéenne, parlant des arbres et des plantes qu'on peut cultiver entre les plants de vigne, cite la prescription de Sagrit, de semer dans les intervalles des concombres, des courges, du pourpier; il dit que ces plantes sont profitables à la vigne. Suivant d'autres, ce qu'on peut semer de plus avantageux entre les vignes, c'est la fève, le haricot (*mugo*), la lentille, le haricot (*loubia*). Si entre les vignes on sème de la poirée, de la coriandre et de petits légumes, il en résultera un avantage marqué pour elles.

Koutsami dit : Dans la seconde année (de la plantation) on sème dans les intervalles vides des vignes, dans les terres fraîches (moites), des plantes dont les racines ne sont ni longues, ni nombreuses, qui dans la profondeur deviendraient gênantes pour les vignes, ou celles qui pourraient lui porter trop d'ombrage, en les couvrant et leur interceptant le soleil et le vent. On ne doit rien semer dans le cours de la première année de la plantation. On doit bien se garder de mêler le chou à la vigne, car il lui est tout particulièrement nuisible. Il ne faut point y semer ni petits pois, ni mauve, ni rave, ni navet, qui attireraient à eux l'humidité du terrain. Ne plantez point dans les vignes le figuier, sinon en terrain froid; n'y plantez point l'olivier, pas plus que le grenadier; on dit même que ce dernier s'y refuserait. On a dit que, s'il y avait entre la vigne et l'arbre une distance de douze à quinze pieds (de $4^m,16$ à $5^m,20$), la vigne n'en ressentirait aucun dommage. Pour les vignes montantes sur les arbres la distance, étant plus grande, puisqu'il y a entre elles jusqu'à vingt pieds ($6^m,936$), on peut y planter utilement tous les deux ans les choses indiquées, à l'exception cependant du chou, du radis, du navet et du pois; mais, dans la première année, il faut se garder d'y rien semer. Nous dirons ultérieurement ce qui peut parfaire et compléter la matière.

D'après d'autres agronomes, quant à l'emplacement qui peut convenir aux diverses espèces de vignes, dans les diverses natures de terre, et quelles sont celles qui peuvent réussir en plaine, la meilleure espèce de terre est celle qui tient de la terre blanche, tirant sur le noir ou sur le rouge légèrement, et qui est imprégnée d'humidité douce. La vigne réussit encore dans la terre blanche légèrement humide et dans celle qui a été fumée.

Suivant Kastos et autres, les vignes à fruits noirs et à fruits rouges aiment la terre blanche et beaucoup de fumier; les vignes à fruits jaunes ou verts aiment la terre légère. Les vignes grêles et délicates veulent être plantées en plaine. Le raisin dur et ferme demande une terre qui ait de la moiteur : la vigne se plaît encore dans la terre franche, moite, mêlée de sable fin qui se trouve dans le voisinage des rivières et des pâturages; dans les terrains gras, elle est paresseuse à donner de beaux produits; elle fait peu de progrès dans la terre maigre. Gardez-vous de planter de la vigne dans un terrain d'une saveur amère, car elle n'y réussit aucunement, ni dans un terrain salé ou d'une odeur désagréable.

§ 3.

Manière d'élever les vignes; temps pour les planter; jours du mois lunaire, et saison de l'année où on le fait.

On propage la vigne au moyen des brins de sarment les plus fertiles, qu'on plante tels, ou qu'on marcotte par couchage ou en pot, suivant la forme usuelle, pour leur faire prendre racine; puis on plante ce brin enraciné; on multiplie encore par boutures taillées dans les branches et les sarments fructifères. On multiplie encore toutes les espèces de pepins. L'époque de ces semis ou plantations varie pour le mois lunaire, depuis le commencement du mois jusque vers le milieu et le vingt-quatre. Déjà nous avons traité ce sujet et ce qui lui est analogue. Suivant Kastos, la plantation de la vigne se fait dans la seconde moitié du mois; il règle aussi les travaux (*litt.* il donne des conseils). Quant aux saisons ou époques dans l'année, il en est qui ont dit que la vigne se plante au moment de la vendange, en octobre, surtout dans les terres sableuses et celles qui sont saumâtres. Suivant les Coptes, c'est en février et mars qu'il faut planter; il en est qui disent qu'en plaine il faut planter en mars et avril.

Article XLVI.

Manière dont se fait la plantation de la vigne à Séville et aux alentours.

Voici les préceptes et les règles d'après lesquels on fait le choix des branches, des boutures et des pepins pour la plantation. On les prend sur les cépages et les plants les plus productifs et les plus beaux pour la couleur, et qui ont atteint de sept à dix années de plantation. Le brin doit être pris dans le milieu et nullement dans la sommité ou le pied, immédiatement à la suite des grappes. Il doit, de plus, être de moyenne grosseur, bien en sève, luisant, avec les nœuds très-rapprochés. Quand ces brins sont trop grands, on en prend le milieu. Kastos défend de tailler deux plants dans le même brin; il veut, au contraire, qu'on plante le brin en totalité ou seulement la portion médiane. On se porte vers une vigne bien fertile dont le produit et la belle condition excitent l'admiration; on choisit ce qu'il y a de plus beau dans les pousses; on les marque de craie rouge, pour les couper quand il y a nécessité de le faire; on les met en terre sur-le-champ; ou, s'il y a du retard, on les enfouit en totalité ou seulement la partie de la section, dans une terre modérément humide où ils restent jusqu'à ce que la plantation se réalise; mais, ne les déposez point avant de les planter dans un terrain trop humide; ne les mettez pas davantage dans l'eau, et ne les y laissez point jusqu'à ce qu'ils commencent à pousser; la reprise n'aurait jamais lieu.

§ I.

Manière de planter les brins du sarment, quand on veut ensuite les porter ailleurs.

On les plante rapprochés les uns des autres, soit en carreaux, soit sur les rigoles d'irrigation, ou même aussi dans des pots. Cette plantation peut se faire aussi dans les lieux non arrosés. Au bout de deux ans on les replante ailleurs, suivant la méthode indiquée plus haut. Quand la plantation se fait pour rester en place et y fructifier, il y a deux méthodes à suivre, soit en fosse, soit à la cheville ou plantoir, qu'on nomme *barena* (*tarière*) (1). Il est bon de planter aussi dans la terre facile et douce, comme la terre d'alluvion et sableuse, et dans le voisinage des rivières et autres analogues. Voici la forme de la *barena* employée pour la plantation de la vigne : on prépare une cheville en chêne sec ou d'essence analogue, de la longueur de cinq empans (1^m,155), moins grosse que le bras. On adapte à l'extrémité supérieure un morceau de bois, court, disposé en croix, ce qui fait ressembler l'instrument à une tarière (celle des charpentiers). On pratique (avec ce plantoir) un trou au lieu même où l'on veut placer le brin de sarment et dans une terre de nature convenable pour cette opération (*litt.* dans laquelle ce trou soit possible); on l'emplit d'eau et on laisse les choses ainsi jusqu'à ce que cette eau soit absorbée et que le terrain en soit imbibé; on rapporte ensuite le plantoir, qu'on introduit de

(1) الوتد prend ici le sens de cheville ou *plantoir;* البرنية ou, comme lit Castel (*Lexic. hept.*) بريمة persan بيرم, c'est le nom d'un instrument à percer le bois, c'est la tarière du charpentier. Ce mot avec cette signification se trouve aussi dans le Dict. fr. arab. de M. Caussin. Plus loin, page 561, ce mot se trouve comme nom d'un instrument de perforation.

nouveau dans le trou, en appuyant de façon qu'il y soit plongé dans son entier. On le retire alors pour introduire le brin de sarment perpendiculairement, après l'avoir nettoyé de ses brindilles avec un instrument bien tranchant, ayant soin de ne point offenser les nœuds avec l'instrument; puis, à l'aide de la pointe du plantoir, on fait pénétrer de tout côté la terre dans le trou sur le brin, de façon que la terre de la cavité s'applique exactement sur lui ; on comprime ensuite la terre tout à l'entour avec le talon. Il en est qui disent qu'on doit remplir le vide laissé par le plantoir avec du sable fin ou de la terre très-meuble et très-sèche ; puis on verse de l'eau par-dessus. Au bout de quelque temps, on recommence à rapporter de la terre, afin de combler entièrement le vide causé par le plantoir. Ensuite, au bout de dix jours environ, on donne une culture profonde ; ce serait très-bon, s'il était possible qu'elle atteignît jusqu'à l'extrémité du brin, mais la moyenne (pour cette culture) est la meilleure. On ramène la terre à l'entour du brin d'une manière bien satisfaisante, puis on donne une nouvelle culture profonde plusieurs fois, pendant chacun des mois d'hiver une fois, mais elle peut être moins profonde ; ce mode de planter donne des lignes très-droites. Nous donnerons les distances à suivre dans la plantation, la volonté de Dieu aidant.

§ 2.

Plantation de la vigne en fosses ou trous.

Il en est qui disent que ce mode de plantation est préférable à celui dit au plantoir. On peut la pratiquer dans toute espèce de terre, particulièrement dans les terres fortes, terres de montagne et autres analogues. On creuse des fosses longues en ligne droite, chacune d'une *canne* (0^{m},808) (1) de profondeur ; il

(1) Cette mesure n'est point indiquée sous ce nom ; on lit partout قصبة, vulg. *canna*. Banqueri en fixe la valeur à trois palmes ou empans et demi ; elle revient à la profondeur, ce qui est normal.

en est qui disent qu'on doit chercher à diriger les lignes d'orient en occident ; la distance entre chaque pied de sarment, planté de cette façon, ou bien au plantoir, sera de sept empans (1^{m},617); c'est la bonne distance dans les terrains de moyenne qualité,(qu'on peut étendre) jusqu'à dix empans(2^{m},31),ce qui est la dernière limite. Dans les terres les meilleures pour leur fraîcheur, les fosses auront une profondeur de trois empans et demi (0^{m},808), sur une longueur de sept empans (du double). On déposera dans chacune d'elles deux brins dont l'extrémité sortira pour chacun d'eux, sur deux lignes, l'une sur une ligne et l'autre sur une autre. Il ne faut point que dans la profondeur de la fosse les deux brins se trouvent en contact, pour que les racines ne se trouvent pas trop à l'étroit. On couche les deux brins en long dans le fond de la fosse, s'ils sont assez longs, ou bien une partie seulement, en les relevant sur les côtés. On laissera dépasser au-dessus du niveau du sol une longueur telle, qu'après la rognure de la partie faible de l'extrémité du brin il reste un nœud ou deux. On presse ensuite la terre avec le pied, comme il a été dit plus haut.

On dit que c'est une bonne chose de couvrir le plant avec de l'engrais dans les terres solides ou dures. Il en est qui veulent qu'on ait l'attention d'opérer la compression sur le brin même depuis l'extrémité jusque vers le milieu de la longueur). On pratique la compression de la terre sur l'extrémité du brin pour la faire adhérer au fond de la fosse. Il en est qui disent que, si le brin de sarment est long, on doit enfouir de huit à dix nœuds, quand ils sont rapprochés. Ayez soin, et c'est une nécessité, que la terre de la fosse qui doit recevoir la plantation soit dans un état de moiteur moyenne, c'est-à-dire, ni trop humide, ni trop sèche. Ne plantez pas dans un jour où le vent souffle avec violence. Il en est qui disent que, lorsqu'on veut planter la vigne en montagne, on doit choisir des brins épais et donner à la fosse une profondeur de six empans (1^{m},386); il faut donner la même profondeur dans les vallées, pour éviter que les racines ne soient mises à nu, si la terre s'en détachait. Il faut donc toujours observer les mêmes dimensions quand on plante dans ces deux sortes de terrain, pour éviter que la chaleur excessive de l'été n'atteigne les chapons ou brins, et que la terre ne se gerce, surtout dans les terrains élevés non arrosés, comme il a été dit précédemment. Ensuite, quand on effectue la mise en place (*litt.* la transplantation) des provins qu'on a élevés en pépinière, on leur prépare des fosses de dimension moindre que celles indiquées précédemment pour recevoir les branches (sans racines). Il en est qui veulent qu'on prenne les brins dans les vignes venues en montagne et dans les terrains élevés, pour les planter en terrain frais et moite, où ils réussiront mieux. Quant aux boutures, il faut les tailler dans les brins choisis, comme il a été dit, au bout où se trouve la section, ou bien dans ce qui s'en rapproche, ou encore de la partie moyenne. Chaque bouture doit porter trois ou quatre nœuds ; on les plante au mois de septembre dans des pots ou grandes terrines d'argile remplis de terre végétale, prise à la surface du sol, *en laissant saillir hors de terre un ou deux nœuds* (1). On a bien soin ensuite de donner de l'eau, de façon que la terre ne se dessèche jamais. Au bout d'un an, on porte les jeunes plants avec leur motte dans les carreaux de la pépinière, Dieu aidant; qu'on les plante de cette façon, dans les carreaux ou sur les rigoles, le résultat sera bon.

§ 3.

Semis des pepins.

On prend, après le pressurage, des pepins de raisin de bonne nature, bien mûrs et les plus beaux; on les lave dans l'eau, on les fait sécher, puis on les resserre dans des vases de terre neufs jusqu'au moment de les semer; on en tire aussi de la

(1) Cette partie de phrase n'est point dans le texte, mais nous avons cru devoir l'introduire comme complément des préceptes à suivre, en nous basant sur ce qui est recommandé pour la plantation des brins, où les mêmes mots se retrouvent, ce qui indique ici une lacune que nous avons voulu combler.

même manière du raisin sec, d'après les procédés indiqués (V. *sup.*, p. 354). Le mois où se fait le semis est septembre, temps où la maturité est complète; la germination aura lieu en mars, et, quand viendra le froid, le bois qui déjà aura acquis de la consistance n'aura point à en souffrir. Le semis se fait en grandes terrines, à la façon employée par le froment et l'orge (c'est-à-dire, en répandant les pepins à la surface); on le conduit et on le dirige d'après les indications données précédemment; on veut que ces soins se continuent jusqu'à ce que le plant soit assez fort et puisse être mis en place ou replanté. On peut aussi semer en carreaux en suivant la même méthode; on se conforme à tout ce qui a été prescrit antérieurement jusqu'à ce que le plant soit susceptible d'être replanté; cette méthode et ses procédés, je les ai décrits précédemment. Quand on voudra hâter la fructification de la vigne, la seconde année même du semis, on coupe des brins qu'on greffe sur des plants de vigne montée, ou sur des cépages en plein rapport; on peut aussi en user de même pour les boutures, et alors la fructification sera bien plus prompte. On applique aussi le provignage par couchage, suivant les procédés indiqués au commencement de ce livre; on use encore de la marcotte en pot (ou entonnoir), également décrite. Tous les plants enracinés provenant de semis, de bouture, de couchage ou de marcotte en pot, se replantent depuis septembre jusqu'en mars; on les dépose dans des fosses ou trous convenables. Les pieds de vigne replantés poussent plus vite et donnent un plus fort produit que ceux qui ne l'ont pas été; il en est qui disent qu'il en est de même pour toute espèce d'arbre. Quand un cep est affaibli, si on le renverse, qu'on étende ses brins de sarment et qu'on les provigne et les couche, il reparaît plus fort et plus vigoureux. Le même procédé est encore usité pour combler les vides (du champ de vigne) dont nous avons parlé précédemment. On se hâte de pratiquer cette opération après la chute des pluies et quand la terre en est imbibée, au mois de novembre, dans les terrains élevés non arrosés. Ibn-el-Façel dit qu'il en est de même pour les brins de sarment que, dans les terrains arrosés, on plante en janvier; le mode de plantation décrit antérieurement n'a pas besoin d'être rappelé ici. On replante aussi dans les espaces dégarnis de vignes de grosses souches tout entières avec tous leurs rameaux ou la plus grande partie et toutes leurs racines, dans des trous proportionnés à leur grosseur, dont ensuite on étale les brins. On fait plonger la souche en entier dans le trou; puis on fait surgir les brins partout où il est convenable de le faire. On commence cette opération au commencement de l'automne, et, si on a soin d'arroser, le résultat est beau. Quand on peut effectuer la transplantation avec la motte, c'est une très-bonne chose, mais on n'aura jamais un plein succès qu'en terrain arrosé (1).

Les vignes montées donnent des raisins meilleurs et plus beaux que les vignes à pied; elles sont aussi plus productives. Les plus belles de ces vignes proviennent de pieds replantés et, parmi ceux-ci, de ceux qui l'ont été de bonne heure (en premier). Les vignes montées se plantent en terrain non arrosé, au commencement de novembre, dans des fosses longues proportionnées au pied et d'une profondeur de quatre empans ($0^m,924$) ou environ. On arrache le plant de vigne qu'on veut faire monter, quand il est (assez) fort, avant que le pied et les racines n'aient pris trop d'extension; on a soin dans cette opération de ne point couper les racines (2). On ne laisse sur le pied qu'un seul sarment bien droit qui constitue une tige unique. On dépose dans la fosse le pied avec une certaine partie du corps (3) s'il est jeune, en l'étendant dans le fond, et en relevant l'autre partie perpendiculairement avec le jet qui est à la partie supérieure en l'appuyant sur le bord de la fosse; on se conforme du reste à ce qui a été prescrit antérieurement. S'il s'agit de replanter une vigne vieille, on étale le *corps* ou ancien bois tout entier dans la fosse, laissant sortir seulement le brin conservé; s'il arrive qu'il soit brisé, on laisse dépasser environ deux doigts

(1) Peut-être faut-il traduire : sinon à condition d'arroser.

(2) Nous ajoutons ici une négation qui nous semble oubliée.

(3) C'est-à-dire du bois de l'année antérieure.

de long au-dessus de la surface du sol, pour que la végétation s'y établisse. Au bout de deux ans de plantation, on déchausse le pied, de façon à atteindre les racines qu'on prend bien garde d'offenser; on nettoie la place de toutes les mauvaises herbes ou autres choses qui peuvent se rencontrer; on remplit ensuite la cavité avec de la terre végétale ou meuble, qu'on a soin de comprimer avec le pied; on pourra avoir du fruit la seconde année même de la plantation, Dieu aidant. Les plus beaux résultats s'obtiennent en terrain arrosé. Suivant Ibn-el-Façel, cette plantation peut s'effectuer en terrain arrosé en la saison qu'on veut. Les vignes montées peuvent être élevées en bon terrain jusqu'à trente pieds. On peut donner la même hauteur autour des habitations quand l'emplacement est étroit et très-chaud. Mais, dans les terres légères, il ne faut point donner une pareille hauteur, pas plus que dans les terrains froids et très-exposés aux vents. Il en est qui disent d'élever la vigne à hauteur d'une *orgye grecque* (2^{m}); entre chaque *berceau* (1) on laissera une distance de quinze coudées (7^{m}) environ; dans les terres de qualité inférieure on réduira la distance à dix coudées (4^{m},62). On pratique aussi l'opération du couchage sur les vignes montées, en ouvrant au pied une tranchée dans laquelle on étend la totalité du plant, laissant ressortir les extrémités des brins là où il est nécessaire de le faire. Quand il s'agit de tailler la vigne, il en est qui veulent qu'on laisse aux vignes montées trois yeux seulement; quand la vigne du berceau est arrivée à l'âge de quatre ans, on peut lui laisser deux branches (2) pourvues chacune de quatre yeux; à six ans, on laisse quatre branches. Nous traiterons cette opération au chapitre de la *taille*, Dieu aidant.

(1) دالية, *dâliah*, mot pris ici dans un sens technique pour lequel on ne trouve dans les lexiques aucun sens satisfaisant; nous lui trouvons de l'affinité avec le mot chaldéen דלות, *dallout*, rendu par *treille*. *Cast.*, *Lex. hept.* Banqueri traduit par *parra*, qui a le même sens.

(2) عرناس duel عرناسين, nom technique qui ne parait pas d'origine arabe et que les dictionnaires traduisent par *colus*, quenouille. Banqueri traduit par *horquilla*, petite branche.

Article XLVII.

Culture de la canne à sucre, appelée aussi roseau doux.

Suivant Ibn-Hedjadj, à qui Dieu fasse miséricorde, on plante les pieds de la canne à sucre depuis le vingt du mois d'adar (mars). On lit dans un autre, que tous les agronomes espagnols sont unanimes sur ce point : c'est que les terrains bas exposés au soleil et à proximité de l'eau conviennent très-bien à la canne à sucre. On la multiplie de souches et de la canne elle-même (en bouture). Il faut au préalable que le terrain, de bonne qualité et mouillé, reçoive une forte culture par trois labours profonds, donnés à des intervalles séparés. Il en est qui parlent de donner dix labours et d'appliquer un engrais abondant de bonne qualité, et bien consommé, et suivant d'autres, de la bouse de vache. On prépare des carreaux de douze coudées (5m,564) sur une largeur de cinq coudées (2m,310). Hadj de Grenade dit que quand on veut propager la canne à sucre de souche, après l'avoir arrachée, on dispose dans les carreaux des trous proportionnés à la grosseur de la souche, où on la dépose (*litt.* laisse), puis on rapporte par-dessus de la terre meuble et de l'engrais de l'épaisseur de trois doigts. On laisse entre chaque pied une distance d'une coudée et demie (0m,693), on arrose tous les quatre jours, et, lorsque la jeune pousse a atteint la hauteur d'un empan (0m,231), on donne un bon labour ou serfouissage, avec un engrais abondant en fumier de mouton ; on donne exactement, tous les huit jours une fois, un arrosement jusqu'au commencement d'octobre, ensuite on suspend tout arrosement pendant ce mois et ultérieurement, parce que le principe sucré s'affaiblirait. Quand on veut multiplier la canne à sucre par elle-même (c'est-à-dire de boutures), on prend celle dans laquelle les nœuds sont rapprochés et qui est d'un fort diamètre, parce que plus les nœuds sont rapprochés, plus on aura de pousses, et, quand la canne est grosse, il y a plus de matière (et plus de séve). On enfouit dans la terre la canne, immédiatement après l'avoir coupée, ou peu de temps après; on n'en laisse rien apparaître (à la surface du sol). On la laisse ainsi enfouie jusqu'au premier mars; alors on la retire, et on la découpe en morceaux, de la longueur de deux empans (une coudée) ou environ. Il en est qui disent qu'il doit se trouver trois nœuds dans chaque morceau; d'autres disent six; on enlève à la main les membranes foliacées (*litt.* l'écorce), sans jamais employer le fer. On porte ensuite ces morceaux vers les carreaux, où on les plante de façon à enfouir en terre quatre nœuds; on répand alors de la bouse de vache; on tient ces boutures espacées entre elles d'une coudée (0^m,462). On exécute ce travail en automne, au mois de septembre et d'octobre, en janvier suivant d'autres; on a bien soin d'arroser jusqu'à ce que la reprise soit effectuée.

Hadj de Grenade dit qu'on ouvre dans la terre des trous carrés de la forme d'un luth. On pose dans chacun de ces trous quatre tronçons couchés, on les recouvre ensuite de terre sur une épaisseur de quatre doigts, et l'on continue d'opérer ainsi jusqu'à ce que la plantation soit terminée. L'emplacement doit être à l'aspect du levant, en un lieu exposé au soleil; cette plantation se fait en mars, et suivant d'autres, en février. On donne de l'eau douce, tout particulièrement, exactement tous les huit jours, sans faire de sarclage, jusqu'à ce que le mois d'avril soit passé. On donne alors un bon binage de nettoiement en mai; huit jours après on en donne un pareil, et l'on fait arriver l'eau, toutes les fois que l'aspect de la plante paraît passer de la nuance verte à une teinte plus foncée; on fait une éclaircie au mois d'août (*litt.* on nettoie) en arrachant les pousses trop faibles, afin que les autres aient plus d'espace pour (s'étendre et) prendre de la force. On peut, si on l'aime mieux, planter verticalement les tronçons ou boutures; dans ce cas, on prépare les choses en conséquence, Dieu aidant. On coupe la canne à sucre au mois de janvier, chaque année. Suivant Abou'l-Khaïr, la canne à sucre a trois ans de durée environ. Hadj de Grenade dit qu'après que les cannes ont été coupées, il faut donner un bon labour, et appliquer un engrais de fumier de mouton, en faisant parquer pendant la nuit le troupeau, afin que l'emplacement planté reçoive directement sa fumure. On pratique ensuite un labour profond, de façon à ce que la culture soit complète; on fait arriver au mois de janvier l'eau et on la laisse séjourner. Il ne faut point craindre d'exagérer, tous les ans, pour les plantations des cannes à sucre, ces soins de culture, parce que c'est avec ces soins, c'est-à-dire par l'engrais et la culture (combinés) ensemble, qu'on obtiendra un plus grand profit, Dieu aidant.

Voici comme on procède pour obtenir le sucre de la canne. On coupe, dit Hadj de Grenade, la canne quand elle est arrivée à son point et qu'elle est mûre, à l'époque susdite, (c'est-à-dire en janvier). On la découpe ensuite par petits tronçons qu'on écrase vigoureusement dans des pressoirs ou dans des appareils analogues (1); on en exprime le suc, qu'on porte sur le feu dans une chaudière مرجل bien propre; on pousse à l'ébullition, on laisse en repos (pendant quelque temps), puis on clarifie; on reprend ensuite la cuisson jusqu'à ce qu'il ne reste plus que le quart du liquide. Alors on remplit (de ce sirop) concentré) des moules d'argile d'une forme spéciale; on les range à l'ombre jusqu'à la consolidation (ou cristallisation); on retire (le pain de sucre) pour le faire sécher à l'ombre, puis on l'enlève. On jette de même le reste (du sirop) en moule. Quand la canne a été ainsi pressurée, on en fait manger le résidu aux chevaux qui en sont friands et qu'il engraisse (2).

(1) Ce mot الجوازير, qui est un pluriel, ne se trouve dans aucun lexique. Banqueri le traduit par *lugares*, pressoirs; nous pensons que c'est plutôt une espèce de cuve de pressoir, dans laquelle fonctionne la machine qui écrase, المعصر, mot qui s'applique à tout instrument de pression.

(2) Nous ne parlerons point ici de l'histoire de la canne à sucre, véritablement originaire de l'Inde et qui, suivant que l'a constaté M. Reinaud, était cultivée dans la Susiane, dans la première moitié du xe siècle. V. Eloge de Benj. Delessert par M. Flourens (note). Nous y reviendrons plus tard.

Article XLVIII.

Culture du bananier (*musa paradisiaca*, Linn.).

Suivant Abou'l-Khaïr, le bananier a des feuilles longues, arrondies à l'extrémité, et minces dans une certaine partie. La longueur de la feuille du bananier atteint douze empans (2^m,772) sur une largeur de trois empans (0 ,693) environ (1). Suivant l'Agriculture nabathéenne, cet arbre aime les terres noires, molles, exemptes de tout (mauvais) goût; il exige des travaux de culture, des soins attentifs et des visites assidues. Le vent du couchant lui est nuisible tout particulièrement; le vent du nord lui est aussi défavorable; les vents qui lui conviennent sont ceux du midi et du levant (2)... On multiplie le bananier d'une sorte de caïeu qui pousse au pied. On peut le produire aussi de cette manière : on prend un fruit mûr, on le pile avec une racine de colocasie; on forme une espèce de boulette qu'on enfouit dans le sol, on a soin d'arroser, et on voit pousser un arbre qui est le bananier. Il y a une autre manière de le produire, que nous décrirons, Dieu aidant. Suivant d'autres, les agriculteurs espagnols disent que le bananier ne vient point dans les pays froids; ce qui lui convient, ce sont les pays chauds. Il réussit dans certaines parties du littoral de la mer, dans les terrains bas, humides et exposés au soleil. Hadj de Grenade et autres disent que le bananier produit une espèce de caïeu à l'aide duquel il se reproduit; il se reproduit encore de drageons qui poussent au pied, comme il s'en produit dans la colocasie; Abou'l-Khaïr, Ibn-el-Façel et autres disent que le terrain doit au préalable recevoir une bonne culture; on dispose des car-

(1) Avicenne compare les feuilles du bananier à celles du balisier, *canna indica*, Linn. البرزوان.

(2) Nous avons, comme Banqueri, omis de traduire une phrase vraiment inintelligible.

reaux, on fume avec un engrais léger; on s'attache à les placer dans le voisinage des murailles, à l'exposition du soleil au midi, on mouille la terre avec de l'eau. Si on emploie les drageons, on les arrache avec la racine, au mois de mars, et on les plante dans les carreaux dont nous avons parlé, dans des trous de la profondeur de deux ou trois empans ($0^m,462$, ou $0^m,693$), en les espaçant de six coudées ($2^m,782$), puis on rapporte de la terre végétale et de l'engrais (dans la cavité). Il faut prendre des précautions parce que ces drageons sont tendres, et ne pas fouler la terre avec le pied. On arrose immédiatement, et on continue de le faire une fois tous les quatre jours, jusqu'à la fin de mars; à partir de cette époque, on n'arrose plus que tous les huit jours; on applique de l'engrais et l'on donne de l'eau. On couvre le bananier pendant la nuit avec des nattes pour le garantir du froid, de la gelée, de la neige et des accidents que peut causer l'hiver; mais pendant le jour on le découvre pour le faire jouir du soleil. Quand on veut le propager des caïeux qui poussent au pied, on opère de la même manière que pour les drageons; quelques praticiens disent de planter le bananier en terrain humide et de donner de fréquents arrosements, jusqu'à ce que l'arbre ait atteint la hauteur de dix empans ($2^m,31$); Hadj de Grenade dit que le bananier s'élève à la hauteur de dix empans, et qu'il donne du fruit au bout de deux ans; alors, on voit au sommet un régime unique qui, le plus souvent, est d'un poids de cinquante rotls (livres); *parfois il n'est que du* quart et même au-dessous. On coupe ce régime lorsqu'il est encore vert (*litt.* dur), et on le suspend dans l'intérieur des habitations, où les bananes mûrissent graduellement. Le bananier se reproduit de lui-même; après que le régime a été coupé, la tige tombe alors, et elle est remplacée par d'autres rejetons qui viennent du pied; le bananier ne se reproduit point de marcotte. Il demande beaucoup d'eau, de telle sorte qu'il n'en doit jamais manquer et que l'humidité ne doit jamais lui faire défaut. Il en est qui disent que le bananier se reproduit de la colocasie à racine ronde comme un navet, au moyen de l'opération indiquée plus haut. Ils disent que le principe de l'opération et son exécution *ressemblent à celle* de la greffe; nous en parlerons plus loin, Dieu aidant (1).

ARTICLE XLIX.

Culture du roseau à faire des flèches (2), et autres espèces congénères.

Il en est qui disent que le roseau à faire les flèches est le roseau de Perse. Il aime la terre moite et le sable qui se trouve dans le voisinage des rivières; on le voit croître abondamment sur les bords des eaux courantes et des canaux d'irrigation, et dans les endroits bas et marécageux. Le roseau à écrire, *roseau des Qalames*, croît dans les terrains secs; c'est là qu'il a le plus de consistance, et il est plus grêle s'il croît dans d'autres terrains. Le roseau est d'un usage nécessaire pour les constructions et les treilles ou berceaux, et aussi pour d'autres besoins; enfin il est d'une très-grande utilité. Il ne réussit point dans les contrées trop froides. Le mode de reproduction pour lui est le même que pour la canne à sucre, au moyen de souches ou du roseau (lui-même en bouture). On arrache la souche (3), pour la planter, en janvier ou février, sans différer plus longtemps. On a soin au préalable de donner au terrain une bonne culture. La plantation se fait en lignes. On laisse entre chaque

(1) Abdallatif parle du bananier à peu près dans les mêmes termes, mais d'une manière plus concise dans certains points, et plus détaillée pour d'autres, notamment sur l'affinité qui peut exister entre le bananier d'une part et la colocasie et le palmier de l'autre. Il parle aussi de l'insertion du noyau de la datte, pour la production du bananier. Abdallatif, trad. Sacy, p. 26 et 27, et text. impr. p. 20, 9, B.

(2) Κάλαμος τοξικὸς, Théop., H. Pl. IV, 12. *Arundo sagittaria*, Plin., XVI, 65, 66. Peut-être sans rejeter la synonymie grecque et latine, vaudrait-il mieux lire pour l'arabe البنيان que النشاب, comme le propose Banqueri, puisqu'il est utile surtout pour les constructions البنيان qu'on lit plus bas. On trouve dans Columelle, *De re rust.* IV, 32, plusieurs des préceptes qui sont ici.

(3) Souche ou portion de souche enlevée par éclat.

ligne l'intervalle d'une brasse (2^{m}). On dispose dans ces lignes des trous dans lesquels on dépose les souches, puis on les recouvre de terre, d'une épaisseur de trois doigts. Chaque fosse est à distance de trois empans (0^{m},693). On arrose immédiatement. Suivant d'autres, on doit exécuter le travail de suite, en automne et par un jour nuageux; on fume avec du crottin des animaux et de la bouse de vache. On arrose plusieurs fois, jusqu'à ce que la végétation se manifeste. Suivant Abou'l-Khaïr, il faut avoir soin de donner de l'eau tous les quatre jours jusqu'à ce que le roseau pousse; alors on n'arrose plus que tous les huit jours une fois, jusqu'à la fin de l'été; il faut aussi avoir soin de donner des binages. Le roseau se coupe au commencement de l'automne, sans attendre plus tard que le mois d'octobre, car le pied en souffrirait l'année suivante. Il ne faut pas non plus, en coupant le roseau, qu'on laisse rien se montrer au-dessus du sol, car c'est une chose mauvaise et nuisible. On propage encore le roseau par lui-même quand il est vert; on prend les tiges les plus vigoureuses, on les coupe en tronçons contenant chacun deux nœuds, qu'on plante, couchés en ligne, dans un terrain préparé de la façon qui a été indiquée précédemment. Ces boutures prennent racine et donnent de très-belles pousses (cf. Col., *de Re rust.*, IV, 32).

Abou'l-Khaïr dit que, si on veut que la terre ne reste point improductive, on brûlera, après que le roseau sera coupé, en octobre, tout ce qui restera apparent à la surface du sol, à l'aide de paille ou de bois sec qu'on aura jeté sur le terrain; si on manque de bois on brûlera à l'aide du roseau lui-même. Et alors, sans qu'il soit besoin de cultiver la terre profondément, on sèmera une plante fourragère et des féves. Après que la récolte en sera faite, on donnera un labour qui fouille la terre, sans apporter le moindre engrais. Il ne faut jamais planter le roseau dans un lieu où arrive la fumée, parce que le ver s'y forme et que la plante sèche.

ARTICLE L.

Culture du frêne ou *dardar* (1).

Abou'l-Khaïr dit qu'il y a plusieurs espèces de frênes, une qui est stérile, une autre qui donne du fruit. L'espèce qui donne du fruit se subdivise en deux : l'une a un fruit gros, et l'autre l'a tout mince; on la nomme parmi les médecins *langue de passereau;* on l'emploie dans les remèdes énergiques. Suivant d'autres, l'arbre qui produit la langue de passereau serait semblable (pour l'aspect) au *dardar*, avec des feuilles pareilles à celles de l'amandier. D'après Ibn-el-Façel, Hadj de Grenade, Abou'l-Khaïr, et autres agronomes espagnols, cet arbre aime la terre humide trempée d'eau du fond des vallées, entre les montagnes et dans les plaines. Il pousse sur les bords des rivières et des eaux courantes. Le frêne se multiplie de boutures ou de rejetons recouchés, et arrachés avec leurs racines. On fait encore usage de jeunes plants arrachés dans les lieux incultes qu'on transplante dans les jardins avec leurs racines et environnés de leur motte. Le frêne se multiplie aussi de graine semée en terrines en janvier et février. Les jeunes plants et les marcottes sont arrachés avec leur motte et plantés dans la terre indiquée plus haut ou toute autre qui a de l'affinité avec elle, dans des trous convenablement préparés. On doit tenir ces arbres espacés, car ils sont disposés à s'étendre. Les boutures sont plantées dans des carreaux et sur les bords des canaux d'irrigation. On effectue la transplantation quand le jeune arbre a atteint sa grandeur normale. On effectue cette opération en automne, afin que le sujet profite des

(1) Ce qui est dit ici du *dardar*, et surtout de la forme de sa graine, convient bien au frêne commun, *fraxinus excelsior*, Linn. L'arbre qui porte du gros fruit appartient à un autre genre. Dans Kazwini, ce mot s'applique à l'orme, de même que dans Avicenne, I, 159. — Les agronomes du *Rei rusticæ scriptores*, comme les Géop., disent fort peu de chose du frêne; Pline en parle plus au long, XVI, 24.

sucs nourriciers fournis par les pluies qui tombent en cette saison et postérieurement. Les soins à donner à la graine, au jeune plant et aux boutures sont les mêmes que ceux indiqués plus haut. Le frène se greffe sur ses congénères. On a dit encore qu'il recevait la greffe du pistachier, du sorbier et du cèdre (ou pin mâle). Cet arbre ne peut réussir qu'avec beaucoup d'eau, parce que c'est un arbre printanier. Il en est qui disent que le dardar est *l'orme noir;* mais, en somme, c'est un gros arbre.

Article LI.

Culture du *çaphira* ou platane (1).

Il y a, suivant Abou'l-Khaïr, plusieurs espèces de *çaphira:* une qui pousse sur le bord des eaux et dont les feuilles ressemblent à celles du mûrier des jardins; une autre espèce est moindre dans ses proportions. Il y a des espèces qui donnent du fruit; il y en a d'autres qui n'en donnent point, et d'autres dont on ne mange point le fruit, qui est un poison dans toutes ses parties. Le çaphira employé pour la teinture est importé chez nous (de l'étranger). Suivant l'Agriculture nabathéenne, le platane *dolb* est un arbre sauvage dont le bois est très-dur et fort difficile à travailler qui grandit beaucoup *pendant l'hiver* (2). Il ne donne pas de fruit dont on tire quelque utilité, ni qu'on mange. Il supporte très-bien la privation d'eau et il n'est point nécessaire de l'arroser. Son bois est (d'une qualité) rare. Quand on fait des fumigations dans une maison où sont des *scara-*

(1) Nous voyons, sous ce nom, des arbres de nature bien différente; le *dolb* proprement dit paraît bien être le platane, mais le *çaphira* n'a aucun rapport avec lui; c'est un bois de teinture qui arrivait par importation. Suivant Ibn-Beithar, c'était par erreur que ce nom était appliqué au platane. M. de Sacy, dans ses notes sur Abdallatif, pages 80 et suiv., a beaucoup parlé du platane.

(2) Le texte porte bien الشتا, *l'hiver;* mais le fait serait si anormal que nous aimons mieux croire qu'il faut lire الشطوط, *les bords,* en sous-entendant des rivières, comme plus bas.

bées (1), ils s'enfuient; les chauves-souris fuient de même. Son odeur tue aussi toute espèce de ver (ou chenille) engendré sur les légumes et dans les jardins, et la plus grande partie des animaux (d'un ordre inférieur) ne peuvent en approcher. On dit, d'après ce qu'ont écrit les agriculteurs espagnols, que le platane aime les terres basses et le bord des rivières et des eaux courantes; c'est pourquoi on le plante dans les parties des vallées où il est facile de faire arriver l'eau. Le platane se propage de sa graine ou de jeunes plants pris sur place ou dans les alluvions fluviales où ils ont poussé. La graine se sème en terrines et dans des carreaux, en février, et le jeune sujet est replanté en mars dans des trous proportionnés à son volume. On laisse entre chaque pied une distance de dix coudées (4m,620) et plus, parce que le platane est un arbre qui prend de l'étendue; le mode de culture est conforme à ce qui a été dit. Le platane aime beaucoup l'eau; il ne peut se multiplier ni de boutures ni de marcottes; il ne reçoit point la greffe et ne peut se greffer (sur aucune espèce d'arbre). Les plants tirés des rives des eaux courantes ou autres (sont arrachés) en octobre quand ils sont dépouillés de leurs feuilles ou au moins de la plus grande partie. Il en est de même, dit Abou'l-Khaïr, pour l'arbousier, le frêne, le laurier-rose et autres arbres sauvages analogues.

Article LII.

Culture du laurier-rose.

Suivant Abou'l-Khaïr, le laurier-rose est une des substances vénéneuses pour l'homme et pour la plus grande partie des animaux; quand ils en mangent, ils meurent le jour même. Quand on lave les cheveux et le corps avec la décoction de ses feuilles, elle tue les lentes et la vermine et autres parasites

(1) Cette propriété, mortelle aux chauves-souris, se lit dans les *Géop.*, XIII, 13, XV, 1. Plin., XXIV, ch. 8. Kazwini en parle aussi. Voir les observations de M. de Sacy à ce sujet. *Chrest. arab.*, t. III, page 476.

pareils. On lit dans l'Agriculture nabathéenne que le laurier-rose est appelé arbre de bénédiction. Il est un poison pour les chameaux, les mulets, les ânes. Il ne donne aucun produit qu'on puisse employer avec utilité en médecine. Il porte une belle fleur rouge qui est un poison très-énergique et mortel pour tous les animaux dont nous avons parlé, aussitôt qu'elle a pénétré dans leur estomac. Cet arbre exige peu de grands soins, et demande peu de culture. Si on veut qu'il prenne de la vigueur, éloigner une mauvaise constitution, verser sur le pied de l'eau mêlée avec de l'urine, quelle qu'en soit l'espèce. Il en est qui disent que le laurier-rose est un arbre très-néfaste. Il y a *une variété* qui a la fleur blanche et le bois cendré. On a dit aussi le laurier-rose stérile (1).

Article LIII.

Culture du *naschem* (2), qui est le peuplier *hawar*; le naschem blanc, le naschem noir; le saule *çifcâf*.

Le *çifcâf*, dit Abou'l-Khaïr, est le *khilâf;* les Latins l'appellent *sâlidj* (*salix*), *saule*. Suivant Ibn-el-Djezar, il y a, parmi les variétés de saule, le *ghareb*, nommé par les étrangers *saledj*. Les espèces dans ce genre sont nombreuses. Il y a celle à feuilles plus grandes que celles de l'amandier, dont la partie interne est blanche et l'extérieur vert tirant sur le blanc; dans une autre la feuille est rouge tirant sur le jaune. Le bois du saule *n'est point serré et est peu consistant*. On ne peut tirer aucun

(1) On lit dans Avicenne, t. I, page 158, v° دفلى, des détails qui complètent cette description du laurier-rose.

(2) Il est visible ici que l'auteur a réuni dans le même chapitre la culture des diverses espèces de *saules* et peupliers noirs et blancs. Le mot *naschem* qui se trouve dans Castel et Forskhal, et que Banqueri lit *baschem*, s'applique bien ici au *peuplier;* plus haut, page 333, nous l'avons vu appliqué à l'*almis*, appelé aussi *al-fatfat*, écrit ici *al-ahbahb*. Le saule à feuille d'olivier est bien le *salix babylonica* ordinaire, ἐλαιάγνος de Théoph., H. P., IV, 11, suiv. Spreng. *Hist. rei herb.*, I, 105; *çifcâf* est le nom du *tremble, populus tremula*, Linn., en Afrique. Nous reviendrons ailleurs sur ces synonymies.

parti de ses branches pour attacher les treilles ou berceaux quand on les établit (1). Suivant l'Agriculture nabathéenne, le *khilaf* a une fleur rude au toucher; la feuille de cet arbre ressemble à celle de l'olivier, mais elle est plus grande et plus large; il ne donne aucun produit; on ne tire d'utilité que de son bois. D'après un autre, ce qui convient au saule et à toutes les espèces de *naschem*, ce sont les terrains bas, légers et moites, le sable et les courants d'eau. Pour cette raison, on les plante sur les canaux d'irrigation, dans le voisinage des puits et des pièces d'eau. On les propage de jeunes plants (crûs spontanément) et au moyen des branches; à cet effet on choisit celles qui sont nouvelles, lisses et d'un beau jet; on rejette ce qui est vieux et noueux qui n'offre rien de bon. Le peuplier se propage de la même façon que le saule. D'après l'Agriculture nabathéenne, cet arbre aime la terre dure, de saveur douce. D'après un autre, le moment le plus avantageux pour effectuer la plantation du saule et du peuplier, dans les terrains qui ne sont pas froids, c'est depuis le premier février jusqu'à la fin de mars. Le plant se met en terre sur les canaux d'irrigation, et l'on donne de l'eau tous les trois jours. On rapproche les arbres parce qu'on se propose en les plantant de les faire pousser en hauteur. La multiplication par les rameaux se fait, comme celle de la vigne, au moyen d'une cheville qu'on fiche dans le sol; on la retire, puis on place la branche (dans le trou). Le travail est le même que celui indiqué précédemment. Le *naschem* noir, peuplier noir (à feuille) large, qui ne donne pas de fruits, est le mâle; la femelle est le *fatfat;* ils aiment les espèces de terres que nous avons indiquées. On multiplie les deux espèces (noire et blanche) de jeunes plants et de boutures, de branches éclatées et de rejetons qu'on marcotte pour les

(1) Le texte donne ce sens; mais il nous semble fautif, et qu'il faudrait lire ولا عرض فى قضبانه الا فى رطب العراش et traduire : ne trouve d'emploi que pour attacher les vignes montantes ou treilles quand on les dispose. C'est en effet le seul usage auquel soit apte le saule (osier). Cf. Col. *de Re rust.*, IV, 30. *Salice omnia alligas.* Plin , XVIII, 68.

arracher tout enracinées et les replanter en automne, après la chute des feuilles; suivant d'autres en janvier. On plante ces arbres rapprochés pour les forcer à s'élever; la distance est d'environ six coudées (2m,772); on se conforme du reste à tout ce qui a été prescrit plus haut. Le naschem noir est une espèce d'*almis* (1); on ne doit pas les tailler trop près parce que c'est nuisible pour le corps de l'arbre. Le bois du peuplier fournit de beaux matériaux pour la charpente; le naschem noir et le blanc sont à peu près de même.

Article LIV.

Culture de la ronce et de la rose des montagnes (*rosa canina*) (2), *l'églantier*, pour la défense des vignes et pour recevoir la greffe du rosier.

La ronce *ahliq* est bien connue; la rose des montagnes est la *rose de chien*. Chez les médecins, on l'appelle *nasrin*. Abou-Hanifah dit que le rosier des montagnes est semblable au rosier (cultivé), et qu'au bout de quelques années il ressemble à la ronce. Son fruit est appelé par les Arabes *dalik* (3), (*églantine*). Il est rouge, et ressemble à la datte qui commence à mûrir, sinon qu'il est pointu à son extrémité; dans l'intérieur est une espèce de laine; sa fleur est celle du rosier, d'un blanc nuancé de rose (cf. Avic., *loc. cit.*). D'après les écrits d'Ibn-el-Façel, d'Abou'l-Khaïr et autres, ces deux plantes réussissent dans les terrains qui ressemblent à ceux où elles croissent

(1) Le mot الابيض, *blanc*, ne donne ici aucun sens, à moins qu'on ne veuille y voir une traduction du grec, λευκη, *blanche*, qui est aussi le nom du *peuplier*. Nous préférons voir une altération du mot الميس, conjecture autorisée par ce qui est dit page 311, que le *naschem noir* est le mâle de l'*almis* ou *fatfat*.

(2) C'est le Κυνόσβατος, des Grecs. Théoph., III, 18; Diosc., I, 125, *cynosbatos* de Plin., XVI, 71. Avicenne réunit la ronce et la rose sauvage sous le mot عليق, 1,232; il cite Dioscorides.

(3) Nous lisons cette partie du texte fautif سمّيه العرب الدليك, ce qui nous parait plus logique; ce mot *dalik* est, dans Castel, traduit par *rubellus rosæ fructus. Lexic. hept.*

spontanément. On les propage de plants pris dans les lieux où ils poussent (habituellement); on les propage encore de branches (mises en terre) et de graines. Quand on veut employer ce dernier moyen, on prend les fruits quand ils ont atteint leur maturité; on les écrase ou on les lave à l'eau (pour enlever la pulpe); on recueille les pepins qui sont contenus dans l'intérieur du fruit, puis on les fait sécher, et l'on sème en terrains élevés, en octobre, quand les pluies vont se répandre, en lignes comme on plante les haies. On recouvre de sable ou d'une couche légère de terre végétale; on a soin d'arroser jusqu'à ce que les pluies soient venues. Le semis peut également se faire en janvier. Quelquefois on presse le fruit, bien mûr, contre une corde rude, pour y faire adhérer le pepin (1); on enfouit ensuite cette corde dans le sol en l'allongeant bien; on la recouvre de terre; on arrose avec soin jusqu'à ce que la germination se soit produite. On effectue, quand il y a lieu, la transplantation; le mode d'opérer est d'ailleurs le même que celui dont il a été parlé précédemment. Quand le semis pousse trop clair, et à trop grandes distances, on allonge quelques-uns de ces brins vers les intervalles vides, en opérant de la façon prescrite pour la marcotte par couchage (ou provignage). Si le travail entier peut se faire en automne, ce sera très-bien, parce que la plante recevra sa nourriture des pluies automnales et de celles qui viennent plus tard.

Article LV.

Culture de l'azerolier, *al-zahrour* (2).

C'est un arbre qui pousse sur les montagnes, sur les rochers et les pierres. Il porte un fruit rouge et jaune de l'éclat le plus vif dans ces deux couleurs. Il y a dans l'intérieur un

(1) C'est ce qu'on appelle *semis à la corde*.

(2) Le *zahrour* dont il est ici question est l'azerolier proprement dit, *cratægus azarolus*, ord. *Mespilus azarolus*, ord.

pepin (noyau) lisse; le plus souvent les pepins sont réunis par couples. Il faut élaguer chaque année, et même étendre l'opération à l'arbre entier; on l'allége de ses feuilles avec des ciseaux en fer bien affilés et tranchants (1), car, si cet instrument introduit par hasard de la rouille dans l'intérieur de la branche, elle se fane et périt. Aucune espèce d'engrais ne convient à l'azerolier; ils lui causent quelquefois une maladie qui fait jaunir ses feuilles, sinon en totalité, au moins en partie; l'arbre tombe dans un état de langueur et d'étiolement très-fâcheux, et son fruit tombe. Le remède à ce mal, quand l'arbre est dans un jardin (où il a crû), c'est d'enlever la terre à l'entour (*litt.* creuser) et de la remplacer par de la terre meuble prise dans certaines montagnes, ou bien par une terre consistante contenant du gravier ou du sable. Mais, si l'arbre a été arraché dans la montagne ou dans tout autre lieu où il était venu spontanément, et transporté dans un jardin, on dispose, à l'entour du pied, de la terre prise au lieu même où il a pris naissance et d'où on l'a tiré; alors il revient à la vie. Si l'arbre venu de semis dans un jardin, et transplanté de ce jardin dans un autre, ou simplement déplacé, manifeste de l'affaiblissement, le remède, alors, est de lui rendre sa vigueur en l'arrosant avec de l'eau chaude et du sang. Si on veut porter au pied de l'arbre de la terre dans laquelle il a été semé, et de laquelle on l'a extrait, il faut répéter l'opération plusieurs fois. On déchausse (le pied) tout à l'entour, et on remplit la cavité avec de la terre rapportée; on laisse en repos pendant dix jours, puis on déchausse de nouveau; l'on rapporte de la terre prise au lieu originaire, et l'on comble avec la terre précédemment déposée au pied de l'arbre. Cette opération se répète plusieurs fois jusqu'à ce que cette terre (rapportée forme une butte qui) s'élève assez haut sur la tige.

(1) V. sup., page 352, note.

Article LVI.

Culture du *rhamnus*, pour la défense des vignes et des jardins (1).

On compte plusieurs espèces de *rhamnus* (nerprun) : celui à fleurs blanches, celui à fleurs rouges, celui dont on recueille le fruit pour le faire cuire, et dont on prépare des aliments. Souvent, quand il est devenu vieux, il en sort un fruit d'un rouge intense de la grosseur d'un pois, d'un très-bon goût, qu'on mange et qu'on trouve agréable. Les Arabes connaissent cet arbre sous le nom de *maçah*, المصح. Nous en avons parlé précédemment (VII, 17). Suivant un autre auteur, la méthode à suivre pour la propagation du nerprun (pour les clôtures) est la même que pour la ronce.

CHAPITRE VIII.

De la greffe réciproque (des uns sur les autres) des arbres qui ont entre eux plusieurs points d'affinité quant à l'utilité ; manière d'exécuter l'opération ; description de ses divers modes employés.

Ibn-Hedjadj, à qui Dieu fasse miséricorde, dit dans le *Moqnah* (*le Suffisant*), un des livres qu'il a composés sur l'a-

(1) *Rhamnus* des Latins. Plin., XXIV, 76. Ῥάμνος des Grecs, Diosc., I, 119. Théoph., Hist. plant., III, 17, qui nous parlent d'espèces plus ou moins analogues à celles mentionnées ici. L'espèce qui donne un fruit agréable est très-probablement le *jujubier* à épines droites, *rhamnus spina Christi*, Linn. Nous avons vu plus haut, art. XVII, ce nom de *maçah* appliqué au *buisson ardent* ; le mot عوسج a été aussi appliqué au *lyciet d'Europe*. M. Fée a donné une bonne synonymie des *rhamnus*, dans les notes sur le chapitre de Pline, cité.

griculture, que la greffe est appelée par Démocrite *inschab* انشاب, *infixation*, par Kastos اضافة (*idhafahah*), *adjonction*, par Junius تطعم *tathahmmah*, action de *faire nourrir* (1). Marsial dit qu'il y a trois espèces de greffe : une que Junius appelle greffe par *térébration*, qui se pratique sur la vigne ; nous citerons dans le cours de ce chapitre ce que dit Junius ; une autre dans laquelle l'insertion se pratique entre l'écorce et le bois, quand l'écorce est épaisse et que le fluide séveux circule en abondance entre l'écorce et le bois ; cette greffe est pratiquée chez nous sur l'olivier. Une espèce est pratiquée au moyen d'une portion d'écorce qu'on enlève avec un œil (au centre) avant qu'il soit ouvert, puis on l'applique sur un rameau auquel on a enlevé aussi une portion d'écorce dont la première prend la place ; cette espèce de greffe se pratique chez nous sur le figuier. Une autre espèce de greffe est le plus généralement et communément pratiquée sur toute espèce d'arbres (on la pratique de cette façon (2) : on choisit l'arbre sur lequel on veut prendre la greffe ; on donne la préférence à une branche qui sur l'arbre est exposée directement au soleil, à l'aspect du midi ou du levant, et qui l'année précédente a donné du fruit ; on la coupe de la longueur d'un empan ($0^m,231$) ou plus, ou l'on taille la partie inférieure sur une longueur d'un demi-empan ($0^m,115$) ou *quatre doigts* (3), avec un couteau (ou tout autre instrument à lame tranchante), de façon que les surfaces soient bien nettes comme si le rasoir

(1) Nous ne voyons ni dans Columelle, ni dans les autres auteurs latins, d'autre nom générique pour la greffe que le mot *insitio*. Chez les Grecs, dans les Géop., X, 75, ce serait Ἐγκεντρισμὸς. Suivant Théophraste ce serait Ἐμφυτεῖα, et ἐγκεντρίσμός s'appliquerait à la greffe par *térébration*, Hist. plant., II, not. Scalig., p. 74, que les Géop. appellent Ἐγκεντρισμός διὰ τρυπήσεως. IV, 13. Voir aussi Virgile, Géorg. II, 69 et suiv.

(2) C'est la greffe proprement dite par *insertion*, *insitio*, ἐγκεντρισμὸς, la greffe en fente, l'*ente*, qui prend aussi le nom de *greffe en poupée*.

(3) Cette longueur de taille semble bien exagérée sur celle usitée chez nous, six lignes ou $0^m,014^{mm}$; mais l'indication est précise. Columelle dit *trois doigts*, *de Arb.*, XXVI.

y eût passé (1) ; on laisse un des côtés couvert de son écorce, c'est-à-dire que l'ensemble de la branche soit taillé en forme de couteau, laissant l'écorce sur la partie postérieure ou le dos du couteau ; on rend les autres surfaces bien unies, de façon que la partie opposée à l'écorce soit amincie et affilée comme l'est dans la lame d'un couteau la partie opposée au dos. La branche ainsi taillée se nomme قلم *qalam, greffe* (2). Quand cette opération de la taille est terminée, on met les qalams dans l'eau pour les garantir du contact de l'air. On se rend ensuite vers l'arbre qu'on veut greffer ; s'il est jeune, ayant la tige lisse, on le rogne à la scie (à une certaine hauteur) au-dessus du pied. On pratique dans la partie de la tige restée debout une fente (en diamètre), avec un instrument à lame longue, de cette façon : on applique la lame sur le bois, on frappe avec une pierre jusqu'à ce qu'une fente s'ouvre et que la lame de l'instrument y pénètre tout entière ; on introduit ensuite un instrument pointu (3) en fer qui tienne le bois séparé (et la fente ouverte) ; cela fait, on introduit la greffe, dont il vient d'être parlé, dans la fente par l'écorce, de façon que celle de la greffe se trouve posée en contact avec celle du sujet dans une position fixe et assurée, et que le bois (*litt.* l'os) adhère au bois. (Cette première greffe posée), on en insère une seconde à l'autre extrémité (diamétrale) de la fente ; on extrait ensuite la pointe de fer qu'on avait introduite dans le bois, qui vient se fixer et adhérer sur celui des deux greffes. Cela fait, on prend un lien ou une (petite) corde, à l'aide de laquelle on opère la ligature du bois du sujet sur les deux greffes. On pétrit ensuite une argile blanche qu'on mêle de beaucoup de paille ; avec cette préparation, on

(1) *Litt. erasus rasurâ non turpis.* Cf. Col., *de Arb.*, loc. cit.

(2) C'est le *greffon* de nos praticiens modernes, *calamus* des latins. Plin., XVII, 24, ἔνδεμα, *Géop.*, X, 75.

(3) منقار, *littéral.* un bec, *rostrum;* mais il est clair qu'il s'agit ici d'un coin de petite taille se rapprochant de la forme de la cheville, comme nous le verrons plus bas, page 412, fin. C'est ce que prescrivent du reste Columelle et les Géoponiques.

enduit la place de la coupure de l'arbre et l'ouverture par laquelle on a introduit la greffe, après toutefois avoir soigneusement appliqué sur la fente et la portion de la greffe introduite dans le bois, des *bandes* ou *morceaux* d'écorce pris sur les branches de l'arbre. Cette glaise est appliquée de façon qu'elle ne laisse saillir que la partie de la greffe qui n'a point pénétré dans l'arbre. Cette opération n'a point d'autre but que d'empêcher l'eau (pluviale) de pénétrer dans la fente et de pourrir la greffe. Ensuite on fixe, par-dessus la motte d'argile, un morceau de toile de lin qui l'enveloppe et qui la maintienne bien. Cette sorte de greffe ne doit être pratiquée que lorsque le fluide séveux (*litt.* l'eau) commence à circuler dans le bois; car, lorsque le ligneux est imprégné d'une sorte de viscosité, il y aura nécessairement adhérence de la greffe au bois (du sujet), et la reprise et l'agglutination en seront la conséquence. Quand ensuite la circulation sera bien établie, la nourriture viendra en abondance, et (avec elle) la consolidation et l'adhérence. Junius dit la même chose. Le moment favorable pour la greffe, c'est le commencement du printemps. En effet, quand à cette époque de l'année on coupe une branche, on n'y voit point une humidité trop grande ni trop fluide (*litt.* légère), mais elle est au contraire d'une certaine consistance visqueuse; le temps froid peut bien convenir aussi. Quant à la greffe qui se pratique entre l'écorce et le bois, *greffe en couronne* (*infoliation*), on opère ainsi qu'il suit: après avoir rogné à la scie l'arbre (qui doit être greffé), on prend un morceau de bois sec qu'on taille comme la greffe (en coin); on l'introduit entre l'écorce et le bois, en allant le plus doucement possible, dans la crainte de faire fendre l'écorce. Cette opération ne peut être tentée que quand la séve est en pleine circulation dans le bois, pour pouvoir effectuer sa séparation d'avec l'écorce; en effet, quand la séve est épaisse, la séparation est difficile et l'écorce sujette à se fendre. On retire ensuite ce (coin de bois), et à sa place on introduit les greffes; on opère ensuite une ligature, de la façon dont nous avons parlé, et on applique la préparation glaiseuse indiquée. Les choses doivent être disposées de façon que l'écorce de la greffe soit en contact avec l'écorce du sujet, et le bois de l'un en contact avec celui de l'autre (cf. Col., *de Arb.*, 26, 4; *Géop.*, x, 75). Dans cette sorte de greffe, le brin doit être taillé comme les qalames des *écrivains*. Quant à la greffe au moyen de l'écorce, elle se pratique ainsi : on choisit une branche de figuier, ou de tout autre arbre, on cherche un œil qui sur cette branche ne se soit point encore ouvert; on pratique ensuite une incision circulaire avec un couteau, sur deux parties, puis on détache et on extrait cette portion d'écorce sur laquelle se trouve l'œil bien intact; dans cet état, elle ressemble à un tube de la grandeur du nœud ou d'une phalange du pouce (1). On vient ensuite vers un arbre dont les branches ont été coupées dans le courant de l'hiver de la même année, et qui en a produit d'autres (actuellement) tendres et pleines de séve et de verdeur; on enlève l'écorce d'une de ces branches, et on insère le tube cortical préparé. Il faut bien se garder que le bois (de la branche greffée) soit d'une dimension inférieure à celle du tube, car toutes les fois qu'il en est ainsi, la reprise n'a point lieu, parce que l'adhérence n'est jamais forte. Quand le tube a été introduit, il faut ramener par-dessus une forte quantité du lait épanché de l'arbre, qui détermine l'adhérence au bois et qui empêche que l'air ne s'introduise entre les deux. Mais, si la greffe se pratique sur un arbre autre que le figuier (c'est-à-dire qui n'ait point comme lui un suc laiteux), on supplée au lait par une enveloppe d'argile visqueuse pour empêcher l'action de l'air, suivant ce que nous avons dit; il faut ensuite tenir cette greffe à l'ombre et la garantir du soleil au moyen de feuilles qu'on dispose à l'extrémité de la branche greffée. Telle est la manière dont vous devrez opérer pour pratiquer la greffe. Sachez bien que la greffe, pratiquée sur une branche jeune dont l'écorce est bien lisse, est plus prompte à reprendre et à s'agglutiner que celle pratiquée sur une branche d'une écorce rugueuse et vieille. Tout le monde pense que la greffe

(1) C'est la greffe en *flûte* ou *anneau*.

doit être pratiquée sur les pousses ou rameaux, et non sur la tige. On dit aussi que si la greffe est pratiquée sur beaucoup de rameaux, et qu'il y en ait sur lesquels elle ne réussisse pas (on peut espérer que) la totalité ne périra point; mais on rejette ces greffes multipliées sur les rameaux (1). Une des espèces de greffes les plus énergiques, c'est celle que l'on pratique sur la vigne; on opère de la façon suivante: on choisit dans le cépage une pousse vigoureuse; on dispose pour la recevoir une fosse allongée, comme on pratique pour enfouir (les brins) qu'on recouche; on prend en même temps un rameau de choix sur une autre vigne; on le taille bien net sur deux faces; on fend le premier brin après en avoir enlevé la partie terminale; on insère dans cette fente la branche préparée par la taille, de façon que l'écorce des deux côtés de la greffe soit en contact avec celle du sujet qui reçoit la greffe; on pratique une ligature, et les deux brins de sarment réunis de la sorte semblent n'en faire plus qu'un seul. On enfouit le tout dans la fosse indiquée. Ce sarment ainsi greffé reçoit toute sa nourriture de celui sur lequel il a été inséré; il s'enracine aussi dans l'intérieur du sol et il arrive à une plus grande vigueur qu'aucun autre. Au bout de deux ans, on opère la section sur le pied du cépage, et la greffe se nourrit d'elle-même. On peut opérer de la même façon sur tous les rameaux (qu'on voudra), c'est-à-dire qu'on peut insérer un rameau ou brin de sarment sur un autre et les enfouir dans le sol, Dieu aidant. Ibn-Hedjadj dit: Nous rapporterons à la suite de cet exposé général ce que nous avons rencontré dans les agronomes modernes les plus intelligents sur la greffe, afin que le lecteur de notre livre soit mieux confirmé (sur nos prescriptions).

Junius (2) dit que les arbres dont l'écorce épaisse tire du sol

(1) Ce passage présente une difficulté par sa concision et la mauvaise copie; Banqueri l'a signalé.

(2) Cet article attribué ici à Junius semble être la traduction littérale du chap. 75, liv. X des Géop., attribuée à Florentinus. On lit bien la description

beaucoup de fluide (*litt.* humidité) doivent être greffés entre l'écorce et le bois. Il faut donc préparer un coin de bois dur qu'on introduit entre l'écorce et le bois et qu'on retire ensuite. On doit aller bien doucement dans l'introduction de ce coin et ne l'enfoncer que peu à peu dans la crainte de faire éclater l'écorce, ce dont il faut bien se garder. Ce genre de greffe s'appelle *greffe par l'écorce* تطعيم اللحا (infoliatio ἐμφυλλισμὸς, greffe en couronne); elle est surtout nécessaire pour le figuier, le cerisier et le noyer. Mais, pour les arbres dont l'écorce est mince et chez lesquels le fluide séveux se trouve dans le milieu même du bois (dans la moelle, *Géop.*), il faut fendre le bois lui-même, pour introduire la greffe dans la fente (1). Il faut dans ces deux opérations apporter beaucoup de prestesse et de célérité. Les branches qu'on destine à la greffe doivent être prises sur des arbres vigoureux, de bonne espèce et très-fructueux. On les détache avec une serpette bien tranchante; ils doivent être souples, jeunes, de belle venue, peau bien unie, les yeux rapprochés; ils auront trois têtes ou au moins deux, parce que, dans cette condition, ils donnent des fruits plus beaux que les autres (qui ne sont pas tels). Ils devront avoir déjà donné du fruit sur l'arbre duquel on les tire. Le meilleur est de les couper sur la partie de l'arbre qui fait face au levant et au midi, et nullement au couchant ou au nord. Leur grosseur ne doit point excéder celle du petit doigt, pour éviter de fendre la tige de l'arbre dans lequel se fait l'insertion, ou bien son écorce. La partie de la tige de l'arbre sur laquelle se pratique la greffe doit être lisse et unie, épaisse et sans aucun nœud. Quant à nous, nous cherchons toujours sur la tige la place la plus belle pour y pratiquer la greffe. Le plus souvent on l'applique sur une tige qui s'élève au-dessus de la surface du sol; il faut alors pa-

de cette sorte de greffe dans Columelle, *de Arb.*, 26, mais elle présente dans sa rédaction de nombreuses variantes de texte. La correction proposée par Banqueri page 412, note 1, prouve qu'il ne s'est aidé ni des Géoponiques ni de Columelle.

(1) Les Géop. ajoutent : cette manière s'appelle *insertion* (*insitio*).

rer et unir avec une serpette bien affilée la surface tranchée à la scie, au moment même d'y ouvrir la fente. On fait immédiatement l'insertion des greffes. Il faut prendre garde aux extrémités (taillées) des rameaux qu'on insère dans les fentes, et avoir bien soin de ne pas léser la moelle. Il faut donner au rameau la forme d'un couteau, c'est-à-dire qu'il doit, d'un côté, être très-épais et de l'autre très-aminci de forme et de longueur, s'adaptant à la fente qui doit le recevoir. On fait l'insertion de façon que le côté mince s'applique au bois et l'écorce à l'écorce. Il faut à l'avance se munir d'un coin de chêne ou bien d'une corne qu'on introduit dans la fente au moment où on vient de la pratiquer, et qu'on retire ensuite peu à peu. Il ne faut pas que la partie taillée de la greffe soit comprimée plus qu'il ne convient par la fente qui doit la recevoir, car *cette greffe se perdrait* et se dessécherait. Le mieux est d'ouvrir une seule fente et d'y introduire deux des rameaux qu'on veut greffer (1); si à cause de la grosseur de la tige on y pratique deux fentes, on peut craindre qu'à cause de cette grosseur *même* la partie insérée de la greffe ne soit trop serrée et qu'elle se trouve étranglée. Cette partie amincie destinée à l'insertion ne doit pas avoir moins de deux doigts de longueur; il faut la faire aussi longue que possible. On doit, après que l'insertion est achevée, assurer la fixité des greffes au moyen de fil retors et les enduire d'une glaise qui ne se gerce pas. La terre rouge ne peut convenir pour cet emploi, car elle brûle les troncs auxquels on l'applique. La terre blanche est de beaucoup préférable, de même que cette argile qui se trouve sur les rives des cours d'eau et qui convient bien pour enduire toutes ces ligatures que nous avons prescrites, et pour fixer l'adhérence de tout ce qu'on veut réunir. Il est des agronomes qui ne veulent point que la greffe soit pratiquée quand souffle le vent du nord. Quand la souche de l'arbre est trop grosse, il faut choisir une branche sur laquelle on pratique la greffe de la manière et ainsi que nous l'avons

(1) *Litt.* : Le mieux est qu'on introduise dans la branche, dans laquelle on a fendu une seule fente, deux, etc.

décrite. Sachez bien que toutes les fois qu'on pratique la greffe sur l'extrémité d'un arbre, soit avec des rameaux soit avec des yeux, le sujet doit avoir une forte tige, sinon la greffe s'affaiblira et s'étiolera très-promptement. Quand l'opération s'applique plus bas ou vers le milieu de la tige, elle est de bien plus longue durée. Il faut fixer solidement un filet à l'entour des rameaux ou des yeux afin de les prémunir, lorsque la pousse a lieu, contre les oiseaux qui ont l'habitude de voler et de s'abattre dessus, ce qui les fait casser, parce qu'elles sont trop faibles et trop délicates. Sachez bien que vous pouvez prendre sur toute espèce d'arbre qu'il vous plaira des rameaux pour la greffe, avant qu'ils aient commencé à pousser.

Ibn-Hedjadj, à qui Dieu fasse miséricorde, dit : Junius a décrit pour la vigne une espèce de greffe extraordinaire et que je n'ai jamais lue nulle part. Il l'appelle greffe par *térébration* (1). Voici ses propres expressions : La greffe par térébration est très-avantageuse, en ce sens que le pied greffé donne ses fruits en même temps que la greffe donne les siens. On pratique au-dessous du niveau du sol un trou avec un instrument perforant; on attire un brin de sarment d'un plant de vigne voisin; on l'introduit, sans le détacher de la souche mère, dans le trou. Par suite de cette opération, le brin greffé croît toujours aux dépens de la vieille racine qui fournit à l'alimentation et de celle sur laquelle a été pratiquée la térébration. La soudure est complète au bout de deux ans; on opère alors la section du brin greffé et on le détache de sa souche originaire. Il faut aussi retrancher à la scie cette portion de tige, c'est-à-dire les *cornes* ou *étocs* qui s'élèvent au-dessus de la perforation dans le pied greffé. Il est souvent possible de greffer de cette façon plusieurs espèces diverses de vignes sur un seul et

(1) تطعيم الثقب, *insitio per terebrationem*, ἐγκεντρισμὸς διὰ τρυπήσεως, Géop., IV, 13; Col., *de Re rust.*, IV, 29, 13; Plin., XVII, 25. Columelle et les Géop. disent que la perforation se faisait *terebrâ gallicâ*, τερέτρῳ γαλλικῷ, que les commentateurs disent être le *vilebrequin*. On voit que ce passage est presque entièrement tiré du chap. des Géop., 13, l. IV, attribué à Didyme.

même pied; on obtient de la sorte une variété de grappe.

En traitant de la greffe de l'olivier, le même auteur dit: Tous les oliviers ne sont point d'une nature uniforme; il en est qui ont une écorce mince et d'autres qui l'ont épaisse; les uns poussent rapidement, les autres ne poussent que lentement. Ceux qui sont pourvus d'une écorce épaisse et humide demandent à être greffés entre l'écorce (en couronne); ceux dont l'écorce est mince ou sèche veulent être greffés dans le bois (en fente). En effet, cette greffe pratiquée dans le corps même de l'arbre est plus certaine. L'époque convenable pour greffer l'olivier n'est point fixée; car dans les endroits chauds elle avance tandis qu'elle retarde dans ceux qui sont froids. Le plus souvent et habituellement on commence la greffe de l'olivier à l'équinoxe du printemps et on la prolonge jusqu'au lever de l'aigle qui a lieu au cinq de tamouz (juillet) (1). Nous avons déjà dit que les arbres devaient être greffés sur ceux qui leur sont analogues par l'écorce. Ici finit la citation de Junius.

Démétrius dit que ceux des arbres dont l'écorce est épaisse et pleine de fluide (humide), comme l'olivier et le figuier, doivent être greffés entre l'écorce; ceux au contraire chez lesquels elle est mince, comme dans le cédratier, la vigne et les analogues, il faut les greffer dans le centre de la tige. L'insertion se fait au moment même où se pratique la fente; on enduit d'une argile blanche et non d'argile rouge, car cette dernière est brûlante pour les rameaux.

Kastos dit qu'il faut prendre (2) les rameaux pour la greffe partout où le sujet est très-productif, le fruit charnu et de bon goût. On coupe toujours les rameaux avec une serpette bien affilée. Ils doivent être pourvus de deux ou trois branches de

(1) Cet article se compose pour la majeure partie du chap. 16, liv. IX, des Géop., attribué à Florentinus. Les dates indiquées ici pour la greffe, quoique différant essentiellement de celles données par les Géop., sont celles qui sont adoptées par les Grecs, suivant Palladius, *April.*, II, 3.

(2) Nous lisons تؤخذ au lieu de امثل, guidé par les Géoponiques d'où ce passage semble extrait. X, 75.

la grosseur du petit doigt ; on taille le rameau (dans la partie qui doit être insérée) sur une longueur de deux doigts, prenant bien garde d'offenser la moelle. L'argile employée pour enduire la greffe doit être blanche; il ne faut jamais employer celle qui est rouge, car elle est brûlante.

Sidagos dit : Celui qui veut activer la production d'un fruit étranger (sur un arbre) doit prendre la graine de ce fruit, la semer dans une terre de bonne qualité, bien fumée, arroser soigneusement jusqu'à ce que cette graine soit poussée, qu'elle ait pris de la consistance et que la tige ait atteint la grosseur du doigt annulaire ou à peu près. On choisit ensuite un arbre d'espèce analogue, on le rogne, on le fend, et dans cette fente on y greffe ce rameau (1), dont la fructification est par ce moyen accélérée et plus prompte que si le rameau fût resté sur son propre pied ; c'est un procédé extraordinaire (et curieux).

Article I.

Ibn-Hedjadj dit : Dans cet article, il sera fait mention de tous les arbres qui se greffent mutuellement les uns sur les autres, d'après ce qu'ont écrit les agronomes dans leurs ouvrages, rapportant chaque citation d'après son auteur, suivant qu'il l'a garantie lui-même. Souvent quelques-unes de ces citations seront des répétitions, parce que plusieurs auteurs auront professé la même doctrine. Ainsi, souvent Junius aura indiqué dans son livre un procédé, puis Kastos ou un autre l'auront aussi indiqué; j'ai tenu, dit-il, à les reproduire tous deux parce que cette répétition des deux opinions doit rendre plus familier, et mieux faire connaître aux lecteurs, ce qu'il y a de stable et de fixe dans ces théories, par suite de la concordance et du concours des témoignages. C'est ainsi que j'en ai agi plusieurs fois dans mon livre, parce que j'ai voulu présenter ce qu'il y a de plus certain et de mieux constaté.

(1) Ce texte est visiblement défectueux; mais on voit très-bien la pensée de l'auteur.

Ibn-Hedjadj dit : Tous les agronomes sont d'accord sur ce principe, que le grenadier se greffe avec succès sur le grenadier. J'ai vu le fait de mes propres yeux : cependant il y a dans notre pays beaucoup de gens qui repoussent ce procédé. Suivant Junius, le cédratier se greffe comme la vigne ; le mûrier se greffe sur le cédratier, celui-ci sur le pommier et réciproquement. Le fruit sera rouge naturellement, si on greffe le pommier sur le platane. Le cerisier aime beaucoup la greffe ; on l'applique très-bien sur la vigne. Sachez bien que le pêcher vieillit très-promptement ; mais, quand nous le greffons sur le prunier ou l'amandier, il dure plus longtemps ; quand le pêcher est greffé sur le premier, son fruit est plus gros. Fin de la citation (*litt.* du dire) de Junius.

Démocrite dit : Si on greffe le cédratier sur le mûrier, il donnera des fruits rouges ; cet arbre se greffe aussi sur le grenadier : le prunier à fruits noirs se greffe sur le poirier ; le coignassier reçoit toutes les espèces qu'on veut greffer sur lui. Fin de la citation de Démocrite, qui dit, dans un autre endroit de son livre : On greffe le pommier sur le poirier et le coignassier, le pommier sur le grenadier, la vigne sur le prunier noir ; le prunier jaune se pose très-bien sur le pommier et le cédratier.

Suivant Kastos, le figuier s'allie par la greffe au mûrier, au châtaignier, au noisetier, au pommier, au poirier ; toutes ces espèces se marient facilement les unes aux autres. On peut greffer le figuier en couronne (*litt.* en écorce) à l'exception du pied, et quelquefois un rameau de jeune poirier y réussit bien. Dans cette recherche des arbres qui se greffent les uns sur les autres, on trouve le grenadier, le coignassier, le mûrier, l'amandier, sinon que quand on greffe le poirier sur le mûrier, il donne des fruits rouges. Le jeune plant de pommier s'associe très-bien par la greffe au poirier ainsi qu'au coignassier. Le pommier greffé sur prunier donne des fruits rouges. Le pêcher se marie très-bien au prunier, à l'amandier, au poirier, au pommier et au coignassier. Le châtaignier s'associe au noyer, au chêne, au noisetier, le coignassier au poirier, l'abricotier au prunier et à l'amandier. Quant au cédratier, il contient un liquide séveux abondant, avec une écorce mince; cependant il s'allie au pommier. Quand on l'applique sur le mûrier, le fruit en est rouge. Toutes les espèces d'arbre s'adaptent bien au coignassier. Le très-savant Sadihames dit que le grenadier s'allie au cédratier. Le docte Tharour-Athiqos dit que lorsqu'on greffe des brins de vigne sur le *kelassiah* كلاسية, c'est-à-dire *qerassiah*, le cerisier, toute la partie en vigne donne son fruit au printemps; l'olivier a de l'affinité pour la vigne. Je me rappelle que Sadihames disait que ce qui se greffe le mieux sur le jeune plant de pommier en fait d'arbres à fruits, c'est le cédratier et le prunier, car, lorsqu'il est appliqué sur ces deux espèces, il donne du fruit deux fois l'an : le poirier a de l'affinité avec le pommier et le coignassier. Le figuier se greffe sur le mûrier: le grenadier s'unit solidement aussi quand on l'applique sur le figuier. Le cas où le mûrier réussit le mieux, c'est quand on l'applique sur le chêne et sur le châtaignier; on greffe aussi le noyer sur le noyer. Le savant Sadihames dit que le châtaignier se soude bien avec le noyer et l'amandier quand il a été greffé sur eux. Kassianus dit, dans le livre qu'il a composé sur l'agriculture, que Tharour-Athiqos raconte avoir vu dans quelques endroits des vignes sur lesquelles on avait greffé des oliviers, et qu'ayant mangé du fruit, il lui trouva un goût qui tenait de ceux de l'olive et du raisin. Fin de la citation.

Suivant Marsial, la vigne se greffe sur elle-même, et le pommier sur lui-même et sur le poirier ; l'olivier sur l'olivier sauvage; le pêcher sur l'amandier et sur le prunier. On greffe encore le pêcher sur lui-même, le cédratier sur le figuier, sur le sycomore ou caprifiguier, et sur le poirier.

Suivant Samànos, on greffe le noyer sur le figuier, le poirier et le prunier; le cédratier, sur le figuier et le poirier; le cerisier se pose sur le prunier. Quand le cédratier est greffé sur le grenadier, il porte des fruits rouges. Le grenadier se greffe sur le saule, le pêcher sur le poirier, le prunier sur le pommier, le coignassier, l'abricotier et le poirier. Le cédratier se greffe sur le pommier, et réciproquement; quand on applique le cédratier sur le mûrier, ses fruits sont rouges. Le grenadier peut être appliqué sur le myrte et sur le saule. Le pistachier se marie bien avec le peuplier, et l'amandier avec le pistachier.

Suivant Hannon, on greffe le poirier cultivé sur le poirier sauvage et sur l'azerolier; on greffe le noyer sur le prunier, le pommier sur le poirier, le coignassier sur le grenadier, le cédratier sur le poirier, le pêcher sur l'amandier, le prunier, l'abricotier et le saule. (Fin de la citation.)

J'ai rapporté, dit Ibn-Hedjadj, tout ce qui est présent à ma mémoire des noms des arbres qui se greffent mutuellement les uns sur les autres, et la chose a pris beaucoup d'extension. Peut-être, dira quelqu'un, il en est parmi eux que, par induction, on doit considérer comme ayant peu de disposition pour s'assimiler et se souder. Nous répondrons à cela : Si cette pensée vous est venue, elle ne peut paraître vraie qu'à cause du petit nombre d'essais tentés à cet égard dans notre pays, et encore à cause de la jeunesse de notre époque (pour la science). Si c'est le seul motif de votre ignorance, ce n'est pas suffisant (pour que la chose ne soit pas vraie). Est-il rien qui paraisse plus anormal que la greffe du rosier sur l'amandier, et cependant elle réussit et on obtient des fleurs en automne (1). C'est un fait très-vrai et très-fréquent dans les environs de Séville et dans diverses parties de l'Espagne. Pourtant, où est le rapport d'affinité entre le rosier et l'amandier? La vigne se greffe avec succès sur le genêt, mais elle donne un raisin amer; il en est de même pour le figuier, qui, greffé sur le laurier-rose, ne donne que des fruits amers. Ibn-Ahrnan m'a dit avoir greffé un olivier sur un pommier; la greffe réussit bien et donna un sujet qui poussa et végéta très-bien. Il m'a été aussi raconté par le faqir Ahli-Ibn-Scheab, qu'il avait vu un poirier greffé sur un grenadier; la reprise se fit très-bien. Tout cela (il faut l'avouer) est extraordinaire; mais comment

(1) Le texte dit *en automne;* mais ce qu'on lit plus loin exigerait *au printemps*, époque de la floraison de l'amandier.

l'auteur de ce livre voudrait-il repousser rien de ce que les savants ont consigné dans leurs écrits? C'est là le meilleur argument à opposer à celui qui veut infirmer quelque chose de ce que nous avons rapporté.

L'auteur de l'Agriculture nabathéenne, traitant ce sujet, dit que la greffe doit se faire d'un sujet sur un sujet qui se rapproche du premier, et qui ait avec lui de l'analogie par plusieurs points. Quand on a greffé un arbre sur un autre qui concorde avec lui pour l'espèce, pour la forme, pour le goût et pour la disposition du corps, la tension à l'annexion sera parfaite. Une fois l'agglutination accomplie entre les deux (la greffe et le sujet), l'arbre pousse; car, lorsqu'il y a affinité entre les choses, elles se fixent (facilement) l'une à l'autre. Les anciens ont voulu par la greffe faire prendre à certains arbres la nature d'autres, et les équilibrer les uns par les autres; ils ont encore voulu faire passer à une meilleure condition ce qui était défectueux. C'est un des procédés d'amélioration, et par lesquels on l'attire.

D'après l'Agriculture nabathéenne, si on détache une branche épaisse de sebestier, et qu'on la greffe sur un olivier, il en sort de grosses olives blanches, rondes et d'un bel aspect, desquelles on extrait une huile extrêmement blanche et douce comme du miel. Si l'on greffe le pommier sur le grenadier à fruits doux, la pomme y gagne la grosseur, la saveur douce de la grenade et son bon goût. Le poirier étant greffé sur le cédratier, son fruit prend l'odeur et la couleur du cédrat; c'est dans cet état que l'arbre les donne. Le jujubier, inséré dans le pommier doux, produit des jujubes de la grosseur d'une pomme, et elles en ont la saveur douce; ceci est peu commun dans la greffe des fruits à noyau. Le poirier greffé sur le mûrier donne de jolis petits fruits doux qui mûrissent bien et se montrent plus tôt que la poire (1). Ils ont encore établi d'autres règles qui seront rapportées dans un autre chapitre. Dieu

(1) Nous avons introduit ici une légère correction d'après le texte mss. de la Bibl. imp. Nous lisons غير يهذا pour ليهذا ; vient ensuite un passage supprimé

aidant. L'Agriculture nabathéenne, en traitant de la saison où la greffe doit se faire, dit que, quand la chaleur a pris de l'intensité au mois d'ayar (mai), l'humeur (séveuse) des arbres est devenue plus épaisse (elle a perdu beaucoup de sa fluidité); alors les rameaux des arbres et de la vigne ont cessé d'avoir de l'affinité les uns pour les autres; et, du moment que cette affinité a cessé, il n'est plus convenable à cette époque de tenter aucune espèce de greffe. D'autres agronomes espagnols, ajoutant à l'explication de ce qui précède en le développant, disent que la greffe est un procédé dont le bénéfice se fait moins attendre et le profit se recueille plus promptement que dans la plantation. La greffe est une sorte de plantation d'un rameau pris sur un arbre de choix, qu'on effectue sur un autre qui n'est pas un arbre d'élection (c'est-à-dire qui est de qualité inférieure). A l'aide de cette tige qui le reçoit, le rameau s'élève et donne des fruits pareils à ceux qu'il aurait donnés sur l'arbre qui l'a fourni. Au nombre des avantages qu'offre la greffe, sont ceux d'accélérer la fructification, de rendre la jouissance plus prompte, de substituer une espèce belle et plus productive, un fruit doux à un fruit acide, un gros fruit à un petit. D'un autre côté, quand l'arbre est un de ceux qui montrent plus de fleurs qu'ils ne donnent de fruits (1), tels que le poirier et autres, si on le greffe quand il est en plein rapport, son produit acquiert plus de volume. Il en est de même pour le pommier; il devient par la greffe plus productif que lorsqu'il n'est pas greffé. Il en sera ainsi pour l'arbre transporté de la montagne dans le verger. Ainsi, le rejeton qui vient d'un arbre de qualité inférieure réclame la greffe pour donner plus de fruits. De même pour les sujets obtenus de noyau, de graine ou de pepin, quand on a cru convenable d'employer ce moyen; on accélère leur fruc-

par Banqueri, et avec raison, comme inintelligible. Toutes ces mentions de greffes anormales ont été rejetées depuis longtemps par les savants, qui ne les citent que pour en démontrer toute l'impossibilité.

(1) *Litt.* : Dont le produit est plus abondant en calices qu'en produit nourrissant. L'auteur a ici en vue ces fleurs dont le calice ou fruit rudimentaire avorté tombe en très-grand nombre après la floraison.

tification par la greffe, quand ils sont de la grosseur du pouce, avec une branche d'un autre sujet de même espèce; on en jouit plus promptement. On greffe un arbre sur un autre pour qu'il vive par ses racines; c'est ainsi qu'on greffe sur l'amandier le rosier qui donne des fleurs à l'époque ordinaire de la floraison de cet arbre. Par ce procédé de la greffe, on obtient tous ces résultats; on fait que ce qu'il y a de défectueux dans la nature et dans le goût du sujet greffé passe à une condition bonne et louable; l'un s'enrichira de la nature de l'autre; celui-ci gagnera un bon tempérament avec celui-là. La greffe la plus avantageuse est celle qui a lieu de deux sujets de la même espèce l'un sur l'autre, comme celle du pommier sur le pommier, de la vigne sur la vigne, de l'olivier sur l'olivier, de l'espèce cultivée sur celle qui ne l'est point, et autres analogues. Il arrive aussi que la greffe se pratique sur deux sujets qui (sans être de même espèce) ont entre eux beaucoup de points de ressemblance, qui ont de l'analogie dans la forme, dans le goût et pour la stature (*litt.* la corporéité); l'affinité s'établit, l'agglutination s'opère; quelquefois l'un ressemble à l'autre par quelqu'un des caractères que nous avons décrits, dans la dimension des feuilles, et parce que, dans l'une comme dans l'autre espèce, c'est à la même époque que se produit la feuillaison, la maturation des fruits, la chute des feuilles; il y a affinité dans les fluides pour la pesanteur ou pour la légèreté, dans le mode de croissance, dans la sève, qui est chez quelques-uns lactescente ou bien douce au goût ou parce que l'un et l'autre ont de la graine ou des noyaux, le bois dur ou tendre, et autres caractères divers d'analogie qui font que la greffe se pratique avec utilité de l'un sur l'autre. Les témoignages de l'expérience viennent à l'appui (de ces assertions). De même les arbres qui diffèrent entre eux par quelques-uns de ces caractères, ceux qui n'ont rien de commun entre eux, ceux qui à vue d'œil ne présentent point à l'extérieur quelqu'une de ces conditions que nous avons indiquées; il y a entre eux antipathie. Ainsi, il ne faut pas les greffer les uns sur les autres; l'agglutination ne se ferait pas, à moins pourtant que l'expérience n'ait établi la possibilité du succès et de la reprise. Tout ce qui a été avancé repose sur un principe visible qui sert de règle; mais il peut se faire aussi qu'il se rencontre dans deux sujets une cause d'affinité que l'œil ne voie pas. (Passons aux applications.) Le coignassier, le pommier, le poirier cultivé et le sauvageon sont autant d'espèces différentes, et chacune de ces espèces se greffe avec succès l'une sur l'autre : elles se rapprochent les unes des autres par des similitudes sur beaucoup de points divers : par le fruit, la graine qui est renfermée dans son intérieur, par le goût et parce qu'ils sont doués de liquides (de sucs) et par d'autres qualités; mais, d'un autre côté, il se rencontre parfois certaines différences, et, pourtant, il est bien constaté par l'expérience que la greffe des unes sur les autres est certaine. L'azerolier à fruits ronds qui ont des noyaux se rapproche de ces sortes d'arbres par des points de ressemblance; on le greffe sur le poirier avec succès pour l'agglutination et la reprise; ainsi le pêcher et le prunier qui est l'œil de bœuf (*pruna Damascena*), l'abricotier, tous arbres d'espèces différentes se greffent les unes sur les autres, et la reprise est infaillible. Ces trois espèces se rapprochent parce qu'il y a entre elles plusieurs points de ressemblance. Elles sont de la classe contenant un noyau; la chair qui environne (*litt.* qui est sur) le noyau est molle et douce (sucrée). Elles font encore partie de la classe qui secrète la gomme ou un suc laiteux; elles sont pourvues d'huile. Il est bien constaté par l'expérience qu'on peut les greffer les unes sur les autres, et que l'opération réussit. L'amandier a aussi beaucoup de points d'analogie avec ces espèces (dont nous venons de parler); aussi dit-on qu'on le greffe très-bien sur elles. Le figuier, le caprifiguier, le mûrier, sont autant d'espèces qui, greffées les unes sur les autres, se soudent parfaitement et avec succès; il y a de l'analogie entre ces arbres par plusieurs des qualités indiquées; ainsi elles possèdent un suc laiteux, c'est pourquoi leur greffe réciproque n'est pas stérile. On a rapporté que le figuier greffé sur le laurier-rose reprenait bien, mais que les fruits qu'il donne sont amers; et pourtant ces deux arbres n'ont point d'autre analogie entre eux que le peu de consistance de leur bois, et parce que le liquide que contient le laurier-rose est lactescent. Certains agriculteurs ont formulé, comme moyen de reconnaître quels arbres ont de l'affinité ou des points de concordance, une règle qu'ils regardent comme un principe fondamental bien établi et que rien ne saurait détruire. Ils ont constaté que l'analogie entre les arbres peut s'établir par un seul point caractéristique. Ils les divisent en quatre classes : 1° les arbres *oléagineux*, qui sont ceux dont les parties extérieures et intérieures du fruit contiennent de l'huile en abondance, comme l'olivier, le laurier, le lentisque, le *katam* (1), le térébinthe et autres ; 2° ceux qui sont *gommeux*, comme le pêcher, l'abricotier, le prunier dit œil de bœuf, l'amandier, le pistachier et autres ; 3° ceux qui ont un suc *aqueux*, qu'ils subdivisent en deux sections ; ils disent que les arbres dont l'eau est légère sont ceux dont les feuilles tombent dans la saison des froids, comme le coignassier, le poirier, la vigne, le grenadier et autres analogues ; ceux dont l'eau est lourde, c'est la 4e division (conservent leurs feuilles l'hiver) ; ce sont : l'olivier, le laurier, le myrte, le chêne (vert), le cyprès et autres pareils. Ils posent ces quatre classes comme *capitales* (*litt.* tête) ; ils les appellent les *mères des genres* (2). Ils affirment que chacune de ces divisions (tête) a de l'antipathie pour l'autre, ne l'admettant que par la *térébration*, connue aussi sous le nom de *fixation* (3), et par cette autre forme de greffe nommée *greffe aveugle*. Nous donnerons plus loin la description de ces deux procédés, Dieu aidant. (Nos agronomes) ajoutent que tous les arbres qui sont compris dans l'une de ces classes se greffent les uns sur les autres ; ainsi, les arbres résineux se greffent mutuellement de l'un à l'autre ; il en est de même

(1) Banqueri traduit par *dictame* ou *fraxinelle*, ce que nous n'admettons pas.

(2) امهات الاجناس. Nous trouvons des classifications analogues entre les arbres, dans le ms. de la Bibl. imp., 884, f. 5.

(3) Il parait qu'ici ce mot أنشاب *inschab* est pris dans une acception particulière, tandis qu'au commencement du chapitre il est pris dans un sens général.

pour les arbres lactescents, pour ceux qui sécrètent de la gomme, pour ceux dont les sucs sont aqueux et légers, et enfin pour ceux dont la séve est pure et épaisse.

Ibn-el-Façel dit que, dans ces classes capitales, il y a des arbres qui inclinent de l'une à l'autre, et dans ce cas la greffe peut être pratiquée avec avantage. Ainsi on voit réussir la greffe de certains arbres oléifères sur des arbres gommifères; beaucoup d'autres encore réussissent fort bien. Des arbres gommifères, dit-il encore, s'agglutinent très-solidement sur des arbres à liquides simplement aqueux. Les arbres isolés dans leur espèce, ou bien ce qui leur est analogue, se greffent très-bien entre eux, et avec succès, la volonté divine aidant. Lorsque l'opération (l'insertion de la greffe) a été exécutée dans une saison et dans des conditions atmosphériques convenables, protégez le lieu où elle a été pratiquée, quand les deux sujets se reviennent pour toutes les conditions, ou au moins pour la plupart, avec une argile de bonne nature et un linge (qui l'enveloppe). Quant aux espèces qui se reviennent seulement par quelques qualités et par leur bois tendre, il faut les protéger avec des vases remplis de terre meuble de bonne qualité (1), ou en pratiquant cette greffe sur une partie du sujet dans l'intérieur du sol. Nous traiterons cette matière, Dieu aidant. Si on introduit dans un vase la greffe de toute espèce d'arbre pour la protéger, c'est ce qu'on peut faire de mieux. Parmi les arbres qui, greffés les uns sur les autres, réussissent bien, et s'agglutinent complétement, il n'y a que l'olivier qui se greffe sur toutes ses espèces et sur l'olivier sauvage, *oleaster*. Un des avantages de cette greffe, c'est de donner du fruit toute l'année; il faut donc ne point négliger cette greffe. Un arbre qui se rapproche de l'olivier par certains points, c'est le laurier, par cette raison qu'il donne de l'huile et qu'il est en même temps pourvu d'un liquide aqueux et pesant; ils fleurissent tous deux à la même époque; les fruits, chez tous deux, se nouent et mûrissent à la même époque; seulement ils dif-

(1) Nous différons ici un peu de Banqueri.

-fèrent par la feuille, plus longue chez l'un que chez l'autre; aussi dit-on que, si on greffe l'un sur l'autre, la réussite est complète. De ces arbres se rapprochent le lentisque et le *katam*. Il en est de même pour le térebinthe, qui se rapproche de l'olivier, avec cette différence qu'il perd ses feuilles et qu'il jouit d'une certaine propriété tinctoriale. Suivant Ibn-el-Façel, la greffe de l'olivier sur le laurier serait plus avantageuse que sa greffe sur lui-même. Cassius dit que l'olivier, ayant de l'analogie avec la vigne, se greffe très-bien sur elle. Il en est qui disent que, quand l'olivier a été greffé sur la vigne, il donne à la fois raisins et olives. Kastos dit que lorsqu'on a greffé une branche d'olivier sur une des souches de vigne, par la térébration, à la surface du sol, les olives qui en naissent participent de la saveur douce du raisin et de celle du sol. Quand la vigne a été greffée sur un olivier, son produit tient de l'olive et du raisin combinés ensemble. Il dit encore : Quand l'olivier a été greffé sur la vigne, la saveur du raisin passe dans ce fruit au point qu'il a le goût de l'olive *et du raisin* (1). On *est obligé* de donner à la vigne un étai en bois, pour qu'elle ne tombe pas sous le poids du produit de l'olivier, quand il a été greffé sur elle. Les auteurs disent : Les choses se passent ainsi pour l'olivier et la vigne, et cependant il n'existe entre ces deux végétaux ni affinité, ni analogie. L'olivier est de la classe des arbres à liquide aqueux et lourd et aussi de la classe des oléifères ; la vigne est de la classe des arbres à fluide léger. Mais peut-être qu'il existe entre eux quelque rapport d'affinité non apparent. L'olivier se greffe sur le pommier avec succès. Le grenadier se greffe encore utilement sur les diverses espèces (du genre), particulièrement après que les boutons ouverts montrent leurs feuilles ; le fait est certain et constaté par l'expérience. On le greffe sur le balaustrier, qui est une des espèces du genre, et le mâle du grenadier. Il y a entre les deux une

(1) Nous avons introduit ici un changement assez important, d'après les Géop., X, 76 *fin.*, qui rapportent ce fait d'après Florentinus : si l'olivier est greffé sur la vigne, il porte un fruit appelé *ole-uva*, ἐλαιοσταφυλον.

grande affinité, avec cette différence que le balaustrier ne donne pas de fruits. Le myrte et le saule ont de l'affinité entre eux, aussi bien que le grenadier et le balaustrier, avec cette différence que les feuilles du myrte ne tombent point. On dit que ces arbres se greffent les uns sur les autres, et que la soudure s'établit très-bien. Le grenadier aussi se greffe très-bien sur le genêt (*spartium junceum*, Linn.) et sur l'épine-vinette, sur le nerprun et la ronce; tous ces genres se greffent mutuellement les uns sur les autres.

Le grenadier, dit Ibn-el-Façel, se greffe bien sur le saule, le poirier, sur les diverses espèces du genre, et sur le poirier sauvage qui est le *barch'on* برحون. ('Αχράς, *pyrastrum*), avec un tel succès, que souvent il donne du fruit dans l'année même. Il se greffe encore sur le coignassier, sur le pommier; il en est même qui avancent qu'on peut le greffer sur le saule, sur le platane, sur le frêne et l'*almis* ou *celtis*, et sur le sorbier; il a été dit également que non-seulement on pouvait le greffer sur ces espèces, mais encore qu'elles pouvaient toutes être greffées sur lui; on le greffe sur le grenadier, comme le prouve l'expérience. Le pommier se greffe sur les diverses espèces du genre, à cause de la ressemblance et de la communauté de qualités pareilles; il se greffe sur l'arbre de la gomme adragant et réciproquement; il en est de même entre lui et le coignassier. Quand le pommier à fruits doux est greffé sur le pommier à fruits acides, les fruits contractent cette acidité; le fait est constaté par l'expérience. On dit que le pommier et le cédratier étant greffés l'un sur l'autre par térébration, quand la branche de l'un peut rencontrer celle de l'autre, on obtient à la fois des pommes et des oranges. On a dit que les arbres fruitiers sur lesquels il était bon de greffer le pommier c'était le cédratier et le prunier; quand il a été greffé sur l'un des deux, il donne des fruits deux fois par an, et son possesseur ne cesse point de manger de ces fruits l'été et l'hiver (cf. Géop., X, 20). Le coignassier, dit Ibn-el-Façel, réussit bien quand on le greffe sur le poirier, sinon que, dans la place de la greffe, il s'établit une gibbosité difforme. Quand on greffe le coignassier sur le pommier, la reprise et la consolidation ont lieu bien plus promptement que quand c'est le pommier qui est greffé sur le coignassier. Ce dernier admet toutes les espèces d'arbres qu'on veut lui appliquer parmi les espèces appartenant à la classe qui a un liquide (séveux) léger. La vigne se greffe sur toutes les espèces du genre ; on affirme même qu'on peut la greffer sur le genêt d'Espagne, en fente, suivant Ibn-el-Façel, dans l'intérieur du sol ; mais alors elle donne un raisin amer. On la greffe, dit-on, sur l'olivier et sur le mûrier. Plusieurs de ces choses ont été dites précédemment. La vigne reçoit la greffe du sumac, du pommier, du poirier et du coignassier ; de même aussi plusieurs de ces espèces se marient très-bien entre elles. Le pistachier se greffe sur l'amandier ; le pêcher se greffe sur ses congénères et sur l'abricotier. Quand celui-ci se trouve en bon terrain et qu'on le greffe, il donne une belle végétation et il réussit bien. On le greffe encore sur l'amandier et le cerisier. Suivant Kastos, l'abricotier se greffe sur l'amandier, et alors le noyau de l'abricot prend le goût de l'amande. Il en est de même du pêcher, qu'on greffe en janvier. Le cerisier se greffe sur l'œil-de-bœuf (prunier de Damas), et réciproquement. Ce dernier se greffe sur l'abricotier ; l'amandier se greffe sur l'œil-de-bœuf et sur le pistachier, et *vice versâ*. On assure qu'on le greffe encore sur le saule ; l'amandier ne se greffe jamais sur le pistachier. Le figuier se greffe avec succès sur tous ses congénères, et sur le caprifiguier, ainsi que sur le mûrier, de même qu'il en reçoit la greffe. On a avancé que le figuier se greffait sur le laurier-rose et donnait des fruits amers. Le prunier qui est l'œil-de-bœuf se greffe sur ses congénères et sur l'amandier. On a avancé que le prunier à fruits jaunes pouvait se greffer sur le pommier et le cédratier ; l'espèce à fruits doux se greffe sur celle à fruits acides, et réciproquement, de la même manière qu'on greffe la vigne ; on a dit qu'on pouvait lui appliquer le figuier, et que le cédratier réussissait bien sur le grenadier ; cependant Hadj de Grenade dit l'avoir essayé sans succès.

Le *firçad*, qui est le mûrier, se greffe très-bien sur le figuier ;

mais alors le ver à soie en repousse la feuille. On le greffe encore sur le caprifiguier. La greffe peut être réciproque entre ces arbres ; on dit qu'on greffe le mûrier sur le peuplier, le noyer, l'azerolier ; on le greffe encore sur l'abricotier, le cerisier et le prunier. Le myrte se greffe sur le grenadier, sur le laurier, et réciproquement ; on le greffe encore sur le lentisque ; celui-ci se greffe sur le laurier, et non sur le térébinthe. On dit qu'il se greffe sur la ronce ; le laurier se greffe sur l'olivier avec un succès assuré ; on le greffe sur le térébinthe et le lentisque. On dit qu'on peut l'appliquer aussi sur le pommier, sans qu'il y ait réciprocité. Le rosier se greffe sur le rosier de montagne qu'on appelle *nasserin*, l'*églantier*, sur la ronce ; on a avancé qu'on pouvait le greffer sur l'amandier, ce qui accélère la floraison (*litt.* sa sortie), comme l'a prouvé l'expérience ; on greffe encore le rosier sur le balaustrier et la vigne ; on prend les greffes sur les branches d'un bois dur, voisines du pied, au-dessous de la surface du sol, à cause de leur consistance, parce que les pousses du rosier sont sans valeur, à moins qu'on ne les prenne auprès de la racine qu'on déchausse à cet effet. Le jasmin (blanc) se greffe sur le jasmin jaune, *arthi* أرطي, et sur le *thien* طيان qui est le jasmin sauvage, ou le *haziron*, le houx frelon. Le laurier-rose se greffe sur le figuier et sur le mûrier ; on a avancé aussi qu'on pouvait greffer l'almis (*celtis*) sur le frêne, et réciproquement. Le *katam* se greffe sur le laurier, le frêne sur l'azédérach. L'aubergine se greffe sur le cotonnier (*gossypium herbaceum*, Linn.), dans l'intérieur du sol et en fente, le cotonnier, réciproquement, sur l'aubergine. La graine de courge se greffe sur la scille marine ; c'est un fait constaté par l'expérience. Le concombre, la pastèque, la graine de toutes ces espèces, se greffent sur le pied de la bourrache et sur celui de la courge. La graine de la pastèque peut s'appliquer, dit-on, au nerprun, sur le lis, le mûrier, sur l'althéa et le figuier. Le bananier est le produit de la greffe de la colocase ; viendra en son temps la description de l'opération, Dieu aidant. Reportez-vous aux explications données précédemment dans les passages extraits du livre d'Ibn-Hedjadj et de l'Agriculture nabathéenne sur ce sujet; réunissez-y ce qui est isolé ou groupé; réglez-vous d'après cet ensemble, et vous pourrez réussir, Dieu aidant.

ARTICLE II.

Temps où on doit greffer les arbres.

L'époque la plus recommandée et à laquelle on fait généralement les greffes, c'est depuis le milieu de février jusqu'après le dix mars; suivant un autre, c'est jusqu'à la mi-mars. Il en est qui disent que le moment convenable pour la greffe des arbres, c'est quand la séve (*litt.* l'eau) est en circulation dans l'intérieur de l'arbre, ce qui commence au premier janvier, mais qui, bien établi au milieu de février, se ralentit à la mi-mars et se complète ou se termine en avril et mai. La séve (restée stationnaire à partir de ce moment) retourne vers la racine en octobre, novembre ou décembre, en raison de la différence du liquide séveux de l'arbre, s'il est léger ou pesant. En somme, le moment (opportun) pour pratiquer la greffe, pour toute espèce d'arbre, c'est quand le sujet sur lequel vous voulez prendre des greffes est près d'ouvrir (ses boutons) et de montrer ses fleurs; cette disposition s'appelle *concupiscence* (1). Les greffes s'appliquent sur un sujet qui est dans une condition pareille. Si pourtant le sujet sur lequel on prend les greffes a commencé à s'ouvrir avant que celui sur lequel on doit les fixer soit en pareil état (*litt.* en concupiscence), il n'y a aucun inconvénient; c'est même très-bon quand ce sont des arbres dont les feuilles ne sont point persistantes. Mais pour les arbres dont les feuilles le sont, comme l'olivier, le laurier, le caroubier, et autres analogues, l'époque où se fait surtout (*litt.* la force de) la greffe est depuis la mi-mars jusqu'à la fin de mai et à l'ançarah (24 juin). J'en ai fait moi-même

(1) الاشتهآ *concupiscentia, appetitus;* c'est, suivant l'expression de nos jardiniers, quand l'arbre entre en amour.

l'expérience sur l'olivier, et elle a réussi. La cause (de la prolongation de cette période), c'est que chez quelques-uns de ces arbres à liquide séveux, pesant, et à feuilles persistantes, la séve entre plus tôt en circulation, tandis que dans d'autres, au contraire, elle est retardée. On reconnaît encore le moment favorable pour la greffe, de cette manière : on prend une branche d'arbre, on en incise une petite portion de l'écorce de quatre côtés, on l'enlève avec précaution; et, s'il se manifeste entre cette écorce et le bois de l'humidité, c'est que la circulation de la séve a lieu, qu'elle s'est établie et que le moment de faire la greffe est venu. S'il n'en est pas ainsi, il faut retarder l'opération jusqu'à ce qu'on observe le phénomène *qui vient d'être indiqué*. Il y a aussi certains arbres qui ont une époque spéciale pour la greffe. Ainsi a-t-on avancé que le figuier se greffait en flûte et en écusson depuis le jour de l'ançarah (24 juin) environ jusqu'à la moitié du mois d'août. La greffe en fente sur le tronc dans l'intérieur du sol, quand elle est couverte de terre, ou bien quand la greffe est introduite dans un vase rempli de terre meuble, ces greffes (disons-nous) se pratiquent en décembre, janvier et février. Le mûrier se greffe sur le figuier, depuis à peu près le milieu de février jusqu'à la mi-avril. Le pêcher se greffe sur l'abricotier, entre la mi-janvier et la mi-avril, le pommier sur le pommier, de la mi-avril à la mi-juin, le noyer et le néflier en janvier, parce qu'ils sont plus précoces qu'aucune espèce d'arbre pour entrer en végétation et montrer leur fleur. Le grenadier et le balaustrier se greffent les dix derniers jours de février, avec des vieilles branches. Le poirier (cultivé) se greffe sur le poirier sauvage; le vulgaire préfère le dix de février pour cette opération, et surtout le commencement du mois lunaire, dans un jour où l'air est pur, et où l'on ne ressent ni froid ni vent.

Article III.

De quelle manière on doit couper l'arbre qu'on veut greffer, et le fendre ; saison où on le fait.

On rogne l'olivier pour cette opération, dans la partie supérieure, à hauteur d'homme ou un peu plus, dans la saison où se pratique la greffe, qui doit être faite sur l'heure et sans délai, ainsi que l'a constaté l'expérience. Il faut, suivant les uns, effectuer une première section en janvier, suivant d'autres en février, et enduire la place de la coupure avec une argile blanche, visqueuse, qu'on enveloppe d'un linge, pour empêcher que la pluie ne la fasse tomber; puis, quand le moment d'effectuer la greffe est venu, on pratique une autre section à un empan ($0^m,231$) au moins au-dessous de la première.

Suivant Ibn-el-Façel et les autres, on laisse sur l'arbre, en pousses et branches, tout ce qu'on suppose que l'arbre peut supporter, en raison de sa vigueur ou de sa faiblesse, de façon qu'il n'en souffre point; on retranche toutes les autres, de sorte que la quantité laissée soit du quart à la moitié du nombre total, parce que, dans ce cas, le sujet n'en est point gêné; mais, si on ne laissait qu'une branche ou deux, la séve étant trop resserrée, ce serait nuisible pour l'opération. Par la même raison, si on voulait greffer toutes les branches (sans en retrancher une seule), ou au moins le plus grand nombre, la séve étant trop divisée, les greffes seraient faibles (et amaigries). Il faut donc ne laisser sur le sujet, pour la greffe, qu'un nombre de branches en rapport avec sa force et faire tomber toutes les autres. On doit s'attacher à laisser les plus vigoureuses et les plus droites, et on retranche celles qui sont faibles et tortues à leur base, en les coupant bien uniment. Quand toutes les branches ont été rognées, il doit y avoir uniformité entre elles, sans que l'une soit plus haute que l'autre. La section devra être pratiquée avec un instrument bien tranchant, afin qu'il ne s'ouvre dans la branche aucune fente, car ce serait très-nuisible à l'opération. La vigne, l'amandier, le sorbier et autres arbres analogues, doivent être coupés de même au-dessous de la surface du sol à une profondeur d'un demi-empan ou un peu plus jusqu'à un empan (0^m,231 à 0^m,115). Quand on a pratiqué la greffe, on ramène la terre par-dessus; si on veut prendre des mesures de précaution, (on peut opérer) sur la tige elle-même; alors on coupera la vigne montante à hauteur d'homme ou plus; on y dispose la greffe aussitôt; on l'introduit dans un vase rempli de terre végétale. On rogne l'amandier et le sorbier à la hauteur d'une coudée (0^m,462), ou un peu plus au-dessus du sol. Puis, la greffe pratiquée, on amoncèle sur la greffe de la terre végétale, de façon à former une butte qui la couvre et qu'on tasse en la pressant. On prend bien garde de déranger les greffes en faisant l'opération; ou bien on peut introduire (comme précédemment) la greffe dans un vase rempli de bonne terre meuble. On opère de même sur le figuier et le caprifiguier, après les avoir greffés en fente. Quant au pommier, au poirier, au prunier, au cerisier, au pistachier, et autres analogues, on rogne la tige à une coudée environ au-dessus de la surface du sol, ou même à hauteur d'homme; si on a l'intention d'établir une enveloppe protectrice sur la tige, on greffe immédiatement, opérant en raison de la forme (de l'arbre), et pratiquant la section conformément à ce qui a été dit précédemment pour l'olivier. Ce mode de greffe sur la tige et les branches est bon, à cause de l'appareil protecteur environnant, car il faut du temps (*litt.* des jours) pour obtenir un résultat pareil à celui-ci. Pour greffer le figuier et le caprifiguier en flûte et en écusson, on coupe la partie supérieure, en janvier, si le sujet est faible ou médiocre, et en février s'il est bien vigoureux. On rogne toutes les branches si elles sont grandes, comme on le fait pour l'olivier. On laisse les choses en cet état, pour qu'il pousse de nouvelles branches, sur lesquelles on pratique la greffe. Nous donnerons plus loin la manière d'y procéder, Dieu aidant. Si on veut pratiquer la greffe en fente ou toute autre, on choisit la place la plus convenable dans la branche, (c'est-à-dire) celle qui est la plus lisse, la plus unie; on marque cet endroit, puis on effectue l'insertion, Dieu aidant. On coupe à la scie dans la place jugée la plus favorable, après avoir préparé la ligne par laquelle doit passer l'instrument; puis on opère la section avec une lame bien tranchante, ayant soin de passer sur cette lame un linge imbibé d'eau douce, ce qu'on répète toutes les fois qu'il y a cessation ou hésitation dans l'instrument, sans jamais employer d'huile. Quand on opère par la greffe en fente, on applique sur le milieu de cette (surface coupée de la) branche ou de la tige la partie affilée de la lame d'un couteau mince, semblable à celui employé pour parer le pied des animaux (1); cette partie affilée doit être de la longueur du doigt, déliée, bien égale et bien unie (nullement édentée), comme la serpette à tailler les arbres, afin qu'elle produise une incision plutôt qu'une fente, ce qui fera qu'elle sera bien nette. On frappe sur le dos de ce couteau, tenu fermement de la main gauche, avec une pierre ou un morceau de bois dur, de façon que le tranchant pénètre dans le sujet jusqu'à la profondeur de la moitié du doigt ou environ; ensuite on retire le greffoir (*litt.* le couteau) avec précaution. On s'empresse de couvrir avec de l'étoffe cette extrémité fendue, jusqu'à ce qu'on insère la greffe, pour empêcher que l'air ne vienne causer quelque altération. Mais cette insertion doit être pratiquée lestement, et sans retard ni délai. La description du procédé pour l'insertion viendra à son article, Dieu aidant, en parlant de la taille de la greffe. Voyez la citation antérieure extraite du traité d'Ibn-Hedjadj et autres.

(1) Le texte porte سكين تشقير. Banqueri lit, comme plus loin p. 181, تشغير et traduit : *couteau pour parer le pied des animaux*, transportant à cette deuxième forme l'un des sens de la première forme *scalpsit*, qui concorde bien ici avec le chaldéen שפר *aptavit, concinnavit*.

Article IV.

Procédés par lesquels on peut protéger la partie greffée de l'arbre, et de l'insertion de la greffe.

En traitant de ce par quoi on peut protéger (la greffe), Ibn-el-Façel, Hadj de Grenade, Abou' l-Khaïr et autres disent : Il est des arbres pour lesquels il est convenable de protéger la place occupée par la greffe, après l'insertion, avec un lut visqueux préparé avec une terre de bonne nature (préférable), à cause de sa fraîcheur, de son humidité et de sa viscosité, ou bien avec de la terre franche et pure dans laquelle n'apparaisse aucune espèce de fumier (1). On pétrit très-bien cette terre avec de la paille (hachée) très-menue, et on applique sur la partie greffée en raison du besoin, partant au-dessous du point où s'arrête la fente, jusqu'au tiers, au plus, de la hauteur de la greffe, jusqu'à ce qu'il n'en reste à découvert que la hauteur d'un doigt au plus, ou bien, pour la vigne, qu'on ne voie plus qu'un nœud ou deux. On fixe alentour un linge qu'on assure avec une ligature pour protéger le tout contre l'ardeur du soleil ou l'action desséchante du vent et encore pour empêcher l'infiltration des eaux (pluviales), ou l'invasion des fourmis. On introduit la greffe de la vigne ou d'arbres analogues dans un vase d'argile neuf qu'on remplit de terre. Il en est qui disent d'envelopper la greffe avec un (premier) linge, après l'avoir assurée par une ligature de feuilles de palmier qui l'entoure bien ; par-dessus, on applique le lut, qu'on assure avec un second linge qu'on arrête avec une autre ligature. Les arbres pour lesquels on emploie ce procédé sont à bois dur, comme le pommier, le poirier, le coignassier, le prunier, l'olivier et le grenadier. Pour les arbres à bois tendre et peu consistant, comme la vigne, le figuier, ou

(1) C'est *l'onguent de Saint-Fiacre* de nos praticiens ; Cato, *de Re rust.*, 40, Plin., XVII, 24 ; Géop., X, 75.

autres analogues, lorsqu'on pratique sur eux la greffe en fente, il en est une partie sur lesquels elle l'est au-dessous de la surface du sol; dans ce cas on ramène la terre par-dessus, en l'appliquant contre la tige sur une épaisseur d'un demi-empan ($0^m,116$) ou plus, à partir de la partie inférieure de la fente. Pour les sujets élevés, on emploie des vases d'argile neufs, ou quelque appareil analogue, percés dans le fond d'un trou d'une dimension qui permette l'introduction de la branche. On remplit ces vases de la terre de bonne qualité indiquée plus haut, ou d'une terre équivalente prise à la surface du sol. Il faut d'avance préparer un nombre de vases en quantité suffisante, et les prendre d'une dimension grande ou petite, concordant avec la grosseur ou l'exiguïté des tiges ou des branches auxquelles on les destine. On a soin que la partie greffée occupe le centre du vase. Celui-ci doit être de la forme des *mohabis* (1), ou des godets (de noria), ou de grandes chaudières, ou quelque forme analogue. Si on manque de vases, on peut y suppléer à l'aide de l'halpha ou du diss. Le trou pratiqué dans le fond du vase doit avoir une largeur suffisante pour qu'il permette à la branche d'entrer. On abaisse (2) d'abord ce vase au-dessous de la greffe; puis, quand elle est terminée, on relève le vase jusqu'à ce que cette greffe occupe le centre de la cavité. Ensuite on enroule à l'entour de la branche (ou de la tige) une corde qu'on fixe solidement, ce qui donne une sorte de gros anneau qui empêche le vase de couler jusqu'en bas et qui en assure la stabilité. Il faut, dans tout ceci, mettre de la prudence, aller le plus doucement possible. On remplit le vase de la terre de bonne qualité indiquée plus haut; on la comprime doucement, prenant bien garde de faire faire quelque mouvement dans la partie inférieure de

(1) المحابس. Dans les dictionnaires on ne trouve point d'autre interprétation que *carcer*, prison, ou *septum aquæ*, *toral*, *couvre-pied*, *tapis de lit*.

(2) C'est-à-dire qu'avant la pose de la greffe, le sujet étant rogné, on l'introduit dans le vase, qu'on arrête en un point au-dessous de la greffe, pour le faire remonter à la hauteur voulue quand l'opération est faite.

la greffe, ce qui la dérangerait. Ibn-el-Façel et autres recommandent d'entretenir cette terre dans un état de moiteur, de façon qu'elle ne soit jamais trop sèche; il en est qui disent de donner de l'eau tous les trois jours. Suivant d'autres, il faut disposer sur ce vase de l'éponge marine ou de la laine étirée (ou cardée) qui a trempé dans l'eau depuis le commencement de la nuit et qu'on a retirée le matin ; il ne faut point négliger ces précautions, surtout pendant les grandes chaleurs. Kastos conseille d'adapter au-dessus de la greffe un vase rempli d'eau douce, (percé), au fond duquel soit un linge (laissant échapper l'eau par gouttes). Il ajoute que la greffe des oliviers les uns sur les autres ne peut se passer de ces vases remplis d'eau douce, dont le fond (percé), muni d'un linge, laisse tomber l'eau goutte à goutte. Quand cette eau est absorbée, il faut la renouveler, parce que la jeune pousse de l'olivier demande beaucoup d'eau (*litt.* a soif). Nous avons déjà dit à peu près les mêmes choses précédemment, dans la section qui a pour objet la plantation des arbres et ceux pour lesquels il faut user de vases. Cet appareil est indispensable pour le rosier, quand on l'a greffé de racine sur l'amandier, et pour la vigne, le figuier et le caprifiguier, lorsqu'ils ont été greffés l'un sur l'autre ou sur quelques-unes des espèces congénères, soit en fente, soit par la greffe romaine (en couronne) au-dessus du sol. La raison de cette nécessité, dit Ibn-el-Façel, c'est que leur bois est altéré promptement par l'air. C'est pourquoi, quand le figuier a été greffé sur le mûrier ou le sorbier, ou que l'olivier l'a été sur le laurier ou réciproquement et sur le lentisque, le pommier sur l'althéa, l'amandier sur l'abricotier, le prunier sur ce dernier, le cerisier sur le prunier, l'abricotier sur le pêcher, le pistachier sur l'amandier, le cédratier sur le bigaradier ou le limonier, ou le zamboa, la vigne greffée sur elle-même, toutes ces espèces, ou leurs analogues, ont un besoin indispensable du secours d'un vase rempli de terre végétale, ainsi que nous l'avons enseigné plus haut, et que cette terre soit entretenue dans un état de moiteur. Quant aux espèces qui peuvent se passer du secours du vase, et pour lesquelles l'enduit glaiseux enveloppé d'un linge, dans la forme que nous avons décrite, est suffisant, si on use pour elles d'un vase, c'est bien meilleur et plus avantageux; tels sont l'olivier quand on l'a greffé sur ses congénères, sur le poirier, le coignassier, ou bien quand les deux premiers ont été greffés sur le dernier, le grenadier qui a été greffé sur ses congénères et sur le balaustrier qui en fait aussi partie, le prunier connu sous le nom d'œil-de-bœuf greffé sur ses congénères, l'amandier et la vigne, quand ils ont été greffés dans l'intérieur du sol sur leurs congénères et sur le genêt. De même pour tout ce qui leur est analogue. Toute greffe en général pratiquée tardivement pour l'époque qui lui est spéciale, si on lui donne le secours du vase, c'est très-bon et extrêmement profitable. J'ai, dit l'Auteur, appliqué plusieurs greffes de poirier sucré sur un grand coignassier qui ne présentait aucune surface unie, propice pour la greffe, sinon à la hauteur d'une demi-brasse au-dessus de la surface du sol. Après l'avoir greffé, je l'ai introduit par le haut dans un grand vase semblable à une urne (1); j'ai opéré de la manière indiquée plus haut, c'est-à-dire que je l'ai empli de terre; alors j'ai vu les greffes reprendre et pousser dans la même année une tige de dix empans (2^{m}, 31) ou environ; elles ont continué à prospérer, elles ont donné du fruit. Au bout de plusieurs années le vase s'est cassé, et la terre s'est détachée de la tige du coignassier. On vit alors qu'elle était pourrie, que les greffes avaient pris racine, que ces racines avaient traversé la terre du vase, de telle sorte qu'elles s'étaient implantées dans le sol, où elles formèrent pour ces greffes autant de pivots par lesquels elles tirèrent leur nourriture, mais qui étaient trop faibles pour le poids de la sommité qu'elles avaient à supporter. J'ai disposé un second vase,

(1) اجانة On trouve dans les dictionnaires, *urceus*, *hydria*, *vas capax;* il devait être grand en effet pour atteindre le but qu'on se proposait. C'était, sans doute, un vase à resserrer le vin ou l'huile, une espèce d'amphore; Banqueri traduit par *tinaja*. L'auteur alors pratiquait en réalité une plantation par bouture.

dans lequel j'ai introduit ces greffes, et je l'ai rempli de terre. Les choses étant restées dans cet état pendant longtemps, le vase se brisa de nouveau ; je retrouvai les racines, que je soutins avec des étais, afin de leur donner la force nécessaire pour supporter le fardeau qui leur venait du haut; chacune (de ces greffes) prit de la grosseur (en diamètre), forma sans le secours de la greffe un poirier poussé (sur racines), qui donna du fruit pendant plusieurs années. Ce fait prouve d'une manière évidente que l'emploi des vases pour toutes sortes d'arbres, qu'il y ait affinité ou non (entre le sujet et la greffe), est plus avantageux que la simple application de l'argile enveloppée de linge (la poupée de terre). J'ai vu un personnage de Séville, très-honorable, mais fort ignorant en agronomie, qui avait planté des branches éclatées de pommier sur les canaux principaux d'irrigation, sur les deux bourrelets qui sont sur les bords; il greffa sur ces plants du poirier, proche de la surface du sol; il environna ses greffes d'argile enveloppée de linge, puis il releva par-dessus les bordures des rigoles, de telle façon que la majeure partie de la greffe se trouvait couverte; dans cet état, ces greffes réussirent parfaitement bien. J'avais greffé des poiriers sur des souches de pommiers déjà vieux; ils réussirent, et le jet s'éleva à une hauteur de plus de dix empans (2^m,31), ensuite il se fana et se sécha à cause de l'excès de chaleur; ces greffes n'étaient point sur les bords des grands canaux d'irrigation, et jamais on ne leur avait donné de l'eau en grande abondance. J'ai donc appris, par ma propre expérience, que la greffe du poirier sur le pommier est d'une réussite difficile, à moins qu'elle ne soit proche de l'eau ou sur les canaux d'irrigation (1); mais Dieu est le plus savant.

(1) Nous avons lu ici الا, اذا *sinon lorsque*, guidés par les faits desquels cette conséquence est déduite.

Article V.

Du choix des brins (*qalames*) pour la greffe; leur dimension en longueur, en grosseur; manière de les conserver quand on ne les emploie pas au moment où on les coupe; procédés pour les transporter d'un lieu éloigné dans un autre.

Les agronomes prescrivent de prendre les branches qui doivent fournir les greffes sur des arbres très-productifs, de bonne qualité, vers le milieu de l'arbre, non point au sommet ni dans la partie inférieure, à l'aspect du levant ou du midi. Ces branches doivent réunir le degré de perfection indiqué, n'être ni difformes ni grêles, et être exemptes de tous autres défauts, vigoureuses et pleines de séve, jeunes, sur le point de donner du fruit, avec des nœuds serrés et rapprochés.

Kastos veut que la greffe porte deux ou trois rameaux bien égaux. Leur écorce doit concorder pour la disposition avec celle de l'arbre qui doit la recevoir; elle doit être âgée de deux ans au plus, car on dit que la branche de l'année pousse plus vite, donne du fruit bien plus tôt, mais aussi qu'elle se gâte bien plus tôt. Chaque greffe pour la vigne doit porter deux ou trois nœuds. On s'attache à prendre les greffes des arbres fruitiers sur des sujets qui portent des fleurs, qui soient près de s'ouvrir (à la végétation), et non après. Il en est qui disent qu'une branche lisse, jeune et peu chargée de nœuds, convient mieux pour la greffe.

Abou'l-Khaïr et autres disent qu'il y a des agronomes qui prennent des greffes quand l'arbre a commencé à pousser et à se garnir de feuilles, comme on le pratique pour l'olivier et autres arbres analogues. Ils font aussi en sorte que le sujet qui doit recevoir la greffe soit également feuillé, parce que, la séve se trouvant en lui plus abondante alors, cette greffe ne manquera point d'y rencontrer sa nourriture. Suivant Ibn-el-Façel, la longueur des greffes doit être d'un empan et demi ($0^m,346$) environ. Il faut avoir attention qu'elles ne soient ni grêles, ni maigres. Kastos veut que la greffe soit de la grosseur de l'index; ailleurs il dit celle d'un petit anneau, et la grosseur de la greffe pour la vigne, de celle du pouce; la longueur de la greffe (quand l'opération est pratiquée) sous terre sur la souche de la vigne sera de deux coudées (0^m,920) environ; mais, quand elle est pratiquée en hauteur, la longueur sera d'une coudée (0^m,462). Suivant Ibn-el-Façel, la grosseur de la greffe doit être égale à celle du petit doigt (cf. Géop., X, 75, et Col., *Arb.*, XXVI); car lorsqu'elle est mince, elle pousse bien vite, tandis que c'est tout le contraire quand elle est trop grosse. Une greffe mince prise dans une branche qui a déjà donné du fruit, et qui n'est plus jeune, est très-convenable pour un arbre délicat, quand elle est appliquée dans sa partie la plus grosse (la tige). La greffe mince, comme celle qui est grosse, convient pour un arbre vigoureux et d'un fort diamètre; on coupe les grosses branches avec un instrument de fer bien tranchant, et non rouillé. Il en est qui disent de la détacher à la main sans recourir à l'instrument de fer; c'est bien meilleur. L'opération doit se faire dans un jour de beau temps, quand l'air est bien tempéré, la chaleur *modérée*, le vent calme, au commencement de la journée (le matin); l'opération se fait de même par un jour serein et tempéré.

Suivant Kastos, c'est vers la fin du mois lunaire (cf. Géop., X, 75) qu'on doit couper ces branches. On les dépose dans une terre de bonne nature, fraîche et humectée d'eau douce, ou bien dans une argile, dans l'eau. Elles séjournent là pendant dix ou douze jours après avoir été détachées de l'arbre qui se couvrait de verdure. Ce délai passé, on effectue la greffe, parce que, si on le faisait immédiatement au moment où on les détache de l'arbre, elles sécheraient et ne reprendraient point. Le même auteur dit encore que les brins de vigne ne doivent pas être greffés au moment où on vient de les couper; mais on applique à la partie de la coupure de l'argile ou de la bouse de vache fraîche; on les couche ensuite dans une fosse où elles demeurent couvertes de terre mouillée; elles restent en cet état neuf ou dix jours; on prend des précautions (*litt.* on les prémunit) pour que le vent ne vienne point les frapper ; on les retire ensuite et on les greffe là où il plaît de le faire.

Le même dit encore que si, par hasard, la pluie vient à tomber et arriver sur les greffes ou sur les plantations, c'est très-avantageux pour elles, excepté pour ce qui aura été greffé entre l'écorce (en couronne), car la pluie est funeste à ce genre de greffe. On dit que lorsque l'état de l'atmosphère vient à changer par suite d'un vent violent qui s'élève, ou à cause du froid, il faut arrêter l'opération de la greffe et y renoncer, jusqu'à ce que le jour soit serein et que les conditions météorologiques deviennent meilleures, parce que cela (le mauvais état de l'atmosphère) fait périr les greffes, à cause de l'action desséchante de l'air sur la terre et la fente. Pendant cette suspension, on emploie pour les greffes, des mesures préservatrices, en les tenant, jusqu'à ce que cet air favorable soit revenu, enfoncées dans la terre, dans un lieu ombragé, dans une fosse profonde d'une coudée environ, creusée dans une terre fraîche; on comprime cette terre avec prudence, sans laisser rien paraître au dehors de ces greffes, qui restent dans cet état jusqu'à ce que l'air se présente, comme nous l'avons dit, avec de meilleures conditions, et qu'il soit tempéré, quand même il faudrait attendre huit jours, et plus encore, dit Abou'l-Khaïr.

Ibn-el-Façel dit : Quand on extrait les greffes de la fosse, il faut les plonger dans l'eau avant de les employer; mais il ne faut les y mettre qu'au moment de pratiquer l'opération, de peur que l'air ne vienne les frapper. On en use ainsi quand c'est nécessaire, à cause de la multiplicité du travail, sans jamais les laisser dans l'eau plus d'un jour ou deux, parce qu'un plus long séjour les ferait gâter; il faut en excepter le brin de sarment, ainsi que l'expérience l'a constaté. On conserve aussi les greffes jusqu'à ce que l'air soit convenable, dans un vase d'étroite embouchure, qui n'ait jamais contenu d'huile, mais qui ait été employé pour mettre de l'eau douce jusqu'au moment d'en faire usage. On dépose dans ce vase les greffes (à sec), sans eau, et on en ferme exactement l'orifice pour empêcher que le vent n'y pénètre ; on enfouit le tout en terre ; c'est à l'aide de précautions pareilles qu'on peut transporter des greffes d'une contrée dans une autre. Quand elles sont d'une espèce hâtive dans la végétation, et qu'elles doivent être appliquées sur un autre sujet tardif à pousser, on les conserve de la même manière, jusqu'à ce que le sujet qui doit recevoir la greffe touche au moment d'ouvrir ses boutons ou qu'il les ouvre, ou bien encore qu'il se couvre de feuilles. Il en est qui disent que la greffe qu'on pratique sur un sujet dont les boutons entr'ouverts laissent voir les feuilles est plus avantageuse et plus certaine que celle pratiquée sur le sujet qui ne montre point encore ses feuilles, notamment pour le grenadier.

Kastos dit que, si on veut transporter des greffes (d'un pays) dans un autre, il faut les mettre dans une jarre, dans de la terre fraîche, moite à l'intérieur; de plus, on enduit de lut ou d'argile l'extérieur de cette jarre. Ibn-el-Façel et autres disent : Il faut prendre les greffes sur les arbres qui ne se dépouillent point de leurs feuilles avant qu'ils aient commencé à pousser, c'est-à-dire quand les boutons font des mouvements pour s'ouvrir. Alors, la séve est en circulation et remplit les greffes (et les parties de l'arbre) ; mais quand les feuilles de la greffe sont développées, elle est vide de la matière (séveuse), et ne peut convenir cette année pour l'insertion. Il en est de même pour les boutures de branches éclatées et pour les jeunes plants, à l'exception toutefois de ce qui a été dit pour le grenadier. Mais si on n'a point préparé (d'avance) (1) ses greffes, et qu'il y ait nécessité de greffer un arbre lorsque celui qui doit fournir les greffes est en pleine végétation, on choisit les branches les plus délicates venues sur le pied de l'arbre et le long de la tige; on fait tomber (*litt.* on rend aveugles) les yeux qui ont poussé, on enlève aussi toutes les feuilles, on les laisse en cet état pendant dix jours environ, jusqu'à ce que la séve

(1) Il y a ici un mot illisible dans le texte et le mss. que nous n'essayons pas de déchiffrer. Banqueri lit : حينئذ, *alors*

soit remontée jusqu'à elles, et que, s'y agitant, ces branches soient sur le point de se couvrir d'une autre végétation, qui les renouvelle; alors on choisit la partie de la branche la plus ferme, avec laquelle on taille une greffe qu'on insère sur le sujet en pleine végétation et feuillé; ainsi préparée, elle se soude et pousse bien sans se flétrir, la volonté divine aidant.

A mon avis, dit l'Auteur, il faut faire cette préparation sur la branche convenable pendant qu'elle est sur l'arbre (1), parce que les yeux dont nous avons parlé sont généralement vides, et les branches dont nous parlons au contraire bien pleines. Pour les greffes à prendre sur le figuier, on les choisit sur le pied ou sur la tige, ou ce qui s'en rapproche le plus. Ainsi quand la sève circule dans le corps de l'arbre, on choisit le rameau dont l'écorce soit déjà nuancée de rouge, se rattachant à une partie qui ne soit pas jeune, qui soit mince, et dont la cavité interne soit petite ainsi que la moelle; ces rameaux doivent être coupés sur le tronc ou la tige, ou bien prenez-les sur les branches exposées aux bons aspects; mais ne prenez pas ce qui est tendre et surtout ce qui est vert, qui se dessèche rapidement (2). Les greffes du figuier et celles de la vigne peuvent, sans inconvénient, être conservées en terre pendant quelques jours seulement; mais les arbres dépouillés de feuilles peuvent y rester (plus longtemps) d'après ce qui a été dit plus haut et les explications données sur cette matière.

Suivant Kastos, l'olivier et les arbres qui ne se dépouillent pas de leurs feuilles, et chez lesquels elles sont persistantes, doivent être greffés, et la greffe insérée, au moment même de la section ou dans un temps très-rapproché; ces arbres n'admettent aucun délai, à moins de précautions prises pour la

(1) Il semble, d'après ceci, que, dans le paragraphe précédent, la branche a été détachée de l'arbre.

(2) Ici le texte est fautif. Banqueri fait une correction que nous n'admettons que pour partie seulement.

conservation, parce qu'ils en souffriraient, comme nous l'avons dit antérieurement.

Hadj de Grenade dit : Quand on greffe la rose sur l'amandier, sur la vigne et sur le pommier, on prend les greffes sur les parties voisines des racines, sous la terre même ; c'est-à-dire qu'on écarte la terre qui recouvre, et on fait la coupure dans la partie la plus dure, comme il a été dit plus haut. Suivant Ibn-el-Façel, on prend les greffes de rosier de toute espèce depuis la première jusqu'à la dernière, au-dessous de la surface du sol. On choisit les pousses les plus délicates, les plus minces et les plus grèles ; on les déchausse et on taille la greffe dans la partie la plus dure, et on peut alors greffer en fente sur toute espèce de sujet à bois dur, tels que le pommier, la vigne, l'amandier et autres pareils. On introduit la greffe dans des vases protecteurs, remplis de terre végétale avec une certaine quantité de sable, ayant soin d'arroser avec de l'eau, et le rosier provenu de cette greffe vit aussi longtemps que le sujet sur lequel elle a été pratiquée. Pour la vigne, on prend pour la greffe les branches grèles qui réunissent les qualités de celles qu'on choisit pour la plantation, et qui aient déjà donné du fruit dans le courant de cette année ; ou bien, suivant Aboul'-Khaïr, des branches sortant d'autres fortes branches donnant du fruit ; elles doivent porter des nœuds rapprochés. Quant à l'amandier, il en est qui disent qu'on le greffe au moyen de rameaux pris sur le pied. Reportez-vous à ce qui a été cité plus haut d'Ibn-Hedjadj et de l'Agriculture nabathéenne ; réunissez-y les préceptes disséminés ; par là se trouvera complétement atteint le but qu'on cherche, la volonté de Dieu aidant.

Article VI.

De quelle manière on doit tailler les branches pour la greffe, d'après Ibn-el-Façel, Hadj de Grenade et Abou'l-Khaïr.

Ces auteurs disent : La greffe qui convient pour être insérée entre l'écorce et le bois et qui est connue sous le nom de *greffe romaine* ou *grecque* الرومي, (greffe *en couronne*), doit être taillée dans la même forme que le qalame pour écrire. On enlève un peu moins de la moitié du bois sans l'outre-passer; la surface de la taille doit être bien unie, n'atteignant la moelle que vers la pointe ou lorsqu'on en approche pour l'amincir. L'autre moitié reste avec son écorce bien intacte; si pourtant on amincit légèrement par la taille, cette écorce, c'est une bonne chose, surtout quand dans cet endroit elle est rugueuse.

Suivant moi, dit l'Auteur, on doit tailler la greffe en l'amincissant vers l'extrémité, dans la forme de celle préparée pour la greffe en fente en prenant garde à la moelle, évitant d'aller jusqu'à elle, parce que c'est une bonne chose; en effet, il arrive que, toutes les fois qu'une forte partie de la moelle manque dans la greffe, elle ne réussit point; le fait est prouvé par l'expérience. Il en est qui veulent que la greffe soit façonnée dans la partie supérieure de la taille en forme d'étrier, *épaulement*, qu'on laisse au bois. Suivant moi, dit l'Auteur, la taille est bonne même sans épaulement; j'ai effectué l'opération des deux manières; j'ai même aminci légèrement l'écorce restante, et je n'ai pas vu qu'il en fût résulté aucun mal. On dit que la longueur de la taille doit être égale à celle de l'extrémité charnue du pouce (prise en travers); suivant d'autres, elle doit être égale en longueur à un demi-doigt; suivant d'autres, elle doit être exactement de la même dimension que celle du qalame à écrire. Suivant moi, dit l'Auteur, elle doit être en rapport avec la branche dans laquelle elle doit être insérée, suivant qu'elle est mince ou épaisse. Suivant Kastos, il faut donner à la taille des greffes une longueur de deux doigts (0^m,0385) comme au qalame pour écrire; suivant d'autres, il faut prendre garde de fatiguer ou d'atteindre la moelle. Quant aux rameaux convenables pour la greffe en fente, connue sous le nom de *greffe nabathéenne*, on donne au rameau (*greffon*) la forme d'un verrou (pessulus); les deux côtés de la section doivent être taillés bien également l'un et l'autre avec un bec (*litt.* une taille) égal pour l'épaisseur (diamétrale) à celle de la branche avec l'extrémité très-amincie (1). La fente pratiquée dans la branche qui doit recevoir la greffe doit être maintenue ouverte à l'aide d'une pointe ou d'un coin, ou de quelque chose d'analogue qu'on plante dans le milieu. En outre de ce qui a été dit, la greffe devra avoir la forme d'une lame de couteau tranchante, à pointe fine, épaisse du dos ou de toute autre forme approchant. On tient la partie épaisse de la greffe, quand on la pose dans la fente, à la surface extérieure du sujet, et la partie amincie à l'intérieur. La longueur de la taille sera celle d'un demi-doigt; les faces en seront planes, unies et sans aucune inégalité, ce qui empêcherait aux deux côtés de la fente de s'appliquer avec précision; ce principe n'admet point de contradiction. Suivant Kastos, la taille de la greffe pour la vigne doit avoir la longueur de deux doigts et demi, en laissant la moelle intacte, qu'il n'est permis d'attaquer que vers la pointe effilée de la taille. La fente qui doit recevoir la taille doit avoir pareille dimension, sans y rien ajouter ni en rien retrancher. On fait en sorte que dans cette taille se rencontre un nœud qui permette à la greffe de supporter la pression exercée par la fente; prenez garde d'attaquer la moelle sur une trop grande longueur. Les greffes étant taillées, plongez-les dans l'eau douce, dans un vase, au fur et à mesure qu'elles sont taillées, jusqu'à ce qu'elles le soient toutes. Voyez, du reste, ce qui précède et qui est extrait du livre d'Ibn-Hedjadj et autres.

Article VII.

Manière de pratiquer la greffe en fente dite *greffe nabathéenne*, qu'on exécute sur les branches de l'arbre, ou bien sur ses racines, d'après les livres d'Ibn-el-Facel, Hadj, Abou'l-Khaïr et autres.

Ces écrivains disent que cette greffe est pratiquée sur les arbres pourvus d'une écorce mince, comme le pommier, le

(1) Nous différons un peu de Banqueri, n'admettant point la correction qu'il propose et qui semble inutile. Mais nous admettons la suppression qu'il fait.

poirier jeune, le coignassier, le pêcher, le prunier, l'abricotier, la vigne, l'olivier jeune, dont l'écorce intérieure (*liber*) est mince, et sur le figuier, quand on a recours pour lui à ce mode. Voici comme on pratique la greffe en fente : on rogne l'arbre, suivant ce qui a été dit plus haut; on taille la greffe comme il a été prescrit; on ouvre la fente de la manière indiquée. On enfonce dans le milieu un coin de fer ou une cheville faite de corne ou de bois dur (1); on le tient fortement de la main gauche, tandis que de la main droite on frappe dessus avec une pierre ou un morceau de bois jusqu'à ce que la fente soit ouverte (suffisamment) pour la longueur de la taille (de la greffe). Si par hasard il se produit dans la fente quelque éclat, on l'enlève avec un instrument en fer mince, puis on faitdescendre la greffe sur l'une des extrémités de la fente, de façon que la partie épaisse soit à l'extérieur, et forme, avec l'écorce de la branche ou de la tige, une surface bien unie, en sorte que les deux écorces se reviennent par une juxta-position bien exacte, et que le contact soit tel qu'il semble que ce soit un seul tout, l'un ne faisant point saillie hors de l'autre, et qu'il soit très-difficile de les distinguer l'un de l'autre, à cause de l'union aussi intime que possible. Ibn-Hedjadj, à qui Dieu fasse miséricorde, veut que le bois soit en contact avec le bois. Nos agronomes disent : On introduit la greffe dans la fente avec beaucoup de précaution (les choses disposées de façon qu'il suffise) d'une pression (*litt.* introduction) moyenne, sans qu'il y ait par trop de résistance, ni trop de facilité, (la faisant descendre) jusqu'à ce que la taille soit plongée en totalité; si par hasard elle ne pouvait entrer suffisamment, il faudrait frapper doucement sur la tête du coin, afin que, la fente étant prolongée, la taille de la greffe puisse y être cachée entièrement : ou bien on diminue la longueur de la taille en la rognant, de façon à la ramener à la dimension de la fente. La greffe qui doit être posée de l'autre côté doit être disposée

(1) Voy. Géop., X, 75; Col., *de Re rust.*, V, 9; Virg., *Géorg.*, II, 78; Plin., XVII, 24.

de la même façon que la première. Si la branche ou la tige sur lesquelles on pratique l'opération étaient assez épaisses, on peut ouvrir une seconde fente qui se croise avec la première, pareillement à ce qu'on observe sur les aubergines; on insère alors quatre greffes sur le même sujet. Mais si la grosseur du sujet le permet encore, on ouvrira deux fentes dans chacune des deux moitiés (produites par la fente première) et l'on pourra insérer six greffes. Chaque paire de greffe devra être uniforme pour la taille, quant à la longueur et à la grosseur; (ceci fait) on retire le coin (ou pointe de fer) du milieu de l'ouverture, *dont les bords* s'appliquent bien exactement sur les greffes. Si par hasard on peut craindre que cette tige, par sa grosseur, n'exerce une trop forte pression sur la taille des greffes, de façon que le bois soit écrasé ou l'écorce détachée, on peut introduire un petit coin de bois sec qu'on enfonce avec précaution dans une proportion suffisante pour empêcher la trop forte pression du bois sur la greffe..... (1). On rogne le sommet des greffes, si on les trouve trop longues, et l'on garnit la fente qui existe entre les couples de greffe avec des morceaux d'écorce détachés de quelques-unes des branches de l'arbre, pour empêcher que rien puisse s'y introduire. Il en est même qui disent de remplir de cendre la cavité, et suivant Kastos, de la poussière douce, fine, transportée par les vents; puis de cette même, on applique deux morceaux d'écorce de l'arbre adaptés de chaque côté à la longueur de la fente, et le tout est fixé et lié avec du fil. Nos auteurs disent : Il faut que les bords de la fente s'appuient fermement sur la taille de la greffe, sans excès de facilité ni de pression; c'est la bonne condition; mais si cet excès de facilité se trouvait, il faudrait envelopper cette partie de la fente d'une ligature de laine, ou d'ourlets de toile de lin, ou même de morceaux de toile de lin tordus en forme de corde. On entoure la greffe avec l'une ou l'autre de ces choses, par des circonvolutions très-rapprochées et solides pour forcer (les lèvres de) la fente

(1) Ici sont trois mots qui donnent peu de sens.

de s'appliquer sur la taille de la greffe. La ligature les maintient depuis le bas jusqu'en haut (*litt.* depuis le commencement jusqu'à la fin). Il ne faut point employer pour cela de la corde (de lin) ou des feuilles de palmier (1), qui ont une dureté nuisible à l'écorce, et qui souvent la couperaient; puis on enduit le tout d'un lut fait de terre et préparé d'avance; enfin on introduit le tout dans les vases de terre de la manière exposée antérieurement.

Hadj de Grenade et Abou'l-Khaïr disent que si la branche qui doit recevoir la greffe a la grosseur du bras, on peut lui appliquer deux greffes (doubles), et si la grosseur est plus considérable, on peut en insérer quatre et même plus, ainsi qu'il a été dit. Si on prend de la racine de la *vigne* nommée en langue étrangère *joutânah* qui, suivant Abou'l-Khaïr, est la vigne rouge (2), pilée jusqu'à ce qu'elle soit réduite en une espèce de pâte et qu'on en use en place de lut, on obtiendra un bon résultat. Il en est qui disent qu'on peut user de la bouse de vache fraîche. Si la partie greffée se trouve dans l'intérieur du sol, on ramène la terre sur elle; on la comprime, mais doucement, de façon à ne point remuer les greffes; dans ce cas, il n'est point besoin de garnir d'argile; on dispose un signal avec morceau de bois pour empêcher qu'on dérange la greffe en passant. Si cette greffe est au-dessus du niveau du sol à une faible hauteur, on amoncelle sur elle de la terre qui l'environne en forme de butte qu'on devra comprimer avec précaution, ou bien on l'introduit dans un vase qu'on applique de la même manière indiquée précédemment. La vigne en cépage se greffe en fente au-dessous du niveau du sol, parce que

(1) حبل *habl.*, litt. une corde, *funis*, d'où vient le mot *câble*; شريط, corde faite de feuilles de palmier tordues.

(2) يوطانة, mot qu'on ne voit dans aucun dictionnaire; nous pensons qu'il est question ici d'une *bryone* qui, chez les Arabes et les Grecs, porte le nom de vigne. Ce serait sans doute la bryone à fruits rouges, car la racine pulpeuse de la bryone, capable de fournir de la fécule, peut seule remplir les conditions voulues, et non la vigne avec sa racine ligneuse; au surplus, la vigne blanche, ou bryone, est indiquée en pareil cas, 468, l. 6 et 7.

c'est dans cette partie qu'elle présente le plus de consistance. Pour la vigne montante, on la rogne à peu près à la hauteur d'homme ($1^m,7$) environ, ou bien on se sert des branches, et, si la greffe se pratique en fente, on la protége avec un vase qu'on a soin d'assurer au moyen d'appuis pour empêcher que le vent ne l'agite; voyez ce qui a été dit antérieurement.

Autre manière de greffer un arbre en fente sur le pied à une certaine distance.

Il faut, disent Hadj de Grenade et autres, creuser tout à l'entour, à une certaine distance, jusqu'à ce qu'on rencontre les racines; on les prend de la grosseur qu'on veut; on opère la section, puis on relève un peu et avec précaution les deux bouts, sur chacun desquels on insère des greffes d'après ce qui a été dit précédemment. On applique l'enduit argileux, ou bien on introduit dans un vase; on dispose un signal; on obtiendra ainsi un sujet tout greffé qu'on pourra transplanter ailleurs, si l'on veut, dans un lieu qui soit convenable (*Vid. inf.*, p. 428).

Article VIII.

Manière de faire la greffe entre l'écorce et le bois (en couronne), connue sous le nom de *greffe romaine* ou *grecque*, d'après les livres d'Ibn-el-Façel, Abou'l-Khaïr, Hadj de Grenade et autres.

Ces agronomes disent : Cette espèce de greffe s'emploie pour les arbres qui ont une écorce épaisse et pourvue d'humidité, comme l'olivier, surtout celui qui est vieux et âgé, le laurier, le châtaignier, le figuier, le caprifiguier, dans leur tronc à l'intérieur du sol, le poirier, quand son écorce est devenue épaisse, le coignassier et le pommier quand ils sont arrivés à cet état, et autres espèces qui sont rangées parmi les espèces à écorce épaisse. L'opération se pratique ainsi : on choisit un arbre dont on rogne le sommet, ou bien qu'on coupe par le pied, près de la surface du terrain, ou même au-dessous et à l'intérieur du sol quand le sujet est d'une espèce à bois tendre, comme le figuier et le caprifiguier, qui exigent qu'on les couvre de terre et qu'on leur donne la protection d'un vase de terre. On opère la section de la manière indiquée précédemment; on prépare les greffes dans la forme indiquée plus haut, et on les taille d'un seul côté, comme le qalame pour écrire, ainsi que nous l'avons décrit. Voici la forme :

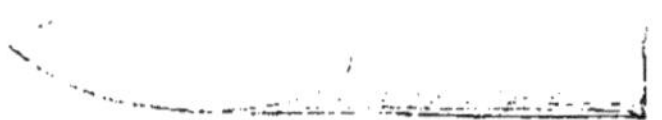

On dispose, pour recevoir la greffe, entre l'écorce et le bois du sujet, sur la section, une ouverture proportionnée à la longueur et à l'épaisseur de la taille, et dans laquelle on effectue l'insertion. On a recours, à cet effet, à un instrument en fer qui a la forme de la *lancette latine*, très-mince à l'extrémité (1), comme la pointe d'une épée, disposé de même de deux côtés et tranchant; la pointe doit avoir une dimension pareille à celle du qalame. Voici la forme :

On fait un instrument pareil en bois dur; on introduit dou-

(1) القلفاط اللاطينية, *al-qalfâṭ al-latiniah*. Ce mot ne se trouve que dans le dictionnaire de Castel, et comme surnom; la figure donnée par Banqueri aurait l'aspect d'un poinçon ou d'une alène. Mais il doit nécessairement, suivant la description, etre amoindri du bout avec une pointe courte comme celle d'une épée plate et étroite, ou mieux d'une lancette, comme le veut Kastos (*Vid. inf.* 431), et du reste de la dimension de la taille de la greffe; Ibn-el-Facel veut qu'il soit large du bout. Il est destiné à remplacer le *paxillum* ou πασσαλίσκος des Géop. Au commencement du chapitre, il est seulement question d'un (coin de) bois. La figure du mss. présente seulement un manche du milieu duquel part une ligne terminée carrément; nous avons donc cru devoir modifier la figure comme nous la présentons. On pourrait se figurer cet instrument pareil à cette sorte de spatule en ivoire qu'accompagne le greffoir.

cement cet instrument de fer entre l'écorce et le bois à l'endroit précis où l'on veut poser la greffe. Il faut user d'une précaution extrême pour ne point endommager l'écorce. Après avoir retiré l'instrument avec douceur, on introduit la greffe par l'extrémité taillée; on l'implante prudemment. Avant de procéder à l'opération, on a pratiqué, sur la partie de l'arbre, sur l'écorce, là où doivent plonger les greffes, une ligature avec du fil de laine épais et retors ou natté, ou bien avec des loques d'une étoffe consistante. On tourne plusieurs fois ces ligatures à l'entour de la branche, pour la bien consolider et prévenir la rupture de l'écorce par l'insertion de la greffe entre le bois et cette écorce, ou bien qu'elle ne se détache trop du bois; de cette façon elle se trouve maintenue. On insère la greffe d'une manière satisfaisante (*litt.* belle); on l'enfonce pour la bien fixer, jusqu'à ce que la taille disparaisse dans la cavité, ou jusqu'à ce que l'épaulement porte sur le bois, si on en a pratiqué un; s'il n'y en a point, c'est bien. Le bois de la taille se met en contact avec le bois du sujet et les deux écorces en contact ensemble. Si pourtant on a fait le contraire, c'est-à-dire, qu'on ait tourné l'écorce du côté du bois, et le bois du côté de l'écorce, il n'y a pas de mal; c'est chose indifférente. Moi-même, dit l'Auteur, j'ai pratiqué ce genre de greffe des deux façons à la fois, sur un olivier, et je n'ai pas vu qu'il en soit résulté rien de mauvais. J'ai de même effectué l'opération sans user d'aucune constriction, et je n'ai pas vu de mauvais résultat. Nous avons précédemment présenté la description de la manière de couper les greffes, de les tailler, d'appliquer l'argile ou lut, d'introduire la greffe, dans les pots... Ne mettez jamais de lenteur dans aucune des parties de l'opération; apportez-y au contraire beaucoup de célérité, c'est un des secrets (les plus importants du métier). Il en est qui veulent que, quand l'opération est terminée, on donne de l'eau à l'arbre.

Autre manière de greffer entre l'arbre et l'écorce sur racines à distance du pied les espèces d'arbres indiquées.

Abou'l-Khaïr et autres disent : On met à nu les racines d'un arbre, quelle qu'en soit l'espèce, à une distance moyenne ; on choisit une des racines qui s'y trouvent, celle de la grosseur qui peut convenir ; on la coupe par le milieu avec un instrument bien tranchant et d'une façon bien nette. On a alors deux bouts, l'un du côté du tronc et l'autre de l'autre côté. On tient chacune de ces deux extrémités un peu relevées, au moyen de deux morceaux de bois ou de quelque chose d'analogue, puis on leur applique les greffes d'après les procédés indiqués précédemment, soit en fente si ce moyen est convenable, ou bien en flûte, en se conformant du reste à tout ce que nous avons dit.

Article IX.

Manière de pratiquer la greffe *en flûte*, celle *en écusson*, connue aussi sous le nom de *greffe persane ;* le tube est appelé vulgairement *al-falbih*, et l'écusson *al-ahdjnah* (1). L'écusson peut avoir une figure *allongée* et être de la forme d'une *feuille de myrte*, ou bien être de forme *ronde*. Extrait des livres d'Ibn-el-Façel, Abou'l-Khaïr, Hadj de Grenade et autres.

Ces auteurs disent que cette greffe s'emploie pour le figuier, le caprifiguier et le mûrier, quand on veut greffer les jeunes rameaux par le sommet, ou greffer sur racines. On emploie aussi cette greffe pour le caroubier, pour les arbres à fruits et pour l'olivier. Nous traiterons tous ces points avec développement, Dieu aidant. Voici donc l'opération : on choisit un figuier ou un arbre d'espèce analogue ; on rogne le sommet au mois de janvier ou février, en se conformant à ce que nous avons dit, pour provoquer la pousse de nouvelles bran-

(1) الفلبيج. Le premier de ces mots ne se trouve point dans les dictionnaires; peut-être doit-on lire تقليج *cutem detrahere* = عجنة *ahdjanah.*

ches qu'on greffera. On laisse les choses en cet état, et, si par hasard il se trouve sur le pied des rejetons dont on craigne la végétation, on les enlève pour forcer la séve (*litt.* la matière) à monter vers la cime. Quand la végétation est bien établie, on se transporte au commencement de juin, qui est le mois de l'ançarah, vers ces branches qui sont nouvelles et jeunes, on en fait tomber une grande partie pour n'en laisser que quelques-unes, dont le lait puisse arroser la greffe (future). (A cet effet) on examine avec soin les points où sont fixées ces branches; si elles sont trop nombreuses, on ne laisse subsister que celles dont on a besoin, en détachant toutes les autres, se réglant en cela sur la grosseur ou la petitesse de l'arbre, sur sa vigueur ou sa faiblesse; on laisse sur les pieds bas plus de rameaux que sur ceux qui sont élevés, et plus à ceux qui sont faibles qu'à ceux qui sont vigoureux. Si des branches se montrent délicates, ou que leur écorce ne soit point nuancée de rouge en ce moment, on en fait tomber les yeux (*litt.* on les éborgne), on en rogne le sommet, laissant subsister sur la longueur un bout où se trouvent trois ou quatre yeux, ou même un plus grand nombre si cette branche est épaisse. Huit ou dix jours après, aux approches du jour de l'*ançarah* (ou 24 juin), ou même peu après, on examine de nouveau ces branches pour reconnaître si quelques-unes d'elles sont rouges vers la base. Elles sont alors convenables pour la greffe ; elles peuvent s'y prêter. Mais, si toutes sont restées encore vertes, laissez celles qui seraient dans une condition moyenne, c'est-à-dire qui montreraient des dispositions à se nuancer de rouge, jusque vers le milieu du mois d'août qui est la limite extrême pour la greffe. On a soin, dans l'intervalle, de s'assurer de l'état des choses lorsqu'on voit une branche nuancée de rouge vers sa base, comme nous l'avons dit; on la greffe sur l'heure même. On se rend ensuite vers un arbre bien venant, qu'il convient de multiplier par la greffe. On porte son attention vers les branches qui sont proches du sol et au-dessus, aux aspects du levant et du midi, où sont quelques-uns de ces nœuds sur lesquels tendent à s'ouvrir ces petites (excroissances) qu'on appelle yeux. On prend donc sur ces branches pourvues d'yeux ce qui est analogue en grosseur à l'arbre dont le sommet a été rogné et sur lequel on veut pratiquer la greffe. Il en est qui recommandent de ne point se préoccuper de ces yeux, parce que s'il ne se trouve point, sur l'arbre duquel vous voulez prendre des greffes, de branches portant des yeux, il n'y a néanmoins aucun inconvénient à s'en servir; ils sortiront plus tard. Vous choisissez donc, parmi les branches qui sont exposées à l'un ou à l'autre des deux aspects indiqués, sur lesquelles vous voulez prendre les greffes qui puissent convenir aux jeunes branches auxquelles vous voulez les appliquer, pour la grosseur; cet examen se fait quatre jours environ avant d'en avoir besoin. On rogne l'extrémité de ces branches sans les détacher de l'arbre, pour appeler à elle la matière (séveuse) et faire saillir l'œil sur le nœud qui le porte; ce délai passé, et après que les yeux sont devenus saillants, on fait ablation de l'œil avec le tube d'écorce. Cette opération se fait de plusieurs manières diverses qui ont cependant une grande affinité entre elles. Vous prenez une branche sur laquelle soient un œil ou plusieurs yeux; (dans ce dernier cas) vous en choisissez un; vous coupez avec un couteau affilé l'extrémité amincie de la branche qui se trouve au-dessus de l'œil, vous la rejetez de côté, vous unissez ensuite de l'autre côté, au-dessous de l'œil (1), l'écorce, de façon que l'instrument pénètre jusqu'au bois; c'est cela (c'est-à-dire l'intervalle de ces deux sections) qui fournira le tube qui est de la moitié du doigt en longueur. Kastos veut la longueur d'un doigt; un autre veut une longueur égale à la première phalange du pouce. (Ces dispositions faites) on prend de nouveau cet instrument de fer qu'on emploie pour la greffe grecque et qui est comme un poinçon aplati. Ibn-el-Façel veut que la partie amincie s'élargisse comme celle

(1) Nous avons cru devoir introduire ici une rectification indiquée par la logique et la pratique : c'est la substitution des conjonctions *au-dessous* et *au-dessus*: تحت et فوق, l'une à l'autre.

de la lancette dont elle aurait la forme (*V. sup.*, 126). Un autre dit que si l'instrument en fer vient à manquer, on peut y suppléer par un morceau de roseau taillé de la même manière. On introduit l'extrémité (ou la pointe) de l'instrument entre l'écorce et le bois; on opère la séparation de chaque côté, ou bien en procédant de la manière qui sera la plus commode. Ensuite on entoure cette partie d'écorce incisée qui doit fournir le tube d'un morceau ou loque d'étoffe, ou bien d'une torsade faite de cette loque; on assujettit alors la branche entre le gros orteil du pied et celui qui le suit, on exécute un mouvement de traction énergique et rigoureux et l'on extrait le tube, qui, lorsqu'il sort bien intact, ressemble à un anneau (1). On le prend et on le dépose dans un vase propre contenant de l'eau. Il en est qui conseillent de fendre le tube longitudinalement sur le côté opposé à celui où se trouve le nœud, après l'avoir détaché au-dessus et au-dessous. On détache donc (cette bande d'écorce) du bois, *on la lie avec un fil non retors* (2) et on la dépose dans l'eau douce. Au surplus, on emploie pour l'extraction le moyen le plus commode; pourvu que le tube n'en éprouve aucun dommage de rupture ou autre, le résultat sera bon. Les tubes doivent varier en diamètre, en raison de celui de la branche qui sera greffée, selon qu'elle est mince, grosse ou moyenne. Ibn-el-Façel, en parlant de la manière d'extraire le tube de la branche du figuier et d'autres, dit : On coupe la branche sur laquelle on veut prendre les tubes, en choisissant de préférence les parties sur lesquelles les yeux n'ont point encore poussé; on coupe la branche vers cet endroit. On introduit ensuite, entre le bois et l'écorce, l'instrument en fer décrit (plus haut); on le maintient sans roideur (3) en faisant mouvoir

(1) Effectivement, c'est plutôt une greffe en anneau qu'en tube, mais le texte dit toujours *un tube;* nous l'avons respecté.

(2) Nous avouons ne pas comprendre cette ligature, mais le texte est précis.

(3) تجاذبها. Banqueri propose de changer ce mot; nous le conservons avec un des sens attribué au radical par les lexiques; *firmus, rectus constitit*, sens qui concorde avec le contexte de la phrase.

circulairement de tous les côtés avec beaucoup de circonspection ; après quoi on passe à l'autre bout où l'on opère de la même manière, en perforant jusqu'à la rencontre de la première incision annulaire (1) et qu'enfin l'écorce soit complétement séparée du bois auquel elle adhérait ; on extrait alors le tube pour en user au besoin, Dieu aidant.

Suivant un autre, on va ensuite aux branches choisies parmi les pousses qui se sont développées dans la partie supérieure de l'arbre rogné, sur lequel on a l'intention de pratiquer la greffe. Déjà l'écorce a pris une teinte rouge vers la partie inférieure qui recevra la greffe. S'il se trouve que ces branches soient trop longues, on les raccourcit en retranchant sur la longueur, jusqu'à ce qu'elles soient toutes réduites à trois nœuds, ou quatre, en raison de leur grosseur, de la longueur du tube, et de son diamètre (ou largeur). Il faut aussi avoir l'attention de tailler le tube dans une partie de la branche dont l'écorce est nuancée de rouge, et nullement là où elle est verte. On fend l'écorce de cette branche (longitudinalement), en partant du haut, en deux parties ou plus; on la détache ensuite jusqu'à ce qu'on atteigne un nœud de la partie teintée de rouge au point qui peut convenir pour l'opération, ainsi qu'on l'a décrit; on ne laisse rien subsister de l'écorce; on introduit alors un tube d'une dimension qui concorde parfaitement avec cette branche écorcée, pour la grosseur ou la ténuité, parce que, à l'avance, on aura essayé de l'introduire par le haut, pour s'assurer qu'elle concorde bien, et qu'elle entre en forçant un peu mais sans se rompre; s'il en est autrement, on la remplace par une autre plus étroite ou plus large (suivant le cas) jusqu'à ce qu'on arrive à trouver ce qui peut convenir. Quand ce tube est arrivé vers l'œil, on appuie avec force pour qu'il enlève (et déplace) l'écorce de l'œil de la branche et qu'il descende pour s'y substituer, et

(1) الميل mot difficile à expliquer dans son sens littéral qui est *inclinatio, declinatio;* mais on voit qu'il indique ici l'incision annulaire supérieure, il a de l'analogie avec le chaldéen מילה *circumcisio.*

s'adapte à la place de ce nœud, qui est le second de cette branche, de façon que l'application, la substitution, d'une écorce à l'autre soit si précise qu'elle semble être la même et ne présente aucune différence. Puis on prend ses dispositions pour que l'écorce détachée de la branche greffée soit ramenée en totalité dans sa position primitive (c'est-à-dire relevée pour couvrir le tube). Le point de l'œil du bois de la branche étant bien concordant avec le bois (rudimentaire) de l'œil du tube, le résultat sera (bon et) meilleur que si on introduisait le tube en sens inverse, le haut tourné en bas (1). On s'occupe alors de fixer le tube et la partie inférieure de l'écorce (2) avec une ligature médiocrement serrée, pratiquée à l'aide de fil de laine ou de lin. On arrose ensuite le tube avec du lait de figuier, tant de celui qui découle de la branche greffée que de celui qui découle des feuilles ou de toute autre branche. A cet effet on rogne les branches dans leur partie verte, obliquement; puis on les approche de la partie supérieure du tube, sur la branche écorcée, pour que le lait s'écoule de la coupure sur elle. Cette opération se continue jusqu'à ce que la soudure du tube avec le bois et l'écorce du sujet soit complète. Si au moment de l'insertion du tube, outre le lait qui vient de l'intérieur du tube, on applique sur la branche écorcée une certaine portion d'une substance grasse, on facilite l'introduction du tube sur cette branche. Si on craint que l'anneau ne se rompe, quand l'introduction est difficile (parce qu'il est étroit), on le consolide au moyen de fil de laine ou de lin non retors dont on l'entoure au préalable. Si, dès le lendemain, on répète l'arrosement

(1) Ce passage est extrêmement difficile; le texte est fort embrouillé. Banqueri a présenté d'assez fortes corrections; nous les avons adoptées ou modifiées, suivant que le sens logique et nos connaissances pratiques nous y portaient; de sorte que nous pourrions presque dire que nous avons fait une transaction plutôt qu'une traduction. Nous avons conservé le passage rejeté par Banqueri, où il est question de ramener l'écorce détachée du sujet par-dessus le tube, comme on le pratique encore aujourd'hui. V. *Dict. d'hist. nat.*, Déterv., v° Arbre.

(2) Il semble qu'il faudrait ici dire : en partant du bas et en allant en remontant, ce qui parait nécessaire pour compléter l'opération.

avec le lait de figuier, ce sera fort bon. On donne de l'ombre au tube, au moyen de feuilles recueillies sur l'arbre et qu'on introduit les unes sur les autres par le haut de la branche écorcée (qui surmonte le tube), les faisant descendre jusqu'au tube lui-même ; de cette manière, il se trouve protégé contre le soleil et le vent. Il sera très-bon aussi d'adapter, au sommet de cette branche écorcée, une sorte d'auvent (1) protecteur contre la chaleur du soleil. Toute cette opération doit se faire dans un jour de forte chaleur, le vent étant en plein midi. Il faut avoir l'attention de faire tomber tout ce qui pousse sur la branche greffée sur le corps de l'arbre, en général, et au pied. Gardez-vous bien de la moindre négligence sur ce point, car si on laisse ces pousses, elles affaiblissent la greffe, et quelquefois elles la font périr. Il en est qui disent d'arroser l'arbre greffé immédiatement après l'opération terminée.

Abou'l-Khaïr dit qu'on doit projeter sur la greffe, après l'avoir arrosée de lait de figuier, une terre réduite en poudre très-fine qui la protége en se fixant sur elle. D'autres parlent de disposer deux tubes l'un au-dessus de l'autre, en opérant sur tous deux de la manière indiquée ; ces deux tubes pousseront en même temps, et (s'ils appartiennent à deux espèces distinctes), s'ils donnent des fruits de couleurs différentes, chacun produira des figues de la nuance qui lui est propre. Voici la figure du tube (ou mieux de l'anneau) :

Le point blanc de l'intérieur (au centre), c'est l'œil. Voyez, dans ce qui précède, ce qui a été extrait du livre d'Ibn-Hedjadj. Cette lecture fournira un supplément d'explication et d'utilité.

(1) جغة, comme lit Banqueri, est rendu dans les lexiques par *chose creuse* ou *concave*. On peut très-bien le prendre comme dérivé du chaldéen גפא, *aile*, et, par suite, ce qui donne de l'ombre.

Autre manière de greffer en flûte le figuier et le caprifiguier, ou autres arbres, sur racines.

Hadj de Grenade et d'autres disent : On met à découvert une ou plusieurs racines d'un figuier ou d'un caprifiguier, à une certaine distance du pied ; ces racines sont plus minces que celles qui en sont proche. On détache cette racine du tronc, en la coupant, afin qu'elle se nourrisse elle-même par l'extrémité opposée qui plonge dans le sol. On fait saillir, au-dessus de la surface du sol, un bout de la longueur d'un demi-empan ($0^m,165$) ; on le dépouille de son écorce et l'on introduit un tube d'écorce de figuier ou de caprifiguier, correspondant à la grosseur de cette racine. On l'arrose de lait de figuier ; on couvre le tout de feuilles, en opérant du reste de la manière et ainsi qu'il a été dit plus haut. Cette greffe tire sa nourriture au moyen de la partie qui plonge dans le sol, et l'on voit s'élever un jeune arbre tout greffé, qu'on transporte en lieu convenable, s'il se trouve trop à l'ombre ou trop à l'étroit. Suivant moi, dit l'Auteur, on peut opérer de même sur l'autre extrémité de la racine.

Autre manière de greffer en flûte les arbres à fruits ou autres analogues, comme le pommier, le poirier, le coignassier, le noyer, le mûrier et le *saule ?* et autres pareils.

Hadj de Grenade dit : On choisit un arbre dont l'écorce soit épaisse ; on prend une branche verte nouvellement poussée, s'élevant sur l'arbre sur lequel on veut prendre une greffe ; on la coupe. Cette branche doit être de la grosseur d'une hampe de lance, ou même un peu plus. On a soin qu'elle porte un grand nombre de nœuds pour que la végétation s'établisse mieux sur elle. On divise ensuite cette branche en tronçons, chacun d'eux de la longueur de deux doigts ($0^m,0385$), ou bien égale à celle du tube qu'on taille sur le figuier. Chaque tronçon aussi sera pourvu d'un nœud qui fournisse un bourgeon (une pousse). On prend ensuite un de ces tronçons; on pratique un trou à la place occupée par la moelle, à l'aide d'un instrument perforant (d'abord) mince; on recommence ensuite une nouvelle perforation avec un instrument d'un plus fort diamètre; on élargit ce trou avec la pointe d'un couteau ou tout autre instrument coupant qui soit propre à cette opération. On agit avec précaution et on continue patiemment à enlever le bois (et à élargir l'ouverture) jusqu'à ce qu'il ne reste plus que l'écorce, mais bien entière, qui ressemble alors à un anneau, lequel est un tube semblable à ceux qu'on tire du figuier, desquels nous avons parlé.

Pour moi, dit l'Auteur (je conseille), pendant le cours de l'opération, de verser sans interruption de l'eau douce et fraîche sur la main de l'ouvrier, et cela pour empêcher que la chaleur de la main ne cause la dessiccation de l'humidité (séveuse) du tronçon. Abou'l-Khaïr dit : Ensuite on se porte vers un arbre qui s'élève en tige isolée, ou vers une branche s'élevant de terre isolément de toute autre, et concordant exactement avec cet anneau pour la grosseur, quelle qu'elle soit (*litt.* grosse ou mince), l'affinité devant aussi exister, pour l'espèce, entre cet anneau et l'arbre sur lequel on veut la fixer; affinité concordant d'après les rapports indiqués précédemment. On rogne la sommité de l'arbre; on détache l'écorce d'une partie; on l'enlève et on la laisse de côté en commençant par le bas, au contraire de ce qui se pratique pour le figuier et le caprifiguier quand on enlève l'écorce. La greffe se fait sur cette partie demandée (*litt.* ici) en introduisant le tube comme il a été indiqué plus haut pour le figuier, sur la manière de le maintenir jusqu'à ce que la partie inférieure soit arrivée à la partie de l'écorce de la branche détachée et enlevée, et qu'elle soit avec elle en contact bien fixement et sans aucune interstice, s'adaptant (aussi au bois de la branche ou de la tige greffée) avec précision, de telle sorte qu'il n'y ait rien ni de plus ni rien de moins dans les proportions des grosseurs. S'il arrive que le tube soit plus large que la partie de la branche dénudée de son écorce, on y supplée par l'art, c'est-à-dire qu'on fait descendre (ou qu'on transporte) un peu plus bas l'écorcement, jusqu'à ce qu'il se trouve en un point convenable et bien concordant entre les deux, (le tube et la branche), où ils se raccordent bien exactement (le tube vertical et la branche greffée); voilà le secret. On applique sur cette greffe, peu au-dessous du nœud du tube, une (sorte de) pâte (de racine) de bryone (*litt.* vigne blanche) mentionnée antérieurement, pour protéger la plaie contre l'action de l'air. On fait une ligature avec du fil, et on garnit avec un lut d'argile blanche qu'on assujettit avec un morceau de toile; on tient à l'ombre, se conformant du reste à ce qui est dit plus haut, et la soudure devra se faire et le résultat être favorable, Dieu aidant. On ne doit point arroser avec le lait de figuier, ni avec aucun autre, à moins qu'avant l'introduction du tube on ne fasse passer sur la partie écorcée de la branche de la (pulpe de) bryone ou d'arum bien pilés pour faciliter l'adhérence par sa viscosité.

Un des procédés analogues, disent Abou'l-Khaïr et l'Agriculture nabathéenne, consiste à disposer solidement un vase de terre rempli d'eau douce; dans le fond est un très-petit trou qui laisse l'eau s'échapper goutte à goutte sur la greffe. On a soin de remplir le vase toutes les fois que l'eau a baissé. On entretient les choses en cet état jusqu'à ce que la reprise soit assurée, que la greffe ait pris de la force, ou que les pluies d'hiver viennent apporter la nourriture nécessaire, Dieu aidant. On pratique cette opération au temps indiqué précédemment.

Article X.

Manière de pratiquer la greffe en *écusson* (1); c'est la greffe *grecque*, dite vulgairement *al-ahdjnah* (*tumeur*) (2).

Nous avons vu précédemment que cette greffe se pratiquait de trois manières différentes : dans la première, l'écusson est

(1) رقعة *rouqahah*, morceau d'étoffe, exprime bien la forme de l'écusson.

(2) Greffe par *germe* des modernes. المحجنة, sorte de *tumeur* qui affecte les

semblable à une feuille de myrte ; dans la seconde, il est rond ; dans la troisième, il est carré. On emploie la greffe grecque pour le figuier, le caprifiguier, l'olivier, le caroubier, et particulièrement pour ce dernier et pour d'autres, sur lesquels on ne pratique point la greffe en fente, celle en flûte, ni la grecque (romaine).

Manière de pratiquer la greffe en écusson quand il a la forme de la feuille de myrte (1).

On choisit un arbre qu'on coupe, en janvier, de la façon indiquée plus haut. Quand il a donné de nouvelles pousses et que celles-ci ont acquis de la force, que leur écorce a de la consistance, et qu'elle est nuancée de rouge dans le figuier, le caprifiguier et le mûrier, on se transporte auprès d'eux dans le mois de l'ançarah (juin), et l'on retranche les yeux sur les branches qui sont convenables pour la greffe; c'est une chose indispensable. On fait tomber la majeure partie des branches trop faibles. On arrose pendant dix jours ou environ, pour que la matière (séveuse) contenue dans ce qui reste de ces jeunes branches dont on a retranché les yeux, comprimée (dans sa marche), les remplisse (s'y accumule), et qu'elles soient portées à s'ouvrir dans leurs nœuds. En même temps, on se rend vers l'arbre qu'on veut propager par la greffe, on en prend les branches dont les yeux pensent à s'ouvrir, en les coupant de la même manière que les branches pour la greffe en flûte (ou anneau), et l'on enlève un écusson en forme de feuille de myrte de la longueur de la première phalange du pouce, et d'une largeur moindre; dans le milieu de chaque écusson sera un nœud sur lequel sera un œil. (On fait l'ablation de

parties sexuelles de la chamelle, ou *massa panis*, morceau de pâte. Nous soupçonnons qu'il faut lire الجُنَّة, qui est le nom du bouclier et de l'écusson moderne ou bien المِجَنَّة, transcription du chaldéen מגננא, qui a la même signification. Pline se sert aussi de l'expression *scutula*, XVII, 26.

(1) C'est proprement l'*inoculation*. Virg., *Géorg.*, II, 75.

l'écusson) de cette manière : on incise avec la pointe d'un couteau mince et pointu, de tous côtés, en longueur, à droite de l'œil, puis à gauche en donnant la forme indiquée. On introduit en dessous cet instrument en fer (scalpel latin) employé pour la greffe romaine, ou quelque chose d'analogue, et on détache avec précaution et douceur le (segment), afin que l'œil reste intact et que l'écusson ne soit point fendu (ni endommagé) et qu'il sorte bien entier. On dépose cet écusson dans un vase neuf contenant de l'eau douce, fraîche, jusqu'à ce qu'on en use en raison du besoin. On se rend ensuite vers ces branches nouvelles indiquées plus haut dans lesquelles s'est accumulée la matière séveuse et dont les yeux pensent à entrer en végétation ; on choisit sur ces branches un nœud dans la partie dont l'écorce est nuancée de rouge, condition rigoureuse. On fend l'écorce avec l'instrument de fer indiqué ou bien avec la pointe d'un couteau mince et affilé, en passant par le centre du nœud, et ouvrant une fente en ligne droite qui pénètre jusqu'au bois, de longueur égale à celle de l'écusson. Ensuite on soulève avec précaution, à l'aide de la pointe de l'instrument, à droite et à gauche, l'écorce, sans la détacher (de l'arbre), mais au contraire on prépare en dessous, pour loger l'écusson, une cavité ni trop resserrée ni trop large. On commence par introduire l'extrémité pointue de l'écusson dans la partie supérieure de la plante, ou bien dans la partie inférieure à l'autre extrémité ; enfin, on s'y prendra suivant qu'il sera le plus commode. On introduit toutes les parties latérales sous l'écorce qui leur correspond ; on pose la partie concave (*litt.* déprimée) à l'intérieur de l'écusson où se trouve l'œil, sur la petite proéminence qui existe dans le bois de la branche, et qui supportait l'œil ; on a bien soin aussi que l'un s'ajuste et s'applique très-exactement sur l'autre. On se garde bien aussi que l'écusson ne dévie en rien (ni d'un côté ni de l'autre), mais qu'il prenne dans l'écorce, sous laquelle a été insérée la place exacte (de la première), enfin qu'il s'y substitue comme si c'était elle-même ; voilà le secret de l'opération. On se conforme d'ailleurs (pour le reste) à ce qui a été prescrit pour la greffe en flûte. Il faut prendre garde aussi de placer l'écusson en sens inverse, c'est-à-dire le haut en bas (1). Cela fait, on ramène (on rajuste) des deux côtés l'écorce sur l'écusson ; on rend la surface bien unie ; on pratique une ligature avec du fil qui ne soit pas retors, de la manière indiquée pour la greffe en flûte. On arrose avec du lait de figuier avant et après la ligature, afin que ce lait la fasse tenir bien fixement en place. On couvre avec des feuilles ; on apporte en tout cela beaucoup de soin, prenant bien garde que la ligature ne tombe sur l'œil de l'écusson. On continue d'arroser la branche (greffée) avec le lait de figuier, afin qu'il se coagule sur elle et assure la consistance (du tout). On opère, du reste, dans toutes ces espèces de greffes, de la manière indiquée antérieurement. Si, par suite de l'extrême vigueur de l'arbre, les rameaux se trouvaient nombreux , on pourrait pratiquer sur tous la même opération. Ce sera une excellente chose, si on enduit la place de la coupure et l'œil avec la (racine de) bryone pilée en bouillie (*litt.* complétement) dont il a été parlé, ou bien avec celle d'arum. Il en est qui parlent de poser sur la même branche des écussons de couleurs diverses ; par ce moyen, on obtiendra des figues de couleurs diverses, suivant celles des espèces greffées. Voici la forme de l'écusson :

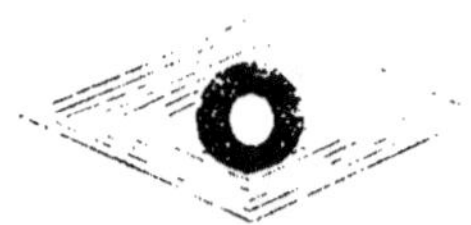

Le point blanc du milieu est celui occupé par l'œil.

(1) Le mss. f° 195 v°, lit. تحتفظ من ان au lieu de تحتفظ ان, ce qui change complétement le sens.

Manière de greffer avec l'*écusson circulaire* (1).

Abou'l-Khaïr et Hadj de Grenade et d'autres disent : On prend un instrument en fer, circulaire à son extrémité, mais tranchant, et mince dans ses bords ; il sera creux à l'intérieur, de manière que le petit doigt puisse s'y introduire, qu'il soit semblable à cet instrument de perforation مخراب (*mikharab*, emporte-pièce) avec lequel on pratique des trous dans les cuirs ou autres. On se transporte auprès d'un figuier ou d'un caprifiguier, sur lesquels on veut pratiquer cette greffe. On examine les branches qui sont à l'aspect du levant ou du midi, et qui réunissent les conditions décrites plus haut, sur lesquelles se trouvent des nœuds pourvus de leurs yeux. On applique alors son instrument sur l'œil, mais de façon qu'il soit bien au centre : c'est une condition rigoureusement nécessaire. On appuie vigoureusement avec la main sur l'instrument, ou bien on frappe doucement (à petits coups) jusqu'à ce que l'écorce soit bien tranchée et que le fer atteigne le bois. On le retire ensuite, et dans l'intérieur se trouve l'œil avec la portion d'écorce qui l'entoure ; (cet ensemble) a la forme d'un dirhem rond dont l'œil occupe le centre ; on l'extrait de l'instrument, et on le dépose dans l'eau, de la façon dite plus haut. Vous opérez de la même façon sur un autre œil ; vous en réunissez de la sorte une certaine quantité en raison de votre besoin. Vous vous transportez ensuite vers l'arbre que vous voulez greffer d'après ce système. On s'arrête à des branches solides qui aient reçu à l'avance la préparation prescrite pour la greffe en flûte et celle en écusson, d'après les procédés décrits ; de plus, ces branches, doivent être longues ; vous opérez sur les nœuds de ces branches avec le fer ou emporte-pièce, de la même manière que la première fois sur les branches sur les-

(1) C'est proprement l'*emplastratio*, la greffe à l'emporte-pièce, *greffe mustèle*, des modernes. Plin., XVII, 32. Not. Éd. Pankoucke. *Dict. hist. nat.*, Dét., vº Arbre. C'est l'*inoculatio*, ἐνοφθαλμισμὸς, *Géop.*, X, 77.

quelles on a pris ces yeux, qui ressemblent à des dirhems. On retire l'emporte-pièce, on en fait sortir ces rondelles d'écorce qu'on jette de côté; en place de chacune d'elles, on applique une de celles prises sur l'arbre qu'on veut multiplier par la greffe; on agit avec précaution pour l'ajuster et l'appliquer dans le vide au centre duquel est la petite protubérance de ligneux (qui supportait le nœud). Voilà tout le secret. On a bien soin que les choses s'adaptent avec la plus grande précision possible. On prend bien garde que l'écusson ne soit pas posé en sens inverse, le haut en bas (1); on arrose avec du lait de l'arbre même sur lequel on pratique la greffe. Suivant qu'il a été prescrit, on pratique une ligature, comme plus haut; on recommence à arroser avec le lait pour que l'adhérence s'effectue de tous les côtés. Et même si, pour favoriser l'adhérence, vous y ajoutez de la bryone (vigne blanche) pilée, mais de façon à ne point couvrir l'œil, ce sera une très-bonne chose. On procure de l'ombre avec des feuilles de figuier, (en les disposant) de la manière indiquée. Si on pose sur une même branche deux ou trois écussons d'une même couleur ou de couleurs diverses, l'effet en sera beau. Voici la figure de l'écusson :

Le point blanc qu'on voit au centre est la place occupée par l'œil. Il en est qui disent qu'on peut employer ce système de greffe pour la plupart des arbres, comme l'olivier et autres qui lui ressemblent.

Greffe avec l'écusson carré.

Avec la pointe d'un couteau bien affilé, ou tout autre instru-

(1) La particule prohibitive manque, mais nous croyons devoir la rétablir.

ment analogue, on taille, sur une branche d'un arbre choisi, qu'on veut propager par la greffe, un morceau carré dans le centre duquel soit un œil; on le dépose dans l'eau, comme nous l'avons dit, (répétant l'opération) jusqu'à ce qu'on ait réuni la quantité dont on pense avoir besoin. On se transporte ensuite vers un arbre sur lequel se trouve un rameau préparé à l'avance de la façon dite pour la greffe en écusson. On applique son carré sur l'œil qui convient pour l'opération; on trace à l'entour (un carré) avec la pointe du couteau; on l'enlève ensuite avec précaution, et lestement; on le jette de côté, on le remplace par l'écusson (carré) de l'espèce choisie (pour la greffe). On a bien soin que la place de la petite protubérance ligneuse de la branche s'ajuste avec le vide (laissé par la protubérance qui supportait l'œil) qui se trouve dans l'intérieur de l'écusson. On effectue la ligature, on arrose avec du lait de figuier, quand on a opéré sur cet arbre ou sur le caprifiguier, le mûrier, et autres arbres qui ont ce liquide lacté (*litt.* du lait); ou bien on applique la bryone, ou l'arum pilé, ou quelque chose d'analogue. Pour tous les détails, vous vous conformez à ce qui a été prescrit antérieurement pour la greffe en flûte, l'écusson en long. Il en est qui disent aussi que ce mode de greffe s'applique bien à l'olivier. Voici la figure de l'écusson carré :

Le point blanc du milieu représente la place occupée par le bouton de ce carré.

Autre manière de greffer le cédratier sur le laurier ou l'olivier, par leur sommet, d'après l'Agriculture nabathéenne.

On prend, sur un cédratier, une branche bien lisse et droite. On tire de son écorce un tube de la longueur d'un empan

$(0^m, 231)$, en suivant les procédés indiqués précédemment, pour la greffe du pommier, du coignassier, et autres en flûte, c'est-à-dire qu'on pratique un trou dans la moelle; (puis en l'élargissant) on extrait tout le bois, de façon qu'il ne reste plus que l'écorce vide, qui représente un anneau ou un tube. On pratique alors la greffe sur une autre branche qui soit bien concordante avec la première (en volume) pour la grosseur ou la ténuité, et choisie sur un arbre duquel à l'avance on a rogné le sommet, de façon qu'il ne reste que cette branche (qui reçoit la greffe), ou bien on opérera sur un jeune sujet à tige unique, bien venant, d'olivier ou de laurier, qu'on traite de la façon indiquée pour les arbres fruitiers qu'on veut greffer d'après cette méthode; on peut l'appliquer aussi au figuier et autres, en pratiquant les mêmes opérations, sans aucunement s'en écarter. On doit apporter le plus grand soin à l'application réciproque des parties et à leur raccordement, (de sorte qu'elle ne laisse rien à désirer). On applique, sur le point de la réunion, une pâte de vigne blanche et rouge suivant Abou'l-Khaïr (bryone; *V. suprà*), comme il a été dit plus haut; on dispose à l'entour un morceau de toile de lin, ou bien on la fixe avec du fil, ou quelque ligature analogue, comme plus haut; ou bien on prend un vase de terre neuf, qu'on perce dans le fond d'un petit trou pareil à celui d'une aiguille; on le remplit d'eau; on l'ajuste au-dessus de la greffe de façon que l'eau tombe sur elle goutte à goutte, sans interruption. Tout ceci doit s'accomplir dans le mois d'avril, et l'on aura un bon résultat, Dieu aidant; (l'arbre provenant de cette greffe) donnera des cédrats petits, de la dimension de l'olive ou de la baie de laurier, si la greffe a été pratiquée sur ce dernier arbre. Précédemment il en a été question, sans indiquer l'époque où elle doit se faire, et, comme elle présente peu d'avantage, je la rejette.

Article XI.

Manière de pratiquer la greffe par *térébration*, connue proprement sous le nom d'*inschal* ; on le nomme *qartani* par allusion au *qarath* (1).

Inschab, انشاب, c'est-à-dire l'action de faire adhérer un arbre à un autre d'espèce différente, soit qu'il y ait analogie entre les deux, soit que cette analogie n'existe pas. Cette espèce de greffe peut être employée pour toutes les espèces d'arbres utiles, qui ont de la sympathie entre eux, aussi bien que pour ceux qui ont de la répulsion, comme les types des classes (énumérées plus haut) et autres pareils. Dans l'état habituel des choses, pour amener à l'utilité ce qui en est éloigné, on ne l'emploie pas pour les choses d'une grande utilité ; on ne l'emploie que pour expérimenter (*litt.* pour connaître). Il en est qui disent qu'on ne l'emploie que pour certaines espèces spéciales, qui seront indiquées. Ainsi on greffe par térébration la vigne sur la vigne, sur le prunier de Damas (l'œil-de-bœuf), sur le saule, sur le myrte, sur le pommier ; le noyer sur le noyer, sur le pistachier, sur le térébinthe et le figuier, à cause de l'affinité qu'il a avec le noyer, par sa nature, sa vigueur et sa chaleur, et sur le mûrier ; le cédratier se greffe par térébration sur le pommier, et l'on obtient à la fois des pommes et des cédrats ; cette greffe se pratique (sur ces deux espèces) de novembre à février. Le pêcher pousse très-bien sur le saule, et le fruit qu'il donne est dépourvu de noyau. On le greffe aussi sur l'amandier et le pommier. Kastos

(1) Ce mode de greffe pour la vigne est, comme nous l'avons vu, décrit dans les *Géop.*, IV, 13 ; il l'est aussi dans Pline, XVII, 25, et dans Columelle, *de Re rust.*, IV, 29. L'instrument employé pour la perforation, disent ces trois agronomes, était la *terebra gallica*, suivant le P. Hardouin le *vilebrequin*, ne serait-ce pas ici la tarière de charpentier, ou *Barimah*, ou *Berinah*, suivant que l'écrit Banqueri ? Nous ne saisissons pas bien le sens du mot *qaroth* قرط. Banqueri traduit par *pendant d'oreille ;* en effet, on trouve dans le dictionnaire, *inauris*.

dit : La souche sera unique, mais on aura des fruits séparés, des deux espèces. L'opération est la même pour la greffe du pêcher sur le saule, et de celle du figuier sur le cerisier qui est le grain royal, et sur le mûrier. Kastos dit : On greffe un rameau de mûrier sur un figuier au mois de *dimah* (1), en été et en automne, l'hiver excepté ; la tige sera unique, mais les fruits de deux espèces différentes ; l'opération se fait dans la sommité de l'arbre. Il en sera de même pour le poirier et le coignassier ; le travail à faire est le même que pour la greffe du pêcher sur le saule ; nous expliquerons tout cela, Dieu aidant. La perforation se fait avec une cheville de tamarise ou de grenadier (2).

Le même auteur dit : On peut greffer le grenadier sur toute autre espèce d'arbre ; la soudure s'établit, et sur un tronc commun on voit des fruits de deux espèces différentes. Il en est qui disent qu'il en est de même pour le coignassier, pour le rosier qu'on greffe sur le liber (*litt.* l'écorce intérieure) du pommier et qui fleurit quand celui-ci donne son fruit : appliqués sur l'amandier, ils donneront leurs fleurs au temps où fleurit ce dernier.

Manière de greffer la vigne sur le prunier de Damas (œil-de-bœuf), sur le saule et sur la vigne elle-même (3).

On procède à cette greffe quand les deux sujets sont assez près l'un de l'autre; ou, s'ils ne le sont pas, on travaille à les rapprocher. On prend un brin de sarment, adhérent à la souche, sans le couper ni le détacher ; quand on a le désir d'effectuer la greffe sur le tronc de l'une des espèces d'arbres indiquées, on pratique

(1) Nom de mois persan qui, suivant la synonymie du calendrier, II. 437, répond au mois de mars.

(2) On ne voit pas la raison de cette indication jetée ici comme au hasard, et qui paraît ne se rattacher qu'au procédé indiqué plus loin pour la greffe d'une branche qu'on introduit dans une fente ouverte dans le sujet ou une de ses branches. V. *inf.*, p. 483 et suiv.

(3) *Géop.*, IV, 13 ; Colum., *de Re rust.*, IV, 29, 13 ; Plin., XVII, 25.

au pied de la vigne une tranchée dans la direction du pied de l'arbre choisi ; on lui donne deux empans ($0^m,462$) ou un peu plus de profondeur. On couche dans le fond de cette tranchée le brin de sarment, en l'allongeant jusqu'à ce qu'il atteigne le pied de l'arbre. On perce un trou proportionné à la grosseur du sarment ; on y introduit l'extrémité du brin, qu'on fait sortir par le côté opposé, en l'attirant avec précaution jusqu'à ce qu'on l'ait tiré (atteint la limite) de toute sa longueur, ou bien qu'il s'arrête forcément dans le trou, parce qu'il sera arrivé en un point où sa grosseur excède l'ouverture (et ne lui permet pas d'aller plus loin). On relève l'extrémité du sarment sur la tige de l'arbre greffé. On garnit d'un lut de bonne qualité ce trou, puis on comble ensuite la tranchée dans laquelle est étendu le brin de sarment, en y ramenant la terre, de même que sur le pied de l'arbre sur lequel la greffe a été faite. On la foule bien du pied. On a soin d'arroser, et l'on prend grand soin en cultivant de ne causer aucune lésion au brin. Les choses demeurent en cet état, jusqu'à ce que le trou vienne à se souder avec le sarment qui semble y avoir été implanté, et former une des branches propres à l'arbre. Quand les circonstances ont démontré que le brin de sarment tire sa nourriture du pied adoptif, parce qu'il prend de l'accroissement, qu'il s'allonge et grossit, alors on coupe l'arbre au-dessus du trou, et le brin de sarment du côté de la cépée ; il donnera du fruit par l'effet de la volonté divine. Si on veut pratiquer la greffe sur la tige, on y perce le trou suivant la grosseur du brin qui doit être inséré, bien exactement, ni plus ni moins ; alors on introduit l'extrémité supérieure du brin de sarment dans le trou, et, lorsqu'il a traversé de l'autre côté, on l'attire avec prudence jusqu'à ce qu'il se trouve serré (*litt.* étranglé) dans le trou et qu'il ne puisse aller plus loin. Alors on enduit de lut les deux côtés du trou et de la tige, avec cette glaise blanche, visqueuse et douce ; on dispose à l'entour un morceau de toile qu'on fixe avec du fil. Si on le peut, on rapporte à l'entour un vase rempli de terre, puis on laisse le tout en tel état pendant plusieurs années, suivant Ibn-el-Façel, deux à trois ans, pendant lesquels le brin de sarment tire sa nourriture de son propre pied, continuant toujours ainsi à grossir, pendant que le trou forme bourrelet sur lui, jusqu'à ce que la cavité soit complètement obstruée, et qu'il ne reste plus le moindre vide, ni le plus petit interstice : alors le brin greffé s'identifie avec la tige de l'arbre dont il tire sa nourriture ; la partie extérieure (c'est-à-dire l'extrémité supérieure) prend de l'accroissement, tandis que de l'autre côté (celui du cépage) elle s'atrophie. Il devient clair alors que ce brin n'a plus aucun besoin de sa souche, qu'il est entièrement uni à l'arbre, ce qui a lieu au bout du temps indiqué plus haut ou plus tard. Quand les choses en sont arrivées à ce point, on coupe le brin du côté de la souche, de manière que la surface soit bien unie et bien égale, comme si le brin eût été implanté dans la tige de l'arbre. On rogne aussi cette tige au-dessus de la greffe. Il n'y a rien alors, dit Ibn-el-Façel, qui ne tire sa nourriture du sujet sur lequel il semble être planté ; il donne ses fruits comme il les donnait précédemment, car il n'éprouve aucune réduction dans la quantité de sève élémentaire, puisque désormais cette souche adoptive devient la sienne ; il s'élève en sa place et il en prend la nature. La sommité de l'arbre doit être tranchée, afin que toute sa force revienne au brin greffé.

Ibn-el-Façel dit : Quand la vigne est greffée sur l'œil-de-bœuf noir (prune de Damas) parfumé ou *musqué* (1), le raisin conserve sa saveur douce intacte, et la fructification est plus hâtive à cause de l'influence du prunier qui est plus précoce que la vigne. Quand la greffe se fait sur le saule, la saveur douce diminue et le goût éprouve une modification, tandis qu'il est bien meilleur sur le prunier. Sur le myrte, le

(1) العطرى. Banqueri traduit par *nuero* ; mais nous préférons le sens que lui donne Castel, à ce mot : *conditus aromatibus*, *aromatizatus*, fruit parfumé ou musqué. Il y a ensuite un membre de phrase qu'il supprime, et que nous conservons, parce qu'il exprime l'influence du sujet greffé sur l'époque de la fructification.

raisin acquiert un goût pareil à celui de la baie du myrte.

La greffe par térébration du noyer sur lui-même se fait de cette manière, dit Kastos : On choisit deux noyers placés à proximité l'un de l'autre, de telle façon que les branches de l'un puissent atteindre les branches de l'autre; on les réunit, on les greffe, et la réussite ne manque point. Kastos ajoute : Il y en avait parmi les anciens agronomes qui croyaient que le noyer et les autres arbres dont la moelle est odorante ne se soudaient avec aucun autre arbre quand on voulait les greffer ensemble. Pour moi, j'ai suivi l'opération et j'ai trouvé que les choses ne se passaient point ainsi (qu'ils le disaient). Voici le procédé pour greffer le noyer sur le pistachier ou le térébinthe : Si un noyer se trouve assez proche de l'un ou l'autre de ces deux arbres, ou bien si on les a rapprochés par la plantation, au bout d'un an ou plus, dans ce dernier cas, on fait incliner le noyer vers le pistachier, et même si le sujet est assez jeune (*litt.* plein d'humidité), on pratique un trou dans le tronc du pistachier, ou dans la (longueur de la) tige, ou dans une grosse branche, en effectuant l'opération indiquée plus haut pour la vigne. On arrose avec soin, sans interruption; de cette façon on obtient un bon résultat, à cause de la chaleur naturelle du noyer et du piquant de l'odeur qu'il exhale. Procédé pour greffer le pêcher sur le saule et obtenir des fruits sans noyau : On prend une branche de saule, on en plante une bouture; quand elle est reprise, on la plie en arc et l'on enfonce l'extrémité supérieure en terre, ou bien on courbe la branche au début de la plantation, c'est-à-dire qu'on fiche en terre les deux bouts en même temps. Quand donc la reprise est assurée aux deux extrémités, on prend un noyau de pêche ou deux, ou bien un jeune plant. On plante celui de ces objets qu'on a choisi sous cet arc de saule, ou bien encore on peut planter le noyau de pêche et la branche de saule dans la même année ; quand le jeune pêcher a grandi, on pratique au centre de l'arc une fente en long, suffisamment ouverte pour y faire passer le pêcher; à cet effet on ouvre avec précaution cette fente et par-dessous on introduit le sujet dont la tige se montre à la partie supérieure, en l'attirant doucement, jusqu'à ce qu'il soit ramené à une ligne bien droite. On arrête la fente par une ligature pratiquée avec du fil de laine ou quelque chose d'analogue. On applique l'enduit d'argile qu'on maintient à l'aide d'un linge bien attaché. La seconde année qui a suivi l'opération, lorsqu'on remarque que le jeune pêcher peut se passer de sa propre tige, on la coupe, ce qu'on fait, suivant Abou'l-Khaïr, avant même la reprise; le sujet tire alors toute son alimentation de l'arc de saule, et il donne des pêches sans noyau. On dit encore que, si on greffe un arbre sur un autre, il faut arroser avec de l'eau douce (et l'on obtient un bon résultat).

D'après Ibn-Hedjadj, à qui Dieu fasse miséricorde, Junius dit, en parlant de la greffe par térébration de la vigne sur la vigne, que les deux espèces donnent du fruit simultanément, quand la proximité de deux plants a permis de greffer une branche de l'un sur la racine de l'autre, dans l'intérieur du sol. La greffe de la vigne sur le prunier de Damas, dont nous avons parlé antérieurement, donne le même résultat. Suivant un autre, l'avantage de cette opération, c'est qu'on peut greffer une espèce de choix sur une espèce ordinaire, et quand la première donne son fruit on coupe l'autre.

Autre manière de greffer le pêcher sur le sommet du saule, où il donne des fruits sans noyau.

Quand un pêcher se trouve dans le voisinage d'un saule (cifçaf) nommé aussi *Khalâf*, (*salix ægyptiaca*, Forsk) et assez rapprochés l'un de l'autre pour que les branches de l'un puissent être unies avec celles de l'autre, on se rend au printemps auprès de ce saule, on ouvre une fente sur les branches les plus épaisses qui inclinent du côté du pêcher. Dans chacune de ces branches ainsi fendues on introduit une branche du pêcher, puis on pratique à l'entour une ligature solide avec du fil de chanvre bien retors. On garnit ensuite d'un enduit d'argile de bonne nature, on enveloppe cette argile d'un morceau de linge. On dispose ensuite au-dessus de cette greffe un vase rempli d'eau douce, percé dans le fond d'un très-petit trou par lequel s'échappe l'eau pour tomber sur cette fente ainsi garnie d'argile, pendant toute la durée de l'été. Nous avons donné plus haut la manière de procéder. Quand le moment est venu où l'on peut croire l'arbre formé (1), on coupe la branche du pêcher greffée sur le saule, au-dessous de la fente, de la manière dite plus haut pour la greffe du brin de vigne dans la tige du prunier. A l'aide des branches du saule qui sont dans le voisinage, on assure la solidité des rameaux du pêcher qui tirent leur nourriture du saule lui-même, et l'on obtient ainsi des fruits sans noyau. Cette opération est la base de celles dont, Dieu aidant, nous allons parler. Autre manière de greffer des branches d'un arbre voisin sur celles d'un autre arbre qui est à proximité, de telle façon que l'arbre sur lequel la greffe a été pratiquée donne ses fruits propres bien connus et ceux de l'autre qui a été greffé. Au nombre de ces sortes de greffes est celle du pêcher sur l'amandier ou le pommier, de telle sorte que sur une tige unique on aura les deux espèces différentes de fruits; en cela, l'opération est la même que pour greffer le pêcher sur le saule qu'on appelle aussi *chalef*. Autre procédé analogue pour la greffe du poirier sur le pommier et aussi sur le coignassier; la tige est unique, mais le fruit est varié: autre procédé pareil de la greffe du figuier sur le mûrier, et (par suite duquel, comme précédemment,) chacune des deux espèces donne son fruit spécial, et l'on obtient encore deux espèces diverses de fruits sur le même pied. En tout cela, on procédera comme il a été dit antérieurement pour la greffe du pêcher sur le saule; c'est au mois de dimah (mars) qu'on opère.

(1) Ce passage laisse à désirer.

Article XII.

Manière de procéder à la greffe dite *aveugle*, qui tient tout à la fois du semis et de la plantation ; extrait des livres d'Ibn-el-Facel, Abou'l-Khaïr, Hadj de Grenade et autres.

Ces auteurs disent qu'on effectue cette greffe avec des noyaux, des graines ou de jeunes plants. Par ce procédé, on peut implanter les *mères* ou *têtes des genres* (V. *sup.*, 398) les unes sur les autres. De ces sortes de greffes, nous citerons cet exemple unique, car le mode d'exécution fournira des documents suffisants pour opérer sur les autres arbres. A l'aide de ce procédé, on greffe le figuier et le mûrier et autres espèces sur l'olivier, et même sur d'autres. On choisit un jeune plant d'olivier, ou bien un rejeton ; on le rogne à la scie, d'une façon bien unie, comme on le fait, du reste, pour pratiquer toute greffe en général. On fait disparaître de la surface sciée les traces du passage de la scie (en la parant) avec une serpette ou quelque chose d'analogue ; ensuite, on pratique une fente à l'aide de ce couteau indiqué pour cet objet, que nous avons fait connaître et qui ressemble à l'instrument usité pour parer les pieds des animaux. On élargit (*litt.* ouvre) cette fente avec le coin ou pointe de la façon indiquée. On taille, avec le bois de cet arbre, deux espèces de chevilles (comme celles employées pour tenir les portes fermées), ou un plus grand nombre si on veut que la branche ou la tige, par ses fentes, imite les rayons de l'aubergine ; on fait descendre chacun de ces deux morceaux de bois dans la fente, exactement comme on le fait pour les greffes, les tenant d'une manière ferme et frappant dessus avec beaucoup de précaution, de même que sur le coin pointu pour donner à la fente une ouverture dans laquelle puissent disparaître en totalité les morceaux de bois ; on égalise bien leur sommet avec celui de la surface sciée. On tient la fente béante d'une ouverture de trois doigts réunis. On prend ensuite un grand vase d'argile pareil à une terrine, ou quelque chose d'analogue, d'une dimension proportionnée à la branche fendue, mais plus large (en diamètre) que la longueur de l'ouverture faite par le couteau, à cause de la nécessité d'y apporter de la terre en plus grande quantité qu'on ne le fait dans la greffe (ordinairement). Au fond, on pratique un trou de dimension pareille à celle de la branche fendue bien exactement sans excédant. A l'entour de cette branche, on enroule une corde ou un morceau de toile qui soit comme un bourrelet (anneau), mais au-dessous de la limite extrême de la fente, à une distance de deux tiers d'empan ($0^m,077$) environ. Ensuite on fait descendre ce vase sur la branche jusqu'à ce qu'il arrive sur le bourrelet, sur lequel il vient prendre son appui. On le fait descendre bien perpendiculairement, comme on a fait pour la greffe elle-même. La surface de la coupure s'élèvera dans le vase au-dessus du fond, à la moitié ou au tiers (de la hauteur). On l'enduira d'une argile douce, visqueuse, pareille à celle employée par les potiers. On enduira de même le trou, tant à l'intérieur qu'à l'extérieur, de telle sorte que tout interstice entre le vase et la branche soit complètement bouché, et que la stabilité soit telle que l'eau ni la terre ne puissent s'échapper. On prend ensuite du fumier vieux de bonne nature qui ait perdu toute sa chaleur, mais qui ait encore conservé son humidité, ou bien de l'engrais humain une partie, de la terre noire, prise dans un fond et fumée (une sorte de terreau), une partie, d'engrais ordinaire une partie. On réunit ces trois substances prises en parties égales, on les mêle complètement, on passe au crible à froment (*litt.* pour la nourriture), on en met dans la fente de manière à l'emplir, on en met aussi dans le vase de façon qu'il ne soit pas plein en totalité, mais peu s'en faut, pour faciliter les arrosements; on la comprime avec la main fortement. On prend alors des pepins de pomme, ou de coignassier, ou de mûrier, ou de cédratier, ou de rosier, ou de grenadier, ou de raisin, ou de myrte ou autres pareils; on les sème dans la fente, c'est-à-dire dans la terre qu'on y a déposée. On recouvre ces pepins suffisamment avec la terre du vase, dans la proportion de ce que la graine ou le noyau peut supporter de terre rapportée sur eux. On a soin de donner des arrosements doux qui se succèdent assez pour que la terre ne se dessèche point dans le vase. Si on a adapté au-dessus un autre vase percé rempli d'eau, comme nous l'avons dit, dont l'ouverture permette d'entretenir, dans un état d'humidité constante, la terre du vase, ce sera très-bien. La graine germe donc et pousse dans cette fente, les racines s'y enfoncent et s'y soudent avec l'arbre. Mais il ne faut point être négligent pour donner de l'eau, après la germination, jusqu'à ce que la jeune pousse ait pris de la vigueur; c'est par la manière dont se manifeste cette vigueur qu'on reconnaît que cette pousse tire sa nourriture du sujet (sur lequel elle est implantée). On enlève le vase au bout de plusieurs années, lorsque la stabilité de la *greffe* et sa force sont bien constatées, et qu'elle ne tire sa nourriture que de l'arbre qui la porte. Ce mode de greffe s'emploie très-bien pour toute espèce d'arbre, comme pour le myrte sur le figuier, l'olivier et le cédratier sur l'amandier, le mûrier sur l'olivier. Il faut encore être bien soigneux d'enlever tout ce qui pousse sur l'arbre à la proximité de la greffe (1).

Autre mode d'opération.

Quand on préfère pratiquer ce genre d'opération sur de petits plants de pêcher, de prunier, on choisit, parmi ces plants, ce qui est de la hauteur d'un doigt, qui est venu de noyau ou de pepin; on l'enlève de la pépinière (*litt.* du lieu où il a poussé) avec toutes ses racines et sa motte, s'il est possible; c'est le meilleur. Le jeune sujet doit être pris quand son bois

(1) Banqueri a rejeté en note, sans le traduire, le passage suivant : Il arrive aussi que la graine de figuier pousse au milieu des pierres; elle pousse encore sur les constructions et sur les murailles. Quand le fait se rencontre, c'est un effet du hasard, comme on peut le voir par soi-même. Le manuscrit B. I. diffère légèrement du texte de Banqueri.

est déjà rouge, au bout d'un an de semis, à l'époque bien connue pour planter. On le dépose dans la fente ouverte ; on a bien soin d'arroser légèrement avec de l'eau douce, de façon que jamais la terre ne soit sèche ; alors on verra ce jeune arbre pousser et prendre de la vigueur, Dieu aidant.

Autre.

On procède de la même manière avec des noyaux comme ceux de l'amandier, de l'abricotier, du prunier, de l'olivier, du laurier, du pêcher, du cerisier. On plante un noyau dans la fente préparée, de la façon qui a été dite pour planter les noyaux de fruits, sinon qu'on ouvre légèrement ceux-ci avant de les planter. Quand ils sont plantés, on les couvre de terre (préparée comme il a été dit), d'une épaisseur de deux ou trois doigts ; on a soin d'arroser de façon que jamais la terre ne soit desséchée ; ce noyau germera et poussera, la volonté divine aidant, la jeune pousse se soudera avec l'arbre qui la supporte, elle se nourrira de sa propre substance et donnera du fruit. On greffe de cette façon l'olivier sur l'amandier avec le cerisier tout à la fois, le laurier avec l'olivier, l'abricotier ; on fait ainsi un mélange des espèces entre elles. Il ne faut pas oublier, en plantant les noyaux dans cette fente, de mettre trois noyaux au moins de chaque espèce, afin que, s'il en est qui ne peuvent pousser, il en reste (certainement qui pousseront). Quand on peut constater la force de ces jeunes plants, on arrache ce qu'on croit inutile (et qui manque de vigueur), laissant seulement ce qui paraît suffisant. On opère pour les pepins des arbres à fruit précédemment cités de la même manière que pour la semence de figuier et autres cités en même temps. Si on a pratiqué cette opération sur plusieurs branches, et non sur une seule, et que sur chacune se greffe une espèce différente, on arrive à un des résultats les plus extraordinaires en ce genre : c'est une variété d'arbres nourris par un seul pied.

Article XIII.

Opération qui a quelque analogie avec la greffe ; c'est l'introduction de noyaux et de graines dans des végétaux tels que la scille marine, la *buglosse* (1), le mûrier et autres pareils.

Par ce procédé, on introduit le melon, la pastèque, le cornichon dans la buglosse. Cette opération tient à la fois du semis et de la greffe. On procède ainsi : on choisit un pied de buglosse bien venant et vigoureux dans le lieu même où il a poussé, ou bien on le transporte un an à l'avance, au plus, dans un jardin ; on lui donne des soins assidus pour le faire pousser et prendre de la vigueur. Ensuite, on déchausse le pied (quand on le juge assez fort), on y pratique une fente en long avec un instrument pareil à une lancette, dans un ou plusieurs endroits. On prend un grain de melon, de cornichon, ou de pastèque, comme il plaira ; on introduit ce grain dans la fente, après l'avoir fait, à l'avance, séjourner une nuit dans l'eau douce ; on ramène sur cette racine de buglosse de la terre de bonne nature prise dans les champs et pulvérulente ; on recouvre la place occupée par le pepin d'une épaisseur de deux doigts ou environ avec cette terre, ou bien avec du sable, si c'est plus facile. On peut encore, si l'on veut, rogner l'extrémité de la buglosse à ras terre ou au-dessous de la surface du sol, mais bien uniformément, et alors on introduit la graine de la cucurbitacée entre l'écorce et (la partie ligneuse). On couvre ensuite d'une couche légère de terre des champs, et ce qu'on a planté ne manquera point de pousser, la volonté divine aidant.

(1) كحيلى doit être nécessairement une *buglosse*, *anchusa*, plante vivace, et non la *bourrache*, plante annuelle, qui ne répondrait point aux conditions indiquées par l'auteur. Au surplus, Castel traduit كحيلاء par buglosse ; on sait que les anciens confondaient les deux plantes sous le même nom.

Autre opération analogue, pour l'insertion de la courge dans la scille marine, connue aussi sous le nom de l'oignon du porc et d'oignon au rat; extrait du traité d'Ibn-el-Façel et autres.

On arrache ce qu'on veut d'oignon de porc, dans l'endroit où il a crû spontanément; mais il faut le prendre dans un terrain en friche que les instruments de culture n'aient point touché, et là où il s'en trouve un grand nombre groupés ensemble, et non un oignon isolé. On rogne à peu près le tiers de la partie supérieure; on le jette de côté; on pratique, dans les deux autres tiers restants, une fente en croix comme (les rayons de) l'aubergine, de la profondeur de l'épaisseur d'un doigt; si on pratique cette fente avec un roseau taillé en forme de couteau, c'est beaucoup mieux. On introduit alors, dans le vide de chaque fente, un grain de courge de choix, et qui, à l'avance, a séjourné une nuit dans l'eau. Ce grain doit être planté perpendiculairement, la partie mince placée en haut. On pratique ensuite sur la greffe une ligature avec du fil de laine ou des loques, ou bien de la feuille de roseau (*arundo papyrus*, Linn.), ou quelque chose de pareil. On plante ensuite cet oignon tout entier dans une fosse proportionnée à sa grosseur, dans une terre de bonne qualité et qui, à l'avance, aura reçu une culture forte et profonde. On couvre avec du sable ou de la terre même du sol d'une épaisseur de trois travers de doigt. On arrose, ayant soin de verser de l'eau à proximité et non sur la plante elle-même. Le plant de courge poussera au milieu de ce bulbe, et donnera de grosses courges passant légèrement au vert, d'un fort poids et d'un bon goût, n'ayant nullement celui de l'oignon. La plante exige peu d'eau, et le moment de faire cette opération est celui où on sème les courges, ce qui sera expliqué dans son lieu, Dieu aidant. Pour moi, dit l'Auteur, j'ai pratiqué cette opération de cette manière, et elle m'a réussi; j'ai mangé des courges qui en provenaient, j'en ai fait manger à d'autres. Il en est qui disent que cette opération réussit bien en terrain élevé, si on a le soin d'y porter de l'eau jusqu'à ce que le plant ait pris assez de force. On peut encore pratiquer cette opération sur l'oignon, dans la place où il a crû, reposant sur sa racine, sans le déplacer; dans ce cas, on a du fruit sans qu'il soit besoin d'arroser.

Autre manière pareille.

Tout le secret, dit Kastos, pour faire pousser des courges et des melons sans eau, c'est de se transporter vers un lieu où se trouvent une vieille touffe ou plusieurs pieds de *Hadj* الحاج ou *Al-Ahgoul* العاقول, *al-hadji Maurorum*, de creuser sur ce pied un grand trou large et profond de trois coudées environ. Ensuite, avec une *lame* mince de bois de tamarise, on ouvre une fente qui ne traverse point de part en part et d'une largeur suffisante seulement pour contenir deux graines de courge ou de melon réunies ensemble. Quand ces deux graines sont enracinées et qu'elles se sont élevées (à une certaine hauteur), on remplit de terre fraîche la fosse jusqu'à ce qu'on atteigne la hauteur des deux jeunes pousses; on ajoute même par-dessus de la poussière fine prise à la surface de ce terrain jusqu'à l'épaisseur de trois doigts; et, chaque fois que ces pousses se sont élevées de la hauteur d'un empan ($0^{m},231$), on ajoute de la nouvelle terre jusqu'à ce qu'on soit arrivé à combler le trou. Les pieds de melon ou de courge semés de cette façon forment une souche qu'on voit tous les ans (1) donner du fruit sans arrosement.

J'ai, dit l'Auteur, rapporté ce petit supplément pour servir d'induction pour tout ce qui présente de l'analogie (avec ce qui y est dit). Si on pratique cette opération sur le concombre d'âne (*Momordica elaterium*, Linn.), on obtient un melon d'une très-grande amertume et purgatif. Tout ce qu'on implantera sur le pied de la mandragore aura une propriété soporifique; sur la bryone rouge on aura des produits qui

(1) Former une nouvelle souche, et devenir vivace.

participeront de la nature des deux plantes. Celui qui voudra constater l'exactitude de l'assertion pourra en faire lui-même l'expérimentation.

Autre procédé analogue, pour faire pousser un noyau de datte dans la racine de la colocasie (1), pour en obtenir le bananier, la volonté divine aidant; d'après Ibn-el-Façel, Hadj de Grenade et Abou'l-Khaïr.

La manière d'opérer en cela consiste à planter un pied de colocasie dans un lieu constamment exposé au soleil, qu'on puisse arroser d'une manière suivie et abondante, et garanti de l'action des vents. On arrose avec soin jusqu'à ce que le pied soit poussé, et, quand les ramifications apparaissent, on écarte la terre du pied; on pratique une fente avec un couteau à lame d'or, puis dans cette fente on introduit un noyau de datte de l'espèce connue sous le nom de *kisbah*, ou bien de toute autre espèce, de telle façon que ce noyau soit entièrement caché dans cette fente, sans qu'il en paraisse rien; on pratique ensuite une ligature avec des feuilles de roseau ou du fil de laine; on enduit d'une argile visqueuse, mêlée de poils menus (2), ensuite on couvre le tout d'une épaisseur de quatre doigts de terre végétale. On arrose avec de l'eau douce jusqu'à ce que la germination se manifeste et se montre au-dessus du sol, tous les jours, ou bien tous les deux jours (*litt.* on cesse un autre jour) sans interruption, et l'on voit se produire le bananier. La plantation se fait en janvier ou en fé-

(1) Nous ne voyons pas pourquoi Banqueri lit ici, comme au chap. XXIV, 9, قرقص qu'on ne trouve dans aucun lexique, pour قلقاص et traduit par *chirvia*, *chervis*, au lieu de *colocasie*, ou bien qu'il n'ait pas reconnu une permutation de lettre, comme dans برنجان pour بدنجان. Car ce qu'on lit plus haut à l'art. Bananier, CVII, 48, et Abdal., trad. Sacy, p. 26 et text. 24 sur la reproduction du bananier par l'insertion du noyau de la datte dans la colocasie ne laisse aucun doute à cet égard.

(2) *Schahir*, شعير, ou plutôt شعيرة, *schouahirah*, petit poil, bourre, et non *orge* qui ne donnerait aucun sens. Nous verrons plusieurs fois cette erreur répétée.

vrier, et l'on a du fruit à la fin de l'été; ce fait est très-extraordinaire. Il en est qui veulent que le noyau soit brisé avant de l'introduire dans la fente. J'ai expérimenté la chose, dit Hadj de Grenade, et sans succès.

Un témoin digne de foi, dit l'Auteur, m'a raconté avoir vu pratiquer cette opération dans l'Orient, de cette manière : On prend un noyau dans son fruit, tâchant que ce soit un noyau femelle; c'est celui qui est court et non pointu à l'extrémité; on l'introduit dans la racine de la colocasie, qui ressemble à un navet ou à un pied d'artichaut; on couvre ensuite d'un peu de terre végétale, on donne des arrosements continus et abondants, et il pousse un bananier qui est une espèce de colocasie, mais rare dans l'Espagne, où même on ne le rencontre guère.

Manière de greffer la pastèque sur le nerprun, sur le lis, sur l'althéa et le figuier.

On lit dans l'Agriculture nabathéenne que le peuple sème la pastèque sur des racines de diverses espèces de plantes, et le produit s'appelle *pastèque greffée*. On en obtient plusieurs variétés. Parmi les procédés suivis est celui-ci : on choisit un tronc de nerprun très-gros, ou bien un oignon de lis, ou un tronc d'althéa, ou de mûrier, ou de figuier ; on le rogne de façon à ne laisser saillir au-dessus du sol qu'une hauteur d'un empan (0^{m},231) ou une coudée (0^{m},462); on ouvre une fente en croix avec une pioche dont le fer est large. Le même auteur dit que dans le nerprun, la fente se pratique sur le tronc même; on dépose dans ces fentes de trois à cinq grains de pastèque, pas davantage; de même pour le mûrier. On couvre ensuite les grains d'une terre argileuse visqueuse, d'une certaine douceur, dans un état moyen de ténuité, de consistance, de sécheresse et d'humidité. La quantité de la terre dont on couvre les graines doit être ce qu'elle serait si on les avait plantées dans de petits trous. L'auteur ajoute que, pour le mûrier , on verse sur le pied , quand il a été rogné , de l'eau très-chaude avant d'ouvrir la fente. Ensuite, la greffe étant terminée, on donne à la souche beaucoup d'eau, et l'on continue à arroser largement et soigneusement. On obtiendra un produit abondant et sain. La pastèque greffée sur le mûrier sortira avec un goût plus agréable et plus sucré que toute autre venue ailleurs. La greffe sur le nerprun donnera aussi des fruits de bonne nature, moins exposés que les autres aux accidents et qui se gâteront rarement; la greffe sur le lis produit de grosses pastèques plus douces que celles greffées sur le nerprun; sur l'althéa, le goût est d'une qualité admirable; la pastèque provenue de la greffe sur le figuier est telle qu'il est impossible de la manger à cause de son acidité et parce qu'elle emporte (*litt.* coupe) la bouche ; c'est comme si on mangeait un mélange d'oignon et de moutarde. On emploie pour cette opération la graine de la pastèque qui se sème au commencement de l'été, et, à la fin du printemps, jusqu'à la fin de tamouz (juillet).

Article XIV.

Ce qu'il est nécessaire de savoir pour la pratique de la greffe.

On dit que si on greffe un arbre productif sur un autre arbre qui le soit aussi, le produit est plus abondant ; cet accroissement de production est bien visible. On ne greffe pas un arbre utile sur un arbre qui ne l'est pas, et réciproquement, car on n'aura qu'un produit peu abondant. On ne greffe point sur un sujet faible et vieux. On ne pratique la greffe que sur un jeune sujet, exempt de défauts, vigoureux, plein de séve et de verdeur; faite dans ces conditions, la greffe pousse bien et donne de grands bénéfices, de même que dans une bonne terre on voit réussir toutes les espèces de semences qui lui peuvent être confiées. Mais dans la greffe d'un arbre mal pourvu de séve sur un arbre qui en est riche, quand la reprise a eu lieu, on ne voit point l'effet contraire se produire, mais la greffe reste toujours faible et délicate.

Kastos dit que l'opinion des anciens est unanime sur ce fait, que les arbres riches en suc séveux, quelle qu'en soit l'espèce, quand ils sont greffés sur leurs congénères ou sur des espèces qui leur conviennent, à cause de l'analogie dans la nature de la matière séveuse, réussissent très-bien; et souvent après la reprise on voit dans l'année même s'élever des rameaux de dix empans (2m,31), et que quelquefois aussi on a du fruit dans l'année même. J'ai, dit l'Auteur, vu de mes propres yeux ce résultat sur un poirier.

On dit que quand on greffe un arbre d'une certaine espèce sur un sujet de pareille espèce, comme l'olivier sur l'olivier (ou sur l'olivier sauvage), le pommier sur le pommier et le coignassier sur le coignassier, et autres choses pareilles, la greffe s'unit parfaitement avec le sujet et les deux écorces se soudent très-bien; mais quand la greffe se fait sur un sujet d'espèce différente, bien qu'entre les deux il y ait de l'analogie ou une similitude de forme, la soudure se fait mal, la greffe grossit beaucoup, le sujet lui fournit peu de secours, et l'antagonisme entre les deux se montre manifestement. Alors, ce qu'il y a de mieux à faire dans ce cas, c'est de greffer en terre, ou bien de replanter après la greffe effectuée et de la plonger dans le sol; c'est le moyen d'amener une réussite complète, Dieu aidant.

Quant à moi, dit l'Auteur, j'ai vu la greffe d'un prunier sur un coignassier; le bois du prunier prit de l'ampleur sans que la tige du sujet, sur lequel était implantée la greffe, en prît; l'un se distinguait toujours de l'autre. Si on a soin de donner de l'engrais à l'olivier ou aux autres arbres analogues qui peuvent le supporter, un an ou même plusieurs années à l'avance, si on donne une culture très-soignée pour leur procurer une séve plus abondante, c'est un moyen d'assurer la réussite de la greffe, Dieu aidant. Quand on pratique une ligature sur la partie où se trouve la fente ou le trou dans lequel est introduite la greffe, elle doit être solide et convenablement faite; mais il faut se garder d'employer des ligatures de lin ou de chanvre d'une torsion serrée, et non (de simples bandes) tissées, non plus que du fil retors ni une corde dure, parce que ces sortes de ligatures appuyant trop rudement sur l'écorce, la coupent, lui nuisent et souvent sont une cause de destruction; il doit en être de même pour les greffes en flûte et en écusson. Ainsi, le plus convenable et le meilleur, c'est d'employer du fil de laine, ou des bandes de toile de lin ou choses analogues. Il faut encore veiller à (la conservation de) la pousse de la greffe lorsqu'elle a pris de la hauteur, et qu'on peut craindre qu'elle ne soit cassée par le vent ou par les oiseaux, la protéger par un (tuteur en) bois qu'on fiche en terre au pied du sujet, ou qu'on fixe solidement à la tige au-dessous de la greffe, ou bien à quelque branche même du sujet. On l'arrête par une ligature solidement faite. Ce tuteur s'élevant jusqu'à la hauteur du rameau de la greffe, on les attache l'un à l'autre sans rien forcer, afin de la consolider, et on le détache quand il cesse d'être utile... On dispose aussi des épines au-dessus de la greffe pour empêcher que les oiseaux ne lui causent du dégât en s'abattant dessus. Quand il est besoin d'alléger la branche (principale) de quelques-unes des brindilles grêles, il faut les enlever fort doucement à la main (par le pincement) sans se servir d'instrument en fer. Si un (commencement d'étiolement se manifeste dans la greffe, il faut examiner si (la chaleur de) l'été n'en est point la cause; dans ce cas, on arrose et on donne une bonne culture; si c'est parce que l'argile dont la greffe est environnée est tombée ou gercée, ou encore parce que les fourmis s'y sont introduites, appliquez une autre préparation argileuse; cette précaution ramènera la vie, Dieu aidant. On lit dans l'Agriculture nabathéenne que le sujet greffé communique à la branche greffée sur lui (pour son fruit) la saveur, le parfum, la beauté de forme, l'augmentation de volume et la précocité qu'il a en lui. Si on oppose les qualités contraires de la greffe aux qualités contraires du sujet, on peut alors obtenir cet avantage : c'est que l'arbre tardif, greffé sur une espèce hâtive, prend une condition moyenne entre une maturation précoce et une maturation tardive, et *vice versâ*.

On avait établi diverses pratiques qu'on devait observer au

moment de la greffe; dans le nombre étaient de longues promenades autour de l'arbre qu'on greffait. Il était encore prescrit que celui qui effectuait la greffe accomplît l'acte vénérien avec une jeune femme obéissant et cédant sans contrainte. Si c'était l'épouse, il fallait que l'époque du mariage fût peu éloignée, qu'elle fût de moins d'un an. L'acte devait avoir lieu pendant l'opération même de la greffe, dans l'une ou l'autre des diverses formes de copulation (connues), toutes étant favorables dans l'espèce, quelle que fût la nature de l'arbre greffé. On disait que si la jeune fille devenait mère, l'arbre donnait du fruit dans l'année même; et l'on ajoutait que ce procédé était merveilleux pour (assurer le succès de) la greffe. J'ai, dit l'Auteur, rapporté ces choses suivant qu'elles ont été racontées, sans ajouter foi à leur efficacité (V. la *Note* à la fin du chapitre).

On a écrit que lorsque deux arbres de même espèce sont tellement rapprochés qu'il est possible que l'un se joigne à l'autre (1), la soudure s'établit, et que, si on coupe le sommet de l'un des deux au-dessus de la greffe, les sucs séveux se réunissent, et ce qui restera des deux recevant sa nourriture de ses racines et de celle de l'autre à la fois, il prendra un accroissement et un développement qu'il n'avait point avant. Pour moi, dit l'Auteur, j'ai réuni ainsi par la torsion deux vieux myrtes qui se trouvaient assez rapprochés l'un de l'autre; la soudure s'est opérée en peu d'années; comme elle existait vers le haut, j'en ai rogné un; l'autre qui restait s'est nourri des deux racines. J'ai vu pratiquer cette opération de torsion sur deux plants de vigne montés, mais elle leur a été nuisible.

Ce qu'on doit désirer trouver dans ce chapitre, ce sont les indices desquels on peut déduire l'affinité des arbres entre eux. Ces indices se tirent de ce que les uns ont une séve abondante,

(1) Par espèce, il faut entendre de classes qui peuvent se greffer les unes sur les autres. C'est ici une véritable greffe en approche; le texte porte قبل, s'appliquer *l'un à l'autre*. Banqueri corrige et lit فتل, *tordre*. Cette leçon peut se justifier.

que dans d'autres elle l'est moyennement, et chez d'autres elle l'est peu ; il est des arbres dont le bois est très-dur; chez d'autres, il est de dureté moyenne, et d'autres enfin l'ont tendre. Chaque espèce a la plus grande somme d'affinité pour son espèce; d'autres ont de l'affinité avec d'autres espèces. Les arbres chez lesquels la matière séveuse est abondante sont : la vigne, le figuier, le caprifiguier, le coignassier, le pommier, le mûrier, le prunier de Damas, l'olivier, le pêcher, le poirier et le rosier. Les arbres dont la matière séveuse est peu abondante sont : le cédratier, le bigaradier, le limonier, le chêne, l'aubépine, l'arbousier, le cyprès, le châtaignier, le noyer, l'amandier, le frêne, le tamarin, le noisetier, le pin, le pistachier, et autres analogues. Parmi les arbres à bois dur sont : l'olivier, le pistachier, le frêne ; la plupart des arbres dont la matière séveuse est peu abondante sont ainsi. Parmi les arbres à bois tendre sont : le laurier-rose, le figuier, la vigne, l'azederach, le rosier et autres. Si donc on greffe un arbre riche en matière séveuse sur un sujet qui en est pauvre, cette exiguïté ne peut suffire à sa force attractive, et réciproquement. Ce qu'on peut indiquer comme indice pour l'affinité réciproque des arbres, par forme de supplément à ce qui a été dit précédemment sur les *mères des genres* (*vid. sup.*, p. 398), c'est que, parmi les arbres qui sécrètent de la gomme, ceux qui en ont en abondance sont : le prunier, l'abricotier, le pêcher et autres; ceux qui en donnent moyennement sont l'amandier, le lentisque, le pin et autres pareils; ceux qui n'en donnent que très-peu sont : l'olivier, la vigne, le térébinthe et le coignassier. Parmi les arbres qui fournissent de l'huile, il y en a qui la donnent en abondance, et chez lesquels on peut l'exprimer de la pulpe (*litt.*, l'écorce supérieure) du fruit, comme l'olivier et une des espèces de lentisque et autres analogues; cette propriété leur donne un mérite particulier. Il est des arbres dont l'huile s'extrait de l'amande que renferme le noyau, comme dans l'amandier, le noyer, et autres pareils; seulement, ils ont en plus de la gomme. On voit rarement réussir la greffe d'un de ces arbres qui réunissent en eux le maximum des condi-

30

tions d'affinité que nous avons énumérées, quand elle est pratiquée sur un sujet où elles sont au minimum. Parmi les arbres qui ont une sève lourde (épaisse), il en est dont la greffe ne réussit point sur d'autres de la même classe, comme l'olivier sur le chêne. Quelqu'un digne de foi m'a raconté, dit l'Auteur, que les greffes d'olivier appliquées sur de jeunes chênes y restèrent fixées pendant plus d'une année, toujours remplies de séve, sans que la soudure se fît, mais aussi sans se dessécher; enfin, au bout d'une année ou environ, le chêne fut coupé, et les greffes étaient encore dans le même état. Il en est qui disent qu'il faut aussi tenir compte de la durée de la vie de certains arbres, à savoir si elle est longue, moyenne ou courte. En effet, si on applique sur un sujet dont la vie est courte un arbre dont la vie est longue, la greffe abrégera la durée de celui-ci, et réciproquement. Nous reviendrons sur cette question, Dieu aidant.

Article XV.

Durée de la vie des arbres, exposée d'après ce qu'en dit l'ensemble des agronomes.

Il est des Nabathéens qui disent que l'olivier vit trois mille ans, le palmier environ cinq cents ans, le chêne quatre cents ans, le caroubier trois cents ans. Il en est qui disent que le jujubier, le noyer, l'amandier, le mûrier, l'arbousier, le *celtis* (micocoulier), le frêne et l'orme vivent environ deux cents ans. L'Agriculture nabathéenne dit qu'après cent cinquante ans la vigne sèche et meurt (ce qui s'explique ainsi :) depuis le moment de sa plantation, quand elle est garantie de tous accidents, elle grandit et pousse bien, en prenant toujours un accroissement de force jusqu'à ce qu'elle ait parcouru sa première période (*litt.*, révolution) qui est de sept ans, et depuis cette époque jusqu'à ce qu'elle en ait parcouru sept autres, c'est-à-dire qu'elle ait atteint quarante-neuf ans (1). A partir

(1) Ainsi, chaque période ou cycle est de sept ans.

de ce moment, elle ne cesse de décroître jusqu'à ce qu'elle soit arrivée à son point extrême de vieillesse et de décrépitude. Alors elle s'étiole et se dessèche entièrement, ce qui a lieu à l'époque indiquée plus haut. On lit aussi dans l'Agriculture nabathéenne, que le *Rhammus Napua*, Linn., ne dépasse pas cent ans; le plus que vive le pêcher, c'est soixante ans. Suivant d'autres, la durée de la vie pour le pêcher, le sorbier, l'azerolier, le grenadier, le coignassier, l'aubépine, le cerisier, l'abricotier, le noisetier, le cédratier, le bigaradier, le cyprès, serait de cent ans environ. Le prunier, le sébestier, le platane, le laurier-rose, l'azederach, le pommier, vivraient environ cinquante ans. Abou'l-Khaïr dit que le rosier vit environ trente ans. Le giroflier vit deux ou trois ans, puis il se flétrit; la giroflée jaune vit moins longtemps que la rouge. Le roseau doux (canne à sucre) vit trois ans, sans les dépasser. La marjolaine vit environ six ans; le *glaucium*, pavot cornu, quatre ans, et la luzerne va jusqu'à vingt ans.

Note se rapportant à la fin du premier alinéa de la page 464. — Banqueri avait cru devoir renvoyer ce passage en note sans le traduire; nous en avons jugé autrement; nous l'avons traduit et rétabli à sa place. Il fait partie intégrante du texte; il peut d'ailleurs servir à l'histoire de l'agronomie et faire connaitre les mœurs de l'époque. Il a encore cette importance, c'est que, d'après Maimonides, ces pratiques odieuses auraient porté Moïse à défendre l'usage de la greffe. Il cite même sommairement ce passage dans son *Guide des égarés*. V. texte et traduction de S. Munk, IIIe part., chap. XXXVII, fᵒ 82 rᵒ du texte. La citation d'Ibn-al-Awam n'est pas complète, mais elle est plus étendue que celle de Maimonides. Nous l'avons trouvée, croyons-nous, complète dans le mss. de la Bib. Imp., 884, f. s. fᵒ 82 rᵒ, où elle est donnée sous la rubrique d'Ibn-Wahschiah, c'est-à-dire d'après l'Agriculture nabathéenne. Nous pensons intéresser nos lecteurs en reproduisant ce passage tel que le donne le manuscrit; mais, à cause des détails qu'il contient, il nous a paru convenable de le donner en latin.

« Dixit Ibn-Wahschiah : Qui arborem in alienam inserere voluerit, formosam » et eximiæ pulchritudinis virginem adeat. Hanc manu adductam, juxtà arbo- » rem quam in animo est inserere, consistere jubeat. Ramoque insitionis » absciso, et ad inserendam arborem allato, virgineque juxtà hanc semper » stante, fissuram aperiat. Tunc virginem togâ exuens, suoque ipse vestimento » rejecto, temporis puncto eodem cum rectâ stante muliere coeat; ita ut rami » insitio et actus venereus unâ congruant, necnon curam habeat ille ut se-

» minis emissio in ipsâ insitionis fine fiat, nec virginem nisi peractâ insitione » relinquat. Quæ si prægnans evaserit, arborem aiunt, alieni rami suavem » odorem et eximium saporem integros obtinere; sin minus nil nisi parum ex » istis. Eodem modo agere debuerit, qui pirum in citrum inserere tentaverit ut » citri colorem eximiumque saporem obtineat. Virgo libente sit animo assen- » tiens vique nullâ coacta. »

Ce n'est pas que la greffe fût défendue par le législateur des Hébreux d'une façon absolue, mais seulement pour les espèces végétales de nature étrangère entre elles, tandis qu'elle aurait été permise pour les espèces congénères, comme la greffe de l'espèce cultivée sur le sauvageon. C'est ce qu'on doit inférer de la comparaison des termes du traité *Kelaïm* I, 7, et du traité *Schebiit*, II, 6. *Mischna*, édit. de Surenhusius, Amstel. *Borstius*. Les commentateurs disent eux-mêmes: *Non conjungunt arborem cum arbore quando sunt diversarum specierum. Non componunt arborem cibariam cum arbore cibariâ alterius speciei*. Ce qui pourrait induire à penser que la prohibition ne portait que sur ces greffes hétéroclites que repousse la physiologie végétale et pour la réussite desquelles on aurait eu recours aux plus que singulières pratiques rapportées dans le passage qui nous occupe. V. aussi trad. de la Bible par Cahen, Lévit., XIX, 19, not.

CHAPITRE IX.

Taille et émonde des arbres; temps où doivent se faire ces travaux; taille de la vigne, d'après le livre d'Ibn-Hejdjadj sur ce sujet (1).

L'opération de la taille, dit Solon, est extrêmement profitable pour les arbres. En effet, quand il se trouve sur un arbre

(1) قلّم, nom d'action; تقلّم, *aptare radendo*. شمّر, nom d'action, تشمير, paraissent être synonymes. Ils semblent indiquer une taille pour donner une forme à l'arbre et non simplement *couper* قطع; ils se disent aussi du *nettoiement* تنقية, κάθαρμα, *purgatio*, كسح qui est l'hébreu כסח et زبر équivalent de זמר, qui s'appliquent à toute espèce d'arbres en général, et semblent, dans l'Agriculture nabathéenne, s'appliquer à la taille de la vigne.

quelques rameaux affaiblis, il faut les couper pour forcer le liquide séveux à revenir vers ceux d'entre eux qui sont plus vigoureux. De même aussi, quand une branche vient à pousser dans un endroit où elle ne devrait point se montrer, on la retranche, comme les rameaux qui gênent et qui nuisent à ceux qui sont utiles. Tout ce qui poussant dans l'intérieur de l'arbre est grêle, qui porte ombrage, et qui est en même temps peu productif, on le retranche, et par là on facilite l'arrivée de l'air dans le centre de cet arbre. Cette opération ne doit se faire que pendant l'hiver, quand le liquide séveux ne circule pas dans le bois, de peur qu'il ne se porte vers les branches (coupées et ne s'échappe), ce qui serait une cause de débilitation et d'affaiblissement pour les autres (1). L'auteur dit dans un autre endroit que la place de la section doit être bien unie (sans inégalité) sur la surface que la branche occupait, afin que l'écorce la puisse couvrir promptement. Les anciens pensaient qu'on devait toujours couper les racines des arbres faisant saillie au-dessus du sol, parce que, disait-on, ces racines, par l'extension qu'elles prennent, sont préjudiciables aux arbres, en ce qu'elles forment un obstacle à ce qu'on puisse donner aucun genre de culture, ni binage ni serfouissage ou culture profonde, à ceux des arbres auxquels ce serait avantageux pour assurer leur conservation ; il faut les couper de la même manière qu'on coupe les racines faibles. Fin de la citation de Solon.

Macarius dit : Il faut retrancher celles des racines qui gênent pour les cultures superficielles ou profondes, parce que c'est une chose utile pour l'arbre. Il ne faut point les couper en une seule fois, de peur de causer l'affaiblissement de l'arbre, mais on divise le travail en plusieurs années, jusqu'à ce qu'il soit terminé en totalité. On en agit ainsi, parce que lorsque la ra-

(1) L'interprétation de cette phrase, telle qu'on la lit dans le texte, présente des difficultés pratiques. Pour être littéral, il faudrait traduire : pour que la matière (séveuse) ne coule pas vers les branches, ce qui serait pour elles cause de perte et d'affaiblissement. Nous avons préféré le sens qu'indique la physiologie végétale, et modifié le texte en conséquence. (Cf. p. 504, fin.)

cine a été coupée et le terrain d'alentour bien ameubli par des cultures profondes et superficielles, l'arbre, à la place même de la section, jettera d'autres racines nouvelles par l'influence de cette bonne culture ; elles occuperont (facilement) la place de celles qui ont été retranchées, parce qu'elles rencontreront un terrain rendu léger et ameubli. Il est donc nécessaire d'appliquer sur le lieu même des engrais pour faciliter cette croissance. Fin de la citation.

Quant à moi (dit l'Auteur), je dirai que cette recommandation (de couper les racines) n'est point convenable pour l'olivier ni autres arbres analogues, dont les racines sont rampantes, et proches de la surface du sol. J'ai vu pratiquer l'opération une seule fois sur la montagne de Scharta, à l'égard d'un olivier à qui elle fut très-nuisible.

Kastos dit : C'est à l'époque de la récolte des fruits (quand elle est terminée) qu'on retranche les branches inutiles. Quand l'arbre est âgé de moins de deux ans, on doit couper toutes les branches (inférieures), à l'exception du rameau principal ; par ce procédé on fera prendre au sujet plus de régularité, et il n'en sera que plus beau. (Cf. *Géop.*, x, 78).

Junius dit qu'il faut émonder tous les arbres qui donnent des fruits juteux ou secs, sans exception, en se servant d'une serpe de fer. On retranche ce que l'arbre porte d'inutile, toutes les pousses qui se montrent sur la tige, ou les drageons qui s'élèvent du pied ; afin d'avoir un arbre lisse et bien net, on laisse en tête trois ou quatre branches droites, pas plus, à bonne distance entre elles. On traite de cette façon tous les jeunes plants jusqu'à ce qu'ils aient atteint une hauteur de quatre coudées (1m,850), parce que, tant que le jeune sujet conserve son écorce lisse, il est susceptible de prendre la forme (qu'on veut lui donner (1).

(1) Cet article, attribué à Junius, est, pour ainsi dire, une traduction du chap. 78, liv. x, des *Géop.* La forme de la serpette, *falx*, منجل, pl., مناجل, δρεπάνη, se trouve t. I, p. 518 : *Scriptores rei rustici veteres*, etc., in-4°, Lip., 1735. 4.

Le même, au chapitre de l'*Olivier*, dit que l'émonde postérieure (*litt.* restante) doit se faire au mois de novembre, de préférence à tout autre mois. (Cf. *Géop.*, III, 15, et Palad., 11 av., 4.) En effet, quand à cette époque nous examinons l'arbre, nous trouvons qu'il a plus de dureté et de consistance, par cette première raison que tout ce qu'il contenait d'humidité (séveuse) a été absorbé par les branches (pour leur production) et pour la nutrition des fruits; en second lieu, parce qu'il n'a point encore reçu les pluies de l'hiver, c'est-à-dire qu'elles ne sont point encore tombées. Par tous ces motifs nous voyons que cette saison est la plus convenable pour émonder (nettoyer) les arbres, afin de leur faire prendre de la force. Quand on veut procéder à cette opération, il faut leur fournir de l'engrais, parce que son action bienfaisante préviendra tout le mal que la taille pourra produire, et que les nouvelles pousses se montreront beaucoup plus belles. Il faut enlever toutes les branches sèches qui sont dans l'intérieur de l'arbre, afin qu'il reçoive l'air librement (*litt.*, pour être pour lui un moyen de ventilation). Il faut, pour donner de l'espace, ôter les branches qui s'enlacent les unes dans les autres; on fait disparaître aussi celles des branches qui sont trop courbées, et celles qui sont trop longues, et tout ce qui est (en général) d'une longueur démesurée ; car ces branches sont toujours d'un produit moindre que les autres. Suivant l'opinion d'un agronome, on doit pratiquer cette émonde sur l'olivier, tous les trois ou quatre ans. Quant aux branches qui poussent le long de la tige, il faut les retrancher tous les ans, quand elles se produisent et pendant qu'elles sont tendres, pour empêcher que la force de l'arbre ne se porte vers elles et ne détermine l'affaiblissement de la tige. Fin de la citation de Junius (1).

On lit dans Kassianus que le produit de l'olivier n'est affaibli en rien par l'émonde et la taille de ses branches, parce que le

(1) Ce paragraphe, attribué à Junius est presque une traduction littérale du chap. 9, liv. IX, des *Géop.*, attribué à Sotion.

fruit se montre en bien plus grande abondance sur les jeunes rameaux. Fin de la citation. Marsial dit qu'il faut commencer la taille des arbres dès le 21 novembre, et la continuer jusqu'au 24 décembre. Le poirier n'admet qu'une taille légère; le coignassier se taille à volonté; le prunier repousse la taille; celle du jujubier n'a point de limites; elle doit se faire légèrement pour le figuier; celle de l'olivier aussi ne connaît point de limites. Fin de la citation.

Betondon dit que le figuier se trouve très-bien de la taille, et, quelle que soit la quantité de bois enlevée, il n'en souffre aucunement; il en est de même pour la vigne; l'un et l'autre au contraire n'en poussent que mieux, et n'en sont que plus vigoureux. Ibn-Hedjadj dit : Cela est une vérité pour moi, elle n'admet aucun doute, et l'expérience nous en a prouvé l'utilité. Mais ce qu'a avancé Marsial, quant au figuier, inspire du doute. Il en est de même pour le cerisier, le noyer, l'amandier, qui n'en végètent que mieux après que la taille leur a enlevé beaucoup de bois; le noisetier est dans le même cas; Sadhimanes le dit. D'autres agronomes disent qu'on doit en général transplanter tous les arbres quand ils sont jeunes. D'autres veulent qu'on sème les graines (*litt.*, fruits) dans les terrains arrosés si on veut les obtenir grands. Il faut retrancher les branches et le bois inutile qui se trouvent dans l'intérieur ou les rejetons qui se montrent au pied; seulement, tant que le sujet n'a pas atteint l'âge de quatre ans ou à peu près, il faut bien se garder d'employer aucun instrument en fer pour ces retranchements, car il est pour eux un poison; mais on les fait à la main (par le pincement). Quand le jeune arbre a dépassé ce terme, alors on peut pour la taille employer une serpette de fer bien affilée (en tranchant), sans frapper. En opérant ainsi, on obtient un arbre d'un bel aspect, et les branches qui restent se fortifient au moyen de la sève des rameaux retranchés qui se porte vers elles. La plaie se cicatrise (facilement) et l'arbre ne souffre point. Si la section était large, on la couvrirait d'un enduit visqueux formé d'une terre blanche et douce (onguent de Saint-Fiacre), dont on enduit la coupure, de façon que l'application soit complète. Quand l'arbre a atteint la hauteur d'homme et qu'il peut supporter les opérations de la taille et de l'émonde, on a soin d'en user; s'il ne la supporte point, on doit s'en abstenir, car il y a des arbres qui se prêtent à la taille et d'autres qui ne l'admettent point; nous en parlerons ailleurs, Dieu aidant.

Ayant brûlé des pieds d'oliviers, dit l'Auteur, j'ai vu à la place s'élever de nouveaux rejets; on en tailla une partie dès la première année de la pousse; cette taille (prématurée) les fit étioler et périr. Il en fut de même de ceux qui le furent la seconde; mais pour ce qui fut taillé la quatrième et postérieurement, loin de leur être nuisible, l'opération leur fut profitable.

Article 1.

Tous les agronomes s'accordent sur ce point: c'est qu'il y a des arbres qui supportent la taille et d'autres qui ne supportent ni la taille ni l'émonde. Ceux auxquels elle convient, ce sont ceux qui ont un suc lacté comme le figuier et le mûrier, auxquels elle est avantageuse. Hadj de Grenade dit qu'elle convient surtout au mûrier et qu'on entretient sa vie, si, chaque année, à l'époque de la cueillette des feuilles, on l'émonde et on enlève les bourgeons trop pressés (1). Il faut bien prendre garde, en coupant les grosses branches ou autres, d'écorcer ou de fendre le corps de l'arbre, car ce serait lui faire une sorte de saignée qui l'affaiblirait. Le procédé le plus convenable qu'on puisse employer, c'est, quand on veut couper une branche, d'employer d'abord la scie ou autre instrument, et de l'attaquer par sa partie inférieure. Puis, quand on a achevé la section, on applique sur la plaie de l'argile blanche pour empêcher l'invasion des vers ou de la pourriture. Quant au juju-

(1) Ce passage est une répétition de ce qu'on lit dans le dernier alinéa de l'article sur la culture du mûrier; nous nous y sommes rattaché autant que possible; c'est pourquoi nous différons un peu de Banqueri.

bier, on peut l'émonder comme il plaît, le décharger de ses branches sans la moindre inquiétude, car il se cicatrise avec la plus grande facilité; pourtant il faut craindre de l'éclater, parce que le ver l'attaquerait. L'amandier peut encore être émondé à volonté, car il n'en ressent point de mal; il en est de même du noyer.

Hadj de Grenade et Nahik disent que si on fait une coupure dans le pied d'un arbre, pour écorcer les racines, elles se rétabliront comme elles étaient primitivement (*vid. sup.*, p. q. 276), mais qu'il n'en sera point de même des branches; si on en abat quelques-unes, il n'en repousse point sur la coupure de pareilles aux précédentes. Le noyer romain (1) aime qu'on l'émonde, de même que l'*almis* (*celtis*); le laurier, on le coupe et on en retranche ce qu'on veut; si on enlève le sommet, il repousse plus beau qu'il n'était. L'olivier ne souffre point, quelle que soit la quantité de branches qu'on lui enlève; seulement, quand une branche est sèche, il faut trancher dans la partie verte et vive au-dessous du nœud; c'est avantageux parce qu'alors cette branche repousse dans l'état où elle était avant. Mais si on fait l'émonde sur le sec, aucun rejet ne repousse jamais.

Kastos dit que l'olivier devient beaucoup plus productif à la suite du retranchement de ce qu'il pouvait y avoir en excès dans ses branches. Le moment de faire cette émonde, c'est quand on a terminé la cueillette des olives. Il en est de même pour la vigne, le caroubier et le chêne (à glands doux?). L'Agriculture nabathéenne dit que quand un olivier, après avoir été productif, cesse de l'être, il faut tailler une certaine portion de ses branches avec un *croissant* (instrument recourbé) en fer, au coucher du soleil; ensuite deux hommes le frappent de coups non interrompus avec ce même instrument, et disent en s'adressant directement à lui : « Certes, je te couperai et te

(1) Nous avons tout lieu de croire qu'il faut lire الحور الرومي, le *peuplier romain* ou d'italie, comme nous l'avons établi ailleurs (*Journ. Soc. asiat.*, 1858, n° 6, juin).

réduirai à l'état de bois (à brûler), si tu ne me rapportes rien. » On répète cette menace plusieurs fois, et l'arbre ne tarde point à donner du fruit, Dieu aidant.

Suivant un autre auteur, les arbres qui ne supportent point la taille ni l'émonde, et pour lesquels le retranchement du sommet n'est en aucune façon favorable, ce sont les arbres gommeux, quand leur hauteur a dépassé celle de l'homme; quand ils sont petits, il n'y a aucun inconvénient à les rogner, mais il faut prendre garde de rien fendre (ni faire éclater). Le pêcher devenu vieux ne veut point que le fer l'approche. Il en est qui disent que pour tout arbre pauvre en sucs séveux, il lui est peu favorable que le fer le touche. Marsial dit au contraire qu'en taillant le pêcher à volonté, il n'en souffrira point; que si on taille le coignassier, ce sera pour lui cause de destruction; le fer ne doit point toucher le cerisier, ni vieux, ni jeune. Il en est de même pour le pommier; si on en coupe le sommet quand il est vieux, on ne doit rien en espérer de bon; au contraire, il en périra. Si on rogne la tête du palmier lorsqu'il est jeune, il ne s'en trouve point mal; elle repousse telle qu'elle était.

Hadj de Grenade dit que le prunier, c'est-à-dire عبقر *Ahbqar* (*l'œil de bœuf*), devenu vieux et âgé, ne veut point qu'on l'aborde avec le fer (à la main); si pourtant la nécessité le commande, considérez s'il n'est point attaqué par le ver; alors venez-lui en aide par la taille; mais, pendant tout le temps que l'écorce de la tige demeure lisse, ne lui faites point sentir le fer, non plus qu'aux jeunes branches; (pourtant) quand il est dans cette condition, si on rogne le sommet, il repousse tel qu'il était précédemment. Suivant Marsial, on peut le tailler sans crainte; mais cela a déjà été dit plus haut. Quant au peuplier noir, suivant Hadj de Grenade, il ne faut point l'émonder, et si on en coupe le sommet, on ne voit point à la place de la coupure pousser une grosse branche nouvelle qui tende à s'élever (et à remplacer l'ancienne). L'arbre lance seulement des branches grêles qui s'écartent de tous côtés; il devient noueux, et c'est une cause qui le fait gâter. Le palmier, par la perte de sa tête, éprouve une grave altération ; il ne peut désormais s'élever (1). Le pin dont on a coupé la tête ne la renouvelle pas; il jette des rameaux grêles qui végètent mal. Le bigaradier, le limonier, le zamboa, le cyprès, le noyer, le noisetier, et autres arbres à feuilles persistantes, les arbres à feuilles luisantes, comme le grenadier, le pommier, le prunier et le pistachier, ne doivent être taillés qu'avec sobriété.

Article II.

Il y a, dit Ibn-el-Façel, des préceptes disséminés (dans divers ouvrages) qui, s'ils s'écartent quelquefois trop notablement de ce qui est généralement approuvé, doivent être ramenés à de justes proportions.

Article III.

L'opinion commune veut, la volonté divine aidant, en ajoutant aux soins prescrits, parer à la destruction du sommet d'un arbre, arrivée soit parce qu'il a été arrêté dans sa végétation, soit parce qu'il est devenu sec par suite de cause externe, venue du vent, de la gelée, ou de toute autre cause fâcheuse, ou bien (de cause interne) de vieillesse; (veut, disons-nous), qu'on coupe toutes les branches ou l'arbre lui-même avec un fer bien affilé, car tout arbre ou branche tranchés avec un outil qui coupe mal ne manque point de se gâter. La section de l'arbre doit être faite à une coudée ($0^m,462$) au-dessus de la surface du sol, s'il n'y a point à craindre le risque de le voir exposé à quelque dégât; on donnera plus de hauteur si on a à redouter les atteintes des animaux sauvages et autres pareils; ensuite, il faut des soins continus de culture et d'arrosement, jusqu'au retour à un état satisfaisant et à la fertilité (*litt.* de la perfection et de la fructification).

(1) Sans doute quand il est adulte, car plus haut il est dit le contraire du jeune palmier.

Abou'l-Khaïr et Ibn-el-Façel racontent qu'on leur a dit qu'on employa ce même moyen (la section par la scie) sur un grenadier et un coignassier, vieux l'un et l'autre; il leur repoussa de nouvelles branches et ils donnèrent du fruit pendant longtemps; on recommença ensuite une seconde fois sur eux la pratique de la section avec la scie, puis on leur donna des soins de culture et d'irrigation; ils se rétablirent bien, poussèrent des branches nouvelles, donnèrent des fruits, et par ce moyen on prolongea leur existence de plus de cent ans.

Hadj de Grenade dit que lorsque le cerisier est devenu vieux, si on le coupe par le pied, il donne de nouvelles pousses, tandis que si on en coupe le faîte, il ne repousse jamais. Quand le mûrier est devenu vieux et que ses produits faiblissent, on doit couper le sommet; il repousse et revient à son état primitif, surtout quand il se trouve planté dans un lieu où il reçoit de la culture et de l'eau; il est promptement rétabli. Le cédratier, le bigaradier, le limonier, le zamboa et le jasmin, quand l'un de ces arbres est devenu vieux, on le coupe (avec un instrument tranchant), ou bien on le scie ras-terre; on donne des labours et des arrosements soignés, et bientôt on voit de jeunes pousses s'élancer et l'arbre revenir à son état primitif.

Lorsqu'on remarque, dit Hadj de Grenade, que le pêcher commence à s'étioler (*litt.*, s'affaiblir) et que sa séve est devenue moins abondante, que quelques rameaux seulement donnent du fruit, que son bois se dépouille de son écorce et noircit, que ce qu'il y a de vert dans l'arbre se nuance de rouge et passe au noir, que les bourgeons sont noueux, sachez que dans ces conditions l'arbre est vieux et près de se gâter; le remède à employer en pareil cas, c'est de le scier à deux empans ($0^m,162$) au-dessus du niveau du sol, au mois d'octobre; ensuite on amoncèle la terre autour du pied, on donne soigneusement de l'eau tous les huit jours, puis on verra la végétation s'établir, ce qui aura lieu quinze jours avant la fin de l'été ; la seconde année, il fleurira et donnera du fruit, et, s'il éprouve du retard, ce sera pour la troisième année, la volonté divine aidant. On fait disparaître les pousses trop grêles pour n'en laisser que trois à quatre de celles qui sont vigoureuses ; s'il en est de ces branches qu'on veuille marcotter par couchage, on peut très-bien le faire. (Par cette opération) l'arbre reviendra à l'état qu'il avait antérieurement, et il donnera un produit abondant, Dieu aidant; continuez ces procédés et des soins intelligents (*litt.* la direction), et l'arbre ira très-bien. Quand le prunier, le mûrier et les arbres fruitiers à feuilles caduques sont devenus vieux, et qu'ils cessent de reproduire (1), le moyen curatif à employer, c'est de les soulager en les taillant et en rabattant des branches qui (retranchées) laissent un vide répondant à ce que serait le retranchement du sommet. Mais le meilleur est de couper par le pied. Quand on voit sur un arbre se multiplier les branches sèches, il faut les couper et choisir pour le faire ce qui n'est point sec (c'est-à-dire trancher dans le vif). Cette opération doit se faire en automne ; et, en donnant des soins assidus, l'arbre se montrera rajeuni. Nous parlerons des soins à donner aux arbres pour les divers accidents qui peuvent se présenter, de manière à suffire à tous les besoins, la volonté divine aidant.

(1) Ce passage présente des difficultés à cause des inexactitudes du texte, et peut-être à cause de l'emploi des expressions dans un sens tout à fait technique. Banqueri propose des rectifications; il en est que nous proposons aussi. Le sens par ce moyen se dégage assez bien; on voit qu'il faut retrancher et rabattre une certaine quantité de branches.

CHAPITRE X.

Comment doivent se faire les travaux de culture dans les terres plantées, quant à ce qui convient aux terres elles-mêmes et aux arbres qui y sont implantés. Choix des temps pour certains travaux et pour fumer la terre. Indication des arbres auxquels convient une culture fréquente et de ceux qui en veulent peu. Comment on fait arriver les brins de sarment vers les places où il y a des vides. Choix des hommes pour les travaux agricoles.

D'après le livre d'Ibn-Hedjadj, à qui Dieu fasse miséricorde, où il traite des vignes bien établies, de ce que peut avoir d'utile pour elles une culture profonde, et la manière d'intercaler entre les cépées de vignes qui sont affaiblies, des provins qui les ramènent à leur bonne condition (*litt.*, qui augmentent leur amplitude), Junius dit : Il faut donner une culture profonde aux vignes avant que le bourgeon ne pousse, parce que si on se met à cultiver une vigne après que le bourgeon a commencé à pousser, comme la grappe se montre en même temps, les mouvements qu'on se donnera pour la culture seront cause de la destruction d'une grande quantité de raisin. Il faut donc, par cette raison, que la culture se fasse avant toute végétation. Un serfouissage multiplié ameublit la terre, lui donne de la vigueur et des sucs nourriciers et amène une fructification abondante.

Le même auteur ajoute : Si pourtant il arrive que le bourgeon pousse avant que le serfouissage soit terminé, ce qu'il y a de mieux à faire, c'est de suspendre le travail jusqu'à ce que la jeune pousse ait pris de la consistance, et alors on reprend le serfouissage à l'entour de ce qui restait. Il faut que les ouvriers, en faisant le serfouissage, prennent bien garde de blesser la souche de la vigne avec la pioche, car c'est nuisible pour elle, parce que lorsqu'elle éprouve quelque lésion elle s'affaiblit et cesse de donner du fruit (1). L'auteur ajoute : Quand les plants viennent à faire défaut au milieu des cépées de la vigne, il faut choisir un brin de sarment, long et flexible; on le courbe et on le couche dans un sillon ou tranchée préparé à l'avance; on l'étend du mieux possible sur le fond, puis on le recouvre d'une quantité de terre suffisante, extraite de cette tranchée, et on lui donne des soins comme on en donne à tous les provins. Au bout de deux ans, on sèvre le provin en coupant la racine sur la cépée. Fin de la citation de Junius.

Kastos dit : Quand on a une vigne vieille et usée, on creuse dans les vides une tranchée en long de la profondeur d'une coudée ($0^m,462$) ou plus. Ensuite on tire, en l'allongeant, un brin de sarment des souches, d'une bonne longueur, et on l'enfouit au milieu de la tranchée, sans le détacher de la mère en faisant sortir du sol l'extrémité. Ce jeune provin sera comme un enfant allaité par deux nourrices dont il suce la mamelle; l'une de ses nourrices c'est sa souche mère à laquelle il est attaché, et l'autre c'est sa propre souche qui se forme. Ce mode de propagation de la vigne est le plus expéditif de tous (ceux connus) pour arriver à un développement normal, pour la production et la beauté du fruit. Quand donc ce provin est arrivé à son point de croissance, le maître commence par couper la souche primitive, si elle est trop vieille ou si elle lui semble approcher de la décrépitude. Fin de la citation. Quant à la saison du serfouissage (ou culture profonde) de la vigne, et à la manière dont l'engrais doit être donné, Junius dit que les peuples de l'Orient, lorsqu'ils pratiquent une culture profonde à la houe autour de la vigne, ne comblent point la cavité qui se trouve à l'entour du pied, mais qu'ils la laissent ouverte pendant tout l'hiver. Ceux qui demeurent dans les régions méridionales remplissent les excavations promptement.

(1) Le passage qui précède, attribué à Junius, se trouve à peu près identique dans les *Géop.*, v, 25, attribué à *Anatolius*. Nous lisons avec l'agronome grec *blesser*, يُحرج, et non comme Banqueri, يُخرج, *faire sortir*, *mettre à nu*.

Il est des personnes qui donnent cette culture, autour de la vigne, deux fois par an, c'est-à-dire en automne et au printemps; elles donnent à la cavité la profondeur d'un pied (0^{m},308). Mais (pour les vignes) qui ont pris toute leur force (adultes), en même temps qu'on pratique cette culture profonde à l'entour de la vigne, on donne de l'engrais de mouton, ou une autre espèce d'engrais fourni par le bétail, qui étant plus chaud que l'autre, convient mieux pour activer la végétation de la vigne. Il ne faut point appliquer cet engrais immédiatement sur la racine d'aucun plant de vigne, mais à une distance de quatre doigts, afin que la chaleur se fasse sentir aussi aux racines éloignées (et qu'elle ne se concentre point sur le pied). Il ne faut pas non plus mettre sur les racines nues l'engrais, il les brûlerait. S'il arrivait qu'on manquât d'engrais, on pourrait y suppléer au moyen de pailles de fèves, ou de toute espèce de plantes alimentaires (légumes, Géop.). Ces pailles protégent la vigne contre les effets de la glace et de la gelée; c'est en même temps un préservatif contre les insectes ou petits animaux qui sont nuisibles à la vigne. Dans les régions extrêmement froides, il ne faut jamais négliger de donner aux vignes cette culture profonde; on la donne tous les deux ans (*litt.*, on s'en abstient une année). Si dans ces contrées la gelée est forte, il faut ramener la terre au pied de la cépée, en forme de butte (1).

D'après (le traité contenu dans) le livre d'Ibn-Hedjadj *sur le soin à donner aux arbres et sur ce qui peut leur être utile*, Solon dit : La culture exige trois choses : un labour superficiel ou profond (suivant le cas), l'application de l'engrais et la taille. Parmi les anciens il y en avait qui ajoutaient l'irrigation au moyen des eaux courantes ou des puits, mais il n'est pas ab-

(1) Toute cette dernière citation de Junius se trouve dans les Géop., v, 26; elle est attribuée, comme la précédente, à Anatolius. Cette cavité circulaire qui règne autour du pied est le γύρωσις des Géop.; elle est la conséquence du mode de culture σκάφος, par suite de laquelle l'ouvrier ramène la terre à ses pieds. Il y a entre les deux textes des variantes assez importantes; combinées ensemble, elles donneraient une théorie plus complète. Guidé par les Géoponiques, nous avons fait quelques modifications.

solument nécessaire qu'il en soit ainsi, puisque nous voyons la plupart des arbres se passer d'irrigation et se contenter de l'eau qui leur vient du ciel. Ainsi, quand nous voulons faire venir dans les champs un arbre de nos jardins, nous donnons une culture répétée plusieurs fois, et cela suffit, sans qu'il soit besoin de donner de l'eau, ni de faire d'irrigation.

L'accomplissement de ces trois ordres de travaux procure aux arbres une longue durée, une bonne végétation, et entretient en eux une vigueur continuelle. Celui qui donnera largement ces soins constatera l'infériorité (des produits quand ils manquent). Si on peut y joindre l'irrigation, ce sera mieux encore, particulièrement pour le cédratier. Mais tous les arbres se trouvent très-bien si on les arrose pendant l'été, au printemps et même en automne, quand les pluies viennent tardivement. Le meilleur est de leur donner de l'eau vers le soir, afin qu'arrivant jusqu'aux racines elle les rafraîchisse; et alors les arbres sucent et aspirent fortement l'humidité; le soleil se levant, la végétation s'opère sous l'influence de la chaleur qui vient à la suite de l'humidité (de l'irrigation) et l'arbre prend de la vigueur. La culture profonde, ou serfouissage, et la culture plus superficielle ont une quadruple utilité. La première, c'est d'ameublir la terre pour livrer un passage facile aux racines dans son sein, et de fournir aux souches un moyen de respirer par l'arrivée de l'air jusqu'à elles. (V. *inf.*, p. 518.) C'est dans ce sens que (*nom illisible*) disait que l'ameublissement de la terre est, pour les racines des arbres, la préservation de la suffocation. La deuxième cause d'utilité, qu'on trouve à retourner l'intérieur du sol et à le ramener à la surface, c'est parce que la chaleur du soleil le cuit et le rend plus doux. Aussi les anciens se plaisaient-ils à donner plusieurs labours, et ils incitaient à remuer, à retourner la terre pour l'adoucir, à la tourmenter et à la rendre unie, pour arriver par la culture répétée à égaliser toutes les parties dans les hauteurs et les dépressions (1). Ils faisaient grand cas de la poussière des chemins très-fré-

(1) Cette dernière phrase n'a pas été traduite par Banqueri.

quentés frappée par le soleil; ils disaient que la poussière, après avoir été souvent remuée et agitée par les piétons et les cavaliers, recevait du soleil sa cuisson ; l'air et le vent passant ensuite sur elle, et la transportant d'un lieu dans un autre, lui donnaient de la douceur et de la ténuité. Une raison encore qui vient ajouter à la qualité de cette poussière, c'est qu'elle reçoit en abondance les crottins et les déjections des animaux. La troisième raison d'utilité (dans la culture), c'est la destruction des mauvaises herbes qui croissent dans les terrains plantés d'arbres et qui les empêchent d'absorber ce qu'il y a de bon dans le sol, de diminuer ainsi la nourriture des arbres. Le quatrième avantage que présente la culture, c'est que la terre plusieurs fois cultivée a plus d'affinité pour la fraîcheur et l'eau qui la pénètrent et qu'elle les retient mieux; elle s'en trouve rafraîchie, et par la même raison les racines des arbres le sont aussi. On entretient le bon état des arbres des champs par des labours profonds à raies écartées donnés dans les trois saisons de l'automne, de l'hiver et du printemps. On l'entretient encore en les déchaussant et en détournant la terre des racines, de cette façon : on ouvre à l'entour des arbres une fosse circulaire en forme de bassin profond et large. Trois raisons nous engagent à pratiquer cette opération. Nous faisons par là que la surface de la terre s'améliore par l'action bienfaisante du soleil sur elle; et nous voulons que la terre qui est en contact immédiat avec les racines soit douce et bonne, pour que ces racines y trouvent une nourriture abondante; alors il leur arrive une condition plus satisfaisante, comme il arrive aux corps des individus qui usent d'une bonne alimentation ; les arbres sont ainsi maintenus dans un état de bien-être. La deuxième raison, c'est qu'on ameublit le sol, et qu'on fait cesser la compression que la terre pourrait exercer sur les racines, ainsi qu'il a été dit précédemment. En effet, quand nous rapportons dans la cavité (circulaire) cette terre qui en a été extraite, elle atteint le point extrême d'ameublissement et de division dans ses parties. La troisième raison, c'est que l'eau s'amasse dans cette cavité; elle s'y conserve sans qu'il puisse s'en rien perdre, et alors elle pénètre dans les profondeurs de la terre. Dans les temps passés, les anciens conseillaient de donner au déchaussement trois coudées (1^m,40) (d'ampleur). Il ne faut point le pratiquer dans le cœur de l'hiver, quand le froid est intense, quand il gèle et que la neige tombe en abondance, car ce serait très-nuisible aux racines des arbres. Il faut le faire quand la température commence à s'échauffer et que l'hiver a perdu sa rigueur. Varron voulait qu'on déchaussât les arbres en automne, et qu'en hiver, lorsque le froid est vif, on rapportât la terre sur les racines jusqu'à ce que la chaleur revînt; il approuvait donc cette coutume d'opérer, et il suspendait toutes les fouilles jusqu'au changement de température. Quand cette terre enlevée a été rendue au lieu d'où elle venait (1), et qu'elle s'est ameublie, elle entretient la continuation du bien-être (*litt.*, la santé) de l'arbre, en maintenant sur lui l'humidité. Les engrais pénètrent le terrain, l'échauffent et raniment la chaleur naturelle dans les racines, qui en empruntent une séve riche (*litt.*, une humidité grasse), qui détermine une production de fruits abondante, une belle pousse de branches et une végétation vigoureuse. La taille procure de grands avantages; mais déjà nous avons rapporté antérieurement ce que Solon et d'autres disent sur cette matière.

Solon, parlant des moyens d'amender, par la culture ou les labours, la terre fatiguée, dit: Quand la terre est dans cet état, il faut, après avoir enlevé tout ce qui pouvait y être semé, donner plusieurs labours pendant l'hiver, et, lorsqu'on aura atteint l'extrémité du printemps, on ouvrira des raies larges. Par le moyen de ces labours multipliés, on coupe les herbes qui auraient pu pousser et qui ainsi n'absorberont rien des sucs nourriciers. La chaleur du soleil vient ensuite se faire sentir; elle pénètre dans la profondeur des raies, elle en divise les parties, les échauffe, et, par là, leur procure à la fois trois avantages réunis: l'aspiration de l'air, la ténuité; vient ensuite

(1) Ce texte est très-obscur; nous avons traduit d'après le sens général.

(en troisième lieu) l'action de la chaleur du soleil qui donne de la douceur dans toutes les parties du sol, les échauffe fortement et empêche que les herbes qui y croîtraient n'absorbent la graisse et les sucs fins. Quand une terre a reçu tous ces labours, elle se trouve amendée et elle porte le nom de *terre mise en train* القليب. Voilà le meilleur procédé qu'on puisse employer pour l'amendement des terres; le complément de cette opération sera exposé dans ce qui viendra ultérieurement, Dieu aidant.

Déjà, dans le premier chapitre de ce traité, nous avons énuméré, d'après l'Agriculture nabathéenne, les diverses espèces de terre et la manière de les amender; il y a de nombreuses indications à cet égard. Il y a aussi l'indication du procédé à suivre pour faire, à l'entour des arbres, des *découverts* ou *déchaussements* qu'on nomme *al-tharouih* (1) et encore *al-tannfis*, et qui consiste à faire des découverts dans des parties connues et à rapporter la terre. L'opération a déjà été décrite d'après Junius, et nous y joindrons, la volonté divine aidant, ce qui a été dit sur d'autres points (analogues), d'après divers écrits et d'après ceux d'Ibn-el-Façel, d'Hadj de Grenade et d'Abou'l-Khaïr. Ces agrononomes disent : Il y a en agriculture divers points qu'il faut observer avec soin. Le premier, ce sont les époques de l'année qui conviennent (pour l'exécution des travaux); le second, considérer l'état du sol et sa constitution, s'il est humide ou sec en excès, ou bien s'il est dans un état moyen entre ces deux extrêmes, ce qui est la condition qu'on recherche. Le sol est-il dur ou léger (peu consistant)? alors, suivant le cas, on emploiera la culture (moins profonde) à la charrue ou bien une culture plus profonde (2). Il faut avoir soin de bien exécuter ces premiers travaux qui rendent plus faciles ceux qui

(1) الترويح, l'action de donner de l'air, de faire respirer, التنفيس, qui a aussi cette signification, de faire respirer, διαπνέεσθαι ποιεῖν. Géop., III, 5, Banqueri lit التنفيش qui ne nous paraît pas exact. *Vid. inf.* 546, *fin.*

(2) Sans doute défoncer à la houe. Cf. Géop., II, 23.

viendront après. Il faut, pour la plupart des terres, commencer les travaux de culture vers le milieu de janvier, c'est la saison d'hiver, et les continuer jusqu'à la fin de mai. On les répète plusieurs fois en y mettant de l'intervalle, et se guidant sur ce qui peut convenir à la nature de la terre, suivant qu'elle est légère ou rude. C'est en janvier qu'on cultive tous les arbres, qu'on les déchausse et qu'on donne les labours profonds.

Article I.

Travaux de culture qui conviennent à chaque nature de terre spécialement; époque particulière pour les exécuter.

Abou-Abdallah-Ibn-el-Façel dit que la terre rouge et forte ne se prête à la culture que par un travail rude et pénible. Il est nécessaire de lui donner plusieurs labours répétés pour ameublir et diviser son sol. La terre noire exige aussi beaucoup de culture; il en est de même pour la terre jaune; la culture multipliée qu'on lui donne est très-profitable aux arbres qui y sont implantés; la terre compacte veut aussi un labour multiplié pour s'ameublir; il en est de même d'une terre rude. La terre franche se prête très-bien à la culture, ainsi que la terre grise (couleur de la poussière). La terre blanche qui a de la fraîcheur (*litt.* de la moiteur) se rapproche beaucoup de ces dernières pour cette facilité. Cette sorte de terre, à cause de sa douceur et de sa disposition à se prêter à la culture, demande moins de travaux et de peines que les autres qui lui ressemblent (par la couleur). La terre morte, ainsi que la terre sableuse, la terre maigre et autres semblables ne peuvent être cultivées que quand est venu le moment convenable. Ainsi, il ne faut pas leur donner un labour profond; il ne faut exécuter les travaux ni trop tôt, ni trop tard, dans la crainte que, brûlée par le soleil, cette terre ne perde sa moiteur; il faut en dire autant pour la terre salée, qui ne doit pas recevoir de labour profond.

Kastos défend, en cultivant, d'ouvrir la terre et de faire

plonger le labour au-dessous d'un empan (0^{m},231). Abou'l-Khaïr et d'autres disent que la terre dont la surface est bonne et dont le sous-sol (1) est à peu de distance (dans la profondeur), de mauvaise nature, tel qu'un sable rude, de la pierraille ou du gravier, ou toute autre chose analogue, un terrain, dans ces conditions, ne peut recevoir un labour profond, parce qu'alors il perdrait tout ce qu'il peut y avoir de bon dans cette couche superficielle, à moins pourtant qu'on ne rapporte de l'engrais convenable, car il ne pourrait s'en passer. Mais la terre (qui se trouve dans une condition toute contraire), dont la couche superficielle est de mauvaise qualité, et le sous-sol, au contraire, de bonne nature, on peut lui donner un labour profond, afin d'opérer le mélange de l'une et de l'autre couche, (c'est-à-dire entre celle qui est extérieure avec celle qui est intérieure), et l'on obtiendra un bon résultat; ce terrain est dans des conditions meilleures que le précédent. Nous avons déjà exposé ce qui a rapport à ce sujet ou qui s'y rattache, dans le chapitre Ier, dans d'autres endroits subséquents, ainsi que (plus loin) dans le chapitre XVII, soit séparément, soit dans des articles d'ensemble; en réunissant toutes ces prescriptions et toutes celles qui, Dieu aidant, pourront venir ensuite, on aura une somme d'enseignement bien suffisante.

Article II.

Choix des saisons où il convient d'effectuer les travaux de culture dans les diverses variétés de terre, d'après Abou'l-Façel, Hadj de Grenade, Abou'l-Khaïr et autres.

Ces agronomes disent : La terre de bonne nature et forte doit être travaillée de bonne heure; la première culture, soit profonde (avec labour), soit le simple labour à la charrue, doit avoir lieu en automne, surtout si le terrain est couvert d'herbe, car cette culture la détruit. La seconde culture qui

(1) C'est-à-dire quand la couche végétale ou superficielle a peu de puissance; et par l'expression du texte *intérieur* on ne peut entendre que le *sous-sol*.

suivra doit être différée, car il ne faut point labourer ces terres en toute saison, parce que la (grande) chaleur, comme le (grand) froid, leur est nuisible (1). La terre de qualité inférieure se laboure après l'équinoxe du printemps. Il en est qui disent que la terre rouge, celle qui est rougeâtre, celle qui est à la fois blanche et sèche, celle qui est dans les vallées et les anfractuosités ou angles, doivent être prises en hiver. La terre très-salée ne demande point un labour profond. On la laisse reposer toute une année, et on lui donne de l'engrais à l'époque qui sera indiquée plus loin, Dieu aidant. Les terres légères (peu consistantes) et maigres, celles particulièrement qui sont sableuses, doivent être cultivées au printemps, après l'équinoxe, avec des charrues de moyenne grosseur, sans être défoncées avec la houe (2); on ne doit point les labourer ni avant ni après, parce que le froid agit très-promptement sur ces terres. Si on les cultive pendant la saison où il règne, il les refroidit et la pluie les durcit. La chaleur du soleil exerce promptement son action sur elles quand elles sont labourées dans la saison où elle domine; elle les brûle, et leur enlève toute leur graisse et ainsi amoindrit les profits. Si pendant la chaleur on cultive la terre grasse et celles analogues, c'est très-favorable pour elles et d'autant plus utile que le soleil brûle les racines des herbes que la pluie peut faire pousser au milieu des semis et des arbres; il lui est donc avantageux qu'on la cultive en toute saison. Viendra ensuite la saison du labour *de mise en train* ou *qalib*, et ce qui lui est analogue pour achever la culture, ce qui, avec ce qui précède, formera un ensemble complet (de système de culture pour ces terrains). En juin, on cultive les terres qui se gercent pour remplir les fissures, afin d'empêcher que la chaleur du soleil ne vienne frapper les racines des arbres.

(1) Une bonne partie de ces prescriptions se trouve dans les Géoponiques, II, 23. Nous introduisons ici une négation que la fin de la phrase exige.

(2) مسحاة, pl. مساح, houe, *ligo*, δίκελλα. Géop., II, 23. المحرات, instrument de labour, charrue, particulièrement *Araire*, 16.

D'après Ibn-Hazem, sur ce sujet, il ne peut y avoir de bien-être ni de durée pour les arbres que par la culture. Le meilleur système de culture, c'est le serfouissage et le labour; un bon labour donné à la suite des premières pluies qui viennent en octobre; un (second labour) pareil en janvier; un (troisième) en avril; et un (quatrième) en juin, mois de l'*ahnçarah;* ensuite, la fumure et l'allégement des arbres en retranchant les branches qui s'entre-croisent; la taille de la vigne, et une bonne distance laissée entre les choses qu'on plante.

Article III.

En outre de ce qui vient d'être dit, il faut tenir compte de la condition (*organique*) des arbres plantés dans le sol; quels sont ceux qui ont besoin de beaucoup de culture; ceux à qui une culture moyenne suffit; si dans une terre qui, par elle-même, exige beaucoup de culture, il se trouve des arbres qui, eux aussi, en demandent beaucoup, il faut, dans ce cas, ajouter aux soins de culture (ordinaire). Si les choses se présentent en sens inverse, on se dirige en conséquence. S'il y a antagonisme trop prononcé, il faut transporter ailleurs ce qui a le plus d'importance.

Article IV.

Condition dans laquelle il convient que soit la terre au moment de la cultiver, de la semer ou planter dans la saison.

Le terrain dans lequel on veut planter ou semer doit être encore moite par suite d'irrigation, mais d'une moiteur modérée; ainsi, il faut se garder de vouloir cultiver une terre à l'état de boue ainsi que celle qui est entièrement dépourvue d'humidité. Ibn-el-Façel dit. N'essayez point de labourer ou de cultiver un terrain ou d'y rien déposer lorsqu'il est encore trempé (*litt.*, chargé) des eaux pluviales ou autres. Une terre remuée dans cet état devient malade; c'est très-nuisible pour le sol lui-même et pour ce qui peut y être planté. Si on entreprend de labourer un terrain entièrement sec, qui sous la charrue se coupe depuis le commencement de la raie jusqu'à la fin, sans former autre chose que de grosses mottes (مدر, *gleba*) dépourvues de terre meuble interposée, cette terre est véritablement dans un état maladif. Si elle est limoneuse, ou dans un état analogue, abstenez-vous de lui donner aucun labour, soit à la charrue, soit à la houe, jusqu'à ce qu'elle ait repris une bonne condition moyenne. Si on en agissait autrement, le soleil donnerait la dureté de la pierre à la surface, qui ne s'ameublirait point, n'admettrait point l'humidité, et resterait dans un état maladif. Ainsi ne donnez à la terre aucune espèce de culture, labour ou défoncement, que quand elle est dans un état moyen de moiteur, et jamais quand elle est trop humide ou trop sèche. S'il arrivait qu'il y eût nécessité impérieuse de semer, dans une terre à l'état de glèbe ou de motte, une graine quelconque, mettez-y du lupin et laissez-la dans cet état sans rien ajouter à ce premier semis, jusqu'à ce que les pluies et l'air soient venus bonifier le sol. Quand vous labourez ou défoncez, par de bonnes conditions atmosphériques, un terrain qui est de bonne qualité et dans un état moyen de moiteur, à la suite d'une forte irrigation, et que ce terrain se divise en petites mottes fraîches de moiteur, il est dans une bonne condition (*litt.*, sain, bien portant), et l'on peut compter sur la réussite de tout ce qu'on sèmera ou plantera sur cette culture. Tout labour à la charrue ou défoncement dans un terrain sec est moins nuisible que celui exécuté dans un terrain imbibé d'eau et semblable à une argile détrempée, parce que la glèbe d'un terrain s'ameublit par la pluie, tandis que la glèbe de la terre molle durcie ne s'ameublit jamais.

Article V.

Arbres auxquels conviennent beaucoup de cultures, arbres auxquels la culture ne peut convenir.

Ibn-el-Façel, Hadj de Grenade et Abou'l-Khaïr disent que les arbres qui aiment beaucoup de culture sont : l'olivier, le fignier, la vigne et le mûrier. Suivant Hadj de Grenade et autres, parmi les arbres fruitiers il en est auxquels il faut beaucoup de culture et d'irrigation quand ils sont petits, et auxquels la culture cesse de convenir quand ils sont grands; tels sont : le pommier, le prunier, le cerisier, le pêcher, et autres pareils. Le même Hadj de Grenade dit encore que les arbres qui ne supportent point la culture sont le pommier et le grenadier quand ils sont devenus vieux ; d'autres veulent une culture moyenne. Nous les indiquerons dans ce qui suit, Dieu aidant.

L'olivier, suivant Abou'l-Khaïr et autres, doit être traité pour la culture, quand il donne du fruit, comme la vigne, c'est-à-dire par la culture légère et le serfouissage, la fumure, la taille; le serfouissage léger en juin, la pulvérisation en août. Cette pulvérisation lui est très-utile et très-profitable pour la qualité de son huile (*Géop.*, III, 4). On retranche toutes les branches inutiles de l'olivier en avril; on nettoie l'arbre en général après la cueillette du fruit, et on accumule sur le pied une forte butte de terre.

Pour le coignassier, Hadj de Grenade dit qu'il faut lui donner, au mois d'octobre, un serfouissage profond, la terre étant dans une bonne condition de fraîcheur, à deux reprises successives; (c'est-à-dire que) dix jours après le premier, on donne de l'eau, puis on pratique le second serfouissage, quand le sol a été mis en bonne condition de fraîcheur. Au mois de mai, on donne un bon labour pour la troisième fois. Le grenadier et le noisetier se plaisent aussi à recevoir beaucoup de culture.

Le rosier, suivant Hadj de Grenade, doit être nettoyé au mois d'octobre; on enlève avec la main pourvue de gants (1) les mauvaises herbes; on retranche toutes les pousses inutiles, les ronces et plantes parasites; en ce mois, on fait un serfouissage avec une petite pioche (2) convenable pour cette opération; huit

(1) قفّاز, pl. قفّازات, gant.

(2) المنقاش est ici une petite pioche, une *binette*. *Sarculus* du latin Ἀμη des *Géop.*, quoiqu'ailleurs il soit pris pour un instrument plus fort. La *pioche de jardin* est certainement un autre instrument du même genre.

jours après on recommence et on ramasse ce qui se trouve de mauvaises herbes. Ensuite, au mois d'octobre, on donne une forte culture de sarclage (ou binage) avec la pioche de jardin qui est d'une plus forte dimension (1). On enlève avec la serpette à tailler tout ce qu'il y a de bois sec ou ce qui est vieux et blanc. On donne encore une pareille culture au mois d'avril pour nettoyer profondément le terrain de ses mauvaises herbes; il ne faut point négliger ce travail indispensable, dont les conséquences sont très-grandes et qui est très-profitable, de même qu'il ne faut point négliger, quand le temps de la floraison est passé, de débarrasser le rosier de toute espèce de mauvaise herbe. Cela fait, il n'y a plus à s'occuper de sarclage, ni de motif pour entrer dans la rosaie, jusqu'à l'automne. Nous parlerons de l'arrosement du rosier, dans le chapitre où il sera traité de l'arrosement des arbres. Viendra aussi un article sur le traitement de ses maladies, Dieu aidant. L'amandier n'exige pas une culture trop fréquente, tandis que le pommier s'en accommode très-bien quand il est jeune, mais il n'en veut plus quand il est âgé; déjà nous en avons parlé. Le bananier, en automne, demande une culture énergique. Le terrain dans lequel est plantée la canne à sucre se cultive après qu'on l'a coupée et recueillie. Quant à la vigne, l'Agriculture nabathénne dit que toujours, vieille ou jeune, elle exige beaucoup de soin et beaucoup de culture. Quand nous avons déchaussé (*litt.*, creusé autour) d'une souche de vigne vieille, c'est-à-dire qui était âgée de vingt ans, ou même qui est au-dessous, ou qui a dépassé cet âge, et que nous avons déposé dans la cavité du crottin de mouton, ou de la colombine, ou de la bouse de vache, et que nous avons achevé de la combler, il en résulte pour nous un très-grand profit. Si nous usons de ces procédés pour un provin qui touche au moment de sa plantation, c'est très-avantageux et très-profitable. Mais

(1) Il se trouve ici un membre de phrase dont le sens littéral est : *après qu'on a rendu ses ouvertures, ses bouches plus étroites.* Banqueri rapporte cette phrase au rosier; quant à nous, nous avouerons que le vrai sens nous échappe.

quand le moment de la plantation est passé, quelle qu'en soit l'espèce, lorsqu'elle a dépassé deux ans, qu'elle est dans la troisième année, on ouvre une fosse de deux pieds de profondeur ($0^m,70$) sur trois pieds ($1^m,05$), puis on remplit la cavité avec l'espèce d'engrais que nous avons décrite. On pratique une culture de serfouissage à l'entour des pieds qui ont passé la première année et qui sont entrés dans la seconde, à six fois différentes. Masius conseille de pratiquer pendant l'été, à l'entour des pieds de vigne qui ont dépassé sept ans, une culture profonde qui ramène (*litt.*, fasse voir) à la surface la terre végétale qui est à l'intérieur. Koutsami dit que par là on a pour but de faire arriver à la terre sèche, qui est à la surface, l'humidité qui se trouve dans la profondeur du sol. Ce système est très-profitable, parce qu'il donne de la moiteur à ce terrain superficiel dont il rend les parties desséchées plus adhérentes entre elles. La terre du fond convient très-bien pour ce résultat, parce que dans la profondeur, elle retient, par sa cohésion, l'humidité, et, du moment qu'elle revient à la surface, le soleil l'échauffe, l'air rend les parties plus ténues, la grande cohésion dont elle était atteinte cesse pour arriver à une condition moyenne, et dans cet état elle devient très-propre à rendre la vie à la vigne avec laquelle elle est mise en contact. Il faut aussi donner aux vignes, bien enracinées, qui ont atteint douze ans et même plus, ce serfouissage profond que nous avons prescrit pour les plantes de deux ans. Le moment opportun pour cette opération, c'est avant la pousse des brindilles (*litt.*, branches légères) et avant qu'on y voie des grappes. Quand cette culture a été donnée aux vignes et qu'on a déchaussé le pied, (et recouvert ensuite), la terre qui s'y trouve est bien ameublie, il en résulte dans les produits augmentation et beauté, le plant en acquiert une vigueur admirable et il trouve des sucs nourriciers bien plus abondants. Ne donnez point de culture profonde ou serfouissage à la vigne quand elle a commencé à végéter, mais attendez pour le faire que la jeune pousse ait acquis un peu de force.

Sachez bien, dit Sagrit, que les serfouissages multipliés autour de la vigne donnent au sol un ameublissement qui fait prendre de la vigueur au plant et permet aux racines de s'étendre. Que le serfouissage précède et suive le déchaussement et le remplissage (comme il a été dit), la vigne y gagnera en vigueur et elle puisera dans le sol des sucs nourriciers plus abondants, et le produit deviendra très-riche, Dieu aidant.

Le même ajoute : Ce sera très-convenable et bien avantageux de prolonger la durée du déchaussement pour laisser respirer la souche de la vigne; il y aura profit; il faut nettoyer le pied des plantes parasites grandes ou petites qui croissent à l'entour et n'en jamais laisser une seule sans l'arracher. Il faut prendre ses précautions et éviter soigneusement, en pratiquant ces cultures à l'entour de la vigne, de blesser la souche avec la pioche ou toute autre espèce d'instrument employé pour le serfouissage ou le déchaussement. Il faut prendre garde que le fer atteigne jamais le plant, ni jamais en user dans aucune circonstance pour rien couper (dans le cours de la végétation), car la vigne atteinte ou blessée par le fer éprouve de l'affaiblissement; c'est pour elle une sorte de poison qui lui cause de l'étiolement et qui amène de la diminution dans son produit, et parfois les grappes perdent en grosseur. Ce qui facilite le travail, c'est de retrancher au commencement de l'année les pousses (ou rejetons inutiles) (1); mais le meilleur et le plus avantageux est que jamais le fer ne puisse atteindre le pied. Sagrit recommande le plus grand soin pour la vigne et pour les plantes qui s'écartent sur le sol, parce qu'elles éprouvent promptement de l'altération sous l'influence de la plus faible variation atmosphérique défavorable.

Abou'l-Khaïr et autres, traitant de la culture de la vigne, disent qu'il est bon de lui donner quatre labours à la houe par an et plus. Le premier se fait avant la pousse des bourgeons; s'ils ont commencé à pousser, on attend que la grappe soit

(1) Banqueri substitue حفر à حذفى du texte manuscrit, et traduit en conséquence. Nous n'en voyons point la nécessité.

bien formée. Le meilleur système est de déchausser le pied à la fin de l'automne, au mois de décembre, sur deux lignes égales courant du midi au nord, c'est-à-dire de relever la terre qui couvre les racines qui se trouveront ainsi entre deux lignes (relevées). Le déchaussement se fait à une bonne profondeur, et les choses restent en cet état jusqu'au mois de mars, si l'année est bonne, sous le rapport de la pluie, et qu'elle soit exempte de sécheresse; mais, si la sécheresse se fait sentir, il faut rapporter la terre au bout d'une semaine au plus tard, en raison de son intensité ou de son peu de gravité. Ensuite on donne une culture profonde de façon à ramener la terre du fond pour la mêler avec celle de la surface, et pour la rapporter sur la souche des cépages (pour les butter) et si le sol est dans une condition moyenne d'humidité. On recommence le serfouissage en avril, puis en mai. La seconde année, on fait le déchaussement sur deux lignes en sens contraire à celles de l'année précédente (c'est-à-dire les coupant par leur direction) du levant au couchant, mais cependant travaillée de la même manière. La troisième année, le déchaussement se fait en sens contraire des deux années précédentes; puis on opère de même (pour les cultures subséquentes). La quatrième année, on trace des lignes obliques de la même manière que dans les années précédentes, opérant toujours de la même façon, c'est-à-dire ramenant la terre sur la souche, et donnant un serfouissage en avril, un autre en mai. A la suite de travaux pareils et autres analogues, le sol s'ameublit bien; la vigne reçoit une culture convenable (*litt.*, juste) et suffisante. De plus, à chaque serfouissage, il faut nettoyer la souche des herbes qui pourraient s'y trouver, et la vigne et le raisin se tiennent dans de très-bonnes conditions, Dieu aidant. Quelquefois on pousse les soins de la culture jusqu'à donner cinq de ces labours profonds à la houe, un par mois, (depuis janvier) jusqu'à la fin de mai. Il ne faut point remuer la terre pour la cultiver, pendant la saison des chaleurs, dans la crainte que l'air chaud ne s'introduise jusqu'aux racines et absorbe la fraîcheur ou moiteur qui s'y trouve; à moins toutefois que la terre ne soit gercée ou qu'il n'y ait des mauvaises herbes; dans ce cas on donne un léger binage pour remplir les fentes ou pour tuer l'herbe, Dieu aidant. Il en est qui disent : Cultivez sérieusement la vigne en octobre et en mars; en avril, donnez un léger labour (1) seulement, de même qu'en juillet, pour faire monter la poussière au raisin, ce qui lui est très-profitable. Ces travaux se font le soir et le matin (*litt.*, aux deux extrémités du jour).

Manière dont le travail doit être exécuté dans les cultures profondes à la houe; ordre dans lequel doivent être rangés les ouvriers (extrait d'Ibn-Bical).

(En parlant de) la manière dont le travail doit être réglé pour les ouvriers (*litt.*, le service) de la vigne, (l'auteur dit que) le champ, dans les terres douces, faciles, arrosées, qui se prêtent facilement à la culture, le champ (disons-nous) (2) doit être partagé entre les ouvriers, par sections de soixante brasses de long, pas moins; si le terrain est dans des conditions contraires, surtout s'il est rude, sec et fort, la section sera réduite à trente brasses; quant à la largeur, chaque homme mènera devant lui, pour le serfouissage ou la culture profonde, un espace de la largeur de trois fers de houe, c'est-à-dire de quatre empans ($0^m,924$), ni moins, ni plus; l'ouvrier portera toujours son pied droit en avant, le pied gauche restant en arrière. L'ouvrier n'élèvera point (pour porter son coup) l'instrument au-dessus de sa tête, mais il l'enverra toujours en avant et le ramènera sur lui (3).

Suivant un autre, ce qui est le meilleur, c'est que les ouvriers soient disposés par (escouades de) quatre. En tête de

(1) يشق, Litt.; il déchirera, il peignera.

(2) Le texte porte deux fois البر. Banqueri pour la seconde lit اليد, *la main, la division du terrain;* nous préférons conserver le texte et traduire par *champ*. Castel, *Lex. hept.*

(3) Ce mode de travail montre que le mot مسحاة n'indique pas seulement la *bêche*, mais aussi la *houe*, la *pioche*, *le bidens* suivant les cas, — *ac duros jactare bidentes.* Virg., *Géorg*, *II*, 355.

l'escouade, sera le plus expert dans le travail et le plus fort; vient ensuite celui qui en approche; de même pour le troisième, de telle façon que s'il se trouve parmi eux un ouvrier qui ne soit pas fort ou qui soit peu expert dans le travail, il soit placé à l'extrémité de l'escouade. Ils y seront disposés l'un en avant de l'autre, ce qui fera une ligne oblique (par rapport au premier), cependant rapprochée assez pour que le travail de l'un se rattache exactement à l'ouvrage de l'autre; de cette façon la culture marchera régulièrement (uniment) et elle sera bien faite. Dans les terrains faciles, arrosés et frais, il faut que chaque homme ait pour sa main un espace de quatre empans environ ($0^m,924$). Dans les terres dures qui ont un peu de fraîcheur, cet espace sera moindre, mais toujours de façon que chaque homme puisse mener devant lui trois (fers de) houe. Mais dans tout cela on aura à tenir compte de la dimension des lignes (d'arbres), suivant qu'elles seront larges ou resserrées. Dans un intervalle de deux lignes espacées de sept empans ($1^m,617$) ou de huit pieds, la section pour les ouvriers doit être, dans les terres faciles et douces, de 70 brasses environ; dans celles de nature contraire, elle sera moindre, c'est-à-dire de 30 brasses. Dans un terrain facile, trois ouvriers faisant un bon travail pourront faire, dans leur journée, un *mardjah* (5 ares 22) de culture profonde (*fossio*). Mais pour ce serfouissage nommé *as-sadjan* السجن, qu'on donne à la vigne à la suite de la plantation en bouture, il faut porter sur un mardjah environ dix hommes, ou moins, suivant la profondeur que le maître veut donner à sa culture (1).

Article VI.

Du choix des ouvriers pour la culture, pour les plantations et pour tous les travaux des champs (en général).

Suivant l'Agriculture nabathéenne, les ouvriers pour l'agriculture doivent être pris jeunes et non avancés en âge, parce

(1) Banqueri traduit autrement; nous y reviendrons. Cf. Géop., II, 45, 46.

qu'ils seront plus vigoureux pour le travail, plus alertes et moins disposés à la nonchalance. Les ouvriers employés à un labour profond doivent toujours être en nombre pair. L'ouvrier pour la plantation de la vigne ou toute autre espèce d'arbre, celui qui fait les greffes ou qui taille, doivent être âgés de vingt à trente ans ou un peu plus. Il ne doit pas être une cause de dégoût pour les autres, par une malpropreté d'aucun genre pendant les heures du travail. Il ne doit avoir aucune infirmité ni dans les bras, ni dans le corps, aucune déviation (luxation) ou fracture mal réduite; point de maladie de peau... et, si ceux qui posent les plants en terre ou les greffes sont toujours sains de corps, en tous points, le succès de l'opération sera beau, les sujets prendront une végétation forte et luxuriante. Il ne faut pas non plus que l'ouvrier, le jour de l'opération, ait été saigné au bras, ni qu'il lui ait été appliqué de ventouses. Un homme attaqué d'ophthalmie, de larmoiement dans les deux yeux ou dans un seul, et qui est borgne, non plus que celui qui louche, qui a une taie sur l'œil, ne peuvent en aucune manière convenir pour faire les plantations, quoiqu'ils puissent être employés à tout autre travail. Au chapitre de la culture du palmier, nous avons parlé des qualités que doit avoir celui qui le plante; de même au chapitre de l'olivier; nous en dirons quelque chose aussi au chapitre de l'oignon. L'Agriculture nabathéenne veut aussi que le maître du domaine le surveille lui-même pour s'assurer du zèle des ouvriers laborieux, et les en récompense pour les stimuler encore, et pour reconnaître la négligence de ceux peu laborieux et les remplacer. Il en a déjà été parlé antérieurement (Cf. *Géop.*, II, 1). Suivant un autre, il faut choisir, pour les travaux et le service, des hommes d'une belle taille et jeunes, parce qu'ils sont plus vigoureux pour le travail, qu'ils supportent mieux la fatigue, et sont doués de plus d'énergie que les hommes âgés, et plus dociles qu'eux. Il faut en excepter (*litt.* si ce n'est) ceux d'entre les vieux dont on connaît le zèle, les bonnes qualités et la moralité; ceux-là peuvent être employés sans inconvénient (Cf. *Géop.*, II, 2; Varron, I,

17). Il ne faut pas réunir plus de quatre ouvriers ensemble. Quand on en doit employer un plus grand nombre, on ne doit point les agglomérer sur un seul point, parce que le service tirerait en longueur. Parfois aussi, il arrive que quelques-uns donnent aux autres des conseils perfides et mauvais pour l'exécution des travaux. Il faut prendre, pour labourer, des hommes d'une haute taille, comme pour faire paître les bœufs (ou vaches), pour manier la houe ou la pioche (1); l'homme doit être carré, leste, bien musclé et vigoureux (Géop., *ibid.*). Il en est au contraire qui veulent que l'homme soit grand, parce que s'il est de petite taille il ne peut suffire à l'ouvrage. Il faut, pour garder les troupeaux de moutons, choisir un homme matinal, leste, de bon caractère, qui supporte bien la veille, et on s'en trouve bien. Il faut mettre à la tête des gens de service un homme de confiance qui les surveille, qui inspecte leurs travaux, à qui soit confiée l'administration sur toutes choses. Il faut qu'il ait de la droiture, une bonne conduite et des mœurs (douces); qu'il soit intègre, religieux, véridique; qu'il se fasse aimer dans la famille; qu'il soit vigilant, levé dès le point du jour avant les ouvriers, afin que ceux-ci se fassent à ses habitudes et l'imitent; qu'il ne se laisse point aller à ses passions, point adonné à la gourmandise ni à la boisson. Les travaux terminés, le maître du domaine et le surveillant doivent les examiner ensemble pour se rendre compte de la quantité effectuée et de son ensemble, afin que, s'il arrive qu'un jour il s'absente, il puisse apprécier l'activité des ouvriers ou leur négligence en son absence, s'ils en ont apporté dans leurs travaux. D'après ce que dit Ibn-Hedjadj dans son livre, Junius veut que celui qui est chargé de la surveillance d'une vigne vienne souvent la visiter pour aligner, (*litt.* égaliser) les cépages, les soutenir, redresser ceux qui pen-

(1) فأس, *fouille à la pioche, à la houe*, qu'on traduit ordinairement par hache. *Securis* prend ici le sens de *houe pioche*. Voir *Vocab. franç. de dialectes vulg. africains* par Marcel, v° *Pioche*. Peut-etre le *securis dolabrata*. Pallad., p. 43, 3.

chent d'un côté ou d'un autre; connaître (par lui-même) ce qui est déjeté (soit à droite, soit à gauche), car il peut bien arriver aux plants de vigne ce qui nous arrive à nous-mêmes, que, par suite de fatigue et de lassitude, nous penchions d'un côté et que le corps dévie de la ligne verticale. Quand, en automne, il tombe des pluies abondantes, le raisin est exposé à se gâter et le grain à s'ouvrir; il faut donc alors enlever les feuilles qui sont à la tête de la grappe; elles amèneraient la pourriture et l'acidité (1).

CHAPITRE XI.

Fumure des arbres et des terres plantées ou non plantées; engrais qui conviennent à chaque espèce de terre; amendement des terres salées par l'engrais; quantité à donner; quand on doit le faire, d'après l'Agriculture nabathéenne.

L'auteur dit : Le monde (c'est-à-dire la terre) est froid et sec (par sa nature). Ces deux conditions y sont dominantes, parce que la terre et l'eau sont deux éléments froids, mais la terre est sèche et l'eau est humide; si l'air ne communiquait point à la terre une chaleur faible, le soleil une chaleur vive, et les astres une chaleur modérée, pendant le jour et la nuit, aucune plante ne pourrait y prospérer, ni aucun animal y

(1) Comparez ce qu'on lit dans les Géoponiques sur ce sujet, liv. II, ch. 1, 2, 24, 25 et 26; Varron I, 17, 3; Colum., *de Re rust.*, I, 8 et XI, 1, et Mss. Bib. Imp., n° 882, f. s. p. 3 r° et f° 7 suiv. qui est indiqué comme un extrait de la grande Agriculture nabathéenne, et qui, en réalité, pourrait presque passer pour une version des Géoponiques. On trouvera des différences, mais il y a des rapprochements intéressants à faire.

vivre. Une chaleur (1) modérée et sans excès est ce qui favorise la croissance des plantes, les fait prospérer, les guérit de leurs maladies. Il y a, quant à la chaleur, celle (*litt.*, l'échauffement) qu'on peut obtenir par le feu et par son application aux friches (ou jachères) (2) et par les engrais. Mais les hommes intelligents songent peu à procurer de la chaleur aux plantes par le feu et son application aux friches, parce qu'il y a du danger dans ces pratiques exécutées par des ouvriers peu habiles en théorie, et peu expérimentés dans l'exécution. Le réchauffement par les engrais est d'un usage plus assuré (et moins chanceux); c'est aussi la doctrine de l'Agriculture nabathéenne; elle dit que parmi les procédés qui peuvent donner de la vigueur aux plantes, soit petites, soit grandes, (il en est un) qui peut leur faire acquérir beaucoup de force, et qui est d'une utilité générale, même pour les végétaux faibles et les légumes, et qui n'est nullement spécial dans son application. Ce procédé consiste à faire un mélange d'engrais et de terre rapportée (*litt.*, étrangère); par là, l'auteur entend de la terre prise dans une autre place, exposée à l'action du vent et à la chaleur du soleil. On dépose ce compost au pied de la vigne ou de toute autre plante, (de façon que) les eaux torrentielles ou une cause analogue ne puissent entraîner aucune partie terreuse. Quand le pied de la vigne en a ressenti l'influence, elle en acquiert une force de végétation très-puissante; les rameaux poussent en abondance, les vrilles se multiplient, et elles se couvrent de pampres; les grappes sont renflées et juteuses, et toute cause de maladie écartée.

D'après un autre agronome, la terre dont la couche végétale est mêlée de sable est celle où les vignes poussent le mieux. L'engrais qui convient le mieux à cette nature de terrain, c'est le crottin de brebis et ensuite celui de chèvre, en y mêlant

(1) Le mss. dit : الاسخان au lieu de الاشجار du texte imprimé ; il répond au sens logique.

(2) A ce procédé se rattache peut-être ce qu'on lit p. 515.

une certaine quantité de terre pulvérisée. La terre dure, caillouteuse, dont la couche végétale est de couleur blanche, aime beaucoup la bouse de vache pourrie dans de la lie d'huile d'olive. En effet, cet engrais très-gras convient parfaitement à cette espèce de terre; il faut aussi y ajouter une certaine quantité de paille de froment ou d'orge. Mais la terre qui est légèrement salée aime l'engrais composé de bouse de vache et de cendre; on fait aussi pourrir le palmier avec la cendre de dattes et de sarment. La terre qui contient de l'amertume aime un compost d'engrais humain, de pailles de céréales (de cendres), de noyaux et de sarment brûlés. En somme, toute terre affectée d'un goût prononcé, qui n'est point celui d'une saveur douce, doit recevoir un engrais très-énergique. La terre douce ou insipide, dans laquelle ne domine aucune espèce de saveur particulière, doit recevoir un engrais acide et pénétrant. Telles sont les règles pour l'emploi de l'engrais. Suivant un autre, la terre rouge exige peu d'engrais, donné dans une proportion telle qu'il n'en paraisse rien; car, s'il est trop abondant, le sol en est affecté d'une façon fâcheuse qui le rend vicié. La terre blanche, au contraire, demande beaucoup d'engrais. Précédemment, dans le chapitre Ier, dans la citation que nous avons faite de Junius, il a été dit, en parlant du choix de la terre pour les légumes, que la terre blanche qui gèle promptement en hiver et qui se dessèche très-vite en été ne convient nullement pour l'établissement des jardins, à moins de très-grands soins et d'une culture très-suivie, et qu'on ait mêlé à la terre végétale une quantité égale d'engrais. (V. *Géop.*, XII, 3.)

Suivant un autre agronome, la terre jaune exige beaucoup d'engrais, parce qu'elle se rapproche beaucoup de la terre blanche pour sa facilité à se refroidir ou à se dessécher. Quant à la terre compacte, on parvient à la diviser, suivant Ibn-el-Façel, au moyen de la cendre et de l'engrais. Les terres légères, maigres, sableuses, cinéroïdes et autres de même nature, ont un plus grand besoin d'engrais que la terre de bonne nature; la colombine leur est très-utile, par la vigueur qu'elle leur communique et la quantité de sucs alimentaires qu'elle fournit aux plantes et aux arbres. La terre sableuse, froide de sa nature, se réchauffe par l'engrais.

Suivant Anatolius l'Africain, quand la terre de bonne qualité a été bien fumée, la semence pousse très-bien. Il en est de même pour la terre noire (qui est fertile) sans fumier. La terre grasse (c'est-à-dire riche en sucs végétaux) n'a pas besoin d'engrais en grande quantité. Il en est qui disent que la paille de fèves, celle d'orge et de froment, lorsqu'elles ont été répandues sur un terrain, soit deux d'entre elles, soit toutes les trois réunies, sont un amendement très-avantageux; la paille, en effet, amende la terre et la rend douce (en neutralisant les mauvaises saveurs). Si, à la suite, on applique de l'engrais, le sol se trouve dans d'excellentes conditions.

L'engrais doux est encore un moyen curatif pour la terre salée, ainsi que la paille. Celle de fève est la meilleure, puis celle d'orge, et enfin la paille de froment. Il faut donner en automne à la terre salée en excès du crottin de cheval, de la bouse de vache, parce que ce sont des engrais doux. Si, lorsqu'on fait une plantation dans un terrain salé, on dépose dans le fond du trou, du sable de rivière, la salure est neutralisée ; on peut employer de la terre végétale exempte de défauts et douce.

Il est des agronomes qui, parlant de l'avantage qu'on tire de l'engrais, disent qu'il échauffe le terrain, fait pousser les plantes, qu'il est très-favorable aux arbres, qu'il ajoute encore au bon état de la terre, et que celle qui est mauvaise en retire une grande amélioration. La terre de qualité moyenne demande plus d'engrais que celle qui est de bonne qualité; cette quantité doit être réglée d'après la proportion dans laquelle cette terre se rapproche de la bonne qualité, ou s'en éloigne. En effet, si la terre est voisine de la bonne qualité, donnez peu de fumier; mais, si elle s'en éloigne, donnez-en davantage. Il en est qui disent que la terre se refroidit quand on néglige de lui donner de l'engrais, et que, si on lui en donne en excès, elle est brûlée et qu'elle brûle toutes les plantes qu'elle contient, car l'excès en cela lui est nuisible.

La juste proportion qu'il convient de donner de fumier dans un *mardjah* (5 ares 22 cent.), c'est une charge au surplus; la quantité est en raison de la qualité du sol ou du degré dont il approche de la perfection; le moment où se fait habituellement la fumure a été exposé plus haut dans les chapitres Ier et II. En réunissant ce qui a été dit sur ce sujet avec ce qui est dit ici, on aura ce qu'il suffit de savoir, la volonté divine aidant. Les terres chaudes et humides ne peuvent convenir qu'aux plantes qui, pour atteindre leur développement complet, ont besoin de ces deux conditions. La terre froide et sèche, réchauffée et rendue humide au moyen de l'engrais et de l'eau, est (par ce procédé) amenée à une condition qui n'est point celle qu'elle avait précédemment; alors sa nature ressemble à celle de la terre chaude et humide, condition bien différente de la sienne primitive. Il faut, dans les endroits frais et moites, donner peu d'engrais, mais en donner pendant plusieurs années, tandis que les terrains, dans lesquels la germination des plantes est lente à cause de leur sécheresse, et parce que le sol est froid ou maigre, exigent une plus forte dose d'engrais.

Article Ier.

La fumure des arbres ou des verdures doit être réglée selon leur nature et celle du terrain dans lequel ils sont plantés; en quelle saison il faut la faire; dans quelles proportions.

On dit (généralement) qu'il est des arbres que le fumier réchauffe et d'autres auxquels il est nuisible; d'autres sont dans un état qui tient le milieu entre ces deux-là. Ce sujet a déjà été abordé dans le second chapitre de cet ouvrage. Les arbres auxquels l'engrais peut être favorable peuvent s'en passer quand ils sont dans un bon terrain; il faut donc dans ce cas en donner peu à ces arbres. S'ils sont plantés dans un terrain qui demande de l'engrais, la fumure doit alors être abondante, suivant les besoins combinés du végétal et du sol (*litt.*, des deux); quand les conditions sont moyennes, la dose de la fumure aussi sera moyenne. D'après les préceptes de l'Agriculture nabathéenne, lorsqu'elle traite ce sujet, il faut fournir à l'arbre et au sol de l'engrais dans une juste proportion, ni trop ni trop peu. Quant à la vigne, la fumure doit aussi se faire dans une juste proportion; mais il faut l'affaiblir un peu, jusqu'à ce qu'on voie qu'il faille augmenter la quantité, ce qu'on fait alors. L'Agriculture nabathéenne ajoute encore : Donnez de l'engrais à la vigne; toutes les fois que vous voudrez activer sa végétation et faire prendre une grande extension au sarment, usez pour engrais des déjections humaines et de la colombine, en y mêlant de la terre végétale, employant de chaque élément un tiers; le mélange étant bien complet, la plante s'en trouvera bien, mais le vin en souffrira (*litt.*, sera gâté) (*Géop.*, X, 26). Voici comment se pratique l'opération et la proportion à suivre : on ouvre, à l'entour du pied de la vigne, une fosse circulaire; on y dépose de l'engrais en couche, d'une hauteur de quatre doigts; il est mis en contact immédiat avec la racine de la vigne, puis on le recouvre d'une légère couche de terre végétale.

Sagrit ne veut point que l'engrais soit en contact immédiat avec les racines de la vigne, mais qu'une couche (*litt.*, un voile) soit interposée entre les deux, afin que la chaleur de l'engrais n'arrive à la vigne qu'en traversant cette couche (préservatrice); car il y a dans tous les engrais, quand on les emploie, un principe brûlant à cause de leur acidité et de leur chaleur; cependant on en use communément pour les vignes et pour toute autre espèce de plante, grande ou petite, quand elle en a besoin. Mais l'engrais est brûlant pour la racine de la vigne par la chaleur qui est en lui, et en outre, parce que la chaleur du soleil venant frapper l'engrais, elle rend sa chaleur plus active. Iambouschad dit que, quand on craint l'action trop vive des engrais brûlants, c'est-à-dire des engrais chauds, on les laisse pour employer les engrais produits par la décomposition, qui proviennent des pailles, des graines alimentaires (1); ils fournissent plus de sucs nourriciers à la vigne. Les pailles les plus convenables sont celles de fève, d'orge, de froment, qu'on emploie pourries dans leur état naturel; mais le meilleur est de leur donner une préparation.

L'auteur ajoute : Il y aurait toujours de l'avantage dans l'emploi de ces pailles pourries, ne fût-ce que par l'antipathie des insectes pour elles ; car, lorsqu'elles ont pourri au pied de la vigne, elles en éloignent les insectes gros ou petits ; elles en écartent les accidents que peut causer la gelée et atténuent beaucoup ceux qui peuvent provenir de la neige (Géop., *loc. cit.*). On lit aussi dans l'Agriculture nabathéenne qu'il ne faut donner à la vigne qu'une très-légère fumure dans la première année de sa plantation ; on augmente ensuite la dose, chaque année, mais graduellement, parce que, tant que la vigne est faible, elle ne supporte point une trop grande quantité d'engrais; mais quand elle a acquis toute sa force, elle le supporte bien, et il lui est très-profitable.

Quand la vigne a atteint cinq ans, elle commence à être une vigne faite. A six ans elle conserve sa première vigueur ; mais à dix ans elle est dans la plénitude de sa force ; elle est considérée comme jeune vigne jusqu'à vingt-quatre ans ; c'est pendant le croissant de la lune qu'il faut appliquer l'engrais à la vigne pour en obtenir un avantage manifeste. L'Agriculture nabathéenne dit encore : Il y a des espèces de vignes qui n'ont point besoin d'engrais en aucune façon : ce sont les vignes plantées dans les montagnes, dans les rochers, dans les terres rocheuses de montagnes, et celles qui le sont dans les terrains participant de la nature de ceux des montagnes, et autres de ce genre. On donne aux vignes de l'engrais, la seconde année de la plantation, en appliquant à chaque pied la quantité

(1) Les *Géop.* disent que si l'engrais manque on peut employer les pailles. (Géop., v, 26.)

indiquée précédemment (1). On a soin, à l'avance, d'enlever à la main les jeunes pousses inutiles, sans jamais employer le fer ; l'engrais ne doit jamais être en contact immédiat avec les racines. On donne aux vignes, plantées dans la terre blanche, du fumier de vache. L'application de la colombine les rend fertiles. Il en est qui recommandent d'appliquer l'engrais à la vigne, à l'issue de l'hiver, tandis que le terrain a encore de la moiteur ; on recouvre l'engrais de terre meuble. On donne de la bouse de vache pour engrais au châtaignier ainsi qu'au chêne; au cédratier, on lui applique, au printemps ou à l'automne, de l'engrais humain. Il en est qui disent que le crottin de brebis lui convient. Le bigaradier se traite de même ; le palmier reçoit l'engrais humain récent et tout frais ; le bananier veut, à l'automne, de l'engrais de bonne qualité, consommé (*litt.* pourri). Pour la canne à sucre il faut du crottin de même bétail ; le jasmin se contente de fumier vieux, en petite quantité.

Suivant Kastos, on ne doit point donner à l'olivier l'engrais humain, car il ne lui convient en aucune façon ; il admet toute autre espèce de matière stercorale; seulement il ne faut point qu'elle soit trop rapprochée du pied. Suivant quelques-uns, ce qui lui convient le mieux dans tous les engrais, ce sont les déjections des quadrupèdes, comme la bouse de vache. Suivant l'Agriculture nabathéenne, le crottin d'âne, suivant d'autres, la colombine, est le meilleur de tous les engrais pour l'olivier, à cause de la trop grande chaleur de celui-ci. Le crottin de chèvre ou celui de brebis peuvent être employés isolément; mais, si on force la dose, ils deviennent brûlants pour la racine de l'arbre. Il en est qui prescrivent de forcer la quantité de fumier pour l'olivier, quand il se trouve planté dans une terre jaune ou blanche, douce de saveur, dans une terre

(1) Le texte porte قدم. Banqueri admet cette leçon et traduit par *un pied*, ce qui ne peut être exact. Les *Géop.* prescrivent d'appliquer à chaque pied de vigne quatre *cotyles* ou *hémines* d'engrais, qui équivalent à 1 lit. 07 c., 9.

rude, une terre maigre et légère, ou bien un terrain sableux, frais. Il faut donner de l'engrais tous les ans, parce que l'olivier l'exige. S'il est planté en terre rouge ou noire, on diminue les proportions. La quantité d'engrais convenable pour chaque pied d'arbre planté en bon terrain, c'est une charge de cheval (*litt.* de bête de somme) bien pressée ; dans une terre de qualité inférieure et froide, on augmente la quantité. On applique l'engrais sur le tronc. L'olivier demande l'engrais tout particulièrement sur son tronc, parce que ses rameaux portent ombrage sur le terrain, ce qui détermine du froid par la difficulté qu'a la chaleur du soleil d'arriver jusque-là, et alors l'engrais y supplée, parce qu'il réchauffe le sol et l'entretient meuble. La quantité de colombine qui convient à l'olivier, en l'employant seule et sans aucun mélange, c'est un *qadah* (8 lit., 262) ou un peu plus, suivant d'ailleurs la dimension grande ou petite de l'arbre. Le moment convenable pour donner à l'olivier la colombine, c'est le mois de janvier, particulièrement un jour de pluie, ou bien un jour dans lequel on espère de la pluie, sans que jamais on doive devancer cette époque, ou différer beaucoup après. Il en est qui pensent que si on devançait l'époque indiquée, ou si on forçait la dose, ce serait nuisible à l'arbre. Si on prélude par la colombine à l'application de l'engrais, on rend l'olivier très-fertile.

Pour moi, dit l'Auteur, j'ai vu la totalité des vieillards employer la colombine de cette manière sur la montagne de l'Ascharf. J'ai même observé un pied d'olivier sur lequel on avait déposé une charge de colombine par un jour de pluie, sans qu'il en souffrît en rien. Une personne digne de foi m'a assuré qu'un agronome avait appliqué de la colombine au pied d'un olivier en automne avant le mois de janvier, sans que l'arbre en ait souffert en rien. J'ai toujours vu récolte complète sur les arbres que j'ai cultivés pendant plusieurs années. Je procédais ainsi : je donnais à chaque arbre la quantité de colombine indiquée plus haut, seule, ou bien en plus grande quantité, mêlée d'autres engrais, et cela à l'époque fixée, et j'ai toujours constaté une forte et heureuse action, par l'abondance du produit. Précédemment, dans les articles qui traitent de la culture de l'olivier et de celle de la vigne et de chaque arbre en particulier, on a exposé la mesure d'engrais qui peut convenir à chacun d'eux. Réunissez tous ces préceptes à ce qui vient d'être dit et vous aurez un ensemble bien suffisant sur la matière, Dieu aidant.

Article II.

En quel temps on doit appliquer l'engrais.

Il en est qui disent que, pour les arbres fruitiers, la saison (de la fumure) s'étend depuis le mois d'août jusqu'en janvier. Si donc, au mois d'octobre, on en dépose au pied d'un arbre, en petite quantité, il s'en trouvera bien, et il donnera du fruit, la volonté divine aidant. Il en est qui veulent qu'on donne aux vignes l'engrais en septembre; suivant d'autres, c'est en décembre et même en janvier, surtout dans les pays froids; quant à l'olivier, ce serait en automne. Pour les légumes et plantes de jardin (*litt.* verdures), il faut leur donner peu d'engrais, pendant la partie chaude de l'année, ainsi que dans les régions chaudes; on donne une quantité moyenne, quand la température est moyenne et dans les contrées tempérées; mais on force la dose dans la saison froide, de même que dans les pays froids.

CHAPITRE XII.

Irrigation des arbres; saison convenable pour la pratiquer. Indication des arbres qui se trouvent bien de recevoir beaucoup d'eau et de ceux qui ne la supportent pas; extrait des livres d'Ibn-Hedjadj, Ibn-el-Façel, Hadj de Grenade, Abou'l-Khaïr et autres.

Il y a, disent les agronomes, des arbres qui se trouvent bien des irrigations abondantes, d'autres qui ne peuvent les supporter, et d'autres qui sont placés dans une condition intermédiaire. Suivant Hadj de Grenade, l'époque de l'année préférable pour donner de l'eau aux arbres, c'est au mois d'août quand la chaleur est très-intense, et en janvier quand le froid est dans toute sa force (1). Il faut alors ne point négliger de le faire. L'irrigation donnée aux arbres en janvier présente, dit Hadj de Grenade, cet avantage : c'est que l'eau, arrivant à cette époque, c'est-à-dire en janvier, sur les insectes ou les reptiles qui ont pu se former au pied et dans les racines des arbres, les tue par sa température froide, en même temps que le froid de l'air. Un autre avantage, c'est que les racines de l'arbre se remplissent ou se saturent de cette humidité. D'après ce qu'a écrit Hadj de Grenade sur le moment convenable pour l'arrosement des arbres, il faut se hâter de le faire quand ils vont commencer à s'ouvrir pour montrer leurs fleurs et leurs feuilles, qui, Dieu aidant, se montreront en plus grande abondance et avec plus d'énergie que sur les arbres qui n'auront point reçu d'eau. Au moment de l'intensité de la chaleur, il faut arroser

(1) Ici il y a dans le texte imprimé une altération que n'a pas sentie Banqueri, mais que nous avons pu corriger à l'aide du mss. de la Bibl. Imp. et de ce qu'on lit dans la page suivante.

tous les arbres, notamment au mois d'août, parce que c'est à cette époque que la chaleur a atteint son maximum d'élévation. La négligence à le faire les expose à être frappés par la sécheresse, à cause de l'action continue de la chaleur sur les arbres. L'arrosement doit se faire vers la fin du jour (pour les arbres), comme pour les plantes; la quantité d'eau en plus ou en moins doit se régler sur ce que chaque espèce peut supporter, car l'excès d'eau nuit à certains arbres, plantes ou graines. L'eau est favorable à la terre qui de sa nature est sèche et aride. L'auteur de l'Agriculture nabathéenne, dans le chapitre sur la manière de régler les arrosements et les époques de les faire, dit : Il faut les donner aux vignes et autres espèces d'arbres, à partir de la dernière heure du jour jusque vers le milieu de la nuit, dans une proportion suffisante qu'on ne doit ni dépasser ni restreindre, mais telle que l'eau puisse être absorbée pendant la durée de la nuit et les quatre premières heures du jour. Alors, on l'arrête et on recouvre de terre les racines mises à nu et déchaussées; puis on laisse reposer pendant quelques jours (Cf. *Géop.*, III, 5). Voici comme on procède au *déchaussement* التشميس qu'Adam appelait la *ventilation* et la *respiration* (1). Un ouvrier s'approche d'un poirier ; il enlève, en creusant, la terre, sur une largeur d'une coudée ($0^{m},462$) tout à l'entour de l'arbre, descendant à la profondeur de quatre doigts ; il ramène ensuite la terre à sa place (sans doute après avoir donné l'eau), et il rétablit les choses comme elles étaient, en pressant le sol du pied assez légèrement. Il en fait autant pour tous les arbres sur lesquels il lui convient de pratiquer le déchaussement. L'avantage résultant de ce procédé pour l'arbre, c'est de retourner la terre qui couvre le tronc, de porter au fond la terre de la surface et de ramener à la surface celle du fond ; c'est alors exactement comme si on rapportait de la terre neuve ou étrangère sur le pied de l'arbre. Suivant Sagrit, on laisse le pied à découvert pendant une heure, ailleurs il est dit huit jours. On rapporte ensuite la terre sur les racines, et on la presse légère-

(1) *Ablaqueatio*, Colum., IV, 8.

ment du pied pour lui faire prendre quelque consistance.

Le même auteur dit, au chapitre de la culture du palmier, sur la dimension qu'on doit donner au déchaussement, qu'il doit être pratiqué à l'entour du palmier sur une largeur de trois coudées ($1^m,4$). Il a été dit, au chapitre de la culture de la vigne, qu'il fallait creuser à une profondeur de deux pieds ($0^m,70$) sur trois pieds (1,04) de largeur.

L'auteur ajoute : On rapporte sur le lieu de la fouille ceux des engrais qui sont convenables à l'arbre; on les mêle à la terre provenant du déchaussement, puis on ramène ce mélange sur le pied de l'arbre déchaussé. Cette opération doit être répétée plusieurs fois, car elle procure aux arbres un avantage sensible, et l'on voit se produire les phénomènes de végétation dont nous avons parlé, la volonté divine aidant. Entre autres avantages procurés par le déchaussement, c'est que l'air peut pénétrer jusqu'à ces parties de la racine où il n'avait pu s'introduire. En effet, par le moyen de ces fouilles, l'air va frapper le tronc et toute cette partie des racines qui était recouverte par la terre végétale ; on rapporte ensuite cette terre enlevée sur le pied de l'arbre en la pressant. Cette opération était appelée par Adam *ventilation* et *respiration* (*vid. sup.*, 518, not.). L'auteur continuant ajoute : Les arbres en respirant acquièrent de la force et de la santé; la ventilation donne du goût aux fruits; ils deviennent plus gros, plus beaux et plus profitables à celui qui en fait usage; par cette raison, ils sont sains, salubres et agréables.

Cependant nous conseillons à l'ouvrier, lorsqu'il ramène la terre végétale enlevée au pied de l'arbre, après qu'elle a été mêlée d'engrais, de la presser avec le pied; mais la pression doit être légère, seulement de façon à empêcher l'eau de se porter avec trop d'abondance vers les parties où nous voulons que l'air se porte en forte quantité; on obtiendra ce résultat par une compression légère. Ce n'est pas que nous veuillions dire que l'eau est nuisible dans ces parties, mais elle peut le devenir, quand elle est en excès; car nous ne voulons qu'une chose, c'est le libre accès de l'air. Sagrit dit : L'utilité du déchaussement sur le poirier est visible et salutaire; il est (d'un succès) plus assuré sur lui que sur tout autre arbre. Koutsami dit : Sachez que toutes les fois que la poire sera plus juteuse et plus sucrée, elle sera plus nourrissante pour l'homme. Suivant l'Agriculture nabathéenne, parmi les causes qui peuvent contribuer à augmenter le produit du cédratier, faire grossir son fruit, lui donner une saveur plus douce et un goût plus agréable, c'est de déchausser l'arbre légèrement, de délayer de l'engrais humain, vieux, dans l'eau, et de l'employer pour arroser, et l'on verra se produire tous les bons résultats que nous avons indiqués, Dieu aidant. Il n'y a rien assurément qui convienne mieux pour amener dans la vigne les effets cités plus haut. Il est dit dans Ibn-el-Façel, qu'un des procédés les meilleurs pour donner à la vigne de la vigueur, une belle végétation, la rendre riche en sucs végétaux, faire pousser des pampres de façon luxuriante, et rendre son fruit plus renflé (*litt.* gros), c'est de brûler une forte quantité de branchages de saule, avec des feuilles de vigne; recueillir ensuite les cendres, y joindre de la bouse de vache, soit brûlée, soit pulvérisée et dans son état naturel; ce qui est plus efficace, on fait un mélange complet des deux éléments; on projette ce mélange pulvérulent sur les feuilles de la vigne; on en fait autant sur les feuilles de la pastèque, de la courge et autres plantes analogues dont les rameaux s'étalent sur le sol sans s'élever sur une tige droite; alors se montreront en eux (les avantages indiqués) Dieu aidant.

(Cette composition pulvérulente) est, suivant l'Agriculture nabathéenne, un des moyens d'augmenter la fertilité de la vigne et sa vigueur, de rendre son fruit plus juteux, de la faire croître en hauteur, d'activer sa végétation, d'éloigner les rats (les loirs ?), faire périr le ver qui se forme à la racine et particulièrement dans celles des provins. Ce ver est large de tête (1), attaque la vigne par le pied qu'il ronge, de sorte qu'il la fait périr, car on la voit jaunir insensiblement, jusqu'à ce

(1) C'est sans doute une espèce de ver blanc.

qu'enfin elle soit entièrement sèche; cette préparation éloigne encore les autres insectes.

Enoch dit : Le procédé qui contribue le mieux à donner de la vigueur à un jeune pied de vigne qu'on transplante, ou bien à tout autre, et qui doit rendre la pousse plus rapide, par une propriété particulière qu'il possède, c'est de prendre du gland en quantité suffisante, de le nettoyer (en enlevant la coque), et de le couper en morceaux d'un volume égal à une fève; et, au moment même de la transplantation, on dépose dans le fond de chacune des fosses une certaine quantité de ces glands coupés, qui se trouvent en contact immédiat avec la racine; fortifié par cette application, le jeune plant poussera avec une vigueur sensible.

Enoch, Massy et Tamithry disent de prendre des lentilles, de les nettoyer, de les piler dans un mortier, pour les briser et les réduire en quatre ou cinq morceaux; on recueille ces lentilles (ainsi concassées), puis on les répand à l'entour du jeune plant. Si on fait bouillir ces lentilles et qu'ensuite on plonge le plant dans cette décoction mêlée d'un peu de bouse de vache pulvérisée, on lui communique une vigueur bien manifeste et on active la crue.

Dans le même chapitre, Sagrit dit de prendre de la paille de fève, de la paille d'orge, de millet, du sarment brisé sous le bâton, de la bouse de vache; de toutes ces substances, on fait un mélange qu'on bat ensuite avec un morceau de bois lourd, jusqu'à ce qu'on l'ait bien trituré: on couvre le pied du plant avec cette préparation; par-dessus on dépose de la terre meuble; tout cela, venant à se putréfier sur la racine de ce plant, produit un effet admirable en communiquant une très-grande énergie. Ce mélange éloigne en même temps du sujet tous les insectes (et petits animaux nuisibles), surtout si on y mêle une partie de feuilles de moutarde, égale au volume des deux autres.

Iambouschad dit qu'on prend de la bouse de vache, fraîche et sèche; on l'humecte avec de l'urine de chameau ou d'homme, de l'urine de vache et de brebis ou de chèvre, celle des deux qui se présentera sous la main. Avec ce mélange, on frotte le provin dans la partie qui s'élève au-dessus de la surface du sol, et non celle qui plonge dans l'intérieur; c'est un de ces procédés qui impriment de la vigueur, activent la végétation, et qui éloignent les insectes qui pourraient se produire sur les jeunes rameaux et à la racine.

Koutsami dit que si on mêle à ces pailles indiquées par Sagrit les urines dont on vient de parler, l'effet est bien plus énergique; si ensuite on combine ensemble le mélange prescrit par Sagrit avec le second prescrit par nous, l'effet est bien meilleur encore. Si par hasard il vous manque une des substances, ou bien une partie, ou même le plus grand nombre, et que vous vous contentiez d'enduire de bouse de vache mouillée d'urine du même animal toute espèce de vigne, jeune ou vieille, ou les brins grêles qu'elles produisent, vous appliquez alors une de ces préparations qui sont les plus favorables et les plus capables de donner de la vigueur, d'activer la végétation, d'amener la fécondité, augmenter le produit et lui communiquer de la qualité (Cf. *Colum.*, IV, 22).

Koutsami, traitant des moyens d'augmenter la fécondité de la vigne, dit : Nous améliorons beaucoup la vigne (*litt.*, plusieurs fois) par les soins que nous apportons à la tailler, la déchausser, à rapporter de la terre en premier lieu, puis en second la presser du pied et la débarrasser par l'ébourgeonnement de toutes les pousses inutiles, l'alléger de ses pampres (*pampinari*) et des brindilles qui se montrent sur le cep (1); manier ou mouvoir les branches avec douceur; faire circuler entre les plantes des hommes avec des torches enflammées; donner de l'engrais avec de la colombine, du crottin de mouton, des feuilles de vigne desséchées; à la suite de tous ces soins, la grappe se montrera avec des grains aussi gros que possible; le produit prendra un tel accroissement que la vigne

(1) Le texte imprimé porte رمل, *sable*, qui indique un mot altéré. Banqueri lit : دمل. Nous préférons lire زمل *pusillanimus languens* et l'appliquer aux *brindilles* grêles et sans consistance.

émettra à chaque œil quatre grappes ou même plus encore; et de chaque œil aussi (du bois de l'année précédente) sortiront trois, quatre et même cinq rameaux (*flagella*, Col.), signe évident de la force végétative de la vigne et de sa belle végétation, et de l'abondance du produit. Un indice de l'augmentation de ce produit et de sa richesse, c'est quand il sort de chaque œil deux grappes ou trois. Le signe indicatif précurseur, c'est quand on voit sortir plusieurs *vrilles*, معاليق, dans les endroits qui les produisent, deux, par exemple et quelquefois trois. Quand vous observez ce fait, soyez certain que la production sera abondante et le double de ce qu'elle était précédemment. On lit aussi dans l'Agriculture nabathéenne, que parmi les procédés très-utiles aux vignes il y a particulièrement celui qui consiste à allumer des lanternes, dans les vignes, pendant la nuit.

Sagrit a décrit le procédé suivant pour obtenir des raisins qui fournissent du moût en plus grande quantité : c'est de recueillir les pepins du raisin (frais) ou sec, puis l'un ou l'autre; (celui qu'on emploie) est pilé et déposé au pied des provins, ou des vieilles vignes. Par ce moyen, le raisin devient plus juteux, et, par suite, le moût en coule avec plus d'abondance; la maturité encore en est activée. Koutsami dit: Nous avons expérimenté ce procédé; à cet effet, nous avons recueilli les pepins de raisin sec, nous avons creusé au pied de la vigne un trou (circulaire) de la profondeur de deux doigts seulement; nous avons, dans cette cavité, pratiquée dans la terre végétale, répandu les pepins. Nous avons répété l'opération plusieurs jours plus tard, une seconde et même une troisième fois, et alors nous avons pu voir, de nos propres yeux, que la végétation avait été plus rapide, la production plus active, et la maturité plus hâtive et réalisée en un temps plus court; les ceps, plus vigoureux par eux-mêmes, avaient produit des grappes plus juteuses. Une autre fois, nous avons repris l'expérience, trente jours environ (à l'avance) (1), et, quand arriva

(1) Le texte dit *à trente jours environ*. Banqueri rattache ce délai à l'expérience précédente; nous pensons qu'elle se rattache à l'arrivée du printemps.

le printemps, les feuilles et les fruits se montrèrent simultanément.

Article Ier.

Moyen de remédier à une fructification peu abondante, d'après d'autres auteurs.

Lorsqu'il arrive qu'un arbre donne peu de fruit, par suite d'une végétation trop luxuriante, il faut diminuer les soins de culture, lui donner moins d'eau, et tailler (court) quelques branches ; on dépose aussi à l'entour du tronc des pierres et du gravier qu'on recouvre de terre végétale (1); si la stérilité était la conséquence de la sécheresse, le remède serait de donner de l'eau, une bonne culture, greffer sur un sujet peu productif des rameaux d'un arbre qui, au contraire, l'est beaucoup par la nature de son espèce ; c'est là encore un remède à employer.

Aristote prescrit de fendre le pied (de la vigne) et d'introduire dans cette fente une pierre, et alors la stérilité cessera (2). Suivant Kastos, cette pierre ne doit point être ronde (3) ; suivant d'autres, il faut agir sur l'arbre par intimidation et le menacer de le couper s'il ne donne pas de fruits ; en même temps on le frappe d'un léger coup en lui adressant ces paroles : Certes, je te couperai si (à l'avenir) tu ne me rapportes rien. Mais en même temps une autre personne se présente comme intercesseur, en disant : Laisse-le (encore), car il donnera (je le promets pour lui) des fruits l'an prochain ; et alors on laisse l'arbre en repos, et, l'année suivante, il devient fertile, la volonté divine aidant. Ce procédé, suivant Abou'l-Khaïr, est appuyé sur l'expérience. Un autre auteur dit que les agronomes, tant les théoriciens (ceux qui ont écrit) que les praticiens (qui ont expérimenté) sont généralement d'accord sur l'efficacité du procédé,

(1) Cf. *Géop.*, v, 40, et *Pallad.*, novembre, 9.

(2) Cette citation est toute apocryphe. (Cf. *Géop.*, v, 32.)

(3) Nous avons suivi le texte qui porte : مدحرج.

c'est-à-dire que si un arbre reste sans donner aucun produit, et que, par suite, il ait été battu ou menacé d'être coupé, il donne certainement du fruit l'année suivante, quel que soit le temps qu'ait duré sa stérilité. On lit dans l'Agriculture nabathéenne : Si un arbre ne donne pas de fruit ni une année ni une autre, le moyen curatif, c'est que deux hommes se portent vers lui ; l'un des deux tient une hache, ou bien un crochet, et se plaçant tous deux sous cet arbre ou sous ce palmier, l'un des deux dit à l'autre : *Je suis disposé à couper cet arbre.* Celui-ci répond : *N'en fais rien.* Le premier réplique : *Mais il ne donne pas de fruit.* Alors l'autre répond : *Il en donnera cette année même, je m'en porte caution, et, s'il ne le fait pas, tu seras libre d'en agir comme il te plaira* (1).

Article II.

Sympathie et antipathie des arbres entre eux.

On lit dans l'Agriculture nabathéenne, que tout ce qui a de l'analogie pour la forme (parmi les végétaux) s'entr'aide, se protége (réciproquement), et que tout ce qui est de forme différente ou contraire se fait aussi antagonisme, en ce qu'il tend à s'affaiblir et se débiliter. On lit encore dans l'Agriculture nabathéenne qu'il y a sympathie entre la vigne et le jujubier, particulièrement pour la nature (les habitudes) ; de sorte que, toutes les fois que la vigne se trouve plantée dans le voisinage du jujubier, il y a, de l'un à l'autre, un mode de sympathie pareil à celui qu'un homme éprouve pour une belle femme ; il s'attache à elle et il l'aime avec passion, et le souffle

(1) Dans le IIIe volume de la *Chrestomathie arabe*, p. 396, on lit une citation de l'*Agriculture nabathéenne*, d'après Kazwini, qui rapporte le même fait. On trouve aussi quelque chose d'analogue dans les *Géop.*, x, 83, d'après Zoroastre. N'y aurait-il pas quelque analogie, quoique éloignée, entre ces procédés et celui mis en pratique par M. Poulet, horticulteur nivernais, qui prétendait donner de la fécondité à ses arbres en les *frappant* ? *Réforme agric.*, décembre 1857.

de l'un prête de la force à l'autre par suite du voisinage (1). De même aussi l'Agriculture nabathéenne dit que, lorsqu'on a planté l'olivier dans le voisinage de la vigne, c'est avantageux pour tous deux. Cependant l'olivier doit être tenu à quelque distance de la vigne, car c'est utile pour celle-ci; c'était du moins l'opinion de la plupart des anciens (2). Suivant la même Agriculture nabathéenne, il y a sympathie de convenance entre la courge et la vigne, et chacune d'elles prête assistance à son amie.

On lit dans le livre d'Hadj de Grenade, qu'il existe entre le *nachem* blanc, nommé *almis*, l'orme (3), qui est un arbre à graine noire, ronde, dans l'intérieur de laquelle se trouve un noyau; la partie supérieure (la pulpe) est douce; il y a (disons-nous, entre cet arbre) et la vigne, une sympathie et une affection qui réagit avantageusement de l'un à l'autre, et, toutes les fois que la vigne est associée (4) à l'orme, son produit est plus abondant, et elle est préservée de tout accident fâcheux.

Cassius dit : Toutes les fois qu'on plante le pommier dans le voisinage de l'*idjaç*, qui est le poirier, ou du cédratier, il s'établit entre l'un et l'autre une affection qui est d'une utilité réciproque. Macarius dit qu'entre le grenadier et le myrte il s'établit, par le voisinage, sympathie et amitié; ainsi, quand on plante un myrte à proximité d'un grenadier, le produit de ce dernier est plus abondant, et il en résulte un grand avan-

(1) M. de Sacy rapporte dans sa *Chrestomathie arabe*, t. III, p. 481, un exemple curieux de ce prétendu amour ardent de deux palmiers l'un pour l'autre. Les *Géop.* s'étendent beaucoup sur ce sujet, x, p. 244.

(2) Voir *Agriculture nabathéenne*, mss. Bibl. Imp., f° 274 v°.

(3) Il nous est difficile de ne pas entendre par *naschem* blanc ou *almis*. l'orme, à cause de la sympathie entre cet arbre et la vigne. Cependant la description du fruit, qui se complète par ce qu'on lit au mot الميس *almis*, mss. B. I, 915; A. F. f° 100, parait s'appliquer bien plutôt au *Celtis* (*micocoulier*), qu'à l'orme. Nous y reviendrons ailleurs.

(4) *Litt.* : chacun des deux est salutaire à son ami, et ce qui de la vigne lui est attaché, etc., etc.

tage. Suivant Kastos, les racines se confondent, et, par suite, la fructification est plus large, mais l'avantage ne se fait pas sentir avant (ce mélange de racine). Il en est de même entre le noyer et le figuier ou le mûrier.

Il en est qui disent que l'olivier et le balaustrier se prêtent un mutuel avantage s'ils sont plantés à proximité, à cause de l'affection qui règne entre eux. Il a été dit que l'olivier aimait la vigne, et que le pommier était l'ami des deux. Il a encore été dit que si on plante des bulbes de scille marine à l'entour d'un olivier, au pied, c'est fort utile pour l'arbre, qui devient plus productif.

Suivant l'Agriculture nabathéenne, il y a antipathie entre le raisin blanc et le raisin noir; ils ne peuvent demeurer plantés ensemble ou dans le voisinage l'un de l'autre; on évite de pressurer ensemble leurs grappes, parce que le moût qui en proviendrait se gâterait bien vite. Il a été dit qu'une des choses curieuses dans la nature du laurier, c'est que si on plante un navet à côté de lui, et si le navet séjourne dans son entier pendant deux saisons de l'année, le grain de laurier acquiert une certaine âcreté et une odeur désagréable.

Hadj de Grenade dit que le noyer est antipathique à la plupart des arbres qu'on veut planter dans son voisinage, excepté au figuier et au mûrier, parce que le noyer est d'une chaleur et d'une sécheresse excessives, qui est pernicieuse pour tout ce qui l'approche de trop près et qui ne lui est pas sympathique; comme aussi il détruit tout ce qui pousse sous lui, excepté certaines plantes d'hiver, ou plantes fourragères, qu'on peut semer au-dessous de son branchage, quand il est dépouillé de ses feuilles; quand on veut lui associer les vignes montantes, elles ne réussissent point et tombent à la dernière limite de l'affaiblissement. Il a été dit encore, que si on plante des choux dans le voisinage de la vigne, ses pousses ne se portent ni ne s'étendent du côté du chou, mais au contraire, elles se dirigent du côté opposé. Suivant Kastos, il n'est pas de plante plus nuisible à la vigne, il n'en est point qui lui soit plus hostile que ne l'est le chou. S'il arrive qu'on sème du chou dans une vigne, elle périt; il en est de même quand le vent porte l'ordure d'un semis de chou sur la vigne (Cf. *Géop.*, XII, 17 et V, 11, Pallad., Aug., V, 3.). On dit que si on sème du fenu-grec dans le voisinage de la vigne, ces deux plantes périssent; elles s'étiolent, elles se détournent, cherchent à se porter d'un autre côté. Il a été dit encore que si on plante le sumac dans le voisinage de la vigne elle languit et se dessèche. On a dit aussi que le chou était l'ennemi du pommier. Quand le lupin est semé dans une vigne, il la fait sécher.... (1). Quand un pêcher perd ses fruits avant leur maturité, il faut y suspendre un os quel qu'il soit; l'os du pubis et les os de la tête d'un chien sont ce qu'il y a de préférable: l'arbre alors devient fertile, et ses fruits ne tombent plus. On obtient le même résultat si on attache à l'arbre un linge rouge ou une loque trouvée dans un tas de fumier; dans ce cas, le fruit ne tombe pas, la volonté divine aidant.

Abou'l-Khaïr et autres disent que si le pêcher est stérile, il faut mettre à nu la racine, y pratiquer une fente dans laquelle on enfonce une cheville de genévrier tout neuf et d'une bonne odeur; on ramène ensuite la terre par-dessus, et l'arbre devient fertile, par la volonté de Dieu. Il en sera de même pour l'abricotier, l'amandier, le cerisier et le prunier. Quand, après avoir percé un trou dans le pied d'un pêcher, on y enfonce une cheville de *ghirab*, qui est le saule, le noyau, par suite, diminue de grosseur (Cf. *Géop.*, x, 16). Le sorbier peut être fécondé au moyen de l'or de bonne qualité, de cette manière: on perce au pied de l'arbre un trou sur les quatre côtés; dans la plus grosse racine on insère un petit morceau d'or du poids d'un huitième de dinar environ, qu'on noie dans le bois; cette opération se fait quand l'arbre est en fleur. On prend les excréments d'un petit chien dont les yeux ne sont point encore ouverts; on les enfouit dans les racines du sor-

(1) Ici est un passage incompréhensible qui ne se rattache à rien de ce qui précède.

bier à l'époque de la floraison, et la fleur ne tombera point (ne sera point stérile), la volonté divine aidant.

Le *cerisier*. On lit dans l'Agriculture nabathéenne, que lorsqu'un jeune sujet commence à donner du fruit, si on prend dans la première fructification un noyau, qu'on ouvre une fente sur le pied de cet arbre, ou qu'on y perce un trou et qu'on y introduise ce noyau, il y aura fécondation; Kastos dit la même chose. Le poirier connu du vulgaire sous le nom d'*idjaç* est, dit-on, rendu fécond à l'aide de l'or; si, à l'époque de la floraison, on déchausse le pied et qu'on y pratique quatre trous percés obliquement, dans chacun desquels on introduise la terre (à sa place), le fruit ne tombe point; il se produit au contraire abondamment, Dieu aidant. Suivant d'autres, on prend un quart de dinar d'or bien pur; on le bat jusqu'à ce qu'il soit en feuille, on le divise en quatre, puis on procède ainsi qu'il vient d'être dit. (A partir de ce moment), il ne faut point déchausser l'arbre jusqu'à ce que l'écorce se soit reformée sur la fente contenant l'or. On a dit encore de percer un trou unique au pied de l'arbre, pour y introduire le quart de dinar d'or; suivant d'autres encore, on peut attacher cet or au sommet de l'arbre; le résultat est le même. Quant à moi, dit l'Auteur, j'ai fait l'expérimentation de la fécondation des deux manières simultanément, et j'ai obtenu un résultat satisfaisant. Il importe peu que l'or soit en petite ou en grande quantité. Il a été dit aussi de déposer du sel sur le pied de l'arbre dans le mois de janvier, et l'arbre donne un produit sain. On a dit encore que, lorsque le poirier ne donnait pas de fruit, on pratiquait à l'entour des trous égaux de la dimension du doigt, dans chacun desquels on enfonçait une cheville de vieux bois de pin rouge, la frappant jusqu'à ce qu'elle disparaisse entièrement dans l'arbre, faisant une surface unie avec le reste sans qu'on voie la moindre saillie. On recouvre ensuite de terre, et l'arbre devient fertile et les feuilles ne tombent plus; le procédé a été confirmé par l'expérience. Il en est qui veulent que la cheville soit faite de genévrier. Apollonius dit que si un poirier perd son fruit, il faut prendre de la lie de vin de bonne qualité, la déposer au pied de l'arbre, arroser avec de l'eau et de la lie quinze fois; le fruit tiendra, Dieu aidant (*Géop.*, x, 23). On a avancé aussi qu'on rendait le poirier fécond au moyen de la vapeur de tamarisc.

Boulias dit que, lorsqu'on veut augmenter le produit du poirier et rendre le fruit doux à l'égal du miel, on perce dans le pied, à fleur de terre, un trou qui traverse la tige; on y enfonce une cheville de frêne. On lit ailleurs : Désirez-vous augmenter le produit du poirier et rendre son fruit doux comme le miel? percez avec une longue tarière un grand trou et enfoncez-y une cheville de chêne, puis recouvrez de terre (Cf. *Géop.*, X, 23).

L'*amandier*. Si on recueille les petites plumes d'un oiseau dans un linge rouge ou dans un morceau d'étoffe rouge ramassé dans le lieu où sont déposés les fumiers ou les balayures, qu'on attache ensuite ce nouet à l'arbre, le fruit ne tombera plus. Si quand l'arbre est en fleur on y attache une loque rouge cramoisi, les fleurs ne tomberont point (elles seront fécondes). D'après Ibn-el-Façel, il faut, quand un amandier est (constamment) stérile, déchausser le pied, pendant l'hiver, et la stérilité cesse; ou bien percez un trou dans lequel vous ferez entrer un morceau de frêne, puis arrosez avec de l'urine vieille, puis recouvrez avec de la terre meuble; l'arbre deviendra productif par l'effet de la volonté divine (1). Il en est de même pour le noyer; voyez ce qui a été dit pour la fécondation du pêcher. (Quand un noyer perd ses fruits), dit Kastos, il faut prendre une loque de laine rouge ou de tapis de même couleur ramassé dans les balayures; on y renferme des plumes petites d'oiseau, sans trop serrer; on suspend le nouet à l'arbre, et les fruits ne tombent plus. D'autres ont dit : Quand un noyer perd ses fleurs, on attache sur l'arbre une loque prise au

(1) Ces procédés sont indiqués dans les *Géop.*, x, 61, dans un article attribué à Démocrite; seulement le second n'est indiqué que dans le cas où le premier ne réussirait pas.

lieu où le fumier est déposé. S'il est frappé de stérilité, on perce au pied un trou, dans lequel on enfonce une cheville de bois de *dadi*. D'autres disent de prendre de la laine teinte en rouge cramoisi avec des plumes fines d'oiseau quelconque ; on en forme un nouet dans une loque; le paquet est attaché au noyer dans un endroit quelconque, et alors l'arbre donne du fruit et ne le perd plus. Il a été dit encore que, lorsque le noyer ne donnait pas de fruit, il fallait en déchausser le pied pendant l'hiver, y percer un trou et y introduire un morceau de frêne, puis arroser avec de l'urine vieille et recouvrir de terre (Cf. *Géop.*, X, 64). On a dit aussi de pratiquer avec un instrument pointu deux trous dans deux endroits différents, et d'y enfoncer un morceau de bois de genévrier, ou de héné, ou bien un petit morceau d'or rouge ; puis on recouvre de terre, et l'arbre donne du fruit, Dieu aidant.

Pour l'*abricotier*, on applique à (la racine de) l'arbre des os, des tessons et du gravier, et alors le fruit ne se perd point. Voyez ce qui a été dit à ce sujet au chapitre du pêcher (p. 317).

L'olivier. L'Agriculture nabathéenne dit : Un homme prend une taie d'oreiller remplie d'olives dans sa main droite et dans sa main gauche une *pioche* à manche de fer, avec laquelle il pratique un trou au pied d'un olivier dont le produit a diminué, ou qui est atteint de tout autre accident quelconque qui puisse frapper un arbre; cette opération se fait le jour du sabbat. Cet homme dépose et enfonce dans ce trou une quantité d'olives suffisante pour qu'elles arrivent aux racines, puis il recouvre de terre; il fait arriver dans cet arbre, au commencement de la nuit du dimanche (*litt.* du premier jour) et suivant d'autres au moment même de l'opération, une quantité d'eau nécessaire pour donner un bon arrosement. Après il donne la quantité d'eau suffisante (pour un arrosement ordinaire) qu'il répète deux nuits de suite. La vingt et unième nuit, cet homme vient visiter son arbre, et alors il reconnaît le bon résultat évident de son opération sur cet olivier qui donne du fruit et dont le feuillage est plus large (et mieux développé) et la récolte abondante, Dieu aidant. (On voit) le produit s'accroître au double de ce qu'il était.

et de qualité meilleure. Les rameaux se multiplient, les racines grossissent et sont bien nourries (*litt.* s'engraissent), ce qui assure la longue durée de l'arbre. S'il arrive que l'eau vienne à manquer, il n'en résulte aucun inconvénient. Quand les olives atteignent leur maturité, et qu'on ne les voit pas noircir, mais qu'elles prennent, au contraire, une (mauvaise) couleur jaune passant au blanc, ce remède est d'une efficacité spéciale. Il en est qui disent que si on jette de la paille de féve sur le tronc de l'olivier, qu'on donne ensuite un arrosement avec de l'eau, l'arbre cessera de perdre ses feuilles et ses fruits. Il en est qui disent que ce moyen de fécondation peut être appliqué à tous les arbres en général. Il en est qui disent que lorsqu'on voit diminuer le produit d'un olivier, il faut déchausser la racine, à l'aspect du midi, y percer un trou qui traverse et l'ouvre à l'aspect du nord. On prend deux rameaux d'un autre olivier très-productif; on les introduit dans le trou en sens inverse (par les deux bouts opposés); on tire violemment chacun de ces bouts simultanément, de façon qu'ils arrivent très-comprimés dans le trou; on coupe ensuite tout ce qui peut faire saillie au dehors sans qu'il y paraisse rien; on enduit l'un et l'autre côté avec une pâte mêlée de bourre (1); la fécondité reviendra. Suivant Kastos, deux rameaux de frêne ou de chêne peuvent donner le même résultat. Il en est qui disent que, si l'olivier perd son fruit avant la maturité, il faut répandre sur le pied de la paille de féve, et arroser avec un mélange d'eau, de cendre et de bouse de vache. On dit que si on plante un olivier avec un grenadier ou un balaustrier, le premier est très-productif. — Quand le fruit de l'olivier tombe avant sa maturité, on prend des grains de *djardjar* جرجر, qui est la *féverole* piquée des vers; on les enfouit au pied de l'arbre, en les recouvrant de terre ou de crottin, et alors les olives ne se détacheront plus,

(1) La plupart des procédés indiqués ici pour l'olivier se trouvent dans les *Géop.*, x, 8 et 10, plus ou moins identiques. Seulement, là où il est question d'argile pour garnir les coupures, il est dit *lutum palcatum*, ce qui nous induit à lire شعيرة, *schoahirah*, petit poil ou *bourre.*

sinon quand le vent les secouera. — On déchausse le pied de l'arbre, on y dépose environ un demi-*qadah* (1 *lit.*, 16) (de fève); on recouvre de terre bien meuble, on donne un labour profond, et la stérilité cesse. — Il en sera de même pour l'olivier, le pistachier, l'azerolier, le sorbier et le cerisier. — Vers l'endroit où l'arbre commence à se ramifier, on rogne une branche au mois de novembre à l'aspect du nord, on la fend et on insère un rameau d'olivier sauvage; on applique sur la section une argile pétrie avec du poil (de la bourre) pour empêcher que la fourmi ne s'y introduise. On attache au pommier une fleur de l'oignon au rat (scille marine) et le fruit reste persistant. — On pratique, en janvier, un trou avec une tarière, et on y fait entrer une cheville de bois résineux (*litt.* huileux) de pin; l'arbre devient fertile et les chenilles (*litt.* vers de papillon) en sont éloignées, Dieu aidant. — Quand le châtaignier est languissant, ou qu'il perd son fruit, on pratiquera sur le tronc une fente proportionnée à la grosseur ou à la petitesse de l'arbre, mais dont la longueur excède celle du diamètre; elle pénétrera jusque dans l'intérieur, dont on extraira tout ce qui peut être gâté, ce qui laissera à l'air un libre accès et lui permettra d'exercer une influence merveilleuse; la fructification sera plus abondante et la végétation plus luxuriante. Quand la vigne est sujette à la coulure et que le raisin reste petit, il faut prendre de la cendre vieille qu'on dépose au pied de chaque cep; c'est un procédé très-utile dans l'espèce (Cf. *Géop.*, V, 41). — Quand on veut rendre une vigne plus féconde, on prend trois cornes de chèvres, on les enfouit en sens inverse autour de la vigne, (et l'on obtient le résultat voulu). — L'odeur de la rose devient plus pénétrante si on plante dans l'intervalle des pieds des tiges (*litt.* arbres) d'ail. — Pour le *cédratier* et le *bigaradier*, on fiche sur le pied dans l'intérieur du sol une cheville de bois de limonier ou d'ébène, on couvre de terre et le fruit ne tombe plus. Si l'arbre est stérile, on y amène la fécondité par le moyen de l'or introduit dans quatre trous pratiqués sur le tronc, comme il a été indiqué pour le poirier. — Le *prunier* nommé *œil-de-bœuf* devient, dit-on, fécond, si on brise quelques-unes des branches trop bien venantes, qu'on laisse pendues à l'arbre sans les détacher ; par suite, le produit sera très-abondant. On dit que si on déchausse le prunier, quand il est feuillé, ou quand les fruits sont noués, qu'on pratique un trou dans lequel on enfonce une cheville de frêne, le fruit est plus abondant et bien plus doux. — Si on veut obtenir d'un prunier un produit plus abondant et des fruits d'une saveur sucrée agréable, on pratique, sur le tronc, un trou avec une tarière d'un gros diamètre ; on y enfonce une cheville de chêne, (et les désirs seront satisfaits). Si le fruit avorte et que la fructification baisse, on déchausse les racines à la distance de deux coudées ($0^{m},924$) de chaque côté ; on répand dans la cavité deux quarts de sel si l'arbre est fort, et un seul s'il est petit, on l'étale bien dans tous les sens, on ramène la terre par-dessus, on foule avec le pied, on donne un seul arrosement au bout de trois jours ; l'opération se fait en janvier, et le produit et les feuilles non plus que les fruits ne tombent qu'en la saison normale.

Article III.

Procédés généraux pour rendre les arbres féconds (1).

Macaire dit que, si on prend de la feuille de cyprès, qu'on la pile de manière à la réduire en poussière, et qu'ensuite on projette cette poudre, à trois ou cinq reprises différentes, dans l'espace de quinze jours sur l'arbre en fleur, le fruit n'avortera point, parce que ce procédé sera une véritable fécondation (2). Toutes les fois qu'un arbre perd ses fruits parce qu'ils tombent, quelle qu'en soit l'espèce, prenez une pointe de fer,

(1) تذكير, litt. *féconder*, ne se prend point dans cet article comme indiquant l'action fécondante du mâle, mais le plus souvent pour exprimer les procédés à l'aide desquels on peut rendre l'arbre plus productif ; c'est la continuation de l'article précédent sur la *fécondation artificielle*.

(2) L'article donné ici sous le nom de Macarius se trouve plus loin, ch. XIII, p. 577, sous le nom de Démétrius.

pratiquez sur le tronc de cet arbre un large trou dans lequel vous introduirez une pierre que vous frapperez fortement jusqu'à ce qu'elle disparaisse ou qu'elle pénètre jusqu'à la moelle et qu'on ne la voie plus, enduisez ensuite la place avec une terre blanche non salée, et l'arbre cessera de perdre ses fruits.

Sidagos dit que, lorsque les fruits d'un arbre tombent en grande quantité, il faut déchausser la racine avec précaution, et remplir la cavité avec de l'argile blanche très-glaiseuse ; c'est la meilleure qu'on puisse employer dans l'espèce. D'après Ibn-Abou-Albjouad, quand le figuier ou tout autre arbre perd ses fruits, on ouvre à l'entour de l'arbre une grande tranchée de trois coudées ($1^m,4$) sur deux ($0^m,93$) de profondeur, de façon à mettre à nu les racines de l'arbre sans en rien couper ; on remplit ensuite le vide avec de la terre végétale blanche, moite, fraîche et douce, prise à la surface du sol, se gardant bien de la terre blanche et salée qui s'imprègne d'eau à la suite des pluies ou irrigations. Quand ensuite on a rapporté assez de terre pour que le niveau soit bien rétabli, l'arbre ne perd plus ni fruits, ni feuilles. En effet, cette chute (prématurée) n'a lieu qu'à cause de l'excès de chaleur du sol environnant, ou bien à cause de celle de l'engrais trop abondant, ou bien par suite de tout ce qui peut s'y rattacher de chaleur ou de salure. Une chose, dit Kastos, peut donner de la fécondité à un arbre et arrêter la chute des fruits avant la maturité, c'est de prendre, au milieu des froments et de l'orge, cette plante qui donne une petite graine noire pareille à celle de la nigelle (1) ; lorsque la plante a atteint tout son développement, on l'arrache avec son fruit, on en tresse des couronnes qu'on suspend aux rameaux des différents arbres fruitiers (qui sont atteints de cet inconvénient) ; on est assuré que les fruits ne tomberont plus et que le produit sera plus considérable. L'arbre conservera ses feuilles, si on fait un nouet de graine de nielle des blés dans une loque et qu'on le suspende

(1) C'est l'*Agrostema Githago* de Linn., ou *Lychnis Githago* des botanistes actuels, connu sous le nom vulgaire de *nielle des blés*.

à un arbre. Si on dispose au pied d'un figuier ou de tout autre arbre un collier de plomb qu'on recouvre de terre, l'arbre en tirera un grand avantage contre la chute des fruits. Cet inconvénient ne sera plus à redouter pour toute espèce d'arbre que ce soit, si on en déchausse le pied de façon à mettre les racines à nu, et que dessus on applique de la colombine délayée dans de l'eau. Autre procédé. On dit qu'un des procédés les plus efficaces constatés par les expérimentateurs pour fixer les fruits à l'arbre et en arrêter la chute avant la maturité, c'est d'écrire ces mots sur un morceau de papier qu'on suspend à l'arbre : *Dieu soutient les cieux et la terre et les empêche de tomber; s'ils tombaient, quel autre après lui pourrait les soutenir?* (Cor., 35, 39). On peut encore écrire les mots suivants : *Il retient les cieux pour qu'ils ne tombent pas sur la terre, sinon par un effet de sa volonté, parce que Dieu est miséricordieux et clément pour les hommes* (Cor., 22, 64). On peut aussi écrire : *Ils demeurent dans leur caverne trois cents ans et neuf ans en plus* (1).

Kastos dit que, si un arbre perd ses fruits avant la maturité, il faut écrire le passage suivant, composé de quatre membres de phrase extraits des Psaumes de David (I, 3), sur qui soit le salut : *Comme un arbre planté sur le bord des eaux donne son fruit en son temps, et ne perd pas ses feuilles, tout ce qui repose sur lui atteint son complément.* Macaire (commentant ce verset) dit : C'est comme l'arbre qui est planté sur le bord des eaux qui donne ses fruits en leur saison, dont les feuilles ne tombent point, et tous les fruits qui sont posés sur lui mûrissent et sont intacts.

Article IV.

Culture à donner aux arbres pour leur faire produire une plus grande quantité de fruits, leur faire acquérir une saveur plus douce, les rendre plus juteux, leur procurer plus de vigueur, plus de fécondité et de beauté.

Dans la partie où l'Agriculture nabathéenne traite de la ma-

(1) *Cor. sur. de la Caverne*, 18, 24. Banqueri a rejeté en note cette dernière citation parce qu'il n'en comprenait pas le sens, à cause de son texte altéré.

nière de déchausser les arbres, Koutsami dit que c'est un des procédés indiqués par Sagrit pour procurer plus de jus aux fruits de tous les arbres (sans distinction d'espèces) et les améliorer; c'est, dit Koutsami, un procédé dont nous avons fait l'expérience, et nous avons constaté l'exactitude (de l'assertion). Voici comme on procède: On applique à tous les arbres fruitiers un engrais composé de bouse de vache, de crottin de cheval, de feuilles de poireau, c'est-à-dire de poireau vert, de *qosthus* pilé et mêlé à des feuilles de l'arbre dans le fruit duquel vous voulez rappeler l'eau (le jus) et le rendre plus sucré; vous réunissez toutes ces choses par parties égales dans une fosse où les ouvriers viennent uriner, en même temps qu'on arrose avec de l'eau douce. Si vous voulez l'amélioration du fruit et le rendre plus sucré, il ne faut point que l'urine soit mêlée à l'engrais; mais, si vous voulez le rendre plus juteux, commandez à vos ouvriers de venir uriner sur le mélange et d'y répandre de l'eau de temps en temps (*litt.* une heure après). Quand le tout est pourri et passé à la couleur noire, supprimez tous les liquides et retournez la masse tous les deux ou trois jours; quand la dessiccation s'est manifestée un peu, étalez le tout sur la surface du sol, jusqu'à dessiccation complète; usez ensuite de cet engrais pour le poirier et autres arbres fruitiers. On ne doit point l'employer pour le projeter à l'état de poudre, mais pour remplir la cavité (du déchaussement). Soyez attentif à déchausser les racines, à leur donner de l'eau par irrigation et abondamment, car ce procédé rend les fruits plus juteux, leur donne plus de fraîcheur et ajoute à leur saveur. Ces procédés, dit Koutsami, étant ajoutés à ce qui a été prescrit pour donner aux fruits du poirier un goût plus sucré, et pratiqués en supplément de ce qui a été établi par les anciens, et encore ajoutant les résultats de sa propre expérience, on aura réuni tout ce qu'il y a de meilleur sur la matière. Sachez bien qu'il y a dans l'application de ces prescriptions un mode d'action tout spécial pour faire pénétrer dans l'arbre fruitier une saveur douce et franche qui arrive jusqu'au fruit. On lit encore dans l'Agriculture nabathéenne que ce qui rend encore plus sucrés les fruits des arbres et tout autre végétal, c'est d'arroser avec de l'eau sucrée (chacun d'eux) en saison convenable. Nous indiquerons, dit l'Auteur, Dieu aidant, parmi les procédés de ce genre, l'arrosement de la vigne avec de l'eau et du sucre de datte, celui du grenadier avec de l'eau et du miel, l'arrosement pareil de la pastèque et du melon ; réglez-vous par conjecture, d'après tout cela.

Le *Grenadier*. Ce qui, d'après l'Agriculture nabathéenne, fait augmenter la grenade en grosseur, c'est, quand on propage le grenadier de graine ou de rameaux, d'ajouter au semis ou à la plantation des féves pilées avec leur peau, dont on dépose une poignée dans le trou avant d'enfouir la branche (ou bouture). Il en est qui indiquent comme un moyen plus énergique, ou à peu près, de piler des petits pois et de les mouiller avec du lait récemment tiré et d'en mettre une certaine quantité, dans cet état, avec la graine qu'on sème ou la branche qu'on plante ; c'est-à-dire que, pour le semis, on répand la préparation au moment même de la faire. La grenade produite par un arbre ainsi traité se montrera extrêmement douce et sans pepin. Si l'on veut une saveur douce, mêlée d'un peu d'amertume, on trempe le bout de la taille du rameau dans du vinaigre de bonne qualité, au moment de la plantation. Il en est qui disent qu'on doit chauffer la portion du rameau trempée dans le vinaigre, en l'exposant au feu, mais seulement à distance et le temps nécessaire pour que le rameau absorbe le vinaigre qu'il a retenu par l'immersion, pas plus longtemps ; puis on le met en terre lorsqu'il est encore tout chaud.

Le *Poirier*. On rend son fruit plus gros et plus sucré, suivant Ibn-el-Façel, en pratiquant sur la tige de l'arbre, à proximité du sol, un trou dans lequel on introduit une cheville de chêne, qu'on enfonce jusqu'à ce qu'elle disparaisse ; puis on recouvre avec la terre végétale. On lit dans l'Agriculture nabathéenne que, parmi les moyens de rendre le fruit du poirier plus sucré et de lui donner plus d'eau, quand il en a peu et qu'il se produit sec et peu juteux, c'est de faire bouillir de l'eau douce dans un chaudron, de la verser sur le pied de l'arbre, d'en arroser les rameaux et les branches, tous les trois jours une fois, quand la lune est dans son croissant; on répète l'opération quatre fois, et le fruit sort plus sucré et plus juteux. Dans la première partie de l'article, nous avons exposé les procédés à l'aide desquels on peut rendre le fruit plus juteux et augmenter son fluide séveux.

Sagrit dit que si on recueille le sédiment que laisse déposer le miel dans le fond du vase dans lequel on le fait chauffer, et qu'on en frotte la tige du poirier ou autres arbres qui lui sont analogues de forme et qui donnent des fruits acides, styptiques ou amers, et qu'on étende la friction de la tige aux branches et aux racines, ce procédé enlève, sinon la totalité, au moins une partie de l'acidité du fruit et le rend plus sucré; il neutralise aussi la stypticité. Si, à ce résidu de miel, on ajoute de la lie d'huile, ce mélange agira avec une énergie bien plus forte pour rendre le fruit sucré et enlever son acidité et sa stypticité; l'arbre et le fruit en profiteront l'un et l'autre. Suivant moi, dit l'Auteur, on doit exécuter le procédé quand la séve monte de la terre vers les parties supérieures de l'arbre, c'est-à-dire quand les boutons s'ouvrent et que les feuilles se montrent. L'Agriculture nabathéenne dit aussi qu'un procédé très-profitable au poirier, qui active la maturité du fruit et qui en éloigne le ver avant qu'il s'y soit introduit, c'est de lui administrer un engrais composé de matière humaine, de bouse de vache consommée avec l'adjonction d'une certaine quantité de feuilles de poirier; on déchausse le pied de l'arbre et on le couvre de cet engrais mêlé de terre végétale pulvérulente. Le même traité dit que si on prend de la bouse de vache sèche, réduite en poudre très-fine, qu'on y mêle de la poussière ramassée dans les chemins fréquentés des villes et qu'on mouille avec de l'eau douce et de la lie d'huile d'olive, de manière que l'ensemble ait la consistance du levain ou ferment, puis si, avec cette préparation, on enduit le poirier au pied et sur les grosses branches, l'arbre en ressentira un très-grand bien; il acquerra une nouvelle vigueur, le ver et tout ce qui pourra le gâter sera écarté. Suivant l'Agriculture nabathéenne, on obtient des poires d'un plus gros volume, plus juteuses et d'un meilleur goût en même temps que l'arbre prend plus de développement, acquiert plus de vigueur, donne un produit plus beau et plus abondant, si on est assidu à déchausser le pied, qu'on laisse à nu pendant quelques jours, puis qu'on ramène la terre (dans la cavité). On neutralise (les effets de) la chaleur du soleil en procurant de l'humidité au moyen d'une eau sur laquelle s'est fait sentir la fraîcheur de la nuit; quand on a donné cette irrigation jusqu'à la croissance complète, on n'a point à craindre l'excès de chaleur du soleil que contrebalance la fraîcheur de l'eau. La quantité d'eau à fournir pour l'irrigation s'acquiert par l'expérience (1); quand, à la suite d'une irrigation abondante, on voit pousser les mauvaises herbes et la végétation se montrer avec vigueur, elle est suffisante; si on observe le contraire, c'est qu'elle ne l'est pas; il faut alors la donner plus largement en faisant séjourner l'eau sur le pied de l'arbre. L'Auteur ajoute : Ayez soin que votre irrigation ait lieu, pour les arbres et pour toutes les plantes sans exception, pendant que la lune est sous terre; elle produira beaucoup plus d'effet. Ces prescriptions, dit Koutsami, sont exactes; j'en ai fait moi-même l'expérience et j'en ai reconnu la vérité.

D'après Ibn-Hedjadj, il ne faut point donner au (terrain de) sable de l'eau en excès, parce qu'il ne l'admet point. Aussi, il arrive souvent que les gens qui sont ignorants en agronomie croient ne point avoir trouvé la juste proportion, et ne pensent pas que le terrain soit suffisamment arrosé, parce que l'eau est absorbée (disparaît promptement), et alors on en force la quantité, ce qui cause la perte de ce qui est implanté dans ce terrain. En effet, il se contente de peu d'eau, car, étant composé de petits graviers (agglomérés), l'eau ne pénètre point l'intérieur des granules (*litt.* les parties), mais passe dans les interstices

(1) Banqueri, avec raison, a signalé ce texte comme étant fautif. Nous avons cru approcher de la vérité au moyen de légères corrections.

qui les séparent. C'est un fait évident et certain : réglez-vous d'après cela.

L'Agriculture nabathéenne, parlant des arbres auxquels l'eau donnée en abondance convient, et de ceux qui ne peuvent la supporter, cite les arbres propres aux montagnes qui ne veulent pas beaucoup d'eau ; de ce nombre sont : le poirier, le pistachier, le cerisier, le noisetier, le châtaignier, le chêne, le myrte et autres pareils.

Article V.

En quelle saison il convient de pratiquer les irrigations, d'après Hadj de Grenade.

L'olivier doit être arrosé en janvier et août, plusieurs fois; si on peut le faire aussi au printemps, ce sera bien; mais il faut se garder de le faire à partir du moment où il commence à fleurir, jusqu'à celui où le fruit est complétement noué, c'est-à-dire que l'olive ait atteint la grosseur d'un pois; alors on peut donner l'eau largement. Quand on traite l'olivier par de bons soins de culture, par la fumure et les irrigations (en temps opportun), il donne du fruit tous les ans, surtout si on fait la cueillette des olives à la main avec précaution, sans endommager le bois ni briser les branches qui doivent donner le fruit. Suivant un autre, l'olivier des montagnes profite beaucoup de l'irrigation, sans cependant souffrir s'il en est privé.

D'après Ibn-Hedjadj, Junius pense qu'on ne doit point, quand on arrose l'olivier, lui donner trop d'eau, car l'excès en cela est très-nuisible à cet arbre. Le laurier de montagne aime l'irrigation, car, si on la néglige, il en souffre. Le grenadier aime à être arrosé tous les cinq jours, depuis la fin de juin jusqu'à la fin de septembre ; l'eau donnée en abondance lui convient très-bien ; cependant, si elle est plus rare, il n'en souffre point dans certaines terres.

Le rosier, dit Hadj de Grenade, doit être arrosé en janvier; il faut bien se garder de négliger de le faire ; il est également indispensable de l'arroser au mois d'août. Il en est qui disent que le rosier ne supporte point l'eau donnée à trop forte dose. Quant à moi, dit l'Auteur, j'ai planté le rosier sur la montagne de l'Alcharf, sur les ados ou bords des rigoles principales (*litt.* mères); il a bien réussi et il est devenu fort beau. Le myrte de jardin ne veut pas trop d'eau, surtout pendant les chaleurs; le châtaignier, au contraire, en veut beaucoup; l'alisier s'en accommode très-bien aussi, comme le cerisier et le jujubier; pourtant la privation d'eau ne le fait pas souffrir. Le peuplier et le *celtis* sont dans le même cas. Le bananier aime qu'on l'arrose largement; il s'en trouve très-bien. Le pommier, suivant Hadj de Grenade, s'en trouve très-bien aussi, mais quand il est vieux. Le coignassier supporte très-bien l'eau donnée en grande quantité; l'azédérach, le frêne, le platane, le peuplier, le noisetier, le laurier-rose, aiment aussi les irrigations abondantes, parce que ce sont des arbres qui croissent sur le bord des rivières ou courants d'eau; il en est de même pour tout ce qui leur est analogue. Il faut avoir soin d'arroser le poirier. Le jasmin veut un arrosement modéré; le cédratier le demande fort; il en est qui disent le contraire; d'autres veulent qu'on l'arrose toute l'année; suivant d'autres encore, il supporte l'eau abondante; il en est de même pour le bigaradier. Le pêcher aime beaucoup l'eau; le prunier se trouve très-bien si on l'arrose. Il faut arroser la vigne vers le soir, deux fois en avril, et trois fois vers l'époque de la vendange. Il en est qui parlent de donner de l'eau à la vigne avant qu'elle soit feuillée, une fois, et vers l'époque de la vendange, une seconde fois. Il faut arroser le figuier en janvier, largement, que la saison soit pluvieuse ou non, et continuer ainsi jusqu'à l'époque de la maturité du fruit; il en est qui disent que trop d'eau et trop d'humidité sont nuisibles à l'arbre et au fruit; cependant il est des figuiers qui supportent bien l'eau, ainsi que tous les jeunes sujets replantés, tant qu'ils sont petits; les irrigations leur conviennent alors très-bien. Parmi les arbres qui ne peuvent supporter l'eau donnée en trop grande quantité, il faut compter l'amandier, l'aubépine, le noyer et autres analogues, que la trop grande quantité d'eau fait périr et sécher, qu'ils soient grands ou petits. Le pin doit être arrosé de temps à autre, mais très-modérément; il en est de même pour le cyprès. Voyez ce qui, au chapitre de la plantation des arbres, a été dit sur ce sujet; réunissez-le à ce qui est ici, et vous trouverez un ensemble de prescriptions qui pourront vous suffire, Dieu aidant.

CHAPITRE XIII.

Fécondation des arbres et soins de culture à leur donner pour que, Dieu aidant, ils donnent des fruits gros (1), sucrés, juteux; moyen d'augmenter le produit. Indication de ceux des arbres entre lesquels il y a mutuelle affection et ceux entre lesquels il y a antipathie.

Parmi les agronomes, il en est qui disent que tous les arbres admettent le *talqîh*, c'est-à-dire l'acte de la fécondation, et que par suite le fruit gagne en qualité, et que la chute en est plus rare. Il en est même qui disent que dans toutes les espèces d'arbres il y a mâle et femelle, et que la femelle admet la fécondation par le mâle. On lit dans l'Agriculture nabathéenne : Le figuier mâle porte un fruit petit, de saveur âcre, d'une couleur tirant sur le blanc; une partie est d'un vert très-intense; il n'acquiert jamais une maturité pareille à celle des fruits de la femelle; il reste toujours petit; on ne peut le manger sans

(1) تذكير reprend ici la signification de *féconder*, et devient synonyme de تلقيح, employé pour exprimer la fécondation du palmier. Le texte porte ليطعم سااقلاحها. Nous lisons comme dans la préface, au titre de ce chapitre, p. 20 du texte, ليعظم اقلاحها, qui s'adapte parfaitement au sens.

éprouver une constriction à la gorge. Mais, si on porte de ce fruit mûr sur le figuier femelle, son fruit prend du développement, et il mûrit bien. Suivant un autre, il y a dans l'espèce nommée *figuier mâle* ou *caprifiguier*, des individus qui donnent plusieurs fructifications (*litt.* portées) successives avec chacune desquelles on opère la fécondation des fruits qui se sont produits dans certaines espèces (Cf. Plin., XVI, 27). Cette fécondation ou *caprification* se fait au commencement d'avril, ou peu de temps après, quand on croit que le fruit la réclame. On féconde aussi de cette manière la figue-fleur, *al-bâkour*, avant qu'elle soit durcie; on effectue la fécondation du figuier en lui appliquant le mâle de son espèce nommé *al-zakar* ou *caprifiguier;* cette opération se fait à la suite de mai, au commencement du mois de l'ançarah (juin). Voici comme on procède : On cueille le fruit du caprifiguier quand il est arrivé à son point de maturité, ce qui se déduit de ce que la couleur passe du vert au blanc clair ou au jaune, et qu'à l'ombilic, ou l'œil (*litt.* la bouche), on voit paraître une petite ouverture de laquelle sortent de petits insectes qui se sont formés de la graine même (Cf. Plin., XVII, 2, 44) dans l'intérieur du fruit; cet insecte est noir, semblable à une mouche; c'est pourquoi il en porte le nom. Il y en a une espèce, de couleur rouge avec une queue. On recueille les fruits du caprifiguier à cette époque; on les enfile deux par deux, ou bien en plus grand nombre, avec un crin ou un fil, ou bien avec un petit brin de jonc. On suspend cette sorte de collier aux branches du figuier, à proximité des petites figues qui s'y trouvent, quand on les croit aptes à recevoir la caprification, c'est-à-dire qu'elles ont atteint la grosseur d'une petite fève, ou à peu près, dans quelques espèces; elle doit être tendre et molle, un peu allongée, non encore fermée ni rude; la caprification leur est avantageuse, surtout quand le figuier est bien sain. Ce qui indique que le figuier est atteint de quelque lésion, c'est quand on aperçoit à l'extrémité des feuilles certaines altérations ou fissures, et que les figues y restent rondes (sans s'allonger) et rudes au toucher. Quand le figuier en est là, la caprification ne peut lui être avantageuse. Mais quand la figue est dans la première de ces bonnes conditions ci devant indiquées, on doit avoir soin de pratiquer plusieurs fois la caprification, vers le jour de l'ançarah (24 juin) environ, dans les années tardives. Les fruits du caprifiguier les meilleurs pour l'opération sont ceux qui sont gros, fermes et remplis de beaucoup de graine.

On lit dans l'Agriculture nabathéenne que, si on étend de la cendre, quelle qu'en soit l'espèce, sur le pied du figuier, son fruit devient plus gros et plus succulent. D'après un autre, quand on a enterré une tête de mouton au pied d'un figuier, le fruit mûrit bien, et il ne tombe point avant la maturité. Il en est qui prescrivent de déchausser le pied du figuier, et de verser dessus, pendant trois jours, de l'eau dans laquelle ont séjourné des féves; c'est un moyen de fécondation pour le figuier. Suivant d'autres, on met à nu la plus grosse racine; on y fait entrer une pierre dure; on enduit l'ouverture avec de la bouse de vache et de la terre. Cette opération féconde le figuier. Suivant d'autres, si on attache au figuier une fleur de lis, son fruit ne tombe point. Kastos dit : Si on déchausse le pied du figuier, qu'on frotte les racines avec des mûres, le fruit n'avorte point; si on garnit bien les racines et le pied avec du sel, on active la maturation. Il en est aussi qui disent que, si on arrose le pied d'un figuier avec de l'eau d'olive, mêlée d'eau douce, les fruits sont plus abondants. Si on pratique avec une pointe de fer une fente en trois endroits différents, qu'on y enfonce des chevilles de bois de caprifiguier, qui ne perd pas ses fruits, qu'on recouvre les ouvertures avec de la terre, ce procédé est un mode de fécondation pour le figuier (1).

Le même auteur, en parlant du *balaustrier*, qui est le mâle du grenadier, dit : Quand on attache des fruits du balaustrier à un grenadier dont la fructification est tardive, elle est accélérée par ce procédé. Si on l'applique à un arbre disposé à donner du fruit, il en donne plus sûrement ; appliqué à un arbre qui ne

(1) Une partie de ces procédés bizarres est indiquée pour le poirier dans le chapitre précédent.

donne que des fruits grêles, il en résulte une modification qui porte les fruits à prendre de l'ampleur, de la beauté et une plus grande abondance de suc. Si on prépare un collier d'étain (1) et de plomb, combinés en parties égales, dont on entoure le grenadier, il sera préservé ou guéri de tous accidents fâcheux; son fruit tiendra et ne tombera plus (avant la maturité), Dieu aidant. Si on suspend un pied de plantain à un grenadier, qu'on le laisse jusqu'à ce que, desséché, il tombe par l'effet seul du vent ou par toute autre cause, et qu'on le remplace par un autre pied, l'arbre sera préservé d'une fructification rachitique, de l'altération de sa couleur naturelle et de tout autre accident. Quand un grenadier perd ses fruits avant la maturité, déposez au pied un os de chien; l'arbre revenu à la fécondité ne perdra plus ses fruits; l'os de la cuisse et celui de la tête sont bons pour cet effet. On obtient le même résultat avec des fumigations de lavande faites à l'entour de l'arbre. Il en est qui disent de suspendre à trois ou quatre branches du grenadier, dans le centre, à l'aspect du nord, des nouets dont chacun peut contenir la quantité de deux drachmes (5gr.,0) de cumin ; c'est un moyen de fécondation pour les diverses fructifications de l'arbre. Si on attache à un grenadier des feuilles d'étain, le fruit tiendra jusqu'à maturité, et, si on environne d'un cercle de même métal le pied du grenadier à la naissance des racines, il ne perdra point son fruit; si cependant la fructification marche mal, pratiquez trois ouvertures avec une pointe de fer et plantez dans chacun d'eux une cheville de buis ou de balaustrier, ou de vinetier (*berberis*) ; c'est un procédé très-utile. — Percez au pied du grenadier un trou avec une pointe de fer, et plantez-y une cheville de bois de tamarisc ; c'est un moyen de fécondation ; mais on dit que cette cheville de tamarisc est la cause de la génération des

(1) Nous avons fixé d'une manière précise la valeur de ces deux mots الاسرب *plomb*, الرصاص القلعي *l'étain de qalahy*, d'après les données hydrostatiques qui sont rapportées dans l'Ayn-Akberi, extraites d'Aboul-Rihan-Albirouny. *Journ. soc. asiat. de Paris*, 1858, n° 6.

vers dans l'arbre. — Si au mois d'haziran (juin), le vingt-quatre, qui est le jour de l'ançarah, avant le lever du soleil, on cueille ensemble les rameaux du tamarisc avec les feuilles et les fleurs, si ensuite on dépose ce fagot entre les branches du grenadier, ce sera encore un moyen de fécondation. — Prenez du plantain, faites-en cinq ou six paquets liés avec du fil, suspendez-les au grenadier. — La meilleure chose qu'on puisse faire pour donner de la fertilité au grenadier, c'est de porter sur le pied de chaque arbre environ une charge de cendres, de quelque nature qu'elles puissent être, et cela au mois de janvier; donner trois arrosements à la suite, ces arbres se couvriront d'amples récoltes. Si on plante un bulbe de scille à proximité du grenadier, de façon que les racines puissent s'unir ensemble, la conséquence en sera très-bonne, et le fruit se développera. De même, si on plante le myrte dans le voisinage du grenadier, le produit en devient plus important, et tous les accidents fâcheux sont écartés par la volonté divine.

On lit dans l'Agriculture nabathéenne : Il est rigoureusement nécessaire de féconder le palmier (femelle) avec la fleur du palmier mâle (1); c'est une chose bien connue. Le moment convenable pour le faire, c'est lorsque, dans l'intérieur du spadice, cette fleur se montre en grains distincts qui sont de la

(1) Cette fécondation artificielle du palmier se trouve à peine indiquée dans les *Géop.*, x, 5, avec des conditions qui indiquent peu d'habitude pour cette pratique. Théophraste se contente de parler de la nécessité de l'action du mâle pour la durée des dattes, *de Caus. plant.*, III, 23. Les Latins n'en disent rien. Kœmpfer, *Amœnit. exoticæ*, p. 661 et suiv., entre dans de grands détails sur la culture du palmier, sa fécondation et tout ce qui s'y rattache كش *Kousch* ou ابار, *ibar*, serait, suivant les lexiques, ce qui opère la fécondation dans le palmier, c'est-à-dire, comme on le voit ici, la fleur mâle, composée des étamines groupées de façon à former comme des grains de blé, ou fermée dans la spathe, qui s'ouvre pour laisser un passage au *pollen* غبر, poussière fécondante. L'ensemble constitue le spadice, شمراج pl. شماريج, mot qui s'applique comme on le voit au spadice du mâle et à celui de la femelle.

grosseur d'un grain de froment; à ce point la (membrane de la) spathe se fend; c'est le temps convenable pour opérer la fécondation. Voici de quelle façon on procède: On prend le spadice (1), fleur ou rameau floral du palmier mâle, et on le secoue sur le palmier femelle. Pour moi, dit l'Auteur, j'ai pris des rameaux ou spadices de palmier mâle, qui contenaient des grains semblables à ceux du froment et qui commençaient à s'ouvrir; j'ai, à chaque extrémité, attaché un fil, comme on fait pour le caprifiguier; je les ai suspendus aux spadices des palmiers femelles; j'ai projeté par-dessus de la poussière de rose pulvérisée (1), et j'ai vu quelques fruits arriver à maturité sur ce palmier femelle. Il appartenait à l'espèce dite *barani.* Je n'ai usé du procédé qu'une seule fois, et je crois que, si je l'eusse répété plusieurs fois, tous les fruits, cette année-là, auraient mûri. C'était sur la montagne de l'Alscharfa (que je faisais mon expérience). Guidez-vous d'après ce qui précède pour les cas analogues. Il y a, dans le caroubier, le mâle et la femelle. Celle-ci donne une graine de laquelle on exprime de l'huile; si on féconde la femelle à l'aide du mâle, le résultat en est bon. Pour l'olivier, il semble que l'espèce sauvage, le *zaibouch* (*oleaster*), en soit comme le mâle. Il en est qui disent que le mâle du pistachier est le térébinthe.

Démocrite dit que, si on prend de la feuille de cyprès, qu'on la fasse bien sécher, puis qu'on la pile et la réduise à l'état de poussière très-fine, si, ensuite, se plaçant vers le sommet d'un pistachier, on répand, quel que soit le vent qui souffle, cette poussière sur l'arbre en fleur, à trois ou cinq reprises différentes, pendant dix jours, le fruit poussera bien et ne tombera point. Il en est qui veulent dix jours d'intervalle entre chaque *pulvérisation.* Suivant d'autres, on obtient le même résultat avec la feuille du térébinthe. Il en est encore qui disent qu'en prenant des feuilles de térébinthe qu'on enfile (comme un collier), qu'ensuite on suspend aux rameaux du pistachier, on

(1) Cette projection de fleur de rosier en poudre se retrouve plus loin, page 623.

a le même succès, parce que c'est le mâle de l'espèce. On rend encore le pistachier fertile avec de l'or bien pur, sans alliage. On en prend une quantité égale en poids à sept ou huit grains d'orge; on coupe ce morceau en quatre parts; on déchausse le pied de l'arbre, à la profondeur d'un empan (0^m,231), on enfonce comme des clous ces morceaux dans quatre côtés différents, on ramène ensuite la terre par-dessus. Quand le pistachier perd son fruit, on lui donne de la fécondité au moyen d'or pur et d'alluvion, qu'on introduit à l'aide d'une pointe de fer.

Chaque arbre a son objet d'antipathie (*litt.* son ennemi). Ainsi, quand on plante à la proximité du bigaradier la fève, la rue, l'origan, l'euphorbe, ou toute espèce de plante qui a une odeur forte, il s'en trouve mal. L'antipathie du palmier et du genévrier est un fait vulgaire et bien connu; il en est de même pour le goudron. D'après l'Agriculture nabathéenne, la vigne souffre si elle a dans son voisinage de la poix, du naphthe, comme elle souffre du voisinage du palmier. Le figuier et le chou sauvage font périr la vigne en totalité; c'est pour elle une espèce de poison, comme l'euphorbe et la pythuse et autres plantes pareilles. Le chou ordinaire et le chou-fleur exercent particulièrement une action nuisible sur la vigne. Il en est qui disent que le figuier est nuisible pour la vigne, seulement dans les pays chauds; car dans les contrées froides, comme les pays de Roum, la Grèce et autres régions où tombe la neige, le voisinage du figuier est utile à la vigne; suivant quelques-uns, il en est de même pour l'olivier. Iambouschad prétend que le navet, le radis, le chou et la roquette sont pernicieux pour la vigne.

CHAPITRE XIV.

Moyens curatifs pour les maladies des arbres, de certaines plantes et certains légumes; procédés pour en éloigner ce qui leur est nuisible, et pour écarter le mal qui peut les atteindre; d'après Ibn-Hedjadj, à qui Dieu fasse miséricorde.

Sidagos dit : Quand vous voyez un arbre qui produit peu, qui pousse mal et dont les rameaux sont débiles, ou si ses fruits sont attaqués du ver, s'ils tombent en grande quantité, dans un temps autre que celui dans lequel se détachent ceux de son espèce, si donc un arbre reste dans un pareil état pendant plusieurs années, nous reconnaissons que cette langueur vient du sol dans lequel les racines puisent leur nourriture ou bien de la faiblesse des racines elles-mêmes. Il faut, dans ce cas, ouvrir une fosse tout à l'entour de l'arbre, sur une largeur de quatre coudées (1^{m},85), mettre les racines à nu avec précaution; on remue la terre qui se trouve sous les racines avec une pioche (*dolabrum*) ou tout autre instrument de plus petite dimension encore; on extrait toute cette terre, on examine si elle n'est point trop sèche, trop aride, dure, dépourvue de toute espèce de moiteur. Dans ce cas, on rapporte, à la place, de l'autre terre de bonne qualité et fraîche qu'on enlève à la surface du sol; on la apporte dans la cavité creusée, pour l'en remplir; on la comprime bien en la battant avec un morceau de bois, dans la crainte que le vent ne renverse l'arbre, s'il soufflait contre lui avec trop de violence. On donne ensuite de l'eau, s'il est possible. Ce travail doit se faire en automne, si l'arbre n'est point d'une espèce qui admette l'arrosement; c'est le meilleur procédé qu'on puisse employer en pareil cas. Mais, si nous découvrons que les racines sont attaquées par la pourriture, quoique légèrement encore, nous prenons de l'engrais vieux, bien consommé (une espèce de terreau), du fumier d'âne, par exemple, de cheval ou de vache, avec lequel nous remplissons la cavité, après avoir enlevé la partie gâtée des racines, ou de l'écorce (si elle seule est attaquée). Il faut en cela apporter beaucoup d'attention, pour qu'il ne reste rien de ce qui était atteint. Le fumier (indiqué) fera pousser d'autres racines; l'arbre reprendra vigueur; on arrose (si l'on peut) ou bien on fait l'opération en automne, comme nous l'avons dit. Si en mettant à découvert les racines, nous trouvons qu'elles sont attaquées par des vers, nous mêlons à l'engrais une certaine quantité de cendre, parce qu'elle jouit de la propriété toute spéciale d'empêcher la propagation des vers et de les faire périr. Si nous reconnaissons que l'arbre est languissant par suite d'un excès d'humidité locale, ou par une trop grande affluence d'eau, nous remplirons alors la cavité avec de la terre rouge ou du sable pris sur le bord des rivières, mêlé d'engrais vieux. Si l'arbre perd ses fruits (avant la maturité) en trop grand nombre, il faut combler le découvert avec de la terre blanche ayant une certaine viscosité. Tels sont les procédés auxquels on doit recourir dans les cas spécifiés. Si l'arbre souffre par suite de son grand âge, et parce qu'il est vieux, il faut couper et retrancher tout ce qui présente des symptômes de caducité. Souvent il arrive qu'on doive frapper l'arbre par le pied et le couper rez-terre; si le mal est trop grave ensuite, on fait le découvert des racines, ainsi que nous l'avons prescrit, et on remplit la cavité d'engrais vieux mêlé d'une bonne terre végétale fraîche, prise à la surface du sol; l'engrais entrera dans le mélange pour deux tiers et la terre pour un; cette opération rajeunira l'arbre; il poussera plusieurs rejets. — Fin de la citation de Sidagos.

Solon dit : Si l'humidité est prédominante sur le figuier (1),

(1) L'auteur entend-il parler de l'état trop sympathique de l'arbre ou d'un

on y remédie en pratiquant tout à l'entour, sur une largeur de quatre coudées (1m,85), un découvert qu'on remplit avec le mélange de terre dont nous avons donné la composition; ce procédé retarde la caducité de l'arbre et prolonge sa vie. Fin de la citation de Solon.

Kastos, parlant des procédés à employer contre les vers et les termites (1), qui attaquent le figuier et les racines du pommier, et des divers moyens qui peuvent préserver les arbres des atteintes de ces deux insectes, prescrit de déchausser l'arbre jusqu'à l'origine des racines (2) plongeant dans le sol; ensuite on enduit le tronc et les racines de colombine délayée dans l'eau. Il dit, dans un autre endroit, qu'un des moyens de délivrer le pommier des vers qui peuvent l'attaquer, c'est de découvrir les racines jusqu'à ce qu'à l'origine des racines on enlève l'écorce et on trouve le ver et les autres insectes (rongeurs); alors on applique sur la place de la bouse de vache. Quand la fructification du figuier est attaquée du ver, on y remédie en déchaussant le pied jusqu'à l'origine des racines, déposant de la cendre dans la cavité, puis ramenant la terre par-dessus.

Annon dit : Quand le ver rouge a attaqué le pied du pommier, qu'il s'est fixé sur les branches et dans les feuilles, et quand l'araignée a tendu ses fils sur les rameaux (3), on fait cesser le mal à l'aide des cendres. On met à nu les racines, puis on projette la cendre par-dessus; on ramène la terre vé-

excès d'humidité dans le terrain? Le procédé indiqué convient très-bien dans les deux cas.

(1) الأرضة est cité par Forskal, *Descript. animal.*, p. 96, sous le nom de *Termes arda, destructor*. Il indique ce ver comme étant le fléau de l'horticulture dans la ville de Beitelfakih.

(2) *Litt.* : le commencement des racines; nous entendons par là l'extrémité des racines implantées dans le sol, qui est la partie la plus attaquable par les insectes; cette expression répond au grec *μέχρι τῶν κατὰ βάθος ῥιζῶν*. *Géop.*, x, 22, *ad imas radices*.

(3) C'est sans doute la maladie indiquée par Théophraste, H. P., IV, 17, sous le nom d'*Ἀράχνιον*, citée par Pline, XVII, 24, sous celui d'*Araneum*.

gétale sur le tout ; l'arbre recouvre sa fertilité et reprend sa belle végétation; la feuille devient verdoyante et plus brillante qu'elle n'était avant. Ce procédé est confirmé et appuyé par l'expérience.

Démocrite dit que lorsqu'il se trouve sur le poirier des fruits contenant des grains gâtés, de mauvaise odeur, semblables à du fumier (1), il faut déchausser l'arbre, mêler à la terre de l'engrais de bonne qualité, puis remplir la cavité et donner de bons arrosements. Apuleius dit que le moyen de rendre un arbre plus productif, c'est de jeter sur la racine des fèves et d'arroser. Ce qui encore est bien efficace contre l'invasion des vers, c'est de déchausser les racines et de projeter dessus de la colombine, de la paille de fève et d'arroser; ces procédés sont d'une grande utilité pour toute espèce d'arbre dans la condition que nous avons indiquée.

Varron, le Romain, dit que si un arbre comme le figuier ou autres perd ses feuilles (avant la saison), il faut creuser tout à l'entour de l'arbre, en détournant la terre, sur une largeur de trois coudées ($1^m,40$), de façon à mettre les racines à nu sans en rien couper. On remplit ensuite la cavité avec une terre blanche, humide, froide et douce. Car il y a deux natures de terre blanche, une froide et douce, et une autre chaude et salée. Si donc on use de la première, les fruits ni les feuilles ne tomberont plus à l'avenir, parce que cet accident est causé par la terre trop chaude, ou bien par l'abondance du fumier donné en excès, ou par ce qui peut déterminer le développement de la chaleur ou la formation du sel ; ces faits ont été expérimentés par les anciens. Un procédé qui éloigne les vers des arbres de toute espèce, c'est de creuser tout à l'entour de l'arbre et de mettre à nu les racines et de répandre par-dessus du crottin de pigeon. (Cf. *Géop.*, X, 90.)

(1) Nous ne saisissons pas bien la signification de ce passage, avec le mot جشا qui ne donne pas un sens convenable. Banqueri traduit par *quebrantados*, brisés; nous lisons خمس *fetuit, ingratum odorem emisit*. Ce sont sans doute des taches qui se forment dans l'intérieur du fruit.

Quand la tige du figuier ou de tout autre arbre, dit Marghoutis (Maurice), est atteinte de pourriture, il faut enlever la partie gâtée, jusqu'au vif, et enduire la plaie de bouse de vache mêlée d'une argile visqueuse à laquelle a été déjà mêlée de la paille; si au lieu de paille on emploie de l'orge, ce sera beaucoup mieux. Il faut donner à l'arbre, ainsi traité, une bonne culture, et lui venir ainsi en aide, afin que le bourrelet se forme sur la partie enlevée de la tige.

L'Agriculture nabathéenne, parlant des moyens de traiter les diverses maladies qui attaquent la vigne ou autres végétaux, comme la rougeur des feuilles (le rougeau), l'affaiblissement, et les diverses affections maladives, l'influence des vents froids, l'ictéritie ou jaunisse et autres dont nous parlerons, la volonté divine aidant, prescrit ce qui suit : Quand la rougeur des feuilles, nommée aussi *calamité des étoiles* (1), attaque la vigne depuis l'époque de la feuillaison jusqu'à la fin d'éleul (septembre), on observe les symptômes suivants : le feuillage de la vigne prend une couleur rouge très-intense, pure; une partie des vrilles et la queue du raisin tout entière deviennent rouges aussi; la partie de la branche qui entoure la feuille malade prend une teinte noire; la tige et les grosses branches se couvrent d'une écorce rugueuse; la grappe jaunit; elle est peu juteuse; elle reste petite. Le moyen de guérison est celui qu'a indiqué Enoch : c'est de faire bouillir ensemble de l'huile, du vin et de l'eau en poussant à une forte ébullition; et on enduit la vigne de ce mélange, encore chaud; suivant un autre, on fait un mélange complet d'huile et de vin (qui peut suffire).

Sagrit prescrit de perforer la tige et la partie la plus épaisse

(1) Les vignes atteintes de ce mal étaient dites par les Grecs *ἀστροπλήγες ἄμπελοι*, *Géop.*, V, 36, et par les Latins *vites siderata*; mais Pline, par *sideratio*, entend seulement les accidents déterminés par les influences météorologiques, XVII, 37, 4, p. 84. Hard. Théophraste, *Hist. Plant.*, V, 16, en parle à peu près dans les mêmes termes que Pline, qui paraît l'avoir traduit. Voir Agr. Nab., mss. B. I. f. 226 v°, dont ce passage est extrait.

de la vigne, en faisant traverser le trou de part en part, et d'y introduire un morceau de chêne taillé en forme de cheville. Ou bien aussi on creuse dans le sol un trou dans lequel on introduit un morceau de chêne qu'on attache à la souche de la vigne; on amoncèle la terre par-dessus; on verse de l'eau salée et de l'eau dans un mélange bien intime (1). Iambouschad dit : On peut guérir cette maladie de la vigne, si pendant huit jours, de deux jours l'un, on verse de l'urine humaine sur le tronc; c'est très-utile dans l'espèce. (Cf. *Géop.*, V, 36.) On met une interruption de huit jours, ensuite on prend du *dibs*, دبس; c'est du miel de datte; on le délaye dans l'eau, on le remue bien, afin d'opérer un mélange qui ne soit ni trop liquide, ni trop épais; on en frotte la tige et les grosses branches de la vigne.

Koutsami dit : Quand on a dissous du miel de datte dans du vinaigre de vin, très-acide, en parties égales, et qu'on a, avec ce mélange, enduit la vigne, si ensuite, prenant une certaine quantité de glands de chêne, qu'on les brûle, qu'on en recueille la cendre, qu'on mouille avec de l'urine de vache, et si on répand ce mélange sur le pied de la vigne, à deux reprises différentes, on fait une opération utile. Il en est qui disent qu'on guérit le *rougeau* avec de l'urine de vache mêlée de vin qu'on verse sur le pied de la vigne, et dont on arrose les grosses branches: c'est encore très-avantageux. Certaines populations de la basse Chaldée versent sur le pied des vignes qui sont dans cet état de la *piquette* (*litt.*, eau de vin), et l'arrosent constamment avec le même liquide jusqu'à ce que la nuance rouge ait disparu entièrement des feuilles et des vrilles, et que la peau qui s'était séparée (du bois) s'y soit fixée de nouveau, ou bien qu'elle soit tombée et remplacée par une autre qui a pris sa place (Agr. nab., f° 227, v°). Koutsami dit (Agr. nab., *ibid.*) : Ce traite-

(1) Nous avons introduit ici une correction, nous guidant sur le ms. de l'Agr. Nab. f° 227 r°, et sur les *Géop.*, *loc. cit.* Nous avons lu ماء البحر au lieu de المري; les *Géop.* portent : θαλάττιον ὕδωρ, *aqua marina*. Cependant, le texte, qui est conforme à l'Agr. nab., pourrait être conservé en traduisant *eau-mure, eau salée*.

ment, prescrit par Enoch et Thamitri le Chananéen, est applicable aux régions froides; mais celui qui convient pour les régions plus chaudes doit être différent, et alors les vignes (rétablies) vivent longtemps). — Maladie nommée *saqem* سقم (*étiolement*). On dit que la vigne est *saqim* سقيم, quand elle est *étiolée*. Les symptômes de ce mal sont que le raisin cesse de se montrer et que la vigne est entièrement stérile; s'il se montre des grappes, elles ne portent qu'un grain de la grosseur d'un grain de sésame ou de chènevis; puis elles se dessèchent insensiblement et meurent. Le traitement à appliquer pour une vigne atteinte de cette maladie, c'est de réunir en tas le sarment qui a été coupé pour la taille; on y ajoute une certaine quantité de feuilles: on y mêle quantité égale de chêne sec ou de platane; on y met le feu jusqu'à combustion complète; on recueille les cendres, qu'on met dans un vase de verre ou dans une jarre de terre cuite. On verse sur cette cendre de l'eau douce; on opère le mélange (en remuant) avec un morceau de bois: on arrose, avec ce mélange, qui n'est pas épais, la tige de la vigne et les grosses branches. Cette opération fait cesser l'étiolement, Dieu aidant (Agr. nab., mss. f° 228 v°). Iamboushad dit : Moi, je conseille de remplacer l'eau par du vinaigre fort et piquant. Suivant Thamitri, le remède, c'est de verser sur la souche de l'urine humaine seule et d'arroser la partie du plant qui s'élève au-dessus de la souche; en répétant plusieurs fois l'application du procédé, on obtient le retour de la végétation (*litt.*, guérison).

Suivant Sagrit, on rogne la vigne attaquée d'étiolement, à une coudée ou deux au-dessus de la surface du sol, sans rien laisser de plus. (On déchausse le pied), on mêle la terre qui en provient avec de l'engrais convenable à la vigne; on remplit la cavité d'une couche peu épaisse de ce mélange, sans remplir entièrement: on arrose avec de l'eau. On laisse ensuite en cet état jusqu'à ce que la végétation s'établisse; on conserve les pousses vigoureuses, et l'on détache à la main ce qui est trop grêle, pour le rejeter de côté: voilà le moyen curatif efficace dans ce cas ; ce qu'on emploie en place, comme la cendre et autres substances pareilles, n'est qu'un palliatif (*litt.* atténue le mal).

Quant à moi, dit Koutsami, j'ai expérimenté que si on arrose (avec l'arrosoir) la vigne étiolée en usant de l'urine humaine, et qu'on en répande constamment sur la souche ou le pied, on fait cesser le mal ; l'opération est excellente et elle ramène une santé parfaite (Agr. nab., mss. 228 v°). La maladie qu'on nomme *accidentelle*, عارض *ahridh*, est de deux espèces : la première, qu'on appelle proprement *accidentelle*, c'est la plus grave (la grande), et l'autre, qu'on nomme simplement la *maladie*, est moins grave (la petite). On observe dans la première les symptômes suivants (Agr. nab., f° 229, v°) : le raisin se dessèche ; d'abord on le voit frais, sans que rien annonce de maladie, et, lorsqu'il est arrivé à la grosseur d'un pois ou un peu plus, il commence à sécher insensiblement, jusqu'à ce qu'il soit séché en totalité. Voici, suivant Sagrit, le remède à appliquer : quand le grain a atteint la grosseur d'un pois et qu'on voit les premières traces de dessèchement, il faut enlever ce qui au milieu de la grappe se trouve atteint, puis projeter sur ce qui est en contact avec les parties attaquées de la cendre de sarment bien détrempée avec du vinaigre (1). Koutsami ajoute : Nous avons fait l'expérience de ce remède, et nous avons reconnu qu'il arrêtait le dessèchement du raisin. On rend le procédé complet, si on prend de la cendre de sarment et de rameaux de vigne non dépouillés de leurs feuilles, avec des cendres de carthame *carthamus tinctorius*, Linn.), la tige et la plante, telle qu'elle est. On réunit ensemble ces deux espèces de cendre en ajoutant du vinaigre, du plus fort qu'on puisse trouver, mêlé d'huile d'olive ; on rend le mélange complet ; puis on en frotte les bran-

(1) Nous avons, ici encore, introduit une modification : c'est une phrase qui se lit dans le mss. de l'Agr. Nab., f° 229 v°, qui complète le sens qui sans cela est peu saisissable. شمراخ, que nous avons vu employé pour le spadice du palmier femelle, dans lequel le fruit est encore à l'état rudimentaire, paraît ici désigner les petites grappes qui, par leur réunion, composent l'ensemble de la grosse grappe qui est le raisin, *racemus*, عنقود. V. *Géop.*, V, 31.

ches dans les parties épaisses ainsi que le pied de la vigne; quant à ce qui est plus mince, on l'arrose avec la même préparation amenée à l'état liquide ou de bouillon; par cette opération on éloigne le fléau, la volonté divine aidant.

Massi et Iambouschad (1) disent qu'on guérit cette maladie accidentelle en arrosant avec de l'urine de chameau et d'homme la partie inférieure et ce qui, dans la souche, s'élève au-dessus du sol, trois fois par jour, pendant sept jours; l'urine ne doit point être récente; si on n'en a point d'autre, on y mêlera une certaine quantité de graine de moutarde pilée et on fera infuser pendant trois jours (avant d'en user), en l'exposant au soleil.

Enoch dit : On prend de l'amande de noix; on la pile avec du marc d'huile d'olive, en poids égaux; on éclaircit le mélange avec du vinaigre de vin de bonne qualité, de manière à l'amener à un état aussi liquide que l'eau (2); avec ce mélange on arrose la vigne, souche et rameaux; on répétera l'opération pendant vingt jours, sans interruption. Le mal disparaîtra; la vigne reprendra de la force et donnera un produit plus abondant, sain et plus juteux. Le même Enoch dit encore : Vous pouvez, si vous le désirez, déchausser le pied de vigne attaqué de la maladie, verser sur la souche de la lie d'huile d'olive mêlée de vinaigre; la lie d'huile devra dominer dans le mélange; au bout d'une heure, vous donnez un arrosement avec de l'eau. Le mélange s'attachera aux racines vers lesquelles il pénétrera à l'aide de l'eau. Ce procédé fera cesser la maladie et (le commencement de) la dessiccation qui s'était manifestée.

Koutsami dit : Tous ces procédés de médication et la manière de les appliquer sont très-bons ; nous en avons fait l'expérimentation, et nous les avons trouvés parfaits. Le *meradh*

(1) On lit dans le mss. A. N. Massi le Syrien, et Iambouschad (fol. 230 r°).

(2) Le texte d'Ibn-Al-Awam porte, كالماء, comme de l'eau; le mss. A. N. porte الريق, comme l'eau qu'on boit à jeun; nous pensons qu'il faut lire comme plus haut كالمرق, comme du *bouillon*, ce qui, à cause du mélange, est plus logique.

الحرض ou *étiolement*, qui est le second degré de la maladie accidentelle, présente les symptômes suivants : quand on coupe un des rameaux de la vigne, on voit s'écouler un liquide en excès, renfermé dans l'intérieur ; ce liquide, retenu dans la vigne, lui est très-nuisible ; quand il prend son écoulement (de lui-même), il lui est encore funeste en ce qu'il l'affaiblit. Le moyen curatif, c'est de faciliter l'écoulement de ce liquide surabondant ainsi accumulé dans la vigne et de la ramener à une condition moins lymphatique. Voici en quoi il consiste : on pratique des incisions sur la tige, mais nullement dans les endroits desquels sortent les rameaux ni aucune des pousses ; on fait (donc) des incisions dans l'intervalle des nœuds, sur la tige, dans les parties les plus épaisses et dans le milieu des rameaux les plus longs et les plus forts ; on prépare ainsi des plaies (artificielles) pour donner écoulement à cet excès d'humeur lymphatique. Il faut bien se garder de couper avec la serpette (1), ni d'enlever par éclat aucune branche, parce que le liquide, prenant son écoulement par la coupure ou l'ouverture faite en éclatant, amène l'affaiblissement de la vigne, tandis que l'écoulement qui a lieu par les incisions et les plaies artificielles, loin d'être pour la vigne cause d'affaiblissement, est, au contraire, très-profitable. En même temps, quand l'écoulement a lieu, on fournit au plant de vigne de l'engrais doux et non brûlant ; ce dernier est celui dans la composition duquel entre l'engrais humain, la colombine et toute autre substance très-chaude. (L'engrais doux) est composé de bouse de vache mêlée de quantité égale de terre meuble ramassée là où se font les dépôts d'engrais. On déchausse donc la vigne et on remplit la cavité avec ce compost ; on ne doit, en aucun cas, user de l'engrais ni d'aucune substance par pulvérisation. Il faut, au contraire, l'éloigner de la vigne avec le plus grand soin. Vingt-huit jours après que les incisions et plaies artificielles ont été pratiquées, on prend de la lie d'huile d'olive, dans laquelle on introduit de l'amande de noix ou de pistache pilée, suivant ce qu'on aura sous la

(1) On se sert du couteau en bois de lentisque dont il est parlé plus loin

main, et une certaine quantité de farine d'orge. Si ces objets manquent, faites bouillir la lie d'huile isolément jusqu'à une certaine réduction : puis, avec cette préparation refroidie, on enduit les ouvertures et plaies factices. Si, au bout de quelques jours encore, on voit l'écoulement se prolonger assez fortement, on enduit les ouvertures par lesquelles il a lieu, au-dessus, au-dessous et tout à l'entour, en forme de cercle. Si l'écoulement n'a plus lieu, mais qu'il reste une sorte de larmoiement, on se contente d'appliquer la préparation sur une partie seulement de ces ouvertures (1).

Enoch, Thamitri et Iambouschad disent de pratiquer des plaies artificielles dans les parties qui avoisinent les yeux, dans les parties épaisses, moyennes ou délicates de la vigne attaquée, avec un couteau bien affilé de bois de lentisque, en produisant une forte plaie, en enlevant l'écorce et même une portion de bois. C'est dans l'intervalle de deux yeux et à proximité de l'un d'eux que doit se pratiquer cette excoriation. On prend ensuite de la cendre de sarment, de la glu et de la gomme ammoniaque en parties égales; on triture la glu jusqu'à ce qu'elle soit dissoute : on l'arrose d'un peu de vinaigre, de façon qu'elle en soit bien pénétrée; puis on introduit la cendre et la gomme peu à peu, en arrosant toujours avec du vinaigre, et opérant une mixtion telle qu'aucune substance ne puisse être distinguée et que l'ensemble ait la consistance et l'apparence d'une sorte de julep épais ; on ne cesse de remuer et d'arroser de vinaigre, de manière à amener cette préparation à la consistance de l'oxymel; on en frotte ensuite les fentes et les plaies. On étend d'une certaine quantité d'eau et on verse sur le pied de la vigne : ce procédé lui procure un très-grand bien. On peut user de cette préparation depuis adar (mars) jusqu'à la

(1) Vid. *Géop.*, V, 38. *De lachrymantibus vitibus*, que reproduit Pallad., feb. 30. Ibn-al-Awam a fondu ensemble deux recettes analogues pour abréger. Le remède principal, suivant Ibn-Waschiah, a été déduit par Sagrit de ce qu'il avait appris de Kamasch-al-Néhry, mss. A. N., f° 231 r° et v°, citation de Kout-ami

moitié du mois de nisan (avril) (V. Agr. nab., mss. 231 v°, et 232 r°).

Thamitri dit (Agr. nab., 232 r°) : Quand on ajoute à la préparation de l'huile d'olive et de l'eau, et qu'on les mêle intimement ensemble, elle contient un principe de vitalité (de régénération) pour la vigne desséchée, privée de sève qui semble morte, au point qu'on la considère seulement comme du bois à brûler ; elle rend la vie à cette vigne qui se revêt de feuilles et donne un bon produit, la volonté divine aidant. (Moyens curatifs) pour les (maux causés par) les vents froids ou pernicieux : Ce qui contribue à éloigner des arbres les effets délétères du froid excessif causé par ces vents, c'est de déposer au pied de l'engrais humain mêlé de pareille quantité de colombine, de crottin de mouton, de fiente de chauve-souris et de marc d'olive, toutes ces substances étant en pareille quantité et exposées assez longtemps à la putréfaction, jusqu'à ce que les vers s'y montrent. On applique ce compost sur la racine de la vigne après l'avoir déchaussée, en l'employant à combler la cavité avec la terre végétale. On verse par-dessus de l'eau chaude mêlée d'huile d'olive et d'eau douce après mélange complet. Puis des hommes, en nombre suffisant, ayant rempli leur bouche de ce mélange, le projettent sur la tige et les branches. L'opération doit être faite par des individus ayant passé la soixantaine. Si l'arrosement se faisait autrement qu'avec la bouche, le remède ne produirait aucun effet, ni grand, ni petit. (On opère encore ainsi) : On réduit en cendre les branches provenant de la taille de la vigne ; on en dépose dans la cavité du déchaussement pour la combler ; on donne d'abord de l'eau ; quand elle a été absorbée par la terre et qu'elle a pénétré jusqu'aux racines de la vigne, on répand ces cendres par-dessus ; cette préparation est d'une efficacité particulière pour combattre les altérations provenant des causes énoncées.

Les *brouillards*. Sachez, dit Koutsami, que les brouillards continus et intenses sont très-nuisibles à la vigne à cause de l'humidité qui alors règne dans l'atmosphère. Le remède à employer dans ce cas, c'est de préparer un certain nombre de bottes de roseaux qu'on allume, et des valets en pareil nombre les portent la nuit dans l'intervalle des vignes; on répète pendant plusieurs nuits l'opération, et le mal que les brouillards avaient pu causer disparaît. Si on élève les vignes sur de grands arbres, on prévient tous les effets délétères du brouillard. C'est donc un moyen de prévenir les vignes contre les effets des mauvaises odeurs, des vapeurs nuisibles, de les faire monter sur des arbres, et même, si l'arbre possède une propriété styptique, la vigne et le raisin seront garantis des attaques des vers.

L'*ictéritie*, jaunisse, اليرقان, *al-iarqân*, est une maladie qui attaque une partie des arbres et la plupart des plantes et des semis. Suivant Koutsami (mss. A. N., fol. 236 v°), voici quels sont les symptômes de cette maladie dans la vigne : on la voit se faner, devenir flasque et sèche. Une partie du fruit tombe successivement, ou bien la vigne perd une certaine portion de ses feuilles, ou bien encore elle n'absorbe point l'eau qu'on fait arriver sur le pied; la nuit on observe un excès d'humidité qui n'est point une conséquence de la rosée nocturne, car les feuilles semblent avoir été arrosées. Quand ces symptômes, ou le plus grand nombre, se trouvent réunis dans un plant de vigne, sachez bien qu'il est frappé d'ictéritie. Cette maladie fait aussi invasion sur les palmiers, par suite d'excès de fumure. La plupart des hommes appliquent au palmier l'engrais humain et la colombine, deux substances qui sont chaudes. Les symptômes de l'ictéritie dans le palmier sont les suivants : on remarque au pied une teinte jaune; la couleur verte des feuilles s'affaiblit. Un remède contre l'ictéritie (en général), c'est de prendre cette plante nommée *concombre d'âne* (*Momordica elaterium*, Linn.), tiges et feuilles, de la calaminte aussi, les branches et les feuilles (1). On pile ces plantes, on les agite (*litt.* on les mêle) dans l'eau complétement, de façon à en extraire toute la force, puis on use de cette eau pour arroser la vigne et les autres plantes (atteintes) avant le lever du soleil; aussi-

(1) *L'Agr. nab.*, mss. f° 236 dit, v° *coloquinte*.

tôt que la lumière solaire devient plus intense (*litt.* s'étend), on cesse tout arrosement. Ce remède est un des plus énergiques dans son efficacité et pour la guérison du mal.

Il faut, dit Sagrit, prendre du bois de figuier et de chêne et les faire brûler jusqu'à ce qu'ils soient réduits en cendre. On fait bouillir ces cendres pendant une heure dans de l'eau douce, qu'on emploie pour arroser la vigne, le palmier ou tout autre arbre atteint de cette maladie, qu'on ne doit point manquer d'arroser par aspersion avec cette préparation. Le même Sagrit ajoute : Il faut appliquer sur le pied de la vigne de la bouse de vache particulièrement, mêlée de terre végétale pulvérisée ; on le fait constamment pendant trois jours ; puis on cesse de le faire. Iamboushad (mss. A. N.) dit : On fait brûler dans le foyer des maisons, ou dans tout autre, du bois de figuier ou de vigne ; on en recueille toutes les cendres, qu'on projette comme pulvérisation sur la vigne et les autres plantes affectées de la jaunisse. Ce procédé éloigne tout mal, Dieu aidant de sa volonté. Vous pouvez encore, si vous voulez, faire bouillir ces cendres dans l'eau jusqu'à ébullition ; on laisse ensuite refroidir ; puis on arrose (par aspersion) la plante et les racines ; le résultat est bon, car le mal et ses traces disparaissent entièrement.

On peut encore, dit Sagrit, faire des fumigations dans les vignes malades avec de la bouse de vache et des tiges de cédratier garnies de leurs feuilles et même une certaine quantité du fruit, le tout étant sec en somme ; toutes les parties de l'arbre sont utiles et efficaces. Iamboushad a donné la description de ce remède (pour être employé) pour le traitement de la jaunisse dans le palmier, le cédratier, le froment, quand ils en sont atteints.

On lit dans l'Agriculture nabathéenne, que l'invasion de la jaunisse est précédée de signes météorologiques l'annonçant à l'avance (mss. Agr. nab., fol. 234 r°. *fin*). Ce sont des phénomènes qui apparaissent dans l'atmosphère : ainsi, c'est une rougeur qui, parfois, se montre dans une partie quelconque de l'horizon ; parfois elle n'apparait point, mais l'observateur voit la nuit des espèces d'éclairs sillonner l'air dans divers points isolés. Parfois, ce sont comme des rayons lumineux qui apparaissent séparément : ils ne sont point apparents dans le jour, mais ils sont très-visibles dans l'obscurité. On voit aussi dans l'atmosphère des bulles (*litt.* des grains) d'eau rouge qu'on prendrait pour des apparitions qui se montrent et qui disparaissent, et qui échappent rapidement aux regards du spectateur ; elles frappent subitement la vue. Ces signes précurseurs se montrent la nuit, depuis le neuf jusqu'au dix-neuf du mois lunaire, et, si des rougeurs (ou signes analogues) apparaissent dans d'autres temps, ce ne sont pas ceux qui pronostiquent l'apparition de l'ictéritie. Il faut en dire autant des rayons de lumière, des globules d'eau rousse, quand on les voit à d'autres époques que celles indiquées ; ils n'ont pas plus de signification que la rougeur atmosphérique. Mais, quand ces pronostics sont persistants et de longue durée, ils sont souvent les indices de ces fléaux pestilentiels imminents pour les hommes. Ainsi, quand on voit apparaître ces pronostics, il faut d'avance prendre ses précautions contre les dégâts que peut amener l'ictéritie, à l'aide des moyens que nous avons indiqués.

La flaccidité (1). C'est, dit Sagrit, une des maladies les plus mauvaises pour la vigne. Son invasion est indiquée par les symptômes suivants : les feuilles attaquées commencent par blanchir ; toute la nuance verte disparaît ; le blanc commence à faire son apparition sur le dos de la feuille, puis il s'étend et finit par l'envahir tout entière ; le rameau de la vigne (dans sa jeune pousse, est d'une flaccidité qui n'est point habituelle ; elle se montre avec une teinte noire quand la flaccidité est

(1) الاسترخاء Agr. Nab., mss. fol. 237 v°, Περὶ ῥυάδων ἀμπέλων, *de vitibus defluis*, Géop., V, 29. Cette maladie de la vigne semble avoir une grande analogie avec celle attribuée à l'*oïdium*. Ces remèdes nabathéens, qui ont pour base la soude et la potasse, ont de l'analogie chimique avec celui proposé par le frère Théophile, des Écoles chrétiennes de Périgueux, cité par l'*Indépendance belge* du 17 août 1858.

très-intense. Le moyen curatif, c'est de délayer de la cendre de sarment avec du vinaigre de la plus grande force, jusqu'à ce que le mélange soit amené à la consistance de sirop de violette; puis on en frotte la tige de la vigne et les grosses branches et le bois. On en prend ensuite une certaine quantité qu'on étend d'eau pour le rendre liquide; puis on en arrose le pied. On fait ensuite arriver au pied de ce même cep une quantité d'eau suffisante pour qu'elle puisse y séjourner et fournir à bassiner légèrement tout l'ensemble du plant; ce procédé est très-efficace.

Sagrit dit (*Ibid.*, fol. 238 r°) avoir expérimenté ce procédé, c'est-à-dire versé avec succès de l'eau de mer sur le pied de cette vigne malade, en même temps qu'il en bassinait le plant en entier. Il faut encore que le vigneron se hâte de retrancher les grappes attaquées, ou tout ce qui en elles peut l'être; c'est fort utile. Il faut aussi enlever la partie des rameaux voisins de la grappe, ainsi que les feuilles, avec beaucoup de précaution; puis on crache sur la plaie elle-même occupée par la grappe. L'Auteur ajoute : Le remède le plus efficace contre cette maladie, c'est la cendre et le vinaigre préparés comme nous l'avons dit plus haut; usez-en avec persistance, et il fera cesser complétement la flaccidité et le larmoiement, Dieu aidant.

Pourriture du fruit. Sagrit dit (Agr. nab., mss., fol. 238 r°, *Géop.*, v, 41) que parmi les maladies qui attaquent la vigne il y en a une qui fait que le fruit pourrit et se gâte quand il est déjà un peu mûr; sa couleur passe au noir ou prend une autre couleur, qui n'est point celle habituelle du raisin. Les symptômes qui indiquent l'invasion de cette maladie dans une vigne, c'est que l'observateur remarque une espèce de sueur qui se montre sur les parties faibles et peu développées des feuilles et des branches, vers la fin du jour environ, après la neuvième heure, (sueur qu'il ne faut pas confondre avec) celle qui se voit au commencement de la journée, qui est un reste de la rosée de la nuit. Quand ces symptômes se manifestent, et que la grappe commence à se gâter vers la queue, il faut prendre du pourpier en assez grande quantité, en exprimer le suc et le mêler avec une certaine portion d'eau d'orge épaissie (1), et avec ce mélange frotter le pied, le bois et toutes les parties épaisses de la vigne. Quant aux grappes qui commencent à se gâter, on les frotte avec le suc de pourpier seul, sans addition de l'eau d'orge concentrée. Ce remède sera employé avec persistance jusqu'à ce que le mal ait cessé. On peut encore, à l'usage de cette préparation, allier le procédé suivant : on prend de la cendre de sarment bien sain; on la délaye avec de l'eau, et avec ce mélange on frotte la tige de la vigne, en même temps qu'on en bassine les feuilles; on applique au pied de la cendre seule; ou mêlée de sable; une autre fois, on use du sable tout seul, mais leur mélange est préférable. On peut, au lieu de cendre de bois, user, pour cette maladie, de cendre de courge, plante et fruit, qu'on mêle à de la cendre de myrte; c'est encore un procédé très-bon et très-salutaire si on mouille ces cendres avec de l'eau douce, qu'on en projette sur la vigne et qu'on en butte le pied. Si on emploie simultanément tous ces moyens, c'est-à-dire la cendre humide, l'arrosement et le dépôt sur la souche, c'est ce qu'il peut y avoir de plus efficace pour la médication (*litt.* plus curatif).

Koutsami dit qu'on voit dans les vignes plantées dans ces terres humides, légèrement saumâtres, que nous avons dit être bonnes au palmier, la grappe se gâter par moitié, tandis que l'autre partie qui tient à la queue s'affadit ; cette maladie est causée par un excès d'humidité du sol et la salure qui s'y mêle. Le remède à ce mal, c'est d'enlever toutes les feuilles qui sont à l'entour de la grappe et les pousses accessoires (2) qui souvent se développent sur le sommet dans le voisinage des yeux, d'où sortent les grappes; alors le vent vient les frapper directement, sans que rien s'interpose, et le mal disparaît

(1) Le texte dit *bouillie d'orge* ; nous n'avons pas pu admettre cette traduction littérale, qui donnerait une prescription presqu'impossible à exécuter. Les *Géop.* parlent seulement du suc de pourpier, V, 41.

(2) Pousses anticipées, *éperons* dans quelques vignobles.

rapidement et dans un espace de temps très-court. Seulement, Sagrit recommande de laisser à la naissance (*litt.* la tête) de chaque grappe une feuille qui forme un écran ou store protecteur contre la chaleur du soleil quand elle est en excès.

Koutsami dit que, si par ce procédé on ne fait pas cesser la maladie, il faut qu'un certain nombre d'hommes prennent en main des roseaux, qu'ils les allument et les approchent des grappes qui commencent à se gâter; en répétant cette opération plusieurs fois dans une semaine, le mal cessera. On peut user pour cette opération de toute autre matière combustible, et procéder comme il a été dit (1). Il arrive quelquefois que, lorsque la pluie est tombée sans interruption au printemps, le raisin est attaqué de cette maladie, et dans ce cas on recourt au remède, indiqué précédemment, d'enlever toutes les feuilles qui avoisinent les grappes pour laisser au vent un libre accès sur elles ; si le procédé est insuffisant, on a recours au feu, qu'on allume à l'entour de la vigne et qu'on gouverne de façon qu'il forme une flamme montante, pour que la vigne n'ait point à souffrir d'un excès de chaleur, ce qu'on obtiendra à l'aide d'un feu conduit avec prudence et modération. On laisse la cendre sur place et l'on arrose à la suite.

Surabondance de sève, افراط الرطوبة (mss. 238 v°, *Géop.*, v. 40). Une des choses nuisibles à la vigne, dit Sagrit, c'est la surabondance de sève; ce qui l'indique, c'est la grande quantité de rameaux qui se produisent et la rapidité avec laquelle ils s'allongent. La cause de cet état est la même que celle qui produit la pourriture du fruit, c'est-à-dire un excès de chaleur avec une surabondance de fluide séveux qui n'est point naturelle. Le moyen de remédier à cet accident, c'est de tailler court; le vigneron rogne d'abord les brins les plus longs, puis ceux qui viennent après pour la longueur, puis enfin ceux qui suivent en troisième ligne. On emploie la serpette pour les grosses branches; les petites, on les enlève à la main, de telle sorte qu'il ne reste plus qu'une faible quantité de brins, c'est-

(1) Ce procédé est ce qu'on appelle le *flambage*.

à-dire ceux qui sont rigoureusement indispensables. Ce mode de taille doit suffire pour arrêter cette exubérance de végétation (*litt.* le mal). Mais, si on n'a pas un bon résultat, il faut recourir au sable pris dans le lit des courants (ou des rivières) qu'on rapporte au pied de la vigne. Ce qu'on peut rapporter de plus avantageux, ce sont des pierres blanches ou du gravier de même couleur pris dans l'eau; car, quand cette pierre ainsi disposée au pied de la vigne a reçu l'eau d'irrigation, elle devient fraîche et communique à la vigne cette fraîcheur qui arrête cet excès de sève (1).

Un écoulement d'humeur permanent est nuisible à la vigne. Un écoulement d'humeur constant et abondant (dit Koutsami) est funeste aux arbres, aux plantes, aux légumes et aux végétaux odorants; souvent il les fait périr, parce qu'il s'établit à la suite une pourriture qui détruit la couleur et qui altère le goût, surtout si cet écoulement s'est fixé sur le tronc et s'il est très-fort; si, pourtant, il n'est que passager, loin d'être nuisible, il pourrait au contraire dans certains cas être utile à l'arbre. Les symptômes qui révèlent cette altération, quelle qu'en soit la cause, c'est la perte qu'éprouve le végétal de sa couleur naturelle, de son odeur et de sa saveur. Voici encore un mode d'expérimentation pour reconnaître l'existence de la maladie (qui nous occupe); on s'assure de l'odeur des feuilles et de celle des rameaux, puis on flaire un individu bien sain; si les deux odeurs sont semblables, c'est qu'il n'y a point de mal; de même, on fait la dégustation du sujet (sur lequel on a des doutes) en même temps que l'on fait celle d'un sujet bien sain; on constate les rapports, et le traitement se règle en conséquence. Si l'altération présente peu de gravité, on peut l'arrêter; s'il y en a beaucoup, l'art est impuissant; il faut arracher le sujet et le remplacer. Quand la pourriture causée par l'écoulement ou tout autre mal de ce genre est faible, on peut y remédier si après avoir employé les moyens pour

(1) Ces procédés se trouvent indiqués dans les Géop., *loc. cit.*, et dans Pallad. Novemb., 9. Agr. nab., mss. f° 238 v° et 239 r°.

l'arrêter on donne au sujet un arrosement léger avec de l'eau douce, car l'eau ne doit point séjourner sur la souche plus d'une demi-heure et même moins; un seul instant (même peut suffire). On opère ainsi : le premier jour on fait arriver l'eau qu'on arrête et qu'on détourne (promptement) de la souche du sujet. Deux jours après, on donne un arrosement plus large et plus abondant que le précédent. Souvent on mouille les feuilles de la vigne ou des arbres souffrants ; pour le palmier on verse l'eau doucement sur le pied ; puis on a soin de donner une culture selon la convenance et qui se continue jusqu'à ce que l'arbre soit revenu à son état normal, Dieu aidant.

Blessures et plaies. Koutsami dit : Il arrive quelquefois que les vignes sont blessées et endommagées par les houes et les autres instruments en usage pour les déchaussements et serfouissages ; voici le mode de traitement à employer : il faut voir si la plaie est au-dessus du sol ; dans ce cas, on rapporte de la terre végétale très-fine, à l'état de poussière, à laquelle on ait mêlé du crottin de chèvre ou de brebis également pulvérisé. Le premier est préférable, si on le détrempe avec de la lie d'huile d'olive et de l'eau douce ; on lui donne une certaine liquidité, et l'on en frotte les plaies et les blessures ; on donne un serfouissage et l'on rapporte la terre mêlée de crottin et pulvérisée que nous avons indiquée. Si la plaie se trouve dans l'intérieur du sol, on rapporte dessus de la terre végétale et de l'engrais. Ce découvert (*litt.* fouille), fait pour rapporter sur la vigne blessée (le mélange indiqué), doit avoir peu de profondeur et plonger beaucoup moins que dans tous les autres cas. On traite avec précaution les vignes blessées, parce que les plaies leur causent toujours de l'affaiblissement. Koutsami dit qu'on traite les plaies et les blessures dont les vignes sont affectées avec de l'eau, de l'huile et du vinaigre amenés à l'état de mélange intime, soit en les exposant au feu et les portant à l'ébullition en même temps qu'on remue (sans interruption), soit en agitant fortement dans une bouteille de verre : mais le premier moyen est préférable (*Géop.*, V, 42; Pallad. Mart. et mss. A. Nab., fol. 239 r°).

La *gelée* frappe aussi les vignes et autres végétaux ; celles qui en sont le plus affectées, ce sont les jeunes vignes qui ont moins de six ans, et celles qui sont plantées dans des parties froides. Les vignes plantées de chapons ou crossettes sont plus susceptibles aussi d'être gelées que celles plantées avec leurs racines. Ces dernières, en outre, donnent un produit plus abondant, plus gros, et dès la seconde année on obtient du fruit. Koutsami dit : Parmi les soins de précaution que nous avons employés pour écarter les mauvais effets de la gelée, c'est la taille tardive, vers l'époque où la végétation commence à s'établir (A. Nab., mss. f° 142 v°).

Iambouschad dit que quand on croit la gelée imminente il faut prendre du bois de tamarisc, du bois de myrte, les brûler ensemble jusqu'à ce qu'ils soient réduits à l'état de cendre blanche qu'on répand sur la vigne à l'heure de la journée qu'il plaira ; cette cendre tombant sur le bourgeon et les branches de la vigne en éloigne les effets de la gelée, et, s'il y a eu une invasion quelconque, les effets délétères en sont neutralisés (A. Nab., *Ibid.*, *Géop.*, V, 32).

Koutsami dit : Si cela peut vous être agréable (*litt.* si vous voulez), voici un procédé justifié par l'expérience. Il consiste à brûler les vrilles (*litt.* les attaches معاليق) et les queues sans les feuilles ; on ajoute pareille quantité de terre végétale réduite en poudre sur laquelle se soit fait sentir pendant quelque temps l'influence du soleil levant, et qu'on a prise en pleine campagne ou dans un endroit désert. On effectue le mélange bien intime de ces substances, on en saupoudre la vigne, et en même temps on en dépose au pied, après l'avoir déchaussée et fouillée à plusieurs reprises, une certaine quantité, environ un demi-rotl (0,185 gr.). Cela fait, on rapporte la terre végétale ; ce procédé prévient le mauvais effet de la gelée, Dieu le voulant.

Tamitri (A. N., 242 v°) dit que lorsque la vigne a été attaquée par la gelée, au point qu'il en soit résulté un grave dommage, et que le produit en ait éprouvé une forte réduction, ou même qu'il ait été détruit (en partie), il faut, s'il reste encore du raisin, le faire tomber en totalité, ensuite procéder à une seconde taille, dans laquelle on tient les branches très-courtes pour leur faire prendre de la force, et alors, la seconde année, on verra se produire du raisin aussi beau qu'il soit possible, et en grande abondance. Il en est qui disent que, parmi les procédés efficaces contre la gelée et ses dégâts, il en est un qui consiste à faire dans la vigne des fumigations la quatrième nuit du mois lunaire avec des déjections d'animaux domestiques. L'efficacité du procédé est d'autant plus grande, que c'est la quatrième nuit que le froid se produit avec plus d'intensité ; et cette efficacité se fait sentir, surtout si la vigne a poussé beaucoup en automne. Il en est qui disent que si on sème des fèves dans l'intervalle des cépages, on n'a pas à redouter les mauvais effets de la gelée.

Les *chancres*, الأكال, d'après l'Agriculture nabathéenne, attaquent les jeunes plantes, et rongent les rameaux qui sont en contact avec la terre affectée de salure, (même quand elle est) minime et que le sol est exempt de mauvaise odeur, ce qui arrive aussi quand la couche végétale est mêlée d'engrais (en excès) ; on guérit le mal en semant entre les cépages de la courge, du melon, des haricots ou du pourpier qui font cesser l'érosion et le mal. Le chancre causé à la vigne par l'excès d'engrais (énergiques) et autres causes se traite par l'application d'une grande quantité d'engrais adoucissants, comme il a déjà été dit.

Les *vers, fourmis, charançons, coléoptères* ou *scarabées*. Koutsami dit, dans l'Agriculture nabathéenne (mss. f° 249 v°), que les insectes (vers) qui s'engendrent dans la vigne sont au nombre de trois espèces : un ver qui ressemble à la chenille qui attaque les légumes, sinon qu'il est plus gros et qu'il a une bouche plus large et qu'il est d'un aspect bien plus hideux. Sa couleur est verte, mêlée de jaune ou de quelque nuance analogue. Il ronge la vigne et les parties vertes de l'extrémité des branches. Il y a une espèce (la seconde) qui n'attaque pas le raisin, mais seulement le bois de la grappe ; pourtant il arrive qu'il le fait. il attaque souvent les vrilles de la vigne. Ce ver est le plus petit et le plus mince de corps ; il porte une queue qui secrète une humidité de laquelle s'exhale constamment de l'odeur ; la couleur de ce ver est variable ; ainsi, quelquefois, il est tout blanc ; d'autres fois, il est d'une nuance qui tire sur le noir, sans pourtant qu'il le soit ; on en voit aussi dont les côtés sont marqués de petits points noirs ; d'autres fois, on les voit cendrés, passant au blanc. La troisième espèce attaque le pied et les racines de la vigne, et quelquefois les branches. Cette espèce est la plus rare, et la plus hideuse de forme ; elle est de la couleur de la terre avec une légère teinte rouge. Un moyen énergique pour opérer la destruction de ces trois espèces d'insectes nuisibles, c'est de prendre de la coloquinte, de l'euphorbe pythuse, connue sous le nom d'arbre du *somrâ* (1), du concombre d'âne (*momordica elaterium*, Linn.) ; on les fait sécher, on les pile, on les réduit en poudre fine, on fait bouillir dans l'eau avec du vinaigre et du sel jusqu'à la complète évaporation de l'eau ; on rapporte ensuite de la nouvelle eau, du vinaigre et du sel écrasé ; on expose au feu et on fait bouillir comme la première fois ; puis on recommence pareille opération une troisième fois et même une quatrième. Il faut que le liquide recouvre un peu les substances triturées qui doivent être en poudre très-fine ; on pousse donc l'ébullition jusqu'à ce que l'eau soit complétement évaporée et que la substance ait acquis la consistance du miel ; (quand elle est dans cet état) on prend de cette préparation et on en enduit la partie épaisse de la vigne ; sa force monte jusqu'aux rameaux et éloigne les trois espèces d'insectes mentionnées plus haut, qui s'enfuient à cause d'elle. Si, quand la préparation est arrivée à la consistance du miel, on y ajoute une quantité de goudron égale au quart du tout,

(1) شجرة السمراء, *schadjerat as-samerâ*, *l'arbre sombre*; quelques lignes plus bas on lit : الحشيشة المسمّاة بالسمراء, l'herbe nommée *as-samrâ*. Le mss. A. N. (f° 250 r°) lit : الصفرا, *al-çaphrâ* qui, suivant Castel, *lex. hept.*, est une herbe douée d'une propriété laxative ayant des feuilles comme celles de la laitue. On trouve aussi, t. II, p. 240, le *haschisch as-samrâ*, indiqué dans le même cas Banqueri traduit par *jonc*; il faudrait alors الصمار. Marcel, Voc. franç. arab., c'est le *Mimosa unguis cati* suivant Forskhal, *Flor.*, Ægypt. arab., CXXIII, 178.

qu'on remue bien, de façon que le mélange soit complet, et qu'on l'emploie pour enduire la tige de la vigne, on éloigne non-seulement les vers, mais encore les fourmis, les scarabées et tous les insectes qui causent du dommage aux vignes; si on plante à côté de chaque cep de vigne trois ou quatre pieds de cette herbe nommé *as'samra*, ils éloignent tous les insectes (petits animaux), oiseaux, vers et autres. Il est dit dans l'Agriculture nabathéenne que, pour écarter et chasser les fourmis, Adam prescrit de prendre de l'origan de montagne, de la rue sauvage et du soufre; on triture toutes ces substances pour les bien mêler, puis on répand cette poudre à l'entour de la fourmilière, et alors les fourmis abandonnent la place pour toujours (1). L'odeur de cette préparation est mortelle pour tous les petits animaux, fourmis et insectes en général. Quant aux *cantharides* et aux *renards*, on lit dans l'Agriculture nabathéenne que, vers la fin du printemps et dans le commencement de l'été, on voit paraître des cantharides vertes qui se jettent sur les grappes et qui les dévorent, ce qui est très-mauvais pour la vigne. Le procédé pour les éloigner, ainsi que tous les insectes grands et petits, c'est de prendre de la momordique (concombre d'âne), de la coloquinte mâle, de la bouse de vache, du tout parties égales, les triturer, verser de l'eau dessus, triturer encore, et longtemps, jusqu'à ce que le tout soit aussi liquide que l'eau; avec cette composition on arrose la vigne, la tige et les branches, pendant trois jours de suite, puis on cesse entièrement : on verra périr toutes les cantharides et autres insectes sans qu'il en reparaisse (davantage).

On trouve encore dans l'Agriculture nabathéenne, qu'on éloigne les cantharides si on en prend un certain nombre pour faire des fumigations qui chasseront les autres; si on y ajoute de la bouse de vache, l'effet sera bien plus énergique (2).

(1) Agr. nab., ms. f. 256 v°, et Géop., XIII, 10, p. 266, d'après Paxamus.

(2) On trouve des procédés pour la destruction des cantharides et les autres insectes nuisibles à la vigne qui se rapprochent plus ou moins de ce qu'on lit

Quand on opère avec de la racine de momordique piquante, on met en fuite les cantharides, les guèpes et tous les insectes ailés.

Jambouschad dit que toutes les plantes odorantes comme la rose, la mousse, le costus, et autres plantes analogues éloignent toutes les *cantharides* des vignes et des légumes, quand on fait des fumigations avec ces plantes ; en somme, tous les aromates sans exception et les bonnes odeurs tuent ces insectes (1). Les *araignées* sont chassées par la fumée des substances que nous avons indiquées, et qui mettent en fuite les animaux nuisibles, comme le fait aussi le chou et autres. Dans les livres de Kastos et de Cassius, on lit que si on pratique dans la vigne des fumigations avec de la bouse de vache et du *bazird* بازرد, qui est la poix, les cantharides fuiront. Pour les *punaises*, les petites espèces qui *se tiennent cachées* à la manière des petits reptiles et qui se forment sur le bois, sur les roseaux formant les treillages auxquels on attache les vignes (2) et qui se portent ensuite, en rampant, sur les produits de la vigne et les rameaux, ce qui les écarte et les fait périr, c'est ce procédé : on prend quelques-uns de ces insectes, on ajoute de la lie d'huile d'olive, et avec ce mélange on fait une fumigation dans le lieu infesté par ces insectes et ils prennent la fuite. Si on pétrit la bouse de vache avec de l'huile d'olive, la fumigation avec ce mélange les met en fuite, les tue et les fait tomber. On emploie aussi la momordique épineuse, la plante tout entière, tiges, feuilles et racines ; on la pile, puis on ajoute de l'eau et on fait bouillir; on arrose avec ce mélange le bois de l'arbre ou

ici, dans l'Agr. nab., mss. f° 248 v°, et 249 r°, Géop., V, 49 et XIII, 16, et dans Pallad., I, 35, 4. Comme toujours, Banqueri traduit par *francolinos*, parce qu'il lit : دراريج, au lieu de ذراريح. Nous y reviendrons en traitant de la synonymie de ces insectes en général.

(1) Agr. nab., 259, r° 20 ; Géop., XIII, 16, citent cette assertion d'après Aristote, V. *de mirab. auscult.*, et II vol., 737, Dur., 159, édit. Io. Beckmann, C. Élien, *Hist. anim.*, III, 7.

(2) Géop., XIII, 15 ; Agr. nab., mss. f° 259 v°, qui ajoute : Il faut expulser ces insectes qui se portent, etc.

de la vigne sur lequel sont ces punaises; elles prennent la fuite et tombent mortes toutes sans exception. Ou bien, prenez de l'eau d'un puits, qu'on vient de tirer, jetez-y une poignée de sel, faites bouillir pendant une heure et pendant que le liquide est tout chaud, arrosez-en les punaises, elles périront toutes. La punaise n'attaque pas le tamarisc ni le cyprès.

Au nombre des accidents qui viennent attaquer la vigne et qui demandent un traitement, c'est celui qui, d'après l'Agriculture nabathéenne, vient frapper les jeunes plants qui, déposés dans des fosses peu profondes ou dans des terres trop légères, sont exposés à ce que le pied se dessèche promptement. Le moyen de porter remède à cet accident, c'est de déchausser et rapporter de la terre végétale et du fumier en abondance pour protéger le jeune plant contre la chaleur et l'extension du desséchement; puis on donne de l'eau, si faire se peut. Il arrive aussi que les jeunes plants, lorsqu'à l'époque de la plantation on n'a point pratiqué une fosse assez profonde et qu'ils ont passé la quinzième année et qu'ils entrent dans la seizième, ou à peu près, envoient leurs racines soit à la surface du sol à nu, soit assez proche de la surface. C'est un inconvénient auquel on peut remédier en enlevant la terre et coupant ce qui se trouve apparent à la distance d'une à deux coudées ($0^m,462$ à $0^m,92$) mesurées à partir de la naissance du pied; puis on creuse, pour recevoir ces portions de racines, de nouvelles fosses au pied, à la profondeur de deux coudées; ces fosses doivent avoir peu de largeur; on y fait pénétrer, en les courbant avec précaution, ces racines tronquées; ensuite on recouvre de terre. Alors celles-ci sont étendues toutes droites dans le sol comme des espèces d'appendices (*litt.* de cornes). Il faut opérer de la même manière sur les vignes vigoureuses qui portent sur sept racines ou à peu près; quand elles se trouvent dans les mêmes conditions, cette opération leur donne de la vigueur. Il faut donc porter son attention sur les racines des jeunes plants de vigne quand ils ont déjà poussé également (de chaque côté) et que, deux mois environ après la seconde année commencée, ils lancent dans le sol leurs racines qui se portent de tous côtés ; il faut alors retrancher tout ce qui se montre à la surface du sol, ou à sa proximité, avec la pointe d'une serpette bien affilée. Cette opération sera d'une grande utilité pour le jeune plant dont les racines plongeront promptement dans les profondeurs de la terre ; et alors, acquérant plus de vigueur de ce côté, le développement sera plus rapide, et les racines mieux fixées dans le sol, parce qu'un seul pivot sans division vaut mieux pour un plant de vigne qu'une souche divisée en plusieurs parties. Dans ce cas la force non partagée entre diverses ramifications a plus d'énergie.

On lit dans l'Agriculture nabathéenne que l'écoulement lymphatique (*litt.* de l'humidité) qui a lieu par les yeux de la vigne peut être guéri, ou par l'ablation des yeux ou sans cette ablation. Souvent cet écoulement est le résultat de la pourriture des yeux, ce qui est nuisible au plant. On remédie à ce mal, en prenant de la lie d'huile d'olive qu'on fait bouillir avec des feuilles de menthe, sans y mettre de sel, et qu'on applique sur la coupure (pratiquée par l'ablation si elle a lieu), ou bien sur le point larmoyant. Si, par hasard, on a planté de la vigne dans une terre de mauvaise nature et sèche, très-pauvre en principes alimentaires, on y remédie en appliquant un engrais de bouse de vache, de crottin de chèvre, et en donnant beaucoup d'eau. Ce procédé ramène de la vigueur dans la vigne. Il arrive aussi que la vigne et d'autres végétaux sont privés d'une partie de leur terre végétale par suite de l'érosion des eaux, ou par toute autre cause ; l'étiolement et la langueur s'ensuivent ; la production du fruit est retardée et réduite dans la quantité et la qualité. Le remède est, dans ce cas, de rapporter de la terre végétale prise ailleurs ; on peut aussi la prendre dans le voisinage, puis on l'applique au pied du plant dénudé ; si on ajoute de l'engrais, c'est très-bon, et l'arbre en acquiert de la vigueur et sa condition en est améliorée.

Ce qui, suivant le même traité, est un remède utilement appliqué aux arbres contre l'étiolement, la langueur et les accidents qui dérivent d'une sécheresse très-intense, de la diminution de produits et autres affections de ce genre, c'est le procédé suivant : on cueille une certaine quantité d'olives avant qu'elles aient atteint leur grosseur, lorsqu'elles ne sont encore que du volume d'un haricot, ou même un peu moins, et toutes vertes; on les pile dans un mortier de pierre; on les mouille avec de l'eau de pluie en petite quantité, après les avoir mises dans un vase propre. On couvre le vase et on laisse les choses en cet état pendant quatorze jours; on pile de nouveau, on en exprime le jus très-fortement, et le liquide est reçu dans un vase propre. On recommence la trituration et la pression, qu'on répète jusqu'à ce qu'il ne reste pas (une goutte) de liquide. Celui-ci est tenu dans un vase, dans un endroit frais et humide, pendant vingt-huit jours, et alors on peut l'employer. Cette préparation jouit d'une propriété merveilleuse (pour son efficacité) sur les arbres, les plantes, et même sur les hommes. Toutes les fois qu'on veut pratiquer une greffe et qu'après avoir coupé la branche de l'arbre qui doit la recevoir on enduit la plaie de la coupure avec ce liquide, il en sortira un résultat tel qu'on peut le désirer, Dieu aidant. Si dans l'irrigation des légumes on introduit de ce liquide, au poids de cinq dirhems, (12 grammes 72) faisant arriver l'eau en petite quantité vers la plante (potagère), elle la rend plus nourrissante, plus belle et d'une mastication plus facile, traversant aisément l'estomac. Chose (remarquable) entre plusieurs autres. Cette quantité de cinq dirhems qu'on doit ajouter à l'eau d'irrigation est indiquée pour dix *djarib* de légumes (1); on augmente ou bien on diminue selon le plus ou le moins d'étendue de la surface. Ainsi quand on voit un grand arbre qui périt et souffre de sécheresse et de défaut d'eau, soit que cet état dure depuis long-

(1) جريب pl. أجربة, *djarib*, *adjribah*, nom d'une mesure de capacité appelée aussi *garib* par M. Vasquez-Queipo; suivant ce savant et tous les lexiques, c'est l'équivalent de 384 *mouds* ou 284 litres 264. V. Vasquez Queipo, Mesures des anciens, II, p. 75 et 254. Ce nom a ensuite été appliqué à la quantité de terrain qu'on peut ensemencer avec cette mesure. Nous l'avons déjà vu, p. 58. Ici Banqueri changeant le texte traduit par *un dixième*, s'il peut avoir logiquement raison, il nous semble en opposition avec la grammaire.

temps, soit qu'il vienne de tout autre accident subit et imprévu qui cause cette langueur et cet étiolement qui le font dessécher, on prend cinq dirhems de liquide (indiqué plus haut), on y mêle un rotl (366 grammes 45) d'eau pure et douce, et avec ce mélange on arrose (avec l'arrosoir), largement et avec beaucoup de soin, cet arbre, tous les deux jours; cet arrosement étant répété dix fois, l'arbre reviendra à la vie. Quand l'olivier, le palmier ou toute autre espèce d'arbre ou plante que ce soit, souffre d'un excès de sécheresse (dans sa végétation) ou qu'il en résulte une diminution dans son produit, ou quand la chaleur les accable, ou encore s'ils ont été atteints de coups de soleil, on mêle trente rotls d'eau douce à cinquante rotls et deux mitskals de la préparation liquide indiquée, ensuite on arrose le pied de l'arbre ou de la plante; les effets de cet excès de chaleur disparaissent, la végétation se montre et le végétal revient à la vie, et il conserve un état de beauté et de vigueur qui le rend moins accessible aux effets de la sécheresse.

Un autre agronome, parlant des remèdes à employer dans les maladies des arbres, dit, en traitant de la vigne, que quand un cépage donne peu de fruits, il faut, avec un coin de fer, pratiquer une fente dans laquelle on introduit une pierre, par-dessus déposer de l'urine vieille, mêlée d'engrais vieux et de terre prise à la surface du sol, l'appliquer à la partie superficielle de façon à bien couvrir la fente qui contient la pierre. On fait cette opération en automne (Cf. Géop., V, 35). Quand on voit les feuilles devenir rouges, on fait dissoudre du sel dans l'eau qu'on emploie pour arroser (Géop., *ib.*, 36). Il en est qui disent d'arroser avec de l'eau de mer. D'autres veulent qu'on fasse un trou avec une pointe et qu'on y introduise une petite cheville de chêne, puis qu'on couvre le tout avec de la terre végétale.

D'après Ibn-el-Facel quand la vigne est attaquée du *rougeau*, par suite de quelque accident fâcheux, il faut pratiquer au pied un trou qui traverse de part en part; on y introduit une cheville de chêne et le résultat est bon. Quand la vigne est malade, il faut lui fournir un engrais composé de paille de fèves, ou de lentilles, ou autre de plantes légumineuses; c'est très-bon. D'après Ibn-el-Façel, la vigne devient fertile quand on amende le sol avec de la colombine. Le remède à appliquer à la vigne frappée de langueur, c'est d'employer de la cendre de sarment ou de chêne, celle des deux qu'on aura à sa disposition; on y mêle du vinaigre, on en mouille la tige et la condition s'améliore. Il est encore utile, pour la vigne en cet état, de recourir à l'urine humaine qui donne un très-bon résultat (Géop., V, 37). Si les feuilles ont été brûlées par le soleil dans le cours de l'été, on déchausse le pied, au mois de janvier, profondément; tous les mois qui suivent, on fait aussi un déchaussement en donnant un serfouissage; ce procédé est efficace; seulement il faut donner de l'eau à plusieurs reprises, si faire se peut. Les vignes qui sont le plus exposées à cette sorte d'accident, ce sont celles qui sont dans des terrains meubles comme du terreau ou du gravier, ou bien dans une terre végétale de mauvaise nature dans le voisinage des rivières ou dans le fond des vallées; les vignes sur les hauteurs n'en sont jamais atteintes.

On voit parfois, dit Abou'l-Khaïr, à la suite de la taille, l'écorce des cépages se soulever, devenir rugueuse et se détacher en petites pelotes (1). Il faut, dans ce cas, donner une culture profonde, avant que la végétation s'établisse, et aussitôt qu'on remarque quelque chose de semblable, l'enlever à la main ou bien avec un petit morceau de bois trempé dans l'huile; puis on jette (ces pelotes) dans un vase à large ouverture contenant de la lie d'huile d'olive. Il ne faut pas négliger cette précaution ni laisser à la partie blanche le temps d'éclore dans l'intérieur des feuilles; il faut, au contraire, couper la feuille et la jeter hors de la vigne; car, si on omet de le faire, ce

(1) Le texte laisse à désirer pour la correction. Banqueri a rejeté ces mots : يمسح كب comme ne donnant pas de sens Nous les conservons en lisant : يمسخ كبا, *elle est transformée en pelotes*. Il n'est point douteux qu'il ne soit question de ces petites boules qui renferment des œufs d'insectes, qui après leur éclosion se portent sur les feuilles.

corps blanc devient un ver qui attaque la feuille et le raisin. Quand la vigne est retardée dans sa végétation, elle ressemble à l'homme dont l'estomac est impuissant à digérer les aliments. Le remède à employer dans ce cas, c'est de gratter le tronc avec une serpette bien affilée, quand on ne veut rien couper; mais, quand on veut le faire, on pratique la coupure sur la racine la plus forte; on prend ensuite de l'eau d'olive qu'on fait bouillir jusqu'à réduction de moitié, puis on en frotte la plaie causée par la coupure. Quand on voit que sur un cépage le fruit se gâte et la feuille blanchit, se dessèche et que les jeunes pousses se couvrent de tubercules, il faut délayer de la cendre dans du vinaigre et en frotter la cépée dont le fruit se dessèche; si le cépage est petit, on frotte le pied avec du jus de pourpier. Quand le plant de vigne pousse avec trop de vigueur et donne plus de branches que de coutume, il faut enlever les branches qui sont en excès pendant qu'elles sont tendres, *c'est-à-dire ébourgeonner;* c'est une opération très-profitable; on déchausse le pied et on rapporte à l'entour du sable de rivière et de la cendre (Cf. Géop., V, 40). Quand on voit la vigne éprouver de l'altération, on délaye de la cendre de chêne et de sarment, et, avec ce mélange, on frotte le pied du cep.

Il en est qui disent qu'un pied de lis (1) active la végétation de la vigne. Quand le figuier perd ses feuilles, on déchausse le pied qu'on enduit avec des fèves pilées et délayées dans de l'eau, puis on ramène la terre par-dessus. Il en est qui disent que lorsqu'on voit qu'un figuier perd ses feuilles, il faut percer au pied un trou dans lequel on enfonce une cheville de chêne ou de tel autre bois qui plaira.

Kassius dit que si on déchausse le pied d'un arbre pour l'arroser avec de l'eau dans laquelle auront trempé des feuilles

(1) Le texte porte اصل, *litt. souche, tronc*, ce qui semble indiquer qu'on doit traduire السوسن, par *iris*, puisque cette fleur porte aussi ce nom en arabe; il semble que s'il eût entendu parler du *lis*, il eût employé le mot بصل, *oignon, bulbe*.

d'olivier, ce sera un préservatif efficace contre l'invasion des vers (et des chenilles) et de beaucoup d'accidents fâcheux ; d'autres disent que le produit en devient plus abondant.

Il en est qui disent que si on plante au pied d'un arbre un bulbe de scille marine, il est garanti des accidents qui pourraient l'attaquer. — Quand on voit un arbre malade, il faut délayer de l'engrais humain ou du crottin de chèvre dans l'eau et en arroser l'arbre plusieurs fois, et alors il revient à la santé. La colombine produit le même effet pendant la saison froide.

Il y a, dit-on, encore un moyen d'éloigner les chameaux et les bœufs, et même, ajoute-t-on, d'empêcher toute espèce de bétail de brouter le figuier et les autres arbres : c'est de délayer dans l'eau de la fiente de chien de façon à la rendre liquide, et d'en arroser les feuilles des arbres ; les animaux domestiques ne s'en approcheront point ; ou bien on peut faire cuire dans l'eau la tête d'une chèvre grasse ; on prend la partie graisseuse qui s'élève au-dessus, on en arrose les feuilles qui seraient à la portée du bétail, ou encore on fait fondre de la graisse de chèvre sur le feu, dans de l'eau qu'on emploie de la même manière. Ces deux dernières substances sont bien préférables à la fiente du chien, parce que l'humidité ou la pluie détache celle-ci des feuilles, et, quand il vient à en tomber quelque chose sur les parties encore tendres des bourgeons, elle les brûle, et (de plus) il faut recommencer plusieurs fois l'opération, tandis qu'avec la graisse il en est tout autrement. Toutes ces prescriptions et assertions, dit l'Auteur, sont vraies et confirmées par l'expérience. Quelquefois, à la graisse de la tête de chèvre (1), on ajoute de la graisse de porc ou de la graisse de petit chien (obtenue par la cuisson); on y mêle de l'urine humaine, ou simplement de l'eau, puis on arrose les feuilles avec ce mélange; ou bien on imbibe de cette graisse des loques qu'on attache à l'arbre, et les animaux domestiques n'en approchent point à cause de l'odeur. On arrose dans l'été, en raison du

(1) ودك, c'est la graisse obtenue par la cuisson, et cette couche mêlée d'écume et de graisse qui s'élève sur l'eau dans laquelle on fait cuire de la viande.

peu d'humidité (du sol), et les feuilles montrent une belle végétation en même temps que le fruit gagne en qualité. Quand on sème ou bien qu'on plante des légumes sous un figuier, et qu'on donne des arrosements en abondance et beaucoup d'engrais, le fruit en souffre : il noircit, le ver l'attaque, et sa maturité est retardée ; il n'y a d'exception que pour les jeunes arbres ; (quant aux autres), leur racine se gâte et les vers les font promptement périr.

Kastos dit que si on plante près de la surface du sol dans le voisinage d'un figuier un bulbe de scille, c'est très-avantageux pour lui. Il dit aussi qu'il est très-utile pour le mûrier de verser sur son pied de la lie de vinaigre ; la maturité du fruit est accélérée, et la feuille est de meilleure qualité pour le ver à soie.

L'*Olivier*. L'Agriculture nabathéenne dit que si, sur un olivier qu'on plante, on attache avec un fil de laine un morceau de fer, quelle qu'en soit la dimension, ce procédé aide beaucoup à la croissance de l'arbre, lui fait pousser de belles branches, et éloigne en même temps tout danger. Quand cet arbre commence à donner du fruit, c'est-à-dire à partir de deux ans jusqu'à cinq, si on recueille ce fruit prématuré et qu'on l'enfouisse au pied de ce jeune arbre, il lui fournit de la nourriture (*litt.*, il l'engraisse), il active sa croissance, lui fait produire de belles pousses et prendre un bel aspect, Dieu aidant. On lit dans l'Agriculture nabathéenne que, lorsqu'on voit un olivier languissant (1), il faut allumer au-dessous un grand flambeau pendant les nuits du sabbat, celles des jours premier, deuxième et troisième (samedi, dimanche, lundi et mardi) ; on arrose l'arbre en projetant dessus de l'huile d'olive étendue d'eau : à la suite il reprendra son premier état et sa vigueur.

Il en est qui disent que, lorsque l'olivier est malade et que les moyens curatifs sont sans action, on dépose au pied des olives vertes et nouvelles ; on les y laisse toute une année ; on

(1) Nous avons ici rectifié le texte, aidé du mss. de la Bib. imp.

les répand ensuite et on donne une bonne culture, et alors l'arbre revient à la santé et à la vigueur. Sachez, dit l'Agriculture nabathéenne, que la maladie (la plus) dangereuse pour l'olivier, c'est quand il éprouve une sécheresse excessive; c'est pour lui une cause de mort, aussi bien que pour tous les arbres. L'olivier est encore sujet à la jaunisse ou ictéritie, qui attaque les feuilles des parties tendres des branches du sommet. Il arrive souvent que les extrémités des rameaux prennent une teinte jaune moins prononcée que celle des feuilles, et dans ce cas elle disparaît à la suite des fortes pluies qui surviennent et par des irrigations d'eau douce, à l'aide de courant qu'on fait passer pendant plusieurs jours, et en bassinant en outre chaque jour les feuilles avec de l'eau mêlée d'un peu d'huile; le résultat est très-utile.

J'ai vu, dit l'Auteur, sur la montagne d'Alscharta, de jeunes arbres, oliviers et figuiers, chez lesquels déjà des feuilles étaient devenues blanches et tombaient. On disposa pour eux des buttes (circulaires) travaillées comme les clôtures en terre, allant en s'amincissant par le haut, comme un entonnoir renversé sur son ouverture; ces buttes s'élevaient à la hauteur de quatre empans (0m,924) sur la tige de l'arbre (la garnissant); cette opération a été d'une grande utilité; la teinte pâle a disparu et les arbres sont revenus à un état de santé. J'ai encore vu de jeunes oliviers et figuiers qui s'étiolaient la seconde année de leur plantation; on leur donna une culture profonde à la bêche; les figuiers reprirent vigueur, les jeunes oliviers continuèrent à s'étioler. On redoubla les irrigations sans résultat utile; alors on déchaussa le pied de quelques-uns, et l'on trouva que quelques racines avaient été coupées par la bêche, parce que les racines de l'olivier s'étendent en affleurant la surface du sol. La culture profonde n'avait causé aucun préjudice aux figuiers, parce que leurs racines plongent dans la profondeur du sol. On éleva donc pour ces jeunes oliviers les buttes ou banquettes indiquées plus haut; ils reprirent de la vie et se rétablirent entièrement d'une manière visible. Ces banquettes restèrent plusieurs années jusqu'à ce que les pluies les eussent détruites. Ainsi il faut user du même procédé pour tout arbre qui s'étiole, et le résultat sera bon.

Le pommier est sujet à être attaqué par les vers ; dans ce cas, on déchausse le pied, on verse dessus de l'urine de chèvre jusqu'à ce que le terrain soit bien trempé. On laisse l'arbre déchaussé pendant quatre jours, puis on donne de l'eau douce pendant cinq ou six jours, au coucher du soleil, de façon à bien imbiber le sol. Si, au moment de la plantation, on frotte le pied du jeune arbre avec du fiel de bœuf, le fruit n'est jamais piqué du ver. Il en est qui disent que si on plante à proximité du pommier un bulbe de scille marine, qui est l'oignon au rat, le fruit ne sera jamais attaqué par les vers, et que jamais la feuille ne tombera (V. *Géop.*, X, 18).

Kastos dit que l'urine humaine convient beaucoup au pommier et qu'elle lui est très-profitable contre l'invasion du ver (dans son fruit) (1). Le crottin de chèvre délayé dans du vieux vin de raisins secs et répandu sur le pied d'un arbre préserve le fruit de la piqûre du ver ; il devient au contraire rouge et gros. Kastos dit encore : Quand un arbre est malade et qu'il s'étiole, il est très-avantageux, pour lui, de délayer de la fiente de pigeon dans de l'eau et d'en arroser le pied. Parmi les procédés qui garantissent le fruit du pommier de l'invasion des vers, c'est d'en déchausser le pied et de verser sur les racines de l'urine humaine à laquelle on a mêlé de l'engrais, et le septième jour on donne une irrigation avec de l'eau douce au coucher du soleil. On traitera le poirier de la même manière quand il sera frappé des mêmes accidents. Quand l'araignée a étendu ses fils sur le pommier (2), on fait cesser cet accident en déchaussant les racines avec précaution pour n'en couper aucune : on dépose à l'entour de l'arbre de la cendre amoncelée, puis on arrose largement de manière que les racines

(1) Nous avons rétabli ce membre de phrase à l'aide du mss. de la Bib. imp.

(2) On voit qu'il ne peut être question ici de rien autre chose que de ces fils dont s'enveloppent plusieurs espèces de chenilles, formant ce qu'on appelle *fourreaux* de chenille. Cette prétendue maladie a de l'analogie avec l'*arachnion* de Théophraste. H. R. H., IV, 17.

soient bien mouillées, prenant toujours bien garde de ne leur causer aucun dérangement ; on ramène la terre enlevée, puis on a soin d'arroser ; à la suite, l'arbre reprendra de sa belle végétation et sa fertilité (habituelle); ce procédé est, dit-on, très-bon et très-connu (1). Si on déchausse le pommier et qu'on applique sur les racines du crottin de chèvre, puis qu'on arrose avec de l'eau, c'est très-profitable et le ver n'attaque pas le fruit.

Suivant l'Agriculture nabathéenne, le pommier est sujet à des accidents qui amènent la diminution de son produit ou de l'altération dans quelques-unes de ses conditions et de son état habituel. Un remède commun pour ces divers cas, c'est de prendre de la coque d'amande et mieux encore l'amande elle-même, ou la feuille, ou tout cela ensemble ; on les triture séparément ou réunis dans une proportion indiquée ; on fait un mélange avec de la bouse de vache toute récente et telle que l'animal la rend, sans ajouter aucune autre substance liquide ; on enduit avec cette préparation la tige (2) de l'arbre et les principales branches ; par ce moyen, on fait disparaître toutes les maladies qui peuvent attaquer chaque espèce.

Suivant Kastos, un procédé pour rendre les fruits du pommier plus sucrés, c'est d'arroser les racines avec de la lie de vin vieux (après les avoir mises à découvert), puis de ramener la terre par-dessus. Un moyen, dit-on, de rétablir un pommier qui a été frappé de quelque accident fâcheux, c'est de prendre du crottin d'âne tout frais, de le diviser dans un vase, verser de l'eau dessus à la quantité d'une jarre pour en arroser l'arbre pendant sept jours, puis on donne une irrigation à l'eau pure (Cf. *Géop.*, X, 18). Cela fait, l'arbre est guéri de tout mal. On peut, dit-on, porter remède à un pommier dont

(1) Nous détachons le passage suivant : « On dit que par certains procédés » (*litt.*, traitements) on peut rendre plus agréable la grenade comme l'*amlissy* » et la *saphari.* » Le texte ne s'y rattache à rien de ce qui précède ni de ce qui suit.

(2) Nous lisons ساق, comme paraît l'exiger le sens logique.

la racine est attaquée par les vers, en déchaussant le pied avec un soc de fer jusqu'à l'extrémité des racines (*litt.* où elles commencent); ensuite, on enlève l'écorce avec précaution, car c'est dans ce lieu-là même qu'on trouve (toujours) le ver (rongeur) et certains autres insectes parasites; on applique ensuite de la bouse de vache fraîche, et l'on recouvre de terre (Cf. *Géop.*, loc. cit.).

Suivant Kastos, un moyen de faire avoir aux pommes et aux pèches une teinte rouge, c'est de répandre autour de l'arbre, quatre fois par an, de l'urine humaine en quantité suffisante pour mouiller sous l'arbre une largeur d'un empan (0^m,231). Le *bananier*, suivant l'Agriculture nabathéenne, est sujet à s'étioler et à être pris de diverses maladies. Le remède à employer contre tout ce qui peut l'atteindre, c'est de déchausser le pied, de répandre dessus de l'eau contenant un mélange formé de la feuille de l'arbre même, pulvérisée avec du crottin de mouton, ou bien encore on arrose les rameaux (les feuilles) avec du vin étendu d'eau, ou bien on les mouille avec de l'eau de pluie et on répand dessus de la terre pulvérisée très-fine.

L'*azerolier* et l'*azederacht*. Suivant l'Agriculture nabathéenne, ces deux arbres sont sujets à des maladies qui attaquent les arbres et qui les déforment ou les font étioler; dans ce cas, le remède c'est de déchausser le pied et de pratiquer à l'entour une ouverture d'un pied et d'y verser du sang de mouton mêlé d'eau chaude; l'eau doit être dominante. On répète l'opération trois fois, soit plus, soit moins, suivant que la condition du sujet a dévié davantage de l'état sanitaire normal; à la suite, il reviendra à la vie et reprendra vigueur, la volonté divine aidant.

Quand le fruit d'un poirier est attaqué par les vers, il faut, suivant Ibn-el-Façel, appliquer du fiel de bœuf à la racine, et les vers cesseront désormais d'attaquer les poires (*Géop.*, X, 23; *Pallad.*, 3, 25, 15). D'après l'Agriculture nabathéenne, le remède à employer contre les vers qui surviennent dans les fruits du poirier, du coignassier et autres, c'est d'appliquer au poirier (et aux autres arbres fruitiers) un engrais composé d'engrais humain, de bouse de vache, bien pourris, avec une certaine quantité de la feuille de poirier. On déchausse l'arbre et on accumule au pied une certaine quantité de ce compost qui doit être mêlé de terre végétale pulvérisée bien fine; (ou bien aussi) on prend de la bouse de vache (sèche), on la pile très-bien, on la mèle avec de la poussière ramassée sur les chemins très-fréquentés des villes; on mouille ces deux substances avec de l'eau douce et de la lie d'huile d'olive jusqu'à ce qu'on les ait amenées à la consistance de vin; on en frotte la tige du poirier ainsi que les grosses branches; cette opération leur procure un très-grand bien-être, en éloignant du fruit les vers et la pourriture.

Quant aux soins à donner au poirier, quand son produit éprouve quelque altération dans sa forme ou dans sa saveur, voici en quoi ils consistent : Sachez (d'abord) que les racines du poirier plongent profondément dans le sol; ainsi, quand vous remarquez dans un poirier, soit une diminution dans le produit habituel, soit dans le volume du fruit, ou bien dans le goût, qui de sucré passe à une saveur contraire, rappelez-vous bien que la cause est dans les racines qui ont rencontré un obstacle qui ne leur permet pas de passer outre, ou d'une maladie qui est survenue à l'arbre, et d'après les symptômes, cherchez quel peut être le mal. Or, les symptômes peuvent indiquer une maladie venant de ce que les racines arrêtées dans leur marche ne peuvent s'étendre plus loin; il peut se faire encore que le poirier soit un vieil arbre (ce qui est un indice de plus de la réalité de l'accident). Alors il faut faire un découvert circulaire à l'entour de l'arbre, évitant de couper aucune racine, ni grosse ni petite, et l'on conduit la fouille jusqu'à ce que l'on rencontre la pierre ou tout autre obstacle qui s'oppose à la progression de la racine dans le sol, et alors on détourne cet obstacle de son chemin. Si on ne voit absolument rien, on reporte la fouille à vingt coudées ($9^{m},24$) environ au delà, et l'on opère comme il vient d'être dit; et, si dans ce cas encore vous ne trouvez aucun obstacle, alors soyez bien persuadé que l'arbre est atteint d'une maladie qu'il faut rechercher pour la traiter par les moyens convenables.

Le *coignassier*. Hadj de Grenade dit que quand le coignassier est devenu vieux et que son bois est tout noueux, qu'on voit quelques parties se détruire ou être arrêtées dans leur développement faute d'eau ou de culture suffisante, on remédie à ces accidents en déchaussant le pied au mois de janvier. On prépare un compost formé d'engrais humain vieux, ou qui ait perdu toute son humidité, mêlé à pareille quantité de bois de cendre; on applique sur chacune des racines une couche de l'épaisseur de deux doigts; on arrose largement avec de l'eau, on dépose par-dessus une charge de gravier, puis on recouvre le tout de terre végétale. On arrose avec de l'eau douce, ce qu'on répète six fois par mois, et l'arbre revient à un état de santé (et de vigueur) manifeste. Au préalable, on aura donné la culture qui paraissait la plus convenable. Au mois de mars on donne aussi une bonne culture. Tous ces soins font cesser le mal. Le coignassier ne s'accommode point de l'engrais, surtout quand il est arrivé à ce degré d'altération. Le procédé curatif à employer envers lui est dans ce qui vient d'être indiqué.

Le *grenadier*. Il est très-utile pour cet arbre de planter au pied un bulbe de scille marine; le fruit n'est point sujet à se fendre; suivant Kastos, il se colore d'un rouge plus vif. On dit aussi qu'en plaçant des pierres dans l'intérieur du sol, à l'entour du pied de l'arbre, les grenades ne se fendent point; on a dit encore qu'il en était de même si, en plantant un rameau (bouture), on le met en sens inverse; suivant d'autres, le produit dans ce cas est plus faible. Si on craint, dit-on, que les grenades ne se gercent, on déchausse l'arbre et l'on arrose avec de l'eau mêlée de cendres de bois (1).

Le *cédratier*, le *bigaradier*, le *limonier* et le *zamboa*. Quand

(1) Géop., V, 30, Col., *de Re rust.*, V, 10, 16, et *de Arbor.*, XXIII, 2. Il est à remarquer que l'agronome latin ne dit point de planter l'arbre en sens inverse, mais de retourner la branche à laquelle pend le fruit; *ramulos, quibus dependent, intorqueto*. Les Géop. conseillent *la lessive de bains*, mais pour donner à la grenade une teinte plus vive, X, 29 et 33.

un arbre de l'une de ces espèces est malade, on déchausse le pied et on répand sur les racines de la cendre noire et de la cendre de bains, ou leurs analogues, puis on recouvre de terre et on donne de l'eau. Le bigaradier aime le sang de chèvre tout chaud qu'on verse sur le pied de l'arbre qui devient très-beau, et son fruit prend une teinte rouge, ou, suivant d'autres, le sang humain venant de la saignée au pied ou de l'application des ventouses; toute espèce de sang est bonne, disent d'autres auteurs. Suivant quelques-uns, le pied de l'arbre peut rester découvert, exposé à l'action de l'air pendant plusieurs jours; puis on rapporte la partie noire de la cendre de bains, puis enfin on couvre de terre complétement; ce procédé est très-avantageux.

Suivant Ibn-el-Façel, le traitement à suivre quand ces arbres sont attaqués de l'ictéritie, et que leurs feuilles jaunissent, c'est d'appliquer de la cendre au pied; ce qui est le plus efficace contre l'ictéritie, c'est la partie noire de la cendre des bains, mise à une certaine dose au pied, après qu'on l'a déchaussé; puis on ramène la terre végétale, de façon à combler en totalité la cavité; alors l'arbre reprend sa beauté et sa vigueur primitives. Ce procédé, dit Ibn-el-Façel, est bon et sanctionné par l'expérience. Si son application est sans résultat, on aura recours au sang de chèvre versé sur le pied; si le sang de chèvre manque, on y suppléera par le sang humain tiré du pied au moyen de la saignée ou des ventouses; la guérison devra suivre, Dieu aidant de sa volonté.

Suivant l'Agriculture nabathéenne, le bigaradier, par suite d'un état maladif, demeure stationnaire sans prendre aucun accroissement; le remède est, dans ce cas, de faire un découvert (*litt.* creuser) au pied, et de verser dans la cavité du sang mêlé d'eau chaude ou froide ou de lait de brebis : ces substances conviennent très-bien ; mais ce qui convient mieux encore, c'est le sang humain provenant de saignée ou de l'application des ventouses ; on l'étend d'eau et on en verse pendant quelques jours de suite sur le pied de l'arbre qui reprend vigueur et pousse.

Le *cédratier et le grenadier*. Suivant le livre : *le But et l'explication* d'Ibn-Bisâl, à qui Dieu fasse miséricorde, le remède à employer, quand ces deux arbres sont atteints de la jaunisse, c'est le crottin de poule. On déchausse le pied de l'arbre, on enlève la terre tout à l'entour, puis on applique sur tout ce qui est apparent environ trois mesures, *mouds* (2 litres 064) de ce crottin de poule réduit en poudre; on recouvre de terre le tout et on donne de l'eau ; on répète les irrigations avec soin; ce moyen est très-utile contre la jaunisse, et l'arbre en devient plus productif. Suivant l'Agriculture nabathéenne, le bigaradier est exposé à une maladie causée par le froid excessif, ou la trop grande chaleur ou par d'autres influences. Le moyen curatif, quand le mal est causé par la chaleur, c'est de mouiller les branches et les feuilles avec de l'eau; si c'est le résultat du froid, on emploie de l'eau chaude; on donne un engrais composé de colombine et de terre végétale combinées ensemble par la putréfaction et l'agitation ; pendant la putréfaction on mouille les substances avec de l'eau, retournant constamment le mélange jusqu'à ce que la putréfaction soit effectuée. On peut ajouter à ces deux substances des feuilles de bigaradier qui pourrissent en même temps. Quand la décomposition putride est complète, ce qui s'annonce par la teinte noire de la masse, on retourne sur place, de façon à disposer le fond et la surface pour qu'ils soient en même temps exposés au vent et à l'air pour en opérer la dessiccation. (La préparation étant dans cet état), on ouvre un découvert (*litt.* on creuse) au pied du cédratier, et on remplit la cavité. Parfois on verse sur le pied de l'arbre du sang mêlé d'eau chaude (1) ; ce procédé donne à l'arbre de

(1) Nous croyons devoir introduire dans le texte une rectification que nous semble demander le sens logique, couper la phrase et traduire comme nous l'avons fait en lisant : وقد *et aussi*, au lieu de وقت يصب, *à l'heure où on verse*, etc.—Cette prescription de l'emploi de l'eau chaude s'est montrée déjà plusieurs fois précédemment. Théophraste l'indique pour le thym *ocimuus*, H. P., VII, 5 ; Palladius, *April*, V, 3, 5, et Plin., XIX. 59, répètent la même prescription. Les Géoponiques, XI, 7, indiquent aussi l'eau chaude pour obtenir *des*

la vigueur et produit un résultat qui approche de celui donné par l'engrais indiqué, et qui même est bien plus efficace dans un grand nombre de cas.

Suivant Hadj de Grenade et autres, traitant des moyens curatifs à employer pour le cédratier, quand sa feuille jaunit (et s'étiole), on prend la partie sèche de l'engrais humain, on la réduit en poudre très-fine qu'on passe au crible; on la dépose à l'entour du pied de l'arbre, à la dose de trois mesures (2 lit., 064), après en avoir détourné la terre; on la rapporte ensuite et on donne de l'eau, non en quantité trop abondante, à l'entour du pied, parce que cet arbre ne la supporterait pas. Alors l'état de l'arbre s'améliore et se rétablit complétement. Suivant Ibn-el-Façel, on peut employer le crottin de poule au lieu de l'engrais humain. Suivant l'Agriculture nabathéenne, s'il se manifeste sur le cédratier un état (de souffrance et) d'altération, il faut employer le sang mêlé d'eau chaude, ou même l'eau chaude qu'on verse sur le pied; à la suite on verse de l'urine d'âne.

Le *pistachier*, c'est le *nabeq;* un remède est indiqué par l'Agriculture nabathéenne contre l'invasion de petits vers qui ont la forme de *poux blancs*, qui rongent le parenchyme vert de la feuille, de sorte qu'elle ne paraît plus être qu'une simple membrane blanchâtre; cet insecte ne se voit guère que sur les arbres qui donnent un produit d'une saveur douce-franche. Le moyen curatif, c'est d'enduire la tige de l'arbre et toute la partie du tronc qui se montre au-dessus de la surface du sol avec de la poix. Cette maladie ne se produit point dans l'arbre ainsi enduit. On lit dans l'Agriculture nabathéenne, que pour remédier à ces taches noires (1), qui envahissent les feuilles du pistachier, et le dessèchement qui les atteint, dessèchement

baies de myrte sans noyau. Il nous semble qu'il faut entendre par là de l'eau non froide, peut-être échauffée par le soleil.

(1) Le texte porte السواد, *nigredo*, noirceur. On sait qu'il y a une maladie de ce genre qui attaque les feuilles des arbres. Banqueri lit : الذؤاد, *vermiculi*, petits vers. Il peut avoir également raison.

qui se manifeste surtout en automne, il faut qu'un homme emplisse sa bouche d'une petite quantité d'huile mêlée d'eau chaude. On a, à l'avance, agité ces deux substances dans une bouteille pour obtenir un mélange plus complet. (Ce mélange étant dans la bouche de l'homme) il arrose (en le projetant) l'arbre ; il commence son opération le jour premier (le dimanche) après le coucher du soleil ; le second jour (lundi), au point du jour, il verse de ce mélange sur le pied, l'eau étant chaude ; le troisième jour, dès le matin, il arrose l'arbre avec ce qui peut rester du mélange d'huile d'olive et d'eau. On continue ainsi : un jour mouillant l'arbre, l'autre en versant sur le pied, pendant quatorze jours, ce qui fait sept jours d'aspersion sur l'arbre et sept jours d'arrosage direct (sur le pied). A la suite du traitement, l'arbre revient à lui ; il pousse de nouvelles feuilles et on le voit recouvrer son état primitif.

Palmier. Procédé à suivre quand il produit des fruits trop grêles. Suivant l'Agriculture nabathéenne, on projette sur le régime de la poudre de rose pulvérisée jusqu'à ce qu'il en soit rempli ; ensuite, on agite au-dessus plusieurs régimes de fleurs au moment de la fécondation, de telle sorte que la poussière (pollen) tombe jusqu'à terre (1). Si on manque de roses, on peut y suppléer par des feuilles de plantes aromatiques pulvérisées ; elles y jouissent, pour cela, d'une propriété toute spéciale. Une opération bien utile, quand le dattier ne montre point de fruits succulents (et marchant à la maturité) dans la saison où il en doit être ainsi, c'est de faire, avec des feuilles de cédratier et les parties vertes et en sève de ses branches, une sorte de guirlande qu'on place dans le centre du palmier circulairement.

Le *rosier*. Suivant Hadj de Grenade, le moyen curatif quand le rosier est devenu vieux et que sa tige est toute blanche,

(1) Ce procédé est celui déjà indiqué plus haut, dans le chapitre des fécondations artificielles (p. 577) ; aussi le texte nous paraissant laisser à désirer, nous l'avons modifié en nous aidant du précédent. Seulement ici on recommande de répandre sur le spadice femelle une quantité plus abondante de poussière fécondante.

qu'on n'en peut plus espérer rien de bon, et qu'il n'est plus convenable de le laisser sur pied, ce qu'on peut faire de mieux, c'est de l'arracher au mois de janvier, en enlevant la souche. On nivelle le terrain, sans rien y semer; alors, au mois d'avril, on verra de beaux drageons s'élever des racines de la souche extirpée qui peuvent encore être dans le fond du terrain. Quand, au mois de mai, les jeunes pousses ont atteint une hauteur moyenne, on donne un bon binage, avec une piochette douce, pour nettoyer le terrain de toutes les mauvaises herbes; on laisse en repos pendant huit jours, puis on use de la pulvérisation; on arrose, et la végétation s'établit très-bien, et l'accroissement est rapide. Quand la rose est double, l'arbuste donne des fleurs de la même année; les boutons à fleur se montrent dès la mi-mai, et feuilles et boutons floraux apparaissent simultanément.

Autre procédé. Quand le rosier est seul, sans qu'il se trouve dans le voisinage ni arbre, ni plante d'aucune espèce, ce qu'on peut faire de mieux, c'est de ne point donner d'eau, de façon que les feuilles et les rameaux sèchent complétement et soient grêles (comme un roseau). On opère ainsi au mois de janvier (1), et au mois d'octobre on met le feu; la pluie (qui survient ensuite) fournit une bonne irrigation; le tronc se met à donner des rejets dès le commencement du printemps et l'on voit fleurir des roses (*litt.* il fructifie par les roses).

Le *prunier* nommé Œil-de-Bœuf (prune de Damas). Pour guérir cet arbre des verrues qui se manifestent sur lui, c'est, au mois de janvier, de lui appliquer de l'engrais humain. Ce procédé agit efficacement, l'arbre se rétablit, les verrues disparaissent, et l'écorce redevient lisse. Quand on veut obtenir des prunes plus sucrées, il faut, dit-on, mettre le pied de l'arbre à découvert, percer un trou dans lequel on enfonce une cheville de frêne, et recouvrir de terre; cette opération doit se faire après que la feuille est poussée. Quand le fruit est

(1) C'est-à-dire, sans doute, que c'est à partir de ce mois qu'on cesse de donner de l'eau.

exposé à être piqué du ver, on verse sur le pied de la lie de vin de raisin sec ou de vinaigre. Mais si la prune reste dure comme un caillou, il faut déchausser le pied de l'arbre, ameublir la terre, enlever toute la pierraille, puis la ramener en place.

Le *pêcher*. Quand le fruit du pêcher devient dur (une sorte de concrétion), il faut enlever la terre qui couvre le pied, l'étaler sur le sol, puis la remettre en place; le procédé rendra l'arbre à la santé. Le remède à employer quand le ver (1) attaque la racine du prunier, c'est de l'arroser avec de la lie de vin de raisin sec (après l'avoir mise à découvert), puis on ramène la terre par-dessus. Ce procédé rend le fruit plus doux, en même temps qu'il éloigne le ver. Suivant Kastos et autres, quand le fruit du prunier reste petit et rachitique, et que la cause du mal est dans l'excès de la quantité, il faut, avant la maturité (en faire tomber), alléger l'arbre, et le reste grossira et deviendra beau. Si une maladie en est la cause, il faut déchausser l'arbre auprès de la tige, avec beaucoup de précaution, à la distance de trois empans ($0^m,17$), rapporter de petits graviers de manière à couvrir (l'espace), puis on ramène la terre par-dessus; on arrose tous les quatre jours pendant l'espace d'un mois, et le fruit alors prendra du volume. Il en est qui disent que si on pratique une ouverture dans le bois du pêcher, qu'on en retire la moelle avec précaution, qu'on y plante un morceau de saule, le noyau perdra de sa grosseur. (*Géop.*, X, 16.)

L'*amandier*. Quand on veut que l'amandier à fruits amers donne des amandes douces, il faut percer au pied de l'arbre, au-dessus du niveau du sol, un trou carré, et le résultat sera obtenu, la volonté de Dieu aidant (2).

Le *noyer*. Traitement de la jaunisse qui attaque ses feuilles

(1) Nous lisons الدود, comme l'indique la fin de la phrase, et non الموز, avec Banqueri; un article plus haut a été spécialement consacré au *musa* ou bananier.

(2) Les Géop., X, 69, prescrivent de percer le trou aux *quatre* angles. *Vid.* Théoph., Hist. Plant., II, 8, fin. et caus., Plant., II, 20.

et ses fruits. Quand le noyer est envahi par cette affection, qui s'annonce par une teinte jaune qui se répand sur les feuilles et l'arbre, le remède à employer alors, ainsi que pour toutes les maladies qui peuvent déterminer quelque altération dans son être, c'est d'arroser avec de l'eau chaude qu'on projette sur les branches et sur les feuilles; on verse sur le pied, du sang, quelle qu'en soit l'origine; celui qui peut le mieux convenir, c'est le sang de chameau, en y mêlant de l'eau chaude, avant de le verser sur le pied; c'est très-avantageux et plus convenable pour l'arbre. Il en est d'autres qui disent que si on pratique au pied du noyer un trou qui traverse de part en part et se montre du côté opposé, avec un instrument d'acier, mince, en le faisant porter (*litt.* descendre) vers le pied, la coque de la noix sera mince, facile à briser et le fruit bien sain.

Procédés indiqués dans le livre d'Abou'l-Khaïr pour guérir toute espèce d'arbre du *tafrigh*, التفريغ, qui est la chute des feuilles, et de la jaunisse qui les envahit. On donne, à l'époque où se produit cette chute des feuilles, une culture profonde; on arrose avec de l'eau; l'année suivante, on donne une culture précoce. Parfois, il arrive que la cause du mal est dans les rameaux qui sont trop multipliés. Il faut alors en réduire la quantité et retrancher ceux (surtout) dont les feuilles jaunissent. Mais si le mal vient d'un excès d'irrigation, on y remédie en tenant l'arbre à un régime contraire. On remédie au mal causé par l'intensité du froid, de la gelée, des mauvais vents et de la jaunisse, suivant Hadj de Grenade, en retranchant les parties affectées du froid ou de la gelée, puis on donne une culture soignée, de l'engrais et des arrosements avec de l'eau chaude, jusqu'à ce que l'état soit amélioré et la santé revenue, résultat qu'on n'obtient que si l'arbre est jeune; mais il n'existe aucun remède efficace quand l'arbre ne l'est plus. Quand l'arbre est bien vieux et que la sécheresse s'étend (de plus en plus) sur ses branches, on retranche les parties desséchées, soit en les coupant, soit en sciant dans la partie encore vive. Le meilleur est de couper à la scie le sujet à un empan (0^m,231) au-dessus du sol, à l'automne; on donne une culture soignée et assidue, et l'arbre repoussera rajeuni. Il en est qui disent que la paille de fève mêlée à la terre végétale et déposée au pied de la vigne la préserve des influences du grand froid. Quand on craint pour la vigne les effets de la gelée à cause de la température froide du lieu, il faut prendre de la cendre de tamarisc, la répandre sur le cep; il sera préservé des atteintes du froid; le procédé est sanctionné par l'expérience. Ce qui, suivant Kastos, est efficace pour prémunir la vigne contre la gelée et l'eau qui se glace sur elle, c'est de prendre du crottin des animaux domestiques, qu'on fait sécher; puis on en forme des tas séparés sur divers points de la vigne exposés au vent. La quatrième nuit venue, le froid ayant pris une intensité dont on redoute les conséquences pour la vigne ou pour un arbre, on met le feu à chaque tas pour que la fumée (qui en proviendra) s'étende sur toute la vigne ou (qu'elle enveloppe) l'arbre; ce procédé préservera l'arbre ou la vigne de toute atteinte du froid, quel qu'il soit. Le résultat est le même si on sème dans la vigne de la roquette, et qu'après l'enlèvement de la graine on laisse sur place les branches, les pieds et les feuilles dans leur état naturel; la vigne, cette année-là, sera préservée des maux causés par le froid. Il en est qui disent que des fumigations faites avec du crottin d'animaux domestiques écartent les sauterelles d'une vigne.

La *jaunisse*. Démocrite dit que quand on redoute pour une vigne ou pour un semis l'invasion de la jaunisse, on plante des branches de laurier au milieu du terrain, et le mal ne vient attaquer rien de ce qui peut y être planté, ni vigne, ni semis; mais il se porte sur les branches du laurier exclusivement. Ce qui est bon encore contre l'ictéritie, c'est de faire tremper des racines de câprier dans de l'eau avec laquelle on arrose toutes les parties malades. Les fumigations sont encore très-efficaces; on prend de la corne de taureau, qu'on jette sur le feu avec du crottin de mouton, de façon que la fumée soit portée par le vent du nord sur le semis; cette fumée, en passant sur le semis (ou emblavure), enlève la jaunisse et augmente le produit.

Quand un arbre est frappé d'*étiolement* et de *langueur*, الخجج والتحجر et d'accidents persistants, le moyen curatif est, suivant Abou'l-Khaïr, de détourner la terre qui couvre les racines des arbres atteints du mal, en commençant à une certaine distance du pied, prenant bien garde de léser ni souche ni racine avec le fer de l'instrument ; puis on peigne (en quelque sorte) les racines avec un instrument qui ressemble aux doigts de la main de l'homme (1). On s'en sert même pour arracher les légumes dont on craint de blesser les racines. On laisse les racines de cet arbre découvertes et exposées à l'action de l'air, pendant trois ou quatre jours, puis on rapporte la terre par-dessus. On donne de l'eau à plusieurs reprises successives dans une proportion convenable ; on voit ensuite l'arbre reprendre vigueur. Si le mal était causé par un séjour trop prolongé de l'eau sur les racines de l'arbre, ou parce que la terre serait trop légère et trop maigre, ou pierreuse, ou sableuse, ou entachée de quelque vice analogue, le remède serait dans la culture elle-même et dans les façons réitérées (*litt.* le mouvement) qu'on donnerait au sol, en l'entretenant toujours net par le binage, par l'action (*litt.* la coction) du soleil, et en l'amendant au moyen de l'engrais qui lui est le plus convenable.

Il en est qui conseillent pour un arbre malade de verser sur le pied, de l'eau dans laquelle on a délayé de la colombine. Suivant d'autres, on déchausse les racines, on dépose par-dessus du crottin de chèvre, on donne de l'eau, et ce traitement, très-profitable à l'arbre, éloigne le ver. Voici un moyen de combattre les vers (ou chenilles) quand ils ont attaqué un arbre. Quand les vers ont envahi le figuier, on prend un stylet

(1) Sorte de fourche ou crochet à plusieurs dents, qui ne serait point le *bidens*.

d'or (1) avec lequel on trace sur l'écorce fine de l'arbre ces caractères ـبـ, avec une figure de ver, et tous les vers ou chenilles seront expulsés. — Si, dit-on, les fruits du figuier étaient attaqués par les vers, il faudrait fouiller au pied de l'arbre, mettre à découvert les racines jusqu'à leur extrémité; puis on remplirait la cavité avec de la cendre et on ramènerait la terre enlevée. — Un procédé qu'on présente comme fort efficace contre les vers qui attaquent le pied des arbres fruitiers, c'est de mettre à nu les racines et de projeter par-dessus (la composition suivante) : prendre de la cendre de bains une certaine quantité, un sixième environ de sel, deux parties d'engrais, deux parties de terre de bonne qualité, prise à la surface du sol; on fait un mélange exact des substances; la quantité employée sera en raison de l'état de l'arbre, selon qu'il sera gros ou petit, depuis deux paniers jusqu'à quatre. Si le travail se fait pendant la chaleur, on arrosera avec de l'eau douce.

Macarius (ou Mauritius) dit que si on déchausse un arbre, le pied et les racines, et qu'on les mouille avec de l'eau, dans laquelle on aura fait tremper de la colombine jusqu'à dissolution complète, ou bien si on répand par-dessus de la colombine seule, le ver ne l'attaquera point, Dieu aidant (Cf. *Géop.*, x, 90). — Si on pratique sur le pied de l'arbre une fente, sans qu'elle traverse de part en part, et qu'on la remplisse de sel pulvérisé, qu'on ramène ensuite la terre enlevée, tous les vers (ou chenilles) qui pourraient se trouver sur cet arbre périssent. Il faut employer ce procédé au mois de janvier.

Kastos dit : Quant au ver appelé *Kalb* (*litt. chien*) qui est un insecte long et vert qui attaque les arbres à l'extérieur, et cet autre qui les attaque à l'intérieur, en rongeant la substance interne, ce qui le fait sécher, tout le secret pour débarrasser votre arbre de ces deux ennemis, c'est de prendre de la poix,

(1) Le mot غرافيون est une altération du mot grec γραφεῖον, *calamus scriptorius*, qui se trouve dans le syriaque גרופיגון. Ces traits illisibles qu'on doit tracer sont de ces caractères talismaniques, pour nous incompréhensibles.

d'y ajouter du soufre, et d'en faire des fumigations en projetant le mélange sur du charbon. L'odeur atteignant le ver, soit à l'extérieur, soit à l'intérieur de l'arbre, ou ailleurs, il mourra. Si on applique à l'arbre ou à la vigne de la cendre de figuier, le ver nommé kalb n'en approchera point.

On fait périr, dit Hadj de Grenade, les vers qui surviennent aux arbres ou aux légumes, tels que le ver de fumier, le cendré (1), le noir, le jaune d'or, le jaune safran, les bruches de terre, par les moyens suivants. On met à nu le pied en poussant la fouille profondément, mais prenant bien garde de léser les racines; on nettoie ces racines de tous les vers qu'on peut rencontrer; on enlève toute la terre; on prend la partie noire de la cendre de bains dans lesquels on brûle du fumier (2); on ajoute du sable, du sel à dose d'un sixième; la cendre sera en excès sur le sable; on ajoute encore de la terre végétale, prise à la surface du sol. On dispose ce mélange ainsi préparé à l'entour du pied de l'arbre, après avoir laissé les racines à nu exposées à l'action de l'air l'espace d'une semaine. On expulse aussi les insectes (vers) parasites des arbres et des légumes, au moyen de fumigations faites avec de la poix et du soufre. Quant aux légumes, on en chasse les vers en les saupoudrant de cendre de bains dans lesquels on brûle du fumier; on prend la poudre la plus récente, on donne un arrosement avec de l'eau, et les vers périssent, la volonté divine aidant. Cette opération peut précéder le semis (et être appliquée au sol). On ajoute alors à la cendre et à l'engrais précédent un autre engrais bien consommé et abondant, avec lequel on bonifie les carreaux qui doivent recevoir les graines, puis on arrose après le semis.

Le *chou-fleur*, dit l'Agriculture nabathéenne (f° 125 v°), peut être affecté par divers accidents, soit au lieu du semis, soit après sa transplantation, tant la plante que le fruit (graine). Ce sont

(1) Nous différons de Banqueri, et nous lisons الارمد, pour الرمد qui nous parait plus rationnel; rien n'autorise la traduction *colombane noire*. Nous reviendrons à la fin du chapitre sur ces insectes nuisibles.

(2) V. sup., pag. 110 not.

des insectes qui attaquent la tête, comme les moucherons, les puces, les lézards et les poux (les pucerons?). On détruit les moucherons et les poux (pucerons) en faisant des fumigations avec du bitume et du soufre sur un réchaud (*brasero*) placé au milieu du terrain implanté de choux-fleurs. La vapeur s'élève de façon à produire sur place une suffocation. Ou bien, on prend du bon vinaigre contenant du soufre (en poudre) et de la sarcocolle, on en mouille le pied des choux et les moucherons disparaissent; on éloigne les puces au moyen de fumigations de bouse de vache sèche et de lie de vin ; ce procédé écarte à la fois les moucherons et les puces. Quant aux lézards et aux grands vers (lombrics), on emploie contre eux un mélange de lie d'huile d'olive, mêlée de fiel de bœuf, dont on arrose (avec l'arrosoir) les carreaux de choux-fleurs ; ce mélange tue les lézards et les serpents grands et petits. Si on prend des pousses d'euphorbe (réveille-matin) contenant du lait, qu'on les fasse bien bouillir après les avoir coupées en morceaux, et si ensuite on verse le liquide provenant de la décoction à l'entrée des rigoles qui portent l'eau au pied des choux-fleurs, on fera périr les lézards, les grands vers et autres. Souvent les puces attaquent les parties supérieures du chou-fleur ; on l'en délivre en répandant par-dessus de la cendre passée au tamis ; c'est un moyen éprouvé.

La *courge*, dit l'Agriculture nabathéenne (f° 131, v°) est exposée à une maladie appelé le *nœud* العقد (1). Quand elle en est attaquée elle reste stationnaire, elle est arrêtée dans sa croissance, elle ne s'allonge point; le feuillage est ridé, le fruit plus petit que de coutume ; cette maladie de la courge est assez fréquente. Un traitement employé spécialement pour ce cas, à l'exclusion de tout autre, c'est d'arroser le pied avec de l'eau très-chaude.

Il est dit dans d'autres (traités d'agronomie) en parlant des procédés à employer contre le ver nommé *kalb*, que, pour délivrer les arbres et les plantes maraîchères de ce ver de couleur

(1) La plante qui en est attaquée est dite *nouée*.

verte qui porte le nom de kalb, on prépare une lessive de cendres de sarment par infusion ; on en arrose, tous les jours une fois, l'arbre ou les plantes, et ils sont délivrés des atteintes de ce ver. Pour éloigner le *dsiâ* الذبا (1), (nom qui s'applique à une) petite sauterelle ou un ver de terre (un lombric ?), c'est, dit Kastos, de semer de la moutarde sur trois côtés du champ ensemencé ou du jardin, lesquels seront délivrés, car les dsiâ qui s'y trouveraient mourront par l'effet de l'odeur de cette moutarde aussitôt qu'ils l'auront sentie. Pour éloigner les moucherons et les puces qui attaquent les fruits et les légumes, c'est de faire tremper de la jusquiame dans de l'eau, pendant un jour et une nuit ; on y ajoute du fort vinaigre ; avec ce mélange on arrose tout ce pour quoi on craint la présence des insectes qui (ne résistent point et qui) meurent. Une recette qu'on doit employer pour les légumes attaqués de langueur, الخمج *al-khamadj*, c'est, suivant Abou'l-Khaïr, de leur donner un binage avec un petit instrument ayant de l'analogie avec la faucille à moissonner les emblavures, de façon à ne point léser les racines ni les couper, et les vapeurs s'échappent du sein de la terre ; on donne ensuite de l'eau claire, et les plantes reprennent vigueur.

Un moyen de garantir les arbres contre les dégâts que peuvent leur causer les fourmis, et les procédés pour les empêcher de monter sur le figuier et le caprifiguier, c'est de disposer sur la tige un espace lisse de la hauteur d'un empan (0,234) qu'on rend bien lisse par le frottement avec un corps ou une pierre polie, en tournant tout à l'entour de l'arbre, de façon que les deux bords de l'anneau se rencontrent, et que le poli de la surface ne laisse rien à désirer ; ensuite, au-dessous, on trace avec de l'ocre rouge délayé dans de l'eau un cercle dont les fourmis n'oseront point approcher. Il en est qui disent que, si on mêle du goudron à du crottin pulvérisé et qu'on en frotte la tige de l'arbre, les fourmis ne pourront jamais y monter. Cette composition, appliquée sur

(1) Ce nom manque dans les dictionnaires. Nous reviendrons ailleurs sur ces synonymies entomologiques.

la plaie d'une branche coupée d'un arbre en sève ou de toute autre nature, facilite la cicatrisation. Si on dirige sur un endroit infesté par les fourmis une fumigation de racine de momordique épineuse, toutes les fourmis atteintes par l'odeur périssent.

Kastos, parlant des fourmis et des sauterelles, dit que, lorsqu'on prend un certain nombre de ces insectes nuisibles, quelle qu'en soit l'espèce, et qu'on en fasse des fumigations dans le lieu même qui en est infesté, tous les autres fuiront. Le même ajoute qu'il serait peut-être possible d'employer, en place, toute autre espèce d'insecte. Il dit qu'aussitôt qu'on a fait subir aux fourmis une fumigation avec de la racine de coloquinte, elles périssent par l'effet seul de l'odeur. Suivant les traités d'agriculture et d'après Waseg, si on pile ensemble de la menthe et du soufre et que le résidu soit répandu à l'ouverture des retraites des fourmis, des guèpes, des abeilles, des frèlons, ces insectes fuiront.

Traitement de la *cloque*, d'après Hadj de Grenade. Cette maladie attaque certains arbres dans leurs feuilles, particulièrement le pècher et le cerisier ; on l'appelle (en arabe) *al-bagarad* (1). Elle provient de deux causes : la première, c'est lorsque les fourmis se multiplient outre mesure sur le pêcher et autres arbres analogues ; c'est l'espèce de fourmi nommée *al-dsar*, qui exhale une mauvaise odeur ; elle fait périr les feuilles (2) et les bourgeons. Il se produit en eux une sorte de manne visqueuse qui adhère à la main, et qui est insipide. Le mal ne cesse de s'étendre jusqu'à ce qu'il remplisse la feuille qu'il fait périr et sécher. La seconde cause qui détermine la cloque, c'est quand on donne au pècher, au cerisier au poirier

(1) البقرص Ce mot, qui ne se trouve dans aucun dictionnaire, est altéré ; nous admettons avec lui la lecture de تقبض, *se contracter*, *se recoquiller*, qui est caractéristique du mal.—Nous traduisons الذر, *al dsar*, petite fourmi, comme l'exige ce qui suit, et comme l'a fait Banqueri plus loin. Damiri parle de ce genre de fourmis.

(2) Nous lisons الاوراق, *les feuilles*, ce qui est plus logique et plus vrai.

et autres, de l'engrais en excès; ces arbres sortent alors de l'état normal et ils arrivent jusqu'à la brûlure par les deux actions simultanées de la chaleur solaire et de celle de l'engrais; la feuille se recoquille, précisément comme le cheveu qui, lorsqu'on l'approche du feu, commence par se crisper, puis brûle. Le remède à employer, c'est, aussitôt qu'on observe la petite fourmi sur un arbre, de disposer sur la tige de l'arbre, avec de la poix ou de la glaise, une sorte de vase qui l'environne bien, et dont l'arbre lui-même formera le support. On remplit d'eau la cavité de telle sorte que la fourmi, arrivant vers l'eau, ne peut monter jusqu'au sommet de l'arbre; elle rétrograde et retourne vers le tronc. Là on a placé des os de pigeon ramier, bien enduits de miel, et quand on voit que les fourmis y sont bien empêtrées, on les jette dans l'eau, loin de l'arbre, ou tout au moins assez loin pour qu'elles ne puissent plus revenir. On recommence la même pratique plusieurs fois jusqu'à ce que l'arbre soit délivré des fourmis. Il ne faut point, d'un autre côté, négliger de porter son attention sur les branches auxquelles resteraient fixées quelques fourmis, pour les faire tomber en totalité. On peut encore faire macérer de l'absinthe commune pendant un jour et une nuit dans de l'eau dont on arrosera l'arbre (avec l'arrosoir); les fourmis meurent, et l'arbre débarrassé reprend sa vigueur primitive. Si la cloque était la suite de la trop grande chaleur de la terre fumée en excès, ou bien parce que l'arbre est planté dans une terre noire dont la surface aurait été brûlée par une fumure trop abondante, ou bien parce que cet arbre est planté dans un cirque (aride), il faut dans ce cas, sans tarder, déchausser le pied et les racines et enlever la terre, prendre des résidus d'argile à potier, la rouge particulièrement, parce qu'elle jouit d'une propriété spéciale dans l'espèce. On y ajoute du gravier pur, on couvre les racines de ce mélange, et on donne soigneusement de l'eau tous les quatre jours, et alors la cloque disparaît. Si, quand on voit paraître sur les feuilles les premiers symptômes de la cloque, on a soin de prendre des pierres et de les amonceler au pied de l'arbre, les fourmis seront écartees en totalité. D'après l'Agriculture nabathéenne (fol. 257 r°), on écarte les fourmis si on couvre de laine blanche de bélier cardée les vases contenant du *miel* ou toute autre substance recherchée des fourmis, car alors elles n'approchent point de l'arbre; il en sera de même si on a simplement environné de laine les vases; les fourmis n'y auront point d'accès (Cf. *Géop.*, XIII, 10).

Iambouschad dit que si on place à l'entrée des habitations des fourmis la pierre d'aimant qui attire le fer, aucune des fourmis ne sort; elles vont s'enfoncer dans la profondeur du sol. Si on dépose une pierre de cette nature au milieu d'un tas de blé, les fourmis n'en approcheront point; elle fait périr (aussi) les chauves-souris (A. N., 256 v° et 257 r°).

Quant à moi, dit l'Auteur, je conseille de lire le chapitre XXIX, et ce qui est dans le chapitre XXIII, d'y réunir ce chapitre (XIV) et tout ce qui a été dit sur ce sujet, isolément dans le cours de cet ouvrage, touchant le traitement des légumes et autres plantes, et d'étudier cet ensemble.

On remédie aux blessures faites aux arbres en appliquant sur la plaie un mélange de poix et de bitume (goudron ?) et le résultat est bon, Dieu aidant de sa volonté.

CHAPITRE XV.

Recettes curieuses et procédés ingénieux employés à l'égard de certains arbres et de certaines plantes, comme ceux à l'aide desquels on peut communiquer un parfum, une saveur, des propriétés purgatives et thériacales; manière d'obtenir des fruits purgatifs sur les arbres fruitiers, les jeunes sujets replantés, les boutures (branches), quand on les confie au sol; préparation, dans le même but, des noyaux des arbres, et des pepins, quand on les sème, d'après les écrits d'Hadj de Grenade et autres.

Hadj de Grenade dit : Voici comme on procède à l'égard des arbres fruitiers. On en choisit un, quelle qu'en soit l'espèce, vigne ou autre, au mois d'octobre ou à peu près à cette époque, lorsque la séve (*litt.* l'eau arrivée à son terme) va descendre de la cime des arbres vers le tronc, ce qui se reconnaît parce que les feuilles commencent à tomber, comme le commencement de son ascension des racines vers la cime se connaît par l'apparition de la végétation nouvelle et des fleurs avec elle. Le moment choisi pour cette opération est donc celui où la séve descend du sommet du végétal vers sa base (1); on procède de la manière suivante : on fend, avec un coin, dans l'intérieur du sol, la racine sur laquelle on veut opérer, de façon que l'ouverture pénètre jusqu'à la moelle qui est dans l'intérieur de cette racine. On a eu soin de préparer à l'avance la liqueur parfumée ou sucrée, ou bien l'amande لب d'un fruit (*l'endosperme*), celle du fruit de l'amandier par exemple, ou quelque autre pareil, ou bien le liquide purgatif ou thériacal, suivant ce qu'on désire introduire dans l'arbre ou le fruit. Ainsi, pour un grand arbre, on prend une drachme (2 gram. 55), en poids de musc, autant de camphre ; on prend, de girofle, cinq drachmes (12 gram. 70) ; de la substance purgative, on prend neuf drachmes (22 gram. 85), ce qui est la dose pour trois potions. Pour un jeune arbre ou une branche (ou bouture) la quantité est moindre. Vous prenez donc celle de ces substances que vous voudrez ou même toute autre, dans la proportion indiquée en réglant, d'après celles dont nous avons cité les noms, la quantité de celles dont nous n'avons point parlé. Vous triturez les substances avec précaution, jusqu'à ce que vous ayez obtenu une poudre bien fine ; vous ajouterez à cette préparation une quantité triple de poix et quantité égale, en poids, d'alun blanc de bonne qualité, en poudre. On met alors (les substances pulvérisées) dans un mortier propre, évitant de verser la poix trop chaude, ce qui causerait l'altération du musc. Mais on a dû exposer à l'avance le mortier à la chaleur du soleil ou à celle d'un feu doux, sinon la poix se coagulerait

(1) Dans un calendrier imprimé à Boulaq pour l'année 1259 de l'hégire ou 1843 de l'ère chrétienne, le retour de l'*eau* du sommet de l'arbre au pied est indiqué pour le 30 septembre et la circulation dans l'arbre au 23 février.

(immédiatement) : il ne doit point non plus être trop chaud, ce qui, aussi, serait défavorable pour le musc. On broie le tout dans le mortier avec une molette (ou pilon) ou quelque chose d'analogue. Quand, par la trituration, le mélange est complet et qu'on a obtenu un composé uniforme (*litt.* un corps unique), on le ramasse pour en former une espèce de mèche qu'on introduit dans la fente ouverte sur le pied de l'arbre, de façon qu'elle atteigne la moelle. Par-dessus, on applique un morceau d'écorce taillé sur l'arbre et qui s'adapte exactement. On a soin de le fixer par une ligature, et on recouvre le tout d'une couche d'argile rouge, très-glaiseuse, pétrie avec de la bourre (*litt.* du poil). L'arbre exhalera par suite une odeur parfumée ; mais si, au lieu d'une substance aromatique, on a employé une substance purgative ou sucrée, le fruit de cet arbre jouira de cette propriété médicale, ou bien il aura la saveur sucrée, ou la qualité de toute autre substance qu'on aura incorporée à la poix et à l'alun et introduite dans l'arbre. Gardez-vous de pratiquer cette opération quand la sève monte de la racine vers le sommet de l'arbre, c'est-à-dire au printemps dans le mois de mars, ou à peu près, parce que le liquide (séveux) s'échappant par la fente, la substance aromatique s'échapperait avec lui et le parfum (désiré) ne se trouverait pas dans le fruit de l'arbre, tandis que, si on procède à l'opération en octobre ou en novembre, la fente est cicatrisée quand arrive le printemps; elle a pris de la consistance, et il ne s'échappe rien de l'aromate qu'on a voulu introduire. Ainsi, ne faites jamais l'opération, sinon dans les deux mois d'octobre ou de novembre indiqués, ou vers cette époque, parce que (comme nous l'avons dit) c'est le moment où le fluide tient une marche descendante qui entraîne avec force la substance aromatique, ou sucrée ou médicale, vers le tronc et les racines, d'où nécessairement elles devront remonter pour s'élever jusqu'aux sommités les plus délicates des branches avec l'eau (de la sève). L'époque de la floraison venant ensuite, suivie elle-même de la fructification, le fruit aura ce parfum ou cette propriété médicale qu'on aura voulu lui communiquer.

Manière de pratiquer le procédé (d'introduction) dans les rameaux (ou boutures et les sujets, au moment de leur plantation.

Hadj de Grenade dit : On prend, au mois de novembre, le rameau qu'on veut planter ; on fend, par le milieu, l'extrémité qui doit plonger dans la fosse, à l'aide d'un instrument (*litt.* une pointe) de fer mince, de façon que la fente ne traverse point ; on l'ouvre afin de bien voir la moelle qui est à l'intérieur. On introduit ensuite jusqu'à cette moelle un instrument (1) à l'aide duquel on peut l'extraire (sans en rien laisser) jusqu'à l'extrémité ; la moelle en cet état, ressemble à de la laine. On y substitue une de ces mèches dont nous avons parlé, ayant l'attention de tenir cette fente bien béante avec l'instrument pointu qui a servi à l'ouvrir. On le retire; la mèche prend la place de la moelle et la fente se referme. On pratique, avec des filaments de palmier ou du roseau (à papier), une ligature qui couvre la fente depuis l'origine jusqu'à l'extrémité opposée. On enduit ensuite avec une argile rouge, glaiseuse, pétrie avec du poil (de la bourre), et on enveloppe le tout d'un linge de lin noir en double. On introduit ensuite ce rameau dans un vase en forme d'entonnoir percé par le fond, afin que la ligature se trouve en occuper le milieu. On rapporte par-dessus une terre blanche détrempée, de façon que le vase en soit rempli. On effectue ensuite la plantation dans une fosse allongée, dans laquelle on plante le brin en l'étendant sur le sol, exactement de la même manière que se plantent les chapons de la vigne. Le vase occupe le milieu de la fosse. Enfin, la plantation s'effectue d'après les prescriptions qui précèdent. On a soin de donner des arrosements en quantité suffisante, et suivant le régime le plus convenable en pareil cas. Quand ensuite l'arbre donne du fruit,

(1) Le mot arabe حححى est défectueux ; le mss. porte الحفات, qu'on ne trouve nulle part. On devine le sens qui nous porte au chaldéen חפה, nom d'instrument dérivé du verbe חפף qui a le sens de *fricuit, scabit.*

on y trouve l'odeur de la substance aromatique qu'on a appliquée. On traite de la même manière le jeune arbre pour la plantation.

Autre procédé analogue usité pour la vigne.

Quand on veut rendre le raisin parfumé, ou très-sucré, faire qu'il soit purgatif ou thériacal, ou qu'il ait la saveur des graines douces ou le goût de certains sirops domestiques provenant de fruits sucrés, ou quelque chose d'analogue, on prend un brin de sarment de choix, sur un plant de vigne qui donne du fruit, quelle qu'en soit la couleur qui vous convienne; fendez la partie inférieure par la moitié (*litt.* en deux moitiés) dans toute la longueur que doit couvrir la terre; il en est qui disent environ la longueur d'un empan ($0^{m},231$), il en est même qui disent la totalité, prenant bien garde d'offenser les nœuds. On enlève toute la moelle qui occupe la cavité centrale dans chacune des deux moitiés, sans en rien laisser. On remplace cette moelle par ce qu'on voudra des substances sucrées et autres, comme du sucre, du miel, de l'amande pilée, du tamarin, de la scammonée, de l'aloès ou de la thériaque, ou bien telle espèce qu'il plaira prendre, des substances aromatiques, telles que musc, camphre, girofle, encens; cela fait, on rapproche les deux moitiés de la partie fendue, de façon à leur faire reprendre leur forme primitive. On pratique ensuite des ligatures en plusieurs places avec des *bandes* (1) ou des fils de laine, et on enduit le tout de bouse de vache. Suivant Kastos, la ligature faite, on enduit avec de l'argile et du crottin d'animaux domestiques pulvérisé qu'on pétrit ensemble. On fait ensuite la plantation, suivant sa volonté; on donne de l'eau jusqu'à ce que la végétation s'établisse; continuant les soins de la culture et de l'irrigation jusqu'à ce que le plant ait grandi (suffisamment), le raisin aura la saveur, les conditions et l'utilité (de la substance injectée), Dieu aidant (cf. *Géop.*, IV, 8). Ce

(1) بشناوى, mot proposé par Banqueri pour تساوى, qu'on ne trouve point : nous avons traduit comme lui : *bande, ourlet, orillo.*

dernier procédé, dit l'Auteur, a grande analogie avec celui qui précède, sinon que la substance aromatique ou médicale n'est point fixée avec de la poix, comme dans la première, et que l'on n'y voit point prescrite l'introduction dans le vase en forme d'entonnoir. Mais le premier procédé me semble le meilleur.

Il en est qui disent que si on fait subir à ce brin de sarment la préparation qui précède (c'est-à-dire qu'on enlève la moelle), sans introduire aucune des substances mentionnées, et qu'on effectue la plantation dans cet état, le raisin n'aura point de pepin. J'ai plusieurs fois, dit Démocrite, répété cette expérience. On dit que, quand on veut obtenir des grappes sans pepin, on fend, par moitié, toute la partie que devra couvrir la terre; on extrait la moelle de la cavité qu'elle occupe, avec l'instrument qu'on emploie pour nettoyer les oreilles (un cure-oreilles) ou quelque chose qui soit analogue; on agit avec beaucoup de précaution, prenant bien garde d'offenser ou de déchirer l'intérieur de la cavité (canal médullaire). On pratique une ligature avec sept bandes de roseau (à papier), puis on effectue la plantation dans la fosse d'une façon convenable (cf. *Géop.*, IV, 7, et Col., *de Arb.* IX). On verse sur le pied, tous les huit jours, du sirop ou du vin doux étendu d'eau, jusqu'à ce que la reprise ait eu lieu, et alors le raisin qui sera produit n'aura point de pepin, Dieu aidant de sa volonté. Cette recette se rapproche de la précédente, avec l'addition de l'arrosement avec du sirop ou du moût étendu d'eau.

Autre procédé employé sur le rosier pour que la fleur soit jaune ou bleue (azurée), suivant qu'on voudra.

Hadj de Grenade dit : Au mois de décembre, on choisit un pied de rosier; on soulève l'écorce noire qui couvre les racines, sans l'enlever, on la fend longitudinalement, puis, en s'aidant d'un instrument en fer, mince, on isole l'écorce du bois, de tous les côtés, sans la détacher ou la rompre ni vers la partie supérieure ni vers la partie inférieure. On pratique ce procédé sur les racines et sur la tige des branches qui s'élèvent bien perpendiculairement et solidement au-dessus du sol. On prend ensuite du safran de la meilleure qualité possible ; on le triture fortement dans un mortier. On en remplit ensuite le vide qui existe entre l'écorce et (le bois de) la racine du rosier. On enveloppe avec une loque de toile de lin qu'on fixe par une ligature ; on met par-dessus l'argile (onguent de Saint-Fiacre), puis on recouvre de terre, et la rose que produira ce pied sera jaune. Hadj de Grenade dit avoir expérimenté le fait et avoir obtenu une couleur d'un bel aspect. Si vous voulez que la rose soit bleu azuré, prenez du *fâlich* الفلج qui est l'indigo brillant, de meilleure qualité possible. Opérez ici comme vous l'avez fait pour le safran, et vous aurez une rose de couleur bleu azuré.

Abou'l-Khaïr dit qu'un habitant de Damas lui a raconté qu'il avait fait dissoudre le fâlich dans de l'eau, qu'il avait, avec cette dissolution, arrosé un pied de rosier, depuis le commencement d'octobre jusqu'au moment où la fleur se montra, et qu'elle s'était produite d'un bleu azuré d'un bel aspect. Hadj de Grenade dit que pour lui c'est un simple amusement (1). Abou'l-Khaïr dit que si on fait bouillir du lis (2) dans de l'eau dont on arrosera un rosier plusieurs fois, la rose sera jaune, Dieu aidant.

Autre procédé pour obtenir qu'un rosier fleurisse dans une saison non habituelle.

Quand vous voulez, dit l'Auteur, obtenir qu'un rosier fleurisse

(1) Il est curieux de voir, page 231, citer la rose bleu azur parmi les espèces connues et de voir ici les procédés décrits pour l'obtenir. M. de Sacy a apporté dans la Chrestom., III, 484, 2e édit., un pareil procédé extrait d'Ali Gazouli. On ne voit pas dans Ibn-Beithar le mot *fâlich*.

(2) الليرون. Il nous paraît difficile de ne pas voir ici une transcription du mot grec Λείριον que M. Fée, dans sa Flore de Théocrite, dit être le *narcisse*, et qui souvent était synonyme de κρίνον. Ici l'auteur a peut-être eu en vue le narcisse jonquille, *narcissus jonquilla*, Linn. Nous avons vu plus haut, p. 382, la couleur de la rose jaune comparée à celle du narcisse jaune.

en automne, faites-lui désirer l'eau pendant toute la durée de la chaleur, et, lors même qu'il serait planté en terrain arrosable, ne donnez point d'eau; quand le mois d'août est arrivé, arrosez, répétez l'arrosement à plusieurs reprises successives; il s'établira une végétation nouvelle et vous aurez des roses en octobre. On peut obtenir aussi toute espèce de rose au printemps.

Autre procédé pour arriver au même résultat.

Hadj de Grenade dit que si, lorsqu'on a brûlé un rosier vieux, en octobre, on veut faire avancer la floraison pour l'automne, il faut, aussitôt après la combustion, l'arroser pendant huit jours, s'arrêter pendant quatre jours, reprendre l'arrosement, cesser et répéter le procédé environ cinq fois; on voit alors le pied se mettre à produire une nouvelle végétation, boutonner et fleurir dans l'automne, sans qu'au printemps la floraison soit moindre.

Autre procédé analogue à celui-ci.

Hadj de Grenade dit : Quand on veut cueillir des roses en toutes les saisons de l'année, on choisit, au mois de mai, un rosier, quand la végétation est établie dans toute sa force et qu'aux extrémités on voit paraître une teinte rouge; on courbe les branches, on les couvre d'un vase de terre qu'on charge de pierres, de façon qu'il descende sur le sol (où il s'appuie) fortement et couvre bien la touffe du rosier, en dominant la résistance qu'il pourrait opposer. Les boutons de roses seront assez à l'aise pour ne point toucher le sol, car, si ce contact avait lieu, la longueur du séjour sous le vase amènerait la pourriture et la destruction. Or, toutes les fois que vous désirez avoir des roses, vous enlevez le vase de terre, vous relevez le rosier en l'air, et vous pouvez cueillir les roses à cette époque.

Autre procédé.

Hadj de Grenade dit : On prend des boutons (ou bouquets)

رؤس de roses quand ils se montrent disposés à s'ouvrir; on les coupe avec les pédoncules, c'est-à-dire les (portions des) branches auxquelles ils adhèrent. On prend ensuite un petit vase neuf, on l'emplit à moitié de sable (1), on plonge le bout des pédoncules dans la poix (ou goudron) liquide, puis on le pose à demeure dans le sable. On enduit de lut l'ouverture du vase, et on tient le tout enfoui dans la terre. Toutes les fois qu'on extrait (du vase) un de ces boutons, on rogne l'extrémité qui a plongé dans la poix, on le tient dans l'eau pendant une heure, en l'exposant en même temps au soleil; la fleur s'épanouit et se montre sans tarder.

Autre procédé.

Quand on veut obtenir des roses en automne, ou à l'époque de la vendange, il faut priver d'eau les rosiers pendant les mois d'août et de septembre. Quand on veut avoir des fleurs en quelque saison que ce soit, on introduit l'eau, on donne une bonne irrigation au rosier; on la réitère; alors on voit la végétation s'établir sur lui; il pousse; les boutons se forment, et la fleur s'épanouit Dieu aidant.

Autre opération analogue, applicable au pommier.

Quand on veut se procurer des pommes nouvelles dans une saison qui n'est pas habituelle, on fait désirer l'eau à l'arbre pendant toute la durée des chaleurs, puis on arrose au mois d'août; on répète les arrosements, et alors on voit se produire des pommes nouvelles qu'on recueille dans une saison inaccoutumée, surtout quand l'automne est humide.

Autre procédé.

Quand on veut avoir des pommes portant des caractères d'écriture ou des figures (dessinées), on choisit une pomme

(1) Nous lisons رمل, comme plus bas.

dont la condition est de se colorer d'une teinte rouge bien prononcée; on la prend quand elle a atteint sa grosseur, avant qu'elle n'ait encore sa couleur rouge; vous écrivez sur la surface ce que bon vous semble, ou vous dessinez ce qui vous plaît avec de l'encre, suivant d'autres avec la teinture employée pour la laine, ou du blanc d'œuf, ou de la teinture à émailler la poterie, ou de l'alun dissous dans l'eau, ou du plâtre liquide, ou de la poix fondue; enfin on se sert pour tracer l'écriture ou le dessin de celle des substances qu'on a à sa disposition; on emploie un qalam à pointe grosse, on couvre d'une natte pour empêcher que la rosée ou la pluie ne lavent les traits ou qu'ils soient effacés par le frottement des feuilles ou celui des fruits l'un contre l'autre. On laisse la pomme attachée à l'arbre jusqu'à ce qu'elle ait pris une teinte rouge bien uniforme. On passe alors la main sur la partie où se trouve l'écriture ou le dessin, ou bien on la lave avec de l'eau. Ces caractères ou formes restent blancs ou verts sans la moindre nuance de rouge quand tout le reste l'est, ce qui est d'un bel effet. On peut opérer de même sur la prune de Damas rouge ou noire quand elle est encore verte, avant qu'elle ait pris sa couleur habituelle.

Procédé qu'on peut employer pour les fruits du coignassier, du cédratier, du poirier, pour le raisin, le concombre, la courge, le melon.

Ces divers fruits peuvent en effet prendre des formes variées; si on les introduit encore jeunes (1) dans des moules ou calibres bien lisses, ils reçoivent la forme donnée par le moule; si celui-ci est de la figure d'un animal ou qu'elle y soit seulement sculptée en creux (*litt.* ou qu'elle ait été formée en lui), le fruit prendra cette figure. Suivant quelques-uns ce résultat ne s'obtient et ne vient que sur le cédrat spécialement. Kastos dit : Quand on introduit un cédrat, avant qu'il ait pris son développement ou sa maturité, dans un vase de verre ou dans un vase d'argile sillonné

(1) عقد. Litt. *nœud*, c'est-à-dire à l'état de fruits noués.

de fentes étroites par lesquelles le fruit puisse recevoir le vent directement, ou bien si, ayant préparé des (espèces de) boîtes, on met dans chacune d'elles un fruit, puis qu'on assure avec un morceau de bois au moyen d'une corde ces boîtes avec leur contenu, le fruit prendra la forme intérieure de la boîte. (*Géop.*, X, 9).

Quand on veut que le grain du raisin s'allonge d'une manière extraordinaire, il faut, dit Abou'l-Khaïr et autres, choisir une grappe de l'espèce qu'on veut parmi celles à graines allongées, comme le *virginal* ou *ghadsari*, parmi les blancs, ou bien parmi les noirs, ou parmi les rouges le raisin de datte, qui a la grosseur d'une datte amincie à chaque bout, ou du *doigt de vierge*, qui est un raisin noir à grain allongé, ou l'*alnacir* blanc ou le *fijar*, parmi les rouges. Quand le grain est de la grosseur d'un pois, on dispose des tubes de roseau de la longueur du doigt ou un peu moins, mais jamais plus; on introduit dans chacun de ces tubes un grain de raisin, on fixe les tubes à la queue du grain, de peur que le grain ne s'échappe du tube; quand le raisin est parvenu à son degré de maturité, il est tout entier moulé sur cette forme (tubulaire) et sur sa grosseur. On peut, ce qui est mieux encore, disposer des tubes de cuivre percés de trous pour les grains qui se moulent au dehors sur la dimension de ces tr us.

Autre manière d'opérer.

Hadj de Grenade dit que si on dispose la grappe du raisin, *al-hiany* الحاني, qui n'est point serré (*litt.* qui est divisé), et de forme conique, lorsqu'il est encore petit, dans un moule de bois ou dans un tube de roseau (ordinaire) ou de roseau employé dans les jardins, ayant soin de faire une ligature à chaque bout pour empêcher qu'il ne se fende, ou bien encore dans un petit vase percé de petits trous, la grappe comprimée dans l'intérieur du moule paraîtra, quand elle aura atteint son degré de maturité, ne faire qu'un tout unique, un seul grain; on brise alors le vase (ou bien on détache le moule), on en fait sortir la grappe qui a pris la forme du moule. Il en est de même pour la courge et le melon connu sous le nom de melon de Syrie; on introduit l'un ou l'autre, quand ils sont encore petits, dans un moule de bois ou d'argile qu'on enfouit, en le couvrant seulement d'une petite couche de terre, de façon que l'extrémité opposée du moule soit libre, non enfouie et ouverte pour laisser accès à l'air ; alors la cucurbitacée s'allongera en prenant la longueur du moule et sa forme, de telle sorte que s'il y a dans ce moule des dessins, des figures ou des caractères d'écriture, ils s'imprimeront sur ce qui sera dans l'intérieur de ce moule, qui doit être de deux pièces, afin qu'il soit possible d'y tracer des dessins et des figures.

Autre procédé applicable au raisin.

Quand on veut obtenir un raisin dont les grains soient de couleurs diverses, un grain blanc et un grain noir, il faut prendre des brins de sarment de choix, pouvant donner des fruits de couleurs variées, l'un blanc, l'autre noir, et un troisième rouge. Ce choix se fait lorsque la sève est en circulation. On les frappe avec précaution, à l'aide d'un morceau de bois, sur un autre morceau de bois pareil, en prenant bien garde de ne pas atteindre les yeux; ensuite on réunit l'une à l'autre en plusieurs places avec une bande ou un ourlet d'étoffe, ou quelque chose d'analogue, avec lesquels on pratique des ligatures dans les parties où la contusion a été pratiquée; on enduit le tout de bouse de vache récente ou sèche détrempée avec de l'eau. Il en est qui disent d'opérer une torsion avec cette partie qui a été contuse, comme on le fait avec du fil pour une corde, puis une ligature assure le maintien de cette torsion; d'autres disent de mettre les nœuds au même niveau et de réunir les yeux l'un à l'autre. On fixe l'ensemble avec solidité, au moyen d'une ligature; mais ici on ne prescrit point de battre ces brins de sarment au préalable. On ajoute qu'il faut introduire ces brins de sarment, ainsi réunis en faisceau, par le gros bout, dans un ou plusieurs tubes (*litt.* anneaux) de corne de taureau ou d'os. On remplit (les vides) avec de la bouse de vache récente : on plante ensuite dans une terre végétale de bonne qualité, dans une fosse longue ; on recouvre de terre, de façon que le cylindre de corne ou d'os soit en saillie de deux doigts et l'extrémité petite du sarment le soit de trois doigts, pour que la végétation puisse s'y établir ; il y aura sous terre et dans l'os ou la corne quatre yeux ; il faut avoir soin de donner de l'eau. Tous les brins du faisceau se souderont ensemble, et au bout de trois ans ou deux, suivant d'autres, on détourne la terre, on brise le tube osseux, on trouve la soudure complète des brins qui n'en font plus qu'un seul. On retranche avec un instrument bien tranchant tout ce qui était dehors du tube osseux, ne laissant que ce qui est soudé et adhérent ; on le couvre de terre, de façon qu'il n'y ait au dehors qu'une partie sur laquelle puisse s'établir la végétation. On arrose et on donne des soins jusqu'à ce que cette végétation se montre. S'il pousse plusieurs brins, retranchez tout à l'exception d'un seul, et vous obtiendrez des raisins de couleurs diverses en raison des variétés que vous aurez réunies (1).

Autre procédé pour le même objet.

On fend les brins de sarment par le milieu, prenant bien garde d'offenser les nœuds, et, suivant Kastos, la moelle qui est dans l'intérieur ; on prend ensuite un des brins fendus, on l'applique à un autre qui est fendu de même, ayant bien soin de réunir exactement les parties tubuleuses (de façon que les yeux se reviennent entre eux). On pratique une ligature, on enduit avec de la bouse de vache et des feuilles de vigne, on recouvre d'une couche de terre grasse ou bien avec de la

(1) Ce dernier mode de procéder, dont la science moderne a fait justice, se trouve dans Columelle qui l'indique comme une variété de greffe, *de Arb.*, IX. Son texte nous a donné le moyen de compléter celui d'Ibn-al-Awam.

scille marine pilée, et l'on effectue la plantation. Suivant d'autres, on fend chaque brin avec grande précaution pour ne pas affaiblir les nœuds; ensuite on réunit chaque partie fendue avec une autre (de couleur) différente, en insérant l'un dans l'autre, de façon que les nœuds reviennent bien et s'appliquent exactement l'un à l'autre. On pratique ensuite une ligature avec le roseau à papier ou avec du fil, de façon qu'on croirait avoir un brin unique ; on enduit avec de la bouse de vache ou une couche d'argile très-visqueuse, puis on plante. (Cf. *Géop.*, IV, 14.) Il en est qui disent d'effectuer la fente des brins avec beaucoup de précaution, prenant bien garde d'endommager les nœuds ; on les frappe avec précaution, puis on opère la réunion des deux moitiés l'une à l'autre; on fait plusieurs ligatures; on enduit d'une couche de bouse de vache; on plante le faisceau, couché, dans une terre de bonne qualité; il en est qui veulent que la fosse ait une coudée de profondeur environ. On laisse saillir au-dessus du sol deux nœuds. On donne des irrigations en même temps qu'on arrose par-dessus (avec l'arrosoir) tous les jours, jusqu'à ce que la végétation s'établisse. Suivant d'autres, on arrose tous les trois ou cinq jours, et l'on a, en quelque sorte, un brin unique qui donne des grappes de couleurs variées pareilles à celles que doivent produire les divers brins sur lesquels on a opéré. Il en est qui conseillent d'effectuer la transplantation au bout de deux ans, si on le veut.

Autre procédé usité pour la vigne, d'après l'Agriculture nabathéenne dérivant des propriétés spéciales (ou influence).

Quand on attache un pied de mélisse officinale à la tige d'une vigne, au moment où le raisin noue, et qu'on le laisse jusqu'à ce que le fruit ait atteint sa maturité complète, on trouve dans le moût qui en provient le goût et l'odeur de la mélisse, qui seront plus prononcés quand il sera à l'état de vin parfait (*litt.* en état d'être bu); alors il sera très-profitable, et, lors même qu'on en boirait beaucoup, il ne s'ensuivrait aucun accident (*litt.* palpitation de cœur).

Autre procédé.

Quand on veut donner au vin le parfum du myrte, on associe au brin de vigne, quand on le plante, un rameau de myrte, et alors le raisin en prend le parfum ; c'est un des fruits les plus rares. Il en est qui disent que si on veut donner un bon goût au raisin, il faut, au moment de la plantation, oindre d'huile le chapon ou y tremper l'extrémité ; le fruit aura très-bon goût. Suivant l'Agriculture nabathéenne, quand on veut augmenter la saveur sucrée du raisin on prend du miel de palmier en certaine quantité, on le délaye dans de l'eau douce, puis on verse ce liquide sur le pied de la vigne constamment pendant cinq jours, à l'époque de la vendange ; alors le raisin sera plus sucré, et même, s'il n'était point d'une espèce sucrée, il le deviendrait.

Autre procédé.

Quand l'ardeur du soleil a perdu de son intensité, il faut détourner les feuilles qui peuvent couvrir les grappes, ou même les détacher, pour permettre à la chaleur solaire d'arriver jusqu'à elles.

Autre procédé dans le même but.

Ibn-al-Haraz dit que s'il pousse de l'ellébore noir au pied d'un plant de vigne, le vin qu'on obtient acquiert une vertu purgative.

Procédé à employer à l'égard du figuier.

Quand on veut réunir sur une branche de figuier des fruits de diverses couleurs, noirs, rouges et blancs, et même, suivant quelques-uns, si on veut que ces nuances se trouvent réunies dans le même fruit, formant des lignes, il faut prendre des branches sur des figuiers de ces diverses couleurs, noires, rouges et blanches, ou seulement de deux couleurs différentes; si on a des rejets minces, ce sera encore meilleur. On fend l'écorce de chacun de ces rameaux sur un seul côté, on la soulève sans la détacher du bois, puis (on rapproche ces brins), insérant l'écorce de l'un sous l'écorce de l'autre, et faisant un faisceau du tout, on effectue la plantation suivant la forme qui a été indiquée antérieurement pour la vigne. Il en est qui disent de battre ces branches, comme on le fait pour le sarment; puis on opère la torsion de ces brins ensemble; on pratique plusieurs ligatures sur la partie affectée de la torsion; on l'enduit de bouse de vache, de scille marine pilée dans les proportions indiquées pour la vigne. La plantation se fait en janvier, au commencement. Il en est qui disent de mêler à la terre dans laquelle se fait la plantation, du crottin d'âne et la paille de fève, puis on a bien soin d'arroser. Quand la végétation s'est établie (et que le faisceau a donné des branches), on réunit ces branches ensemble par la torsion, usant de beaucoup de précautions de telle sorte qu'elles semblent n'en faire plus qu'une seule; on enduit d'une couche de bouse de vache, puis on opère une marcotte par recouchage en procédant comme il a été dit plus haut au chapitre du *takbis* (*Sup.*, page 166). Toutes ces branches se soudent entre elles et semblent n'en plus former qu'une seule. Au bout de deux ans on peut effectuer la transplantation et mettre en place à demeure, et l'on verra sur la même branche paraître des figues de couleurs diverses. Il en est qui disent que la simple torsion sans la contusion est très-bonne; on fait les ligatures et on plante.

Il en est qui disent : On réunit des branches de figuier de couleurs diverses, on en forme un faisceau serré (*litt.*, on les lie d'une forte ligature) dans trois places différentes, on introduit le tout dans un vase percé de trous au fond, on remplit ce vase de terre végétale et on le plante. Ce qui est dans l'intérieur du vase se soude et ne forme plus qu'une seule branche; on rogne le sommet jusqu'au point de la soudure;

la végétation s'établit, et, lorsque le jet a atteint son état normal, chaque œil donne trois figues de couleurs différentes, comme celles qu'auraient données les rameaux employées; on fait du reste ce qui a été dit. Il en est qui disent d'introduire ces rameaux dans un anneau (tubulaire) de corne de taureau ou quelque chose d'analogue, où ils seront fortement pressés; on enduit d'argile et on effectue la plantation. Quand au bout d'une année ou deux la soudure est complète, on effectue la transplantation; l'arbre y donne des fruits de couleurs variées comme les donneraient les branches employées.

Autre mode d'opération d'après l'Agriculture nabathéenne.

On prend des graines de figues de couleurs variées; on les mêle avec de la bouse de vache sèche ou de la poudrette. On forme un nouet dans un morceau de toile de lin; on l'enduit de bouse de vache, on l'enfouit dans un terrain de bonne qualité, on donne de l'eau soigneusement, on dirige ses soins de la même manière qu'on le fait pour les semis de pepins de fruits jusqu'à ce que la germination s'établisse. Les jeunes plants montent, prennent de la consistance, chacun restant sur sa racine propre; on les réunit par la torsion, on les assujettit par une ligature, on enduit d'une couche de bouse de vache et on pratique le couchage. Quand le sujet a grandi et qu'il a pris de l'extension, on le porte dans le lieu où il devra donner du fruit. On enfouit une grande partie dans le sol; on arrose avec soin, apportant beaucoup d'attention, et l'on voit se produire des figues de couleurs variées, la volonté divine aidant; il a été dit que le pepin de raisin donne exactement les mêmes résultats.

Suivant un autre, on plante ensemble dans le même lieu des bourgeons de figuiers d'espèces et de couleurs diverses; quand ils ont poussé, on les traite de la manière indiquée plus haut, et l'on a sur le même pied des figues de diverses nuances. On peut, dit-on, traiter les brins de sarment de la même manière, et la même grappe donnera des grains de couleurs diverses.

Gharib-ben-Mahin dit : Quand deux ceps de vigne ou deux pieds de vigne montée de couleurs diverses sont assez rapprochés l'un de l'autre, ou que deux figuiers se trouvent dans la même condition de voisinage, si alors on prend des rameaux de ces divers pieds et qu'on les traite de la manière indiquée, et que sans les détacher, ni rien couper, on pratique le provignage, pour ensuite les replanter ailleurs quand ils pourront l'être, ils réussiront très-bien et seront plus productifs, puisqu'ils seront exempts de la détérioration (*litt.* la douleur) que peut causer la contusion et qu'ils recevront la nourriture du pied mère.

Procédés divers qu'on peut employer pour le grenadier, le pêcher et le poirier, extraits du livre de Kastos et autres.

On fend la branche détachée (pour bouture) sur une longueur moindre d'une coudée ($0^{m},463$), on extrait la moelle avec beaucoup de précaution, on pratique ensuite une ligature (sur les deux parties rapprochées) avec du roseau à papier ou quelque chose d'analogue, puis on effectue la plantation. Quand la reprise est assurée et que des feuilles se sont montrées, on rogne ce qui est au-dessus de la partie fendue; on donne une culture assidue et une irrigation suivie pour amener la végétation à se montrer dans la partie fendue, et alors, quand le fruit se produira, il sera sans pepin, la volonté divine aidant (cf. *Géop.*, X, 31). Suivant Kastos, il faut laisser dépasser au-dessus du sol une longueur de trois travers de doigts réunis de la partie fendue. Pour le poirier, Kastos dit que si on traite de la même manière un jeune poirier, il n'y aura jamais dans l'intérieur du fruit (ces sortes de concrétions qui sont) comme des pierres. Pour le pêcher, quand, après en avoir déchaussé le pied, on y pratique un trou, qu'on en extrait la moelle et qu'on enfonce ensuite dans la cavité une cheville de saule, le noyau diminue de volume (*Géop.*, X, 16).

Il a déjà été dit que si on extrait du sarment la moelle, le raisin sera sans pepin.

Procédé applicable à la giroflée, d'après le livre des propriétés de Madaïny.

Quand on veut que les fleurs de la giroflée (*Cheiranthus Cheiri*, Linn.) soient panachées, ابلق, on prend un pied délicat de giroflée rouge, un autre pareil de giroflée blanche, ou deux jeunes pieds de l'une et l'autre nuance; on pratique sur eux une torsion comme sur une corde, on effectue la plantation, on arrose avec soin, et les fleurs qui proviendront seront panachées, de la plus grande beauté et d'un aspect très-agréable.

Autre procédé pour la même fleur.

On sème dans le même lieu des graines de giroflée rouge et blanche; quand le semis est assez fort, on le replante en les tordant l'un avec l'autre, sans rien retrancher de la racine; on introduit (cette torsade) dans un tube de roseau ou de bois ou de toute autre matière; on les recouche en terre suivant la méthode indiquée, en laissant sortir les extrémités; toutes les fleurs qui se produisent sont panachées et belles.

Quant à moi, dit l'Auteur, je conseille de lire attentivement ce qui a été écrit précédemment sur la manière d'introduire les odeurs aromatiques, les saveurs sucrées et les propriétés médicales dans les arbres, et ce qui postérieurement a été dit de la vigne, du figuier, du grenadier, du pêcher ou poirier, de la giroflée et autres; sur la manière (de soigner et) de diriger l'opération, de raisonner d'après ces données pour grouper les espèces, et l'on réussira.

Procédé applicable au bigaradier, au myrte, au cyprès, au pin et autres arbres analogues qui s'élèvent sur une tige unique, et ceux d'entre eux qui sont d'un bel aspect, toujours verts, dont les feuilles ne sont point caduques.

Quand vous voulez avoir au milieu d'une pièce d'eau ou

d'un petit lac (un étang) un arbre, pour en jouir à cause de sa beauté et pour l'ombrage, on va creuser, dans le fond de la pièce d'eau ou du petit lac, un trou dans lequel on plante un jeune arbre de belle venue des espèces indiquées plus haut ou autres analogues. Il s'élèvera droit sur une tige simple (sans bifurcation). On arrose soigneusement jusqu'à ce que la végétation se montre ; ou bien on peut le choisir au lieu même où il a crû dans (le bassin de) la pièce d'eau ou du lac où il est fixé (*litt.* debout) quand l'état des choses se prête à la circonstance. On prend un cylindre (ou un tonneau) semblable aux margelles de puits (1), quant à l'horizontalité (*litt.* l'égalité) du bord. Quant à la largeur, on le prend de façon qu'il soit un peu plus large en épaisseur ou diamètre dans tous les sens que la tige de l'arbre auquel on le destine. On scie le vase en deux par moitié. On le porte vers la tige de l'arbre, disposant moitié d'un côté et moitié de l'autre; on les assemble assez exactement pour que le vase paraisse être ce qu'il était primitivement; la tige de l'arbre occupe le centre de la cavité. On applique à ce cylindre un mélange de chaux et de sable qu'on pétrit ensemble pour en former un enduit. On prend ensuite un autre tonneau plus large que le premier, et qu'on partage de même à la scie; on porte ces deux moitiés vers le premier cylindre, de façon que la partie intacte soit en opposition avec la partie coupée à la scie ; on met dans l'espace vide intermédiaire un mortier de chaux et de sable. On apporte encore un troisième tonneau qu'on s'ingénie pour le consolider au sommet et à la base avec une feuille de fer (tôle) pour prévenir tout écartement de cette partie du bord, dans le fond de la pièce d'eau. On assure la solidité de l'ensemble et l'on s'arrange de façon que la partie supérieure des tonneaux excède le niveau de l'eau du bassin, afin qu'elle n'y pénètre point quand il est dans tout son plein. On assure bien l'état de ces divers

(1) قادوس, pl. قوادس, qui rappelle le *cadus* des Latins, se rend par *situla*, seau, godet de noria, comme nous avons vu plus haut, page 128 ; mais ici c'est un vase cylindrique en bois, un *tonneau* sans fond.

tonneaux pour que l'eau ne trouve aucune fissure par laquelle elle s'introduise. L'arbre paraît alors avoir été planté dans l'eau même, au milieu de la pièce d'eau; c'est une chose gracieuse et d'un bel effet.

Quant aux choses curieuses qu'on peut obtenir des légumes, nous avons déjà parlé de ce qu'on pouvait attendre de la courge, du melon. Aristote dit, en parlant des laitues et des bettes, que lorsqu'on veut se procurer sur un même pied des légumes de diverses couleurs ou espèces, il faut prendre une fiente de chameau ou quelque chose d'analogue, percé de façon à y pratiquer une cavité; introduire des graines de laitue et de persil, deux ou trois grains de chaque espèce; enfouir alors le tout dans une terre bien préparée, le couvrant d'une terre végétale de bonne qualité et de terreau consommé et en poudre en quantité suffisante; on se conforme du reste à ce qui a été dit plus haut pour le semis des légumes; on donne les arrosements habituels. Or, quand ces graines ont poussé, elles ne forment qu'un seul pied (composé des diverses espèces semées); on peut, au lieu de laitue, mettre de la bette, et le résultat est le même. D'après Ibn-el-Façel, on prend du crottin de chèvre ou de brebis, on le perce et on enlève ce qui est à l'intérieur, on y introduit la graine de laitue avec celle d'autres légumes, on dépose le tout dans un trou profond de deux *fitres* (0^{m},39) dans une terre bien préparée avec un peu d'engrais; quand la graine est levée, on l'arrose (avec l'arrosoir); quand les tiges se sont élevées, on donne des irrigations soignées. On peut pratiquer cette opération sur beaucoup d'espèces. La laitue (ainsi semée) pousse avec les diverses espèces qui l'accompagnent. Il en est qui préfèrent prendre deux ou trois crottins et y mêler les graines; on enveloppe le tout d'un linge, on l'enfouit dans le sol et l'on opère ainsi qu'il a été dit (1). Quand on veut avoir des navets ou des radis d'un volume plus gros que d'habitude, on prend un grand chau-

(1) Cet article d'Abou'l-Façel est identique avec le chap. 14, liv. XII, des Géop., attribué à Didymus; l'un semble être la traduction de l'autre.

dron percé, on l'emplit de paille, à peu près jusqu'à moitié; par-dessus on met de la terre de bonne qualité, de l'engrais vieux. On sème (sur cette espèce de couche) les graines de navet et de radis. On enfouit le tout dans le sol, de sorte que la chaudière soit à son niveau et l'affleure. La graine pousse, le plant grossit et l'on obtient ainsi des navets et des radis d'un fort volume. Quand on veut obtenir de la coriandre sans semer de graine, on prend un bouc, on lui enlève les testicules qu'on enfouit dans une terre préparée, on arrose et il y pousse de la coriandre sans qu'on y ait semé de graine (1).

Le *fenouil*. L'Africain dit que lorsqu'on veut se procurer du fenouil sans semer de graine, on verse (assidûment) de l'eau chaude sur un terrain cultivé, et, au bout d'un an, il y pousse du fenouil. Le *chanvre*. On dit que si on sème le chènevis sur un terrain humide, qu'on arrose avec de l'eau chaude, qu'on couvre avec un vêtement (ou pièce d'étoffe), la graine lèvera dans l'espace d'une heure; suivant d'autres, dans la journée. L'Auteur dit : Voyez au chapitre de la greffe les procédés curieux (qui s'y rattachent), tels que l'insertion d'un arbre sur une espèce étrangère, d'où résulte une substitution de fruit, soit de l'un, soit de l'autre. Le *bananier* s'obtient d'une racine qui n'est pas la sienne. La greffe de la pastèque et de la courge sur d'autres espèces et les autres procédés analogues se rattachent à ce sujet. Parmi les faits extraordinaires cités par l'Agriculture nabathéenne et dont l'expérience a constaté l'exactitude, c'est ce que dit Maschi : Quand on veut connaître la quantité de fruits que donne un grenadier dans le courant de cette même année, on prend la première fleur produite, on compte les petits granules qui y sont contenus (dans l'ovaire), et le grenadier donnera un nombre de fruits égal à celui des grains qu'on aura comptés. Suivant d'autres, si on

(1) Ce procédé bizarre doit être tiré du livre intitulé : *Les Secrets de la lune*, كتاب اسرار القمر, attribué à Ibn-Wahschiah et souvent cité dans l'Agriculture nabathéenne et dans le mss. 881, f. s. Bibl. Imp. — Ici le texte est fautif; nous avons dû y faire une correction.

rompt une grenade, qu'ensuite on compte les graines (vésicules) qu'elle contient, toutes les grenades de ce même arbre contiendront un nombre égal de vésicules à celui que renfermait la grenade qu'on a brisée (1); suivant d'autres, le nombre des fruits est de plus égal à celui des graines.

CHAPITRE XVI.

Procédés pour emmagasiner et conserver les fruits, frais ou secs, les graines et semences, les farines et certains légumes ou verdures.

Il faut choisir, pour resserrer les fruits et autres objets, des endroits frais, aérés, exempts de toute mauvaise odeur. Les fruits ne doivent point être à la proximité des coings; ils ne peuvent être emmagasinés avec eux, parce que l'humidité qui s'en échappe est nuisible (aux autres fruits).

Le *raisin*. (Pour le conserver), on brûle des feuilles de figuier avec le bois, on en saupoudre les grappes, qui alors se conserveront longtemps; plongées dans du suc de pourpier, elles se garderont bien; si après les avoir trempées dans une dissolution d'alun, on les suspend, on en aura pendant toute l'année. Suivant Kastos, on prend de la cendre de sarment (2) ou de figuier, on la mêle avec de l'eau, on fait bouillir le liquide (pour en ob-

(1) Cette dernière indication se trouve dans les Géop., XII, 36, attribuée à l'Africain.

(2) Ce texte porte رماد الجرذون, *litt.*, des *cendres de campagnol*, ce qui n'est pas admissible. Nous lisons, comme plus bas, رماد الكرم, *cendres de vigne* ou de sarment. On lit de même dans les Géop., IV, 15, où le procédé se trouve décrit par Didymus.

tenir une lessive); on laisse refroidir, on y plonge les grappes qu'on fait sécher après les avoir retirées du liquide; on les dépose sur de la paille d'orge; ainsi préparé, le raisin se garde longtemps. On conserve ainsi tous les fruits juteux (*litt.* mous). On peut aussi user de la sciure de Sadje (*Tekka, Tectonia grandis.* Linn.), de cyprès ou de cendre de sarment; on délaye dans de l'eau celle de ces substances qu'on a sous la main; on plonge dans ce liquide les grappes qu'on resserre en les étalant, ou bien les tenant suspendues dans le lieu où on mange, dans un endroit propre, d'une température égale. On fait encore des vases avec de la bouse de vache et un peu d'argile pour les empêcher de se fendre; on y dépose les grappes, on bouche l'orifice avec de l'argile, on range ces vases dans un endroit propre et frais; dans cet état, les raisins se conservent jusqu'au *nourouz* (1). Suivant Kastos et autres, on prend les raisins d'hiver, ayant soin de choisir ceux qui sont fermes, dont la peau est épaisse; blancs ou noirs, c'est chose indifférente, mais qu'ils soient bien mûrs et dont on ait constaté la saveur sucrée; cela dans les dix derniers jours de novembre, ou même à la fin de ce mois, selon que le terrain est précoce ou tardif. On coupe la grappe avec un instrument bien tranchant, quand le soleil est déjà haut, et que la rosée s'est évaporée, dans une journée bien pure et lorsqu'elle est déjà avancée de quelques heures; on profite du déclin de la lune; on ôte avec soin les grains qui ne sont pas mûrs ou qui sont gâtés (2), suivant un autre; il doit y avoir dans la grappe une certaine fermeté. On garnit des grands vases à mettre le vin (des tonneaux) neufs de paille d'épeautre ou d'orge, de cette façon : on place d'abord un lit

(1) C'est-à-dire au printemps. *Nourouz* est le nom du premier jour de l'année chez les Persans, correspondant au jour de l'équinoxe fixé dans le calendrier syro-macédonien au 9 ou 11 mars, et dans le calendrier de Boulaq pour l'an 1259 de l'hégire, ou 1843, 3 C. au 19 de çafar 21 mars, V. d'Herbelot, Bibl. orient., vo *Nevrouz*. Ni Alfraganus, ni Golius, dans ses notes, ne donnent la concordance de l'année persanne avec l'année chrétienne.

(2) Les Géop. disent à peu près la même chose dans le liv. IV, ch. xv, attribué à Didyme. V. Col., *de Re rust.*, XII, 43.

de paille, puis un lit de raisins dessus, puis un nouveau lit de paille et un lit de raisins, ainsi de suite, jusqu'à ce que le vase soit entièrement plein. On lute soigneusement l'ouverture du vase, après qu'on y a appliqué un couvercle, pour empêcher l'accès de l'air extérieur. On range ensuite les vases dans un lieu où ne pénètre point le soleil. Le raisin ainsi disposé se conservera l'année tout entière. Il en est qui disent de plonger la grappe dans l'eau salée, puis de la déposer isolément sur de la paille de lupin ou de fève, ou d'orge ou de millet, quelle que soit celle qu'on ait à sa disposition. L'emplacement doit être frais, ne recevant point les rayons du soleil, n'y allumant aussi jamais de feu; de cette façon le raisin se conservera longtemps.

Kastos recommande de déposer les grappes dans des vases d'argile, larges; il ne doit point y en avoir de gâtées; on verse par-dessus une dissolution qui ne soit point trop liquide d'une terre de saveur douce. Quand on veut manger une grappe, on l'extrait du vase et on la lave dans l'eau. Suivant d'autres, on met les grappes de raisin dans des vases d'argile neufs (ou jarres), dont on bouche l'ouverture avec une peau, et qu'on enfouit en terre; toutes les fois qu'on veut en extraire, on les trouve bien saines: il en sera de même si on plonge la jarre dans l'eau jusqu'au col. Kastos ajoute : On coupe les grappes avec le brin de sarment garni de sa feuille. On trempe la partie où est la coupure dans de la poix liquide, puis on suspend ces brins de façon que les grappes ne soient point en contact entre elles; de cette façon, on les conserve fraîches pendant tout l'hiver. Il en est qui disent que, si on étend les grappes sur de la paille de fève, les rats n'en approcheront point, tant qu'elles reposeront sur cette paille; d'un autre côté, ces grappes n'étant pas en contact, elles se conserveront pendant longtemps (cf. Géop., *loc. cit.*). Si on fait un mélange de cendre de bois et de farine de millet, qu'on en forme un lit dans un vase enduit de poix, sur lequel on range un lit de grappes, elles se conserveront longtemps (Géop., *ibid.*). Ahmed-Ibn-Abi-Kkaled, auteur du livre intitulé : *comment des aliments* (1), dit qu'un des moyens de conserver le raisin pour l'avoir longtemps vermeil, sans qu'il se gâte et qu'il perde aucun de ses agréments, c'est l'emploi de l'eau de pluie (*litt.*, eau du ciel); on la fait chauffer jusqu'à réduction du tiers; on laisse refroidir, puis on verse dans un vase de verre ou d'argile revêtu d'un vernis vert. On remplit ensuite le vase, en raison de sa capacité, de grappes (bien saines), purgées de tout ce qu'elles pouvaient avoir de grains gâtés : on clôt l'orifice du vase bien hermétiquement, on emmagasine, et le raisin se conserve bien frais. (V. Géop., *loc. cit.*) Kastos dit exactement la même chose ; suivant d'autres, on scelle l'ouverture de ce vase avec du plâtre et on le met en réserve dans un lieu où il ne ressente ni le soleil, ni la chaleur, ni le feu, ni la fumée. Si on enfouit les grappes dans la paille d'orge, elles ne se gâteront point. Il en est qui conseillent d'enlever les grappes, les laissant adhérentes, soit une seule, soit plusieurs au même brin ; on plonge ces grappes dans du vin cuit, on les attache, on les suspend et elles se gardent bien, ou autrement on étale les grappes sur de la paille de fève, ou de lupin, ou de froment bien isolée, de façon qu'il n'y ait entre elles aucun contact ; de cette manière le raisin ne se gâtera point et se conservera très-bien, aussi longtemps qu'on le voudra. Si on suspend les grappes de telle sorte qu'elles ne se touchent point ou qu'elles ne touchent à rien (c'est-à-dire qu'elles soient suspendues dans le vide), elles se conserveront très-longtemps, surtout si la suspension a lieu dans un grenier à froment. D'après le livre d'Ibn-Zebir sur les *aliments*, on doit suspendre les raisins renversés, et, quand on veut en manger, on les lave à l'eau chaude, puis on en use. D'après le livre d'Ibn-el-Façel, on suspend les raisins dans des vases (à vin) et ils se conservent alors frais pendant longtemps.

(1) كيما الطعام ; *litt.*, le *pourquoi des aliments*, c'est-à-dire la raison d'être, leur préparation.

Autre procédé.

On fait bouillir dans l'eau des cendres de figuier ou de sarment, peu importe l'espèce; on plonge dans cette lessive les grappes, on les fait sécher ensuite pour enlever l'humidité de l'eau, on les étale sur une couche de paille; dans cet état elles se conservent vermeilles. Quand on veut conserver le raisin frais sur le cep ou sur la treille (*litt.*, la vigne) pour le couper à volonté, on prépare des sacs خرائط de toile de lin et dans chaque sac, خريطة, vous introduisez une grappe mûre, bien saine; vous pratiquez une ligature à l'ouverture en la fixant au support de la grappe ou bien à la base (la queue) de la grappe elle-même; de cette façon, elle se conservera saine et vermeille pendant longtemps; le fait a été expérimenté. Il en est qui conseillent d'envelopper la grappe de laine cardée qui la protégera contre l'invasion des guêpes et des abeilles et en assurera la conservation pendant longtemps. Ce procédé est préférable à l'usage des sacs et moins dispendieux. Il en est qui disent que, si on plonge cette laine dans du jus d'oignon, elle est plus efficace encore pour éloigner les guêpes et les abeilles.

Kastos dit que si on veut conserver le raisin suspendu à la vigne jusqu'au mois de *dimah* (mars), et plus tard encore, il faut choisir un brin de sarment chargé de grappes nombreuses, voir s'il est possible de le courber et de le plier sans danger (s'il y a possibilité); faites-le en plongeant ce brin de sarment dans une fosse de deux coudées ($0^m,92$) de profondeur. Le fond de la cavité est couvert d'une couche de sable doux et propre; on y étend le brin de sarment, de façon que les grappes plongent dans la fosse sans toucher à la terre ni dans le fond, ni par côté (étant tenues bien isolées). On assujettit ce brin ainsi plié à un piquet ou quelque chose d'analogue pour empêcher qu'il ne se relève. On couvre avec des feuilles de *lis* (?), puis, par-dessus, on répand de la terre pulvérisée aussi fine que la farine, qui fasse croûte sur la grappe afin d'éloigner toute humidité (1). (Les choses peuvent rester en cet état) jusqu'au mois de dimah (mars), et même plus longtemps encore ; on trouvera cette grappe fraîche et vermeille, la volonté de Dieu aidant.

Kastos dit qu'on peut disposer dans la fosse un vase neuf d'argile de grande dimension, d'une large ouverture, y introduire les grappes adhérentes au brin de sarment, mais isolées de toute part ; on bouche l'orifice ; par ce moyen la grappe se peut conserver saine l'hiver tout entier et échapper à la voracité de tous les animaux sauvages ou chiens qui voudraient la manger. Il en est qui disent que le raisin se conservera bien encore si on l'introduit (pendant à la branche) dans un tonneau neuf, propre et percé pour le recevoir, et dans lequel il est également isolé de tous côtés.

Kastos dit encore : On coupe et on rejette les premières grappes qui se montrent (au printemps) sur un pied de vigne ; elle prend alors vigueur, reste en cet état, puis donne une seconde fois du fruit tardif. Quand cette fructification tardive est bien mûre, on introduit chaque grappe dans un petit vase d'argile بستوقة qu'on fixe aux branches de la vigne, de façon que le vent ne les fasse point tomber. On enduit l'ouverture d'un lut de gypse, pour que le contenu soit garanti de l'action du vent : avec ces précautions, on conservera le raisin jusqu'au mois de dimah (mars), c'est-à-dire au commencement du printemps, sans se gâter. Pour moi, dit l'Auteur, je pratique dans le vase un trou pour faire comme il a été prescrit pour le cédrat, au chapitre des procédés curieux (2). La grappe ne doit toucher le vase par aucun point. Un homme digne de confiance m'a raconté qu'il avait vu le raisin pourrir par l'effet du contact du vase.

(1) Le texte n'est pas très-clair ; nous nous sommes aidé des Géop., liv. IV, 11, qui indiquent ce procédé d'après Berytius.

(2) Les Géop. indiquent ce procédé, liv. IV, c. 6.

Manière de préparer le raisin sec et de le conserver.

Kastos dit que le meilleur procédé pour la préparation du raisin sec, c'est de prendre les grappes qui ont atteint leur maturité parfaite; on tord la queue ligneuse de la grappe pour que celle-ci devienne flasque, ne recevant plus de nourriture du pied, en aucune façon. On laisse les choses dans cet état jusqu'à ce que le grain se ride; alors on le coupe et on le suspend à l'ombre jusqu'à dessiccation complète dans un vase d'argile, dans le fond duquel on dispose une couche de feuilles de vignes sèches; on couvre aussi le raisin des mêmes feuilles. On lute avec soin l'ouverture du vase et on le met en réserve dans un appartement frais où ne pénètre point la fumée. Ce raisin gagnera en qualité; il se gardera longtemps en conservant toute sa force. Il faut aussi le préserver de toute humidité; on dit que le raisin dans cet état prendra un goût agréable, qu'il sera succulent et passera au blanc (cf. *Géop.*, v, 52). Il en est qui disent de couper les feuilles du cep, d'étaler dessus les grappes pour les faire sécher et jusqu'à ce qu'elles soient à l'état de raisin sec.

Suivant un autre, on doit couper les grappes qu'on destine à faire du raisin sec, quand elles ont toute leur maturité, leur saveur sucrée et qu'il ne leur reste pas la moindre acidité, ni amertume; si on ne les prend pas dans de telles conditions, le raisin sera d'un poids léger et peu sucré. Il en est de même pour la figue, quand on la prend étant encore ferme (1), avant qu'elle ne se détache ou qu'elle ne tombe, car elle devient, quand elle est sèche, acide, peu sucrée et d'un poids léger. S'il arrive que quelques grappes seulement soient mûres, quand d'autres sont encore vertes, on récolte celles qui sont mûres complétement, laissant toutes les autres jusqu'à ce qu'elles en soient arrivées à ce point. Il faut ramasser les raisins secs et les figues sèches dans l'endroit où ils sont

(1) Au contraire de ce qui est recommandé pour la conserver fraîche.

étendus, le matin, pendant qu'ils se sentent encore de la fraîcheur de l'air et de la rosée de la nuit. Il faut, pendant la nuit, avant que la rosée ne tombe, (avoir soin de) couvrir avec une natte de jonc ou quelque chose d'analogue les raisins et les figues secs étendus, tandis qu'on les tient à découvert exposés au soleil pendant la journée; par ce moyen, le dessèchement se fait plus rapidement. Il en sera de même quand ces deux espèces de fruits seront étalés sur une terre inculte. Quand le raisin *miellé* et le *gros grain* sont desséchés et passés à l'état de raisin sec, ils sont réduits au tiers environ de leur poids; il en est de même pour le *cramoisi verdâtre;* les raisins à petits grains sont réduits au quart et même au-dessous. Voici comment on procède pour faire sécher le raisin au soleil. L'emplacement le plus favorable pour l'étaler, c'est un terrain rouge, inculte, dont la surface a été bien nettoyée de toute espèce d'herbe. On étend les grappes sur cette surface, en se gardant de les poser les unes sur les autres. Il ne faut pas non plus que l'opération se fasse dans le voisinage d'un chemin ou d'un puits; la poussière qui s'élève dans ces endroits altérerait la couleur des grappes.

Autre procédé pour la préparation du raisin, connue sous le nom d'*al-ghaschiah* (1).

Quand le raisin est à gros grains, ou qu'on diffère de le couper, ou bien encore qu'on veut activer sa dessiccation, on prend de la cendre de cyprès ou de fève; on verse de l'eau dessus, puis on laisse en repos pendant un jour et une nuit, et même plus longtemps; on prend la partie la plus claire (de cette lessive), on la fait bouillir à trois reprises différentes (*litt.* trois

(1) Le texte porte المعروف بالاغشية, connu sous le nom d'*aveugle*, qui ne donne pas de sens. Banqueri ajoute entre parenthèses *o de lexia* ou *de lessive*; il faudrait lire alors بالغسيل qui a cette signification, qui est celle qui convient le mieux à l'opération.

bouillons) ou plus; pendant qu'elle est chaude et encore sur le feu, on y plonge les grappes au moyen d'un brin de jonc ou de quelque chose de pareil, auquel ces grappes sont fixées par l'extrémité. On retire le raisin avant que le grain ne soit fendu, puis on l'étale au soleil sur l'herbe, ayant soin de le retourner le matin, avec beaucoup de précaution. Quand le raisin est parfaitement sec, on l'enlève (pour le mettre en réserve). Quand le raisin seç est de couleur violacée, on ajoute à l'eau de la cendre d'écorce de grenade. Voici une recette bien arrêtée, bonne et basée sur l'expérience. On prend de la cendre de cyprès ou de féves, celle qu'on a sous la main, un quart en poids; on la dépose dans un vase propre; s'il a antérieurement servi pour l'huile d'olive, c'est bien bon. On verse dessus quatre fois son poids d'eau douce; on laisse reposer pendant quelques jours; on prend ce qu'il y a de plus limpide dans la partie supérieure, on le verse dans un vase de cuivre d'une grandeur proportionnée à la quantité de raisin (sur laquelle on opère). On remet sur le feu, et, quand l'ébullition s'est produite, on y plonge les grappes disposées dans un panier de jonc ou quelque chose d'équivalent. Ce panier doit être d'une dimension moyenne et dans une proportion telle qu'il puisse entrer tout entier dans la chaudière. On plonge une seule fois ces grappes si l'eau est en pleine ébullition et très-çhaude; si elle est un peu au-dessous de ce degré, on plonge deux fois; c'est le meilleur. On étale ensuite ces grappes sur un jonc sec, sans oublier, chose indispensable, de les retourner dès le matin. On laisse sécher ensuite, puis on retourne une seconde fois. Quand les grappes sont complétement sèches, on les range par couches dans des vases convenables. Il ne faut jamais étaler les raisins ni les figues dans des emplacements que puisse atteindre la poussière. La cendre de féve est bonne; celle de cyprès l'est également; elle est plus pénétrante (plus incisive). Si dans l'eau on ajoute un peu d'huile d'olive de bonne qualité, le raisin sec gagnera en qualité.

Conservation des figues fraîches.

Quand on veut conserver les figues fraîches, il faut les cueillir lorsqu'elles ont encore une certaine consistance, les détacher avec une partie du bois auquel elles sont fixées (par le pédicule). On les dépose dans une chaudière neuve, les unes après les autres, sans qu'elles se touchent aucunement. On range ensuite le vase dans un lieu frais. Si ces figues tournaient à l'acide, on disposerait sous la chaudière des tiges sèches de courges, de façon que la flamme et la fumée s'élèvent par-dessus (Géop., x, 56). Il en est qui conseillent de prendre les figues fraîches et de les étendre tout simplement sur des feuilles de l'arbre, puis de les couvrir d'un vase de verre, de plomb ou de tout autre vase enduit de poix; dans cet état, les figues se conserveront fraîches (cf. Géop., *loc. cit. fin.*).

Manière de faire sécher les figues et de les resserrer quand elles sont sèches.

On cueille les figues quand, après avoir atteint leur maturité complète, elles tombent spontanément à terre; on les étale sur du genêt ou du jonc sec; on fait sécher complétement au soleil. Quand ces figues sont bien sèches, on les laisse la nuit étalées et exposées à la rosée, ayant soin de les relever le matin avant le lever du soleil et quand elles sont encore humides de la rosée et toutes fraîches de l'air de la nuit. Alors on les couvre de nattes pour les soustraire aux rayons du soleil, et on les garde bien de l'humidité quand elles sont dans l'intérieur des habitations. Si on les enserre dans un vase d'argile, il faut les relever du lieu où elles sont étalées, encore imprégnées d'une légère humidité. Si on dissémine entre les figues sèches, dans les vases où on les conserve, des feuilles de cyprès, le ver ne les attaque point. Suivant d'autres, on prend trois figues, on les plonge, étant dans toute leur fraîcheur, dans la poix; on en dépose une dans le fond du vase où on conserve les figues sèches, une autre est mise au centre, et la troisième à la partie supérieure; par ce procédé, toute la masse est garantie de la pourriture (Géop., x, 54). Il en est qui conseillent d'asperger les figues, lorsqu'on les enserre dans les vases, avec de l'eau dans laquelle on a fait dissoudre du sel, mais l'aspersion doit être aussi légère que celle qu'on pratique avec de l'eau de rose; ce procédé les garantit de l'invasion des vers et de la moisissure (*litt.* l'altération).

Procédé pour la conservation des pommes, des poires, des coings et des *citrus* (1).

Quand on veut emmagasiner une de ces espèces de fruits, on fait sa récolte en les détachant de l'arbre avec précaution pour éviter toute compression ou contusion (*litt.* qu'ils ne se brisent) ou qu'un fruit en froisse un autre. Ils ne doivent pas être dans un état complet de maturité, mais exempts de toute tache ou défaut; il faut aussi les prendre parmi les espèces tardives; chaque fruit doit être pourvu de sa queue; c'est avantageux. On enveloppe les fruits isolément dans une feuille de noyer ou dans des pailles brisées de lin, qu'on fixe par-dessus ce fruit avec du fil, puis on couvre le tout d'une couche d'argile visqueuse, préparée avec de la terre blanche et douce de bonne qualité, ou bien avec du gypse détrempé dans l'eau. On fait sécher à l'ombre, puis on emmagasine le fruit en le rangeant en ligne sur des planches suspendues; ou bien on le laisse pendre attaché par son pédicule (sa queue). Ceci doit se faire dans un endroit frais où n'arrivent ni le soleil, ni le vent, ni la fumée, ni la chaleur du foyer. Ou bien, on enfouit le fruit dans l'orge; il se conserve (avec ces préparations) pendant longtemps. Quand on veut en faire usage, on le tient plongé dans l'eau jusqu'à ce que l'enduit soit délayé et parti (2).

En parlant de la manière de mettre en réserve les pommes

(1) Nous traduisons par le mot générique *citrus*, parce que, bien que le mot arabe ne s'applique qu'au cédrat, cependant le procédé de conservation comprend toutes les espèces du genre.

(2) Cf. Géop., X, 24, où se trouvent une partie de ces procédés appliqués aux pommes.

et les coings, Abou'l-Khaïr dit, ainsi que d'autres, qu'il faut choisir les espèces d'hiver, telles que le *laschy*, le *roumy*. On les cueille avec leurs queues ou pédicules معاليق au mois d'octobre. Suivant un autre procédé, indiqué par Ibn-el-Façel, on cueille à la main les pommes au mois d'octobre, évitant toute espèce de pression (1). On prend ensuite des tiges de lin broyées et bien sèches, et on en fait une couche au fond d'un vase d'argile neuf bien sec aussi. Là-dessus on dispose un lit de pommes, puis un second lit (de paille) de lin pour empêcher le contact de l'une à l'autre. Abou'l-Façel dit que, quand même le contact aurait lieu, le fruit n'en souffrirait pas. On termine par une couche de paille de lin et on ferme l'orifice de la chaudière ou vase avec une argile blanche, visqueuse, ou (tout simplement) avec de la terre délayée; en cet état, on suspend ce vase dans une grande pièce obscure et fraîche, et les fruits se conservent pendant longtemps. Il faut faire une visite une fois par mois et enlever ce qui est taché de pourriture. En cet état, dit Ibn-el-Façel, le fruit se conserve jusqu'au mois de juin; les anciens fruits atteindront les nouveaux (*litt.* l'un touchera l'autre). On en use de même pour la conservation des coings, qu'il faut tenir isolés de toute autre espèce de fruits (cf. Géop., X, 28).

Suivant Aristote, quand on veut conserver des pommes, on les plonge dans l'argile à potier; quand on l'enlève, on trouve toujours le fruit bien sain. On peut, si on le préfère, disposer ce lut à l'état de mollesse dans un vase d'argile à potier ou de toute autre argile, pourvu qu'il soit sec, ou dans quelque chose d'analogue; on y plonge le fruit isolément. On fait sécher et quand il en est ainsi on enserre, et toutes les fois qu'on voudra retirer une pomme, on la trouvera toujours fraîche. Si on enserre le fruit dans un tonneau enduit d'une légère couche d'ar-

(1) Nous conservons le texte لئلا ينطبع, en le rapportant à la main, pour qu'elle ne s'imprime pas sur le fruit. Les Géop., X, 21, décrivent ce procédé, et disent de cueillir les fruits à la main pour qu'ils ne soient pas froissés, *ne conterantur*.

gile il se conservera longtemps aussi avec sa fraîcheur (1).

Pour la *conservation des poires,* on répand une couche de sel écrasé ou de la sciure de bois dans le fond d'un vase neuf. On range dessus chaque fruit; de cette façon ils pourront se conserver. Il en sera de même si on met les poires dans un vase contenant du miel; elles se conserveront longtemps. Il en est qui disent que, quand on veut conserver des poires fraîches, il faut bien essuyer la surface du fruit (2), quand il est frais, le déposer dans une jarre d'argile neuve, puis la remplir de vin cuit ou de sirop froid; les poires pourront se conserver longtemps sans se gâter. Il en est qui disent que les poires étant déposées dans une jarre d'argile, dont l'orifice est bien hermétiquement fermé, et qui est ensuite enfoncée en terre, on les trouvera toujours saines et bien conservées quand on en voudra faire usage. On arrivera au même résultat, si on tient la jarre dans l'eau jusqu'au col. Les mêmes procédés peuvent être employés utilement pour les pommes et toute autre espèce de fruit pulpeux (*litt.*, qui contient de l'humidité). Il en est qui disent de récolter les poires avant leur maturité complète, d'enduire les pédicules ou queues avec de la poix liquide, de les ranger isolément sur un lit de sciure de bois, sans qu'elles se touchent jamais (cf. Géop., x, 25).

On peut très-bien aussi, suivant Abou'l-Khaïr, conserver les poires après qu'on les a fait sécher. Voici comment on procède : on fend en quatre ce qu'il y a de meilleur; on l'expose en cet état au soleil, sur une planche. On a soin de retourner tous les quatre jours, afin que le tout sèche également et qu'il ne reste rien qui ne soit sec. On le dépose alors, dans des cabas de jonc, par couches rangées les unes au-dessus des autres, en les pressant bien également avec les deux mains, et, quand une couche est complète, on l'arrose légèrement de miel *avec la*

(1) Nous ne trouvons dans aucun des livres d'Aristote publiés jusqu'à ce jour ces procédés pour la conservation. Il en parle d'une manière assez indirecte dans son livre *Des problèmes*, sect. XXII, 5.

(2) أمسح *abstergere* vel *ungere;* قاع *depressa terra*, surface plate et basse; en chaldéen *collum*. Dans le doute, nous avons combiné ces deux sens.

bouche (1) également partout, de façon que le fruit soit imprégné; on recommence ensuite à disposer une couche nouvelle, qu'on mouille de même que la précédente avec du miel. On continue de la sorte jusqu'à ce que ce cabas soit rempli; ce procédé est très-bon et on aura des fruits très-sucrés et d'un très-bon goût.

Abou'l-Khaïr dit qu'il est des personnes qui, pour conserver les poires, les coupent en tranches minces, dans le sens de la longueur, puis les font sécher et les mangent après les avoir fait cuire, surtout quand le besoin se fait sentir; mais on en use seulement comme aliment qui est peu nutritif (cf. Col., *De re rust.*, XII, 14).

Pour conserver les coings, on enveloppe chaque fruit isolément dans une feuille de figuier, on l'enduit d'un lut formé d'argile blanche et douce, on fait sécher à l'ombre, puis on enserre dans un emplacement où le coing soit seul, sans aucune autre espèce de fruit, parce que son odeur fait gâter les fruits pulpeux frais et surtout le raisin frais ou sec. Il en est qui disent d'enfouir le fruit dans la paille d'orge, où il se conservera bien; le résultat sera le même avec de la sciure de bois; les coings se gardent bien mieux encore dans un vase rempli de vin doux; il en sera de même pour les pommes. Aristote conseille de plonger les coings dans l'argile à potier pour les garder (cf. Géop., X, 26).

Quand on veut conserver les *grenades* sèches, et en jouir longtemps, il faut les cueillir avec leur pédicule lorsqu'il leur reste encore une certaine verdeur. Il en est qui disent au contraire de les cueillir quand elles ont atteint leur maturité complète; on les attache avec du fil ou des cordons de lisière, ou quelque chose de pareil, dans un appartement frais, isolées des murs et aussi entre elles. Dans cet état, elles se conservent souvent assez longtemps pour atteindre les nouveaux fruits, comme le prouve l'expérience. Si on commence par enfouir les grenades dans de la paille d'orge ou de froment jus-

(1) Le texte est positif, mais nous comprenons peu cette opération.

qu'à ce que l'écorce extérieure soit desséchée, puis qu'ensuite on les retire (de cette paille), qu'on les attache avec du fil pour les suspendre, on les conservera pendant longtemps. Il en sera de même si, après les avoir suspendues à l'air libre, jusqu'à ce que l'écorce soit desséchée, on les resserre. Il en est qui disent que si on plonge les grenades dans de l'eau soumise à une très-forte ébullition et à une grande chaleur, après qu'on l'a retirée du feu et qu'on les y laisse jusqu'à refroidissement, puis qu'on les suspende séparément attachées avec un fil, ou bien enveloppées dans des morceaux d'étoffe, ou quelque chose d'analogue, elles passeront l'année sans craindre d'être gâtées ni pourries. Suivant d'autres, si on enduit de poix liquide et chaude la tête et la queue de la grenade avant de la suspendre, elle se gardera encore très-bien; il en sera de même si elle est plongée dans l'eau salée. Suivant l'Agriculture nabathéenne, on plonge les grenades dans l'eau bouillante, de manière qu'elle s'élève de quatre doigts au-dessus du fruit; on laisse en cet état jusqu'à refroidissement; on retire ensuite les grenades, qu'on suspend de façon que l'une ne touche point l'autre; disposées ainsi, elles resteront intactes quand même on les conserverait l'année entière. Quand on veut les manger, on les mouille avec de l'eau fraîche, on laisse pendant une heure, puis on en use (à volonté).

Un autre dit : Quand on veut faire revenir à l'état de fraîcheur les grenades desséchées, il faut les exposer au feu, ou les mettre dans un four qu'on a chauffé; elles reprendront leur fraîcheur; le procédé est confirmé par l'expérience. L'*Idjaz* qui est l'œil-de-bœuf (*pruna damascena*), le fruit du sorbier (1), la cerise, la jujube et la pèche, se conservent en les

(1) المخيط. Nous avions traduit par *fruit du sebestier*, avec Castel et M. de Sacy, *Abdal.*, p. 70. Mais Banqueri ayant traduit par *las serbas*, nous admettons son interprétation, parce que nous voyons le même auteur, Abou'l-Khaïr, confondre le *ghebira*, *sorbier*, avec le sebestier, p. 302, *trad.* et *texte*, 324; et alors المخيط serait synonyme de المشتهى, qui ne se trouve pas, et qui est peut-être une altération du premier. *Vid. sup.*, pag. 250, not. 2.

faisant sécher au soleil. Suivant Abou'l-Khaïr et autres, on recueille ces fruits quand ils sont mûrs complétement, on les expose au soleil, on les retourne plusieurs fois jusqu'à dessiccation, puis on les dépose dans des vases d'argile neufs; on ferme bien l'ouverture et on la scelle avec du plâtre, puis on enserre pour en user au besoin. Alors on mouille avec de l'eau, on enveloppe dans un morceau d'étoffe et on laisse jusqu'au ramollissement, et on peut manger. On fait sécher de même les jujubes et les fruits du sorbier, enfilés comme des colliers; on les suspend dans des lieux où ils soient exposés au vent, comme les salles à manger ou les corridors; dans cet état, ils se conservent l'année entière. Quant à la pêche (à chair ferme), on enlève la pulpe de dessus le noyau, comme on fait pour le navet dont on enlève la peau. On enfonce un couteau qu'on fait mouvoir à l'entour du noyau, jusqu'à ce que la pulpe détachée forme autour de lui comme un anneau. On enfile ensemble ces différentes pulpes détachées qu'on laisse jusqu'à dessiccation, puis on les suspend ou bien on dépose dans un vase vernissé rouge; on les conserve ainsi l'année entière. Quand on veut en manger, on les mouille avec de l'eau et on enveloppe dans un morceau d'étoffe.

Conservation des pistaches, des amandes et des noix.

Abou'l-Khaïr prescrit de faire sécher les pistaches au soleil avec leur écorce, et de débarrasser les noix et les amandes de leur écorce extérieure (1). Quand le desséchement a été obtenu, on renferme les pistaches dans des vases de terre neufs. Suivant Kastos, on fait la récolte de l'amande quand elle se détache de son écorce extérieure; si on la fait quand l'écorce commence

(1) قشر الاعلى, *litt.* l'écorce supérieure, *corium*. Pallad., II, 15, 12, φλοιός, Géop., X, 58, qui font la même prescription; c'est le *brou* dans la noix. A peu de distance, nous voyons Kastos employer comme synonyme les mots القشر البرانية; celui-ci est ordinairement pris dans le sens de *vas vitreum, in quo recondunt*.

seulement à se détacher, on l'enlève et on lave les amandes avec de l'eau salée; on les fait bien sécher et on les obtient d'une blancheur brillante. Quand, après avoir fait sécher les amandes, les noix et les châtaignes et autres fruits analogues, on veut les ramener à la fraîcheur primitive, on les enfouit avec leur coque, ou délivrés de cette coque, enveloppés dans un morceau de toile bien propre, dans du sable mouillé ou dans de l'argile; on a soin de mouiller plusieurs fois avec de l'eau douce; on laisse ainsi pendant plusieurs jours; au bout de ce temps, on trouve le tout frais comme si on venait de le cueillir. Il en est qui disent qu'on brise la coque de la noix avec beaucoup de précaution, qu'on prend l'amande saine et intacte; on l'enveloppe d'un linge propre, on l'enfouit dans une terre nette, on arrose avec de l'eau, tous les jours une fois pendant plusieurs jours; ainsi traitée, elle revient fraîche et tendre.

Le *gland et la châtaigne.* Abou'l-Khaïr et autres disent qu'on doit recueillir le gland (doux) quand il a atteint sa maturité complète et qu'il a pris une teinte noire. Il ne faut ni couvrir ni mettre les glands en tas, pour éviter une transsudation qui les ferait gâter; en effet, si on en agissait ainsi, dans la nuit même (ils s'échaufferaient), se tacheraient (de points noirs), et la décomposition viendrait bien vite. On doit donc, au contraire, les étaler dans un lieu où ils reçoivent l'influence directe de l'air et du soleil, ayant soin de remuer plusieurs fois le jour, jusqu'à desséchement complet. Il en est qui disent qu'il suffit de les exposer une fois au soleil, de les enfermer ensuite dans des vases dont on enduit bien les ouvertures avec de l'argile. Le gland, après ces préparations, se conservera dans toute sa fraîcheur jusqu'au mois de mai. Alors on l'extrait des vases, et on le met dans des cabas (*couffes*) ou quelque chose d'analogue; on frappe dessus avec des masses ou quelque chose de pareil, avec certaine précaution, pour détacher l'écorce ou coque. Quand ensuite on veut manger le gland frais comme celui qui vient d'être pris sur l'arbre, il faut l'étendre sur un terrain humide; on jette par-dessus du sable fin qu'on mouille avec de l'eau douce, une fois par jour, pendant huit jours, et le gland revient aussi frais qu'il pouvait l'être le jour qu'on l'a cueilli. On extrait alors le fruit du sable pour faire tomber celui qui avait pu s'y introduire (*litt.* se mêler), on le lave dans l'eau et on le mange, la volonté divine aidant (1). On peut aussi faire sécher le gland à la fumée ; à cet effet, on l'étale au moment de la récolte sur une claie de roseau ou de branche à claire voie; on expose cette claie au-dessus de la fumée; on laisse en cet état jusqu'au desséchement complet; on débarrasse ensuite le gland de sa coque, puis on le resserre dans l'état où alors il se trouve ; on fait aussi bouillir le gland frais dans l'eau douce sans pousser la cuisson jusqu'à sa limite extrême ; on l'ôte alors de dessus le feu (on le tire de l'eau), on laisse quelque temps jusqu'à ce que le gland soit sec, on complète le desséchement, on enlève la coque, on réduit en farine et on obtient un pain qu'on peut manger.

La châtaigne. Suivant Abou'l-Khaïr, elle supporte peu la dessiccation ; on la traite comme le gland ; et même lorsqu'elle est fraîche et toute nouvelle, au moment même de la récolte, on la dépose dans un trou de trois schabres (0m,70) creusé dans un lieu non exposé à la pluie ; on en ferme l'ouverture très-exactement, pour que les eaux pluviales ne puissent s'y introduire. On dispose au fond une couche de sable sur laquelle on range les châtaignes (2); on couvre en égalisant bien la surface qu'on prend grand soin de garantir, et le fruit se conserve dans sa fraîcheur ; on l'extrait en proportion de son besoin pour l'alimentation jusqu'à ce que la provision soit épuisée. On renferme quelquefois les châtaignes dans des *silos* quand on en a une trop grande quantité ; on les traite dans ce cas de la façon indiquée précédemment. Abou'l-Khaïr dit qu'on en agit de la même manière pour le gland, quand on veut le manger frais.

(1) Nous avons adopté une variante du manuscrit qui nous parait plus convenable.

(2) Le texte porte زبل, *fumier* ; mais nous préférons lire رمل, *sable*, ainsi que l'indique ce qu'on lit un peu plus loin.

On lit dans le traité d'Ibn-el-Façel sur la mise en magasin des châtaignes, des glands frais, au moment de la récolte, et sur les noix et les amandes que, quand on veut les manger dans leur état de fraîcheur, il faut préparer pour les resserrer des fosses de la profondeur de trois empans (0m,70); on étend un lit de sable à la partie inférieure; on prend celle qu'on veut de ces espèces de fruits, tout frais et sortant d'être cueillis; on les dépose dans la cavité de façon à emplir la hauteur d'un empan, à peu près; on répand par-dessus du sable en quantité suffisante pour (combler la cavité) et mettre la surface au niveau du sol; on donne ensuite, quand l'opération est finie, un seul arrosement et pas plus.

La rose peut être conservée sèche; voici comment on procède pour opérer le dessèchement: on prend les roses détachées du calice, on les étale au soleil isolées et non amoncelées, ni les unes sur les autres. On les remue pour activer le dessèchement; s'il peut être obtenu dans la même journée, c'est très-bon, le parfum sera plus vif et la couleur plus belle. On resserre dans des vases d'argile neufs et on enduit l'ouverture de lut; dans cet état, la fleur conservera sa teinte rouge et son parfum. On enlève, pour la resserrer, la rose qu'on fait sécher, dégagée de son calice (1) quand elle a perdu le dixième du poids qu'elle avait étant verte. Il en est qui disent que la rose précoce, qui se montre vers la mi-avril, est la meilleure pour la conservation et pour la distillation. On prend la première floraison. Quand on la fait sécher avec son calice au mois d'avril, elle perd peu du poids qu'elle avait étant verte; ce qu'on fait sécher en mai, avec son calice, perd le septième en poids. En résumé les résultats, dans le dessèchement ou la distillation, sont en raison de l'irrigation (donnée) et du poids; ce qui est riche de séve (*litt.* gras) vaut mieux que ce qui est

(1) قمعة sing. et أقماع au plur. Quelque chose de tuberculeux terminal; pour la rose, c'est le *calice*, c'est-à-dire l'ovaire et les sépales, et même aussi le bouton; mais ici, c'est évidemment le calice, ou plutôt l'ovaire, dont une partie a été retranchée.

maigre; nous parlerons de la distillation ou préparation de l'eau de rose en termes succincts, mais qui diront tout ce qui est nécessaire, dans le chapitre XXX, la volonté de Dieu aidant.

On emmagasine les *olives* dans des endroits frais et secs; il en est qui disent de mettre dans le vase tenu déjà bien propre un peu d'huile d'olive. Abou'l-Khaïr dit qu'on y met un peu de sel ou de soude (ou borax), de la feuille de l'olivier pilée, des feuilles d'oranger et de laurier. On remue le tout jusqu'à ce que le mélange soit complet. On remplira le vase entièrement, sans le moindre vide, et l'on tiendra à l'ombre; de cette façon, les olives se conserveront sans se gâter et leur odeur s'améliorera.

Conservation des *graines alimentaires* (céréales particulièrement). Le *froment*, dit Kastos, peut se conserver de deux manières, d'abord en le garantissant contre l'air et le vent de façon qu'il ne le ressente jamais, résultat qu'on obtient en le déposant dans des *silos* (1) ou quelque chose d'analogue; ou en second lieu, au contraire, en l'exposant au vent, en le portant d'un lieu dans un autre, dans un grenier ou autre emplacement analogue (en le jetant à la pelle). On étale au fond du *silo* une couche de paille de froment de deux coudées d'épaisseur ($0^m,924$) au moins; ou même une couche pareille à l'ouverture, qu'on a soin de bien écarter; on dispose aussi sur les côtés, tout à l'entour, de la paille en la forçant par la pression, afin que, bien isolé, le blé ne soit point en contact avec les parois du silo. Quant aux greniers, ils devront être pourvus de fenêtres à l'aspect du levant et à celui du couchant, et à l'opposé du midi pour que le grain reçoive les vents de ces aspects et enlève les causes d'altération; mais il faut bien se garder

(1) مطمور sing., مطامير plur., litt. *cachette*; ici il s'agit des fosses souterraines où on met en réserve les blés et autres grains, c'est-à-dire les *silos*, σειροὺς des Grecs. Les Géop., II, 27, n'en disent rien, mais elles parlent des autres procédés indiqués pour la conservation des grains. Colum., *De re rust.*, I, 6, 14, ne fait pour ainsi dire que les mentionner; mais Varron, I, 57, donne la manière de les préparer.

de pratiquer des ouvertures à l'aspect du midi, à cause de la violence du vent qui vient de ce côté.

Une des causes qui peuvent assurer la conservation du froment, c'est de l'emmagasiner en épi. Il en est qui disent que le millet emmagasiné avec son épi dure cent ans. Kastos dit que si on prend de la feuille sèche de grenadier, ou du plâtre en poudre, ou de la cendre de bois de chêne tamisée, et qu'on mêle au froment une de ces substances dans la proportion d'une partie de cendre pour cent de froment, il se conservera garanti de toute altération.

Les agronomes persans tiennent le même langage que Kastos; ils disent de plus que si on répand de la cendre de sarment, ou du crottin de mouton (en poudre) ou de l'absinthe, chaque chose étant bien sèche, sur du froment, il se trouve, par là même, garanti de tout accident, il conserve sa dureté intacte; ces substances sont de celles qui préservent le froment de l'invasion du ver (1) et qui l'éloignent. Il en est qui disent que la feuille du caprifiguier mise dans les silos éloigne les *vers* des substances alimentaires en se mêlant à elles. On obtiendra le même résultat en introduisant dans le blé de la feuille de cyprès ou de la feuille de bette desséchée, parce qu'elles jouissent tout particulièrement de cette propriété (vermifuge); l'écorce de cédrat, la menthe de rivière, tuent aussi les vers, et, quand on les introduit entre les étoffes, elles les en éloignent.

Iambouschad dit, dans l'Agriculture nabathéenne, que toutes les espèces de jonc prises ensemble, ou celles-là seulement qu'on aura à sa disposition, étalées en couche sur le sol de l'emplacement dans lequel on emmagasine du froment et l'orge, sont pour ces deux céréales un procédé très-profitable, et les préservent des petits animaux (charançons, etc.) qui pourraient s'engendrer en elles et les dévorer, ainsi que de toutes causes d'altérations fâcheuses qui pourraient les atteindre. Ce

(1) Là où le texte arabe lit سوس, *ver*, Columelle et Varron lisent *curculiones*, les charançons, et les Géop., *loc. cit.*, *bestiolas*.

mode de conservation est tel, que le grain rend un quart en plus de farine quand on le soumet à la mouture, que cette farine est plus lourde et qu'elle absorbe une plus grande quantité d'eau. L'orge gagne cette augmentation du quart en poids, quand on y mêle une espèce de cendre quelconque, ou du gypse passé au tamis, dans une proportion telle que sa couleur blanche puisse se remarquer dans le grain ; le même résultat s'obtient si au centre du monceau on place une jarre pleine de vinaigre de bonne qualité ; l'orge n'a plus à craindre aucune espèce d'accident (1).

Il en est qui disent que si on mouille avec une mesure (*litt.* jarre) d'*eau d'olive* la quantité de cent mesures (jarres) de graines alimentaires, elles ne se gâteront point et n'éprouveront aucune avarie ; elles se conserveront aussi étant mouillées avec de l'eau d'absinthe. On parvient de même à conserver les lentilles, les haricots et autres légumes pareils si on les dépose dans un vase de terre qui aura contenu de l'huile, ou que son propriétaire aura frotté d'huile à l'intérieur ; disposant ensuite au sommet une couche de cendre, ces légumes seront préservés de toute avarie. On peut encore mouiller avec de l'eau de mer, ou seulement saumâtre, puis laisser sécher et déposer dans le vase ; ce moyen assure la conservation. On dit que si on étale les graines, suivant d'autres, les légumes, pendant une nuit nébuleuse pour que la rosée les atteigne, et qu'ensuite on les relève le lendemain matin, encore toutes mouillées de rosée, qu'en cet état on les mette dans des pots, Dieu les préservera de tout mal. On dit que si à l'entour d'un monceau de blé on répand de la terre argileuse, blanche (en poudre) ou de la cendre passée au tamis, en décrivant une figure circulaire, les fourmis n'approcheront point (Géop., II, 29).

La farine. Suivant l'Agriculture nabathéenne, parmi les moyens employés pour conserver la farine pendant longtemps,

(1) Ce procédé, extrait de l'Agr. nabath., se trouve, dans les Géop., II, 30, attribué à Damogéron.

sans avarie ni altération, il y a celui-ci : on prend la partie intérieure du bois de pin la plus riche en résine (*litt.* en huile), on la pile, et dans cet état on en fait, avec des morceaux d'étoffe de soie, des nouets qu'on enfouit dans le centre de la masse de farine; ce procédé assure sa conservation, empêche qu'elle ne se gâte, et prévient la génération des insectes. Ou bien encore, on peut prendre du cumin et quantité égale de sel, on les pile ensemble, et l'on répand la poudre sur la surface de cette farine qui alors se conservera. Ou bien on pétrit le cumin et le sel pulvérisés, on en fait des pilules que, lorsqu'elles sont sèches, on dépose dans l'intérieur de cette farine, en divers endroits séparés, et la farine ne se gâte point (Géop., II, 31, d'après Damogéron).

On lit dans l'Agriculture nabathéenne, qu'Adam recommande de prendre (1)..., d'y joindre du sel et de la rue; on fait du tout un certain nombre de nouets dans divers endroits du tas de farine; par ce moyen, elle sera conservée et garantie de toute altération. On peut aussi prendre de la menthe, de la rue, de la graine d'althéa, de la graine de pavot, faire un mélange, réduire en poudre, faire des pilules qu'on dissémine dans la masse de farine, qui sera préservée de tout mal, la volonté de Dieu aidant. Suivant un autre, on prend dans le cyprès la partie ligneuse rouge, on la coupe en très-petits morceaux qu'on jette dans la farine, ce qui la conserve bien. On pulvérise ensemble du cumin et du sel par moitié; de cette poudre on fait des grains comme des noisettes ou des féveroles ; on les fait sécher, on les dépose dans la farine, les plaçant en différents endroits séparés; elle n'est plus sujette à se gâter. Il en est qui disent que la farine moulue à la fin du mois ne se gâte point.

(1) Le texte porte الجنسين, litt. *des deux genres*, rédaction vraiment fautive. Nous y voyons un nom de plante altéré, peut-être l'*absinthe* ? Dans le doute, nous laissons une lacune. Banqueri traduit : *deux espèces* de cumin ; il pourrait avoir raison.

Emmagasinage des graines et moyens de les conserver jusqu'au moment de semer.

Sagrit dit, dans l'Agriculture nabathéenne, qu'il ne faut point déposer les graines d'oignon, d'ail, de poireau, de carotte, sur la terre (nue), mais les renfermer dans des vases qui n'aient jamais contenu de graisse, qu'on suspend aux murailles après y avoir mêlé une petite quantité de sel en poudre bien fine.

Ibn-el-Façel et autres disent que, pour conserver les graines d'aubergine, de cornichon, de melon, de pastèque, les pepins de raisin, la graine de figuiers, celle d'ail et autres pareilles, il faut, quand elles ont atteint leur degré de maturité, les extraire du fruit, les laver, les faire sécher, les déposer dans des vases neufs, dont on enduit l'ouverture d'argile, et qu'on suspend dans des endroits non humides. Pour les graines enduites d'une certaine viscosité, comme les graines de pastèque, de melon, de cornichon et autres pareilles, on les dépose avec leur viscosité naturelle dans des vases où elles restent jusqu'à ce que la pourriture se soit établie, puis on lave bien, on fait sécher et on resserre de la manière indiquée plus haut. Il arrive aussi qu'on dépose la graine dans une fosse creusée dans la terre qui absorbe cette humidité, puis on retire cette graine et on l'enserre, après l'avoir fait sécher, comme il a été dit. Il en est qui disent de répandre sur ces graines, dans les vases où elles sont contenues; de la cendre tamisée. Réglez-vous sur ces prescriptions pour les graines de nature analogue, et vous réussirez, la volonté divine aidant.

On conserve certains légumes dont le pied s'arrondit sous terre en gros tubercule, en suivant les procédés que je vais indiquer. Pour l'oignon et l'ail, on coupe les racines (chevelues) qui sont au pied, parce que c'est une cause de végétation; on enfile chaque espèce séparément avec une petite corde, et on les suspend en cet état dans des lieux où ne les atteigne point l'humidité. Si on fait chauffer un morceau de fer qu'on applique sur le pied, (c'est-à-dire sur la surface d'où partent les racines), c'est encore un moyen d'assurer la conservation. On dit que si, aussitôt après avoir arraché l'oignon, au mois d'août, on le plonge dans l'eau chauffée à une moyenne température, qu'on l'expose ensuite au soleil pour faire sécher cette humidité, et qu'enfin on le mette dans de la paille d'orge étalée en couches, de façon que l'un ne soit point superposé à l'autre, on pourra les conserver pendant longtemps (Géop., XII, 31).

Kastos conseille de plonger les oignons dans le sel (1), de les exposer ensuite au soleil pour faire sécher l'humidité qui provient de l'immersion, puis on les étale en couches sur la paille d'orge, isolés les uns des autres; ils se conserveront ainsi sans rien perdre de leur force. Le *dalah* ou melon indien se conserve en déposant chaque melon isolé dans un panier de *khazem* (sorte de palmier) préparé d'avance, qu'on suspend dans des endroits frais; dans cette condition, le dalah se conservera avec sa fraîcheur.

Suivant d'autres auteurs, on enduit le fruit d'une préparation de *sable fin* (2), d'argile de bonne nature pétrie avec du son d'orge mouillé d'eau de nerprun, ou du suc exprimé de courge; c'est un moyen de conservation pour longtemps. La *courge* et le *concombre* se conservent longtemps frais quand on les tient isolés; suivant les uns, il faut pour cela les mettre dans du vinaigre de bonne qualité; suivant d'autres, c'est quand on a coupé la courge en morceaux dans de l'eau douce, et qu'on l'a déposée dans un vase avec du vinaigre et de l'huile d'olive, qu'elle se conserve sans se gâter aucunement. Il en est qui disent que le concombre coupé en tranches et mis dans l'eau salée se conserve tout l'hiver; si on prend des concombres coupés en tranches minces, de petits cornichons au moment où on les recueille, dont on enlève la terre qui peut leur être restée adhérente, en frottant avec un morceau d'étoffe et non avec la main seulement, puis qu'on les mette dans un bocal de verre ou un vase vernissé dans lequel on introduit

(1) Peut-être faut-il lire eau mêlée de sel. Le texte est précis.

(2) Le texte porte *fumier*, que nous croyons peu exact.

du vinaigre en quantité suffisante pour qu'ils y soient plongés, ainsi préparés, ils se conserveront jusqu'au moment où on en voudra faire usage; mais il faut éviter d'y porter trop souvent la main.

Pour avoir des *choux-fleurs* et des *fenouils* (frais), quand on en veut faire usage, dans une saison qui n'est point la leur, on les conserve dans du vinaigre de cette manière : on prend du cœur ou têtes de chou-fleur, on les coupe par moitié, on les plonge dans le vinaigre, on y ajoute de la menthe, on scelle bien l'orifice du vase, puis on porte en lieu de conservation. Pour le fenouil frais, on l'étend (au soleil) et on procède comme il vient d'être dit.

La préparation (ou *conserve*) au vinaigre التخليل de l'oignon, de l'ail et du poireau, séparément, se fait de la manière suivante : on prend de fortes têtes (bulbes) d'oignon sèches en dessus et en dessous (n'ayant plus rien de vert), sans rien retrancher; on lave bien avec de l'eau ; on expose au soleil pour faire sécher l'eau de lavage ; on les dépose alors dans un vase frotté d'huile douce, où elles baigneront dans du vinaigre de bonne qualité; on ajoute une poignée de plantes aromatiques, pareille quantité de fenouil, une certaine dose de cumin, de la nigelle cultivée; on enduit l'orifice du vase d'argile ; on laisse en cet état pendant trente jours, puis on ajoute du miel et on en use au besoin ; on traite de la même manière l'ail et le poireau.

On peut aussi confire au vinaigre la carotte, le navet, l'aubergine et le cornichon, de la manière suivante. On prend ce qu'il y a de plus gros dans les carottes et les navets doux (1), les aubergines qu'on trouve à la fin de la saison ; on en fait autant pour les concombres et les cornichons. On coupe ces carottes, navets et aubergines en morceaux, ou bien on les fend en quartiers qu'on détache ou qu'on laisse adhérents sans les séparer, on les plonge dans l'eau chaude, on les retire, on exprime cette eau d'imbibition fort doucement, puis on dépose chacun de ces légumes, séparément, dans de grands vases, les

(1) Il est dit navet doux pour l'exclusion des radis.

carottes et les navets dans le même vase, les aubergines dans un vase à part. Ils plongent dans du vinaigre de bonne qualité; on ajoute une certaine dose d'huile d'olive de bonne qualité. On enduit bien l'orifice du vase ou des jarres d'un lut de bonne qualité, ou bien avec du gypse; on fait usage (de ces conserves) pour sa consommation, pendant l'hiver. On peut ainsi faire des conserves au vinaigre avec les légumes qui ont de l'affinité avec ceux indiqués, en se réglant sur ce qui est dit pour les légumes pareils.

Les olives. On peut les préparer (*litt.* les rendre saines) et les conserver pour assaisonnement; il y a plusieurs manières de le faire. L'une d'elles consiste à les prendre lorsqu'elles sont encore vertes. On les frappe (*litt.* on les brise) toutes avec une pierre lisse ou bien avec un morceau de bois jusqu'à ce que l'olive soit bien meurtrie; on l'appelle *olive brisée* المكسور (Θλάστοι. Géop., IX, 32). Un autre procédé de conservation, c'est de les fendre longitudinalement en trois; ce sont les olives dites *fendues* المشرح; un troisième moyen consiste à laisser l'olive entière; un quatrième procédé s'applique à l'olive noire et mûre qu'on nomme المثمر, *al-moutsmar*. Dans tous ces cas on traite le fruit par des moyens qui enlèvent son acidité pour qu'on puisse en user.

Voici comme on procède pour faire les *olives meurtries* et les bonifier: on prend parmi les olives vertes, non encore mûres, celles qui étant les plus grosses ont le plus petit noyau; au mois d'octobre, on les détache de l'arbre même avec précaution, de façon qu'elles ne soient point froissées. On lave ensuite à l'eau douce, puis on les meurtrit sur une planche propre. Aussitôt qu'une olive est meurtrie, on la dépose dans l'eau douce, et quand l'opération est finie, on fait le lavage des olives, puis on les met dans des vases qui déjà aient contenu de l'huile d'olive de bonne qualité; on verse dessus de l'eau douce, de façon à ce que tous les fruits en soient couverts. On laisse en cet état pendant quelques jours; on fait écouler la première eau qu'on remplace par de la nouvelle. On répète cette partie de l'opération plusieurs fois. Quand on veut accélérer le moment de les avoir comestibles, ce qui a lieu aux dépens de la durée de la conservation, on multiplie la manipulation avec l'eau, jusqu'à ce que le fruit ait pris une saveur douce et qu'il ait perdu toute son acidité et son âcreté. Mais si au contraire on préfère la durée de la conservation, on répète moins les lavages. Quand on veut obtenir la saveur douce en très-peu de temps, on fait les premières manipulations avec de l'eau chaude. Après cette opération, on laisse séjourner dans l'eau à laquelle on ajoute un dixième de mesure de sel dissous dans l'eau. Cette quantité répond à vingt parties d'olives. Procédé pour la préparation des *olives fendues* : au mois indiqué plus haut, on prend les olives qui sont dans les conditions indiquées; on pratique sur chacune d'elles trois fentes longitudinales; on procède pour la préparation par l'eau, comme il a été dit, de même que pour l'emploi du sel, quand elles plongent dans l'eau. Si vous préférez avoir des olives plus agréables au goût, et cela aux dépens de la durée de la conservation, pratiquez sur elles la *meurtrissure* et l'*incision* quand elles ont acquis une teinte jaune, ou, plus tard encore, quand elles ont une nuance rouge et lorsqu'étant passées au noir elles ont conservé encore de la consistance. Traitez-les dans ce cas de la manière indiquée précédemment; elles seront bien plus agréables au goût; seulement, elles se gâteront au bout d'un certain laps de temps.

Préparation des olives pour les conserver en leur entier.

On choisit celles dont le grain est dans les conditions indiquées plus haut; on les lave, on leur fait subir les préparations à l'eau, comme il a été dit, on les y plonge et on leur applique le sel, dans les proportions indiquées, et dans cet état on en use suivant son besoin. L'olive arrivée au noir et mûre est traitée de la même façon, sinon qu'elle ne demande point les préparations à l'eau et au sel dans les proportions indiquées; on la mange quand elle est douce, sans qu'il soit nécessaire de jeter de l'eau dessus; la quantité de sel est d'un demi-huitième;

ainsi, c'est la seizième partie du volume des olives. Suivant ce qu'a écrit un Israélite, il faut toujours ajouter du sel à l'eau avec laquelle on prépare les olives vertes.

Préparation des olives noires dites *motsmar* (mûres).

On prend, après la maturité complète, celles qui sont les plus grosses de volume et les plus petites de noyau. On les lave dans l'eau ; on les place dans des couffes (paniers de jonc) qu'on n'emplit point entièrement. On réunit les bords de ces paniers par une suture; on les range dans un lieu propre, en les mettant les uns sur les autres; on les charge avec des pierres ou quelqu'autre corps pesant. On laisse le tout dans cet état, pendant quelques jours, environ une semaine; on extrait ensuite les olives des paniers ; on répand par-dessus du sel en poudre, environ le vingtième (*litt.* le demi-dixième), c'est-à-dire une mesure de sel pour vingt mesures d'olives; on opère le mélange bien complet du fruit avec le sel. Il en est qui disent de ne rapporter le sel sur les olives que quand celles-ci sont devenues douces et qu'elles ont perdu leur amertume. D'autres veulent qu'on les fasse sécher ensuite et qu'on les dépose dans des vases d'argile qui déjà aient contenu de l'huile d'olive de bonne qualité et dans lesquels on les range à la main. On enduit l'orifice du vase d'un lut de bonne nature, puis on porte à l'ombre. Il est des personnes qui versent de l'huile verte de bonne qualité dans les vases où on conserve les olives. On ajoute dans ces vases, comme dans ceux qui contiennent les olives vertes, soit isolément, soit réunis ensemble, des herbes aromatiques, des pepins de coings, du vinaigre, du cumin, du carvi, de la sarriette, des feuilles d'oranger pilées. On met encore de la menthe, du thym, des branches sèches de fenouil. On met aussi dans les olives noires de l'ail; elles y gagnent une saveur agréable. Quelquefois, pour les olives meurtries, fendues, ou entières, quand elles ont perdu leur amertume, on remplace l'eau par le vinaigre, après avoir fait épancher toute l'eau; on peut employer aussi le verjus au ieu d'eau; on use encore de vinaigre et de miel, suivant qu'on e juge plus convenable (cf. Géop., IX, 32).

Préparation de la graine de *câpres* pour la manger; c'est ce qu'on appelle vulgairement des *câpres*.

On prend cette graine encore verte; on opère sur elle comme sur les olives incisées, sinon qu'on ne pratique aucune incision ni meurtrissure. On trouve plus haut, dans le chapitre qui traite de la culture du câprier, la manière de conduire l'opération et de la faire; reportez-vous-y. Prenez bien garde qu'une femme n'approche jamais de ces préparations alimentaires (pour assaisonnement) pendant la menstruation, ni aucune personne entachée de quelqu'impureté grave, elles les feraient gâter infailliblement.

Préparation du *limon* au vinaigre.

On prend les fruits mûrs, on les fend, comme on le fait pour les aubergines; on introduit dans la fente du sel en poudre, on met le fruit dans un vase propre, qui déjà ait servi pour l'huile d'olive verte de bonne qualité. On exprime sur ce limon fendu du jus de limon vert, de façon qu'il en soit baigné entièrement, puis on met en place pour la conservation. Quelquefois auss on ajoute du miel et du safran avant d'en faire usage.

Dieu est notre rétribution, et quel bon protecteur! Il n'y a de force et de puissance que par Dieu.

FIN DE LA PREMIÈRE PARTIE DU TRAITÉ D'AGRICULTURE D'IBN-AL-AWAM.

A la suite vient le chapitre XVII, de la seconde partie, traitant des labours.

FIN DU PREMIER VOLUME.

TABLE

DU PREMIER VOLUME.

FIN DE LA TABLE.

www.ingramcontent.com/pod-product-compliance
Lightning Source LLC
LaVergne TN
LVHW021914170726
843501LV00001BA/22